# 兽 医 法 规 汇 编

## 第二版

农业部兽医局　编

中国农业出版社

# [前　言]

　　为了更好地服务于兽医工作，扎实推进兽医领域依法行政，提高兽医行业行政执法水平，结合近两年兽医法规制（修）订情况，我们对 2011 年版《兽医法规汇编》进行了修订。此次汇编共收录了兽医相关法律法规 30 件、部门规章 27 件和规范性文件 77 件，还收录了 2008 年后出台的地方性法规和政府规章 20 件，比较全面地涵盖了兽医工作涉及的法律、法规、规章和规范性文件，供兽医系统工作人员参考、学习和研究。

农业部兽医局

2016 年 1 月

# [目 录]

前言

## 一、法律法规 ················································· 1

## 二、部门规章 ······················································ 345

# 一、法律法规

# 中华人民共和国动物防疫法

（1997 年 7 月 3 日第八届全国人民代表大会常务委员会第二十六次会议通过　2007 年 8 月 30 日第十届全国人民代表大会常务委员会第二十九次会议修订　根据 2013 年 6 月 29 日第十二届全国人民代表大会常务委员会第三次会议《关于修改〈中华人民共和国文物保护法〉等十二部法律的决定》修订　根据 2015 年 4 月 24 日第十二届全国人民代表大会常务委员会第十四次会议《全国人民代表大会常务委员会关于修改〈中华人民共和国电力法〉等六部法律的决定》修订）

## 目　　录

## 第一章　总　　则

**第一条**　为了加强对动物防疫活动的管理，预防、控制和扑灭动物疫病，促进养殖业发展，保护人体健康，维护公共卫生安全，制定本法。

**第二条** 本法适用于在中华人民共和国领域内的动物防疫及其监督管理活动。

进出境动物、动物产品的检疫，适用《中华人民共和国进出境动植物检疫法》。

**第三条** 本法所称动物，是指家畜家禽和人工饲养、合法捕获的其他动物。

本法所称动物产品，是指动物的肉、生皮、原毛、绒、脏器、脂、血液、精液、卵、胚胎、骨、蹄、头、角、筋以及可能传播动物疫病的奶、蛋等。

本法所称动物疫病，是指动物传染病、寄生虫病。

本法所称动物防疫，是指动物疫病的预防、控制、扑灭和动物、动物产品的检疫。

**第四条** 根据动物疫病对养殖业生产和人体健康的危害程度，本法规定管理的动物疫病分为下列三类：

（一）一类疫病，是指对人与动物危害严重，需要采取紧急、严厉的强制预防、控制、扑灭等措施的；

（二）二类疫病，是指可能造成重大经济损失，需要采取严格控制、扑灭等措施，防止扩散的；

（三）三类疫病，是指常见多发、可能造成重大经济损失，需要控制和净化的。

前款一、二、三类动物疫病具体病种名录由国务院兽医主管部门制定并公布。

**第五条** 国家对动物疫病实行预防为主的方针。

**第六条** 县级以上人民政府应当加强对动物防疫工作的统一领导，加强基层动物防疫队伍建设，建立健全动物防疫体系，制定并组织实施动物疫病防治规划。

乡级人民政府、城市街道办事处应当组织群众协助做好本管辖区域内的动物疫病预防与控制工作。

**第七条** 国务院兽医主管部门主管全国的动物防疫工作。

县级以上地方人民政府兽医主管部门主管本行政区域内的动物

防疫工作。

县级以上人民政府其他部门在各自的职责范围内做好动物防疫工作。

军队和武装警察部队动物卫生监督职能部门分别负责军队和武装警察部队现役动物及饲养自用动物的防疫工作。

**第八条** 县级以上地方人民政府设立的动物卫生监督机构依照本法规定，负责动物、动物产品的检疫工作和其他有关动物防疫的监督管理执法工作。

**第九条** 县级以上人民政府按照国务院的规定，根据统筹规划、合理布局、综合设置的原则建立动物疫病预防控制机构，承担动物疫病的监测、检测、诊断、流行病学调查、疫情报告以及其他预防、控制等技术工作。

**第十条** 国家支持和鼓励开展动物疫病的科学研究以及国际合作与交流，推广先进适用的科学研究成果，普及动物防疫科学知识，提高动物疫病防治的科学技术水平。

**第十一条** 对在动物防疫工作、动物防疫科学研究中做出成绩和贡献的单位和个人，各级人民政府及有关部门给予奖励。

# 第二章　动物疫病的预防

**第十二条** 国务院兽医主管部门对动物疫病状况进行风险评估，根据评估结果制定相应的动物疫病预防、控制措施。

国务院兽医主管部门根据国内外动物疫情和保护养殖业生产及人体健康的需要，及时制定并公布动物疫病预防、控制技术规范。

**第十三条** 国家对严重危害养殖业生产和人体健康的动物疫病实施强制免疫。国务院兽医主管部门确定强制免疫的动物疫病病种和区域，并会同国务院有关部门制定国家动物疫病强制免疫计划。

省、自治区、直辖市人民政府兽医主管部门根据国家动物疫病强制免疫计划，制订本行政区域的强制免疫计划；并可以根据本行政区域内动物疫病流行情况增加实施强制免疫的动物疫病病种和区域，报本级人民政府批准后执行，并报国务院兽医主管部门备案。

**第十四条** 县级以上地方人民政府兽医主管部门组织实施动物

疫病强制免疫计划。乡级人民政府、城市街道办事处应当组织本管辖区域内饲养动物的单位和个人做好强制免疫工作。

饲养动物的单位和个人应当依法履行动物疫病强制免疫义务，按照兽医主管部门的要求做好强制免疫工作。

经强制免疫的动物，应当按照国务院兽医主管部门的规定建立免疫档案，加施畜禽标识，实施可追溯管理。

**第十五条** 县级以上人民政府应当建立健全动物疫情监测网络，加强动物疫情监测。

国务院兽医主管部门应当制定国家动物疫病监测计划。省、自治区、直辖市人民政府兽医主管部门应当根据国家动物疫病监测计划，制定本行政区域的动物疫病监测计划。

动物疫病预防控制机构应当按照国务院兽医主管部门的规定，对动物疫病的发生、流行等情况进行监测；从事动物饲养、屠宰、经营、隔离、运输以及动物产品生产、经营、加工、贮藏等活动的单位和个人不得拒绝或者阻碍。

**第十六条** 国务院兽医主管部门和省、自治区、直辖市人民政府兽医主管部门应当根据对动物疫病发生、流行趋势的预测，及时发出动物疫情预警。地方各级人民政府接到动物疫情预警后，应当采取相应的预防、控制措施。

**第十七条** 从事动物饲养、屠宰、经营、隔离、运输以及动物产品生产、经营、加工、贮藏等活动的单位和个人，应当依照本法和国务院兽医主管部门的规定，做好免疫、消毒等动物疫病预防工作。

**第十八条** 种用、乳用动物和宠物应当符合国务院兽医主管部门规定的健康标准。

种用、乳用动物应当接受动物疫病预防控制机构的定期检测；检测不合格的，应当按照国务院兽医主管部门的规定予以处理。

**第十九条** 动物饲养场（养殖小区）和隔离场所，动物屠宰加工场所，以及动物和动物产品无害化处理场所，应当符合下列动物防疫条件：

（一）场所的位置与居民生活区、生活饮用水源地、学校、医院等公共场所的距离符合国务院兽医主管部门规定的标准；

（二）生产区封闭隔离，工程设计和工艺流程符合动物防疫要求；

（三）有相应的污水、污物、病死动物、染疫动物产品的无害化处理设施设备和清洗消毒设施设备；

（四）有为其服务的动物防疫技术人员；

（五）有完善的动物防疫制度；

（六）具备国务院兽医主管部门规定的其他动物防疫条件。

**第二十条**　兴办动物饲养场（养殖小区）和隔离场所，动物屠宰加工场所，以及动物和动物产品无害化处理场所，应当向县级以上地方人民政府兽医主管部门提出申请，并附具相关材料。受理申请的兽医主管部门应当依照本法和《中华人民共和国行政许可法》的规定进行审查。经审查合格的，发给动物防疫条件合格证；不合格的，应当通知申请人并说明理由。

动物防疫条件合格证应当载明申请人的名称、场（厂）址等事项。

经营动物、动物产品的集贸市场应当具备国务院兽医主管部门规定的动物防疫条件，并接受动物卫生监督机构的监督检查。

**第二十一条**　动物、动物产品的运载工具、垫料、包装物、容器等应当符合国务院兽医主管部门规定的动物防疫要求。

染疫动物及其排泄物、染疫动物产品，病死或者死因不明的动物尸体，运载工具中的动物排泄物以及垫料、包装物、容器等污染物，应当按照国务院兽医主管部门的规定处理，不得随意处置。

**第二十二条**　采集、保存、运输动物病料或者病原微生物以及从事病原微生物研究、教学、检测、诊断等活动，应当遵守国家有关病原微生物实验室管理的规定。

**第二十三条**　患有人畜共患传染病的人员不得直接从事动物诊疗以及易感染动物的饲养、屠宰、经营、隔离、运输等活动。

人畜共患传染病名录由国务院兽医主管部门会同国务院卫生主管部门制定并公布。

**第二十四条**　国家对动物疫病实行区域化管理，逐步建立无规定动物疫病区。无规定动物疫病区应当符合国务院兽医主管部门规定的标准，经国务院兽医主管部门验收合格予以公布。

本法所称无规定动物疫病区，是指具有天然屏障或者采取人工措施，在一定期限内没有发生规定的一种或者几种动物疫病，并经验收合格的区域。

第二十五条 禁止屠宰、经营、运输下列动物和生产、经营、加工、贮藏、运输下列动物产品：

（一）封锁疫区内与所发生动物疫病有关的；

（二）疫区内易感染的；

（三）依法应当检疫而未经检疫或者检疫不合格的；

（四）染疫或者疑似染疫的；

（五）病死或者死因不明的；

（六）其他不符合国务院兽医主管部门有关动物防疫规定的。

# 第三章 动物疫情的报告、通报和公布

第二十六条 从事动物疫情监测、检验检疫、疫病研究与诊疗以及动物饲养、屠宰、经营、隔离、运输等活动的单位和个人，发现动物染疫或者疑似染疫的，应当立即向当地兽医主管部门、动物卫生监督机构或者动物疫病预防控制机构报告，并采取隔离等控制措施，防止动物疫情扩散。其他单位和个人发现动物染疫或者疑似染疫的，应当及时报告。

接到动物疫情报告的单位，应当及时采取必要的控制处理措施，并按照国家规定的程序上报。

第二十七条 动物疫情由县级以上人民政府兽医主管部门认定；其中重大动物疫情由省、自治区、直辖市人民政府兽医主管部门认定，必要时报国务院兽医主管部门认定。

第二十八条 国务院兽医主管部门应当及时向国务院有关部门和军队有关部门以及省、自治区、直辖市人民政府兽医主管部门通报重大动物疫情的发生和处理情况；发生人畜共患传染病的，县级以上人民政府兽医主管部门与同级卫生主管部门应当及时相互通报。

国务院兽医主管部门应当依照我国缔结或者参加的条约、协定，及时向有关国际组织或者贸易方通报重大动物疫情的发生和处理情况。

**第二十九条** 国务院兽医主管部门负责向社会及时公布全国动物疫情，也可以根据需要授权省、自治区、直辖市人民政府兽医主管部门公布本行政区域内的动物疫情。其他单位和个人不得发布动物疫情。

**第三十条** 任何单位和个人不得瞒报、谎报、迟报、漏报动物疫情，不得授意他人瞒报、谎报、迟报动物疫情，不得阻碍他人报告动物疫情。

# 第四章  动物疫病的控制和扑灭

**第三十一条** 发生一类动物疫病时，应当采取下列控制和扑灭措施：

（一）当地县级以上地方人民政府兽医主管部门应当立即派人到现场，划定疫点、疫区、受威胁区，调查疫源，及时报请本级人民政府对疫区实行封锁。疫区范围涉及两个以上行政区域的，由有关行政区域共同的上一级人民政府对疫区实行封锁，或者由各有关行政区域的上一级人民政府共同对疫区实行封锁。必要时，上级人民政府可以责成下级人民政府对疫区实行封锁。

（二）县级以上地方人民政府应当立即组织有关部门和单位采取封锁、隔离、扑杀、销毁、消毒、无害化处理、紧急免疫接种等强制性措施，迅速扑灭疫病。

（三）在封锁期间，禁止染疫、疑似染疫和易感染的动物、动物产品流出疫区，禁止非疫区的易感染动物进入疫区，并根据扑灭动物疫病的需要对出入疫区的人员、运输工具及有关物品采取消毒和其他限制性措施。

**第三十二条** 发生二类动物疫病时，应当采取下列控制和扑灭措施：

（一）当地县级以上地方人民政府兽医主管部门应当划定疫点、疫区、受威胁区。

（二）县级以上地方人民政府根据需要组织有关部门和单位采取隔离、扑杀、销毁、消毒、无害化处理、紧急免疫接种、限制易感染的动物和动物产品及有关物品出入等控制、扑灭措施。

第三十三条 疫点、疫区、受威胁区的撤销和疫区封锁的解除，按照国务院兽医主管部门规定的标准和程序评估后，由原决定机关决定并宣布。

第三十四条 发生三类动物疫病时，当地县级、乡级人民政府应当按照国务院兽医主管部门的规定组织防治和净化。

第三十五条 二、三类动物疫病呈暴发性流行时，按照一类动物疫病处理。

第三十六条 为控制、扑灭动物疫病，动物卫生监督机构应当派人在当地依法设立的现有检查站执行监督检查任务；必要时，经省、自治区、直辖市人民政府批准，可以设立临时性的动物卫生监督检查站，执行监督检查任务。

第三十七条 发生人畜共患传染病时，卫生主管部门应当组织对疫区易感染的人群进行监测，并采取相应的预防、控制措施。

第三十八条 疫区内有关单位和个人，应当遵守县级以上人民政府及其兽医主管部门依法作出的有关控制、扑灭动物疫病的规定。

任何单位和个人不得藏匿、转移、盗掘已被依法隔离、封存、处理的动物和动物产品。

第三十九条 发生动物疫情时，航空、铁路、公路、水路等运输部门应当优先组织运送控制、扑灭疫病的人员和有关物资。

第四十条 一、二、三类动物疫病突然发生，迅速传播，给养殖业生产安全造成严重威胁、危害，以及可能对公众身体健康与生命安全造成危害，构成重大动物疫情的，依照法律和国务院的规定采取应急处理措施。

## 第五章　动物和动物产品的检疫

第四十一条 动物卫生监督机构依照本法和国务院兽医主管部门的规定对动物、动物产品实施检疫。

动物卫生监督机构的官方兽医具体实施动物、动物产品检疫。官方兽医应当具备规定的资格条件，取得国务院兽医主管部门颁发的资格证书，具体办法由国务院兽医主管部门会同国务院人事行政部门制定。

本法所称官方兽医，是指具备规定的资格条件并经兽医主管部门任命的，负责出具检疫等证明的国家兽医工作人员。

**第四十二条** 屠宰、出售或者运输动物以及出售或者运输动物产品前，货主应当按照国务院兽医主管部门的规定向当地动物卫生监督机构申报检疫。

动物卫生监督机构接到检疫申报后，应当及时指派官方兽医对动物、动物产品实施现场检疫；检疫合格的，出具检疫证明、加施检疫标志。实施现场检疫的官方兽医应当在检疫证明、检疫标志上签字或者盖章，并对检疫结论负责。

**第四十三条** 屠宰、经营、运输以及参加展览、演出和比赛的动物，应当附有检疫证明；经营和运输的动物产品，应当附有检疫证明、检疫标志。

对前款规定的动物、动物产品，动物卫生监督机构可以查验检疫证明、检疫标志，进行监督抽查，但不得重复检疫收费。

**第四十四条** 经铁路、公路、水路、航空运输动物和动物产品的，托运人托运时应当提供检疫证明；没有检疫证明的，承运人不得承运。

运载工具在装载前和卸载后应当及时清洗、消毒。

**第四十五条** 输入到无规定动物疫病区的动物、动物产品，货主应当按照国务院兽医主管部门的规定向无规定动物疫病区所在地动物卫生监督机构申报检疫，经检疫合格的，方可进入；检疫所需费用纳入无规定动物疫病区所在地地方人民政府财政预算。

**第四十六条** 跨省、自治区、直辖市引进乳用动物、种用动物及其精液、胚胎、种蛋的，应当向输入地省、自治区、直辖市动物卫生监督机构申请办理审批手续，并依照本法第四十二条的规定取得检疫证明。

跨省、自治区、直辖市引进的乳用动物、种用动物到达输入地后，货主应当按照国务院兽医主管部门的规定对引进的乳用动物、种用动物进行隔离观察。

**第四十七条** 人工捕获的可能传播动物疫病的野生动物，应当报经捕获地动物卫生监督机构检疫，经检疫合格的，方可饲养、经营和运输。

**第四十八条** 经检疫不合格的动物、动物产品，货主应当在动物卫生监督机构监督下按照国务院兽医主管部门的规定处理，处理费用由货主承担。

**第四十九条** 依法进行检疫需要收取费用的，其项目和标准由国务院财政部门、物价主管部门规定。

# 第六章 动物诊疗

**第五十条** 从事动物诊疗活动的机构，应当具备下列条件：

（一）有与动物诊疗活动相适应并符合动物防疫条件的场所；

（二）有与动物诊疗活动相适应的执业兽医；

（三）有与动物诊疗活动相适应的兽医器械和设备；

（四）有完善的管理制度。

**第五十一条** 设立从事动物诊疗活动的机构，应当向县级以上地方人民政府兽医主管部门申请动物诊疗许可证。受理申请的兽医主管部门应当依照本法和《中华人民共和国行政许可法》的规定进行审查。经审查合格的，发给动物诊疗许可证；不合格的，应当通知申请人并说明理由。

**第五十二条** 动物诊疗许可证应当载明诊疗机构名称、诊疗活动范围、从业地点和法定代表人（负责人）等事项。

动物诊疗许可证载明事项变更的，应当申请变更或者换发动物诊疗许可证。

**第五十三条** 动物诊疗机构应当按照国务院兽医主管部门的规定，做好诊疗活动中的卫生安全防护、消毒、隔离和诊疗废弃物处置等工作。

**第五十四条** 国家实行执业兽医资格考试制度。具有兽医相关专业大学专科以上学历的，可以申请参加执业兽医资格考试；考试合格的，由省、自治区、直辖市人民政府兽医主管部门颁发执业兽医资格证书；从事动物诊疗的，还应当向当地县级人民政府兽医主管部门申请注册。执业兽医资格考试和注册办法由国务院兽医主管部门商国务院人事行政部门制定。

**第五十五条** 经注册的执业兽医，方可从事动物诊疗、开具兽药处方等活动。但是，本法第五十七条对乡村兽医服务人员另有规定的，从其规定。

执业兽医、乡村兽医服务人员应当按照当地人民政府或者兽医主管部门的要求，参加预防、控制和扑灭动物疫病的活动。

**第五十六条** 从事动物诊疗活动，应当遵守有关动物诊疗的操作技术规范，使用符合国家规定的兽药和兽医器械。

**第五十七条** 乡村兽医服务人员可以在乡村从事动物诊疗服务活动，具体管理办法由国务院兽医主管部门制定。

# 第七章　监督管理

**第五十八条** 动物卫生监督机构依照本法规定，对动物饲养、屠宰、经营、隔离、运输以及动物产品生产、经营、加工、贮藏、运输等活动中的动物防疫实施监督管理。

**第五十九条** 动物卫生监督机构执行监督检查任务，可以采取下列措施，有关单位和个人不得拒绝或者阻碍：

（一）对动物、动物产品按照规定采样、留验、抽检；

（二）对染疫或者疑似染疫的动物、动物产品及相关物品进行隔离、查封、扣押和处理；

（三）对依法应当检疫而未经检疫的动物实施补检；

（四）对依法应当检疫而未经检疫的动物产品，具备补检条件的实施补检，不具备补检条件的予以没收销毁；

（五）查验检疫证明、检疫标志和畜禽标识；

（六）进入有关场所调查取证，查阅、复制与动物防疫有关的资料。

动物卫生监督机构根据动物疫病预防、控制需要，经当地县级以上地方人民政府批准，可以在车站、港口、机场等相关场所派驻官方兽医。

**第六十条** 官方兽医执行动物防疫监督检查任务，应当出示行政执法证件，佩戴统一标志。

动物卫生监督机构及其工作人员不得从事与动物防疫有关的经营性活动，进行监督检查不得收取任何费用。

**第六十一条** 禁止转让、伪造或者变造检疫证明、检疫标志或者畜禽标识。

检疫证明、检疫标志的管理办法，由国务院兽医主管部门制定。

# 第八章 保障措施

**第六十二条** 县级以上人民政府应当将动物防疫纳入本级国民经济和社会发展规划及年度计划。

**第六十三条** 县级人民政府和乡级人民政府应当采取有效措施，加强村级防疫员队伍建设。

县级人民政府兽医主管部门可以根据动物防疫工作需要，向乡、镇或者特定区域派驻兽医机构。

**第六十四条** 县级以上人民政府按照本级政府职责，将动物疫病预防、控制、扑灭、检疫和监督管理所需经费纳入本级财政预算。

**第六十五条** 县级以上人民政府应当储备动物疫情应急处理工作所需的防疫物资。

**第六十六条** 对在动物疫病预防和控制、扑灭过程中强制扑杀的动物、销毁的动物产品和相关物品，县级以上人民政府应当给予补偿。具体补偿标准和办法由国务院财政部门会同有关部门制定。

因依法实施强制免疫造成动物应激死亡的，给予补偿。具体补偿标准和办法由国务院财政部门会同有关部门制定。

**第六十七条** 对从事动物疫病预防、检疫、监督检查、现场处理疫情以及在工作中接触动物疫病病原体的人员，有关单位应当按照国家规定采取有效的卫生防护措施和医疗保健措施。

# 第九章 法律责任

**第六十八条** 地方各级人民政府及其工作人员未依照本法规定

履行职责的，对直接负责的主管人员和其他直接责任人员依法给予处分。

**第六十九条** 县级以上人民政府兽医主管部门及其工作人员违反本法规定，有下列行为之一的，由本级人民政府责令改正，通报批评；对直接负责的主管人员和其他直接责任人员依法给予处分：

（一）未及时采取预防、控制、扑灭等措施的；

（二）对不符合条件的颁发动物防疫条件合格证、动物诊疗许可证，或者对符合条件的拒不颁发动物防疫条件合格证、动物诊疗许可证的；

（三）其他未依照本法规定履行职责的行为。

**第七十条** 动物卫生监督机构及其工作人员违反本法规定，有下列行为之一的，由本级人民政府或者兽医主管部门责令改正，通报批评；对直接负责的主管人员和其他直接责任人员依法给予处分：

（一）对未经现场检疫或者检疫不合格的动物、动物产品出具检疫证明、加施检疫标志，或者对检疫合格的动物、动物产品拒不出具检疫证明、加施检疫标志的；

（二）对附有检疫证明、检疫标志的动物、动物产品重复检疫的；

（三）从事与动物防疫有关的经营性活动，或者在国务院财政部门、物价主管部门规定外加收费用、重复收费的；

（四）其他未依照本法规定履行职责的行为。

**第七十一条** 动物疫病预防控制机构及其工作人员违反本法规定，有下列行为之一的，由本级人民政府或者兽医主管部门责令改正，通报批评；对直接负责的主管人员和其他直接责任人员依法给予处分：

（一）未履行动物疫病监测、检测职责或者伪造监测、检测结果的；

（二）发生动物疫情时未及时进行诊断、调查的；

（三）其他未依照本法规定履行职责的行为。

**第七十二条** 地方各级人民政府、有关部门及其工作人员瞒报、谎报、迟报、漏报或者授意他人瞒报、谎报、迟报动物疫情，或者阻碍他人报告动物疫情的，由上级人民政府或者有关部门责令改正，通报批评；对直接负责的主管人员和其他直接责任人员依法给予处分。

**第七十三条** 违反本法规定，有下列行为之一的，由动物卫生监督机构责令改正，给予警告；拒不改正的，由动物卫生监督机构代作处理，所需处理费用由违法行为人承担，可以处一千元以下罚款：

（一）对饲养的动物不按照动物疫病强制免疫计划进行免疫接种的；

（二）种用、乳用动物未经检测或者经检测不合格而不按照规定处理的；

（三）动物、动物产品的运载工具在装载前和卸载后没有及时清洗、消毒的。

**第七十四条** 违反本法规定，对经强制免疫的动物未按照国务院兽医主管部门规定建立免疫档案、加施畜禽标识的，依照《中华人民共和国畜牧法》的有关规定处罚。

**第七十五条** 违反本法规定，不按照国务院兽医主管部门规定处置染疫动物及其排泄物，染疫动物产品，病死或者死因不明的动物尸体，运载工具中的动物排泄物以及垫料、包装物、容器等污染物以及其他经检疫不合格的动物、动物产品的，由动物卫生监督机构责令无害化处理，所需处理费用由违法行为人承担，可以处三千元以下罚款。

**第七十六条** 违反本法第二十五条规定，屠宰、经营、运输动物或者生产、经营、加工、贮藏、运输动物产品的，由动物卫生监督机构责令改正、采取补救措施，没收违法所得和动物、动物产品，并处同类检疫合格动物、动物产品货值金额一倍以上五倍以下罚款；其中依法应当检疫而未检疫的，依照本法第七十八条的规定处罚。

**第七十七条** 违反本法规定，有下列行为之一的，由动物卫生监督机构责令改正，处一千元以上一万元以下罚款；情节严重的，处一万元以上十万元以下罚款：

（一）兴办动物饲养场（养殖小区）和隔离场所，动物屠宰加工场所，以及动物和动物产品无害化处理场所，未取得动物防疫条件合格证的；

（二）未办理审批手续，跨省、自治区、直辖市引进乳用动物、种用动物及其精液、胚胎、种蛋的；

（三）未经检疫，向无规定动物疫病区输入动物、动物产品的。

**第七十八条** 违反本法规定，屠宰、经营、运输的动物未附有检疫证明，经营和运输的动物产品未附有检疫证明、检疫标志的，由动物卫生监督机构责令改正，处同类检疫合格动物、动物产品货值金额百分之十以上百分之五十以下罚款；对货主以外的承运人处运输费用一倍以上三倍以下罚款。

违反本法规定，参加展览、演出和比赛的动物未附有检疫证明的，由动物卫生监督机构责令改正，处一千元以上三千元以下罚款。

**第七十九条** 违反本法规定，转让、伪造或者变造检疫证明、检疫标志或者畜禽标识的，由动物卫生监督机构没收违法所得，收缴检疫证明、检疫标志或者畜禽标识，并处三千元以上三万元以下罚款。

**第八十条** 违反本法规定，有下列行为之一的，由动物卫生监督机构责令改正，处一千元以上一万元以下罚款：

（一）不遵守县级以上人民政府及其兽医主管部门依法作出的有关控制、扑灭动物疫病规定的；

（二）藏匿、转移、盗掘已被依法隔离、封存、处理的动物和动物产品的；

（三）发布动物疫情的。

**第八十一条** 违反本法规定，未取得动物诊疗许可证从事动物诊疗活动的，由动物卫生监督机构责令停止诊疗活动，没收违法所得；违法所得在三万元以上的，并处违法所得一倍以上三倍以下罚款；没有违法所得或者违法所得不足三万元的，并处三千元以上三万元以下罚款。

动物诊疗机构违反本法规定，造成动物疫病扩散的，由动物卫生监督机构责令改正，处一万元以上五万元以下罚款；情节严重的，由发证机关吊销动物诊疗许可证。

**第八十二条**　违反本法规定，未经兽医执业注册从事动物诊疗活动的，由动物卫生监督机构责令停止动物诊疗活动，没收违法所得，并处一千元以上一万元以下罚款。

执业兽医有下列行为之一的，由动物卫生监督机构给予警告，责令暂停六个月以上一年以下动物诊疗活动；情节严重的，由发证机关吊销注册证书：

（一）违反有关动物诊疗的操作技术规范，造成或者可能造成动物疫病传播、流行的；

（二）使用不符合国家规定的兽药和兽医器械的；

（三）不按照当地人民政府或者兽医主管部门要求参加动物疫病预防、控制和扑灭活动的。

**第八十三条**　违反本法规定，从事动物疫病研究与诊疗和动物饲养、屠宰、经营、隔离、运输，以及动物产品生产、经营、加工、贮藏等活动的单位和个人，有下列行为之一的，由动物卫生监督机构责令改正；拒不改正的，对违法行为单位处一千元以上一万元以下罚款，对违法行为个人可以处五百元以下罚款：

（一）不履行动物疫情报告义务的；

（二）不如实提供与动物防疫活动有关资料的；

（三）拒绝动物卫生监督机构进行监督检查的；

（四）拒绝动物疫病预防控制机构进行动物疫病监测、检测的。

**第八十四条**　违反本法规定，构成犯罪的，依法追究刑事责任。

违反本法规定，导致动物疫病传播、流行等，给他人人身、财产造成损害的，依法承担民事责任。

# 第十章　附　　则

**第八十五条**　本法自 2008 年 1 月 1 日起施行。

# 中华人民共和国畜牧法

（2005 年 12 月 29 日第十届全国人民代表大会常务委员会第十九次会议通过 2005 年 12 月 29 日中华人民共和国主席令第四十五号公布 自 2006 年 7 月 1 日起施行 根据 2015 年 4 月 24 日第十二届全国人民代表大会常务委员会第十四次会议《关于修改〈中华人民共和国计量法〉等五部法律的决定》修订）

## 目　　录

## 第一章　总　　则

**第一条**　为了规范畜牧业生产经营行为，保障畜禽产品质量安全，保护和合理利用畜禽遗传资源，维护畜牧业生产经营者的合法权益，促进畜牧业持续健康发展，制定本法。

**第二条**　在中华人民共和国境内从事畜禽的遗传资源保护利用、繁育、饲养、经营、运输等活动，适用本法。

本法所称畜禽，是指列入依照本法第十一条规定公布的畜禽遗传资源目录的畜禽。

蜂、蚕的资源保护利用和生产经营，适用本法有关规定。

**第三条** 国家支持畜牧业发展，发挥畜牧业在发展农业、农村经济和增加农民收入中的作用。县级以上人民政府应当采取措施，加强畜牧业基础设施建设，鼓励和扶持发展规模化养殖，推进畜牧产业化经营，提高畜牧业综合生产能力，发展优质、高效、生态、安全的畜牧业。

国家帮助和扶持少数民族地区、贫困地区畜牧业的发展，保护和合理利用草原，改善畜牧业生产条件。

**第四条** 国家采取措施，培养畜牧兽医专业人才，发展畜牧兽医科学技术研究和推广事业，开展畜牧兽医科学技术知识的教育宣传工作和畜牧兽医信息服务，推进畜牧业科技进步。

**第五条** 畜牧业生产经营者可以依法自愿成立行业协会，为成员提供信息、技术、营销、培训等服务，加强行业自律，维护成员和行业利益。

**第六条** 畜牧业生产经营者应当依法履行动物防疫和环境保护义务，接受有关主管部门依法实施的监督检查。

**第七条** 国务院畜牧兽医行政主管部门负责全国畜牧业的监督管理工作。县级以上地方人民政府畜牧兽医行政主管部门负责本行政区域内的畜牧业监督管理工作。

县级以上人民政府有关主管部门在各自的职责范围内，负责有关促进畜牧业发展的工作。

**第八条** 国务院畜牧兽医行政主管部门应当指导畜牧业生产经营者改善畜禽繁育、饲养、运输的条件和环境。

# 第二章 畜禽遗传资源保护

**第九条** 国家建立畜禽遗传资源保护制度。各级人民政府应当采取措施，加强畜禽遗传资源保护，畜禽遗传资源保护经费列入财政预算。

畜禽遗传资源保护以国家为主，鼓励和支持有关单位、个人依法发展畜禽遗传资源保护事业。

第十条　国务院畜牧兽医行政主管部门设立由专业人员组成的国家畜禽遗传资源委员会，负责畜禽遗传资源的鉴定、评估和畜禽新品种、配套系的审定，承担畜禽遗传资源保护和利用规划论证及有关畜禽遗传资源保护的咨询工作。

第十一条　国务院畜牧兽医行政主管部门负责组织畜禽遗传资源的调查工作，发布国家畜禽遗传资源状况报告，公布经国务院批准的畜禽遗传资源目录。

第十二条　国务院畜牧兽医行政主管部门根据畜禽遗传资源分布状况，制定全国畜禽遗传资源保护和利用规划，制定并公布国家级畜禽遗传资源保护名录，对原产我国的珍贵、稀有、濒危的畜禽遗传资源实行重点保护。

省级人民政府畜牧兽医行政主管部门根据全国畜禽遗传资源保护和利用规划及本行政区域内畜禽遗传资源状况，制定和公布省级畜禽遗传资源保护名录，并报国务院畜牧兽医行政主管部门备案。

第十三条　国务院畜牧兽医行政主管部门根据全国畜禽遗传资源保护和利用规划及国家级畜禽遗传资源保护名录，省级人民政府畜牧兽医行政主管部门根据省级畜禽遗传资源保护名录，分别建立或者确定畜禽遗传资源保种场、保护区和基因库，承担畜禽遗传资源保护任务。

享受中央和省级财政资金支持的畜禽遗传资源保种场、保护区和基因库，未经国务院畜牧兽医行政主管部门或者省级人民政府畜牧兽医行政主管部门批准，不得擅自处理受保护的畜禽遗传资源。

畜禽遗传资源基因库应当按照国务院畜牧兽医行政主管部门或者省级人民政府畜牧兽医行政主管部门的规定，定期采集和更新畜禽遗传材料。有关单位、个人应当配合畜禽遗传资源基因库采集畜禽遗传材料，并有权获得适当的经济补偿。

畜禽遗传资源保种场、保护区和基因库的管理办法由国务院畜牧兽医行政主管部门制定。

第十四条　新发现的畜禽遗传资源在国家畜禽遗传资源委员会鉴定前，省级人民政府畜牧兽医行政主管部门应当制定保护方案，采取临时保护措施，并报国务院畜牧兽医行政主管部门备案。

第十五条　从境外引进畜禽遗传资源的，应当向省级人民政府畜牧兽医行政主管部门提出申请；受理申请的畜牧兽医行政主管部门经审核，报国务院畜牧兽医行政主管部门经评估论证后批准。经批准的，依照《中华人民共和国进出境动植物检疫法》的规定办理相关手续并实施检疫。

从境外引进的畜禽遗传资源被发现对境内畜禽遗传资源、生态环境有危害或者可能产生危害的，国务院畜牧兽医行政主管部门应当商有关主管部门，采取相应的安全控制措施。

**第十六条** 向境外输出或者在境内与境外机构、个人合作研究利用列入保护名录的畜禽遗传资源的，应当向省级人民政府畜牧兽医行政主管部门提出申请，同时提出国家共享惠益的方案；受理申请的畜牧兽医行政主管部门经审核，报国务院畜牧兽医行政主管部门批准。

向境外输出畜禽遗传资源的，还应当依照《中华人民共和国进出境动植物检疫法》的规定办理相关手续并实施检疫。

新发现的畜禽遗传资源在国家畜禽遗传资源委员会鉴定前，不得向境外输出，不得与境外机构、个人合作研究利用。

**第十七条** 畜禽遗传资源的进出境和对外合作研究利用的审批办法由国务院规定。

# 第三章　种畜禽品种选育与生产经营

**第十八条** 国家扶持畜禽品种的选育和优良品种的推广使用，支持企业、院校、科研机构和技术推广单位开展联合育种，建立畜禽良种繁育体系。

**第十九条** 培育的畜禽新品种、配套系和新发现的畜禽遗传资源在推广前，应当通过国家畜禽遗传资源委员会审定或者鉴定，并由国务院畜牧兽医行政主管部门公告。畜禽新品种、配套系的审定办法和畜禽遗传资源的鉴定办法，由国务院畜牧兽医行政主管部门制定。审定或者鉴定所需的试验、检测等费用由申请者承担，收费办法由国务院财政、价格部门会同国务院畜牧兽医行政主管部门制定。

培育新的畜禽品种、配套系进行中间试验，应当经试验所在地省级人民政府畜牧兽医行政主管部门批准。

畜禽新品种、配套系培育者的合法权益受法律保护。

**第二十条** 转基因畜禽品种的培育、试验、审定和推广，应当符合国家有关农业转基因生物管理的规定。

**第二十一条** 省级以上畜牧兽医技术推广机构可以组织开展种畜优良个体登记，向社会推荐优良种畜。优良种畜登记规则由国务院畜牧兽医行政主管部门制定。

**第二十二条** 从事种畜禽生产经营或者生产商品代仔畜、雏禽的单位、个人，应当取得种畜禽生产经营许可证。

申请取得种畜禽生产经营许可证，应当具备下列条件：

（一）生产经营的种畜禽必须是通过国家畜禽遗传资源委员会审定或者鉴定的品种、配套系，或者是经批准引进的境外品种、配套系；

（二）有与生产经营规模相适应的畜牧兽医技术人员；

（三）有与生产经营规模相适应的繁育设施设备；

（四）具备法律、行政法规和国务院畜牧兽医行政主管部门规定的种畜禽防疫条件；

（五）有完善的质量管理和育种记录制度；

（六）具备法律、行政法规规定的其他条件。

**第二十三条** 申请取得生产家畜卵子、冷冻精液、胚胎等遗传材料的生产经营许可证，除应当符合本法第二十二条第二款规定的条件外，还应当具备下列条件：

（一）符合国务院畜牧兽医行政主管部门规定的实验室、保存和运输条件；

（二）符合国务院畜牧兽医行政主管部门规定的种畜数量和质量要求；

（三）体外授精取得的胚胎、使用的卵子来源明确，供体畜符合国家规定的种畜健康标准和质量要求；

（四）符合国务院畜牧兽医行政主管部门规定的其他技术要求。

**第二十四条** 申请取得生产家畜卵子、冷冻精液、胚胎等遗传材料的生产经营许可证，应当向省级人民政府畜牧兽医行政主管部门提出申请。受理申请的畜牧兽医行政主管部门应当自收到申请之日起六十个工作日内依法决定是否发给生产经营许可证。

其他种畜禽的生产经营许可证由县级以上地方人民政府畜牧兽医行政主管部门审核发放，具体审核发放办法由省级人民政府规定。

种畜禽生产经营许可证样式由国务院畜牧兽医行政主管部门制定，许可证有效期为三年。发放种畜禽生产经营许可证可以收取工本费，具体收费管理办法由国务院财政、价格部门制定。

**第二十五条** 种畜禽生产经营许可证应当注明生产经营者名称、场（厂）址、生产经营范围及许可证有效期的起止日期等。

禁止任何单位、个人无种畜禽生产经营许可证或者违反种畜禽生产经营许可证的规定生产经营种畜禽。禁止伪造、变造、转让、租借种畜禽生产经营许可证。

**第二十六条** 农户饲养的种畜禽用于自繁自养和有少量剩余仔畜、雏禽出售的，农户饲养种公畜进行互助配种的，不需要办理种畜禽生产经营许可证。

**第二十七条** 专门从事家畜人工授精、胚胎移植等繁殖工作的人员，应当取得相应的国家职业资格证书。

**第二十八条** 发布种畜禽广告的，广告主应当提供种畜禽生产经营许可证和营业执照。广告内容应当符合有关法律、行政法规的规定，并注明种畜禽品种、配套系的审定或者鉴定名称；对主要性状的描述应当符合该品种、配套系的标准。

**第二十九条** 销售的种畜禽和家畜配种站（点）使用的种公畜，必须符合种用标准。销售种畜禽时，应当附具种畜禽场出具的种畜禽合格证明、动物防疫监督机构出具的检疫合格证明，销售的种畜还应当附具种畜禽场出具的家畜系谱。

生产家畜卵子、冷冻精液、胚胎等遗传材料，应当有完整的采集、销售、移植等记录，记录应当保存二年。

**第三十条** 销售种畜禽，不得有下列行为：

（一）以其他畜禽品种、配套系冒充所销售的种畜禽品种、配套系；

（二）以低代别种畜禽冒充高代别种畜禽；

（三）以不符合种用标准的畜禽冒充种畜禽；

（四）销售未经批准进口的种畜禽；

（五）销售未附具本法第二十九条规定的种畜禽合格证明、检疫合格证明的种畜禽或者未附具家畜系谱的种畜；

（六）销售未经审定或者鉴定的种畜禽品种、配套系。

**第三十一条** 申请进口种畜禽的，应当持有种畜禽生产经营许可证。进口种畜禽的批准文件有效期为六个月。

进口的种畜禽应当符合国务院畜牧兽医行政主管部门规定的技术要求。首次进口的种畜禽还应当由国家畜禽遗传资源委员会进行种用性能的评估。

种畜禽的进出口管理除适用前两款的规定外，还适用本法第十五条和第十六条的相关规定。

国家鼓励畜禽养殖者对进口的畜禽进行新品种、配套系的选育；选育的新品种、配套系在推广前，应当经国家畜禽遗传资源委员会审定。

**第三十二条** 种畜禽场和孵化场（厂）销售商品代仔畜、雏禽的，应当向购买者提供其销售的商品代仔畜、雏禽的主要生产性能指标、免疫情况、饲养技术要求和有关咨询服务，并附具动物防疫监督机构出具的检疫合格证明。

销售种畜禽和商品代仔畜、雏禽，因质量问题给畜禽养殖者造成损失的，应当依法赔偿损失。

**第三十三条** 县级以上人民政府畜牧兽医行政主管部门负责种畜禽质量安全的监督管理工作。种畜禽质量安全的监督检验应当委托具有法定资质的种畜禽质量检验机构进行；所需检验费用按照国务院规定列支，不得向被检验人收取。

**第三十四条** 蚕种的资源保护、新品种选育、生产经营和推广适用本法有关规定，具体管理办法由国务院农业行政主管部门制定。

# 第四章　畜禽养殖

**第三十五条** 县级以上人民政府畜牧兽医行政主管部门应当根据畜牧业发展规划和市场需求，引导和支持畜牧业结构调整，发展优势畜禽生产，提高畜禽产品市场竞争力。

国家支持草原牧区开展草原围栏、草原水利、草原改良、饲草饲料基地等草原基本建设，优化畜群结构，改良牲畜品种，转变生产方式，发展舍饲圈养、划区轮牧，逐步实现畜草平衡，改善草原生态环境。

**第三十六条** 国务院和省级人民政府应当在其财政预算内安排支持畜牧业发展的良种补贴、贴息补助等资金，并鼓励有关金融机构通过提供贷款、保险服务等形式，支持畜禽养殖者购买优良畜禽、繁育良种、改善生产设施、扩大养殖规模，提高养殖效益。

**第三十七条** 国家支持农村集体经济组织、农民和畜牧业合作经济组织建立畜禽养殖场、养殖小区，发展规模化、标准化养殖。乡（镇）土地利用总体规划应当根据本地实际情况安排畜禽养殖用地。农村集体经济组织、农民、畜牧业合作经济组织按照乡（镇）土地利用总体规划建立的畜禽养殖场、养殖小区用地按农业用地管理。畜禽养殖场、养殖小区用地使用权期限届满，需要恢复为原用途的，由畜禽养殖场、养殖小区土地使用权人负责恢复。在畜禽养殖场、养殖小区用地范围内需要兴建永久性建（构）筑物，涉及农用地转用的，依照《中华人民共和国土地管理法》的规定办理。

**第三十八条** 国家设立的畜牧兽医技术推广机构，应当向农民提供畜禽养殖技术培训、良种推广、疫病防治等服务。县级以上人民政府应当保障国家设立的畜牧兽医技术推广机构从事公益性技术服务的工作经费。

国家鼓励畜禽产品加工企业和其他相关生产经营者为畜禽养殖者提供所需的服务。

**第三十九条** 畜禽养殖场、养殖小区应当具备下列条件：

（一）有与其饲养规模相适应的生产场所和配套的生产设施；

（二）有为其服务的畜牧兽医技术人员；

（三）具备法律、行政法规和国务院畜牧兽医行政主管部门规定的防疫条件；

（四）有对畜禽粪便、废水和其他固体废弃物进行综合利用的沼气池等设施或者其他无害化处理设施；

（五）具备法律、行政法规规定的其他条件。

养殖场、养殖小区兴办者应当将养殖场、养殖小区的名称、养殖地址、畜禽品种和养殖规模，向养殖场、养殖小区所在地县级人民政府畜牧兽医行政主管部门备案，取得畜禽标识代码。

省级人民政府根据本行政区域畜牧业发展状况制定畜禽养殖场、养殖小区的规模标准和备案程序。

**第四十条** 禁止在下列区域内建设畜禽养殖场、养殖小区：

（一）生活饮用水的水源保护区，风景名胜区，以及自然保护区的核心区和缓冲区；

（二）城镇居民区、文化教育科学研究区等人口集中区域；

（三）法律、法规规定的其他禁养区域。

**第四十一条** 畜禽养殖场应当建立养殖档案，载明以下内容：

（一）畜禽的品种、数量、繁殖记录、标识情况、来源和进出场日期；

（二）饲料、饲料添加剂、兽药等投入品的来源、名称、使用对象、时间和用量；

（三）检疫、免疫、消毒情况；

（四）畜禽发病、死亡和无害化处理情况；

（五）国务院畜牧兽医行政主管部门规定的其他内容。

**第四十二条** 畜禽养殖场应当为其饲养的畜禽提供适当的繁殖条件和生存、生长环境。

**第四十三条** 从事畜禽养殖，不得有下列行为：

（一）违反法律、行政法规的规定和国家技术规范的强制性要求使用饲料、饲料添加剂、兽药；

（二）使用未经高温处理的餐馆、食堂的泔水饲喂家畜；

（三）在垃圾场或者使用垃圾场中的物质饲养畜禽；

（四）法律、行政法规和国务院畜牧兽医行政主管部门规定的危害人和畜禽健康的其他行为。

**第四十四条** 从事畜禽养殖，应当依照《中华人民共和国动物防疫法》的规定，做好畜禽疫病的防治工作。

**第四十五条** 畜禽养殖者应当按照国家关于畜禽标识管理的规定，在应当加施标识的畜禽的指定部位加施标识。畜牧兽医行政主管部门提供标识不得收费，所需费用列入省级人民政府财政预算。

畜禽标识不得重复使用。

**第四十六条** 畜禽养殖场、养殖小区应当保证畜禽粪便、废水及其他固体废弃物综合利用或者无害化处理设施的正常运转，保证污染物达标排放，防止污染环境。

畜禽养殖场、养殖小区违法排放畜禽粪便、废水及其他固体废弃物，造成环境污染危害的，应当排除危害，依法赔偿损失。

国家支持畜禽养殖场、养殖小区建设畜禽粪便、废水及其他固体废弃物的综合利用设施。

**第四十七条** 国家鼓励发展养蜂业，维护养蜂生产者的合法权益。

有关部门应当积极宣传和推广蜜蜂授粉农艺措施。

**第四十八条** 养蜂生产者在生产过程中，不得使用危害蜂产品质量安全的药品和容器，确保蜂产品质量。养蜂器具应当符合国家技术规范的强制性要求。

**第四十九条** 养蜂生产者在转地放蜂时，当地公安、交通运输、畜牧兽医等有关部门应当为其提供必要的便利。

养蜂生产者在国内转地放蜂，凭国务院畜牧兽医行政主管部门统一格式印制的检疫合格证明运输蜂群，在检疫合格证明有效期内不得重复检疫。

# 第五章　畜禽交易与运输

**第五十条** 县级以上人民政府应当促进开放统一、竞争有序的畜禽交易市场建设。

县级以上人民政府畜牧兽医行政主管部门和其他有关主管部门应当组织搜集、整理、发布畜禽产销信息，为生产者提供信息服务。

**第五十一条** 县级以上地方人民政府根据农产品批发市场发展规划，对在畜禽集散地建立畜禽批发市场给予扶持。

畜禽批发市场选址，应当符合法律、行政法规和国务院畜牧兽医行政主管部门规定的动物防疫条件，并距离种畜禽场和大型畜禽养殖场三公里以外。

**第五十二条** 进行交易的畜禽必须符合国家技术规范的强制性要求。

国务院畜牧兽医行政主管部门规定应当加施标识而没有标识的畜禽，不得销售和收购。

**第五十三条** 运输畜禽，必须符合法律、行政法规和国务院畜牧兽医行政主管部门规定的动物防疫条件，采取措施保护畜禽安全，并为运输的畜禽提供必要的空间和饲喂饮水条件。

有关部门对运输中的畜禽进行检查，应当有法律、行政法规的依据。

## 第六章　质量安全保障

**第五十四条** 县级以上人民政府应当组织畜牧兽医行政主管部门和其他有关主管部门，依照本法和有关法律、行政法规的规定，加强对畜禽饲养环境、种畜禽质量、饲料和兽药等投入品的使用以及畜禽交易与运输的监督管理。

**第五十五条** 国务院畜牧兽医行政主管部门应当制定畜禽标识和养殖档案管理办法，采取措施落实畜禽产品质量责任追究制度。

**第五十六条** 县级以上人民政府畜牧兽医行政主管部门应当制定畜禽质量安全监督检查计划，按计划开展监督抽查工作。

**第五十七条** 省级以上人民政府畜牧兽医行政主管部门应当组织制定畜禽生产规范，指导畜禽的安全生产。

## 第七章　法律责任

**第五十八条** 违反本法第十三条第二款规定，擅自处理受保护的畜禽遗传资源，造成畜禽遗传资源损失的，由省级以上人民政府畜牧兽医行政主管部门处五万元以上五十万元以下罚款。

**第五十九条** 违反本法有关规定，有下列行为之一的，由省级以上人民政府畜牧兽医行政主管部门责令停止违法行为，没收畜禽遗传资源和违法所得，并处一万元以上五万元以下罚款：

（一）未经审核批准，从境外引进畜禽遗传资源的；

（二）未经审核批准，在境内与境外机构、个人合作研究利用列入保护名录的畜禽遗传资源的；

（三）在境内与境外机构、个人合作研究利用未经国家畜禽遗传资源委员会鉴定的新发现的畜禽遗传资源的。

**第六十条** 未经国务院畜牧兽医行政主管部门批准，向境外输出畜禽遗传资源的，依照《中华人民共和国海关法》的有关规定追究法律责任。海关应当将扣留的畜禽遗传资源移送省级人民政府畜牧兽医行政主管部门处理。

**第六十一条** 违反本法有关规定，销售、推广未经审定或者鉴定的畜禽品种的，由县级以上人民政府畜牧兽医行政主管部门责令停止违法行为，没收畜禽和违法所得；违法所得在五万元以上的，并处违法所得一倍以上三倍以下罚款；没有违法所得或者违法所得不足五万元的，并处五千元以上五万元以下罚款。

**第六十二条** 违反本法有关规定，无种畜禽生产经营许可证或者违反种畜禽生产经营许可证的规定生产经营种畜禽的，转让、租借种畜禽生产经营许可证的，由县级以上人民政府畜牧兽医行政主管部门责令停止违法行为，没收违法所得；违法所得在三万元以上的，并处违法所得一倍以上三倍以下罚款；没有违法所得或者违法所得不足三万元的，并处三千元以上三万元以下罚款。违反种畜禽生产经营许可证的规定生产经营种畜禽或者转让、租借种畜禽生产经营许可证，情节严重的，并处吊销种畜禽生产经营许可证。

**第六十三条** 违反本法第二十八条规定的，依照《中华人民共和国广告法》的有关规定追究法律责任。

**第六十四条** 违反本法有关规定，使用的种畜禽不符合种用标准的，由县级以上地方人民政府畜牧兽医行政主管部门责令停止违法行为，没收违法所得；违法所得在五千元以上的，并处违法所得一倍以上二倍以下罚款；没有违法所得或者违法所得不足五千元的，并处一千元以上五千元以下罚款。

**第六十五条** 销售种畜禽有本法第三十条第一项至第四项违法行为之一的，由县级以上人民政府畜牧兽医行政主管部门或者工商行政管理部门责令停止销售，没收违法销售的畜禽和违法所得；违法所得在五万元以上的，并处违法所得一倍以上五倍以下罚款；没有违法所得或者违法所得不足五万元的，并处五千元以上五万元以下罚款；情节严重的，并处吊销种畜禽生产经营许可证或者营业执照。

**第六十六条** 违反本法第四十一条规定，畜禽养殖场未建立养殖档案的，或者未按照规定保存养殖档案的，由县级以上人民政府畜牧兽医行政主管部门责令限期改正，可以处一万元以下罚款。

**第六十七条** 违反本法第四十三条规定养殖畜禽的，依照有关法律、行政法规的规定处罚。

**第六十八条** 违反本法有关规定，销售的种畜禽未附具种畜禽合格证明、检疫合格证明、家畜系谱的，销售、收购国务院畜牧兽医行政主管部门规定应当加施标识而没有标识的畜禽的，或者重复使用畜禽标识的，由县级以上地方人民政府畜牧兽医行政主管部门或者工商行政管理部门责令改正，可以处二千元以下罚款。

违反本法有关规定，使用伪造、变造的畜禽标识的，由县级以上人民政府畜牧兽医行政主管部门没收伪造、变造的畜禽标识和违法所得，并处三千元以上三万元以下罚款。

**第六十九条** 销售不符合国家技术规范的强制性要求的畜禽的，由县级以上地方人民政府畜牧兽医行政主管部门或者工商行政管理部门责令停止违法行为，没收违法销售的畜禽和违法所得，并处违法所得一倍以上三倍以下罚款；情节严重的，由工商行政管理部门并处吊销营业执照。

**第七十条** 畜牧兽医行政主管部门的工作人员利用职务上的便利，收受他人财物或者谋取其他利益，对不符合法定条件的单位、个人核发许可证或者有关批准文件，不履行监督职责，或者发现违法行为不予查处的，依法给予行政处分。

**第七十一条** 违反本法规定，构成犯罪的，依法追究刑事责任。

# 第八章 附 则

**第七十二条** 本法所称畜禽遗传资源，是指畜禽及其卵子（蛋）、胚胎、精液、基因物质等遗传材料。

本法所称种畜禽，是指经过选育、具有种用价值、适于繁殖后代的畜禽及其卵子（蛋）、胚胎、精液等。

**第七十三条** 本法自 2006 年 7 月 1 日起施行。

# 重大动物疫情应急条例

（2005 年 11 月 16 日国务院第 113 次常务会议通过 2005 年 11 月 18 日中华人民共和国国务院令第 450 号公布 自公布之日起施行）

## 目　　录

# 第一章　总　　则

**第一条**　为了迅速控制、扑灭重大动物疫情，保障养殖业生产安全，保护公众身体健康与生命安全，维护正常的社会秩序，根据《中华人民共和国动物防疫法》，制定本条例。

**第二条**　本条例所称重大动物疫情，是指高致病性禽流感等发病率或者死亡率高的动物疫病突然发生，迅速传播，给养殖业生产安全造成严重威胁、危害，以及可能对公众身体健康与生命安全造成危害的情形，包括特别重大动物疫情。

**第三条**　重大动物疫情应急工作应当坚持加强领导、密切配合，依靠科学、依法防治，群防群控、果断处置的方针，及时发现，快速反应，严格处理，减少损失。

**第四条**　重大动物疫情应急工作按照属地管理的原则，实行政府统一领导、部门分工负责，逐级建立责任制。

县级以上人民政府兽医主管部门具体负责组织重大动物疫情的监测、调查、控制、扑灭等应急工作。

县级以上人民政府林业主管部门、兽医主管部门按照职责分工，加强对陆生野生动物疫源疫病的监测。

县级以上人民政府其他有关部门在各自的职责范围内，做好重大动物疫情的应急工作。

**第五条** 出入境检验检疫机关应当及时收集境外重大动物疫情信息，加强进出境动物及其产品的检验检疫工作，防止动物疫病传入和传出。兽医主管部门要及时向出入境检验检疫机关通报国内重大动物疫情。

**第六条** 国家鼓励、支持开展重大动物疫情监测、预防、应急处理等有关技术的科学研究和国际交流与合作。

**第七条** 县级以上人民政府应当对参加重大动物疫情应急处理的人员给予适当补助，对作出贡献的人员给予表彰和奖励。

**第八条** 对不履行或者不按照规定履行重大动物疫情应急处理职责的行为，任何单位和个人有权检举控告。

# 第二章 应急准备

**第九条** 国务院兽医主管部门应当制定全国重大动物疫情应急预案，报国务院批准，并按照不同动物疫病病种及其流行特点和危害程度，分别制定实施方案，报国务院备案。

县级以上地方人民政府根据本地区的实际情况，制定本行政区域的重大动物疫情应急预案，报上一级人民政府兽医主管部门备案。县级以上地方人民政府兽医主管部门，应当按照不同动物疫病病种及其流行特点和危害程度，分别制定实施方案。

重大动物疫情应急预案及其实施方案应当根据疫情的发展变化和实施情况，及时修改、完善。

**第十条** 重大动物疫情应急预案主要包括下列内容：

（一）应急指挥部的职责、组成以及成员单位的分工；

（二）重大动物疫情的监测、信息收集、报告和通报；

（三）动物疫病的确认、重大动物疫情的分级和相应的应急处理工作方案；

（四）重大动物疫情疫源的追踪和流行病学调查分析；

（五）预防、控制、扑灭重大动物疫情所需资金的来源、物资和技术的储备与调度；

（六）重大动物疫情应急处理设施和专业队伍建设。

**第十一条** 国务院有关部门和县级以上地方人民政府及其有关部门，应当根据重大动物疫情应急预案的要求，确保应急处理所需的疫苗、药品、设施设备和防护用品等物资的储备。

**第十二条** 县级以上人民政府应当建立和完善重大动物疫情监测网络和预防控制体系，加强动物防疫基础设施和乡镇动物防疫组织建设，并保证其正常运行，提高对重大动物疫情的应急处理能力。

**第十三条** 县级以上地方人民政府根据重大动物疫情应急需要，可以成立应急预备队，在重大动物疫情应急指挥部的指挥下，具体承担疫情的控制和扑灭任务。

应急预备队由当地兽医行政管理人员、动物防疫工作人员、有关专家、执业兽医等组成；必要时，可以组织动员社会上有一定专业知识的人员参加。公安机关、中国人民武装警察部队应当依法协助其执行任务。

应急预备队应当定期进行技术培训和应急演练。

**第十四条** 县级以上人民政府及其兽医主管部门应当加强对重大动物疫情应急知识和重大动物疫病科普知识的宣传，增强全社会的重大动物疫情防范意识。

# 第三章　监测、报告和公布

**第十五条** 动物防疫监督机构负责重大动物疫情的监测，饲养、经营动物和生产、经营动物产品的单位和个人应当配合，不得拒绝和阻碍。

**第十六条** 从事动物隔离、疫情监测、疫病研究与诊疗、检验检疫以及动物饲养、屠宰加工、运输、经营等活动的有关单位和个人，发现动物出现群体发病或者死亡的，应当立即向所在地的县（市）动物防疫监督机构报告。

**第十七条** 县（市）动物防疫监督机构接到报告后，应当立即赶赴现场调查核实。初步认为属于重大动物疫情的，应当在2小时内将情况逐级报省、自治区、直辖市动物防疫监督机构，并同时报所在地人民政府兽医主管部门；兽医主管部门应当及时通报同级卫生主管部门。

省、自治区、直辖市动物防疫监督机构应当在接到报告后1小时内，向省、自治区、直辖市人民政府兽医主管部门和国务院兽医主管部门所属的动物防疫监督机构报告。

省、自治区、直辖市人民政府兽医主管部门应当在接到报告后1小时内报本级人民政府和国务院兽医主管部门。

重大动物疫情发生后，省、自治区、直辖市人民政府和国务院兽医主管部门应当在4小时内向国务院报告。

**第十八条** 重大动物疫情报告包括下列内容：

（一）疫情发生的时间、地点；

（二）染疫、疑似染疫动物种类和数量、同群动物数量、免疫情况、死亡数量、临床症状、病理变化、诊断情况；

（三）流行病学和疫源追踪情况；

（四）已采取的控制措施；

（五）疫情报告的单位、负责人、报告人及联系方式。

**第十九条** 重大动物疫情由省、自治区、直辖市人民政府兽医主管部门认定；必要时，由国务院兽医主管部门认定。

**第二十条** 重大动物疫情由国务院兽医主管部门按照国家规定的程序，及时准确公布；其他任何单位和个人不得公布重大动物疫情。

**第二十一条** 重大动物疫病应当由动物防疫监督机构采集病料，未经国务院兽医主管部门或者省、自治区、直辖市人民政府兽医主管部门批准，其他单位和个人不得擅自采集病料。

从事重大动物疫病病原分离的，应当遵守国家有关生物安全管理规定，防止病原扩散。

**第二十二条** 国务院兽医主管部门应当及时向国务院有关部门

和军队有关部门以及各省、自治区、直辖市人民政府兽医主管部门通报重大动物疫情的发生和处理情况。

第二十三条　发生重大动物疫情可能感染人群时，卫生主管部门应当对疫区内易受感染的人群进行监测，并采取相应的预防、控制措施。卫生主管部门和兽医主管部门应当及时相互通报情况。

第二十四条　有关单位和个人对重大动物疫情不得瞒报、谎报、迟报，不得授意他人瞒报、谎报、迟报，不得阻碍他人报告。

第二十五条　在重大动物疫情报告期间，有关动物防疫监督机构应当立即采取临时隔离控制措施；必要时，当地县级以上地方人民政府可以作出封锁决定并采取扑杀、销毁等措施。有关单位和个人应当执行。

# 第四章　应急处理

第二十六条　重大动物疫情发生后，国务院和有关地方人民政府设立的重大动物疫情应急指挥部统一领导、指挥重大动物疫情应急工作。

第二十七条　重大动物疫情发生后，县级以上地方人民政府兽医主管部门应当立即划定疫点、疫区和受威胁区，调查疫源，向本级人民政府提出启动重大动物疫情应急指挥系统、应急预案和对疫区实行封锁的建议，有关人民政府应当立即作出决定。

疫点、疫区和受威胁区的范围应当按照不同动物疫病病种及其流行特点和危害程度划定，具体划定标准由国务院兽医主管部门制定。

第二十八条　国家对重大动物疫情应急处理实行分级管理，按照应急预案确定的疫情等级，由有关人民政府采取相应的应急控制措施。

第二十九条　对疫点应当采取下列措施：

（一）扑杀并销毁染疫动物和易感染的动物及其产品；

（二）对病死的动物、动物排泄物、被污染饲料、垫料、污水进行无害化处理；

（三）对被污染的物品、用具、动物圈舍、场地进行严格消毒。

**第三十条** 对疫区应当采取下列措施：

（一）在疫区周围设置警示标志，在出入疫区的交通路口设置临时动物检疫消毒站，对出入的人员和车辆进行消毒；

（二）扑杀并销毁染疫和疑似染疫动物及其同群动物，销毁染疫和疑似染疫的动物产品，对其他易感染的动物实行圈养或者在指定地点放养，役用动物限制在疫区内使役；

（三）对易感染的动物进行监测，并按照国务院兽医主管部门的规定实施紧急免疫接种，必要时对易感染的动物进行扑杀；

（四）关闭动物及动物产品交易市场，禁止动物进出疫区和动物产品运出疫区；

（五）对动物圈舍、动物排泄物、垫料、污水和其他可能受污染的物品、场地，进行消毒或者无害化处理。

**第三十一条** 对受威胁区应当采取下列措施：

（一）对易感染的动物进行监测；

（二）对易感染的动物根据需要实施紧急免疫接种。

**第三十二条** 重大动物疫情应急处理中设置临时动物检疫消毒站以及采取隔离、扑杀、销毁、消毒、紧急免疫接种等控制、扑灭措施的，由有关重大动物疫情应急指挥部决定，有关单位和个人必须服从；拒不服从的，由公安机关协助执行。

**第三十三条** 国家对疫区、受威胁区内易感染的动物免费实施紧急免疫接种；对因采取扑杀、销毁等措施给当事人造成的已经证实的损失，给予合理补偿。紧急免疫接种和补偿所需费用，由中央财政和地方财政分担。

**第三十四条** 重大动物疫情应急指挥部根据应急处理需要，有权紧急调集人员、物资、运输工具以及相关设施、设备。

单位和个人的物资、运输工具以及相关设施、设备被征集使用的，有关人民政府应当及时归还并给予合理补偿。

**第三十五条** 重大动物疫情发生后，县级以上人民政府兽医主管部门应当及时提出疫点、疫区、受威胁区的处理方案，加强疫情监测、流行病学调查、疫源追踪工作，对染疫和疑似染疫动物及其同群动物和其他易感染动物的扑杀、销毁进行技术指导，并组织实施检验检疫、消毒、无害化处理和紧急免疫接种。

第三十六条　重大动物疫情应急处理中，县级以上人民政府有关部门应当在各自的职责范围内，做好重大动物疫情应急所需的物资紧急调度和运输、应急经费安排、疫区群众救济、人的疫病防治、肉食品供应、动物及其产品市场监管、出入境检验检疫和社会治安维护等工作。

中国人民解放军、中国人民武装警察部队应当支持配合驻地人民政府做好重大动物疫情的应急工作。

第三十七条　重大动物疫情应急处理中，乡镇人民政府、村民委员会、居民委员会应当组织力量，向村民、居民宣传动物疫病防治的相关知识，协助做好疫情信息的收集、报告和各项应急处理措施的落实工作。

第三十八条　重大动物疫情发生地的人民政府和毗邻地区的人民政府应当通力合作，相互配合，做好重大动物疫情的控制、扑灭工作。

第三十九条　有关人民政府及其有关部门对参加重大动物疫情应急处理的人员，应当采取必要的卫生防护和技术指导等措施。

第四十条　自疫区内最后一头（只）发病动物及其同群动物处理完毕起，经过一个潜伏期以上的监测，未出现新的病例的，彻底消毒后，经上一级动物防疫监督机构验收合格，由原发布封锁令的人民政府宣布解除封锁，撤销疫区；由原批准机关撤销在该疫区设立的临时动物检疫消毒站。

第四十一条　县级以上人民政府应当将重大动物疫情确认、疫区封锁、扑杀及其补偿、消毒、无害化处理、疫源追踪、疫情监测以及应急物资储备等应急经费列入本级财政预算。

# 第五章　法律责任

第四十二条　违反本条例规定，兽医主管部门及其所属的动物防疫监督机构有下列行为之一的，由本级人民政府或者上级人民政府有关部门责令立即改正、通报批评、给予警告；对主要负责人、负有责任的主管人员和其他责任人员，依法给予记大过、降级、撤职直至开除的行政处分；构成犯罪的，依法追究刑事责任：

（一）不履行疫情报告职责，瞒报、谎报、迟报或者授意他人瞒报、谎报、迟报，阻碍他人报告重大动物疫情的；

（二）在重大动物疫情报告期间，不采取临时隔离控制措施，导致动物疫情扩散的；

（三）不及时划定疫点、疫区和受威胁区，不及时向本级人民政府提出应急处理建议，或者不按照规定对疫点、疫区和受威胁区采取预防、控制、扑灭措施的；

（四）不向本级人民政府提出启动应急指挥系统、应急预案和对疫区的封锁建议的；

（五）对动物扑杀、销毁不进行技术指导或者指导不力，或者不组织实施检验检疫、消毒、无害化处理和紧急免疫接种的；

（六）其他不履行本条例规定的职责，导致动物疫病传播、流行，或者对养殖业生产安全和公众身体健康与生命安全造成严重危害的。

**第四十三条** 违反本条例规定，县级以上人民政府有关部门不履行应急处理职责，不执行对疫点、疫区和受威胁区采取的措施，或者对上级人民政府有关部门的疫情调查不予配合或者阻碍、拒绝的，由本级人民政府或者上级人民政府有关部门责令立即改正、通报批评、给予警告；对主要负责人、负有责任的主管人员和其他责任人员，依法给予记大过、降级、撤职直至开除的行政处分；构成犯罪的，依法追究刑事责任。

**第四十四条** 违反本条例规定，有关地方人民政府阻碍报告重大动物疫情，不履行应急处理职责，不按照规定对疫点、疫区和受威胁区采取预防、控制、扑灭措施，或者对上级人民政府有关部门的疫情调查不予配合或者阻碍、拒绝的，由上级人民政府责令立即改正、通报批评、给予警告；对政府主要领导人依法给予记大过、降级、撤职直至开除的行政处分；构成犯罪的，依法追究刑事责任。

**第四十五条** 截留、挪用重大动物疫情应急经费，或者侵占、挪用应急储备物资的，按照《财政违法行为处罚处分条例》的规定处理；构成犯罪的，依法追究刑事责任。

**第四十六条** 违反本条例规定，拒绝、阻碍动物防疫监督机构进行重大动物疫情监测，或者发现动物出现群体发病或者死亡，不向当地动物防疫监督机构报告的，由动物防疫监督机构给予警告，并处 2000 元以上 5000 元以下的罚款；构成犯罪的，依法追究刑事责任。

**第四十七条**　违反本条例规定，擅自采集重大动物疫病病料，或者在重大动物疫病病原分离时不遵守国家有关生物安全管理规定的，由动物防疫监督机构给予警告，并处 5000 元以下的罚款；构成犯罪的，依法追究刑事责任。

**第四十八条**　在重大动物疫情发生期间，哄抬物价、欺骗消费者，散布谣言、扰乱社会秩序和市场秩序的，由价格主管部门、工商行政管理部门或者公安机关依法给予行政处罚；构成犯罪的，依法追究刑事责任。

# 第六章　附　　则

**第四十九条**　本条例自公布之日起施行。

# 兽药管理条例

(2004 年 3 月 24 日国务院第 45 次常务会议通过
根据 2014 年 7 月 9 日国务院第 54 次常务会议《国务院
关于修改部分行政法规的决定》修正)

## 目　　录

## 第一章　总　　则

**第一条**　为了加强兽药管理，保证兽药质量，防治动物疾病，促进养殖业的发展，维护人体健康，制定本条例。

**第二条**　在中华人民共和国境内从事兽药的研制、生产、经营、进出口、使用和监督管理，应当遵守本条例。

**第三条**　国务院兽医行政管理部门负责全国的兽药监督管理工作。

县级以上地方人民政府兽医行政管理部门负责本行政区域内的兽药监督管理工作。

第四条　国家实行兽用处方药和非处方药分类管理制度。兽用处方药和非处方药分类管理的办法和具体实施步骤，由国务院兽医行政管理部门规定。

第五条　国家实行兽药储备制度。

发生重大动物疫情、灾情或者其他突发事件时，国务院兽医行政管理部门可以紧急调用国家储备的兽药；必要时，也可以调用国家储备以外的兽药。

# 第二章　新兽药研制

第六条　国家鼓励研制新兽药，依法保护研制者的合法权益。

第七条　研制新兽药，应当进行安全性评价。从事兽药安全性评价的单位应当遵守国务院兽医行政管理部门制定的兽药非临床研究质量管理规范和兽药临床试验质量管理规范。

省级以上人民政府兽医行政管理部门应当对兽药安全性评价单位是否符合兽药非临床研究质量管理规范和兽药临床试验质量管理规范的要求进行监督检查，并公布监督检查结果。

第八条　研制新兽药，应当在临床试验前向省、自治区、直辖市人民政府兽医行政管理部门提出申请，并附具该新兽药实验室阶段安全性评价报告及其他临床前研究资料；省、自治区、直辖市人民政府兽医行政管理部门应当自收到申请之日起 60 个工作日内将审查结果书面通知申请人。

研制的新兽药属于生物制品的，应当在临床试验前向国务院兽医行政管理部门提出申请，国务院兽医行政管理部门应当自收到申请之日起 60 个工作日内将审查结果书面通知申请人。

研制新兽药需要使用一类病原微生物的，还应当具备国务院兽医行政管理部门规定的条件，并在实验室阶段前报国务院兽医行政管理部门批准。

第九条　临床试验完成后，新兽药研制者向国务院兽医行政管理部门提出新兽药注册申请时，应当提交该新兽药的样品和下列资料：

（一）名称、主要成分、理化性质；

（二）研制方法、生产工艺、质量标准和检测方法；

（三）药理和毒理试验结果、临床试验报告和稳定性试验报告；

（四）环境影响报告和污染防治措施。

研制的新兽药属于生物制品的，还应当提供菌（毒、虫）种、细胞等有关材料和资料。菌（毒、虫）种、细胞由国务院兽医行政管理部门指定的机构保藏。

研制用于食用动物的新兽药，还应当按照国务院兽医行政管理部门的规定进行兽药残留试验并提供休药期、最高残留限量标准、残留检测方法及其制定依据等资料。

国务院兽医行政管理部门应当自收到申请之日起 10 个工作日内，将决定受理的新兽药资料送其设立的兽药评审机构进行评审，将新兽药样品送其指定的检验机构复核检验，并自收到评审和复核检验结论之日起 60 个工作日内完成审查。审查合格的，发给新兽药注册证书，并发布该兽药的质量标准；不合格的，应当书面通知申请人。

**第十条** 国家对依法获得注册的、含有新化合物的兽药的申请人提交的其自己所取得且未披露的试验数据和其他数据实施保护。

自注册之日起 6 年内，对其他申请人未经已获得注册兽药的申请人同意，使用前款规定的数据申请兽药注册的，兽药注册机关不予注册；但是，其他申请人提交其自己所取得的数据的除外。

除下列情况外，兽药注册机关不得披露本条第一款规定的数据：

（一）公共利益需要；

（二）已采取措施确保该类信息不会被不正当地进行商业使用。


# 第三章 兽药生产

**第十一条** 从事兽药生产的企业，应当符合国家兽药行业发展规划和产业政策，并具备下列条件：

（一）与所生产的兽药相适应的兽医学、药学或者相关专业的技术人员；

（二）与所生产的兽药相适应的厂房、设施；

（三）与所生产的兽药相适应的兽药质量管理和质量检验的机构、人员、仪器设备；

（四）符合安全、卫生要求的生产环境；

（五）兽药生产质量管理规范规定的其他生产条件。

符合前款规定条件的，申请人方可向省、自治区、直辖市人民政府兽医行政管理部门提出申请，并附具符合前款规定条件的证明材料；省、自治区、直辖市人民政府兽医行政管理部门应当自收到申请之日起 40 个工作日内完成审查。经审查合格的，发给兽药生产许可证；不合格的，应当书面通知申请人。

**第十二条** 兽药生产许可证应当载明生产范围、生产地点、有效期和法定代表人姓名、住址等事项。

兽药生产许可证有效期为 5 年。有效期届满，需要继续生产兽药的，应当在许可证有效期届满前 6 个月到发证机关申请换发兽药生产许可证。

**第十三条** 兽药生产企业变更生产范围、生产地点的，应当依照本条例第十一条的规定申请换发兽药生产许可证；变更企业名称、法定代表人的，应当在办理工商变更登记手续后 15 个工作日内，到发证机关申请换发兽药生产许可证。

**第十四条** 兽药生产企业应当按照国务院兽医行政管理部门制定的兽药生产质量管理规范组织生产。

省级以上人民政府兽医行政管理部门，应当对兽药生产企业是否符合兽药生产质量管理规范的要求进行监督检查，并公布检查结果。

**第十五条** 兽药生产企业生产兽药，应当取得国务院兽医行政管理部门核发的产品批准文号，产品批准文号的有效期为 5 年。兽药产品批准文号的核发办法由国务院兽医行政管理部门制定。

**第十六条** 兽药生产企业应当按照兽药国家标准和国务院兽医行政管理部门批准的生产工艺进行生产。兽药生产企业改变影响兽药质量的生产工艺的，应当报原批准部门审核批准。

兽药生产企业应当建立生产记录，生产记录应当完整、准确。

**第十七条** 生产兽药所需的原料、辅料，应当符合国家标准或者所生产兽药的质量要求。

直接接触兽药的包装材料和容器应当符合药用要求。

**第十八条** 兽药出厂前应当经过质量检验，不符合质量标准的不得出厂。

兽药出厂应当附有产品质量合格证。

禁止生产假、劣兽药。

**第十九条** 兽药生产企业生产的每批兽用生物制品，在出厂前应当由国务院兽医行政管理部门指定的检验机构审查核对，并在必要时进行抽查检验；未经审查核对或者抽查检验不合格的，不得销售。

强制免疫所需兽用生物制品，由国务院兽医行政管理部门指定的企业生产。

**第二十条** 兽药包装应当按照规定印有或者贴有标签，附具说明书，并在显著位置注明"兽用"字样。

兽药的标签和说明书经国务院兽医行政管理部门批准并公布后，方可使用。

兽药的标签或者说明书，应当以中文注明兽药的通用名称、成分及其含量、规格、生产企业、产品批准文号（进口兽药注册证号）、产品批号、生产日期、有效期、适应证或者功能主治、用法、用量、休药期、禁忌、不良反应、注意事项、运输贮存保管条件及其他应当说明的内容。有商品名称的，还应当注明商品名称。

除前款规定的内容外，兽用处方药的标签或者说明书还应当印有国务院兽医行政管理部门规定的警示内容，其中兽用麻醉药品、精神药品、毒性药品和放射性药品还应当印有国务院兽医行政管理部门规定的特殊标志；兽用非处方药的标签或者说明书还应当印有国务院兽医行政管理部门规定的非处方药标志。

**第二十一条** 国务院兽医行政管理部门，根据保证动物产品质量安全和人体健康的需要，可以对新兽药设立不超过 5 年的监测期；在监测期内，不得批准其他企业生产或者进口该新兽药。生产企业应当在监测期内收集该新兽药的疗效、不良反应等资料，并及时报送国务院兽医行政管理部门。

# 第四章 兽药经营

**第二十二条** 经营兽药的企业，应当具备下列条件：

（一）与所经营的兽药相适应的兽药技术人员；

（二）与所经营的兽药相适应的营业场所、设备、仓库设施；

（三）与所经营的兽药相适应的质量管理机构或者人员；

（四）兽药经营质量管理规范规定的其他经营条件。

符合前款规定条件的，申请人方可向市、县人民政府兽医行政管理部门提出申请，并附具符合前款规定条件的证明材料；经营兽用生物制品的，应当向省、自治区、直辖市人民政府兽医行政管理部门提出申请，并附具符合前款规定条件的证明材料。

县级以上地方人民政府兽医行政管理部门，应当自收到申请之日起 30 个工作日内完成审查。审查合格的，发给兽药经营许可证；不合格的，应当书面通知申请人。

**第二十三条** 兽药经营许可证应当载明经营范围、经营地点、有效期和法定代表人姓名、住址等事项。

兽药经营许可证有效期为 5 年。有效期届满，需要继续经营兽药的，应当在许可证有效期届满前 6 个月到发证机关申请换发兽药经营许可证。

**第二十四条** 兽药经营企业变更经营范围、经营地点的，应当依照本条例第二十二条的规定申请换发兽药经营许可证；变更企业名称、法定代表人的，应当在办理工商变更登记手续后 15 个工作日内，到发证机关申请换发兽药经营许可证。

**第二十五条** 兽药经营企业，应当遵守国务院兽医行政管理部门制定的兽药经营质量管理规范。

县级以上地方人民政府兽医行政管理部门，应当对兽药经营企业是否符合兽药经营质量管理规范的要求进行监督检查，并公布检查结果。

**第二十六条** 兽药经营企业购进兽药，应当将兽药产品与产品标签或者说明书、产品质量合格证核对无误。

**第二十七条** 兽药经营企业，应当向购买者说明兽药的功能主治、用法、用量和注意事项。销售兽用处方药的，应当遵守兽用处方药管理办法。

兽药经营企业销售兽用中药材的，应当注明产地。

禁止兽药经营企业经营人用药品和假、劣兽药。

**第二十八条** 兽药经营企业购销兽药，应当建立购销记录。购销记录应当载明兽药的商品名称、通用名称、剂型、规格、批号、有效期、生产厂商、购销单位、购销数量、购销日期和国务院兽医行政管理部门规定的其他事项。

**第二十九条** 兽药经营企业，应当建立兽药保管制度，采取必要的冷藏、防冻、防潮、防虫、防鼠等措施，保持所经营兽药的质量。

兽药入库、出库，应当执行检查验收制度，并有准确记录。

**第三十条** 强制免疫所需兽用生物制品的经营，应当符合国务院兽医行政管理部门的规定。

**第三十一条** 兽药广告的内容应当与兽药说明书内容相一致，在全国重点媒体发布兽药广告的，应当经国务院兽医行政管理部门审查批准，取得兽药广告审查批准文号。在地方媒体发布兽药广告的，应当经省、自治区、直辖市人民政府兽医行政管理部门审查批准，取得兽药广告审查批准文号；未经批准的，不得发布。

# 第五章　兽药进出口

**第三十二条** 首次向中国出口的兽药，由出口方驻中国境内的办事机构或者其委托的中国境内代理机构向国务院兽医行政管理部门申请注册，并提交下列资料和物品：

（一）生产企业所在国家（地区）兽药管理部门批准生产、销售的证明文件；

（二）生产企业所在国家（地区）兽药管理部门颁发的符合兽药生产质量管理规范的证明文件；

（三）兽药的制造方法、生产工艺、质量标准、检测方法、药理和毒理试验结果、临床试验报告、稳定性试验报告及其他相关资料；用于食用动物的兽药的休药期、最高残留限量标准、残留检测方法及其制定依据等资料；

（四）兽药的标签和说明书样本；

（五）兽药的样品、对照品、标准品；

（六）环境影响报告和污染防治措施；

（七）涉及兽药安全性的其他资料。

申请向中国出口兽用生物制品的，还应当提供菌（毒、虫）种、细胞等有关材料和资料。

**第三十三条**　国务院兽医行政管理部门，应当自收到申请之日起 10 个工作日内组织初步审查。经初步审查合格的，应当将决定受理的兽药资料送其设立的兽药评审机构进行评审，将该兽药样品送其指定的检验机构复核检验，并自收到评审和复核检验结论之日起 60 个工作日内完成审查。经审查合格的，发给进口兽药注册证书，并发布该兽药的质量标准；不合格的，应当书面通知申请人。

在审查过程中，国务院兽医行政管理部门可以对向中国出口兽药的企业是否符合兽药生产质量管理规范的要求进行考查，并有权要求该企业在国务院兽医行政管理部门指定的机构进行该兽药的安全性和有效性试验。

国内急需兽药、少量科研用兽药或者注册兽药的样品、对照品、标准品的进口，按照国务院兽医行政管理部门的规定办理。

**第三十四条**　进口兽药注册证书的有效期为 5 年。有效期届满，需要继续向中国出口兽药的，应当在有效期届满前 6 个月到发证机关申请再注册。

**第三十五条**　境外企业不得在中国直接销售兽药。境外企业在中国销售兽药，应当依法在中国境内设立销售机构或者委托符合条件的中国境内代理机构。

进口在中国已取得进口兽药注册证书的兽用生物制品的，中国境内代理机构应当向国务院兽医行政管理部门申请允许进口兽用生物制品证明文件，凭允许进口兽用生物制品证明文件到口岸所在地人民政府兽医行政管理部门办理进口兽药通关单；进口在中国已取得进口兽药注册证书的其他兽药的，凭进口兽药注册证书到口岸所在地人民政府兽医行政管理部门办理进口兽药通关单。海关凭进口兽药通关单放行。兽药进口管理办法由国务院兽医行政管理部门会同海关总署制定。

兽用生物制品进口后，应当依照本条例第十九条的规定进行审查核对和抽查检验。其他兽药进口后，由当地兽医行政管理部门通知兽药检验机构进行抽查检验。

**第三十六条** 禁止进口下列兽药：

（一）药效不确定、不良反应大以及可能对养殖业、人体健康造成危害或者存在潜在风险的；

（二）来自疫区可能造成疫病在中国境内传播的兽用生物制品；

（三）经考查生产条件不符合规定的；

（四）国务院兽医行政管理部门禁止生产、经营和使用的。

**第三十七条** 向中国境外出口兽药，进口方要求提供兽药出口证明文件的，国务院兽医行政管理部门或者企业所在地的省、自治区、直辖市人民政府兽医行政管理部门可以出具出口兽药证明文件。

国内防疫急需的疫苗，国务院兽医行政管理部门可以限制或者禁止出口。

# 第六章　兽药使用

**第三十八条** 兽药使用单位，应当遵守国务院兽医行政管理部门制定的兽药安全使用规定，并建立用药记录。

**第三十九条** 禁止使用假、劣兽药以及国务院兽医行政管理部门规定禁止使用的药品和其他化合物。禁止使用的药品和其他化合物目录由国务院兽医行政管理部门制定公布。

**第四十条** 有休药期规定的兽药用于食用动物时，饲养者应当向购买者或者屠宰者提供准确、真实的用药记录；购买者或者屠宰者应当确保动物及其产品在用药期、休药期内不被用于食品消费。

**第四十一条** 国务院兽医行政管理部门，负责制定公布在饲料中允许添加的药物饲料添加剂品种目录。

禁止在饲料和动物饮用水中添加激素类药品和国务院兽医行政管理部门规定的其他禁用药品。

经批准可以在饲料中添加的兽药，应当由兽药生产企业制成药物饲料添加剂后方可添加。禁止将原料药直接添加到饲料及动物饮用水中或者直接饲喂动物。

禁止将人用药品用于动物。

**第四十二条** 国务院兽医行政管理部门，应当制定并组织实施国家动物及动物产品兽药残留监控计划。

县级以上人民政府兽医行政管理部门，负责组织对动物产品中兽药残留量的检测。兽药残留检测结果，由国务院兽医行政管理部门或者省、自治区、直辖市人民政府兽医行政管理部门按照权限予以公布。

动物产品的生产者、销售者对检测结果有异议的，可以自收到检测结果之日起7个工作日内向组织实施兽药残留检测的兽医行政管理部门或者其上级兽医行政管理部门提出申请，由受理申请的兽医行政管理部门指定检验机构进行复检。

兽药残留限量标准和残留检测方法，由国务院兽医行政管理部门制定发布。

**第四十三条** 禁止销售含有违禁药物或者兽药残留量超过标准的食用动物产品。

# 第七章 兽药监督管理

**第四十四条** 县级以上人民政府兽医行政管理部门行使兽药监督管理权。

兽药检验工作由国务院兽医行政管理部门和省、自治区、直辖市人民政府兽医行政管理部门设立的兽药检验机构承担。国务院兽医行政管理部门，可以根据需要认定其他检验机构承担兽药检验工作。

当事人对兽药检验结果有异议的，可以自收到检验结果之日起7个工作日内向实施检验的机构或者上级兽医行政管理部门设立的检验机构申请复检。

**第四十五条** 兽药应当符合兽药国家标准。

国家兽药典委员会拟定的、国务院兽医行政管理部门发布的《中华人民共和国兽药典》和国务院兽医行政管理部门发布的其他兽药质量标准为兽药国家标准。

兽药国家标准的标准品和对照品的标定工作由国务院兽医行政管理部门设立的兽药检验机构负责。

**第四十六条** 兽医行政管理部门依法进行监督检查时，对有证据证明可能是假、劣兽药的，应当采取查封、扣押的行政强制措施，并自采取行政强制措施之日起 7 个工作日内作出是否立案的决定；需要检验的，应当自检验报告书发出之日起 15 个工作日内作出是否立案的决定；不符合立案条件的，应当解除行政强制措施；需要暂停生产的，由国务院兽医行政管理部门或者省、自治区、直辖市人民政府兽医行政管理部门按照权限作出决定；需要暂停经营、使用的，由县级以上人民政府兽医行政管理部门按照权限作出决定。

未经行政强制措施决定机关或者其上级机关批准，不得擅自转移、使用、销毁、销售被查封或者扣押的兽药及有关材料。

**第四十七条** 有下列情形之一的，为假兽药：

（一）以非兽药冒充兽药或者以他种兽药冒充此种兽药的；

（二）兽药所含成分的种类、名称与兽药国家标准不符合的。

有下列情形之一的，按照假兽药处理：

（一）国务院兽医行政管理部门规定禁止使用的；

（二）依照本条例规定应当经审查批准而未经审查批准即生产、进口的，或者依照本条例规定应当经抽查检验、审查核对而未经抽查检验、审查核对即销售、进口的；

（三）变质的；

（四）被污染的；

（五）所标明的适应证或者功能主治超出规定范围的。

**第四十八条** 有下列情形之一的，为劣兽药：

（一）成分含量不符合兽药国家标准或者不标明有效成分的；

（二）不标明或者更改有效期或者超过有效期的；

（三）不标明或者更改产品批号的；

（四）其他不符合兽药国家标准，但不属于假兽药的。

**第四十九条** 禁止将兽用原料药拆零销售或者销售给兽药生产企业以外的单位和个人。

禁止未经兽医开具处方销售、购买、使用国务院兽医行政管理部门规定实行处方药管理的兽药。

**第五十条** 国家实行兽药不良反应报告制度。

兽药生产企业、经营企业、兽药使用单位和开具处方的兽医人员发现可能与兽药使用有关的严重不良反应，应当立即向所在地人民政府兽医行政管理部门报告。

**第五十一条** 兽药生产企业、经营企业停止生产、经营超过 6 个月或者关闭的，由发证机关责令其交回兽药生产许可证、兽药经营许可证。

**第五十二条** 禁止买卖、出租、出借兽药生产许可证、兽药经营许可证和兽药批准证明文件。

**第五十三条** 兽药评审检验的收费项目和标准，由国务院财政部门会同国务院价格主管部门制定，并予以公告。

**第五十四条** 各级兽医行政管理部门、兽药检验机构及其工作人员，不得参与兽药生产、经营活动，不得以其名义推荐或者监制、监销兽药。

# 第八章  法律责任

**第五十五条** 兽医行政管理部门及其工作人员利用职务上的便利收取他人财物或者谋取其他利益，对不符合法定条件的单位和个人核发许可证、签署审查同意意见，不履行监督职责，或者发现违法行为不予查处，造成严重后果，构成犯罪的，依法追究刑事责任；尚不构成犯罪的，依法给予行政处分。

**第五十六条** 违反本条例规定，无兽药生产许可证、兽药经营许可证生产、经营兽药的，或者虽有兽药生产许可证、兽药经营许可证，生产、经营假、劣兽药的，或者兽药经营企业经营人用药品的，责令其停止生产、经营，没收用于违法生产的原料、辅料、包装材料及生产、经营的兽药和违法所得，并处违法生产、经营的兽药（包括已出售的和未出售的兽药，下同）货值金额 2 倍以上 5 倍以下罚款，货值金额无法查证核实的，处 10 万元以上 20 万元以下罚款；无兽药生产许可证生产兽药，情节严重的，没收其生产设备；生产、经营假、劣兽药，情节严重的，吊销兽药生产许可证、兽药经营许可证；构成犯罪的，依法追究刑事责任；给他人造成损失的，依法承担赔偿责任。生产、经营企业的主要负责人和直接负责的主管人员终身不得从事兽药的生产、经营活动。

擅自生产强制免疫所需兽用生物制品的，按照无兽药生产许可证生产兽药处罚。

**第五十七条** 违反本条例规定，提供虚假的资料、样品或者采取其他欺骗手段取得兽药生产许可证、兽药经营许可证或者兽药批准证明文件的，吊销兽药生产许可证、兽药经营许可证或者撤销兽药批准证明文件，并处 5 万元以上 10 万元以下罚款；给他人造成损失的，依法承担赔偿责任。其主要负责人和直接负责的主管人员终身不得从事兽药的生产、经营和进出口活动。

**第五十八条** 买卖、出租、出借兽药生产许可证、兽药经营许可证和兽药批准证明文件的，没收违法所得，并处 1 万元以上 10 万元以下罚款；情节严重的，吊销兽药生产许可证、兽药经营许可证或者撤销兽药批准证明文件；构成犯罪的，依法追究刑事责任；给他人造成损失的，依法承担赔偿责任。

**第五十九条** 违反本条例规定，兽药安全性评价单位、临床试验单位、生产和经营企业未按照规定实施兽药研究试验、生产、经营质量管理规范的，给予警告，责令其限期改正；逾期不改正的，责令停止兽药研究试验、生产、经营活动，并处 5 万元以下罚款；情节严重的，吊销兽药生产许可证、兽药经营许可证；给他人造成损失的，依法承担赔偿责任。

违反本条例规定，研制新兽药不具备规定的条件擅自使用一类病原微生物或者在实验室阶段前未经批准的，责令其停止实验，并处 5 万元以上 10 万元以下罚款；构成犯罪的，依法追究刑事责任；给他人造成损失的，依法承担赔偿责任。

**第六十条** 违反本条例规定，兽药的标签和说明书未经批准的，责令其限期改正；逾期不改正的，按照生产、经营假兽药处罚；有兽药产品批准文号的，撤销兽药产品批准文号；给他人造成损失的，依法承担赔偿责任。

兽药包装上未附有标签和说明书，或者标签和说明书与批准的内容不一致的，责令其限期改正；情节严重的，依照前款规定处罚。

**第六十一条** 违反本条例规定，境外企业在中国直接销售兽药的，责令其限期改正，没收直接销售的兽药和违法所得，并处5万元以上10万元以下罚款；情节严重的，吊销进口兽药注册证书；给他人造成损失的，依法承担赔偿责任。

**第六十二条** 违反本条例规定，未按照国家有关兽药安全使用规定使用兽药的、未建立用药记录或者记录不完整真实的，或者使用禁止使用的药品和其他化合物的，或者将人用药品用于动物的，责令其立即改正，并对饲喂了违禁药物及其他化合物的动物及其产品进行无害化处理；对违法单位处1万元以上5万元以下罚款；给他人造成损失的，依法承担赔偿责任。

**第六十三条** 违反本条例规定，销售尚在用药期、休药期内的动物及其产品用于食品消费的，或者销售含有违禁药物和兽药残留超标的动物产品用于食品消费的，责令其对含有违禁药物和兽药残留超标的动物产品进行无害化处理，没收违法所得，并处3万元以上10万元以下罚款；构成犯罪的，依法追究刑事责任；给他人造成损失的，依法承担赔偿责任。

**第六十四条** 违反本条例规定，擅自转移、使用、销毁、销售被查封或者扣押的兽药及有关材料的，责令其停止违法行为，给予警告，并处5万元以上10万元以下罚款。

**第六十五条** 违反本条例规定，兽药生产企业、经营企业、兽药使用单位和开具处方的兽医人员发现可能与兽药使用有关的严重不良反应，不向所在地人民政府兽医行政管理部门报告的，给予警告，并处5000元以上1万元以下罚款。

生产企业在新兽药监测期内不收集或者不及时报送该新兽药的疗效、不良反应等资料的，责令其限期改正，并处1万元以上5万元以下罚款；情节严重的，撤销该新兽药的产品批准文号。

**第六十六条** 违反本条例规定，未经兽医开具处方销售、购买、使用兽用处方药的，责令其限期改正，没收违法所得，并处5万元以下罚款；给他人造成损失的，依法承担赔偿责任。

**第六十七条** 违反本条例规定，兽药生产、经营企业把原料药销售给兽药生产企业以外的单位和个人的，或者兽药经营企业拆零销售原料药的，责令其立即改正，给予警告，没收违法所得，并处2万元以上5万元以下罚款；情节严重的，吊销兽药生产许可证、兽药经营许可证；给他人造成损失的，依法承担赔偿责任。

**第六十八条** 违反本条例规定，在饲料和动物饮用水中添加激素类药品和国务院兽医行政管理部门规定的其他禁用药品，依照《饲料和饲料添加剂管理条例》的有关规定处罚；直接将原料药添加到饲料及动物饮用水中，或者饲喂动物的，责令其立即改正，并处1万元以上3万元以下罚款；给他人造成损失的，依法承担赔偿责任。

**第六十九条** 有下列情形之一的，撤销兽药的产品批准文号或者吊销进口兽药注册证书：

（一）抽查检验连续2次不合格的；

（二）药效不确定、不良反应大以及可能对养殖业、人体健康造成危害或者存在潜在风险的；

（三）国务院兽医行政管理部门禁止生产、经营和使用的兽药。

被撤销产品批准文号或者被吊销进口兽药注册证书的兽药，不得继续生产、进口、经营和使用。已经生产、进口的，由所在地兽医行政管理部门监督销毁，所需费用由违法行为人承担；给他人造成损失的，依法承担赔偿责任。

**第七十条** 本条例规定的行政处罚由县级以上人民政府兽医行政管理部门决定；其中吊销兽药生产许可证、兽药经营许可证、撤销兽药批准证明文件或者责令停止兽药研究试验的，由发证、批准部门决定。

上级兽医行政管理部门对下级兽医行政管理部门违反本条例的行政行为，应当责令限期改正；逾期不改正的，有权予以改变或者撤销。

**第七十一条** 本条例规定的货值金额以违法生产、经营兽药的标价计算；没有标价的，按照同类兽药的市场价格计算。

# 第九章 附 则

**第七十二条** 本条例下列用语的含义是：

（一）兽药，是指用于预防、治疗、诊断动物疾病或者有目的地调节动物生理机能的物质（含药物饲料添加剂），主要包括：血清制品、疫苗、诊断制品、微生态制品、中药材、中成药、化学药品、抗生素、生化药品、放射性药品及外用杀虫剂、消毒剂等。

（二）兽用处方药，是指凭兽医处方方可购买和使用的兽药。

（三）兽用非处方药，是指由国务院兽医行政管理部门公布的、不需要凭兽医处方就可以自行购买并按照说明书使用的兽药。

（四）兽药生产企业，是指专门生产兽药的企业和兼产兽药的企业，包括从事兽药分装的企业。

（五）兽药经营企业，是指经营兽药的专营企业或者兼营企业。

（六）新兽药，是指未曾在中国境内上市销售的兽用药品。

（七）兽药批准证明文件，是指兽药产品批准文号、进口兽药注册证书、允许进口兽用生物制品证明文件、出口兽药证明文件、新兽药注册证书等文件。

**第七十三条** 兽用麻醉药品、精神药品、毒性药品和放射性药品等特殊药品，依照国家有关规定管理。

**第七十四条** 水产养殖中的兽药使用、兽药残留检测和监督管理以及水产养殖过程中违法用药的行政处罚，由县级以上人民政府渔业主管部门及其所属的渔政监督管理机构负责。

**第七十五条** 本条例自 2004 年 11 月 1 日起施行。

# 病原微生物实验室生物安全管理条例

（2004 年 11 月 5 日国务院第 69 次常务会议通过
2004 年 11 月 12 日国务院令第 424 号公布　自公布之
日起施行）

## 目　　录

## 第一章　总　　则

**第一条**　为了加强病原微生物实验室（以下称实验室）生物安全管理，保护实验室工作人员和公众的健康，制定本条例。

**第二条**　对中华人民共和国境内的实验室及其从事实验活动的生物安全管理，适用本条例。

本条例所称病原微生物，是指能够使人或者动物致病的微生物。

本条例所称实验活动，是指实验室从事与病原微生物菌（毒）种、样本有关的研究、教学、检测、诊断等活动。

**第三条**　国务院卫生主管部门主管与人体健康有关的实验室及

其实验活动的生物安全监督工作。

国务院兽医主管部门主管与动物有关的实验室及其实验活动的生物安全监督工作。

国务院其他有关部门在各自职责范围内负责实验室及其实验活动的生物安全管理工作。

县级以上地方人民政府及其有关部门在各自职责范围内负责实验室及其实验活动的生物安全管理工作。

**第四条** 国家对病原微生物实行分类管理，对实验室实行分级管理。

**第五条** 国家实行统一的实验室生物安全标准。实验室应当符合国家标准和要求。

**第六条** 实验室的设立单位及其主管部门负责实验室日常活动的管理，承担建立健全安全管理制度，检查、维护实验设施、设备，控制实验室感染的职责。

## 第二章　病原微生物的分类和管理

**第七条** 国家根据病原微生物的传染性、感染后对个体或者群体的危害程度，将病原微生物分为四类：

第一类病原微生物，是指能够引起人类或者动物非常严重疾病的微生物，以及我国尚未发现或者已经宣布消灭的微生物。

第二类病原微生物，是指能够引起人类或者动物严重疾病，比较容易直接或者间接在人与人、动物与人、动物与动物间传播的微生物。

第三类病原微生物，是指能够引起人类或者动物疾病，但一般情况下对人、动物或者环境不构成严重危害，传播风险有限，实验室感染后很少引起严重疾病，并且具备有效治疗和预防措施的微生物。

第四类病原微生物，是指在通常情况下不会引起人类或者动物疾病的微生物。

第一类、第二类病原微生物统称为高致病性病原微生物。

**第八条** 人间传染的病原微生物名录由国务院卫生主管部门商

国务院有关部门后制定、调整并予以公布；动物间传染的病原微生物名录由国务院兽医主管部门商国务院有关部门后制定、调整并予以公布。

**第九条** 采集病原微生物样本应当具备下列条件：

（一）具有与采集病原微生物样本所需要的生物安全防护水平相适应的设备；

（二）具有掌握相关专业知识和操作技能的工作人员；

（三）具有有效防止病原微生物扩散和感染的措施；

（四）具有保证病原微生物样本质量的技术方法和手段。

采集高致病性病原微生物样本的工作人员在采集过程中应当防止病原微生物扩散和感染，并对样本的来源、采集过程和方法等作详细记录。

**第十条** 运输高致病性病原微生物菌（毒）种或者样本，应当通过陆路运输；没有陆路通道，必须经水路运输的，可以通过水路运输；紧急情况下或者需要将高致病性病原微生物菌（毒）种或者样本运往国外的，可以通过民用航空运输。

**第十一条** 运输高致病性病原微生物菌（毒）种或者样本，应当具备下列条件：

（一）运输目的、高致病性病原微生物的用途和接收单位符合国务院卫生主管部门或者兽医主管部门的规定；

（二）高致病性病原微生物菌（毒）种或者样本的容器应当密封，容器或者包装材料还应当符合防水、防破损、防外泄、耐高（低）温、耐高压的要求；

（三）容器或者包装材料上应当印有国务院卫生主管部门或者兽医主管部门规定的生物危险标识、警告用语和提示用语。

运输高致病性病原微生物菌（毒）种或者样本，应当经省级以上人民政府卫生主管部门或者兽医主管部门批准。在省、自治区、直辖市行政区域内运输的，由省、自治区、直辖市人民政府卫生主管部门或者兽医主管部门批准；需要跨省、自治区、直辖市运输或者运往国外的，由出发地的省、自治区、直辖市人民政府卫生主管部门或者兽医主管部门进行初审后，分别报国务院卫生主管部门或者兽医主管部门批准。

出入境检验检疫机构在检验检疫过程中需要运输病原微生物样本的，由国务院出入境检验检疫部门批准，并同时向国务院卫生主管部门或者兽医主管部门通报。

通过民用航空运输高致病性病原微生物菌（毒）种或者样本的，除依照本条第二款、第三款规定取得批准外，还应当经国务院民用航空主管部门批准。

有关主管部门应当对申请人提交的关于运输高致性病原微生物菌（毒）种或者样本的申请材料进行审查，对符合本条第一款规定条件的，应当即时批准。

**第十二条** 运输高致病性病原微生物菌（毒）种或者样本，应当由不少于2人的专人护送，并采取相应的防护措施。

有关单位或者个人不得通过公共电（汽）车和城市铁路运输病原微生物菌（毒）种或者样本。

**第十三条** 需要通过铁路、公路、民用航空等公共交通工具运输高致病性病原微生物菌（毒）种或者样本的，承运单位应当凭本条例第十一条规定的批准文件予以运输。

承运单位应当与护送人共同采取措施，确保所运输的高致病性病原微生物菌（毒）种或者样本的安全，严防发生被盗、被抢、丢失、泄漏事件。

**第十四条** 国务院卫生主管部门或者兽医主管部门指定的菌（毒）种保藏中心或者专业实验室（以下称保藏机构），承担集中储存病原微生物菌（毒）种和样本的任务。

保藏机构应当依照国务院卫生主管部门或者兽医主管部门的规定，储存实验室送交的病原微生物菌（毒）种和样本，并向实验室提供病原微生物菌（毒）种和样本。

保藏机构应当制定严格的安全保管制度，作好病原微生物菌（毒）种和样本进出和储存的记录，建立档案制度，并指定专人负责。对高致病性病原微生物菌（毒）种和样本应当设专库或者专柜单独储存。

保藏机构储存、提供病原微生物菌（毒）种和样本，不得收取任何费用，其经费由同级财政在单位预算中予以保障。

保藏机构的管理办法由国务院卫生主管部门会同国务院兽医主

管部门制定。

第十五条　保藏机构应当凭实验室依照本条例的规定取得的从事高致病性病原微生物相关实验活动的批准文件，向实验室提供高致病性病原微生物菌（毒）种和样本，并予以登记。

第十六条　实验室在相关实验活动结束后，应当依照国务院卫生主管部门或者兽医主管部门的规定，及时将病原微生物菌（毒）种和样本就地销毁或者送交保藏机构保管。

保藏机构接受实验室送交的病原微生物菌（毒）种和样本，应当予以登记，并开具接收证明。

第十七条　高致病性病原微生物菌（毒）种或者样本在运输、储存中被盗、被抢、丢失、泄漏的，承运单位、护送人、保藏机构应当采取必要的控制措施，并在 2 小时内分别向承运单位的主管部门、护送人所在单位和保藏机构的主管部门报告，同时向所在地的县级人民政府卫生主管部门或者兽医主管部门报告，发生被盗、被抢、丢失的，还应当向公安机关报告；接到报告的卫生主管部门或者兽医主管部门应当在 2 小时内向本级人民政府报告，并同时向上级人民政府卫生主管部门或者兽医主管部门和国务院卫生主管部门或者兽医主管部门报告。

县级人民政府应当在接到报告后 2 小时内向设区的市级人民政府或者上一级人民政府报告；设区的市级人民政府应当在接到报告后 2 小时内向省、自治区、直辖市人民政府报告。省、自治区、直辖市人民政府应当在接到报告后 1 小时内，向国务院卫生主管部门或者兽医主管部门报告。

任何单位和个人发现高致病性病原微生物菌（毒）种或者样本的容器或者包装材料，应当及时向附近的卫生主管部门或者兽医主管部门报告；接到报告的卫生主管部门或者兽医主管部门应当及时组织调查核实，并依法采取必要的控制措施。

# 第三章　实验室的设立与管理

第十八条　国家根据实验室对病原微生物的生物安全防护水平，并依照实验室生物安全国家标准的规定，将实验室分为一级、二级、三级、四级。

第十九条　新建、改建、扩建三级、四级实验室或者生产、进口移动式三级、四级实验室应当遵守下列规定：

（一）符合国家生物安全实验室体系规划并依法履行有关审批手续；

（二）经国务院科技主管部门审查同意；

（三）符合国家生物安全实验室建筑技术规范；

（四）依照《中华人民共和国环境影响评价法》的规定进行环境影响评价并经环境保护主管部门审查批准；

（五）生物安全防护级别与其拟从事的实验活动相适应。

前款规定所称国家生物安全实验室体系规划，由国务院投资主管部门会同国务院有关部门制定。制定国家生物安全实验室体系规划应当遵循总量控制、合理布局、资源共享的原则，并应当召开听证会或者论证会，听取公共卫生、环境保护、投资管理和实验室管理等方面专家的意见。

第二十条　三级、四级实验室应当通过实验室国家认可。

国务院认证认可监督管理部门确定的认可机构应当依照实验室生物安全国家标准以及本条例的有关规定，对三级、四级实验室进行认可；实验室通过认可的，颁发相应级别的生物安全实验室证书。证书有效期为 5 年。

第二十一条　一级、二级实验室不得从事高致病性病原微生物实验活动。三级、四级实验室从事高致病性病原微生物实验活动，应当具备下列条件：

（一）实验目的和拟从事的实验活动符合国务院卫生主管部门或者兽医主管部门的规定；

（二）通过实验室国家认可；

（三）具有与拟从事的实验活动相适应的工作人员；

（四）工程质量经建筑主管部门依法检测验收合格。

国务院卫生主管部门或者兽医主管部门依照各自职责对三级、四级实验室是否符合上述条件进行审查；对符合条件的，发给从事高致病性病原微生物实验活动的资格证书。

第二十二条　取得从事高致病性病原微生物实验活动资格证书

的实验室，需要从事某种高致病性病原微生物或者疑似高致病性病原微生物实验活动的，应当依照国务院卫生主管部门或者兽医主管部门的规定报省级以上人民政府卫生主管部门或者兽医主管部门批准。实验活动结果以及工作情况应当向原批准部门报告。

实验室申报或者接受与高致病性病原微生物有关的科研项目，应当符合科研需要和生物安全要求，具有相应的生物安全防护水平。与动物间传染的高致病性病原微生物有关的科研项目，应当经国务院兽医主管部门同意；与人体健康有关的高致病性病原微生物科研项目，实验室应当将立项结果告知省级以上人民政府卫生主管部门。

**第二十三条**  出入境检验检疫机构、医疗卫生机构、动物防疫机构在实验室开展检测、诊断工作时，发现高致病性病原微生物或者疑似高致病性病原微生物，需要进一步从事这类高致病性病原微生物相关实验活动的，应当依照本条例的规定经批准同意，并在取得相应资格证书的实验室中进行。

专门从事检测、诊断的实验室应当严格依照国务院卫生主管部门或者兽医主管部门的规定，建立健全规章制度，保证实验室生物安全。

**第二十四条**  省级以上人民政府卫生主管部门或者兽医主管部门应当自收到需要从事高致病性病原微生物相关实验活动的申请之日起 15 日内作出是否批准的决定。

对出入境检验检疫机构为了检验检疫工作的紧急需要，申请在实验室对高致病性病原微生物或者疑似高致病性病原微生物开展进一步实验活动的，省级以上人民政府卫生主管部门或者兽医主管部门应当自收到申请之时起 2 小时内作出是否批准的决定；2 小时内未作出决定的，实验室可以从事相应的实验活动。

省级以上人民政府卫生主管部门或者兽医主管部门应当为申请人通过电报、电传、传真、电子数据交换和电子邮件等方式提出申请提供方便。

**第二十五条**  新建、改建或者扩建一级、二级实验室，应当向设区的市级人民政府卫生主管部门或者兽医主管部门备案。设区的市级人民政府卫生主管部门或者兽医主管部门应当每年将备案情况汇总后报省、自治区、直辖市人民政府卫生主管部门或者兽医主管部门。

**第二十六条** 国务院卫生主管部门和兽医主管部门应当定期汇总并互相通报实验室数量和实验室设立、分布情况，以及取得从事高致病性病原微生物实验活动资格证书的三级、四级实验室及其从事相关实验活动的情况。

**第二十七条** 已经建成并通过实验室国家认可的三级、四级实验室应当向所在地的县级人民政府环境保护主管部门备案。环境保护主管部门依照法律、行政法规的规定对实验室排放的废水、废气和其他废物处置情况进行监督检查。

**第二十八条** 对我国尚未发现或者已经宣布消灭的病原微生物，任何单位和个人未经批准不得从事相关实验活动。

为了预防、控制传染病，需要从事前款所指病原微生物相关实验活动的，应当经国务院卫生主管部门或者兽医主管部门批准，并在批准部门指定的专业实验室中进行。

**第二十九条** 实验室使用新技术、新方法从事高致病性病原微生物相关实验活动的，应当符合防止高致病性病原微生物扩散、保证生物安全和操作者人身安全的要求，并经国家病原微生物实验室生物安全专家委员会论证；经论证可行的，方可使用。

**第三十条** 需要在动物体上从事高致病性病原微生物相关实验活动的，应当在符合动物实验室生物安全国家标准的三级以上实验室进行。

**第三十一条** 实验室的设立单位负责实验室的生物安全管理。

实验室的设立单位应当依照本条例的规定制定科学、严格的管理制度，并定期对有关生物安全规定的落实情况进行检查，定期对实验室设施、设备、材料等进行检查、维护和更新，以确保其符合国家标准。

实验室的设立单位及其主管部门应当加强对实验室日常活动的管理。

**第三十二条** 实验室负责人为实验室生物安全的第一责任人。

实验室从事实验活动应当严格遵守有关国家标准和实验室技术规范、操作规程。实验室负责人应当指定专人监督检查实验室技术规范和操作规程的落实情况。

**第三十三条** 从事高致病性病原微生物相关实验活动的实验室的设立单位，应当建立健全安全保卫制度，采取安全保卫措施，严防高致病性病原微生物被盗、被抢、丢失、泄漏，保障实验室及其病原微生物的安全。实验室发生高致病性病原微生物被盗、被抢、丢失、泄漏的，实验室的设立单位应当依照本条例第十七条的规定进行报告。

从事高致病性病原微生物相关实验活动的实验室应当向当地公安机关备案，并接受公安机关有关实验室安全保卫工作的监督指导。

**第三十四条** 实验室或者实验室的设立单位应当每年定期对工作人员进行培训，保证其掌握实验室技术规范、操作规程、生物安全防护知识和实际操作技能，并进行考核。工作人员经考核合格的，方可上岗。

从事高致病性病原微生物相关实验活动的实验室，应当每半年将培训、考核其工作人员的情况和实验室运行情况向省、自治区、直辖市人民政府卫生主管部门或者兽医主管部门报告。

**第三十五条** 从事高致病性病原微生物相关实验活动应当有 2 名以上的工作人员共同进行。

进入从事高致病性病原微生物相关实验活动的实验室的工作人员或者其他有关人员，应当经实验室负责人批准。实验室应当为其提供符合防护要求的防护用品并采取其他职业防护措施。从事高致病性病原微生物相关实验活动的实验室，还应当对实验室工作人员进行健康监测，每年组织对其进行体检，并建立健康档案；必要时，应当对实验室工作人员进行预防接种。

**第三十六条** 在同一个实验室的同一个独立安全区域内，只能同时从事一种高致病性病原微生物的相关实验活动。

**第三十七条** 实验室应当建立实验档案，记录实验室使用情况和安全监督情况。实验室从事高致病性病原微生物相关实验活动的实验档案保存期，不得少于 20 年。

**第三十八条** 实验室应当依照环境保护的有关法律、行政法规和国务院有关部门的规定，对废水、废气以及其他废物进行处置，并制定相应的环境保护措施，防止环境污染。

**第三十九条** 三级、四级实验室应当在明显位置标示国务院卫生主管部门和兽医主管部门规定的生物危险标识和生物安全实验室级别标志。

**第四十条** 从事高致病性病原微生物相关实验活动的实验室应当制定实验室感染应急处置预案，并向该实验室所在地的省、自治区、直辖市人民政府卫生主管部门或者兽医主管部门备案。

**第四十一条** 国务院卫生主管部门和兽医主管部门会同国务院有关部门组织病原学、免疫学、检验医学、流行病学、预防兽医学、环境保护和实验室管理等方面的专家，组成国家病原微生物实验室生物安全专家委员会。该委员会承担从事高致病性病原微生物相关实验活动的实验室的设立与运行的生物安全评估和技术咨询、论证工作。

省、自治区、直辖市人民政府卫生主管部门和兽医主管部门会同同级人民政府有关部门组织病原学、免疫学、检验医学、流行病学、预防兽医学、环境保护和实验室管理等方面的专家，组成本地区病原微生物实验室生物安全专家委员会。该委员会承担本地区实验室设立和运行的技术咨询工作。

# 第四章　实验室感染控制

**第四十二条** 实验室的设立单位应当指定专门的机构或者人员承担实验室感染控制工作，定期检查实验室的生物安全防护、病原微生物菌（毒）种和样本保存与使用、安全操作、实验室排放的废水和废气以及其他废物处置等规章制度的实施情况。

负责实验室感染控制工作的机构或者人员应当具有与该实验室中的病原微生物有关的传染病防治知识，并定期调查、了解实验室工作人员的健康状况。

**第四十三条** 实验室工作人员出现与本实验室从事的高致病性病原微生物相关实验活动有关的感染临床症状或者体征时，实验室负责人应当向负责实验室感染控制工作的机构或者人员报告，同时派专人陪同及时就诊；实验室工作人员应当将近期所接触的病原微生物的种类和危险程度如实告知诊治医疗机构。接诊的医疗机构应当及时救治；不具备相应救治条件的，应当依照规定将感染的实验室工作人员转诊至具备相应传染病救治条件的医疗机构；具备相应传染病救治条件的医疗机构应当接诊治疗，不得拒绝救治。

**第四十四条** 实验室发生高致病性病原微生物泄漏时，实验室工作人员应当立即采取控制措施，防止高致病性病原微生物扩散，并同时向负责实验室感染控制工作的机构或者人员报告。

**第四十五条** 负责实验室感染控制工作的机构或者人员接到本条例第四十三条、第四十四条规定的报告后，应当立即启动实验室感染应急处置预案，并组织人员对该实验室生物安全状况等情况进行调查；确认发生实验室感染或者高致病性病原微生物泄漏的，应当依照本条例第十七条的规定进行报告，并同时采取控制措施，对有关人员进行医学观察或者隔离治疗，封闭实验室，防止扩散。

**第四十六条** 卫生主管部门或者兽医主管部门接到关于实验室发生工作人员感染事故或者病原微生物泄漏事件的报告，或者发现实验室从事病原微生物相关实验活动造成实验室感染事故的，应当立即组织疾病预防控制机构、动物防疫监督机构和医疗机构以及其他有关机构依法采取下列预防、控制措施：

（一）封闭被病原微生物污染的实验室或者可能造成病原微生物扩散的场所；

（二）开展流行病学调查；

（三）对病人进行隔离治疗，对相关人员进行医学检查；

（四）对密切接触者进行医学观察；

（五）进行现场消毒；

（六）对染疫或者疑似染疫的动物采取隔离、扑杀等措施；

（七）其他需要采取的预防、控制措施。

**第四十七条** 医疗机构或者兽医医疗机构及其执行职务的医务人员发现由于实验室感染而引起的与高致病性病原微生物相关的传染病病人、疑似传染病病人或者患有疫病、疑似患有疫病的动物，诊治的医疗机构或者兽医医疗机构应当在2小时内报告所在地的县级人民政府卫生主管部门或者兽医主管部门；接到报告的卫生主管部门或者兽医主管部门应当在2小时内通报实验室所在地的县级人民政府卫生主管部门或者兽医主管部门。接到通报的卫生主管部门或者兽医主管部门应当依照本条例第四十六条的规定采取预防、控制措施。

**第四十八条** 发生病原微生物扩散，有可能造成传染病暴发、流行时，县级以上人民政府卫生主管部门或者兽医主管部门应当依照有关法律、行政法规的规定以及实验室感染应急处置预案进行处理。

# 第五章 监督管理

**第四十九条** 县级以上地方人民政府卫生主管部门、兽医主管部门依照各自分工，履行下列职责：

（一）对病原微生物菌（毒）种、样本的采集、运输、储存进行监督检查；

（二）对从事高致病性病原微生物相关实验活动的实验室是否符合本条例规定的条件进行监督检查；

（三）对实验室或者实验室的设立单位培训、考核其工作人员以及上岗人员的情况进行监督检查；

（四）对实验室是否按照有关国家标准、技术规范和操作规程从事病原微生物相关实验活动进行监督检查。

县级以上地方人民政府卫生主管部门、兽医主管部门，应当主要通过检查反映实验室执行国家有关法律、行政法规以及国家标准和要求的记录、档案、报告，切实履行监督管理职责。

**第五十条** 县级以上人民政府卫生主管部门、兽医主管部门、环境保护主管部门在履行监督检查职责时，有权进入被检查单位和病原微生物泄漏或者扩散现场调查取证、采集样品，查阅复制有关资料。需要进入从事高致病性病原微生物相关实验活动的实验室调查取证、采集样品的，应当指定或者委托专业机构实施。被检查单位应当予以配合，不得拒绝、阻挠。

**第五十一条** 国务院认证认可监督管理部门依照《中华人民共和国认证认可条例》的规定对实验室认可活动进行监督检查。

**第五十二条** 卫生主管部门、兽医主管部门、环境保护主管部门应当依据法定的职权和程序履行职责，做到公正、公平、公开、文明、高效。

**第五十三条** 卫生主管部门、兽医主管部门、环境保护主管部门的执法人员执行职务时，应当有 2 名以上执法人员参加，出示执法证件，并依照规定填写执法文书。

现场检查笔录、采样记录等文书经核对无误后，应当由执法人员和被检查人、被采样人签名。被检查人、被采样人拒绝签名的，执法人员应当在自己签名后注明情况。

**第五十四条** 卫生主管部门、兽医主管部门、环境保护主管部门及其执法人员执行职务，应当自觉接受社会和公民的监督。公民、法人和其他组织有权向上级人民政府及其卫生主管部门、兽医主管部门、环境保护主管部门举报地方人民政府及其有关主管部门不依照规定履行职责的情况。接到举报的有关人民政府或者其卫生主管部门、兽医主管部门、环境保护主管部门，应当及时调查处理。

**第五十五条** 上级人民政府卫生主管部门、兽医主管部门、环境保护主管部门发现属于下级人民政府卫生主管部门、兽医主管部门、环境保护主管部门职责范围内需要处理的事项的，应当及时告知该部门处理；下级人民政府卫生主管部门、兽医主管部门、环境保护主管部门不及时处理或者不积极履行本部门职责的，上级人民政府卫生主管部门、兽医主管部门、环境保护主管部门应当责令其限期改正；逾期不改正的，上级人民政府卫生主管部门、兽医主管部门、环境保护主管部门有权直接予以处理。

# 第六章　法律责任

**第五十六条** 三级、四级实验室未依照本条例的规定取得从事高致病性病原微生物实验活动的资格证书，或者已经取得相关资格证书但是未经批准从事某种高致病性病原微生物或者疑似高致病性病原微生物实验活动的，由县级以上地方人民政府卫生主管部门、兽医主管部门依照各自职责，责令停止有关活动，监督其将用于实验活动的病原微生物销毁或者送交保藏机构，并给予警告；造成传染病传播、流行或者其他严重后果的，由实验室的设立单位对主要负责人、直接负责的主管人员和其他直接责任人员，依法给予撤职、开除的处分；有资格证书的，应当吊销其资格证书；构成犯罪的，依法追究刑事责任。

第五十七条　卫生主管部门或者兽医主管部门违反本条例的规定，准予不符合本条例规定条件的实验室从事高致病性病原微生物相关实验活动的，由作出批准决定的卫生主管部门或者兽医主管部门撤销原批准决定，责令有关实验室立即停止有关活动，并监督其将用于实验活动的病原微生物销毁或者送交保藏机构，对直接负责的主管人员和其他直接责任人员依法给予行政处分；构成犯罪的，依法追究刑事责任。

因违法作出批准决定给当事人的合法权益造成损害的，作出批准决定的卫生主管部门或者兽医主管部门应当依法承担赔偿责任。

第五十八条　卫生主管部门或者兽医主管部门对符合法定条件的实验室不颁发从事高致病性病原微生物实验活动的资格证书，或者对出入境检验检疫机构为了检验检疫工作的紧急需要，申请在实验室对高致病性病原微生物或者疑似高致病性病原微生物开展进一步检测活动，不在法定期限内作出是否批准决定的，由其上级行政机关或者监察机关责令改正，给予警告；造成传染病传播、流行或者其他严重后果的，对直接负责的主管人员和其他直接责任人员依法给予撤职、开除的行政处分；构成犯罪的，依法追究刑事责任。

第五十九条　违反本条例规定，在不符合相应生物安全要求的实验室从事病原微生物相关实验活动的，由县级以上地方人民政府卫生主管部门、兽医主管部门依照各自职责，责令停止有关活动，监督其将用于实验活动的病原微生物销毁或者送交保藏机构，并给予警告；造成传染病传播、流行或者其他严重后果的，由实验室的设立单位对主要负责人、直接负责的主管人员和其他直接责任人员，依法给予撤职、开除的处分；构成犯罪的，依法追究刑事责任。

第六十条　实验室有下列行为之一的，由县级以上地方人民政府卫生主管部门、兽医主管部门依照各自职责，责令限期改正，给予警告；逾期不改正的，由实验室的设立单位对主要负责人、直接负责的主管人员和其他直接责任人员，依法给予撤职、开除的处分；有许可证件的，并由原发证部门吊销有关许可证件：

（一）未依照规定在明显位置标示国务院卫生主管部门和兽医主管部门规定的生物危险标识和生物安全实验室级别标志的；

（二）未向原批准部门报告实验活动结果以及工作情况的；

（三）未依照规定采集病原微生物样本，或者对所采集样本的来源、采集过程和方法等未作详细记录的；

（四）新建、改建或者扩建一级、二级实验室未向设区的市级人民政府卫生主管部门或者兽医主管部门备案的；

（五）未依照规定定期对工作人员进行培训，或者工作人员考核不合格允许其上岗，或者批准未采取防护措施的人员进入实验室的；

（六）实验室工作人员未遵守实验室生物安全技术规范和操作规程的；

（七）未依照规定建立或者保存实验档案的；

（八）未依照规定制定实验室感染应急处置预案并备案的。

第六十一条　经依法批准从事高致病性病原微生物相关实验活动的实验室的设立单位未建立健全安全保卫制度，或者未采取安全保卫措施的，由县级以上地方人民政府卫生主管部门、兽医主管部门依照各自职责，责令限期改正；逾期不改正，导致高致病性病原微生物菌（毒）种、样本被盗、被抢或者造成其他严重后果的，由原发证部门吊销该实验室从事高致病性病原微生物相关实验活动的资格证书；造成传染病传播、流行的，该实验室设立单位的主管部门还应当对该实验室的设立单位的直接负责的主管人员和其他直接责任人员，依法给予降级、撤职、开除的处分；构成犯罪的，依法追究刑事责任。

第六十二条　未经批准运输高致病性病原微生物菌（毒）种或者样本，或者承运单位经批准运输高致病性病原微生物菌（毒）种或者样本未履行保护义务，导致高致病性病原微生物菌（毒）种或者样本被盗、被抢、丢失、泄漏的，由县级以上地方人民政府卫生主管部门、兽医主管部门依照各自职责，责令采取措施，消除隐患，给予警告；造成传染病传播、流行或者其他严重后果的，由托运单位和承运单位的主管部门对主要负责人、直接负责的主管人员和其他直接责任人员，依法给予撤职、开除的处分；构成犯罪的，依法追究刑事责任。

**第六十三条** 有下列行为之一的，由实验室所在地的设区的市级以上地方人民政府卫生主管部门、兽医主管部门依照各自职责，责令有关单位立即停止违法活动，监督其将病原微生物销毁或者送交保藏机构；造成传染病传播、流行或者其他严重后果的，由其所在单位或者其上级主管部门对主要负责人、直接负责的主管人员和其他直接责任人员，依法给予撤职、开除的处分；有许可证件的，并由原发证部门吊销有关许可证件；构成犯罪的，依法追究刑事责任：

（一）实验室在相关实验活动结束后，未依照规定及时将病原微生物菌（毒）种和样本就地销毁或者送交保藏机构保管的；

（二）实验室使用新技术、新方法从事高致病性病原微生物相关实验活动未经国家病原微生物实验室生物安全专家委员会论证的；

（三）未经批准擅自从事在我国尚未发现或者已经宣布消灭的病原微生物相关实验活动的；

（四）在未经指定的专业实验室从事在我国尚未发现或者已经宣布消灭的病原微生物相关实验活动的；

（五）在同一个实验室的同一个独立安全区域内同时从事两种或者两种以上高致病性病原微生物的相关实验活动的。

**第六十四条** 认可机构对不符合实验室生物安全国家标准以及本条例规定条件的实验室予以认可，或者对符合实验室生物安全国家标准以及本条例规定条件的实验室不予认可的，由国务院认证认可监督管理部门责令限期改正，给予警告；造成传染病传播、流行或者其他严重后果的，由国务院认证认可监督管理部门撤销其认可资格，有上级主管部门的，由其上级主管部门对主要负责人、直接负责的主管人员和其他直接责任人员依法给予撤职、开除的处分；构成犯罪的，依法追究刑事责任。

**第六十五条** 实验室工作人员出现该实验室从事的病原微生物相关实验活动有关的感染临床症状或者体征，以及实验室发生高致病性病原微生物泄漏时，实验室负责人、实验室工作人员、负责实验室感染控制的专门机构或者人员未依照规定报告，或者未依照规定采取控制措施的，由县级以上地方人民政府卫生主管部门、兽医主管部门依照各自职责，责令限期改正，给予警告；造成传染病传播、流行或者其他严重后果的，由其设立单位对实验室主要负责人、直接负责的主管人员和其他直接责任人员，依法给予撤职、开除的处分；有许可证件的，并由原发证部门吊销有关许可证件；构成犯罪的，依法追究刑事责任。

第六十六条　拒绝接受卫生主管部门、兽医主管部门依法开展有关高致病性病原微生物扩散的调查取证、采集样品等活动或者依照本条例规定采取有关预防、控制措施的，由县级以上人民政府卫生主管部门、兽医主管部门依照各自职责，责令改正，给予警告；造成传染病传播、流行以及其他严重后果的，由实验室的设立单位对实验室主要负责人、直接负责的主管人员和其他直接责任人员，依法给予降级、撤职、开除的处分；有许可证件的，并由原发证部门吊销有关许可证件；构成犯罪的，依法追究刑事责任。

第六十七条　发生病原微生物被盗、被抢、丢失、泄漏，承运单位、护送人、保藏机构和实验室的设立单位未依照本条例的规定报告的，由所在地的县级人民政府卫生主管部门或者兽医主管部门给予警告；造成传染病传播、流行或者其他严重后果的，由实验室的设立单位或者承运单位、保藏机构的上级主管部门对主要负责人、直接负责的主管人员和其他直接责任人员，依法给予撤职、开除的处分；构成犯罪的，依法追究刑事责任。

第六十八条　保藏机构未依照规定储存实验室送交的菌（毒）种和样本，或者未依照规定提供菌（毒）种和样本的，由其指定部门责令限期改正，收回违法提供的菌（毒）种和样本，并给予警告；造成传染病传播、流行或者其他严重后果的，由其所在单位或者其上级主管部门对主要负责人、直接负责的主管人员和其他直接责任人员，依法给予撤职、开除的处分；构成犯罪的，依法追究刑事责任。

第六十九条　县级以上人民政府有关主管部门，未依照本条例的规定履行实验室及其实验活动监督检查职责的，由有关人民政府在各自职责范围内责令改正，通报批评；造成传染病传播、流行或者其他严重后果的，对直接负责的主管人员，依法给予行政处分；构成犯罪的，依法追究刑事责任。

# 第七章 附 则

第七十条　军队实验室由中国人民解放军卫生主管部门参照本条例负责监督管理。

第七十一条　本条例施行前设立的实验室，应当自本条例施行之日起 6 个月内，依照本条例的规定，办理有关手续。

第七十二条　本条例自公布之日起施行。

# 中华人民共和国
# 进出境动植物检疫法

（1991 年 10 月 30 日第七届全国人民代表大会常务委员会第二十二次会议通过　1991 年 10 月 30 日中华人民共和国主席令第五十三号公布　自 1992 年 4 月 1 日起施行）

## 目　　录

# 第一章　总　　则

**第一条**　为防止动物传染病、寄生虫病和植物危险性病、虫、杂草以及其他有害生物（以下简称病虫害）传入、传出国境，保护农、林、牧、渔业生产和人体健康，促进对外经济贸易的发展，制定本法。

**第二条**　进出境的动植物、动植物产品和其他检疫物，装载动植物、动植物产品和其他检疫物的装载容器、包装物，以及来自动植物疫区的运输工具，依照本法规定实施检疫。

**第三条** 国务院设立动植物检疫机关（以下简称国家动植物检疫机关），统一管理全国进出境动植物检疫工作。国家动植物检疫机关在对外开放的口岸和进出境动植物检疫业务集中的地点设立的口岸动植物检疫机关，依照本法规定实施进出境动植物检疫。

贸易性动物产品出境的检疫机关，由国务院根据情况规定。

国务院农业行政主管部门主管全国进出境动植物检疫工作。

**第四条** 口岸动植物检疫机关在实施检疫时可以行使下列职权：

（一）依照本法规定登船、登车、登机实施检疫；

（二）进入港口、机场、车站、邮局以及检疫物的存放、加工、养殖、种植场所实施检疫，并依照规定采样；

（三）根据检疫需要，进入有关生产、仓库等场所，进行疫情监测、调查和检疫监督管理；

（四）查阅、复制、摘录与检疫物有关的运行日志、货运单、合同、发票及其他单证。

**第五条** 国家禁止下列各物进境：

（一）动植物病原体（包括菌种、毒种等）、害虫及其他有害生物；

（二）动植物疫情流行的国家和地区的有关动植物、动植物产品和其他检疫物；

（三）动物尸体；

（四）土壤。

口岸动植物检疫机关发现有前款规定的禁止进境物的，作退回或者销毁处理。

因科学研究等特殊需要引进本条第一款规定的禁止进境物的，必须事先提出申请，经国家动植物检疫机关批准。

本条第一款第二项规定的禁止进境物的名录，由国务院农业行政主管部门制定并公布。

**第六条** 国外发生重大动植物疫情并可能传入中国时，国务院应当采取紧急预防措施，必要时可以下令禁止来自动植物疫区的运输工具进境或者封锁有关口岸；受动植物疫情威胁地区的地方人民政府和有关口岸动植物检疫机关，应当立即采取紧急措施，同时向上级人民政府和国家动植物检疫机关报告。

邮电、运输部门对重大动植物疫情报告和送检材料应当优先传送。

**第七条** 国家动植物检疫机关和口岸动植物检疫机关对进出境动植物、动植物产品的生产、加工、存放过程，实行检疫监督制度。

**第八条** 口岸动植物检疫机关在港口、机场、车站、邮局执行检疫任务时，海关、交通、民航、铁路、邮电等有关部门应当配合。

**第九条** 动植物检疫机关检疫人员必须忠于职守，秉公执法。

动植物检疫机关检疫人员依法执行公务，任何单位和个人不得阻挠。

# 第二章　进境检疫

**第十条** 输入动物、动物产品、植物种子、种苗及其他繁殖材料的，必须事先提出申请，办理检疫审批手续。

**第十一条** 通过贸易、科技合作、交换、赠送、援助等方式输入动植物、动植物产品和其他检疫物的，应当在合同或者协议中订明中国法定的检疫要求，并订明必须附有输出国家或者地区政府动植物检疫机关出具的检疫证书。

**第十二条** 货主或者其代理人应当在动植物、动植物产品和其他检疫物进境前或者进境时持输出国家或者地区的检疫证书、贸易合同等单证，向进境口岸动植物检疫机关报检。

**第十三条** 装载动物的运输工具抵达口岸时，口岸动植物检疫机关应当采取现场预防措施，对上下运输工具或者接近动物的人员、装载动物的运输工具和被污染的场地作防疫消毒处理。

**第十四条** 输入动植物、动植物产品和其他检疫物，应当在进境口岸实施检疫。未经口岸动植物检疫机关同意，不得卸离运输工具。

输入动植物，需隔离检疫的，在口岸动植物检疫机关指定的隔离场所检疫。

因口岸条件限制等原因，可以由国家动植物检疫机关决定将动植物、动植物产品和其他检疫物运往指定地点检疫。在运输、装卸过程中，货主或者其代理人应当采取防疫措施。指定的存放、加工和隔离饲养或者隔离种植的场所，应当符合动植物检疫和防疫的规定。

**第十五条** 输入动植物、动植物产品和其他检疫物，经检疫合格的，准予进境；海关凭口岸动植物检疫机关签发的检疫单证或者在报关单上加盖的印章验放。

输入动植物、动植物产品和其他检疫物，需调离海关监管区检疫的，海关凭口岸动植物检疫机关签发的《检疫调离通知单》验放。

**第十六条** 输入动物，经检疫不合格的，由口岸动植物检疫机关签发《检疫处理通知单》，通知货主或者其代理人作如下处理：

（一）检出一类传染病、寄生虫病的动物，连同其同群动物全群退回或者全群扑杀并销毁尸体；

（二）检出二类传染病、寄生虫病的动物，退回或者扑杀，同群其他动物在隔离场或者其他指定地点隔离观察。

输入动物产品和其他检疫物经检疫不合格的，由口岸动植物检疫机关签发《检疫处理通知单》，通知货主或者其代理人作除害、退回或者销毁处理。经除害处理合格的，准予进境。

**第十七条** 输入植物、植物产品和其他检疫物，经检疫发现有植物危险性病、虫、杂草的，由口岸动植物检疫机关签发《检疫处理通知单》，通知货主或者其代理人作除害、退回或者销毁处理。经除害处理合格的，准予进境。

**第十八条** 本法第十六条第一款第一项、第二项所称一类、二类动物传染病、寄生虫病的名录和本法第十七条所称植物危险性病、虫、杂草的名录，由国务院农业行政主管部门制定并公布。

**第十九条** 输入动植物、动植物产品和其他检疫物，经检疫发现有本法第十八条规定的名录之外，对农、林、牧、渔业有严重危害的其他病虫害的，由口岸动植物检疫机关依照国务院农业行政主管部门的规定，通知货主或者其代理人作除害、退回或者销毁处理。经除害处理合格的，准予进境。

# 第三章　　出境检疫

**第二十条**　货主或者其代理人在动植物、动植物产品和其他检疫物出境前，向口岸动植物检疫机关报检。

出境前需经隔离检疫的动物，在口岸动植物检疫机关指定的隔离场所检疫。

**第二十一条**　输出动植物、动植物产品和其他检疫物，由口岸动植物检疫机关实施检疫，经检疫合格或者经除害处理合格的，准予出境；海关凭口岸动植物检疫机关签发的检疫证书或者在报关单上加盖的印章验放。检疫不合格又无有效方法作除害处理的，不准出境。

**第二十二条**　经检疫合格的动植物、动植物产品和其他检疫物，有下列情形之一的，货主或者其代理人应当重新报检：

（一）更改输入国家或者地区，更改后的输入国家或者地区又有不同检疫要求的；

（二）改换包装或者原未拼装后来拼装的；

（三）超过检疫规定有效期限的。

# 第四章　　过境检疫

**第二十三条**　要求运输动物过境的，必须事先商得中国国家动植物检疫机关同意，并按照指定的口岸和路线过境。

装载过境动物的运输工具、装载容器、饲料和铺垫材料，必须符合中国动植物检疫的规定。

**第二十四条**　运输动植物、动植物产品和其他检疫物过境的，由承运人或者押运人持货运单和输出国家或者地区政府动植物检疫机关出具的检疫证书，在进境时向口岸动植物检疫机关报检，出境口岸不再检疫。

**第二十五条**　过境的动物经检疫合格的，准予过境；发现有本法第十八条规定的名录所列的动物传染病、寄生虫病的，全群动物不准过境。

过境动物的饲料受病虫害污染的，作除害、不准过境或者销毁处理。

过境的动物的尸体、排泄物、铺垫材料及其他废弃物，必须按照动植物检疫机关的规定处理，不得擅自抛弃。

**第二十六条** 对过境植物、动植物产品和其他检疫物，口岸动植物检疫机关检查运输工具或者包装，经检疫合格的，准予过境；发现有本法第十八条规定的名录所列的病虫害的，作除害处理或者不准过境。

**第二十七条** 动植物、动植物产品和其他检疫物过境期间，未经动植物检疫机关批准，不得开拆包装或者卸离运输工具。

# 第五章 携带、邮寄物检疫

**第二十八条** 携带、邮寄植物种子、种苗及其他繁殖材料进境的，必须事先提出申请，办理检疫审批手续。

**第二十九条** 禁止携带、邮寄进境的动植物、动植物产品和其他检疫物的名录，由国务院农业行政主管部门制定并公布。

携带、邮寄前款规定的名录所列的动植物、动植物产品和其他检疫物进境的，作退回或者销毁处理。

**第三十条** 携带本法第二十九条规定的名录以外的动植物、动植物产品和其他检疫物进境的，在进境时向海关申报并接受口岸动植物检疫机关检疫。

携带动物进境的，必须持有输出国家或者地区的检疫证书等证件。

**第三十一条** 邮寄本法第二十九条规定的名录以外的动植物、动植物产品和其他检疫物进境的，由口岸动植物检疫机关在国际邮件互换局实施检疫，必要时可以取回口岸动植物检疫机关检疫；未经检疫不得运递。

**第三十二条** 邮寄进境的动植物、动植物产品和其他检疫物，经检疫或者除害处理合格后放行；经检疫不合格又无有效方法作除害处理的，作退回或者销毁处理，并签发《检疫处理通知单》。

**第三十三条** 携带、邮寄出境的动植物、动植物产品和其他检疫物，物主有检疫要求的，由口岸动植物检疫机关实施检疫。

# 第六章 运输工具检疫

**第三十四条** 来自动植物疫区的船舶、飞机、火车抵达口岸时，由口岸动植物检疫机关实施检疫。发现有本法第十八条规定的名录所列的病虫害的，作不准带离运输工具、除害、封存或者销毁处理。

**第三十五条** 进境的车辆，由口岸动植物检疫机关作防疫消毒处理。

**第三十六条** 进出境运输工具上的泔水、动植物性废弃物，依照口岸动植物检疫机关的规定处理，不得擅自抛弃。

**第三十七条** 装载出境的动植物、动植物产品和其他检疫物的运输工具，应当符合动植物检疫和防疫的规定。

**第三十八条** 进境供拆船用的废旧船舶，由口岸动植物检疫机关实施检疫，发现有本法第十八条规定的名录所列的病虫害的，作除害处理。

# 第七章 法律责任

**第三十九条** 违反本法规定，有下列行为之一的，由口岸动植物检疫机关处以罚款：

（一）未报检或者未依法办理检疫审批手续的；

（二）未经口岸动植物检疫机关许可擅自将进境动植物、动植物产品或者其他检疫物卸离运输工具或者运递的；

（三）擅自调离或者处理在口岸动植物检疫机关指定的隔离场所中隔离检疫的动植物的。

**第四十条** 报检的动植物、动植物产品或者其他检疫物与实际不符的，由口岸动植物检疫机关处以罚款；已取得检疫单证的，予以吊销。

**第四十一条** 违反本法规定，擅自开拆过境动植物、动植物产品或者其他检疫物的包装的，擅自将过境动植物、动植物产品或者其他检疫物卸离运输工具的，擅自抛弃过境动物的尸体、排泄物、铺垫材料或者其他废弃物的，由动植物检疫机关处以罚款。

**第四十二条** 违反本法规定，引起重大动植物疫情的，比照刑法第一百七十八条的规定追究刑事责任。

**第四十三条** 伪造、变造检疫单证、印章、标志、封识，依照刑法第一百六十七条的规定追究刑事责任。

**第四十四条** 当事人对动植物检疫机关的处罚决定不服的，可以在接到处罚通知之日起十五日内向作出处罚决定的机关的上一级机关申请复议；当事人也可以在接到处罚通知之日起十五日内直接向人民法院起诉。

复议机关应当在接到复议申请之日起六十日内作出复议决定。当事人对复议决定不服的，可以在接到复议决定之日起十五日内向人民法院起诉。复议机关逾期不作出复议决定的，当事人可以在复议期满之日起十五日内向人民法院起诉。

当事人逾期不申请复议也不向人民法院起诉、又不履行处罚决定的，作出处罚决定的机关可以申请人民法院强制执行。

**第四十五条** 动植物检疫机关检疫人员滥用职权，徇私舞弊，伪造检疫结果，或者玩忽职守，延误检疫出证，构成犯罪的，依法追究刑事责任；不构成犯罪的，给予行政处分。

# 第八章 附 则

**第四十六条** 本法下列用语的含义是：

（一）"动物"是指饲养、野生的活动物，如畜、禽、兽、蛇、龟、鱼、虾、蟹、贝、蚕、蜂等；

（二）"动物产品"是指来源于动物未经加工或者虽经加工但仍有可能传播疫病的产品，如生皮张、毛类、肉类、脏器、油脂、动物水产品、奶制品、蛋类、血液、精液、胚胎、骨、蹄、角等；

（三）"植物"是指栽培植物、野生植物及其种子、种苗及其他繁殖材料等；

（四）"植物产品"是指来源于植物未经加工或者虽经加工但仍有可能传播病虫害的产品，如粮食、豆、棉花、油、麻、烟草、籽仁、干果、鲜果、蔬菜、生药材、木材、饲料等；

（五）"其他检疫物"是指动物疫苗、血清、诊断液、动植物性废弃物等。

**第四十七条** 中华人民共和国缔结或者参加的有关动植物检疫的国际条约与本法有不同规定的，适用该国际条约的规定。但是，中华人民共和国声明保留的条款除外。

**第四十八条** 口岸动植物检疫机关实施检疫依照规定收费。收费办法由国务院农业行政主管部门会同国务院物价等有关主管部门制定。

**第四十九条** 国务院根据本法制定实施条例。

**第五十条** 本法自一九九二年四月一日起施行。一九八二年六月四日国务院发布的《中华人民共和国进出口动植物检疫条例》同时废止。

# 进出境动植物检疫法实施条例

（1996 年 12 月 2 日中华人民共和国国务院令第 206 号公布　自 1997 年 1 月 1 日起施行）

## 目　　录

## 第一章　总　　则

**第一条**　根据《中华人民共和国进出境动植物检疫法》（以下简称进出境动植物检疫法）的规定，制定本条例。

**第二条**　下列各物，依照进出境动植物检疫法和本条例的规定实施检疫：

（一）进境、出境、过境的动植物、动植物产品和其他检疫物；

（二）装载动植物、动植物产品和其他检疫物的装载容器、包装物、铺垫材料；

（三）来自动植物疫区的运输工具；

（四）进境拆解的废旧船舶；

（五）有关法律、行政法规、国际条约规定或者贸易合同约定应当实施进出境动植物检疫的其他货物、物品。

**第三条** 国务院农业行政主管部门主管全国进出境动植物检疫工作。

中华人民共和国动植物检疫局（以下简称国家动植物检疫局）统一管理全国进出境动植物检疫工作，收集国内外重大动植物疫情，负责国际间进出境动植物检疫的合作与交流。

国家动植物检疫局在对外开放的口岸和进出境动植物检疫业务集中的地点设立的口岸动植物检疫机关，依照进出境动植物检疫法和本条例的规定，实施进出境动植物检疫。

**第四条** 国（境）外发生重大动植物疫情并可能传入中国时，根据情况采取下列紧急预防措施：

（一）国务院可以对相关边境区域采取控制措施，必要时下令禁止来自动植物疫区的运输工具进境或者封锁有关口岸；

（二）国务院农业行政主管部门可以公布禁止从动植物疫情流行的国家和地区进境的动植物、动植物产品和其他检疫物的名录；

（三）有关口岸动植物检疫机关可以对可能受病虫害污染的本条例第二条所列进境各物采取紧急检疫处理措施；

（四）受动植物疫情威胁地区的地方人民政府可以立即组织有关部门制定并实施应急方案，同时向上级人民政府和国家动植物检疫局报告。

邮电、运输部门对重大动植物疫情报告和送检材料应当优先传送。

**第五条** 享有外交、领事特权与豁免的外国机构和人员公用或者自用的动植物、动植物产品和其他检疫物进境，应当依照进出境动植物检疫法和本条例的规定实施检疫；口岸动植物检疫机关查验时，应当遵守有关法律的规定。

**第六条** 海关依法配合口岸动植物检疫机关，对进出境动植物、动植物产品和其他检疫物实行监管。具体办法由国务院农业行政主管部门会同海关总署制定。

**第七条** 进出境动植物检疫法所称动植物疫区和动植物疫情流

行的国家与地区的名录，由国务院农业行政主管部门确定并公布。

**第八条** 对贯彻执行进出境动植物检疫法和本条例做出显著成绩的单位和个人，给予奖励。

# 第二章 检疫审批

**第九条** 输入动物、动物产品和进出境动植物检疫法第五条第一款所列禁止进境物的检疫审批，由国家动植物检疫局或者其授权的口岸动植物检疫机关负责。

输入植物种子、种苗及其他繁殖材料的检疫审批，由植物检疫条例规定的机关负责。

**第十条** 符合下列条件的，方可办理进境检疫审批手续：

（一）输出国家或者地区无重大动植物疫情；

（二）符合中国有关动植物检疫法律、法规、规章的规定；

（三）符合中国与输出国家或者地区签订的有关双边检疫协定（含检疫协议、备忘录等，下同）。

**第十一条** 检疫审批手续应当在贸易合同或者协议签订前办妥。

**第十二条** 携带、邮寄植物种子、种苗及其他繁殖材料进境的，必须事先提出申请，办理检疫审批手续；因特殊情况无法事先办理的，携带人或者邮寄人应当在口岸补办检疫审批手续，经审批机关同意并经检疫合格后方准进境。

**第十三条** 要求运输动物过境的，货主或者其代理人必须事先向国家动植物检疫局提出书面申请，提交输出国家或者地区政府动植物检疫机关出具的疫情证明、输入国家或者地区政府动植物检疫机关出具的准许该动物进境的证件，并说明拟过境的路线，国家动植物检疫局审查同意后，签发《动物过境许可证》。

**第十四条** 因科学研究等特殊需要，引进进出境动植物检疫法第五条第一款所列禁止进境物的，办理禁止进境物特许检疫审批手续时，货主、物主或者其代理人必须提交书面申请，说明其数量、用途、引进方式、进境后的防疫措施，并附具有关口岸动植物检疫机关签署的意见。

**第十五条** 办理进境检疫审批手续后，有下列情况之一的，货主、物主或者其代理人应当重新申请办理检疫审批手续：

（一）变更进境物的品种或者数量的；

（二）变更输出国家或者地区的；

（三）变更进境口岸的；

（四）超过检疫审批有效期的。

# 第三章 进境检疫

**第十六条** 进出境动植物检疫法第十一条所称中国法定的检疫要求，是指中国的法律、行政法规和国务院农业行政主管部门规定的动植物检疫要求。

**第十七条** 国家对向中国输出动植物产品的国外生产、加工、存放单位，实行注册登记制度。具体办法由国务院农业行政主管部门制定。

**第十八条** 输入动植物、动植物产品和其他检疫物的，货主或者其代理人应当在进境前或者进境时向进境口岸动植物检疫机关报检。属于调离海关监管区检疫的，运达指定地点时，货主或者其代理人应当通知有关口岸动植物检疫机关。属于转关货物的，货主或者其代理人应当在进境时向进境口岸动植物检疫机关申报；到达指运地时，应当向指运地口岸动植物检疫机关报检。

输入种畜禽及其精液、胚胎的，应当在进境前 30 日报检；输入其他动物的，应当在进境前 15 日报检；输入植物种子、种苗及其他繁殖材料的，应当在进境前 7 日报检。

动植物性包装物、铺垫材料进境时，货主或者其代理人应当及时向口岸动植物检疫机关申报；动植物检疫机关可以根据具体情况对申报物实施检疫。

前款所称动植物性包装物、铺垫材料，是指直接用作包装物、铺垫材料的动物产品和植物、植物产品。

**第十九条** 向口岸动植物检疫机关报检时，应当填写报检单，并提交输出国家或者地区政府动植物检疫机关出具的检疫证书、产地证书和贸易合同、信用证、发票等单证；依法应当办理检疫审批手续的，还应当提交检疫审批单。无输出国家或者地区政府动植物检疫机关出具的有效检疫证书，或者未依法办理检疫审批手续的，口岸动植物检疫机关可以根据具体情况，作退回或者销毁处理。

第二十条　输入的动植物、动植物产品和其他检疫物运达口岸时，检疫人员可以到运输工具上和货物现场实施检疫，核对货、证是否相符，并可以按照规定采取样品。承运人、货主或者其代理人应当向检疫人员提供装载清单和有关资料。

第二十一条　装载动物的运输工具抵达口岸时，上下运输工具或者接近动物的人员，应当接受口岸动植物检疫机关实施的防疫消毒，并执行其采取的其他现场预防措施。

第二十二条　检疫人员应当按照下列规定实施现场检疫：

（一）动物：检查有无疫病的临床症状。发现疑似感染传染病或者已死亡的动物时，在货主或者押运人的配合下查明情况，立即处理。动物的铺垫材料、剩余饲料和排泄物等，由货主或者其代理人在检疫人员的监督下，作除害处理。

（二）动物产品：检查有无腐败变质现象，容器、包装是否完好。符合要求的，允许卸离运输工具。发现散包、容器破裂的，由货主或者其代理人负责整理完好，方可卸离运输工具。根据情况，对运输工具的有关部位及装载动物产品的容器、外表包装、铺垫材料、被污染场地等进行消毒处理。需要实施实验室检疫的，按照规定采取样品。对易滋生植物害虫或者混藏杂草种子的动物产品，同时实施植物检疫。

（三）植物、植物产品：检查货物和包装物有无病虫害，并按照规定采取样品。发现病虫害并有扩散可能时，及时对该批货物、运输工具和装卸现场采取必要的防疫措施。对来自动物传染病疫区或者易带动物传染病和寄生虫病病原体并用作动物饲料的植物产品，同时实施动物检疫。

（四）动植物性包装物、铺垫材料：检查是否携带病虫害、混藏杂草种子、沾带土壤，并按照规定采取样品。

（五）其他检疫物：检查包装是否完好及是否被病虫害污染。发现破损或者被病虫害污染时，作除害处理。

第二十三条　对船舶、火车装运的大宗动植物产品，应当就地分层检查；限于港口、车站的存放条件，不能就地检查的，经口岸动植物检疫机关同意，也可以边卸载边疏运，将动植物产品运往指定的地点存放。在卸货过程中经检疫发现疫情时，应当立即停止卸货，由货主或者其代理人按照口岸动植物检疫机关的要求，对已卸和未卸货物作除害处理，并采取防止疫情扩散的措施；对被病虫害污染的装卸工具和场地，也应当作除害处理。

**第二十四条** 输入种用大中家畜的，应当在国家动植物检疫局设立的动物隔离检疫场所隔离检疫 45 日；输入其他动物的，应当在口岸动植物检疫机关指定的动物隔离检疫场所隔离检疫 30 日。动物隔离检疫场所管理办法，由国务院农业行政主管部门制定。

**第二十五条** 进境的同一批动植物产品分港卸货时，口岸动植物检疫机关只对本港卸下的货物进行检疫，先期卸货港的口岸动植物检疫机关应当将检疫及处理情况及时通知其他分卸港的口岸动植物检疫机关；需要对外出证的，由卸毕港的口岸动植物检疫机关汇总后统一出具检疫证书。

在分卸港实施检疫中发现疫情并必须进行船上熏蒸、消毒时，由该分卸港的口岸动植物检疫机关统一出具检疫证书，并及时通知其他分卸港的口岸动植物检疫机关。

**第二十六条** 对输入的动植物、动植物产品和其他检疫物，按照中国的国家标准、行业标准以及国家动植物检疫局的有关规定实施检疫。

**第二十七条** 输入动植物、动植物产品和其他检疫物，经检疫合格的，由口岸动植物检疫机关在报关单上加盖印章或者签发《检疫放行通知单》；需要调离进境口岸海关监管区检疫的，由进境口岸动植物检疫机关签发《检疫调离通知单》。货主或者其代理人凭口岸动植物检疫机关在报关单上加盖的印章或者签发的《检疫放行通知单》、《检疫调离通知单》办理报关、运递手续。海关对输入的动植物、动植物产品和其他检疫物，凭口岸动植物检疫机关在报关单上加盖的印章或者签发的《检疫放行通知单》、《检疫调离通知单》验放。运输、邮电部门凭单运递，运递期间国内其他检疫机关不再检疫。

**第二十八条** 输入动植物、动植物产品和其他检疫物，经检疫不合格的，由口岸动植物检疫机关签发《检疫处理通知单》，通知货主或者其代理人在口岸动植物检疫机关的监督和技术指导下，作除害处理；需要对外索赔的，由口岸动植物检疫机关出具检疫证书。

**第二十九条**  国家动植物检疫局根据检疫需要，并商输出动植物、动植物产品国家或者地区政府有关机关同意，可以派检疫人员进行预检、监装或者产地疫情调查。

**第三十条**  海关、边防等部门截获的非法进境的动植物、动植物产品和其他检疫物，应当就近交由口岸动植物检疫机关检疫。

# 第四章  出境检疫

**第三十一条**  货主或者其代理人依法办理动植物、动植物产品和其他检疫物的出境报检手续时，应当提供贸易合同或者协议。

**第三十二条**  对输入国要求中国对向其输出的动植物、动植物产品和其他检疫物的生产、加工、存放单位注册登记的，口岸动植物检疫机关可以实行注册登记，并报国家动植物检疫局备案。

**第三十三条**  输出动物，出境前需经隔离检疫的，在口岸动植物检疫机关指定的隔离场所检疫。输出植物、动植物产品和其他检疫物的，在仓库或者货场实施检疫；根据需要，也可以在生产、加工过程中实施检疫。

待检出境植物、动植物产品和其他检疫物，应当数量齐全、包装完好、堆放整齐、唛头标记明显。

**第三十四条**  输出动植物、动植物产品和其他检疫物的检疫依据：

（一）输入国家或者地区和中国有关动植物检疫规定；

（二）双边检疫协定；

（三）贸易合同中订明的检疫要求。

**第三十五条**  经启运地口岸动植物检疫机关检疫合格的动植物、动植物产品和其他检疫物，运达出境口岸时，按照下列规定办理：

（一）动物应当经出境口岸动植物检疫机关临床检疫或者复检；

（二）植物、动植物产品和其他检疫物从启运地随原运输工具出境的，由出境口岸动植物检疫机关验证放行；改换运输工具出境的，换证放行；

（三）植物、动植物产品和其他检疫物到达出境口岸后拼装的，因变更输入国家或者地区而有不同检疫要求的，或者超过规定的检疫有效期的，应当重新报检。

**第三十六条** 输出动植物、动植物产品和其他检疫物，经启运地口岸动植物检疫机关检疫合格的，运达出境口岸时，运输、邮电部门凭启运地口岸动植物检疫机关签发的检疫单证运递，国内其他检疫机关不再检疫。

# 第五章 过境检疫

**第三十七条** 运输动植物、动植物产品和其他检疫物过境（含转运，下同）的，承运人或者押运人应当持货运单和输出国家或者地区政府动植物检疫机关出具的证书，向进境口岸动植物检疫机关报检；运输动物过境的，还应当同时提交国家动植物检疫局签发的《动物过境许可证》。

**第三十八条** 过境动物运达进境口岸时，由进境口岸动植物检疫机关对运输工具、容器的外表进行消毒并对动物进行临床检疫，经检疫合格的，准予过境。进境口岸动植物检疫机关可以派检疫人员监运至出境口岸，出境口岸动植物检疫机关不再检疫。

**第三十九条** 装载过境植物、动植物产品和其他检疫物的运输工具和包装物、装载容器必须完好。经口岸动植物检疫机关检查，发现运输工具或者包装物、装载容器有可能造成途中散漏的，承运人或者押运人应当按照口岸动植物检疫机关的要求，采取密封措施；无法采取密封措施的，不准过境。

# 第六章 携带、邮寄物检疫

**第四十条** 携带、邮寄植物种子、种苗及其他繁殖材料进境，未依法办理检疫审批手续的，由口岸动植物检疫机关作退回或者销毁处理。邮件作退回处理的，由口岸动植物检疫机关在邮件及发递单上批注退回原因；邮件作销毁处理的，由口岸动植物检疫机关签发通知单，通知寄件人。

**第四十一条** 携带动植物、动植物产品和其他检疫物进境的，进境时必须向海关申报并接受口岸动植物检疫机关检疫。海关应当将申报或者查获的动植物、动植物产品和其他检疫物及时交由口岸动植物检疫机关检疫。未经检疫的，不得携带进境。

**第四十二条** 口岸动植物检疫机关可以在港口、机场、车站的旅客通道、行李提取处等现场进行检查，对可能携带动植物、动植物产品和其他检疫物而未申报的，可以进行查询并抽检其物品，必要时可以开包（箱）检查。

旅客进出境检查现场应当设立动植物检疫台位和标志。

**第四十三条** 携带动物进境的，必须持有输出动物的国家或者地区政府动植物检疫机关出具的检疫证书，经检疫合格后放行；携带犬、猫等宠物进境的，还必须持有疫苗接种证书。没有检疫证书、疫苗接种证书的，由口岸动植物检疫机关作限期退回或者没收销毁处理。作限期退回处理的，携带人必须在规定的时间内持口岸动植物检疫机关签发的截留凭证，领取并携带出境；逾期不领取的，作自动放弃处理。

携带植物、动植物产品和其他检疫物进境，经现场检疫合格的，当场放行；需要作实验室检疫或者隔离检疫的，由口岸动植物检疫机关签发截留凭证。截留检疫合格的，携带人持截留凭证向口岸动植物检疫机关领回；逾期不领回的，作自动放弃处理。

禁止携带、邮寄进出境动植物检疫法第二十九条规定的名录所列动植物、动植物产品和其他检疫物进境。

**第四十四条** 邮寄进境的动植物、动植物产品和其他检疫物，由口岸动植物检疫机关在国际邮件互换局（含国际邮件快递公司及其他经营国际邮件的单位，以下简称邮局）实施检疫。邮局应当提供必要的工作条件。

经现场检疫合格的，由口岸动植物检疫机关加盖检疫放行章，交邮局运递。需要作实验室检疫或者隔离检疫的，口岸动植物检疫机关应当向邮局办理交接手续；检疫合格的，加盖检疫放行章，交邮局运递。

**第四十五条** 携带、邮寄进境的动植物、动植物产品和其他检疫物，经检疫不合格又无有效方法作除害处理的，作退回或者销毁处理，并签发《检疫处理通知单》交携带人、寄件人。

# 第七章 运输工具检疫

**第四十六条** 口岸动植物检疫机关对来自动植物疫区的船舶、飞机、火车，可以登船、登机、登车实施现场检疫。有关运输工具负责人应当接受检疫人员的询问并在询问记录上签字，提供运行日志和装载货物的情况，开启舱室接受检疫。

口岸动植物检疫机关应当对前款运输工具可能隐藏病虫害的餐车、配餐间、厨房、储藏室、食品舱等动植物产品存放、使用场所和泔水、动植物性废弃物的存放场所以及集装箱箱体等区域或者部位，实施检疫；必要时，作防疫消毒处理。

**第四十七条** 来自动植物疫区的船舶、飞机、火车，经检疫发现有进出境动植物检疫法第十八条规定的名录所列病虫害的，必须作熏蒸、消毒或者其他除害处理。发现有禁止进境的动植物、动植物产品和其他检疫物的，必须作封存或者销毁处理；作封存处理的，在中国境内停留或者运行期间，未经口岸动植物检疫机关许可，不得启封动用。对运输工具上的泔水、动植物性废弃物及其存放场所、容器，应当在口岸动植物检疫机关的监督下作除害处理。

**第四十八条** 来自动植物疫区的进境车辆，由口岸动植物检疫机关作防疫消毒处理。装载进境动植物、动植物产品和其他检疫物的车辆，经检疫发现病虫害的，连同货物一并作除害处理。装运供应香港、澳门地区的动物的回空车辆，实施整车防疫消毒。

**第四十九条** 进境拆解的废旧船舶，由口岸动植物检疫机关实施检疫。发现病虫害的，在口岸动植物检疫机关监督下作除害处理。发现有禁止进境的动植物、动植物产品和其他检疫物的，在口岸动植物检疫机关的监督下作销毁处理。

**第五十条** 来自动植物疫区的进境运输工具经检疫或者经消毒处理合格后，运输工具负责人或者其代理人要求出证的，由口岸动植物检疫机关签发《运输工具检疫证书》或者《运输工具消毒证书》。

**第五十一条** 进境、过境运输工具在中国境内停留期间,交通员工和其他人员不得将所装载的动植物、动植物产品和其他检疫物带离运输工具;需要带离时,应当向口岸动植物检疫机关报检。

**第五十二条** 装载动物出境的运输工具,装载前应当在口岸动植物检疫机关监督下进行消毒处理。

装载植物、动植物产品和其他检疫物出境的运输工具,应当符合国家有关动植物防疫和检疫的规定。发现危险性病虫害或者超过规定标准的一般性病虫害的,作除害处理后方可装运。

# 第八章　检疫监督

**第五十三条** 国家动植物检疫局和口岸动植物检疫机关对进出境动植物、动植物产品的生产、加工、存放过程,实行检疫监督制度。具体办法由国务院农业行政主管部门制定。

**第五十四条** 进出境动物和植物种子、种苗及其他繁殖材料,需要隔离饲养、隔离种植的,在隔离期间,应当接受口岸动植物检疫机关的检疫监督。

**第五十五条** 从事进出境动植物检疫熏蒸、消毒处理业务的单位和人员,必须经口岸动植物检疫机关考核合格。

口岸动植物检疫机关对熏蒸、消毒工作进行监督、指导,并负责出具熏蒸、消毒证书。

**第五十六条** 口岸动植物检疫机关可以根据需要,在机场、港口、车站、仓库、加工厂、农场等生产、加工、存放进出境动植物、动植物产品和其他检疫物的场所实施动植物疫情监测,有关单位应当配合。

未经口岸动植物检疫机关许可,不得移动或者损坏动植物疫情监测器具。

**第五十七条** 口岸动植物检疫机关根据需要,可以对运载进出境动植物、动植物产品和其他检疫物的运输工具、装载容器加施动植物检疫封识或者标志;未经口岸动植物检疫机关许可,不得开拆或者损毁检疫封识、标志。

动植物检疫封识和标志由国家动植物检疫局统一制发。

**第五十八条** 进境动植物、动植物产品和其他检疫物，装载动植物、动植物产品和其他检疫物的装载容器、包装物，运往保税区（含保税工厂、保税仓库等）的，在进境口岸依法实施检疫；口岸动植物检疫机关可以根据具体情况实施检疫监督；经加工复运出境的，依照进出境动植物检疫法和本条例有关出境检疫的规定办理。

# 第九章 法律责任

**第五十九条** 有下列违法行为之一的，由口岸动植物检疫机关处 5000 元以下的罚款：

（一）未报检或者未依法办理检疫审批手续或者未按检疫审批的规定执行的；

（二）报检的动植物、动植物产品和其他检疫物与实际不符的。

有前款第（二）项所列行为，已取得检疫单证的，予以吊销。

**第六十条** 有下列违法行为之一的，由口岸动植物检疫机关处 3000 元以上 3 万元以下的罚款：

（一）未经口岸动植物检疫机关许可擅自将进境、过境动植物、动植物产品和其他检疫物卸离运输工具或者运递的；

（二）擅自调离或者处理在口岸动植物检疫机关指定的隔离场所中隔离检疫的动植物的；

（三）擅自开拆过境动植物、动植物产品和其他检疫的包装，或者擅自开拆、损毁动植物检疫封识或者标志的；

（四）擅自抛弃过境动物的尸体、排泄物、铺垫材料或者其他废弃物，或者未按规定处理运输工具上的泔水、动植物性废弃物的。

**第六十一条** 依照本法第十七条、第三十二条的规定注册登记的生产、加工、存放动植物、动植物产品和其他检疫物的单位，进出境的上述物品经检疫不合格的，除依照本法有关规定作退回、销毁或者除害处理外，情节严重的，由口岸动植物检疫机关注销注册登记。

**第六十二条** 有下列违法行为之一的，依法追究刑事责任；尚不构成犯罪或者犯罪情节显著轻微依法不需要判处刑罚的，由口岸动植物检疫机关处 2 万元以上 5 万元以下的罚款：

（一）引起重大动植物疫情的；

（二）伪造、变造动植物检疫单证、印章、标志、封识的。

**第六十三条** 从事进出境动植物检疫熏蒸、消毒处理业务的单位和人员，不按照规定进行熏蒸和消毒处理的，口岸动植物检疫机关可以视情节取消其熏蒸、消毒资格。

# 第十章　附　　则

**第六十四条** 进出境动植物检疫法和本条例下列用语的含义：

（一）"植物种子、种苗及其他繁殖材料"，是指栽培、野生的可供繁殖的植物全株或者部分，如植株、苗木（含试管苗）、果实、种子、砧木、接穗、插条、叶片、芽体、块根、块茎、鳞茎、球茎、花粉、细胞培养材料等；

（二）"装载容器"，是指可以多次使用、易受病虫害污染并用于装载进出境货物的容器，如笼、箱、桶、筐等；

（三）"其他有害生物"，是指动物传染病、寄生虫病和植物危险性病、虫、杂草以外的各种为害动植物的生物有机体、病原微生物，以及软体类、啮齿类、螨类、多足虫类动物和危险性病虫的中间寄主、媒介生物等；

（四）"检疫证书"，是指动植物检疫机关出具的关于动植物、动植物产品和其他检疫物健康或者卫生状况的具有法律效力的文件，如《动物检疫证书》、《植物检疫证书》、《动物健康证书》、《兽医卫生证书》、《熏蒸/消毒证书》等。

**第六十五条** 对进出境动植物、动植物产品和其他检疫物因实施检疫或者按照规定作熏蒸、消毒、退回、销毁等处理所需费用或者招致的损失，由货主、物主或者其代理人承担。

**第六十六条** 口岸动植物检疫机关依法实施检疫，需要采取样品时，应当出具采样凭单；验余的样品，货主、物主或者其代理人应当在规定的期限内领回；逾期不领回的，由口岸动植物检疫机关按照规定处理。

**第六十七条** 贸易性动物产品出境的检疫机关，由国务院根据情况规定。

**第六十八条** 本条例自 1997 年 1 月 1 日起施行。

# 生猪屠宰管理条例

（1997 年 12 月 19 日中华人民共和国国务院令第 238 号发布　2007 年 12 月 19 日国务院第 201 次常务会议修订通过　2008 年 5 月 25 日国务院令第 525 号公布　自 2008 年 8 月 1 日起施行）

## 目　　录

## 第一章　总　　则

**第一条**　为了加强生猪屠宰管理，保证生猪产品质量安全，保障人民身体健康，制定本条例。

**第二条**　国家实行生猪定点屠宰、集中检疫制度。

未经定点，任何单位和个人不得从事生猪屠宰活动。但是，农村地区个人自宰自食的除外。

在边远和交通不便的农村地区，可以设置仅限于向本地市场供应生猪产品的小型生猪屠宰场点，具体管理办法由省、自治区、直辖市制定。

**第三条**　国务院畜牧兽医行政主管部门负责全国生猪屠宰的行业管理工作。县级以上地方人民政府畜牧兽医行政主管部门负责本行政区域内生猪屠宰活动的监督管理。

县级以上人民政府有关部门在各自职责范围内负责生猪屠宰活动的相关管理工作。

**第四条** 国家根据生猪定点屠宰厂（场）的规模、生产和技术条件以及质量安全管理状况，推行生猪定点屠宰厂（场）分级管理制度，鼓励、引导、扶持生猪定点屠宰厂（场）改善生产和技术条件，加强质量安全管理，提高生猪产品质量安全水平。生猪定点屠宰厂（场）分级管理的具体办法由国务院畜牧兽医行政主管部门制定。

# 第二章　生猪定点屠宰

**第五条** 生猪定点屠宰厂（场）的设置规划（以下简称设置规划），由省、自治区、直辖市人民政府畜牧兽医行政主管部门会同环境保护主管部门以及其他有关部门，按照合理布局、适当集中、有利流通、方便群众的原则，结合本地实际情况制订，报本级人民政府批准后实施。

**第六条** 生猪定点屠宰厂（场）由设区的市级人民政府根据设置规划，组织畜牧兽医行政主管部门、环境保护主管部门以及其他有关部门，依照本条例规定的条件进行审查，经征求省、自治区、直辖市人民政府畜牧兽医行政主管部门的意见确定，并颁发生猪定点屠宰证书和生猪定点屠宰标志牌。

设区的市级人民政府应当将其确定的生猪定点屠宰厂（场）名单及时向社会公布，并报省、自治区、直辖市人民政府备案。

**第七条** 生猪定点屠宰厂（场）应当将生猪定点屠宰标志牌悬挂于厂（场）区的显著位置。

生猪定点屠宰证书和生猪定点屠宰标志牌不得出借、转让。任何单位和个人不得冒用或者使用伪造的生猪定点屠宰证书和生猪定点屠宰标志牌。

**第八条** 生猪定点屠宰厂（场）应当具备下列条件：

（一）有与屠宰规模相适应、水质符合国家规定标准的水源条件；

（二）有符合国家规定要求的待宰间、屠宰间、急宰间以及生猪屠宰设备和运载工具；

（三）有依法取得健康证明的屠宰技术人员；

（四）有经考核合格的肉品品质检验人员；

（五）有符合国家规定要求的检验设备、消毒设施以及符合环境保护要求的污染防治设施；

（六）有病害生猪及生猪产品无害化处理设施；

（七）依法取得动物防疫条件合格证。

**第九条** 生猪屠宰的检疫及其监督，依照动物防疫法和国务院的有关规定执行。

生猪屠宰的卫生检验及其监督，依照食品安全法的规定执行。

**第十条** 生猪定点屠宰厂（场）屠宰的生猪，应当依法经动物卫生监督机构检疫合格，并附有检疫证明。

**第十一条** 生猪定点屠宰厂（场）屠宰生猪，应当符合国家规定的操作规程和技术要求。

**第十二条** 生猪定点屠宰厂（场）应当如实记录其屠宰的生猪来源和生猪产品流向。生猪来源和生猪产品流向记录保存期限不得少于2年。

**第十三条** 生猪定点屠宰厂（场）应当建立严格的肉品品质检验管理制度。肉品品质检验应当与生猪屠宰同步进行，并如实记录检验结果。检验结果记录保存期限不得少于2年。

经肉品品质检验合格的生猪产品，生猪定点屠宰厂（场）应当加盖肉品品质检验合格验讫印章或者附具肉品品质检验合格标志。经肉品品质检验不合格的生猪产品，应当在肉品品质检验人员的监督下，按照国家有关规定处理，并如实记录处理情况；处理情况记录保存期限不得少于2年。

生猪定点屠宰厂（场）的生猪产品未经肉品品质检验或者经肉品品质检验不合格的，不得出厂（场）。

**第十四条** 生猪定点屠宰厂（场）对病害生猪及生猪产品进行无害化处理的费用和损失，按照国务院财政部门的规定，由国家财政予以适当补助。

**第十五条** 生猪定点屠宰厂（场）以及其他任何单位和个人不得对生猪或者生猪产品注水或者注入其他物质。

生猪定点屠宰厂（场）不得屠宰注水或者注入其他物质的生猪。

**第十六条** 生猪定点屠宰厂（场）对未能及时销售或者及时出厂（场）的生猪产品，应当采取冷冻或者冷藏等必要措施予以储存。

**第十七条** 任何单位和个人不得为未经定点违法从事生猪屠宰活动的单位或者个人提供生猪屠宰场所或者生猪产品储存设施，不得为对生猪或者生猪产品注水或者注入其他物质的单位或者个人提供场所。

**第十八条** 从事生猪产品销售、肉食品生产加工的单位和个人以及餐饮服务经营者、集体伙食单位销售、使用的生猪产品，应当是生猪定点屠宰厂（场）经检疫和肉品品质检验合格的生猪产品。

**第十九条** 地方人民政府及其有关部门不得限制外地生猪定点屠宰厂（场）经检疫和肉品品质检验合格的生猪产品进入本地市场。

# 第三章 监督管理

**第二十条** 县级以上地方人民政府应当加强对生猪屠宰监督管理工作的领导，及时协调、解决生猪屠宰监督管理工作中的重大问题。

**第二十一条** 畜牧兽医行政主管部门应当依照本条例的规定严格履行职责，加强对生猪屠宰活动的日常监督检查。

畜牧兽医行政主管部门依法进行监督检查，可以采取下列措施：

（一）进入生猪屠宰等有关场所实施现场检查；

（二）向有关单位和个人了解情况；

（三）查阅、复制有关记录、票据以及其他资料；

（四）查封与违法生猪屠宰活动有关的场所、设施，扣押与违法生猪屠宰活动有关的生猪、生猪产品以及屠宰工具和设备。

畜牧兽医行政主管部门进行监督检查时，监督检查人员不得少于2人，并应当出示执法证件。

对畜牧兽医行政主管部门依法进行的监督检查，有关单位和个人应当予以配合，不得拒绝、阻挠。

**第二十二条** 畜牧兽医行政主管部门应当建立举报制度，公布举报电话、信箱或者电子邮箱，受理对违反本条例规定行为的举报，并及时依法处理。

**第二十三条** 畜牧兽医行政主管部门在监督检查中发现生猪定点屠宰厂（场）不再具备本条例规定条件的，应当责令其限期整改；逾期仍达不到本条例规定条件的，由设区的市级人民政府取消其生猪定点屠宰厂（场）资格。

# 第四章 法律责任

**第二十四条** 违反本条例规定，未经定点从事生猪屠宰活动的，由畜牧兽医行政主管部门予以取缔，没收生猪、生猪产品、屠宰工具和设备以及违法所得，并处货值金额3倍以上5倍以下的罚款；货值金额难以确定的，对单位并处10万元以上20万元以下的罚款，对个人并处5000元以上1万元以下的罚款；构成犯罪的，依法追究刑事责任。

冒用或者使用伪造的生猪定点屠宰证书或者生猪定点屠宰标志牌的，依照前款的规定处罚。

生猪定点屠宰厂（场）出借、转让生猪定点屠宰证书或者生猪定点屠宰标志牌的，由设区的市级人民政府取消其生猪定点屠宰厂（场）资格；有违法所得的，由畜牧兽医行政主管部门没收违法所得。

**第二十五条** 生猪定点屠宰厂（场）有下列情形之一的，由畜牧兽医行政主管部门责令限期改正，处2万元以上5万元以下的罚款；逾期不改正的，责令停业整顿，对其主要负责人处5000元以上1万元以下的罚款：

（一）屠宰生猪不符合国家规定的操作规程和技术要求的；

（二）未如实记录其屠宰的生猪来源和生猪产品流向的；

（三）未建立或者实施肉品品质检验制度的；

（四）对经肉品品质检验不合格的生猪产品未按照国家有关规

定处理并如实记录处理情况的。

**第二十六条** 生猪定点屠宰厂（场）出厂（场）未经肉品品质检验或者经肉品品质检验不合格的生猪产品的，由畜牧兽医行政主管部门责令停业整顿，没收生猪产品和违法所得，并处货值金额 1 倍以上 3 倍以下的罚款，对其主要负责人处 1 万元以上 2 万元以下的罚款；货值金额难以确定的，并处 5 万元以上 10 万元以下的罚款；造成严重后果的，由设区的市级人民政府取消其生猪定点屠宰厂（场）资格；构成犯罪的，依法追究刑事责任。

**第二十七条** 生猪定点屠宰厂（场）、其他单位或者个人对生猪、生猪产品注水或者注入其他物质的，由畜牧兽医行政主管部门没收注水或者注入其他物质的生猪、生猪产品、注水工具和设备以及违法所得，并处货值金额 3 倍以上 5 倍以下的罚款，对生猪定点屠宰厂（场）或者其他单位的主要负责人处 1 万元以上 2 万元以下的罚款；货值金额难以确定的，对生猪定点屠宰厂（场）或者其他单位并处 5 万元以上 10 万元以下的罚款，对个人并处 1 万元以上 2 万元以下的罚款；构成犯罪的，依法追究刑事责任。

生猪定点屠宰厂（场）对生猪、生猪产品注水或者注入其他物质的，除依照前款的规定处罚外，还应当由畜牧兽医行政主管部门责令停业整顿；造成严重后果，或者两次以上对生猪、生猪产品注水或者注入其他物质的，由设区的市级人民政府取消其生猪定点屠宰厂（场）资格。

**第二十八条** 生猪定点屠宰厂（场）屠宰注水或者注入其他物质的生猪的，由畜牧兽医行政主管部门责令改正，没收注水或者注入其他物质的生猪、生猪产品以及违法所得，并处货值金额 1 倍以上 3 倍以下的罚款，对其主要负责人处 1 万元以上 2 万元以下的罚款；货值金额难以确定的，并处 2 万元以上 5 万元以下的罚款；拒不改正的，责令停业整顿；造成严重后果的，由设区的市级人民政府取消其生猪定点屠宰厂（场）资格。

**第二十九条** 从事生猪产品销售、肉食品生产加工的单位和个人以及餐饮服务经营者、集体伙食单位，销售、使用非生猪定点屠宰厂（场）屠宰的生猪产品、未经肉品品质检验或者经肉品品质检验不合格的生猪产品以及注水或者注入其他物质的生猪产品的，由食品药品监督管理部门没收尚未销售、使用的相关生猪产品以及违法所得，并处货值金额 3 倍以上 5 倍以下的罚款；货值金额难以确定的，对单位处 5 万元以上 10 万元以下的罚款，对个人处 1 万元以上 2 万元以下的罚款；情节严重的，由发证（照）机关吊销有关证照；构成犯罪的，依法追究刑事责任。

第三十条　为未经定点违法从事生猪屠宰活动的单位或者个人提供生猪屠宰场所或者生猪产品储存设施，或者为对生猪、生猪产品注水或者注入其他物质的单位或者个人提供场所的，由畜牧兽医行政主管部门责令改正，没收违法所得，对单位并处 2 万元以上 5 万元以下的罚款，对个人并处 5000 元以上 1 万元以下的罚款。

第三十一条　畜牧兽医行政主管部门和其他有关部门的工作人员在生猪屠宰监督管理工作中滥用职权、玩忽职守、徇私舞弊，构成犯罪的，依法追究刑事责任；尚不构成犯罪的，依法给予处分。

# 第五章　附　　则

第三十二条　省、自治区、直辖市人民政府确定实行定点屠宰的其他动物的屠宰管理办法，由省、自治区、直辖市根据本地区的实际情况，参照本条例制定。

第三十三条　本条例所称生猪产品，是指生猪屠宰后未经加工的胴体、肉、脂、脏器、血液、骨、头、蹄、皮。

第三十四条　本条例施行前设立的生猪定点屠宰厂（场），自本条例施行之日起 180 日内，由设区的市级人民政府换发生猪定点屠宰标志牌，并发给生猪定点屠宰证书。

第三十五条　生猪定点屠宰证书、生猪定点屠宰标志牌以及肉品品质检验合格验讫印章和肉品品质检验合格标志的式样，由国务院畜牧兽医行政主管部门统一规定。

第三十六条　本条例自 2008 年 8 月 1 日起施行。

# 畜禽规模养殖污染防治条例

(2013 年 10 月 8 日国务院第 26 次常务会议通过
2013 年 11 月 11 日中华人民共和国国务院令第 643 号
发布　自 2014 年 1 月 1 日起施行)

## 目　　录

## 第一章　总　　则

**第一条**　为了防治畜禽养殖污染，推进畜禽养殖废弃物的综合利用和无害化处理，保护和改善环境，保障公众身体健康，促进畜牧业持续健康发展，制定本条例。

**第二条**　本条例适用于畜禽养殖场、养殖小区的养殖污染防治。

畜禽养殖场、养殖小区的规模标准根据畜牧业发展状况和畜禽养殖污染防治要求确定。

牧区放牧养殖污染防治，不适用本条例。

**第三条**　畜禽养殖污染防治，应当统筹考虑保护环境与促进畜牧业发展的需要，坚持预防为主、防治结合的原则，实行统筹规划、合理布局、综合利用、激励引导。

**第四条** 各级人民政府应当加强对畜禽养殖污染防治工作的组织领导，采取有效措施，加大资金投入，扶持畜禽养殖污染防治以及畜禽养殖废弃物综合利用。

**第五条** 县级以上人民政府环境保护主管部门负责畜禽养殖污染防治的统一监督管理。

县级以上人民政府农牧主管部门负责畜禽养殖废弃物综合利用的指导和服务。

县级以上人民政府循环经济发展综合管理部门负责畜禽养殖循环经济工作的组织协调。

县级以上人民政府其他有关部门依照本条例规定和各自职责，负责畜禽养殖污染防治相关工作。

乡镇人民政府应当协助有关部门做好本行政区域的畜禽养殖污染防治工作。

**第六条** 从事畜禽养殖以及畜禽养殖废弃物综合利用和无害化处理活动，应当符合国家有关畜禽养殖污染防治的要求，并依法接受有关主管部门的监督检查。

**第七条** 国家鼓励和支持畜禽养殖污染防治以及畜禽养殖废弃物综合利用和无害化处理的科学技术研究和装备研发。各级人民政府应当支持先进适用技术的推广，促进畜禽养殖污染防治水平的提高。

**第八条** 任何单位和个人对违反本条例规定的行为，有权向县级以上人民政府环境保护等有关部门举报。接到举报的部门应当及时调查处理。

对在畜禽养殖污染防治中作出突出贡献的单位和个人，按照国家有关规定给予表彰和奖励。

# 第二章 预 防

**第九条** 县级以上人民政府农牧主管部门编制畜牧业发展规划，报本级人民政府或者其授权的部门批准实施。畜牧业发展规划应当统筹考虑环境承载能力以及畜禽养殖污染防治要求，合理布局，科学确定畜禽养殖的品种、规模、总量。

**第十条** 县级以上人民政府环境保护主管部门会同农牧主管部门编制畜禽养殖污染防治规划，报本级人民政府或者其授权的部门批准实施。畜禽养殖污染防治规划应当与畜牧业发展规划相衔接，统筹考虑畜禽养殖生产布局，明确畜禽养殖污染防治目标、任务、重点区域，明确污染治理重点设施建设，以及废弃物综合利用等污染防治措施。

**第十一条** 禁止在下列区域内建设畜禽养殖场、养殖小区：

（一）饮用水水源保护区，风景名胜区；

（二）自然保护区的核心区和缓冲区；

（三）城镇居民区、文化教育科学研究区等人口集中区域；

（四）法律、法规规定的其他禁止养殖区域。

**第十二条** 新建、改建、扩建畜禽养殖场、养殖小区，应当符合畜牧业发展规划、畜禽养殖污染防治规划，满足动物防疫条件，并进行环境影响评价。对环境可能造成重大影响的大型畜禽养殖场、养殖小区，应当编制环境影响报告书；其他畜禽养殖场、养殖小区应当填报环境影响登记表。大型畜禽养殖场、养殖小区的管理目录，由国务院环境保护主管部门商国务院农牧主管部门确定。

环境影响评价的重点应当包括：畜禽养殖产生的废弃物种类和数量，废弃物综合利用和无害化处理方案和措施，废弃物的消纳和处理情况以及向环境直接排放的情况，最终可能对水体、土壤等环境和人体健康产生的影响以及控制和减少影响的方案和措施等。

**第十三条** 畜禽养殖场、养殖小区应当根据养殖规模和污染防治需要，建设相应的畜禽粪便、污水与雨水分流设施，畜禽粪便、污水的贮存设施，粪污厌氧消化和堆沤、有机肥加工、制取沼气、沼渣沼液分离和输送、污水处理、畜禽尸体处理等综合利用和无害化处理设施。已经委托他人对畜禽养殖废弃物代为综合利用和无害化处理的，可以不自行建设综合利用和无害化处理设施。

未建设污染防治配套设施、自行建设的配套设施不合格，或者未委托他人对畜禽养殖废弃物进行综合利用和无害化处理的，畜禽养殖场、养殖小区不得投入生产或者使用。

畜禽养殖场、养殖小区自行建设污染防治配套设施的，应当确保其正常运行。

**第十四条** 从事畜禽养殖活动，应当采取科学的饲养方式和废弃物处理工艺等有效措施，减少畜禽养殖废弃物的产生量和向环境的排放量。

# 第三章 综合利用与治理

**第十五条** 国家鼓励和支持采取粪肥还田、制取沼气、制造有机肥等方法，对畜禽养殖废弃物进行综合利用。

**第十六条** 国家鼓励和支持采取种植和养殖相结合的方式消纳利用畜禽养殖废弃物，促进畜禽粪便、污水等废弃物就地就近利用。

**第十七条** 国家鼓励和支持沼气制取、有机肥生产等废弃物综合利用以及沼渣沼液输送和施用、沼气发电等相关配套设施建设。

**第十八条** 将畜禽粪便、污水、沼渣、沼液等用作肥料的，应当与土地的消纳能力相适应，并采取有效措施，消除可能引起传染病的微生物，防止污染环境和传播疫病。

**第十九条** 从事畜禽养殖活动和畜禽养殖废弃物处理活动，应当及时对畜禽粪便、畜禽尸体、污水等进行收集、贮存、清运，防止恶臭和畜禽养殖废弃物渗出、泄漏。

**第二十条** 向环境排放经过处理的畜禽养殖废弃物，应当符合国家和地方规定的污染物排放标准和总量控制指标。畜禽养殖废弃物未经处理，不得直接向环境排放。

**第二十一条** 染疫畜禽以及染疫畜禽排泄物、染疫畜禽产品、病死或者死因不明的畜禽尸体等病害畜禽养殖废弃物，应当按照有关法律、法规和国务院农牧主管部门的规定，进行深埋、化制、焚烧等无害化处理，不得随意处置。

**第二十二条** 畜禽养殖场、养殖小区应当定期将畜禽养殖品种、规模以及畜禽养殖废弃物的产生、排放和综合利用等情况，报县级人民政府环境保护主管部门备案。环境保护主管部门应当定期将备案情况抄送同级农牧主管部门。

**第二十三条** 县级以上人民政府环境保护主管部门应当依据职责对畜禽养殖污染防治情况进行监督检查，并加强对畜禽养殖环污染的监测。

乡镇人民政府、基层群众自治组织发现畜禽养殖环境污染行为的，应当及时制止和报告。

第二十四条 对污染严重的畜禽养殖密集区域，市、县人民政府应当制定综合整治方案，采取组织建设畜禽养殖废弃物综合利用和无害化处理设施、有计划搬迁或者关闭畜禽养殖场所等措施，对畜禽养殖污染进行治理。

第二十五条 因畜牧业发展规划、土地利用总体规划、城乡规划调整以及划定禁止养殖区域，或者因对污染严重的畜禽养殖密集区域进行综合整治，确需关闭或者搬迁现有畜禽养殖场所，致使畜禽养殖者遭受经济损失的，由县级以上地方人民政府依法予以补偿。

# 第四章　激励措施

第二十六条 县级以上人民政府应当采取示范奖励等措施，扶持规模化、标准化畜禽养殖，支持畜禽养殖场、养殖小区进行标准化改造和污染防治设施建设与改造，鼓励分散饲养向集约饲养方式转变。

第二十七条 县级以上地方人民政府在组织编制土地利用总体规划过程中，应当统筹安排，将规模化畜禽养殖用地纳入规划，落实养殖用地。

国家鼓励利用废弃地和荒山、荒沟、荒丘、荒滩等未利用地开展规模化、标准化畜禽养殖。

畜禽养殖用地按农用地管理，并按照国家有关规定确定生产设施用地和必要的污染防治等附属设施用地。

第二十八条 建设和改造畜禽养殖污染防治设施，可以按照国家规定申请包括污染治理贷款贴息补助在内的环境保护等相关资金支持。

第二十九条 进行畜禽养殖污染防治，从事利用畜禽养殖废弃物进行有机肥产品生产经营等畜禽养殖废弃物综合利用活动的，享受国家规定的相关税收优惠政策。

第三十条 利用畜禽养殖废弃物生产有机肥产品的,享受国家关于化肥运力安排等支持政策;购买使用有机肥产品的,享受不低于国家关于化肥的使用补贴等优惠政策。

畜禽养殖场、养殖小区的畜禽养殖污染防治设施运行用电执行农业用电价格。

第三十一条 国家鼓励和支持利用畜禽养殖废弃物进行沼气发电,自发自用、多余电量接入电网。电网企业应当依照法律和国家有关规定为沼气发电提供无歧视的电网接入服务,并全额收购其电网覆盖范围内符合并网技术标准的多余电量。

利用畜禽养殖废弃物进行沼气发电的,依法享受国家规定的上网电价优惠政策。利用畜禽养殖废弃物制取沼气或进而制取天然气的,依法享受新能源优惠政策。

第三十二条 地方各级人民政府可以根据本地区实际,对畜禽养殖场、养殖小区支出的建设项目环境影响咨询费用给予补助。

第三十三条 国家鼓励和支持对染疫畜禽、病死或者死因不明畜禽尸体进行集中无害化处理,并按照国家有关规定对处理费用、养殖损失给予适当补助。

第三十四条 畜禽养殖场、养殖小区排放污染物符合国家和地方规定的污染物排放标准和总量控制指标,自愿与环境保护主管部门签订进一步削减污染物排放量协议的,由县级人民政府按照国家有关规定给予奖励,并优先列入县级以上人民政府安排的环境保护和畜禽养殖发展相关财政资金扶持范围。

第三十五条 畜禽养殖户自愿建设综合利用和无害化处理设施、采取措施减少污染物排放的,可以依照本条例规定享受相关激励和扶持政策。

# 第五章 法律责任

第三十六条 各级人民政府环境保护主管部门、农牧主管部门以及其他有关部门未依照本条例规定履行职责的,对直接负责的主管人员和其他直接责任人员依法给予处分;直接负责的主管人员和其他直接责任人员构成犯罪的,依法追究刑事责任。

**第三十七条** 违反本条例规定，在禁止养殖区域内建设畜禽养殖场、养殖小区的，由县级以上地方人民政府环境保护主管部门责令停止违法行为；拒不停止违法行为的，处 3 万元以上 10 万元以下的罚款，并报县级以上人民政府责令拆除或者关闭。在饮用水水源保护区建设畜禽养殖场、养殖小区的，由县级以上地方人民政府环境保护主管部门责令停止违法行为，处 10 万元以上 50 万元以下的罚款，并报经有批准权的人民政府批准，责令拆除或者关闭。

**第三十八条** 违反本条例规定，畜禽养殖场、养殖小区依法应当进行环境影响评价而未进行的，由有权审批该项目环境影响评价文件的环境保护主管部门责令停止建设，限期补办手续；逾期不补办手续的，处 5 万元以上 20 万元以下的罚款。

**第三十九条** 违反本条例规定，未建设污染防治配套设施或者自行建设的配套设施不合格，也未委托他人对畜禽养殖废弃物进行综合利用和无害化处理，畜禽养殖场、养殖小区即投入生产、使用，或者建设的污染防治配套设施未正常运行的，由县级以上人民政府环境保护主管部门责令停止生产或者使用，可以处 10 万元以下的罚款。

**第四十条** 违反本条例规定，有下列行为之一的，由县级以上地方人民政府环境保护主管部门责令停止违法行为，限期采取治理措施消除污染，依照《中华人民共和国水污染防治法》、《中华人民共和国固体废物污染环境防治法》的有关规定予以处罚：

（一）将畜禽养殖废弃物用作肥料，超出土地消纳能力，造成环境污染的；

（二）从事畜禽养殖活动或者畜禽养殖废弃物处理活动，未采取有效措施，导致畜禽养殖废弃物渗出、泄漏的。

**第四十一条** 排放畜禽养殖废弃物不符合国家或者地方规定的污染物排放标准或者总量控制指标，或者未经无害化处理直接向环境排放畜禽养殖废弃物的，由县级以上地方人民政府环境保护主管部门责令限期治理，可以处 5 万元以下的罚款。县级以上地方人民政府环境保护主管部门作出限期治理决定后，应当会同同级人民政府农牧等有关部门对整改措施的落实情况及时进行核查，并向社会公布核查结果。

**第四十二条** 未按照规定对染疫畜禽和病害畜禽养殖废弃物进行无害化处理的，由动物卫生监督机构责令无害化处理，所需处理费用由违法行为人承担，可以处 3000 元以下的罚款。

# 第六章 附 则

**第四十三条** 畜禽养殖场、养殖小区的具体规模标准由省级人民政府确定，并报国务院环境保护主管部门和国务院农牧主管部门备案。

**第四十四条** 本条例自 2014 年 1 月 1 日起施行。

# 中华人民共和国传染病防治法

（1989 年 2 月 21 日第七届全国人民代表大会常务委员会第六次会议通过　2004 年 8 月 28 日第十届全国人民代表大会常务委员会第十一次会议修订　2004 年 8 月 28 日中华人民共和国主席令第十七号公布　自 2004 年 12 月 1 日起施行）

## 目　　录

## 第一章　总　　则

**第一条**　为了预防、控制和消除传染病的发生与流行，保障人体健康和公共卫生，制定本法。

**第二条**　国家对传染病防治实行预防为主的方针，防治结合、分类管理、依靠科学、依靠群众。

**第三条**　本法规定的传染病分为甲类、乙类和丙类。

甲类传染病是指：鼠疫、霍乱。

乙类传染病是指：传染性非典型肺炎、艾滋病、病毒性肝炎、脊髓灰质炎、人感染高致病性禽流感、麻疹、流行性出血热、狂犬病、流行性乙型脑炎、登革热、炭疽、细菌性和阿米巴性痢疾、肺结核、伤寒和副伤寒、流行性脑脊髓膜炎、百日咳、白喉、新生儿破伤风、猩红热、布鲁氏菌病、淋病、梅毒、钩端螺旋体病、血吸虫病、疟疾。

丙类传染病是指：流行性感冒、流行性腮腺炎、风疹、急性出血性结膜炎、麻风病、流行性和地方性斑疹伤寒、黑热病、包虫病、丝虫病，除霍乱、细菌性和阿米巴性痢疾、伤寒和副伤寒以外的感染性腹泻病。

上述规定以外的其他传染病，根据其暴发、流行情况和危害程度，需要列入乙类、丙类传染病的，由国务院卫生行政部门决定并予以公布。

**第四条** 对乙类传染病中传染性非典型肺炎、炭疽中的肺炭疽和人感染高致病性禽流感，采取本法所称甲类传染病的预防、控制措施。其他乙类传染病和突发原因不明的传染病需要采取本法所称甲类传染病的预防、控制措施的，由国务院卫生行政部门及时报经国务院批准后予以公布、实施。

省、自治区、直辖市人民政府对本行政区域内常见、多发的其他地方性传染病，可以根据情况决定按照乙类或者丙类传染病管理并予以公布，报国务院卫生行政部门备案。

**第五条** 各级人民政府领导传染病防治工作。

县级以上人民政府制定传染病防治规划并组织实施，建立健全传染病防治的疾病预防控制、医疗救治和监督管理体系。

**第六条** 国务院卫生行政部门主管全国传染病防治及其监督管理工作。县级以上地方人民政府卫生行政部门负责本行政区域内的传染病防治及其监督管理工作。

县级以上人民政府其他部门在各自的职责范围内负责传染病防治工作。

军队的传染病防治工作，依照本法和国家有关规定办理，由中国人民解放军卫生主管部门实施监督管理。

**第七条** 各级疾病预防控制机构承担传染病监测、预测、流行病学调查、疫情报告以及其他预防、控制工作。

医疗机构承担与医疗救治有关的传染病防治工作和责任区域内的传染病预防工作。城市社区和农村基层医疗机构在疾病预防控制机构的指导下，承担城市社区、农村基层相应的传染病防治工作。

**第八条** 国家发展现代医学和中医药等传统医学，支持和鼓励开展传染病防治的科学研究，提高传染病防治的科学技术水平。

国家支持和鼓励开展传染病防治的国际合作。

**第九条** 国家支持和鼓励单位和个人参与传染病防治工作。各级人民政府应当完善有关制度，方便单位和个人参与防治传染病的宣传教育、疫情报告、志愿服务和捐赠活动。

居民委员会、村民委员会应当组织居民、村民参与社区、农村的传染病预防与控制活动。

**第十条** 国家开展预防传染病的健康教育。新闻媒体应当无偿开展传染病防治和公共卫生教育的公益宣传。

各级各类学校应当对学生进行健康知识和传染病预防知识的教育。

医学院校应当加强预防医学教育和科学研究，对在校学生以及其他与传染病防治相关人员进行预防医学教育和培训，为传染病防治工作提供技术支持。

疾病预防控制机构、医疗机构应当定期对其工作人员进行传染病防治知识、技能的培训。

**第十一条** 对在传染病防治工作中做出显著成绩和贡献的单位和个人，给予表彰和奖励。

对因参与传染病防治工作致病、致残、死亡的人员，按照有关规定给予补助、抚恤。

**第十二条** 在中华人民共和国领域内的一切单位和个人，必须接受疾病预防控制机构、医疗机构有关传染病的调查、检验、采集样本、隔离治疗等预防、控制措施，如实提供有关情况。疾病预防控制机构、医疗机构不得泄露涉及个人隐私的有关信息、资料。

卫生行政部门以及其他有关部门、疾病预防控制机构和医疗机构因违法实施行政管理或者预防、控制措施，侵犯单位和个人合法权益的，有关单位和个人可以依法申请行政复议或者提起诉讼。

# 第二章　传染病预防

**第十三条**　各级人民政府组织开展群众性卫生活动，进行预防传染病的健康教育，倡导文明健康的生活方式，提高公众对传染病的防治意识和应对能力，加强环境卫生建设，消除鼠害和蚊、蝇等病媒生物的危害。

各级人民政府农业、水利、林业行政部门按照职责分工负责指导和组织消除农田、湖区、河流、牧场、林区的鼠害与血吸虫危害，以及其他传播传染病的动物和病媒生物的危害。

铁路、交通、民用航空行政部门负责组织消除交通工具以及相关场所的鼠害和蚊、蝇等病媒生物的危害。

**第十四条**　地方各级人民政府应当有计划地建设和改造公共卫生设施，改善饮用水卫生条件，对污水、污物、粪便进行无害化处置。

**第十五条**　国家实行有计划的预防接种制度。国务院卫生行政部门和省、自治区、直辖市人民政府卫生行政部门，根据传染病预防、控制的需要，制定传染病预防接种规划并组织实施。用于预防接种的疫苗必须符合国家质量标准。

国家对儿童实行预防接种证制度。国家免疫规划项目的预防接种实行免费。医疗机构、疾病预防控制机构与儿童的监护人应当相互配合，保证儿童及时接受预防接种。具体办法由国务院制定。

**第十六条**　国家和社会应当关心、帮助传染病病人、病原携带者和疑似传染病病人，使其得到及时救治。任何单位和个人不得歧视传染病病人、病原携带者和疑似传染病病人。

传染病病人、病原携带者和疑似传染病病人，在治愈前或者在排除传染病嫌疑前，不得从事法律、行政法规和国务院卫生行政部门规定禁止从事的易使该传染病扩散的工作。

**第十七条**　国家建立传染病监测制度。

国务院卫生行政部门制定国家传染病监测规划和方案。省、自治区、直辖市人民政府卫生行政部门根据国家传染病监测规划和方案，制定本行政区域的传染病监测计划和工作方案。

各级疾病预防控制机构对传染病的发生、流行以及影响其发生、流行的因素，进行监测；对国外发生、国内尚未发生的传染病或者国内新发生的传染病，进行监测。

**第十八条** 各级疾病预防控制机构在传染病预防控制中履行下列职责：

（一）实施传染病预防控制规划、计划和方案；

（二）收集、分析和报告传染病监测信息，预测传染病的发生、流行趋势；

（三）开展对传染病疫情和突发公共卫生事件的流行病学调查、现场处理及其效果评价；

（四）开展传染病实验室检测、诊断、病原学鉴定；

（五）实施免疫规划，负责预防性生物制品的使用管理；

（六）开展健康教育、咨询，普及传染病防治知识；

（七）指导、培训下级疾病预防控制机构及其工作人员开展传染病监测工作；

（八）开展传染病防治应用性研究和卫生评价，提供技术咨询。

国家、省级疾病预防控制机构负责对传染病发生、流行以及分布进行监测，对重大传染病流行趋势进行预测，提出预防控制对策，参与并指导对暴发的疫情进行调查处理，开展传染病病原学鉴定，建立检测质量控制体系，开展应用性研究和卫生评价。

设区的市和县级疾病预防控制机构负责传染病预防控制规划、方案的落实，组织实施免疫、消毒、控制病媒生物的危害，普及传染病防治知识，负责本地区疫情和突发公共卫生事件监测、报告，开展流行病学调查和常见病原微生物检测。

**第十九条** 国家建立传染病预警制度。

国务院卫生行政部门和省、自治区、直辖市人民政府根据传染病发生、流行趋势的预测，及时发出传染病预警，根据情况予以公布。

**第二十条** 县级以上地方人民政府应当制定传染病预防、控制预案，报上一级人民政府备案。

传染病预防、控制预案应当包括以下主要内容：

（一）传染病预防控制指挥部的组成和相关部门的职责；

（二）传染病的监测、信息收集、分析、报告、通报制度；

（三）疾病预防控制机构、医疗机构在发生传染病疫情时的任务与职责；

（四）传染病暴发、流行情况的分级以及相应的应急工作方案；

（五）传染病预防、疫点疫区现场控制，应急设施、设备、救治药品和医疗器械以及其他物资和技术的储备与调用。

地方人民政府和疾病预防控制机构接到国务院卫生行政部门或者省、自治区、直辖市人民政府发出的传染病预警后，应当按照传染病预防、控制预案，采取相应的预防、控制措施。

**第二十一条** 医疗机构必须严格执行国务院卫生行政部门规定的管理制度、操作规范，防止传染病的医源性感染和医院感染。

医疗机构应当确定专门的部门或者人员，承担传染病疫情报告、本单位的传染病预防、控制以及责任区域内的传染病预防工作；承担医疗活动中与医院感染有关的危险因素监测、安全防护、消毒、隔离和医疗废物处置工作。

疾病预防控制机构应当指定专门人员负责对医疗机构内传染病预防工作进行指导、考核，开展流行病学调查。

**第二十二条** 疾病预防控制机构、医疗机构的实验室和从事病原微生物实验的单位，应当符合国家规定的条件和技术标准，建立严格的监督管理制度，对传染病病原体样本按照规定的措施实行严格监督管理，严防传染病病原体的实验室感染和病原微生物的扩散。

**第二十三条** 采供血机构、生物制品生产单位必须严格执行国家有关规定，保证血液、血液制品的质量。禁止非法采集血液或者组织他人出卖血液。

疾病预防控制机构、医疗机构使用血液和血液制品，必须遵守国家有关规定，防止因输入血液、使用血液制品引起经血液传播疾病的发生。

**第二十四条** 各级人民政府应当加强艾滋病的防治工作，采取预防、控制措施，防止艾滋病的传播。具体办法由国务院制定。

**第二十五条** 县级以上人民政府农业、林业行政部门以及其他有关部门，依据各自的职责负责与人畜共患传染病有关的动物传染病的防治管理工作。

与人畜共患传染病有关的野生动物、家畜家禽，经检疫合格后，方可出售、运输。

**第二十六条** 国家建立传染病菌种、毒种库。

对传染病菌种、毒种和传染病检测样本的采集、保藏、携带、运输和使用实行分类管理，建立健全严格的管理制度。

对可能导致甲类传染病传播的以及国务院卫生行政部门规定的菌种、毒种和传染病检测样本，确需采集、保藏、携带、运输和使用的，须经省级以上人民政府卫生行政部门批准。具体办法由国务院制定。

**第二十七条** 对被传染病病原体污染的污水、污物、场所和物品，有关单位和个人必须在疾病预防控制机构的指导下或者按照其提出的卫生要求，进行严格消毒处理；拒绝消毒处理的，由当地卫生行政部门或者疾病预防控制机构进行强制消毒处理。

**第二十八条** 在国家确认的自然疫源地计划兴建水利、交通、旅游、能源等大型建设项目的，应当事先由省级以上疾病预防控制机构对施工环境进行卫生调查。建设单位应当根据疾病预防控制机构的意见，采取必要的传染病预防、控制措施。施工期间，建设单位应当设专人负责工地上的卫生防疫工作。工程竣工后，疾病预防控制机构应当对可能发生的传染病进行监测。

**第二十九条** 用于传染病防治的消毒产品、饮用水供水单位供应的饮用水和涉及饮用水卫生安全的产品，应当符合国家卫生标准和卫生规范。

饮用水供水单位从事生产或者供应活动，应当依法取得卫生许可证。

生产用于传染病防治的消毒产品的单位和生产用于传染病防治的消毒产品，应当经省级以上人民政府卫生行政部门审批。具体办法由国务院制定。

# 第三章 疫情报告、通报和公布

**第三十条** 疾病预防控制机构、医疗机构和采供血机构及其执行职务的人员发现本法规定的传染病疫情或者发现其他传染病暴发、流行以及突发原因不明的传染病时，应当遵循疫情报告属地管理原则，按照国务院规定的或者国务院卫生行政部门规定的内容、程序、方式和时限报告。

军队医疗机构向社会公众提供医疗服务，发现前款规定的传染病疫情时，应当按照国务院卫生行政部门的规定报告。

**第三十一条** 任何单位和个人发现传染病病人或者疑似传染病病人时，应当及时向附近的疾病预防控制机构或者医疗机构报告。

**第三十二条** 港口、机场、铁路疾病预防控制机构以及国境卫生检疫机关发现甲类传染病病人、病原携带者、疑似传染病病人时，应当按照国家有关规定立即向国境口岸所在地的疾病预防控制机构或者所在地县级以上地方人民政府卫生行政部门报告并互相通报。

**第三十三条** 疾病预防控制机构应当主动收集、分析、调查、核实传染病疫情信息。接到甲类、乙类传染病疫情报告或者发现传染病暴发、流行时，应当立即报告当地卫生行政部门，由当地卫生行政部门立即报告当地人民政府，同时报告上级卫生行政部门和国务院卫生行政部门。

疾病预防控制机构应当设立或者指定专门的部门、人员负责传染病疫情信息管理工作，及时对疫情报告进行核实、分析。

**第三十四条** 县级以上地方人民政府卫生行政部门应当及时向本行政区域内的疾病预防控制机构和医疗机构通报传染病疫情以及监测、预警的相关信息。接到通报的疾病预防控制机构和医疗机构应当及时告知本单位的有关人员。

**第三十五条** 国务院卫生行政部门应当及时向国务院其他有关部门和各省、自治区、直辖市人民政府卫生行政部门通报全国传染病疫情以及监测、预警的相关信息。

毗邻的以及相关的地方人民政府卫生行政部门，应当及时互相通报本行政区域的传染病疫情以及监测、预警的相关信息。

县级以上人民政府有关部门发现传染病疫情时，应当及时向同级人民政府卫生行政部门通报。

中国人民解放军卫生主管部门发现传染病疫情时，应当向国务院卫生行政部门通报。

　　**第三十六条**　动物防疫机构和疾病预防控制机构，应当及时互相通报动物间和人间发生的人畜共患传染病疫情以及相关信息。

　　**第三十七条**　依照本法的规定负有传染病疫情报告职责的人民政府有关部门、疾病预防控制机构、医疗机构、采供血机构及其工作人员，不得隐瞒、谎报、缓报传染病疫情。

　　**第三十八条**　国家建立传染病疫情信息公布制度。

　　国务院卫生行政部门定期公布全国传染病疫情信息。省、自治区、直辖市人民政府卫生行政部门定期公布本行政区域的传染病疫情信息。

　　传染病暴发、流行时，国务院卫生行政部门负责向社会公布传染病疫情信息，并可以授权省、自治区、直辖市人民政府卫生行政部门向社会公布本行政区域的传染病疫情信息。

　　公布传染病疫情信息应当及时、准确。

# 第四章　疫情控制

　　**第三十九条**　医疗机构发现甲类传染病时，应当及时采取下列措施：

　　（一）对病人、病原携带者，予以隔离治疗，隔离期限根据医学检查结果确定；

　　（二）对疑似病人，确诊前在指定场所单独隔离治疗；

　　（三）对医疗机构内的病人、病原携带者、疑似病人的密切接触者，在指定场所进行医学观察和采取其他必要的预防措施。

　　拒绝隔离治疗或者隔离期未满擅自脱离隔离治疗的，可以由公安机关协助医疗机构采取强制隔离治疗措施。

　　医疗机构发现乙类或者丙类传染病病人，应当根据病情采取必要的治疗和控制传播措施。

　　医疗机构对本单位内被传染病病原体污染的场所、物品以及医疗废物，必须依照法律、法规的规定实施消毒和无害化处置。

　　**第四十条**　疾病预防控制机构发现传染病疫情或者接到传染病疫情报告时，应当及时采取下列措施：

（一）对传染病疫情进行流行病学调查，根据调查情况提出划定疫点、疫区的建议，对被污染的场所进行卫生处理，对密切接触者，在指定场所进行医学观察和采取其他必要的预防措施，并向卫生行政部门提出疫情控制方案；

（二）传染病暴发、流行时，对疫点、疫区进行卫生处理，向卫生行政部门提出疫情控制方案，并按照卫生行政部门的要求采取措施；

（三）指导下级疾病预防控制机构实施传染病预防、控制措施，组织、指导有关单位对传染病疫情的处理。

**第四十一条** 对已经发生甲类传染病病例的场所或者该场所内的特定区域的人员，所在地的县级以上地方人民政府可以实施隔离措施，并同时向上一级人民政府报告；接到报告的上级人民政府应当即时作出是否批准的决定。上级人民政府作出不予批准决定的，实施隔离措施的人民政府应当立即解除隔离措施。

在隔离期间，实施隔离措施的人民政府应当对被隔离人员提供生活保障；被隔离人员有工作单位的，所在单位不得停止支付其隔离期间的工作报酬。

隔离措施的解除，由原决定机关决定并宣布。

**第四十二条** 传染病暴发、流行时，县级以上地方人民政府应当立即组织力量，按照预防、控制预案进行防治，切断传染病的传播途径，必要时，报经上一级人民政府决定，可以采取下列紧急措施并予以公告：

（一）限制或者停止集市、影剧院演出或者其他人群聚集的活动；

（二）停工、停业、停课；

（三）封闭或者封存被传染病病原体污染的公共饮用水源、食品以及相关物品；

（四）控制或者扑杀染疫野生动物、家畜家禽；

（五）封闭可能造成传染病扩散的场所。

上级人民政府接到下级人民政府关于采取前款所列紧急措施的报告时，应当即时作出决定。

紧急措施的解除，由原决定机关决定并宣布。

　　**第四十三条**　甲类、乙类传染病暴发、流行时，县级以上地方人民政府报经上一级人民政府决定，可以宣布本行政区域部分或者全部为疫区；国务院可以决定并宣布跨省、自治区、直辖市的疫区。县级以上地方人民政府可以在疫区内采取本法第四十二条规定的紧急措施，并可以对出入疫区的人员、物资和交通工具实施卫生检疫。

　　省、自治区、直辖市人民政府可以决定对本行政区域内的甲类传染病疫区实施封锁；但是，封锁大、中城市的疫区或者封锁跨省、自治区、直辖市的疫区，以及封锁疫区导致中断干线交通或者封锁国境的，由国务院决定。

　　疫区封锁的解除，由原决定机关决定并宣布。

　　**第四十四条**　发生甲类传染病时，为了防止该传染病通过交通工具及其乘运的人员、物资传播，可以实施交通卫生检疫。具体办法由国务院制定。

　　**第四十五条**　传染病暴发、流行时，根据传染病疫情控制的需要，国务院有权在全国范围或者跨省、自治区、直辖市范围内，县级以上地方人民政府有权在本行政区域内紧急调集人员或者调用储备物资，临时征用房屋、交通工具以及相关设施、设备。

　　紧急调集人员的，应当按照规定给予合理报酬。临时征用房屋、交通工具以及相关设施、设备的，应当依法给予补偿；能返还的，应当及时返还。

　　**第四十六条**　患甲类传染病、炭疽死亡的，应当将尸体立即进行卫生处理，就近火化。患其他传染病死亡的，必要时，应当将尸体进行卫生处理后火化或者按照规定深埋。

　　为了查找传染病病因，医疗机构在必要时可以按照国务院卫生行政部门的规定，对传染病病人尸体或者疑似传染病病人尸体进行解剖查验，并应当告知死者家属。

　　**第四十七条**　疫区中被传染病病原体污染或者可能被传染病病原体污染的物品，经消毒可以使用的，应当在当地疾病预防控制机构的指导下，进行消毒处理后，方可使用、出售和运输。

　　**第四十八条**　发生传染病疫情时，疾病预防控制机构和省级以上人民政府卫生行政部门指派的其他与传染病有关的专业技术机构，可以进入传染病疫点、疫区进行调查、采集样本、技术分析和检验。

**第四十九条** 传染病暴发、流行时，药品和医疗器械生产、供应单位应当及时生产、供应防治传染病的药品和医疗器械。铁路、交通、民用航空经营单位必须优先运送处理传染病疫情的人员以及防治传染病的药品和医疗器械。县级以上人民政府有关部门应当做好组织协调工作。

# 第五章 医疗救治

**第五十条** 县级以上人民政府应当加强和完善传染病医疗救治服务网络的建设，指定具备传染病救治条件和能力的医疗机构承担传染病救治任务，或者根据传染病救治需要设置传染病医院。

**第五十一条** 医疗机构的基本标准、建筑设计和服务流程，应当符合预防传染病医院感染的要求。

医疗机构应当按照规定对使用的医疗器械进行消毒；对按照规定一次使用的医疗器具，应当在使用后予以销毁。

医疗机构应当按照国务院卫生行政部门规定的传染病诊断标准和治疗要求，采取相应措施，提高传染病医疗救治能力。

**第五十二条** 医疗机构应当对传染病病人或者疑似传染病病人提供医疗救护、现场救援和接诊治疗，书写病历记录以及其他有关资料，并妥善保管。

医疗机构应当实行传染病预检、分诊制度；对传染病病人、疑似传染病病人，应当引导至相对隔离的分诊点进行初诊。医疗机构不具备相应救治能力的，应当将患者及其病历记录复印件一并转至具备相应救治能力的医疗机构。具体办法由国务院卫生行政部门规定。

# 第六章 监督管理

**第五十三条** 县级以上人民政府卫生行政部门对传染病防治工作履行下列监督检查职责：

（一）对下级人民政府卫生行政部门履行本法规定的传染病防治职责进行监督检查；

（二）对疾病预防控制机构、医疗机构的传染病防治工作进行监督检查；

（三）对采供血机构的采供血活动进行监督检查；

（四）对用于传染病防治的消毒产品及其生产单位进行监督检查，并对饮用水供水单位从事生产或者供应活动以及涉及饮用水卫生安全的产品进行监督检查；

（五）对传染病菌种、毒种和传染病检测样本的采集、保藏、携带、运输、使用进行监督检查；

（六）对公共场所和有关单位的卫生条件和传染病预防、控制措施进行监督检查。

省级以上人民政府卫生行政部门负责组织对传染病防治重大事项的处理。

**第五十四条** 县级以上人民政府卫生行政部门在履行监督检查职责时，有权进入被检查单位和传染病疫情发生现场调查取证，查阅或者复制有关的资料和采集样本。被检查单位应当予以配合，不得拒绝、阻挠。

**第五十五条** 县级以上地方人民政府卫生行政部门在履行监督检查职责时，发现被传染病病原体污染的公共饮用水源、食品以及相关物品，如不及时采取控制措施可能导致传染病传播、流行的，可以采取封闭公共饮用水源、封存食品以及相关物品或者暂停销售的临时控制措施，并予以检验或者进行消毒。经检验，属于被污染的食品，应当予以销毁；对未被污染的食品或者经消毒后可以使用的物品，应当解除控制措施。

**第五十六条** 卫生行政部门工作人员依法执行职务时，应当不少于两人，并出示执法证件，填写卫生执法文书。

卫生执法文书经核对无误后，应当由卫生执法人员和当事人签名。当事人拒绝签名的，卫生执法人员应当注明情况。

**第五十七条** 卫生行政部门应当依法建立健全内部监督制度，对其工作人员依据法定职权和程序履行职责的情况进行监督。

上级卫生行政部门发现下级卫生行政部门不及时处理职责范围

内的事项或者不履行职责的，应当责令纠正或者直接予以处理。

第五十八条　卫生行政部门及其工作人员履行职责，应当自觉接受社会和公民的监督。单位和个人有权向上级人民政府及其卫生行政部门举报违反本法的行为。接到举报的有关人民政府或者其卫生行政部门，应当及时调查处理。

# 第七章　保障措施

第五十九条　国家将传染病防治工作纳入国民经济和社会发展计划，县级以上地方人民政府将传染病防治工作纳入本行政区域的国民经济和社会发展计划。

第六十条　县级以上地方人民政府按照本级政府职责负责本行政区域内传染病预防、控制、监督工作的日常经费。

国务院卫生行政部门会同国务院有关部门，根据传染病流行趋势，确定全国传染病预防、控制、救治、监测、预测、预警、监督检查等项目。中央财政对困难地区实施重大传染病防治项目给予补助。

省、自治区、直辖市人民政府根据本行政区域内传染病流行趋势，在国务院卫生行政部门确定的项目范围内，确定传染病预防、控制、监督等项目，并保障项目的实施经费。

第六十一条　国家加强基层传染病防治体系建设，扶持贫困地区和少数民族地区的传染病防治工作。

地方各级人民政府应当保障城市社区、农村基层传染病预防工作的经费。

第六十二条　国家对患有特定传染病的困难人群实行医疗救助，减免医疗费用。具体办法由国务院卫生行政部门会同国务院财政部门等部门制定。

第六十三条　县级以上人民政府负责储备防治传染病的药品、医疗器械和其他物资，以备调用。

第六十四条　对从事传染病预防、医疗、科研、教学、现场处理疫情的人员，以及在生产、工作中接触传染病病原体的其他人员，有关单位应当按照国家规定，采取有效的卫生防护措施和医疗保健措施，并给予适当的津贴。

# 第八章　法律责任

**第六十五条**　地方各级人民政府未依照本法的规定履行报告职责，或者隐瞒、谎报、缓报传染病疫情，或者在传染病暴发、流行时，未及时组织救治、采取控制措施的，由上级人民政府责令改正，通报批评；造成传染病传播、流行或者其他严重后果的，对负有责任的主管人员，依法给予行政处分；构成犯罪的，依法追究刑事责任。

**第六十六条**　县级以上人民政府卫生行政部门违反本法规定，有下列情形之一的，由本级人民政府、上级人民政府卫生行政部门责令改正，通报批评；造成传染病传播、流行或者其他严重后果的，对负有责任的主管人员和其他直接责任人员，依法给予行政处分；构成犯罪的，依法追究刑事责任：

（一）未依法履行传染病疫情通报、报告或者公布职责，或者隐瞒、谎报、缓报传染病疫情的；

（二）发生或者可能发生传染病传播时未及时采取预防、控制措施的；

（三）未依法履行监督检查职责，或者发现违法行为不及时查处的；

（四）未及时调查、处理单位和个人对下级卫生行政部门不履行传染病防治职责的举报的；

（五）违反本法的其他失职、渎职行为。

**第六十七条**　县级以上人民政府有关部门未依照本法的规定履行传染病防治和保障职责的，由本级人民政府或者上级人民政府有关部门责令改正，通报批评；造成传染病传播、流行或者其他严重后果的，对负有责任的主管人员和其他直接责任人员，依法给予行政处分；构成犯罪的，依法追究刑事责任。

**第六十八条**　疾病预防控制机构违反本法规定，有下列情形之一的，由县级以上人民政府卫生行政部门责令限期改正，通报批评，给予警告；对负有责任的主管人员和其他直接责任人员，依法给予降级、撤职、开除的处分，并可以依法吊销有关责任人员的执业证书；构成犯罪的，依法追究刑事责任：

（一）未依法履行传染病监测职责的；

（二）未依法履行传染病疫情报告、通报职责，或者隐瞒、谎报、缓报传染病疫情的；

（三）未主动收集传染病疫情信息，或者对传染病疫情信息和疫情报告未及时进行分析、调查、核实的；

（四）发现传染病疫情时，未依据职责及时采取本法规定的措施的；

（五）故意泄露传染病病人、病原携带者、疑似传染病病人、密切接触者涉及个人隐私的有关信息、资料的。

**第六十九条** 医疗机构违反本法规定，有下列情形之一的，由县级以上人民政府卫生行政部门责令改正，通报批评，给予警告；造成传染病传播、流行或者其他严重后果的，对负有责任的主管人员和其他直接责任人员，依法给予降级、撤职、开除的处分，并可以依法吊销有关责任人员的执业证书；构成犯罪的，依法追究刑事责任：

（一）未按照规定承担本单位的传染病预防、控制工作、医院感染控制任务和责任区域内的传染病预防工作的；

（二）未按照规定报告传染病疫情，或者隐瞒、谎报、缓报传染病疫情的；

（三）发现传染病疫情时，未按照规定对传染病病人、疑似传染病病人提供医疗救护、现场救援、接诊、转诊的，或者拒绝接受转诊的；

（四）未按照规定对本单位内被传染病病原体污染的场所、物品以及医疗废物实施消毒或者无害化处置的；

（五）未按照规定对医疗器械进行消毒，或者对按照规定一次使用的医疗器具未予销毁，再次使用的；

（六）在医疗救治过程中未按照规定保管医学记录资料的；

（七）故意泄露传染病病人、病原携带者、疑似传染病病人、密切接触者涉及个人隐私的有关信息、资料的。

**第七十条** 采供血机构未按照规定报告传染病疫情，或者隐瞒、谎报、缓报传染病疫情，或者未执行国家有关规定，导致因输入血液引起经血液传播疾病发生的，由县级以上人民政府卫生行政部门责令改正，通报批评，给予警告；造成传染病传播、流行或者其他严重后果的，对负有责任的主管人员和其他直接责任人员，依法给予降级、撤职、开除的处分，并可以依法吊销采供血机构的执业许可证；构成犯罪的，依法追究刑事责任。

非法采集血液或者组织他人出卖血液的，由县级以上人民政府卫生行政部门予以取缔，没收违法所得，可以并处十万元以下的罚款；构成犯罪的，依法追究刑事责任。

**第七十一条** 国境卫生检疫机关、动物防疫机构未依法履行传染病疫情通报职责的，由有关部门在各自职责范围内责令改正，通报批评；造成传染病传播、流行或者其他严重后果的，对负有责任的主管人员和其他直接责任人员，依法给予降级、撤职、开除的处分；构成犯罪的，依法追究刑事责任。

**第七十二条** 铁路、交通、民用航空经营单位未依照本法的规定优先运送处理传染病疫情的人员以及防治传染病的药品和医疗器械的，由有关部门责令限期改正，给予警告；造成严重后果的，对负有责任的主管人员和其他直接责任人员，依法给予降级、撤职、开除的处分。

**第七十三条** 违反本法规定，有下列情形之一，导致或者可能导致传染病传播、流行的，由县级以上人民政府卫生行政部门责令限期改正，没收违法所得，可以并处五万元以下的罚款；已取得许可证的，原发证部门可以依法暂扣或者吊销许可证；构成犯罪的，依法追究刑事责任：

（一）饮用水供水单位供应的饮用水不符合国家卫生标准和卫生规范的；

（二）涉及饮用水卫生安全的产品不符合国家卫生标准和卫生规范的；

（三）用于传染病防治的消毒产品不符合国家卫生标准和卫生规范的；

（四）出售、运输疫区中被传染病病原体污染或者可能被传染病病原体污染的物品，未进行消毒处理的；

（五）生物制品生产单位生产的血液制品不符合国家质量标准的。

**第七十四条** 违反本法规定，有下列情形之一的，由县级以上地方人民政府卫生行政部门责令改正，通报批评，给予警告，已取得许可证的，可以依法暂扣或者吊销许可证；造成传染病传播、流行以及其他严重后果的，对负有责任的主管人员和其他直接责任人员，依法给予降级、撤职、开除的处分，并可以依法吊销有关责任人员的执业证书；构成犯罪的，依法追究刑事责任：

（一）疾病预防控制机构、医疗机构和从事病原微生物实验的单位，不符合国家规定的条件和技术标准，对传染病病原体样本未按照规定进行严格管理，造成实验室感染和病原微生物扩散的；

（二）违反国家有关规定，采集、保藏、携带、运输和使用传染病菌种、毒种和传染病检测样本的；

（三）疾病预防控制机构、医疗机构未执行国家有关规定，导致因输入血液、使用血液制品引起经血液传播疾病发生的。

**第七十五条** 未经检疫出售、运输与人畜共患传染病有关的野生动物、家畜家禽的，由县级以上地方人民政府畜牧兽医行政部门责令停止违法行为，并依法给予行政处罚。

**第七十六条** 在国家确认的自然疫源地兴建水利、交通、旅游、能源等大型建设项目，未经卫生调查进行施工的，或者未按照疾病预防控制机构的意见采取必要的传染病预防、控制措施的，由县级以上人民政府卫生行政部门责令限期改正，给予警告，处五千元以上三万元以下的罚款；逾期不改正的，处三万元以上十万元以下的罚款，并可以提请有关人民政府依据职责权限，责令停建、关闭。

**第七十七条** 单位和个人违反本法规定，导致传染病传播、流行，给他人人身、财产造成损害的，应当依法承担民事责任。

# 第九章　附　　则

**第七十八条** 本法中下列用语的含义：

（一）传染病病人、疑似传染病病人：指根据国务院卫生行政部门发布的《中华人民共和国传染病防治法规定管理的传染病诊断标准》，符合传染病病人和疑似传染病病人诊断标准的人。

（二）病原携带者：指感染病原体无临床症状但能排出病原体的人。

（三）流行病学调查：指对人群中疾病或者健康状况的分布及其决定因素进行调查研究，提出疾病预防控制措施及保健对策。

（四）疫点：指病原体从传染源向周围播散的范围较小或者单个疫源地。

（五）疫区：指传染病在人群中暴发、流行，其病原体向周围播散时所能波及的地区。

（六）人畜共患传染病：指人与脊椎动物共同罹患的传染病，如鼠疫、狂犬病、血吸虫病等。

（七）自然疫源地：指某些可引起人类传染病的病原体在自然界的野生动物中长期存在和循环的地区。

（八）病媒生物：指能够将病原体从人或者其他动物传播给人的生物，如蚊、蝇、蚤类等。

（九）医源性感染：指在医学服务中，因病原体传播引起的感染。

（十）医院感染：指住院病人在医院内获得的感染，包括在住院期间发生的感染和在医院内获得出院后发生的感染，但不包括入院前已开始或者入院时已处于潜伏期的感染。医院工作人员在医院内获得的感染也属医院感染。

（十一）实验室感染：指从事实验室工作时，因接触病原体所致的感染。

（十二）菌种、毒种：指可能引起本法规定的传染病发生的细菌菌种、病毒毒种。

（十三）消毒：指用化学、物理、生物的方法杀灭或者消除环境中的病原微生物。

（十四）疾病预防控制机构：指从事疾病预防控制活动的疾病预防控制中心以及与上述机构业务活动相同的单位。

（十五）医疗机构：指按照《医疗机构管理条例》取得医疗机构执业许可证，从事疾病诊断、治疗活动的机构。

　　**第七十九条**　传染病防治中有关食品、药品、血液、水、医疗废物和病原微生物的管理以及动物防疫和国境卫生检疫，本法未规定的，分别适用其他有关法律、行政法规的规定。

　　**第八十条**　本法自 2004 年 12 月 1 日起施行。

# 血吸虫病防治条例

（2006 年 3 月 22 日国务院第 129 次常务会议通过
2006 年 4 月 1 日国务院令第 463 号公布　自 2006 年 5
月 1 日起施行。）

## 目　　录

## 第一章　总　　则

**第一条**　为了预防、控制和消灭血吸虫病，保障人体健康、动物健康和公共卫生，促进经济社会发展，根据传染病防治法、动物防疫法，制定本条例。

**第二条**　国家对血吸虫病防治实行预防为主的方针，坚持防治结合、分类管理、综合治理、联防联控，人与家畜同步防治，重点加强对传染源的管理。

**第三条**　国务院卫生主管部门会同国务院有关部门制定全国血吸虫病防治规划并组织实施。国务院卫生、农业、水利、林业主管部门依照本条例规定的职责和全国血吸虫病防治规划，制定血吸虫病防治专项工作计划并组织实施。

有血吸虫病防治任务的地区（以下称血吸虫病防治地区）县级以上地方人民政府卫生、农业或者兽医、水利、林业主管部门依照本条例规定的职责，负责本行政区域内的血吸虫病防治及其监督管理工作。

**第四条** 血吸虫病防治地区县级以上地方人民政府统一领导本行政区域内的血吸虫病防治工作；根据全国血吸虫病防治规划，制定本行政区域的血吸虫病防治计划并组织实施；建立健全血吸虫病防治工作协调机制和工作责任制，对有关部门承担的血吸虫病防治工作进行综合协调和考核、监督。

**第五条** 血吸虫病防治地区村民委员会、居民委员会应当协助地方各级人民政府及其有关部门开展血吸虫病防治的宣传教育，组织村民、居民参与血吸虫病防治工作。

**第六条** 国家鼓励血吸虫病防治地区的村民、居民积极参与血吸虫病防治的有关活动；鼓励共产主义青年团等社会组织动员青年团员等积极参与血吸虫病防治的有关活动。

血吸虫病防治地区地方各级人民政府及其有关部门应当完善有关制度，方便单位和个人参与血吸虫病防治的宣传教育、捐赠等活动。

**第七条** 国务院有关部门、血吸虫病防治地区县级以上地方人民政府及其有关部门对在血吸虫病防治工作中做出显著成绩的单位和个人，给予表彰或者奖励。

# 第二章　预　　防

**第八条** 血吸虫病防治地区根据血吸虫病预防控制标准，划分为重点防治地区和一般防治地区。具体办法由国务院卫生主管部门会同国务院农业主管部门制定。

**第九条** 血吸虫病防治地区县级以上地方人民政府及其有关部门应当组织各类新闻媒体开展公益性血吸虫病防治宣传教育。各类新闻媒体应当开展公益性血吸虫病防治宣传教育。

血吸虫病防治地区县级以上地方人民政府教育主管部门应当组织各级各类学校对学生开展血吸虫病防治知识教育。各级各类学校应当对学生开展血吸虫病防治知识教育。

血吸虫病防治地区的机关、团体、企业事业单位、个体经济组织应当组织本单位人员学习血吸虫病防治知识。

**第十条** 处于同一水系或者同一相对独立地理环境的血吸虫病防治地区各地方人民政府应当开展血吸虫病联防联控，组织有关部门和机构同步实施下列血吸虫病防治措施：

（一）在农业、兽医、水利、林业等工程项目中采取与血吸虫病防治有关的工程措施；

（二）进行人和家畜的血吸虫病筛查、治疗和管理；

（三）开展流行病学调查和疫情监测；

（四）调查钉螺分布，实施药物杀灭钉螺；

（五）防止未经无害化处理的粪便直接进入水体；

（六）其他防治措施。

**第十一条** 血吸虫病防治地区县级人民政府应当制定本行政区域的血吸虫病联防联控方案，组织乡（镇）人民政府同步实施。

血吸虫病防治地区两个以上的县、不设区的市、市辖区或者两个以上设区的市需要同步实施血吸虫病防治措施的，其共同的上一级人民政府应当制定血吸虫病联防联控方案，并组织实施。

血吸虫病防治地区两个以上的省、自治区、直辖市需要同步实施血吸虫病防治措施的，有关省、自治区、直辖市人民政府应当共同制定血吸虫病联防联控方案，报国务院卫生、农业主管部门备案，由省、自治区、直辖市人民政府组织实施。

**第十二条** 在血吸虫病防治地区实施农业、兽医、水利、林业等工程项目以及开展人、家畜血吸虫病防治工作，应当符合相关血吸虫病防治技术规范的要求。相关血吸虫病防治技术规范由国务院卫生、农业、水利、林业主管部门分别制定。

**第十三条** 血吸虫病重点防治地区县级以上地方人民政府应当在渔船集中停靠地设点发放抗血吸虫基本预防药物；按照无害化要求和血吸虫病防治技术规范修建公共厕所；推行在渔船和水上运输工具上安装和使用粪便收集容器，并采取措施，对所收集的粪便进行集中无害化处理。

**第十四条** 县级以上地方人民政府及其有关部门在血吸虫病重

点防治地区，应当安排并组织实施农业机械化推广、农村改厕、沼气池建设以及人、家畜饮用水设施建设等项目。

国务院有关主管部门安排农业机械化推广、农村改厕、沼气池建设以及人、家畜饮用水设施建设等项目，应当优先安排血吸虫病重点防治地区的有关项目。

**第十五条** 血吸虫病防治地区县级以上地方人民政府卫生、农业主管部门组织实施农村改厕、沼气池建设项目，应当按照无害化要求和血吸虫病防治技术规范，保证厕所和沼气池具备杀灭粪便中血吸虫卵的功能。

血吸虫病防治地区的公共厕所应当具备杀灭粪便中血吸虫卵的功能。

**第十六条** 县级以上人民政府农业主管部门在血吸虫病重点防治地区应当适应血吸虫病防治工作的需要，引导和扶持农业种植结构的调整，推行以机械化耕作代替牲畜耕作的措施。

县级以上人民政府农业或者兽医主管部门在血吸虫病重点防治地区应当引导和扶持养殖结构的调整，推行对牛、羊、猪等家畜的舍饲圈养，加强对圈养家畜粪便的无害化处理，开展对家畜的血吸虫病检查和对感染血吸虫的家畜的治疗、处理。

**第十七条** 禁止在血吸虫病防治地区施用未经无害化处理的粪便。

**第十八条** 县级以上人民政府水利主管部门在血吸虫病防治地区进行水利建设项目，应当同步建设血吸虫病防治设施；结合血吸虫病防治地区的江河、湖泊治理工程和人畜饮水、灌区改造等水利工程项目，改善水环境，防止钉螺孳生。

**第十九条** 县级以上人民政府林业主管部门在血吸虫病防治地区应当结合退耕还林、长江防护林建设、野生动物植物保护、湿地保护以及自然保护区建设等林业工程，开展血吸虫病综合防治。

县级以上人民政府交通主管部门在血吸虫病防治地区应当结合航道工程建设，开展血吸虫病综合防治。

**第二十条** 国务院卫生主管部门应当根据血吸虫病流行病学资料、钉螺分布以及孳生环境的特点、药物特性，制定药物杀灭钉螺工作规范。

血吸虫病防治地区县级人民政府及其卫生主管部门应当根据药物杀灭钉螺工作规范，组织实施本行政区域内的药物杀灭钉螺工作。

血吸虫病防治地区乡（镇）人民政府应当在实施药物杀灭钉螺7日前，公告施药的时间、地点、种类、方法、影响范围和注意事项。有关单位和个人应当予以配合。

杀灭钉螺严禁使用国家明令禁止使用的药物。

**第二十一条** 血吸虫病防治地区县级人民政府卫生主管部门会同同级人民政府农业或者兽医、水利、林业主管部门，根据血吸虫病监测等流行病学资料，划定、变更有钉螺地带，并报本级人民政府批准。县级人民政府应当及时公告有钉螺地带。

禁止在有钉螺地带放养牛、羊、猪等家畜，禁止引种在有钉螺地带培育的芦苇等植物和农作物的种子、种苗等繁殖材料。

乡（镇）人民政府应当在有钉螺地带设立警示标志，并在县级人民政府作出解除有钉螺地带决定后予以撤销。警示标志由乡（镇）人民政府负责保护，所在地村民委员会、居民委员会应当予以协助。任何单位或者个人不得损坏或者擅自移动警示标志。

在有钉螺地带完成杀灭钉螺后，由原批准机关决定并公告解除本条第二款规定的禁止行为。

**第二十二条** 医疗机构、疾病预防控制机构、动物防疫监督机构和植物检疫机构应当根据血吸虫病防治技术规范，在各自的职责范围内，开展血吸虫病的监测、筛查、预测、流行病学调查、疫情报告和处理工作，开展杀灭钉螺、血吸虫病防治技术指导以及其他防治工作。

血吸虫病防治地区的医疗机构、疾病预防控制机构、动物防疫监督机构和植物检疫机构应当定期对其工作人员进行血吸虫病防治知识、技能的培训和考核。

**第二十三条** 建设单位在血吸虫病防治地区兴建水利、交通、旅游、能源等大型建设项目，应当事先提请省级以上疾病预防控制机构对施工环境进行卫生调查，并根据疾病预防控制机构的意见，采取必要的血吸虫病预防、控制措施。施工期间，建设单位应当设专人负责工地上的血吸虫病防治工作；工程竣工后，应当告知当地县级疾病预防控制机构，由其对该地区的血吸虫病进行监测。

# 第三章　疫情控制

**第二十四条**　血吸虫病防治地区县级以上地方人民政府应当根据有关法律、行政法规和国家有关规定，结合本地实际，制定血吸虫病应急预案。

**第二十五条**　急性血吸虫病暴发、流行时，县级以上地方人民政府应当根据控制急性血吸虫病暴发、流行的需要，依照传染病防治法和其他有关法律的规定采取紧急措施，进行下列应急处理：

（一）组织医疗机构救治急性血吸虫病病人；

（二）组织疾病预防控制机构和动物防疫监督机构分别对接触疫水的人和家畜实施预防性服药；

（三）组织有关部门和单位杀灭钉螺和处理疫水；

（四）组织乡（镇）人民政府在有钉螺地带设置警示标志，禁止人和家畜接触疫水。

**第二十六条**　疾病预防控制机构发现急性血吸虫病疫情或者接到急性血吸虫病暴发、流行报告时，应当及时采取下列措施：

（一）进行现场流行病学调查；

（二）提出疫情控制方案，明确有钉螺地带范围、预防性服药的人和家畜范围，以及采取杀灭钉螺和处理疫水的措施；

（三）指导医疗机构和下级疾病预防控制机构处理疫情；

（四）卫生主管部门要求采取的其他措施。

**第二十七条**　有关单位对因生产、工作必须接触疫水的人员应当按照疾病预防控制机构的要求采取防护措施，并定期组织进行血吸虫病的专项体检。

血吸虫病防治地区地方各级人民政府及其有关部门对因防汛、抗洪抢险必须接触疫水的人员，应当按照疾病预防控制机构的要求采取防护措施。血吸虫病防治地区县级人民政府对参加防汛、抗洪抢险的人员，应当及时组织有关部门和机构进行血吸虫病的专项体检。

**第二十八条**　血吸虫病防治地区县级以上地方人民政府卫生、

农业或者兽医主管部门应当根据血吸虫病防治技术规范，组织开展对本地村民、居民和流动人口血吸虫病以及家畜血吸虫病的筛查、治疗和预防性服药工作。

血吸虫病防治地区省、自治区、直辖市人民政府应当采取措施，组织对晚期血吸虫病病人的治疗。

**第二十九条** 血吸虫病防治地区的动物防疫监督机构、植物检疫机构应当加强对本行政区域内的家畜和植物的血吸虫病检疫工作。动物防疫监督机构对经检疫发现的患血吸虫病的家畜，应当实施药物治疗；植物检疫机构对发现的携带钉螺的植物，应当实施杀灭钉螺。

凡患血吸虫病的家畜、携带钉螺的植物，在血吸虫病防治地区未经检疫的家畜、植物，一律不得出售、外运。

**第三十条** 血吸虫病疫情的报告、通报和公布，依照传染病防治法和动物防疫法的有关规定执行。

# 第四章　保障措施

**第三十一条** 血吸虫病防治地区县级以上地方人民政府应当根据血吸虫病防治规划、计划，安排血吸虫病防治经费和基本建设投资，纳入同级财政预算。

省、自治区、直辖市人民政府和设区的市级人民政府根据血吸虫病防治工作需要，对经济困难的县级人民政府开展血吸虫病防治工作给予适当补助。

国家对经济困难地区的血吸虫病防治经费、血吸虫病重大疫情应急处理经费给予适当补助，对承担血吸虫病防治任务的机构的基本建设和跨地区的血吸虫病防治重大工程项目给予必要支持。

**第三十二条** 血吸虫病防治地区县级以上地方人民政府编制或者审批血吸虫病防治地区的农业、兽医、水利、林业等工程项目，应当将有关血吸虫病防治的工程措施纳入项目统筹安排。

**第三十三条** 国家对农民免费提供抗血吸虫基本预防药物，对经济困难农民的血吸虫病治疗费用予以减免。

因工作原因感染血吸虫病的，依照《工伤保险条例》的规定，享受工伤待遇。参加城镇职工基本医疗保险的血吸虫病病人，不属于工伤的，按照国家规定享受医疗保险待遇。对未参加工伤保险、医疗保险的人员因防汛、抗洪抢险患血吸虫病的，按照县级以上地方人民政府的规定解决所需的检查、治疗费用。

**第三十四条** 血吸虫病防治地区县级以上地方人民政府民政部门对符合救助条件的血吸虫病病人进行救助。

**第三十五条** 国家对家畜免费实施血吸虫病检查和治疗，免费提供抗血吸虫基本预防药物。

**第三十六条** 血吸虫病防治地区县级以上地方人民政府应当根据血吸虫病防治工作需要和血吸虫病流行趋势，储备血吸虫病防治药物、杀灭钉螺药物和有关防护用品。

**第三十七条** 血吸虫病防治地区县级以上地方人民政府应当加强血吸虫病防治网络建设，将承担血吸虫病防治任务的机构所需基本建设投资列入基本建设计划。

**第三十八条** 血吸虫病防治地区省、自治区、直辖市人民政府在制定和实施本行政区域的血吸虫病防治计划时，应当统筹协调血吸虫病防治项目和资金，确保实现血吸虫病防治项目的综合效益。

血吸虫病防治经费应当专款专用，严禁截留或者挪作他用。严禁倒买倒卖、挪用国家免费供应的防治血吸虫病药品和其他物品。有关单位使用血吸虫病防治经费应当依法接受审计机关的审计监督。

# 第五章　监督管理

**第三十九条** 县级以上人民政府卫生主管部门负责血吸虫病监测、预防、控制、治疗和疫情的管理工作，对杀灭钉螺药物的使用情况进行监督检查。

**第四十条** 县级以上人民政府农业或者兽医主管部门对下列事项进行监督检查：

（一）本条例第十六条规定的血吸虫病防治措施的实施情况；

（二）家畜血吸虫病监测、预防、控制、治疗和疫情管理工作情况；

（三）治疗家畜血吸虫病药物的管理、使用情况；

（四）农业工程项目中执行血吸虫病防治技术规范情况。

**第四十一条** 县级以上人民政府水利主管部门对本条例第十八条规定的血吸虫病防治措施的实施情况和水利工程项目中执行血吸虫病防治技术规范情况进行监督检查。

**第四十二条** 县级以上人民政府林业主管部门对血吸虫病防治地区的林业工程项目的实施情况和林业工程项目中执行血吸虫病防治技术规范情况进行监督检查。

**第四十三条** 县级以上人民政府卫生、农业或者兽医、水利、林业主管部门在监督检查过程中，发现违反或者不执行本条例规定的，应当责令有关单位和个人及时改正并依法予以处理；属于其他部门职责范围的，应当移送有监督管理职责的部门依法处理；涉及多个部门职责的，应当共同处理。

**第四十四条** 县级以上人民政府卫生、农业或者兽医、水利、林业主管部门在履行血吸虫病防治监督检查职责时，有权进入被检查单位和血吸虫病疫情发生现场调查取证，查阅、复制有关资料和采集样本。被检查单位应当予以配合，不得拒绝、阻挠。

**第四十五条** 血吸虫病防治地区县级以上动物防疫监督机构对在有钉螺地带放养的牛、羊、猪等家畜，有权予以暂扣并进行强制检疫。

**第四十六条** 上级主管部门发现下级主管部门未及时依照本条例的规定处理职责范围内的事项，应当责令纠正，或者直接处理下级主管部门未及时处理的事项。

# 第六章 法律责任

**第四十七条** 县级以上地方各级人民政府有下列情形之一的，由上级人民政府责令改正，通报批评；造成血吸虫病传播、流行或者其他严重后果的，对负有责任的主管人员，依法给予行政处分；负有责任的主管人员构成犯罪的，依法追究刑事责任：

（一）未依照本条例的规定开展血吸虫病联防联控的；

（二）急性血吸虫病暴发、流行时，未依照本条例的规定采取紧急措施、进行应急处理的；

（三）未履行血吸虫病防治组织、领导、保障职责的；

（四）未依照本条例的规定采取其他血吸虫病防治措施的。

乡（镇）人民政府未依照本条例的规定采取血吸虫病防治措施的，由上级人民政府责令改正，通报批评；造成血吸虫病传播、流行或者其他严重后果的，对负有责任的主管人员，依法给予行政处分；负有责任的主管人员构成犯罪的，依法追究刑事责任。

**第四十八条** 县级以上人民政府有关主管部门违反本条例规定，有下列情形之一的，由本级人民政府或者上级人民政府有关主管部门责令改正，通报批评；造成血吸虫病传播、流行或者其他严重后果的，对负有责任的主管人员和其他直接责任人员依法给予行政处分；负有责任的主管人员和其他直接责任人员构成犯罪的，依法追究刑事责任：

（一）在组织实施农村改厕、沼气池建设项目时，未按照无害化要求和血吸虫病防治技术规范，保证厕所或者沼气池具备杀灭粪便中血吸虫卵功能的；

（二）在血吸虫病重点防治地区未开展家畜血吸虫病检查，或者未对感染血吸虫的家畜进行治疗、处理的；

（三）在血吸虫病防治地区进行水利建设项目，未同步建设血吸虫病防治设施，或者未结合血吸虫病防治地区的江河、湖泊治理工程和人畜饮水、灌区改造等水利工程项目，改善水环境，导致钉螺孳生的；

（四）在血吸虫病防治地区未结合退耕还林、长江防护林建设、野生动物植物保护、湿地保护以及自然保护区建设等林业工程，开展血吸虫病综合防治的；

（五）未制定药物杀灭钉螺规范，或者未组织实施本行政区域内药物杀灭钉螺工作的；

（六）未组织开展血吸虫病筛查、治疗和预防性服药工作的；

（七）未依照本条例规定履行监督管理职责，或者发现违法行为不及时查处的；

（八）有违反本条例规定的其他失职、渎职行为的。

**第四十九条** 医疗机构、疾病预防控制机构、动物防疫监督机构或者植物检疫机构违反本条例规定，有下列情形之一的，由县级以上人民政府卫生主管部门、农业或者兽医主管部门依据各自职责责令限期改正，通报批评，给予警告；逾期不改正，造成血吸虫病传播、流行或者其他严重后果的，对负有责任的主管人员和其他直接责任人员依法给予降级、撤职、开除的处分，并可以依法吊销有关责任人员的执业证书；负有责任的主管人员和其他直接责任人员构成犯罪的，依法追究刑事责任：

（一）未依照本条例规定开展血吸虫病防治工作的；

（二）未定期对其工作人员进行血吸虫病防治知识、技能培训和考核的；

（三）发现急性血吸虫病疫情或者接到急性血吸虫病暴发、流行报告时，未及时采取措施的；

（四）未对本行政区域内出售、外运的家畜或者植物进行血吸虫病检疫的；

（五）未对经检疫发现的患血吸虫病的家畜实施药物治疗，或者未对发现的携带钉螺的植物实施杀灭钉螺的。

**第五十条**　建设单位在血吸虫病防治地区兴建水利、交通、旅游、能源等大型建设项目，未事先提请省级以上疾病预防控制机构进行卫生调查，或者未根据疾病预防控制机构的意见，采取必要的血吸虫病预防、控制措施的，由县级以上人民政府卫生主管部门责令限期改正，给予警告，处 5000 元以上 3 万元以下的罚款；逾期不改正的，处 3 万元以上 10 万元以下的罚款，并可以提请有关人民政府依据职责权限，责令停建、关闭；造成血吸虫病疫情扩散或者其他严重后果的，对负有责任的主管人员和其他直接责任人员依法给予处分。

**第五十一条**　单位和个人损坏或者擅自移动有钉螺地带警示标志的，由乡（镇）人民政府责令修复或者赔偿损失，给予警告；情节严重的，对单位处 1000 元以上 3000 元以下的罚款，对个人处 50 元以上 200 元以下的罚款。

**第五十二条**　违反本条例规定，有下列情形之一的，由县级以上人民政府卫生、农业或者兽医、水利、林业主管部门依据各自职责责令改正，给予警告，对单位处 1000 元以上 1 万元以下的罚款，对个人处 50 元以上 500 元以下的罚款，并没收用于违法活动的工具和物品；造成血吸虫病疫情扩散或者其他严重后果的，对负有责任的主管人员和其他直接责任人员依法给予处分：

（一）单位未依照本条例的规定对因生产、工作必须接触疫水的人员采取防护措施，或者未定期组织进行血吸虫病的专项体检的；

（二）对政府有关部门采取的预防、控制措施不予配合的；

（三）使用国家明令禁止使用的药物杀灭钉螺的；

（四）引种在有钉螺地带培育的芦苇等植物或者农作物的种子、种苗等繁殖材料的；

（五）在血吸虫病防治地区施用未经无害化处理粪便的。

# 第七章　附　　则

**第五十三条**　本条例下列用语的含义：

血吸虫病，是血吸虫寄生于人体或者哺乳动物体内，导致其发病的一种寄生虫病。

疫水，是指含有血吸虫尾蚴的水体。

**第五十四条**　本条例自 2006 年 5 月 1 日起施行。

# 中华人民共和国
# 农产品质量安全法

（2006 年 4 月 29 日第十届全国人民代表大会常务委员会第二十一次会议通过　2006 年 4 月 29 日中华人民共和国主席令第四十九号公布　自 2006 年 11 月 1 日起施行）

## 目　　录

## 第一章　总　　则

**第一条**　为保障农产品质量安全，维护公众健康，促进农业和农村经济发展，制定本法。

**第二条**　本法所称农产品，是指来源于农业的初级产品，即在农业活动中获得的植物、动物、微生物及其产品。

本法所称农产品质量安全，是指农产品质量符合保障人的健康、安全的要求。

**第三条**　县级以上人民政府农业行政主管部门负责农产品质量

安全的监督管理工作；县级以上人民政府有关部门按照职责分工，负责农产品质量安全的有关工作。

**第四条**　县级以上人民政府应当将农产品质量安全管理工作纳入本级国民经济和社会发展规划，并安排农产品质量安全经费，用于开展农产品质量安全工作。

**第五条**　县级以上地方人民政府统一领导、协调本行政区域内的农产品质量安全工作，并采取措施，建立健全农产品质量安全服务体系，提高农产品质量安全水平。

**第六条**　国务院农业行政主管部门应当设立由有关方面专家组成的农产品质量安全风险评估专家委员会，对可能影响农产品质量安全的潜在危害进行风险分析和评估。

国务院农业行政主管部门应当根据农产品质量安全风险评估结果采取相应的管理措施，并将农产品质量安全风险评估结果及时通报国务院有关部门。

**第七条**　国务院农业行政主管部门和省、自治区、直辖市人民政府农业行政主管部门应当按照职责权限，发布有关农产品质量安全状况信息。

**第八条**　国家引导、推广农产品标准化生产，鼓励和支持生产优质农产品，禁止生产、销售不符合国家规定的农产品质量安全标准的农产品。

**第九条**　国家支持农产品质量安全科学技术研究，推行科学的质量安全管理方法，推广先进安全的生产技术。

**第十条**　各级人民政府及有关部门应当加强农产品质量安全知识的宣传，提高公众的农产品质量安全意识，引导农产品生产者、销售者加强质量安全管理，保障农产品消费安全。

# 第二章　农产品质量安全标准

**第十一条**　国家建立健全农产品质量安全标准体系。农产品质量安全标准是强制性的技术规范。

农产品质量安全标准的制定和发布，依照有关法律、行政法规的规定执行。

**第十二条** 制定农产品质量安全标准应当充分考虑农产品质量安全风险评估结果，并听取农产品生产者、销售者和消费者的意见，保障消费安全。

**第十三条** 农产品质量安全标准应当根据科学技术发展水平以及农产品质量安全的需要，及时修订。

**第十四条** 农产品质量安全标准由农业行政主管部门商有关部门组织实施。

# 第三章　农产品产地

**第十五条** 县级以上地方人民政府农业行政主管部门按照保障农产品质量安全的要求，根据农产品品种特性和生产区域大气、土壤、水体中有毒有害物质状况等因素，认为不适宜特定农产品生产的，提出禁止生产的区域，报本级人民政府批准后公布。具体办法由国务院农业行政主管部门商国务院环境保护行政主管部门制定。

农产品禁止生产区域的调整，依照前款规定的程序办理。

**第十六条** 县级以上人民政府应当采取措施，加强农产品基地建设，改善农产品的生产条件。

县级以上人民政府农业行政主管部门应当采取措施，推进保障农产品质量安全的标准化生产综合示范区、示范农场、养殖小区和无规定动植物疫病区的建设。

**第十七条** 禁止在有毒有害物质超过规定标准的区域生产、捕捞、采集食用农产品和建立农产品生产基地。

**第十八条** 禁止违反法律、法规的规定向农产品产地排放或者倾倒废水、废气、固体废物或者其他有毒有害物质。

农业生产用水和用作肥料的固体废物，应当符合国家规定的标准。

**第十九条** 农产品生产者应当合理使用化肥、农药、兽药、农用薄膜等化工产品，防止对农产品产地造成污染。

# 第四章　农产品生产

**第二十条** 国务院农业行政主管部门和省、自治区、直辖市人民政府农业行政主管部门应当制定保障农产品质量安全的生产技术要求和操作规程。县级以上人民政府农业行政主管部门应当加强对农产品生产的指导。

**第二十一条** 对可能影响农产品质量安全的农药、兽药、饲料和饲料添加剂、肥料、兽医器械，依照有关法律、行政法规的规定实行许可制度。

国务院农业行政主管部门和省、自治区、直辖市人民政府农业行政主管部门应当定期对可能危及农产品质量安全的农药、兽药、饲料和饲料添加剂、肥料等农业投入品进行监督抽查，并公布抽查结果。

**第二十二条** 县级以上人民政府农业行政主管部门应当加强对农业投入品使用的管理和指导，建立健全农业投入品的安全使用制度。

**第二十三条** 农业科研教育机构和农业技术推广机构应当加强对农产品生产者质量安全知识和技能的培训。

**第二十四条** 农产品生产企业和农民专业合作经济组织应当建立农产品生产记录，如实记载下列事项：

（一）使用农业投入品的名称、来源、用法、用量和使用、停用的日期；

（二）动物疫病、植物病虫草害的发生和防治情况；

（三）收获、屠宰或者捕捞的日期。

农产品生产记录应当保存二年。禁止伪造农产品生产记录。

国家鼓励其他农产品生产者建立农产品生产记录。

**第二十五条** 农产品生产者应当按照法律、行政法规和国务院农业行政主管部门的规定，合理使用农业投入品，严格执行农业投入品使用安全间隔期或者休药期的规定，防止危及农产品质量安全。

禁止在农产品生产过程中使用国家明令禁止使用的农业投入品。

**第二十六条** 农产品生产企业和农民专业合作经济组织，应当自行或者委托检测机构对农产品质量安全状况进行检测；经检测不符合农产品质量安全标准的农产品，不得销售。

第二十七条　农民专业合作经济组织和农产品行业协会对其成员应当及时提供生产技术服务，建立农产品质量安全管理制度，健全农产品质量安全控制体系，加强自律管理。

# 第五章　农产品包装和标识

第二十八条　农产品生产企业、农民专业合作经济组织以及从事农产品收购的单位或者个人销售的农产品，按照规定应当包装或者附加标识的，须经包装或者附加标识后方可销售。包装物或者标识上应当按照规定标明产品的品名、产地、生产者、生产日期、保质期、产品质量等级等内容；使用添加剂的，还应当按照规定标明添加剂的名称。具体办法由国务院农业行政主管部门制定。

第二十九条　农产品在包装、保鲜、贮存、运输中所使用的保鲜剂、防腐剂、添加剂等材料，应当符合国家有关强制性的技术规范。

第三十条　属于农业转基因生物的农产品，应当按照农业转基因生物安全管理的有关规定进行标识。

第三十一条　依法需要实施检疫的动植物及其产品，应当附具检疫合格标志、检疫合格证明。

第三十二条　销售的农产品必须符合农产品质量安全标准，生产者可以申请使用无公害农产品标志。农产品质量符合国家规定的有关优质农产品标准的，生产者可以申请使用相应的农产品质量标志。

禁止冒用前款规定的农产品质量标志。

# 第六章　监督检查

第三十三条　有下列情形之一的农产品，不得销售：

（一）含有国家禁止使用的农药、兽药或者其他化学物质的；

（二）农药、兽药等化学物质残留或者含有的重金属等有毒有害物质不符合农产品质量安全标准的；

（三）含有的致病性寄生虫、微生物或者生物毒素不符合农产

品质量安全标准的;

（四）使用的保鲜剂、防腐剂、添加剂等材料不符合国家有关强制性的技术规范的;

（五）其他不符合农产品质量安全标准的。

**第三十四条** 国家建立农产品质量安全监测制度。县级以上人民政府农业行政主管部门应当按照保障农产品质量安全的要求，制定并组织实施农产品质量安全监测计划，对生产中或者市场上销售的农产品进行监督抽查。监督抽查结果由国务院农业行政主管部门或者省、自治区、直辖市人民政府农业行政主管部门按照权限予以公布。

监督抽查检测应当委托符合本法第三十五条规定条件的农产品质量安全检测机构进行，不得向被抽查人收取费用，抽取的样品不得超过国务院农业行政主管部门规定的数量。上级农业行政主管部门监督抽查的农产品，下级农业行政主管部门不得另行重复抽查。

**第三十五条** 农产品质量安全检测应当充分利用现有的符合条件的检测机构。

从事农产品质量安全检测的机构，必须具备相应的检测条件和能力，由省级以上人民政府农业行政主管部门或者其授权的部门考核合格。具体办法由国务院农业行政主管部门制定。

农产品质量安全检测机构应当依法经计量认证合格。

**第三十六条** 农产品生产者、销售者对监督抽查检测结果有异议的，可以自收到检测结果之日起五日内，向组织实施农产品质量安全监督抽查的农业行政主管部门或者其上级农业行政主管部门申请复检。

采用国务院农业行政主管部门会同有关部门认定的快速检测方法进行农产品质量安全监督抽查检测，被抽查人对检测结果有异议的，可以自收到检测结果时起四小时内申请复检。复检不得采用快速检测方法。

因检测结果错误给当事人造成损害的，依法承担赔偿责任。

**第三十七条** 农产品批发市场应当设立或者委托农产品质量安全检测机构，对进场销售的农产品质量安全状况进行抽查检测;发现不符合农产品质量安全标准的，应当要求销售者立即停止销售，并向农业行政主管部门报告。

农产品销售企业对其销售的农产品，应当建立健全进货检查验收制度；经查验不符合农产品质量安全标准的，不得销售。

第三十八条　国家鼓励单位和个人对农产品质量安全进行社会监督。任何单位和个人都有权对违反本法的行为进行检举、揭发和控告。有关部门收到相关的检举、揭发和控告后，应当及时处理。

第三十九条　县级以上人民政府农业行政主管部门在农产品质量安全监督检查中，可以对生产、销售的农产品进行现场检查，调查了解农产品质量安全的有关情况，查阅、复制与农产品质量安全有关的记录和其他资料；对经检测不符合农产品质量安全标准的农产品，有权查封、扣押。

第四十条　发生农产品质量安全事故时，有关单位和个人应当采取控制措施，及时向所在地乡级人民政府和县级人民政府农业行政主管部门报告；收到报告的机关应当及时处理并报上一级人民政府和有关部门。发生重大农产品质量安全事故时，农业行政主管部门应当及时通报同级食品药品监督管理部门。

第四十一条　县级以上人民政府农业行政主管部门在农产品质量安全监督管理中，发现有本法第三十三条所列情形之一的农产品，应当按照农产品质量安全责任追究制度的要求，查明责任人，依法予以处理或者提出处理建议。

第四十二条　进口的农产品必须按照国家规定的农产品质量安全标准进行检验；尚未制定有关农产品质量安全标准的，应当依法及时制定，未制定之前，可以参照国家有关部门指定的国外有关标准进行检验。

# 第七章　法律责任

第四十三条　农产品质量安全监督管理人员不依法履行监督职责，或者滥用职权的，依法给予行政处分。

第四十四条　农产品质量安全检测机构伪造检测结果的，责令改正，没收违法所得，并处五万元以上十万元以下罚款，对直接负责的主管人员和其他直接责任人员处一万元以上五万元以下罚款；

情节严重的，撤销其检测资格；造成损害的，依法承担赔偿责任。

农产品质量安全检测机构出具检测结果不实，造成损害的，依法承担赔偿责任；造成重大损害的，并撤销其检测资格。

**第四十五条** 违反法律、法规规定，向农产品产地排放或者倾倒废水、废气、固体废物或者其他有毒有害物质的，依照有关环境保护法律、法规的规定处罚；造成损害的，依法承担赔偿责任。

**第四十六条** 使用农业投入品违反法律、行政法规和国务院农业行政主管部门的规定的，依照有关法律、行政法规的规定处罚。

**第四十七条** 农产品生产企业、农民专业合作经济组织未建立或者未按照规定保存农产品生产记录的，或者伪造农产品生产记录的，责令限期改正；逾期不改正的，可以处二千元以下罚款。

**第四十八条** 违反本法第二十八条规定，销售的农产品未按照规定进行包装、标识的，责令限期改正；逾期不改正的，可以处二千元以下罚款。

**第四十九条** 有本法第三十三条第四项规定情形，使用的保鲜剂、防腐剂、添加剂等材料不符合国家有关强制性的技术规范的，责令停止销售，对被污染的农产品进行无害化处理，对不能进行无害化处理的予以监督销毁；没收违法所得，并处二千元以上二万元以下罚款。

**第五十条** 农产品生产企业、农民专业合作经济组织销售的农产品有本法第三十三条第一项至第三项或者第五项所列情形之一的，责令停止销售，追回已经销售的农产品，对违法销售的农产品进行无害化处理或者予以监督销毁；没收违法所得，并处二千元以上二万元以下罚款。

农产品销售企业销售的农产品有前款所列情形的，依照前款规定处理、处罚。

农产品批发市场中销售的农产品有第一款所列情形的，对违法销售的农产品依照第一款规定处理，对农产品销售者依照第一款规定处罚。

农产品批发市场违反本法第三十七条第一款规定的，责令改正，处二千元以上二万元以下罚款。

**第五十一条** 违反本法第三十二条规定，冒用农产品质量标志的，责令改正，没收违法所得，并处二千元以上二万元以下罚款。

**第五十二条** 本法第四十四条、第四十七条至第四十九条、第五十条第一款、第四款和第五十一条规定的处理、处罚，由县级以上人民政府农业行政主管部门决定；第五十条第二款、第三款规定的处理、处罚，由工商行政管理部门决定。

法律对行政处罚及处罚机关有其他规定的，从其规定。但是，对同一违法行为不得重复处罚。

**第五十三条** 违反本法规定，构成犯罪的，依法追究刑事责任。

**第五十四条** 生产、销售本法第三十三条所列农产品，给消费者造成损害的，依法承担赔偿责任。

农产品批发市场中销售的农产品有前款规定情形的，消费者可以向农产品批发市场要求赔偿；属于生产者、销售者责任的，农产品批发市场有权追偿。消费者也可以直接向农产品生产者、销售者要求赔偿。

# 第八章 附　　则

**第五十五条** 生猪屠宰的管理按照国家有关规定执行。

**第五十六条** 本法自 2006 年 11 月 1 日起施行。

# 中华人民共和国食品安全法

（2009 年 2 月 28 日第十一届全国人民代表大会常务委员会第七次会议通过　2015 年 4 月 24 日第十二届全国人民代表大会常务委员会第十四次会议修订）

## 目　　录

## 第一章　总　　则

**第一条**　为了保证食品安全，保障公众身体健康和生命安全，制定本法。

**第二条**　在中华人民共和国境内从事下列活动，应当遵守本法：

（一）食品生产和加工（以下称食品生产），食品销售和餐饮服务（以下称食品经营）；

（二）食品添加剂的生产经营；

（三）用于食品的包装材料、容器、洗涤剂、消毒剂和用于食品生产经营的工具、设备（以下称食品相关产品）的生产经营；

（四）食品生产经营者使用食品添加剂、食品相关产品；

（五）食品的贮存和运输；

（六）对食品、食品添加剂、食品相关产品的安全管理。

供食用的源于农业的初级产品（以下称食用农产品）的质量安全管理，遵守《中华人民共和国农产品质量安全法》的规定。但是，食用农产品的市场销售、有关质量安全标准的制定、有关安全信息的公布和本法对农业投入品作出规定的，应当遵守本法的规定。

**第三条** 食品安全工作实行预防为主、风险管理、全程控制、社会共治，建立科学、严格的监督管理制度。

**第四条** 食品生产经营者对其生产经营食品的安全负责。

食品生产经营者应当依照法律、法规和食品安全标准从事生产经营活动，保证食品安全，诚信自律，对社会和公众负责，接受社会监督，承担社会责任。

**第五条** 国务院设立食品安全委员会，其职责由国务院规定。

国务院食品药品监督管理部门依照本法和国务院规定的职责，对食品生产经营活动实施监督管理。

国务院卫生行政部门依照本法和国务院规定的职责，组织开展食品安全风险监测和风险评估，会同国务院食品药品监督管理部门制定并公布食品安全国家标准。

国务院其他有关部门依照本法和国务院规定的职责，承担有关食品安全工作。

**第六条** 县级以上地方人民政府对本行政区域的食品安全监督管理工作负责，统一领导、组织、协调本行政区域的食品安全监督管理工作以及食品安全突发事件应对工作，建立健全食品安全全程监督管理工作机制和信息共享机制。

县级以上地方人民政府依照本法和国务院的规定，确定本级食品药品监督管理、卫生行政部门和其他有关部门的职责。有关部门在各自职责范围内负责本行政区域的食品安全监督管理工作。

县级人民政府食品药品监督管理部门可以在乡镇或者特定区域设立派出机构。

**第七条** 县级以上地方人民政府实行食品安全监督管理责任制。上级人民政府负责对下一级人民政府的食品安全监督管理工作进行评议、考核。县级以上地方人民政府负责对本级食品药品监督管理部门和其他有关部门的食品安全监督管理工作进行评议、考核。

**第八条** 县级以上人民政府应当将食品安全工作纳入本级国民经济和社会发展规划，将食品安全工作经费列入本级政府财政预算，加强食品安全监督管理能力建设，为食品安全工作提供保障。

县级以上人民政府食品药品监督管理部门和其他有关部门应当加强沟通、密切配合，按照各自职责分工，依法行使职权，承担责任。

**第九条** 食品行业协会应当加强行业自律，按照章程建立健全行业规范和奖惩机制，提供食品安全信息、技术等服务，引导和督促食品生产经营者依法生产经营，推动行业诚信建设，宣传、普及食品安全知识。

消费者协会和其他消费者组织对违反本法规定，损害消费者合法权益的行为，依法进行社会监督。

**第十条** 各级人民政府应当加强食品安全的宣传教育，普及食品安全知识，鼓励社会组织、基层群众性自治组织、食品生产经营者开展食品安全法律、法规以及食品安全标准和知识的普及工作，倡导健康的饮食方式，增强消费者食品安全意识和自我保护能力。

新闻媒体应当开展食品安全法律、法规以及食品安全标准和知识的公益宣传，并对食品安全违法行为进行舆论监督。有关食品安全的宣传报道应当真实、公正。

**第十一条** 国家鼓励和支持开展与食品安全有关的基础研究、应用研究，鼓励和支持食品生产经营者为提高食品安全水平采用先进技术和先进管理规范。

国家对农药的使用实行严格的管理制度，加快淘汰剧毒、高毒、高残留农药，推动替代产品的研发和应用，鼓励使用高效低毒低残留农药。

**第十二条** 任何组织或者个人有权举报食品安全违法行为，依法向有关部门了解食品安全信息，对食品安全监督管理工作提出意见和建议。

**第十三条** 对在食品安全工作中做出突出贡献的单位和个人，按照国家有关规定给予表彰、奖励。

# 第二章 食品安全风险监测和评估

**第十四条** 国家建立食品安全风险监测制度，对食源性疾病、食品污染以及食品中的有害因素进行监测。

国务院卫生行政部门会同国务院食品药品监督管理、质量监督等部门，制定、实施国家食品安全风险监测计划。

国务院食品药品监督管理部门和其他有关部门获知有关食品安全风险信息后，应当立即核实并向国务院卫生行政部门通报。对有关部门通报的食品安全风险信息以及医疗机构报告的食源性疾病等有关疾病信息，国务院卫生行政部门应当会同国务院有关部门分析研究，认为必要的，及时调整国家食品安全风险监测计划。

省、自治区、直辖市人民政府卫生行政部门会同同级食品药品监督管理、质量监督等部门，根据国家食品安全风险监测计划，结合本行政区域的具体情况，制定、调整本行政区域的食品安全风险监测方案，报国务院卫生行政部门备案并实施。

**第十五条** 承担食品安全风险监测工作的技术机构应当根据食品安全风险监测计划和监测方案开展监测工作，保证监测数据真实、准确，并按照食品安全风险监测计划和监测方案的要求报送监测数据和分析结果。

食品安全风险监测工作人员有权进入相关食用农产品种植养殖、食品生产经营场所采集样品、收集相关数据。采集样品应当按照市场价格支付费用。

**第十六条** 食品安全风险监测结果表明可能存在食品安全隐患

的，县级以上人民政府卫生行政部门应当及时将相关信息通报同级
食品药品监督管理等部门，并报告本级人民政府和上级人民政府卫
生行政部门。食品药品监督管理等部门应当组织开展进一步调查。

第十七条　国家建立食品安全风险评估制度，运用科学方法，
根据食品安全风险监测信息、科学数据以及有关信息，对食品、食
品添加剂、食品相关产品中生物性、化学性和物理性危害因素进行
风险评估。

国务院卫生行政部门负责组织食品安全风险评估工作，成立由
医学、农业、食品、营养、生物、环境等方面的专家组成的食品安
全风险评估专家委员会进行食品安全风险评估。食品安全风险评估
结果由国务院卫生行政部门公布。

对农药、肥料、兽药、饲料和饲料添加剂等的安全性评估，应
当有食品安全风险评估专家委员会的专家参加。

食品安全风险评估不得向生产经营者收取费用，采集样品应当
按照市场价格支付费用。

第十八条　有下列情形之一的，应当进行食品安全风险评估：

（一）通过食品安全风险监测或者接到举报发现食品、食品添
加剂、食品相关产品可能存在安全隐患的；

（二）为制定或者修订食品安全国家标准提供科学依据需要进
行风险评估的；

（三）为确定监督管理的重点领域、重点品种需要进行风险评
估的；

（四）发现新的可能危害食品安全因素的；

（五）需要判断某一因素是否构成食品安全隐患的；

（六）国务院卫生行政部门认为需要进行风险评估的其他情形。

第十九条　国务院食品药品监督管理、质量监督、农业行政等
部门在监督管理工作中发现需要进行食品安全风险评估的，应当向
国务院卫生行政部门提出食品安全风险评估的建议，并提供风险来
源、相关检验数据和结论等信息、资料。属于本法第十八条规定情
形的，国务院卫生行政部门应当及时进行食品安全风险评估，并向
国务院有关部门通报评估结果。

第二十条　省级以上人民政府卫生行政、农业行政部门应当及

时相互通报食品、食用农产品安全风险监测信息。

国务院卫生行政、农业行政部门应当及时相互通报食品、食用农产品安全风险评估结果等信息。

**第二十一条** 食品安全风险评估结果是制定、修订食品安全标准和实施食品安全监督管理的科学依据。

经食品安全风险评估，得出食品、食品添加剂、食品相关产品不安全结论的，国务院食品药品监督管理、质量监督等部门应当依据各自职责立即向社会公告，告知消费者停止食用或者使用，并采取相应措施，确保该食品、食品添加剂、食品相关产品停止生产经营；需要制定、修订相关食品安全国家标准的，国务院卫生行政部门应当会同国务院食品药品监督管理部门立即制定、修订。

**第二十二条** 国务院食品药品监督管理部门应当会同国务院有关部门，根据食品安全风险评估结果、食品安全监督管理信息，对食品安全状况进行综合分析。对经综合分析表明可能具有较高程度安全风险的食品，国务院食品药品监督管理部门应当及时提出食品安全风险警示，并向社会公布。

**第二十三条** 县级以上人民政府食品药品监督管理部门和其他有关部门、食品安全风险评估专家委员会及其技术机构，应当按照科学、客观、及时、公开的原则，组织食品生产经营者、食品检验机构、认证机构、食品行业协会、消费者协会以及新闻媒体等，就食品安全风险评估信息和食品安全监督管理信息进行交流沟通。

# 第三章　食品安全标准

**第二十四条** 制定食品安全标准，应当以保障公众身体健康为宗旨，做到科学合理、安全可靠。

**第二十五条** 食品安全标准是强制执行的标准。除食品安全标准外，不得制定其他食品强制性标准。

**第二十六条** 食品安全标准应当包括下列内容：

（一）食品、食品添加剂、食品相关产品中的致病性微生物，农药残留、兽药残留、生物毒素、重金属等污染物质以及其他危害人体健康物质的限量规定；

（二）食品添加剂的品种、使用范围、用量；

（三）专供婴幼儿和其他特定人群的主辅食品的营养成分要求；

（四）对与卫生、营养等食品安全要求有关的标签、标志、说明书的要求；

（五）食品生产经营过程的卫生要求；

（六）与食品安全有关的质量要求；

（七）与食品安全有关的食品检验方法与规程；

（八）其他需要制定为食品安全标准的内容。

**第二十七条** 食品安全国家标准由国务院卫生行政部门会同国务院食品药品监督管理部门制定、公布，国务院标准化行政部门提供国家标准编号。

食品中农药残留、兽药残留的限量规定及其检验方法与规程由国务院卫生行政部门、国务院农业行政部门会同国务院食品药品监督管理部门制定。

屠宰畜、禽的检验规程由国务院农业行政部门会同国务院卫生行政部门制定。

**第二十八条** 制定食品安全国家标准，应当依据食品安全风险评估结果并充分考虑食用农产品安全风险评估结果，参照相关的国际标准和国际食品安全风险评估结果，并将食品安全国家标准草案向社会公布，广泛听取食品生产经营者、消费者、有关部门等方面的意见。

食品安全国家标准应当经国务院卫生行政部门组织的食品安全国家标准审评委员会审查通过。食品安全国家标准审评委员会由医学、农业、食品、营养、生物、环境等方面的专家以及国务院有关部门、食品行业协会、消费者协会的代表组成，对食品安全国家标准草案的科学性和实用性等进行审查。

**第二十九条** 对地方特色食品，没有食品安全国家标准的，省、自治区、直辖市人民政府卫生行政部门可以制定并公布食品安全地方标准，报国务院卫生行政部门备案。食品安全国家标准制定后，该地方标准即行废止。

**第三十条** 国家鼓励食品生产企业制定严于食品安全国家标准或者地方标准的企业标准，在本企业适用，并报省、自治区、直辖市人民政府卫生行政部门备案。

**第三十一条** 省级以上人民政府卫生行政部门应当在其网站上公布制定和备案的食品安全国家标准、地方标准和企业标准，供公众免费查阅、下载。

对食品安全标准执行过程中的问题，县级以上人民政府卫生行政部门应当会同有关部门及时给予指导、解答。

**第三十二条** 省级以上人民政府卫生行政部门应当会同同级食品药品监督管理、质量监督、农业行政等部门，分别对食品安全国家标准和地方标准的执行情况进行跟踪评价，并根据评价结果及时修订食品安全标准。

省级以上人民政府食品药品监督管理、质量监督、农业行政等部门应当对食品安全标准执行中存在的问题进行收集、汇总，并及时向同级卫生行政部门通报。

食品生产经营者、食品行业协会发现食品安全标准在执行中存在问题的，应当立即向卫生行政部门报告。

# 第四章　食品生产经营

## 第一节　一般规定

**第三十三条** 食品生产经营应当符合食品安全标准，并符合下列要求：

（一）具有与生产经营的食品品种、数量相适应的食品原料处理和食品加工、包装、贮存等场所，保持该场所环境整洁，并与有毒、有害场所以及其他污染源保持规定的距离；

（二）具有与生产经营的食品品种、数量相适应的生产经营设备或者设施，有相应的消毒、更衣、盥洗、采光、照明、通风、防腐、防尘、防蝇、防鼠、防虫、洗涤以及处理废水、存放垃圾和废弃物的设备或者设施；

（三）有专职或者兼职的食品安全专业技术人员、食品安全管理人员和保证食品安全的规章制度；

（四）具有合理的设备布局和工艺流程，防止待加工食品与直接入口食品、原料与成品交叉污染，避免食品接触有毒物、不洁物；

（五）餐具、饮具和盛放直接入口食品的容器，使用前应当洗净、消毒，炊具、用具用后应当洗净，保持清洁；

（六）贮存、运输和装卸食品的容器、工具和设备应当安全、无害，保持清洁，防止食品污染，并符合保证食品安全所需的温度、湿度等特殊要求，不得将食品与有毒、有害物品一同贮存、运输；

（七）直接入口的食品应当使用无毒、清洁的包装材料、餐具、饮具和容器；

（八）食品生产经营人员应当保持个人卫生，生产经营食品时，应当将手洗净，穿戴清洁的工作衣、帽等；销售无包装的直接入口食品时，应当使用无毒、清洁的容器、售货工具和设备；

（九）用水应当符合国家规定的生活饮用水卫生标准；

（十）使用的洗涤剂、消毒剂应当对人体安全、无害；

（十一）法律、法规规定的其他要求。

非食品生产经营者从事食品贮存、运输和装卸的，应当符合前款第六项的规定。

**第三十四条** 禁止生产经营下列食品、食品添加剂、食品相关产品：

（一）用非食品原料生产的食品或者添加食品添加剂以外的化学物质和其他可能危害人体健康物质的食品，或者用回收食品作为原料生产的食品；

（二）致病性微生物，农药残留、兽药残留、生物毒素、重金属等污染物质以及其他危害人体健康的物质含量超过食品安全标准限量的食品、食品添加剂、食品相关产品；

（三）用超过保质期的食品原料、食品添加剂生产的食品、食品添加剂；

（四）超范围、超限量使用食品添加剂的食品；

（五）营养成分不符合食品安全标准的专供婴幼儿和其他特定人群的主辅食品；

（六）腐败变质、油脂酸败、霉变生虫、污秽不洁、混有异物、掺假掺杂或者感官性状异常的食品、食品添加剂；

（七）病死、毒死或者死因不明的禽、畜、兽、水产动物肉类及其制品；

（八）未按规定进行检疫或者检疫不合格的肉类，或者未经检验或者检验不合格的肉类制品；

（九）被包装材料、容器、运输工具等污染的食品、食品添加剂；

（十）标注虚假生产日期、保质期或者超过保质期的食品、食品添加剂；

（十一）无标签的预包装食品、食品添加剂；

（十二）国家为防病等特殊需要明令禁止生产经营的食品；

（十三）其他不符合法律、法规或者食品安全标准的食品、食品添加剂、食品相关产品。

**第三十五条** 国家对食品生产经营实行许可制度。从事食品生产、食品销售、餐饮服务，应当依法取得许可。但是，销售食用农产品，不需要取得许可。

县级以上地方人民政府食品药品监督管理部门应当依照《中华人民共和国行政许可法》的规定，审核申请人提交的本法第三十三条第一款第一项至第四项规定要求的相关资料，必要时对申请人的生产经营场所进行现场核查；对符合规定条件的，准予许可；对不符合规定条件的，不予许可并书面说明理由。

**第三十六条** 食品生产加工小作坊和食品摊贩等从事食品生产经营活动，应当符合本法规定的与其生产经营规模、条件相适应的食品安全要求，保证所生产经营的食品卫生、无毒、无害，食品药品监督管理部门应当对其加强监督管理。

县级以上地方人民政府应当对食品生产加工小作坊、食品摊贩等进行综合治理，加强服务和统一规划，改善其生产经营环境，鼓励和支持其改进生产经营条件，进入集中交易市场、店铺等固定场所经营，或者在指定的临时经营区域、时段经营。

食品生产加工小作坊和食品摊贩等的具体管理办法由省、自治区、直辖市制定。

**第三十七条** 利用新的食品原料生产食品，或者生产食品添加剂新品种、食品相关产品新品种，应当向国务院卫生行政部门提交相关产品的安全性评估材料。国务院卫生行政部门应当自收到申请之日起六十日内组织审查；对符合食品安全要求的，准予许可并公布；对不符合食品安全要求的，不予许可并书面说明理由。

**第三十八条** 生产经营的食品中不得添加药品，但是可以添加按照传统既是食品又是中药材的物质。按照传统既是食品又是中药材的物质目录由国务院卫生行政部门会同国务院食品药品监督管理部门制定、公布。

**第三十九条** 国家对食品添加剂生产实行许可制度。从事食品添加剂生产，应当具有与所生产食品添加剂品种相适应的场所、生产设备或者设施、专业技术人员和管理制度，并依照本法第三十五条第二款规定的程序，取得食品添加剂生产许可。

生产食品添加剂应当符合法律、法规和食品安全国家标准。

**第四十条** 食品添加剂应当在技术上确有必要且经过风险评估证明安全可靠，方可列入允许使用的范围；有关食品安全国家标准应当根据技术必要性和食品安全风险评估结果及时修订。

食品生产经营者应当按照食品安全国家标准使用食品添加剂。

**第四十一条** 生产食品相关产品应当符合法律、法规和食品安全国家标准。对直接接触食品的包装材料等具有较高风险的食品相关产品，按照国家有关工业产品生产许可证管理的规定实施生产许可。质量监督部门应当加强对食品相关产品生产活动的监督管理。

**第四十二条** 国家建立食品安全全程追溯制度。

食品生产经营者应当依照本法的规定，建立食品安全追溯体系，保证食品可追溯。国家鼓励食品生产经营者采用信息化手段采集、留存生产经营信息，建立食品安全追溯体系。

国务院食品药品监督管理部门会同国务院农业行政等有关部门建立食品安全全程追溯协作机制。

**第四十三条** 地方各级人民政府应当采取措施鼓励食品规模化生产和连锁经营、配送。

国家鼓励食品生产经营企业参加食品安全责任保险。

## 第二节 生产经营过程控制

**第四十四条** 食品生产经营企业应当建立健全食品安全管理制

度，对职工进行食品安全知识培训，加强食品检验工作，依法从事生产经营活动。

食品生产经营企业的主要负责人应当落实企业食品安全管理制度，对本企业的食品安全工作全面负责。

食品生产经营企业应当配备食品安全管理人员，加强对其培训和考核。经考核不具备食品安全管理能力的，不得上岗。食品药品监督管理部门应当对企业食品安全管理人员随机进行监督抽查考核并公布考核情况。监督抽查考核不得收取费用。

**第四十五条** 食品生产经营者应当建立并执行从业人员健康管理制度。患有国务院卫生行政部门规定的有碍食品安全疾病的人员，不得从事接触直接入口食品的工作。

从事接触直接入口食品工作的食品生产经营人员应当每年进行健康检查，取得健康证明后方可上岗工作。

**第四十六条** 食品生产企业应当就下列事项制定并实施控制要求，保证所生产的食品符合食品安全标准：

（一）原料采购、原料验收、投料等原料控制；

（二）生产工序、设备、贮存、包装等生产关键环节控制；

（三）原料检验、半成品检验、成品出厂检验等检验控制；

（四）运输和交付控制。

**第四十七条** 食品生产经营者应当建立食品安全自查制度，定期对食品安全状况进行检查评价。生产经营条件发生变化，不再符合食品安全要求的，食品生产经营者应当立即采取整改措施；有发生食品安全事故潜在风险的，应当立即停止食品生产经营活动，并向所在地县级人民政府食品药品监督管理部门报告。

**第四十八条** 国家鼓励食品生产经营企业符合良好生产规范要求，实施危害分析与关键控制点体系，提高食品安全管理水平。

对通过良好生产规范、危害分析与关键控制点体系认证的食品生产经营企业，认证机构应当依法实施跟踪调查；对不再符合认证要求的企业，应当依法撤销认证，及时向县级以上人民政府食品药品监督管理部门通报，并向社会公布。认证机构实施跟踪调查不得收取费用。

**第四十九条** 食用农产品生产者应当按照食品安全标准和国家

有关规定使用农药、肥料、兽药、饲料和饲料添加剂等农业投入品，严格执行农业投入品使用安全间隔期或者休药期的规定，不得使用国家明令禁止的农业投入品。禁止将剧毒、高毒农药用于蔬菜、瓜果、茶叶和中草药材等国家规定的农作物。

食用农产品的生产企业和农民专业合作经济组织应当建立农业投入品使用记录制度。

县级以上人民政府农业行政部门应当加强对农业投入品使用的监督管理和指导，建立健全农业投入品安全使用制度。

**第五十条** 食品生产者采购食品原料、食品添加剂、食品相关产品，应当查验供货者的许可证和产品合格证明；对无法提供合格证明的食品原料，应当按照食品安全标准进行检验；不得采购或者使用不符合食品安全标准的食品原料、食品添加剂、食品相关产品。

食品生产企业应当建立食品原料、食品添加剂、食品相关产品进货查验记录制度，如实记录食品原料、食品添加剂、食品相关产品的名称、规格、数量、生产日期或者生产批号、保质期、进货日期以及供货者名称、地址、联系方式等内容，并保存相关凭证。记录和凭证保存期限不得少于产品保质期满后六个月；没有明确保质期的，保存期限不得少于二年。

**第五十一条** 食品生产企业应当建立食品出厂检验记录制度，查验出厂食品的检验合格证和安全状况，如实记录食品的名称、规格、数量、生产日期或者生产批号、保质期、检验合格证号、销售日期以及购货者名称、地址、联系方式等内容，并保存相关凭证。记录和凭证保存期限应当符合本法第五十条第二款的规定。

**第五十二条** 食品、食品添加剂、食品相关产品的生产者，应当按照食品安全标准对所生产的食品、食品添加剂、食品相关产品进行检验，检验合格后方可出厂或者销售。

**第五十三条** 食品经营者采购食品，应当查验供货者的许可证和食品出厂检验合格证或者其他合格证明（以下称合格证明文件）。

食品经营企业应当建立食品进货查验记录制度，如实记录食品的名称、规格、数量、生产日期或者生产批号、保质期、进货日期以及供货者名称、地址、联系方式等内容，并保存相关凭证。记录和凭证保存期限应当符合本法第五十条第二款的规定。

实行统一配送经营方式的食品经营企业，可以由企业总部统一查验供货者的许可证和食品合格证明文件，进行食品进货查验记录。

从事食品批发业务的经营企业应当建立食品销售记录制度，如实记录批发食品的名称、规格、数量、生产日期或者生产批号、保质期、销售日期以及购货者名称、地址、联系方式等内容，并保存相关凭证。记录和凭证保存期限应当符合本法第五十条第二款的规定。

**第五十四条** 食品经营者应当按照保证食品安全的要求贮存食品，定期检查库存食品，及时清理变质或者超过保质期的食品。

食品经营者贮存散装食品，应当在贮存位置标明食品的名称、生产日期或者生产批号、保质期、生产者名称及联系方式等内容。

**第五十五条** 餐饮服务提供者应当制定并实施原料控制要求，不得采购不符合食品安全标准的食品原料。倡导餐饮服务提供者公开加工过程，公示食品原料及其来源等信息。

餐饮服务提供者在加工过程中应当检查待加工的食品及原料，发现有本法第三十四条第六项规定情形的，不得加工或者使用。

**第五十六条** 餐饮服务提供者应当定期维护食品加工、贮存、陈列等设施、设备；定期清洗、校验保温设施及冷藏、冷冻设施。

餐饮服务提供者应当按照要求对餐具、饮具进行清洗消毒，不得使用未经清洗消毒的餐具、饮具；餐饮服务提供者委托清洗消毒餐具、饮具的，应当委托符合本法规定条件的餐具、饮具集中消毒服务单位。

**第五十七条** 学校、托幼机构、养老机构、建筑工地等集中用餐单位的食堂应当严格遵守法律、法规和食品安全标准；从供餐单位订餐的，应当从取得食品生产经营许可的企业订购，并按照要求对订购的食品进行查验。供餐单位应当严格遵守法律、法规和食品安全标准，当餐加工，确保食品安全。

学校、托幼机构、养老机构、建筑工地等集中用餐单位的主管部门应当加强对集中用餐单位的食品安全教育和日常管理，降低食品安全风险，及时消除食品安全隐患。

　　**第五十八条**　餐具、饮具集中消毒服务单位应当具备相应的作业场所、清洗消毒设备或者设施，用水和使用的洗涤剂、消毒剂应当符合相关食品安全国家标准和其他国家标准、卫生规范。

　　餐具、饮具集中消毒服务单位应当对消毒餐具、饮具进行逐批检验，检验合格后方可出厂，并应当随附消毒合格证明。消毒后的餐具、饮具应当在独立包装上标注单位名称、地址、联系方式、消毒日期以及使用期限等内容。

　　**第五十九条**　食品添加剂生产者应当建立食品添加剂出厂检验记录制度，查验出厂产品的检验合格证和安全状况，如实记录食品添加剂的名称、规格、数量、生产日期或者生产批号、保质期、检验合格证号、销售日期以及购货者名称、地址、联系方式等相关内容，并保存相关凭证。记录和凭证保存期限应当符合本法第五十条第二款的规定。

　　**第六十条**　食品添加剂经营者采购食品添加剂，应当依法查验供货者的许可证和产品合格证明文件，如实记录食品添加剂的名称、规格、数量、生产日期或者生产批号、保质期、进货日期以及供货者名称、地址、联系方式等内容，并保存相关凭证。记录和凭证保存期限应当符合本法第五十条第二款的规定。

　　**第六十一条**　集中交易市场的开办者、柜台出租者和展销会举办者，应当依法审查入场食品经营者的许可证，明确其食品安全管理责任，定期对其经营环境和条件进行检查，发现其有违反本法规定行为的，应当及时制止并立即报告所在地县级人民政府食品药品监督管理部门。

　　**第六十二条**　网络食品交易第三方平台提供者应当对入网食品经营者进行实名登记，明确其食品安全管理责任；依法应当取得许可证的，还应当审查其许可证。

　　网络食品交易第三方平台提供者发现入网食品经营者有违反本法规定行为的，应当及时制止并立即报告所在地县级人民政府食品药品监督管理部门；发现严重违法行为的，应当立即停止提供网络交易平台服务。

　　**第六十三条**　国家建立食品召回制度。食品生产者发现其生产的食品不符合食品安全标准或者有证据证明可能危害人体健康的，应当立即停止生产，召回已经上市销售的食品，通知相关生产经营者和消费者，并记录召回和通知情况。

食品经营者发现其经营的食品有前款规定情形的，应当立即停止经营，通知相关生产经营者和消费者，并记录停止经营和通知情况。食品生产者认为应当召回的，应当立即召回。由于食品经营者的原因造成其经营的食品有前款规定情形的，食品经营者应当召回。

食品生产经营者应当对召回的食品采取无害化处理、销毁等措施，防止其再次流入市场。但是，对因标签、标志或者说明书不符合食品安全标准而被召回的食品，食品生产者在采取补救措施且能保证食品安全的情况下可以继续销售；销售时应当向消费者明示补救措施。

食品生产经营者应当将食品召回和处理情况向所在地县级人民政府食品药品监督管理部门报告；需要对召回的食品进行无害化处理、销毁的，应当提前报告时间、地点。食品药品监督管理部门认为必要的，可以实施现场监督。

食品生产经营者未依照本条规定召回或者停止经营的，县级以上人民政府食品药品监督管理部门可以责令其召回或者停止经营。

**第六十四条** 食用农产品批发市场应当配备检验设备和检验人员或者委托符合本法规定的食品检验机构，对进入该批发市场销售的食用农产品进行抽样检验；发现不符合食品安全标准的，应当要求销售者立即停止销售，并向食品药品监督管理部门报告。

**第六十五条** 食用农产品销售者应当建立食用农产品进货查验记录制度，如实记录食用农产品的名称、数量、进货日期以及供货者名称、地址、联系方式等内容，并保存相关凭证。记录和凭证保存期限不得少于六个月。

**第六十六条** 进入市场销售的食用农产品在包装、保鲜、贮存、运输中使用保鲜剂、防腐剂等食品添加剂和包装材料等食品相关产品，应当符合食品安全国家标准。

## 第三节　标签、说明书和广告

**第六十七条** 预包装食品的包装上应当有标签。标签应当标明下列事项：

  （一）名称、规格、净含量、生产日期；

  （二）成分或者配料表；

  （三）生产者的名称、地址、联系方式；

  （四）保质期；

  （五）产品标准代号；

  （六）贮存条件；

  （七）所使用的食品添加剂在国家标准中的通用名称；

  （八）生产许可证编号；

  （九）法律、法规或者食品安全标准规定应当标明的其他事项。

  专供婴幼儿和其他特定人群的主辅食品，其标签还应当标明主要营养成分及其含量。

  食品安全国家标准对标签标注事项另有规定的，从其规定。

  **第六十八条** 食品经营者销售散装食品，应当在散装食品的容器、外包装上标明食品的名称、生产日期或者生产批号、保质期以及生产经营者名称、地址、联系方式等内容。

  **第六十九条** 生产经营转基因食品应当按照规定显著标示。

  **第七十条** 食品添加剂应当有标签、说明书和包装。标签、说明书应当载明本法第六十七条第一款第一项至第六项、第八项、第九项规定的事项，以及食品添加剂的使用范围、用量、使用方法，并在标签上载明"食品添加剂"字样。

  **第七十一条** 食品和食品添加剂的标签、说明书，不得含有虚假内容，不得涉及疾病预防、治疗功能。生产经营者对其提供的标签、说明书的内容负责。

  食品和食品添加剂的标签、说明书应当清楚、明显，生产日期、保质期等事项应当显著标注，容易辨识。

  食品和食品添加剂与其标签、说明书的内容不符的，不得上市销售。

  **第七十二条** 食品经营者应当按照食品标签标示的警示标志、警示说明或者注意事项的要求销售食品。

  **第七十三条** 食品广告的内容应当真实合法，不得含有虚假内容，不得涉及疾病预防、治疗功能。食品生产经营者对食品广告内容的真实性、合法性负责。

县级以上人民政府食品药品监督管理部门和其他有关部门以及食品检验机构、食品行业协会不得以广告或者其他形式向消费者推荐食品。消费者组织不得以收取费用或者其他牟取利益的方式向消费者推荐食品。

## 第四节　特殊食品

**第七十四条**　国家对保健食品、特殊医学用途配方食品和婴幼儿配方食品等特殊食品实行严格监督管理。

**第七十五条**　保健食品声称保健功能，应当具有科学依据，不得对人体产生急性、亚急性或者慢性危害。

保健食品原料目录和允许保健食品声称的保健功能目录，由国务院食品药品监督管理部门会同国务院卫生行政部门、国家中医药管理部门制定、调整并公布。

保健食品原料目录应当包括原料名称、用量及其对应的功效；列入保健食品原料目录的原料只能用于保健食品生产，不得用于其他食品生产。

**第七十六条**　使用保健食品原料目录以外原料的保健食品和首次进口的保健食品应当经国务院食品药品监督管理部门注册。但是，首次进口的保健食品中属于补充维生素、矿物质等营养物质的，应当报国务院食品药品监督管理部门备案。其他保健食品应当报省、自治区、直辖市人民政府食品药品监督管理部门备案。

进口的保健食品应当是出口国（地区）主管部门准许上市销售的产品。

**第七十七条**　依法应当注册的保健食品，注册时应当提交保健食品的研发报告、产品配方、生产工艺、安全性和保健功能评价、标签、说明书等材料及样品，并提供相关证明文件。国务院食品药品监督管理部门经组织技术审评，对符合安全和功能声称要求的，准予注册；对不符合要求的，不予注册并书面说明理由。对使用保健食品原料目录以外原料的保健食品作出准予注册决定的，应当及时将该原料纳入保健食品原料目录。

依法应当备案的保健食品，备案时应当提交产品配方、生产工艺、标签、说明书以及表明产品安全性和保健功能的材料。

**第七十八条** 保健食品的标签、说明书不得涉及疾病预防、治疗功能，内容应当真实，与注册或者备案的内容相一致，载明适宜人群、不适宜人群、功效成分或者标志性成分及其含量等，并声明"本品不能代替药物"。保健食品的功能和成分应当与标签、说明书相一致。

**第七十九条** 保健食品广告除应当符合本法第七十三条第一款的规定外，还应当声明"本品不能代替药物"；其内容应当经生产企业所在地省、自治区、直辖市人民政府食品药品监督管理部门审查批准，取得保健食品广告批准文件。省、自治区、直辖市人民政府食品药品监督管理部门应当公布并及时更新已经批准的保健食品广告目录以及批准的广告内容。

**第八十条** 特殊医学用途配方食品应当经国务院食品药品监督管理部门注册。注册时，应当提交产品配方、生产工艺、标签、说明书以及表明产品安全性、营养充足性和特殊医学用途临床效果的材料。

特殊医学用途配方食品广告适用《中华人民共和国广告法》和其他法律、行政法规关于药品广告管理的规定。

**第八十一条** 婴幼儿配方食品生产企业应当实施从原料进厂到成品出厂的全过程质量控制，对出厂的婴幼儿配方食品实施逐批检验，保证食品安全。

生产婴幼儿配方食品使用的生鲜乳、辅料等食品原料、食品添加剂等，应当符合法律、行政法规的规定和食品安全国家标准，保证婴幼儿生长发育所需的营养成分。

婴幼儿配方食品生产企业应当将食品原料、食品添加剂、产品配方及标签等事项向省、自治区、直辖市人民政府食品药品监督管理部门备案。

婴幼儿配方乳粉的产品配方应当经国务院食品药品监督管理部门注册。注册时，应当提交配方研发报告和其他表明配方科学性、安全性的材料。

不得以分装方式生产婴幼儿配方乳粉，同一企业不得用同一配方生产不同品牌的婴幼儿配方乳粉。

**第八十二条** 保健食品、特殊医学用途配方食品、婴幼儿配方乳粉的注册人或者备案人应当对其提交材料的真实性负责。

省级以上人民政府食品药品监督管理部门应当及时公布注册或者备案的保健食品、特殊医学用途配方食品、婴幼儿配方乳粉目录，并对注册或者备案中获知的企业商业秘密予以保密。

保健食品、特殊医学用途配方食品、婴幼儿配方乳粉生产企业应当按照注册或者备案的产品配方、生产工艺等技术要求组织生产。

**第八十三条** 生产保健食品，特殊医学用途配方食品、婴幼儿配方食品和其他专供特定人群的主辅食品的企业，应当按照良好生产规范的要求建立与所生产食品相适应的生产质量管理体系，定期对该体系的运行情况进行自查，保证其有效运行，并向所在地县级人民政府食品药品监督管理部门提交自查报告。

# 第五章　食品检验

**第八十四条** 食品检验机构按照国家有关认证认可的规定取得资质认定后，方可从事食品检验活动。但是，法律另有规定的除外。

食品检验机构的资质认定条件和检验规范，由国务院食品药品监督管理部门规定。

符合本法规定的食品检验机构出具的检验报告具有同等效力。

县级以上人民政府应当整合食品检验资源，实现资源共享。

**第八十五条** 食品检验由食品检验机构指定的检验人独立进行。

检验人应当依照有关法律、法规的规定，并按照食品安全标准和检验规范对食品进行检验，尊重科学，恪守职业道德，保证出具的检验数据和结论客观、公正，不得出具虚假检验报告。

**第八十六条** 食品检验实行食品检验机构与检验人负责制。食品检验报告应当加盖食品检验机构公章，并有检验人的签名或者盖章。食品检验机构和检验人对出具的食品检验报告负责。

**第八十七条** 县级以上人民政府食品药品监督管理部门应当对

食品进行定期或者不定期的抽样检验，并依据有关规定公布检验结果，不得免检。进行抽样检验，应当购买抽取的样品，委托符合本法规定的食品检验机构进行检验，并支付相关费用；不得向食品生产经营者收取检验费和其他费用。

**第八十八条** 对依照本法规定实施的检验结论有异议的，食品生产经营者可以自收到检验结论之日起七个工作日内向实施抽样检验的食品药品监督管理部门或者其上一级食品药品监督管理部门提出复检申请，由受理复检申请的食品药品监督管理部门在公布的复检机构名录中随机确定复检机构进行复检。复检机构出具的复检结论为最终检验结论。复检机构与初检机构不得为同一机构。复检机构名录由国务院认证认可监督管理、食品药品监督管理、卫生行政、农业行政等部门共同公布。

采用国家规定的快速检测方法对食用农产品进行抽查检测，被抽查人对检测结果有异议的，可以自收到检测结果时起四小时内申请复检。复检不得采用快速检测方法。

**第八十九条** 食品生产企业可以自行对所生产的食品进行检验，也可以委托符合本法规定的食品检验机构进行检验。

食品行业协会和消费者协会等组织、消费者需要委托食品检验机构对食品进行检验的，应当委托符合本法规定的食品检验机构进行。

**第九十条** 食品添加剂的检验，适用本法有关食品检验的规定。

# 第六章　食品进出口

**第九十一条** 国家出入境检验检疫部门对进出口食品安全实施监督管理。

**第九十二条** 进口的食品、食品添加剂、食品相关产品应当符合我国食品安全国家标准。

进口的食品、食品添加剂应当经出入境检验检疫机构依照进出口商品检验相关法律、行政法规的规定检验合格。

进口的食品、食品添加剂应当按照国家出入境检验检疫部门的要求随附合格证明材料。

第九十三条　进口尚无食品安全国家标准的食品，由境外出口商、境外生产企业或者其委托的进口商向国务院卫生行政部门提交所执行的相关国家（地区）标准或者国际标准。国务院卫生行政部门对相关标准进行审查，认为符合食品安全要求的，决定暂予适用，并及时制定相应的食品安全国家标准。进口利用新的食品原料生产的食品或者进口食品添加剂新品种、食品相关产品新品种，依照本法第三十七条的规定办理。

出入境检验检疫机构按照国务院卫生行政部门的要求，对前款规定的食品、食品添加剂、食品相关产品进行检验。检验结果应当公开。

第九十四条　境外出口商、境外生产企业应当保证向我国出口的食品、食品添加剂、食品相关产品符合本法以及我国其他有关法律、行政法规的规定和食品安全国家标准的要求，并对标签、说明书的内容负责。

进口商应当建立境外出口商、境外生产企业审核制度，重点审核前款规定的内容；审核不合格的，不得进口。

发现进口食品不符合我国食品安全国家标准或者有证据证明可能危害人体健康的，进口商应当立即停止进口，并依照本法第六十三条的规定召回。

第九十五条　境外发生的食品安全事件可能对我国境内造成影响，或者在进口食品、食品添加剂、食品相关产品中发现严重食品安全问题的，国家出入境检验检疫部门应当及时采取风险预警或者控制措施，并向国务院食品药品监督管理、卫生行政、农业行政部门通报。接到通报的部门应当及时采取相应措施。

县级以上人民政府食品药品监督管理部门对国内市场上销售的进口食品、食品添加剂实施监督管理。发现存在严重食品安全问题的，国务院食品药品监督管理部门应当及时向国家出入境检验检疫部门通报。国家出入境检验检疫部门应当及时采取相应措施。

第九十六条　向我国境内出口食品的境外出口商或者代理商、进口食品的进口商应当向国家出入境检验检疫部门备案。向我国境内出口食品的境外食品生产企业应当经国家出入境检验检疫部门注册。已经注册的境外食品生产企业提供虚假材料，或者因其自身的原因致使进口食品发生重大食品安全事故的，国家出入境检验检疫部门应当撤销注册并公告。

国家出入境检验检疫部门应当定期公布已经备案的境外出口商、代理商、进口商和已经注册的境外食品生产企业名单。

**第九十七条** 进口的预包装食品、食品添加剂应当有中文标签；依法应当有说明书的，还应当有中文说明书。标签、说明书应当符合本法以及我国其他有关法律、行政法规的规定和食品安全国家标准的要求，并载明食品的原产地以及境内代理商的名称、地址、联系方式。预包装食品没有中文标签、中文说明书或者标签、说明书不符合本条规定的，不得进口。

**第九十八条** 进口商应当建立食品、食品添加剂进口和销售记录制度，如实记录食品、食品添加剂的名称、规格、数量、生产日期、生产或者进口批号、保质期、境外出口商和购货者名称、地址及联系方式、交货日期等内容，并保存相关凭证。记录和凭证保存期限应当符合本法第五十条第二款的规定。

**第九十九条** 出口食品生产企业应当保证其出口食品符合进口国（地区）的标准或者合同要求。

出口食品生产企业和出口食品原料种植、养殖场应当向国家出入境检验检疫部门备案。

**第一百条** 国家出入境检验检疫部门应当收集、汇总下列进出口食品安全信息，并及时通报相关部门、机构和企业：

（一）出入境检验检疫机构对进出口食品实施检验检疫发现的食品安全信息；

（二）食品行业协会和消费者协会等组织、消费者反映的进口食品安全信息；

（三）国际组织、境外政府机构发布的风险预警信息及其他食品安全信息，以及境外食品行业协会等组织、消费者反映的食品安全信息；

（四）其他食品安全信息。

国家出入境检验检疫部门应当对进出口食品的进口商、出口商和出口食品生产企业实施信用管理，建立信用记录，并依法向社会公布。对有不良记录的进口商、出口商和出口食品生产企业，应当加强对其进出口食品的检验检疫。

**第一百零一条** 国家出入境检验检疫部门可以对向我国境内出口食品的国家（地区）的食品安全管理体系和食品安全状况进行评估和审查，并根据评估和审查结果，确定相应检验检疫要求。

# 第七章 食品安全事故处置

**第一百零二条** 国务院组织制定国家食品安全事故应急预案。

县级以上地方人民政府应当根据有关法律、法规的规定和上级人民政府的食品安全事故应急预案以及本行政区域的实际情况，制定本行政区域的食品安全事故应急预案，并报上一级人民政府备案。

食品安全事故应急预案应当对食品安全事故分级、事故处置组织指挥体系与职责、预防预警机制、处置程序、应急保障措施等作出规定。

食品生产经营企业应当制定食品安全事故处置方案，定期检查本企业各项食品安全防范措施的落实情况，及时消除事故隐患。

**第一百零三条** 发生食品安全事故的单位应当立即采取措施，防止事故扩大。事故单位和接收病人进行治疗的单位应当及时向事故发生地县级人民政府食品药品监督管理、卫生行政部门报告。

县级以上人民政府质量监督、农业行政等部门在日常监督管理中发现食品安全事故或者接到事故举报，应当立即向同级食品药品监督管理部门通报。

发生食品安全事故，接到报告的县级人民政府食品药品监督管理部门应当按照应急预案的规定向本级人民政府和上级人民政府食品药品监督管理部门报告。县级人民政府和上级人民政府食品药品监督管理部门应当按照应急预案的规定上报。

任何单位和个人不得对食品安全事故隐瞒、谎报、缓报，不得隐匿、伪造、毁灭有关证据。

**第一百零四条** 医疗机构发现其接收的病人属于食源性疾病病人或者疑似病人的，应当按照规定及时将相关信息向所在地县级人民政府卫生行政部门报告。县级人民政府卫生行政部门认为与食品安全有关的，应当及时通报同级食品药品监督管理部门。

县级以上人民政府卫生行政部门在调查处理传染病或者其他突发公共卫生事件中发现与食品安全相关的信息，应当及时通报同级食品药品监督管理部门。

**第一百零五条** 县级以上人民政府食品药品监督管理部门接到食品安全事故的报告后，应当立即会同同级卫生行政、质量监督、农业行政等部门进行调查处理，并采取下列措施，防止或者减轻社会危害：

（一）开展应急救援工作，组织救治因食品安全事故导致人身伤害的人员；

（二）封存可能导致食品安全事故的食品及其原料，并立即进行检验；对确认属于被污染的食品及其原料，责令食品生产经营者依照本法第六十三条的规定召回或者停止经营；

（三）封存被污染的食品相关产品，并责令进行清洗消毒；

（四）做好信息发布工作，依法对食品安全事故及其处理情况进行发布，并对可能产生的危害加以解释、说明。

发生食品安全事故需要启动应急预案的，县级以上人民政府应当立即成立事故处置指挥机构，启动应急预案，依照前款和应急预案的规定进行处置。

发生食品安全事故，县级以上疾病预防控制机构应当对事故现场进行卫生处理，并对与事故有关的因素开展流行病学调查，有关部门应当予以协助。县级以上疾病预防控制机构应当向同级食品药品监督管理、卫生行政部门提交流行病学调查报告。

**第一百零六条** 发生食品安全事故，设区的市级以上人民政府食品药品监督管理部门应当立即会同有关部门进行事故责任调查，督促有关部门履行职责，向本级人民政府和上一级人民政府食品药品监督管理部门提出事故责任调查处理报告。

涉及两个以上省、自治区、直辖市的重大食品安全事故由国务院食品药品监督管理部门依照前款规定组织事故责任调查。

**第一百零七条** 调查食品安全事故，应当坚持实事求是、尊重科学的原则，及时、准确查清事故性质和原因，认定事故责任，提出整改措施。

调查食品安全事故，除了查明事故单位的责任，还应当查明有关监督管理部门、食品检验机构、认证机构及其工作人员的责任。

**第一百零八条** 食品安全事故调查部门有权向有关单位和个人了解与事故有关的情况，并要求提供相关资料和样品。有关单位和个人应当予以配合，按照要求提供相关资料和样品，不得拒绝。

任何单位和个人不得阻挠、干涉食品安全事故的调查处理。

# 第八章 监督管理

**第一百零九条** 县级以上人民政府食品药品监督管理、质量监督部门根据食品安全风险监测、风险评估结果和食品安全状况等，确定监督管理的重点、方式和频次，实施风险分级管理。

县级以上地方人民政府组织本级食品药品监督管理、质量监督、农业行政等部门制定本行政区域的食品安全年度监督管理计划，向社会公布并组织实施。

食品安全年度监督管理计划应当将下列事项作为监督管理的重点：

（一）专供婴幼儿和其他特定人群的主辅食品；

（二）保健食品生产过程中的添加行为和按照注册或者备案的技术要求组织生产的情况，保健食品标签、说明书以及宣传材料中有关功能宣传的情况；

（三）发生食品安全事故风险较高的食品生产经营者；

（四）食品安全风险监测结果表明可能存在食品安全隐患的事项。

**第一百一十条** 县级以上人民政府食品药品监督管理、质量监督部门履行各自食品安全监督管理职责，有权采取下列措施，对生产经营者遵守本法的情况进行监督检查：

（一）进入生产经营场所实施现场检查；

（二）对生产经营的食品、食品添加剂、食品相关产品进行抽样检验；

（三）查阅、复制有关合同、票据、账簿以及其他有关资料；

（四）查封、扣押有证据证明不符合食品安全标准或者有证据证明存在安全隐患以及用于违法生产经营的食品、食品添加剂、食品相关产品；

（五）查封违法从事生产经营活动的场所。

**第一百一十一条** 对食品安全风险评估结果证明食品存在安全隐患，需要制定、修订食品安全标准的，在制定、修订食品安全标准前，国务院卫生行政部门应当及时会同国务院有关部门规定食品中有害物质的临时限量值和临时检验方法，作为生产经营和监督管理的依据。

**第一百一十二条** 县级以上人民政府食品药品监督管理部门在食品安全监督管理工作中可以采用国家规定的快速检测方法对食品进行抽查检测。

对抽查检测结果表明可能不符合食品安全标准的食品，应当依照本法第八十七条的规定进行检验。抽查检测结果确定有关食品不符合食品安全标准的，可以作为行政处罚的依据。

**第一百一十三条** 县级以上人民政府食品药品监督管理部门应当建立食品生产经营者食品安全信用档案，记录许可颁发、日常监督检查结果、违法行为查处等情况，依法向社会公布并实时更新；对有不良信用记录的食品生产经营者增加监督检查频次，对违法行为情节严重的食品生产经营者，可以通报投资主管部门、证券监督管理机构和有关的金融机构。

**第一百一十四条** 食品生产经营过程中存在食品安全隐患，未及时采取措施消除的，县级以上人民政府食品药品监督管理部门可以对食品生产经营者的法定代表人或者主要负责人进行责任约谈。食品生产经营者应当立即采取措施，进行整改，消除隐患。责任约谈情况和整改情况应当纳入食品生产经营者食品安全信用档案。

**第一百一十五条** 县级以上人民政府食品药品监督管理、质量监督等部门应当公布本部门的电子邮件地址或者电话，接受咨询、投诉、举报。接到咨询、投诉、举报，对属于本部门职责的，应当受理并在法定期限内及时答复、核实、处理；对不属于本部门职责的，应当移交有权处理的部门并书面通知咨询、投诉、举报人。有权处理的部门应当在法定期限内及时处理，不得推诿。对查证属实的举报，给予举报人奖励。

有关部门应当对举报人的信息予以保密，保护举报人的合法权益。举报人举报所在企业的，该企业不得以解除、变更劳动合同或者其他方式对举报人进行打击报复。

第一百一十六条 县级以上人民政府食品药品监督管理、质量监督等部门应当加强对执法人员食品安全法律、法规、标准和专业知识与执法能力等的培训，并组织考核。不具备相应知识和能力的，不得从事食品安全执法工作。

食品生产经营者、食品行业协会、消费者协会等发现食品安全执法人员在执法过程中有违反法律、法规规定的行为以及不规范执法行为的，可以向本级或者上级人民政府食品药品监督管理、质量监督等部门或者监察机关投诉、举报。接到投诉、举报的部门或者机关应当进行核实，并将经核实的情况向食品安全执法人员所在部门通报；涉嫌违法违纪的，按照本法和有关规定处理。

第一百一十七条 县级以上人民政府食品药品监督管理等部门未及时发现食品安全系统性风险，未及时消除监督管理区域内的食品安全隐患的，本级人民政府可以对其主要负责人进行责任约谈。

地方人民政府未履行食品安全职责，未及时消除区域性重大食品安全隐患的，上级人民政府可以对其主要负责人进行责任约谈。

被约谈的食品药品监督管理等部门、地方人民政府应当立即采取措施，对食品安全监督管理工作进行整改。

责任约谈情况和整改情况应当纳入地方人民政府和有关部门食品安全监督管理工作评议、考核记录。

第一百一十八条 国家建立统一的食品安全信息平台，实行食品安全信息统一公布制度。国家食品安全总体情况、食品安全风险警示信息、重大食品安全事故及其调查处理信息和国务院确定需要统一公布的其他信息由国务院食品药品监督管理部门统一公布。食品安全风险警示信息和重大食品安全事故及其调查处理信息的影响限于特定区域的，也可以由有关省、自治区、直辖市人民政府食品药品监督管理部门公布。未经授权不得发布上述信息。

县级以上人民政府食品药品监督管理、质量监督、农业行政部门依据各自职责公布食品安全日常监督管理信息。

公布食品安全信息，应当做到准确、及时，并进行必要的解释说明，避免误导消费者和社会舆论。

**第一百一十九条** 县级以上地方人民政府食品药品监督管理、卫生行政、质量监督、农业行政部门获知本法规定需要统一公布的信息，应当向上级主管部门报告，由上级主管部门立即报告国务院食品药品监督管理部门；必要时，可以直接向国务院食品药品监督管理部门报告。

县级以上人民政府食品药品监督管理、卫生行政、质量监督、农业行政部门应当相互通报获知的食品安全信息。

**第一百二十条** 任何单位和个人不得编造、散布虚假食品安全信息。

县级以上人民政府食品药品监督管理部门发现可能误导消费者和社会舆论的食品安全信息，应当立即组织有关部门、专业机构、相关食品生产经营者等进行核实、分析，并及时公布结果。

**第一百二十一条** 县级以上人民政府食品药品监督管理、质量监督等部门发现涉嫌食品安全犯罪的，应当按照有关规定及时将案件移送公安机关。对移送的案件，公安机关应当及时审查；认为有犯罪事实需要追究刑事责任的，应当立案侦查。

公安机关在食品安全犯罪案件侦查过程中认为没有犯罪事实，或者犯罪事实显著轻微，不需要追究刑事责任，但依法应当追究行政责任的，应当及时将案件移送食品药品监督管理、质量监督等部门和监察机关，有关部门应当依法处理。

公安机关商请食品药品监督管理、质量监督、环境保护等部门提供检验结论、认定意见以及对涉案物品进行无害化处理等协助的，有关部门应当及时提供，予以协助。

# 第九章　法律责任

**第一百二十二条** 违反本法规定，未取得食品生产经营许可从事食品生产经营活动，或者未取得食品添加剂生产许可从事食品添加剂生产活动的，由县级以上人民政府食品药品监督管理部门没收违法所得和违法生产经营的食品、食品添加剂以及用于违法生产经营的工具、设备、原料等物品；违法生产经营的食品、食品添加剂货值金额不足一万元的，并处五万元以上十万元以下罚款；货值金额一万元以上的，并处货值金额十倍以上二十倍以下罚款。

明知从事前款规定的违法行为，仍为其提供生产经营场所或者其他条件的，由县级以上人民政府食品药品监督管理部门责令停止违法行为，没收违法所得，并处五万元以上十万元以下罚款；使消费者的合法权益受到损害的，应当与食品、食品添加剂生产经营者承担连带责任。

**第一百二十三条** 违反本法规定，有下列情形之一，尚不构成犯罪的，由县级以上人民政府食品药品监督管理部门没收违法所得和违法生产经营的食品，并可以没收用于违法生产经营的工具、设备、原料等物品；违法生产经营的食品货值金额不足一万元的，并处十万元以上十五万元以下罚款；货值金额一万元以上的，并处货值金额十五倍以上三十倍以下罚款；情节严重的，吊销许可证，并可以由公安机关对其直接负责的主管人员和其他直接责任人员处五日以上十五日以下拘留：

（一）用非食品原料生产食品、在食品中添加食品添加剂以外的化学物质和其他可能危害人体健康的物质，或者用回收食品作为原料生产食品，或者经营上述食品；

（二）生产经营营养成分不符合食品安全标准的专供婴幼儿和其他特定人群的主辅食品；

（三）经营病死、毒死或者死因不明的禽、畜、兽、水产动物肉类，或者生产经营其制品；

（四）经营未按规定进行检疫或者检疫不合格的肉类，或者生产经营未经检验或者检验不合格的肉类制品；

（五）生产经营国家为防病等特殊需要明令禁止生产经营的食品；

（六）生产经营添加药品的食品。

明知从事前款规定的违法行为，仍为其提供生产经营场所或者其他条件的，由县级以上人民政府食品药品监督管理部门责令停止违法行为，没收违法所得，并处十万元以上二十万元以下罚款；使消费者的合法权益受到损害的，应当与食品生产经营者承担连带责任。

违法使用剧毒、高毒农药的，除依照有关法律、法规规定给予处罚外，可以由公安机关依照第一款规定给予拘留。

**第一百二十四条** 违反本法规定，有下列情形之一，尚不构成犯罪的，由县级以上人民政府食品药品监督管理部门没收违法所得和违法生产经营的食品、食品添加剂，并可以没收用于违法生产经营的工具、设备、原料等物品；违法生产经营的食品、食品添加剂货值金额不足一万元的，并处五万元以上十万元以下罚款；货值金额一万元以上的，并处货值金额十倍以上二十倍以下罚款；情节严重的，吊销许可证：

（一）生产经营致病性微生物，农药残留、兽药残留、生物毒素、重金属等污染物质以及其他危害人体健康的物质含量超过食品安全标准限量的食品、食品添加剂；

（二）用超过保质期的食品原料、食品添加剂生产食品、食品添加剂，或者经营上述食品、食品添加剂；

（三）生产经营超范围、超限量使用食品添加剂的食品；

（四）生产经营腐败变质、油脂酸败、霉变生虫、污秽不洁、混有异物、掺假掺杂或者感官性状异常的食品、食品添加剂；

（五）生产经营标注虚假生产日期、保质期或者超过保质期的食品、食品添加剂；

（六）生产经营未按规定注册的保健食品、特殊医学用途配方食品、婴幼儿配方乳粉，或者未按注册的产品配方、生产工艺等技术要求组织生产；

（七）以分装方式生产婴幼儿配方乳粉，或者同一企业以同一配方生产不同品牌的婴幼儿配方乳粉；

（八）利用新的食品原料生产食品，或者生产食品添加剂新品种，未通过安全性评估；

（九）食品生产经营者在食品药品监督管理部门责令其召回或者停止经营后，仍拒不召回或者停止经营。

除前款和本法第一百二十三条、第一百二十五条规定的情形外，生产经营不符合法律、法规或者食品安全标准的食品、食品添加剂的，依照前款规定给予处罚。

生产食品相关产品新品种，未通过安全性评估，或者生产不符合食品安全标准的食品相关产品的，由县级以上人民政府质量监督部门依照第一款规定给予处罚。

**第一百二十五条** 违反本法规定，有下列情形之一的，由县级以上人民政府食品药品监督管理部门没收违法所得和违法生产经营的食品、食品添加剂，并可以没收用于违法生产经营的工具、设备、原料等物品；违法生产经营的食品、食品添加剂货值金额不足一万元的，并处五千元以上五万元以下罚款；货值金额一万元以上的，并处货值金额五倍以上十倍以下罚款；情节严重的，责令停产停业，直至吊销许可证：

（一）生产经营被包装材料、容器、运输工具等污染的食品、食品添加剂；

（二）生产经营无标签的预包装食品、食品添加剂或者标签、说明书不符合本法规定的食品、食品添加剂；（三）生产经营转基因食品未按规定进行标示；

（四）食品生产经营者采购或者使用不符合食品安全标准的食品原料、食品添加剂、食品相关产品。

生产经营的食品、食品添加剂的标签、说明书存在瑕疵但不影响食品安全且不会对消费者造成误导的，由县级以上人民政府食品药品监督管理部门责令改正；拒不改正的，处二千元以下罚款。

**第一百二十六条** 违反本法规定，有下列情形之一的，由县级以上人民政府食品药品监督管理部门责令改正，给予警告；拒不改正的，处五千元以上五万元以下罚款；情节严重的，责令停产停业，直至吊销许可证：

（一）食品、食品添加剂生产者未按规定对采购的食品原料和生产的食品、食品添加剂进行检验；

（二）食品生产经营企业未按规定建立食品安全管理制度，或者未按规定配备或者培训、考核食品安全管理人员；

（三）食品、食品添加剂生产经营者进货时未查验许可证和相关证明文件，或者未按规定建立并遵守进货查验记录、出厂检验记录和销售记录制度；

（四）食品生产经营企业未制定食品安全事故处置方案；

（五）餐具、饮具和盛放直接入口食品的容器，使用前未经洗净、消毒或者清洗消毒不合格，或者餐饮服务设施、设备未按规定定期维护、清洗、校验；

（六）食品生产经营者安排未取得健康证明或者患有国务院卫生行政部门规定的有碍食品安全疾病的人员从事接触直接入口食品的工作；

（七）食品经营者未按规定要求销售食品；

（八）保健食品生产企业未按规定向食品药品监督管理部门备案，或者未按备案的产品配方、生产工艺等技术要求组织生产；

（九）婴幼儿配方食品生产企业未将食品原料、食品添加剂、产品配方、标签等向食品药品监督管理部门备案；

（十）特殊食品生产企业未按规定建立生产质量管理体系并有效运行，或者未定期提交自查报告；

（十一）食品生产经营者未定期对食品安全状况进行检查评价，或者生产经营条件发生变化，未按规定处理；

（十二）学校、托幼机构、养老机构、建筑工地等集中用餐单位未按规定履行食品安全管理责任；

（十三）食品生产企业、餐饮服务提供者未按规定制定、实施生产经营过程控制要求。

餐具、饮具集中消毒服务单位违反本法规定用水，使用洗涤剂、消毒剂，或者出厂的餐具、饮具未按规定检验合格并随附消毒合格证明，或者未按规定在独立包装上标注相关内容的，由县级以上人民政府卫生行政部门依照前款规定给予处罚。

食品相关产品生产者未按规定对生产的食品相关产品进行检验的，由县级以上人民政府质量监督部门依照第一款规定给予处罚。

食用农产品销售者违反本法第六十五条规定的，由县级以上人民政府食品药品监督管理部门依照第一款规定给予处罚。

**第一百二十七条** 对食品生产加工小作坊、食品摊贩等的违法行为的处罚，依照省、自治区、直辖市制定的具体管理办法执行。

**第一百二十八条** 违反本法规定，事故单位在发生食品安全事故后未进行处置、报告的，由有关主管部门按照各自职责分工责令改正，给予警告；隐匿、伪造、毁灭有关证据的，责令停产停业，没收违法所得，并处十万元以上五十万元以下罚款；造成严重后果的，吊销许可证。

**第一百二十九条** 违反本法规定，有下列情形之一的，由出入境检验检疫机构依照本法第一百二十四条的规定给予处罚：

（一）提供虚假材料，进口不符合我国食品安全国家标准的食品、食品添加剂、食品相关产品；

（二）进口尚无食品安全国家标准的食品，未提交所执行的标准并经国务院卫生行政部门审查，或者进口利用新的食品原料生产的食品或者进口食品添加剂新品种、食品相关产品新品种，未通过安全性评估；

（三）未遵守本法的规定出口食品；

（四）进口商在有关主管部门责令其依照本法规定召回进口的食品后，仍拒不召回。

违反本法规定，进口商未建立并遵守食品、食品添加剂进口和销售记录制度、境外出口商或者生产企业审核制度的，由出入境检验检疫机构依照本法第一百二十六条的规定给予处罚。

**第一百三十条** 违反本法规定，集中交易市场的开办者、柜台出租者、展销会的举办者允许未依法取得许可的食品经营者进入市场销售食品，或者未履行检查、报告等义务的，由县级以上人民政府食品药品监督管理部门责令改正，没收违法所得，并处五万元以上二十万元以下罚款；造成严重后果的，责令停业，直至由原发证部门吊销许可证；使消费者的合法权益受到损害的，应当与食品经营者承担连带责任。

食用农产品批发市场违反本法第六十四条规定的，依照前款规定承担责任。

**第一百三十一条** 违反本法规定，网络食品交易第三方平台提供者未对入网食品经营者进行实名登记、审查许可证，或者未履行报告、停止提供网络交易平台服务等义务的，由县级以上人民政府食品药品监督管理部门责令改正，没收违法所得，并处五万元以上二十万元以下罚款；造成严重后果的，责令停业，直至由原发证部门吊销许可证；使消费者的合法权益受到损害的，应当与食品经营者承担连带责任。

消费者通过网络食品交易第三方平台购买食品，其合法权益受到损害的，可以向入网食品经营者或者食品生产者要求赔偿。网络食品交易第三方平台提供者不能提供入网食品经营者的真实名称、地址和有效联系方式的，由网络食品交易第三方平台提供者赔偿。网络食品交易第三方平台提供者赔偿后，有权向入网食品经营者或者食品生产者追偿。网络食品交易第三方平台提供者作出更有利于消费者承诺的，应当履行其承诺。

**第一百三十二条** 违反本法规定，未按要求进行食品贮存、运输和装卸的，由县级以上人民政府食品药品监督管理等部门按照各自职责分工责令改正，给予警告；拒不改正的，责令停产停业，并处一万元以上五万元以下罚款；情节严重的，吊销许可证。

**第一百三十三条** 违反本法规定，拒绝、阻挠、干涉有关部门、机构及其工作人员依法开展食品安全监督检查、事故调查处理、风险监测和风险评估的，由有关主管部门按照各自职责分工责令停产停业，并处二千元以上五万元以下罚款；情节严重的，吊销许可证；构成违反治安管理行为的，由公安机关依法给予治安管理处罚。

违反本法规定，对举报人以解除、变更劳动合同或者其他方式打击报复的，应当依照有关法律的规定承担责任。

**第一百三十四条** 食品生产经营者在一年内累计三次因违反本法规定受到责令停产停业、吊销许可证以外处罚的，由食品药品监督管理部门责令停产停业，直至吊销许可证。

**第一百三十五条** 被吊销许可证的食品生产经营者及其法定代表人、直接负责的主管人员和其他直接责任人员自处罚决定作出之日起五年内不得申请食品生产经营许可，或者从事食品生产经营管理工作、担任食品生产经营企业食品安全管理人员。

因食品安全犯罪被判处有期徒刑以上刑罚的，终身不得从事食品生产经营管理工作，也不得担任食品生产经营企业食品安全管理人员。

食品生产经营者聘用人员违反前两款规定的，由县级以上人民政府食品药品监督管理部门吊销许可证。

**第一百三十六条** 食品经营者履行了本法规定的进货查验等义

务，有充分证据证明其不知道所采购的食品不符合食品安全标准，并能如实说明其进货来源的，可以免予处罚，但应当依法没收其不符合食品安全标准的食品；造成人身、财产或者其他损害的，依法承担赔偿责任。

**第一百三十七条** 违反本法规定，承担食品安全风险监测、风险评估工作的技术机构、技术人员提供虚假监测、评估信息的，依法对技术机构直接负责的主管人员和技术人员给予撤职、开除处分；有执业资格的，由授予其资格的主管部门吊销执业证书。

**第一百三十八条** 违反本法规定，食品检验机构、食品检验人员出具虚假检验报告的，由授予其资质的主管部门或者机构撤销该食品检验机构的检验资质，没收所收取的检验费用，并处检验费用五倍以上十倍以下罚款，检验费用不足一万元的，并处五万元以上十万元以下罚款；依法对食品检验机构直接负责的主管人员和食品检验人员给予撤职或者开除处分；导致发生重大食品安全事故的，对直接负责的主管人员和食品检验人员给予开除处分。

违反本法规定，受到开除处分的食品检验机构人员，自处分决定作出之日起十年内不得从事食品检验工作；因食品安全违法行为受到刑事处罚或者因出具虚假检验报告导致发生重大食品安全事故受到开除处分的食品检验机构人员，终身不得从事食品检验工作。食品检验机构聘用不得从事食品检验工作的人员的，由授予其资质的主管部门或者机构撤销该食品检验机构的检验资质。

食品检验机构出具虚假检验报告，使消费者的合法权益受到损害的，应当与食品生产经营者承担连带责任。

**第一百三十九条** 违反本法规定，认证机构出具虚假认证结论，由认证认可监督管理部门没收所收取的认证费用，并处认证费用五倍以上十倍以下罚款，认证费用不足一万元的，并处五万元以上十万元以下罚款；情节严重的，责令停业，直至撤销认证机构批准文件，并向社会公布；对直接负责的主管人员和负有直接责任的认证人员，撤销其执业资格。

认证机构出具虚假认证结论，使消费者的合法权益受到损害的，应当与食品生产经营者承担连带责任。

**第一百四十条** 违反本法规定，在广告中对食品作虚假宣传，欺骗消费者，或者发布未取得批准文件、广告内容与批准文件不一致的保健食品广告的，依照《中华人民共和国广告法》的规定给予处罚。

广告经营者、发布者设计、制作、发布虚假食品广告，使消费者的合法权益受到损害的，应当与食品生产经营者承担连带责任。

社会团体或者其他组织、个人在虚假广告或者其他虚假宣传中向消费者推荐食品，使消费者的合法权益受到损害的，应当与食品生产经营者承担连带责任。

违反本法规定，食品药品监督管理等部门、食品检验机构、食品行业协会以广告或者其他形式向消费者推荐食品，消费者组织以收取费用或者其他牟取利益的方式向消费者推荐食品的，由有关主管部门没收违法所得，依法对直接负责的主管人员和其他直接责任人员给予记大过、降级或者撤职处分；情节严重的，给予开除处分。

对食品作虚假宣传且情节严重的，由省级以上人民政府食品药品监督管理部门决定暂停销售该食品，并向社会公布；仍然销售该食品的，由县级以上人民政府食品药品监督管理部门没收违法所得和违法销售的食品，并处二万元以上五万元以下罚款。

**第一百四十一条** 违反本法规定，编造、散布虚假食品安全信息，构成违反治安管理行为的，由公安机关依法给予治安管理处罚。

媒体编造、散布虚假食品安全信息的，由有关主管部门依法给予处罚，并对直接负责的主管人员和其他直接责任人员给予处分；使公民、法人或者其他组织的合法权益受到损害的，依法承担消除影响、恢复名誉、赔偿损失、赔礼道歉等民事责任。

**第一百四十二条** 违反本法规定，县级以上地方人民政府有下列行为之一的，对直接负责的主管人员和其他直接责任人员给予记大过处分；情节较重的，给予降级或者撤职处分；情节严重的，给予开除处分；造成严重后果的，其主要负责人还应当引咎辞职：

（一）对发生在本行政区域内的食品安全事故，未及时组织协调有关部门开展有效处置，造成不良影响或者损失；

（二）对本行政区域内涉及多环节的区域性食品安全问题，未及时组织整治，造成不良影响或者损失；

（三）隐瞒、谎报、缓报食品安全事故；

（四）本行政区域内发生特别重大食品安全事故，或者连续发生重大食品安全事故。

**第一百四十三条** 违反本法规定，县级以上地方人民政府有下列行为之一的，对直接负责的主管人员和其他直接责任人员给予警告、记过或者记大过处分；造成严重后果的，给予降级或者撤职处分：

（一）未确定有关部门的食品安全监督管理职责，未建立健全食品安全全程监督管理工作机制和信息共享机制，未落实食品安全监督管理责任制；

（二）未制定本行政区域的食品安全事故应急预案，或者发生食品安全事故后未按规定立即成立事故处置指挥机构、启动应急预案。

**第一百四十四条** 违反本法规定，县级以上人民政府食品药品监督管理、卫生行政、质量监督、农业行政等部门有下列行为之一的，对直接负责的主管人员和其他直接责任人员给予记大过处分；情节较重的，给予降级或者撤职处分；情节严重的，给予开除处分；造成严重后果的，其主要负责人还应当引咎辞职：

（一）隐瞒、谎报、缓报食品安全事故；

（二）未按规定查处食品安全事故，或者接到食品安全事故报告未及时处理，造成事故扩大或者蔓延；

（三）经食品安全风险评估得出食品、食品添加剂、食品相关产品不安全结论后，未及时采取相应措施，造成食品安全事故或者不良社会影响；

（四）对不符合条件的申请人准予许可，或者超越法定职权准予许可；

（五）不履行食品安全监督管理职责，导致发生食品安全事故。

**第一百四十五条** 违反本法规定，县级以上人民政府食品药品监督管理、卫生行政、质量监督、农业行政等部门有下列行为之一，造成不良后果的，对直接负责的主管人员和其他直接责任人员给予警告、记过或者记大过处分；情节较重的，给予降级或者撤职处分；情节严重的，给予开除处分：

（一）在获知有关食品安全信息后，未按规定向上级主管部门和本级人民政府报告，或者未按规定相互通报；

（二）未按规定公布食品安全信息；

（三）不履行法定职责，对查处食品安全违法行为不配合，或者滥用职权、玩忽职守、徇私舞弊。

**第一百四十六条** 食品药品监督管理、质量监督等部门在履行食品安全监督管理职责过程中，违法实施检查、强制等执法措施，给生产经营者造成损失的，应当依法予以赔偿，对直接负责的主管人员和其他直接责任人员依法给予处分。

**第一百四十七条** 违反本法规定，造成人身、财产或者其他损害的，依法承担赔偿责任。生产经营者财产不足以同时承担民事赔偿责任和缴纳罚款、罚金时，先承担民事赔偿责任。

**第一百四十八条** 消费者因不符合食品安全标准的食品受到损害的，可以向经营者要求赔偿损失，也可以向生产者要求赔偿损失。接到消费者赔偿要求的生产经营者，应当实行首负责任制，先行赔付，不得推诿；属于生产者责任的，经营者赔偿后有权向生产者追偿；属于经营者责任的，生产者赔偿后有权向经营者追偿。

生产不符合食品安全标准的食品或者经营明知是不符合食品安全标准的食品，消费者除要求赔偿损失外，还可以向生产者或者经营者要求支付价款十倍或者损失三倍的赔偿金；增加赔偿的金额不足一千元的，为一千元。但是，食品的标签、说明书存在不影响食品安全且不会对消费者造成误导的瑕疵的除外。

**第一百四十九条** 违反本法规定，构成犯罪的，依法追究刑事责任。

# 第十章 附　　则

**第一百五十条** 本法下列用语的含义：

食品，指各种供人食用或者饮用的成品和原料以及按照传统既是食品又是中药材的物品，但是不包括以治疗为目的的物品。

食品安全，指食品无毒、无害，符合应当有的营养要求，对人体健康不造成任何急性、亚急性或者慢性危害。

预包装食品，指预先定量包装或者制作在包装材料、容器中的食品。

食品添加剂，指为改善食品品质和色、香、味以及为防腐、保鲜和加工工艺的需要而加入食品中的人工合成或者天然物质，包括营养强化剂。

用于食品的包装材料和容器，指包装、盛放食品或者食品添加剂用的纸、竹、木、金属、搪瓷、陶瓷、塑料、橡胶、天然纤维、化学纤维、玻璃等制品和直接接触食品或者食品添加剂的涂料。

用于食品生产经营的工具、设备，指在食品或者食品添加剂生产、销售、使用过程中直接接触食品或者食品添加剂的机械、管道、传送带、容器、用具、餐具等。

用于食品的洗涤剂、消毒剂，指直接用于洗涤或者消毒食品、餐具、饮具以及直接接触食品的工具、设备或者食品包装材料和容器的物质。

食品保质期，指食品在标明的贮存条件下保持品质的期限。

食源性疾病，指食品中致病因素进入人体引起的感染性、中毒性等疾病，包括食物中毒。

食品安全事故，指食源性疾病、食品污染等源于食品，对人体健康有危害或者可能有危害的事故。

**第一百五十一条** 转基因食品和食盐的食品安全管理，本法未作规定的，适用其他法律、行政法规的规定。

**第一百五十二条** 铁路、民航运营中食品安全的管理办法由国务院食品药品监督管理部门会同国务院有关部门依照本法制定。

保健食品的具体管理办法由国务院食品药品监督管理部门依照本法制定。

食品相关产品生产活动的具体管理办法由国务院质量监督部门依照本法制定。

国境口岸食品的监督管理由出入境检验检疫机构依照本法以及有关法律、行政法规的规定实施。

军队专用食品和自供食品的食品安全管理办法由中央军事委员会依照本法制定。

**第一百五十三条** 国务院根据实际需要，可以对食品安全监督管理体制作出调整。

**第一百五十四条** 本法自 2015 年 10 月 1 日起施行。

# 中华人民共和国食品
# 安全法实施条例

（2009 年 7 月 8 日国务院第 73 次常务会议通过
2009 年 7 月 20 日国务院令第 557 号公布　自公布之日
起施行）

## 目　　录

## 第一章　总　　则

**第一条**　根据《中华人民共和国食品安全法》（以下简称食品安全法），制定本条例。

**第二条**　县级以上地方人民政府应当履行食品安全法规定的职责；加强食品安全监督管理能力建设，为食品安全监督管理工作提供保障；建立健全食品安全监督管理部门的协调配合机制，整合、完善食品安全信息网络，实现食品安全信息共享和食品检验等技术资源的共享。

**第三条** 食品生产经营者应当依照法律、法规和食品安全标准从事生产经营活动，建立健全食品安全管理制度，采取有效管理措施，保证食品安全。

食品生产经营者对其生产经营的食品安全负责，对社会和公众负责，承担社会责任。

**第四条** 食品安全监督管理部门应当依照食品安全法和本条例的规定公布食品安全信息，为公众咨询、投诉、举报提供方便；任何组织和个人有权向有关部门了解食品安全信息。

# 第二章 食品安全风险监测和评估

**第五条** 食品安全法第十一条规定的国家食品安全风险监测计划，由国务院卫生行政部门会同国务院质量监督、工商行政管理和国家食品药品监督管理以及国务院商务、工业和信息化等部门，根据食品安全风险评估、食品安全标准制定与修订、食品安全监督管理等工作的需要制定。

**第六条** 省、自治区、直辖市人民政府卫生行政部门应当组织同级质量监督、工商行政管理、食品药品监督管理、商务、工业和信息化等部门，依照食品安全法第十一条的规定，制定本行政区域的食品安全风险监测方案，报国务院卫生行政部门备案。

国务院卫生行政部门应当将备案情况向国务院质量监督、工商行政管理和国家食品药品监督管理以及国务院商务、工业和信息化等部门通报。

**第七条** 国务院卫生行政部门会同有关部门除依照食品安全法第十二条的规定对国家食品安全风险监测计划作出调整外，必要时，还应当依据医疗机构报告的有关疾病信息调整国家食品安全风险监测计划。

国家食品安全风险监测计划作出调整后，省、自治区、直辖市人民政府卫生行政部门应当结合本行政区域的具体情况，对本行政区域的食品安全风险监测方案作出相应调整。

**第八条** 医疗机构发现其接收的病人属于食源性疾病病人、食物中毒病人,或者疑似食源性疾病病人、疑似食物中毒病人的,应当及时向所在地县级人民政府卫生行政部门报告有关疾病信息。

接到报告的卫生行政部门应当汇总、分析有关疾病信息,及时向本级人民政府报告,同时报告上级卫生行政部门;必要时,可以直接向国务院卫生行政部门报告,同时报告本级人民政府和上级卫生行政部门。

**第九条** 食品安全风险监测工作由省级以上人民政府卫生行政部门会同同级质量监督、工商行政管理、食品药品监督管理等部门确定的技术机构承担。

承担食品安全风险监测工作的技术机构应当根据食品安全风险监测计划和监测方案开展监测工作,保证监测数据真实、准确,并按照食品安全风险监测计划和监测方案的要求,将监测数据和分析结果报送省级以上人民政府卫生行政部门和下达监测任务的部门。

食品安全风险监测工作人员采集样品、收集相关数据,可以进入相关食用农产品种植养殖、食品生产、食品流通或者餐饮服务场所。采集样品,应当按照市场价格支付费用。

**第十条** 食品安全风险监测分析结果表明可能存在食品安全隐患的,省、自治区、直辖市人民政府卫生行政部门应当及时将相关信息通报本行政区域设区的市级和县级人民政府及其卫生行政部门。

**第十一条** 国务院卫生行政部门应当收集、汇总食品安全风险监测数据和分析结果,并向国务院质量监督、工商行政管理和国家食品药品监督管理以及国务院商务、工业和信息化等部门通报。

**第十二条** 有下列情形之一的,国务院卫生行政部门应当组织食品安全风险评估工作:

(一)为制定或者修订食品安全国家标准提供科学依据需要进行风险评估的;

(二)为确定监督管理的重点领域、重点品种需要进行风险评估的;

(三)发现新的可能危害食品安全的因素的;

(四)需要判断某一因素是否构成食品安全隐患的;

(五)国务院卫生行政部门认为需要进行风险评估的其他情形。

**第十三条** 国务院农业行政、质量监督、工商行政管理和国家食品药品监督管理等有关部门依照食品安全法第十五条规定向国务院卫生行政部门提出食品安全风险评估建议，应当提供下列信息和资料：

（一）风险的来源和性质；

（二）相关检验数据和结论；

（三）风险涉及范围；

（四）其他有关信息和资料。

县级以上地方农业行政、质量监督、工商行政管理、食品药品监督管理等有关部门应当协助收集前款规定的食品安全风险评估信息和资料。

**第十四条** 省级以上人民政府卫生行政、农业行政部门应当及时相互通报食品安全风险监测和食用农产品质量安全风险监测的相关信息。

国务院卫生行政、农业行政部门应当及时相互通报食品安全风险评估结果和食用农产品质量安全风险评估结果等相关信息。

# 第三章 食品安全标准

**第十五条** 国务院卫生行政部门会同国务院农业行政、质量监督、工商行政管理和国家食品药品监督管理以及国务院商务、工业和信息化等部门制定食品安全国家标准规划及其实施计划。制定食品安全国家标准规划及其实施计划，应当公开征求意见。

**第十六条** 国务院卫生行政部门应当选择具备相应技术能力的单位起草食品安全国家标准草案。提倡由研究机构、教育机构、学术团体、行业协会等单位，共同起草食品安全国家标准草案。

国务院卫生行政部门应当将食品安全国家标准草案向社会公布，公开征求意见。

**第十七条** 食品安全法第二十三条规定的食品安全国家标准审评委员会由国务院卫生行政部门负责组织。

食品安全国家标准审评委员会负责审查食品安全国家标准草案的科学性和实用性等内容。

第十八条 省、自治区、直辖市人民政府卫生行政部门应当将企业依照食品安全法第二十五条规定报送备案的企业标准，向同级农业行政、质量监督、工商行政管理、食品药品监督管理、商务、工业和信息化等部门通报。

第十九条 国务院卫生行政部门和省、自治区、直辖市人民政府卫生行政部门应当会同同级农业行政、质量监督、工商行政管理、食品药品监督管理、商务、工业和信息化等部门，对食品安全国家标准和食品安全地方标准的执行情况分别进行跟踪评价，并应当根据评价结果适时组织修订食品安全标准。

国务院和省、自治区、直辖市人民政府的农业行政、质量监督、工商行政管理、食品药品监督管理、商务、工业和信息化等部门应当收集、汇总食品安全标准在执行过程中存在的问题，并及时向同级卫生行政部门通报。

食品生产经营者、食品行业协会发现食品安全标准在执行过程中存在问题的，应当立即向食品安全监督管理部门报告。

## 第四章　食品生产经营

第二十条 食品生产经营者应当依法取得相应的食品生产经营许可。法律、法规对食品生产加工小作坊和食品摊贩另有规定的，依照其规定。

食品生产经营许可的有效期为 3 年。

第二十一条 食品生产经营者的生产经营条件发生变化，不符合食品生产经营要求的，食品生产经营者应当立即采取整改措施；有发生食品安全事故的潜在风险的，应当立即停止食品生产经营活动，并向所在地县级质量监督、工商行政管理或者食品药品监督管理部门报告；需要重新办理许可手续的，应当依法办理。

县级以上质量监督、工商行政管理、食品药品监督管理部门应当加强对食品生产经营者生产经营活动的日常监督检查；发现不符合食品生产经营要求情形的，应当责令立即纠正，并依法予以处理；不再符合生产经营许可条件的，应当依法撤销相关许可。

第二十二条 食品生产经营企业应当依照食品安全法第三十二

条的规定组织职工参加食品安全知识培训，学习食品安全法律、法规、规章、标准和其他食品安全知识，并建立培训档案。

第二十三条　食品生产经营者应当依照食品安全法第三十四条的规定建立并执行从业人员健康检查制度和健康档案制度。从事接触直接入口食品工作的人员患有痢疾、伤寒、甲型病毒性肝炎、戊型病毒性肝炎等消化道传染病，以及患有活动性肺结核、化脓性或者渗出性皮肤病等有碍食品安全的疾病的，食品生产经营者应当将其调整到其他不影响食品安全的工作岗位。

食品生产经营人员依照食品安全法第三十四条第二款规定进行健康检查，其检查项目等事项应当符合所在地省、自治区、直辖市的规定。

第二十四条　食品生产经营企业应当依照食品安全法第三十六条第二款、第三十七条第一款、第三十九条第二款的规定建立进货查验记录制度、食品出厂检验记录制度，如实记录法律规定记录的事项，或者保留载有相关信息的进货或者销售票据。记录、票据的保存期限不得少于2年。

第二十五条　实行集中统一采购原料的集团性食品生产企业，可以由企业总部统一查验供货者的许可证和产品合格证明文件，进行进货查验记录；对无法提供合格证明文件的食品原料，应当依照食品安全标准进行检验。

第二十六条　食品生产企业应当建立并执行原料验收、生产过程安全管理、贮存管理、设备管理、不合格产品管理等食品安全管理制度，不断完善食品安全保障体系，保证食品安全。

第二十七条　食品生产企业应当就下列事项制定并实施控制要求，保证出厂的食品符合食品安全标准：

（一）原料采购、原料验收、投料等原料控制；

（二）生产工序、设备、贮存、包装等生产关键环节控制；

（三）原料检验、半成品检验、成品出厂检验等检验控制；

（四）运输、交付控制。

食品生产过程中有不符合控制要求情形的，食品生产企业应当立即查明原因并采取整改措施。

第二十八条　食品生产企业除依照食品安全法第三十六条、第三十七条规定进行进货查验记录和食品出厂检验记录外，还应当如实记录食品生产过程的安全管理情况。记录的保存期限不得少于2年。

第二十九条 从事食品批发业务的经营企业销售食品，应当如实记录批发食品的名称、规格、数量、生产批号、保质期、购货者名称及联系方式、销售日期等内容，或者保留载有相关信息的销售票据。记录、票据的保存期限不得少于2年。

第三十条 国家鼓励食品生产经营者采用先进技术手段，记录食品安全法和本条例要求记录的事项。

第三十一条 餐饮服务提供者应当制定并实施原料采购控制要求，确保所购原料符合食品安全标准。

餐饮服务提供者在制作加工过程中应当检查待加工的食品及原料，发现有腐败变质或者其他感官性状异常的，不得加工或者使用。

第三十二条 餐饮服务提供企业应当定期维护食品加工、贮存、陈列等设施、设备；定期清洗、校验保温设施及冷藏、冷冻设施。

餐饮服务提供者应当按照要求对餐具、饮具进行清洗、消毒，不得使用未经清洗和消毒的餐具、饮具。

第三十三条 对依照食品安全法第五十三条规定被召回的食品，食品生产者应当进行无害化处理或者予以销毁，防止其再次流入市场。对因标签、标识或者说明书不符合食品安全标准而被召回的食品，食品生产者在采取补救措施且能保证食品安全的情况下可以继续销售；销售时应当向消费者明示补救措施。

县级以上质量监督、工商行政管理、食品药品监督管理部门应当将食品生产者召回不符合食品安全标准的食品的情况，以及食品经营者停止经营不符合食品安全标准的食品的情况，记入食品生产经营者食品安全信用档案。

# 第五章 食品检验

第三十四条 申请人依照食品安全法第六十条第三款规定向承

担复检工作的食品检验机构（以下称复检机构）申请复检，应当说明理由。

复检机构名录由国务院认证认可监督管理、卫生行政、农业行政等部门共同公布。复检机构出具的复检结论为最终检验结论。

复检机构由复检申请人自行选择。复检机构与初检机构不得为同一机构。

**第三十五条** 食品生产经营者对依照食品安全法第六十条规定进行的抽样检验结论有异议申请复检，复检结论表明食品合格的，复检费用由抽样检验的部门承担；复检结论表明食品不合格的，复检费用由食品生产经营者承担。

# 第六章　食品进出口

**第三十六条** 进口食品的进口商应当持合同、发票、装箱单、提单等必要的凭证和相关批准文件，向海关报关地的出入境检验检疫机构报检。进口食品应当经出入境检验检疫机构检验合格。海关凭出入境检验检疫机构签发的通关证明放行。

**第三十七条** 进口尚无食品安全国家标准的食品，或者首次进口食品添加剂新品种、食品相关产品新品种，进口商应当向出入境检验检疫机构提交依照食品安全法第六十三条规定取得的许可证明文件，出入境检验检疫机构应当按照国务院卫生行政部门的要求进行检验。

**第三十八条** 国家出入境检验检疫部门在进口食品中发现食品安全国家标准未规定且可能危害人体健康的物质，应当按照食品安全法第十二条的规定向国务院卫生行政部门通报。

**第三十九条** 向我国境内出口食品的境外食品生产企业依照食品安全法第六十五条规定进行注册，其注册有效期为 4 年。已经注册的境外食品生产企业提供虚假材料，或者因境外食品生产企业的原因致使相关进口食品发生重大食品安全事故的，国家出入境检验检疫部门应当撤销注册，并予以公告。

**第四十条** 进口的食品添加剂应当有中文标签、中文说明书。标签、说明书应当符合食品安全法和我国其他有关法律、行政法规

的规定以及食品安全国家标准的要求，载明食品添加剂的原产地和
境内代理商的名称、地址、联系方式。食品添加剂没有中文标签、
中文说明书或者标签、说明书不符合本条规定的，不得进口。

第四十一条　出入境检验检疫机构依照食品安全法第六十二条
规定对进口食品实施检验，依照食品安全法第六十八条规定对出口
食品实施监督、抽检，具体办法由国家出入境检验检疫部门制定。

第四十二条　国家出入境检验检疫部门应当建立信息收集网
络，依照食品安全法第六十九条的规定，收集、汇总、通报下列
信息：

（一）出入境检验检疫机构对进出口食品实施检验检疫发现的
食品安全信息；

（二）行业协会、消费者反映的进口食品安全信息；

（三）国际组织、境外政府机构发布的食品安全信息、风险预
警信息，以及境外行业协会等组织、消费者反映的食品安全信息；

（四）其他食品安全信息。

接到通报的部门必要时应当采取相应处理措施。

食品安全监督管理部门应当及时将获知的涉及进出口食品安全
的信息向国家出入境检验检疫部门通报。

# 第七章　食品安全事故处置

第四十三条　发生食品安全事故的单位对导致或者可能导致食
品安全事故的食品及原料、工具、设备等，应当立即采取封存等控
制措施，并自事故发生之时起 2 小时内向所在地县级人民政府卫生
行政部门报告。

第四十四条　调查食品安全事故，应当坚持实事求是、尊重科
学的原则，及时、准确查清事故性质和原因，认定事故责任，提出
整改措施。

参与食品安全事故调查的部门应当在卫生行政部门的统一组织
协调下分工协作、相互配合，提高事故调查处理的工作效率。

食品安全事故的调查处理办法由国务院卫生行政部门会同国务
院有关部门制定。

**第四十五条** 参与食品安全事故调查的部门有权向有关单位和个人了解与事故有关的情况，并要求提供相关资料和样品。

有关单位和个人应当配合食品安全事故调查处理工作，按照要求提供相关资料和样品，不得拒绝。

**第四十六条** 任何单位或者个人不得阻挠、干涉食品安全事故的调查处理。

# 第八章 监督管理

**第四十七条** 县级以上地方人民政府依照食品安全法第七十六条规定制定的食品安全年度监督管理计划，应当包含食品抽样检验的内容。对专供婴幼儿、老年人、病人等特定人群的主辅食品，应当重点加强抽样检验。

县级以上农业行政、质量监督、工商行政管理、食品药品监督管理部门应当按照食品安全年度监督管理计划进行抽样检验。抽样检验购买样品所需费用和检验费等，由同级财政列支。

**第四十八条** 县级人民政府应当统一组织、协调本级卫生行政、农业行政、质量监督、工商行政管理、食品药品监督管理部门，依法对本行政区域内的食品生产经营者进行监督管理；对发生食品安全事故风险较高的食品生产经营者，应当重点加强监督管理。

在国务院卫生行政部门公布食品安全风险警示信息，或者接到所在地省、自治区、直辖市人民政府卫生行政部门依照本条例第十条规定通报的食品安全风险监测信息后，设区的市级和县级人民政府应当立即组织本级卫生行政、农业行政、质量监督、工商行政管理、食品药品监督管理部门采取有针对性的措施，防止发生食品安全事故。

**第四十九条** 国务院卫生行政部门应当根据疾病信息和监督管理信息等，对发现的添加或者可能添加到食品中的非食品用化学物质和其他可能危害人体健康的物质的名录及检测方法予以公布；国务院质量监督、工商行政管理和国家食品药品监督管理部门应当采取相应的监督管理措施。

第五十条　质量监督、工商行政管理、食品药品监督管理部门在食品安全监督管理工作中可以采用国务院质量监督、工商行政管理和国家食品药品监督管理部门认定的快速检测方法对食品进行初步筛查；对初步筛查结果表明可能不符合食品安全标准的食品，应当依照食品安全法第六十条第三款的规定进行检验。初步筛查结果不得作为执法依据。

第五十一条　食品安全法第八十二条第二款规定的食品安全日常监督管理信息包括：

（一）依照食品安全法实施行政许可的情况；

（二）责令停止生产经营的食品、食品添加剂、食品相关产品的名录；

（三）查处食品生产经营违法行为的情况；

（四）专项检查整治工作情况；

（五）法律、行政法规规定的其他食品安全日常监督管理信息。

前款规定的信息涉及两个以上食品安全监督管理部门职责的，由相关部门联合公布。

第五十二条　食品安全监督管理部门依照食品安全法第八十二条规定公布信息，应当同时对有关食品可能产生的危害进行解释、说明。

第五十三条　卫生行政、农业行政、质量监督、工商行政管理、食品药品监督管理等部门应当公布本单位的电子邮件地址或者电话，接受咨询、投诉、举报；对接到的咨询、投诉、举报，应当依照食品安全法第八十条的规定进行答复、核实、处理，并对咨询、投诉、举报和答复、核实、处理的情况予以记录、保存。

第五十四条　国务院工业和信息化、商务等部门依据职责制定食品行业的发展规划和产业政策，采取措施推进产业结构优化，加强对食品行业诚信体系建设的指导，促进食品行业健康发展。

# 第九章　法律责任

第五十五条　食品生产经营者的生产经营条件发生变化，未依照本条例第二十一条规定处理的，由有关主管部门责令改正，给予警告；造成严重后果的，依照食品安全法第八十五条的规定给予处罚。

**第五十六条** 餐饮服务提供者未依照本条例第三十一条第一款规定制定、实施原料采购控制要求的，依照食品安全法第八十六条的规定给予处罚。

餐饮服务提供者未依照本条例第三十一条第二款规定检查待加工的食品及原料，或者发现有腐败变质或者其他感官性状异常仍加工、使用的，依照食品安全法第八十五条的规定给予处罚。

**第五十七条** 有下列情形之一的，依照食品安全法第八十七条的规定给予处罚：

（一）食品生产企业未依照本条例第二十六条规定建立、执行食品安全管理制度的；

（二）食品生产企业未依照本条例第二十七条规定制定、实施生产过程控制要求，或者食品生产过程中有不符合控制要求的情形未依照规定采取整改措施的；

（三）食品生产企业未依照本条例第二十八条规定记录食品生产过程的安全管理情况并保存相关记录的；

（四）从事食品批发业务的经营企业未依照本条例第二十九条规定记录、保存销售信息或者保留销售票据的；

（五）餐饮服务提供企业未依照本条例第三十二条第一款规定定期维护、清洗、校验设施、设备的；

（六）餐饮服务提供者未依照本条例第三十二条第二款规定对餐具、饮具进行清洗、消毒，或者使用未经清洗和消毒的餐具、饮具的。

**第五十八条** 进口不符合本条例第四十条规定的食品添加剂的，由出入境检验检疫机构没收违法进口的食品添加剂；违法进口的食品添加剂货值金额不足 1 万元的，并处 2000 元以上 5 万元以下罚款；货值金额 1 万元以上的，并处货值金额 2 倍以上 5 倍以下罚款。

**第五十九条** 医疗机构未依照本条例第八条规定报告有关疾病信息的，由卫生行政部门责令改正，给予警告。

**第六十条** 发生食品安全事故的单位未依照本条例第四十三条

规定采取措施并报告的，依照食品安全法第八十八条的规定给予处罚。

**第六十一条** 县级以上地方人民政府不履行食品安全监督管理法定职责，本行政区域出现重大食品安全事故、造成严重社会影响的，依法对直接负责的主管人员和其他直接责任人员给予记大过、降级、撤职或者开除的处分。

县级以上卫生行政、农业行政、质量监督、工商行政管理、食品药品监督管理部门或者其他有关行政部门不履行食品安全监督管理法定职责、日常监督检查不到位或者滥用职权、玩忽职守、徇私舞弊的，依法对直接负责的主管人员和其他直接责任人员给予记大过或者降级的处分；造成严重后果的，给予撤职或者开除的处分；其主要负责人应当引咎辞职。

# 第十章 附 则

**第六十二条** 本条例下列用语的含义：

食品安全风险评估，指对食品、食品添加剂中生物性、化学性和物理性危害对人体健康可能造成的不良影响所进行的科学评估，包括危害识别、危害特征描述、暴露评估、风险特征描述等。

餐饮服务，指通过即时制作加工、商业销售和服务性劳动等，向消费者提供食品和消费场所及设施的服务活动。

**第六十三条** 食用农产品质量安全风险监测和风险评估由县级以上人民政府农业行政部门依照《中华人民共和国农产品质量安全法》的规定进行。

国境口岸食品的监督管理由出入境检验检疫机构依照食品安全法和本条例以及有关法律、行政法规的规定实施。

食品药品监督管理部门对声称具有特定保健功能的食品实行严格监管，具体办法由国务院另行制定。

**第六十四条** 本条例自公布之日起施行。

# 最高人民法院　最高人民检察院关于办理非法生产、销售、使用禁止在饲料和动物饮用水中使用的药品等刑事案件具体应用法律若干问题的解释

（最高人民法院审判委员会第 1237 次会议　最高人民检察院第九届检察委员会第 109 次会议通过）

法释〔2002〕26 号

为依法惩治非法生产、销售、使用盐酸克仑特罗（Clenbuterol Hydrochloride，俗称"瘦肉精"）等禁止在饲料和动物饮用水中使用的药品等犯罪活动，维护社会主义市场经济秩序，保护公民身体健康，根据刑法有关规定，现就办理这类刑事案件具体应用法律的若干问题解释如下：

**第一条**　未取得药品生产、经营许可和批准文号，非法生产、销售盐酸克仑特罗等禁止在饲料和动物饮用水中使用的药品，扰乱药品市场秩序，情节严重的，依照刑法第二百二十五条第（一）项的规定，以非法经营罪追究刑事责任。

**第二条**　在生产、销售的饲料中添加盐酸克仑特罗等禁止在饲料和动物饮用水中使用的药品，或者销售明知是添加有该类药品的饲料，情节严重的，依照刑法第二百二十五条第（四）项的规定，以非法经营罪追究刑事责任。

**第三条**　使用盐酸克仑特罗等禁止在饲料和动物饮用水中使用的药品或者含有该类药品的饲料养殖供人食用的动物，或者销售明知是使用该类药品或者含有该类药品的饲料养殖的供人食用的动物的，依照刑法第一百四十四条的规定，以生产、销售有毒、有害食品罪追究刑事责任。

**第四条** 明知是使用盐酸克仑特罗等禁止在饲料和动物饮用水中使用的药品或者含有该类药品的饲料养殖的供人食用的动物，而提供屠宰等加工服务，或者销售其制品的，依照刑法第一百四十四条的规定，以生产、销售有毒、有害食品罪追究刑事责任。

**第五条** 实施本解释规定的行为，同时触犯刑法规定的两种以上犯罪的，依照处罚较重的规定追究刑事责任。

**第六条** 禁止在饲料和动物饮用水中使用的药品，依照国家有关部门公告的禁止在饲料和动物饮用水中使用的药物品种目录确定。

附：农业部、卫生部、国家药品监督管理局公告的《禁止在饲料和动物饮用水中使用的药物品种目录》。

## 一、肾上腺素受体激动剂

1. 盐酸克仑特罗（Clenbuterol Hydrochloride）：中华人民共和国药典（以下简称药典）2000 年二部 P605。$\beta$ 2 肾上腺素受体激动药。

2. 沙丁胺醇（Salbutamol）：药典 2000 年二部 P316。$\beta$ 2 肾上腺素受体激动药。

3. 硫酸沙丁胺醇（Salbutamol Sulfate）：药典 2000 年二部 P870。$\beta$ 2 肾上腺素受体激动药。

4. 莱克多巴胺（Ractopamine）：一种 $\beta$ 兴奋剂，美国食品和药物管理局（FDA）已批准，中国未批准。

5. 盐酸多巴胺（Dopamine Hydrochloride）：药典 2000 年二部 P591。多巴胺受体激动药。

6. 西马特罗（Cimaterol）：美国氰胺公司开发的产品，一种 $\beta$ 兴奋剂，FDA 未批准。

7. 硫酸特布他林（Terbutaline Sulfate）：药典 2000 年二部 P890。$\beta$ 2 肾上腺受体激动药。

## 二、性激素

8. 己烯雌酚（Diethylstilbestrol）：药典 2000 年二部 P42。雌激素类药。

9. 雌二醇（Estradiol）：药典 2000 年二部 P1005。雌激素类药。

10. 戊酸雌二醇（Estradiol Valerate）：药典 2000 年二部 P124。雌激素类药。

11. 苯甲酸雌二醇（Estradiol Benzoate）：药典 2000 年二部 P369。雌激素类药。中华人民共和国兽药典（以下简称兽药典）2000 年版一部 P109。雌激素类药。用于发情不明显动物的催情及胎衣滞留、死胎的排除。

12. 氯烯雌醚（Chlorotrianisene）药典 2000 年二部 P919。

13. 炔诺醇（Ethinylestradiol）药典 2000 年二部 P422。

14. 炔诺醚（Quinestrol）药典 2000 年二部 P424。

15. 醋酸氯地孕酮（Chlormadinone Acetate）药典 2000 年二部 P1037。

16. 左炔诺孕酮（Levonorgestrel）药典 2000 年二部 P107。

17. 炔诺酮（Norethisterone）药典 2000 年二部 P420。

18. 绒毛膜促性腺激素（绒促性素）（Chorionic Gonadotropin）：药典 2000 年二部 P534。促性腺激素药。兽药典 2000 年版一部 P146。激素类药。用于性功能障碍、习惯性流产及卵巢囊肿等。

19. 促卵泡生长激素（尿促性素主要含卵泡刺激素 FSH 和黄体生成素 LH）（Menotropins）：药典 2000 年二部 P321。促性腺激素类药。

## 三、蛋白同化激素

20. 碘化酪蛋白（Iodinated Casein）：蛋白同化激素类，为甲状腺素的前驱物质，具有类似甲状腺素的生理作用。

21. 苯丙酸诺龙及苯丙酸诺龙注射液（Nandrolone Phenylpropionate）药典 2000 年二部 P365。

## 四、精神药品

22.（盐酸）氯丙嗪（Chlorpromazine Hydrochloride）：药典 2000 年二部 P676。抗精神病药。兽药典 2000 年版一部 P177。镇静药。用于强化麻醉以及使动物安静等。

23. 盐酸异丙嗪（Promethazine Hydrochloride）：药典 2000 年

二部 P602。抗组胺药。兽药典 2000 年版一部 P164。抗组胺药。用于变态反应性疾病，如荨麻疹、血清病等。

24. 安定（地西泮）（Diazepam）：药典 2000 年二部 P214。抗焦虑药、抗惊厥药。兽药典 2000 年版一部 P61。镇静药、抗惊厥药。

25. 苯巴比妥（Phenobarbital）：药典 2000 年二部 P362。镇静催眠药、抗惊厥药。兽药典 2000 年版一部 P103。巴比妥类药。缓解脑炎、破伤风、士的宁中毒所致的惊厥。

26. 苯巴比妥钠（Phenobarbital Sodium）。兽药典 2000 年版一部 P105。巴比妥类药。缓解脑炎、破伤风、士的宁中毒所致的惊厥。

27. 巴比妥（Barbital）：兽药典 2000 年版一部 P27。中枢抑制和增强解热镇痛。

28. 异戊巴比妥（Amobarbital）：药典 2000 年二部 P252。催眠药、抗惊厥药。

29. 异戊巴比妥钠（Amobarbital Sodium）：兽药典 2000 年版一部 P82。巴比妥类药。用于小动物的镇静、抗惊厥和麻醉。

30. 利血平（Reserpine）：药典 2000 年二部 P304。抗高血压药。

31. 艾司唑仑（Estazolam）。

32. 甲丙氨脂（Meprobamate）。

33. 咪达唑仑（Midazolam）。

34. 硝西泮（Nitrazepam）。

35. 奥沙西泮（Oxazepam）。

36. 匹莫林（Pemoline）。

37. 三唑仑（Triazolam）。

38. 唑吡旦（Zolpidem）。

39. 其他国家管制的精神药品。

## 五、各种抗生素滤渣

40. 抗生素滤渣：该类物质是抗生素类产品生产过程中产生的工业三废，因含有微量抗生素成分，在饲料和饲养过程中使用后对动物有一定的促生长作用。但对养殖业的危害很大，一是容易引起耐药性，二是由于未做安全性试验，存在各种安全隐患。

# 最高人民法院 最高人民检察院
# 关于办理危害食品安全刑事案件适用法律若干问题的解释

（2013 年 4 月 28 日最高人民法院审判委员会第 1576 次会议、2013 年 4 月 28 日最高人民检察院第十二届检察委员会第 5 次会议通过）

法释〔2013〕12 号

为依法惩治危害食品安全犯罪，保障人民群众身体健康、生命安全，根据刑法有关规定，对办理此类刑事案件适用法律的若干问题解释如下：

**第一条** 生产、销售不符合食品安全标准的食品，具有下列情形之一的，应当认定为刑法第一百四十三条规定的"足以造成严重食物中毒事故或者其他严重食源性疾病"：

（一）含有严重超出标准限量的致病性微生物、农药残留、兽药残留、重金属、污染物质以及其他危害人体健康的物质的；

（二）属于病死、死因不明或者检验检疫不合格的畜、禽、兽、水产动物及其肉类、肉类制品的；

（三）属于国家为防控疾病等特殊需要明令禁止生产、销售的；

（四）婴幼儿食品中生长发育所需营养成分严重不符合食品安全标准的；

（五）其他足以造成严重食物中毒事故或者严重食源性疾病的情形。

**第二条** 生产、销售不符合食品安全标准的食品，具有下列情形之一的，应当认定为刑法第一百四十三条规定的"对人体健康造成严重危害"：

（一）造成轻伤以上伤害的；

（二）造成轻度残疾或者中度残疾的；

（三）造成器官组织损伤导致一般功能障碍或者严重功能障碍的；

（四）造成十人以上严重食物中毒或者其他严重食源性疾病的；

（五）其他对人体健康造成严重危害的情形。

第三条　生产、销售不符合食品安全标准的食品，具有下列情形之一的，应当认定为刑法第一百四十三条规定的"其他严重情节"：

（一）生产、销售金额二十万元以上的；

（二）生产、销售金额十万元以上不满二十万元，不符合食品安全标准的食品数量较大或者生产、销售持续时间较长的；

（三）生产、销售金额十万元以上不满二十万元，属于婴幼儿食品的；

（四）生产、销售金额十万元以上不满二十万元，一年内曾因危害食品安全违法犯罪活动受过行政处罚或者刑事处罚的；

（五）其他情节严重的情形。

第四条　生产、销售不符合食品安全标准的食品，具有下列情形之一的，应当认定为刑法第一百四十三条规定的"后果特别严重"：

（一）致人死亡或者重度残疾的；

（二）造成三人以上重伤、中度残疾或者器官组织损伤导致严重功能障碍的；

（三）造成十人以上轻伤、五人以上轻度残疾或者器官组织损伤导致一般功能障碍的；

（四）造成三十人以上严重食物中毒或者其他严重食源性疾病的；

（五）其他特别严重的后果。

第五条　生产、销售有毒、有害食品，具有本解释第二条规定情形之一的，应当认定为刑法第一百四十四条规定的"对人体健康造成严重危害"。

第六条　生产、销售有毒、有害食品，具有下列情形之一的，应当认定为刑法第一百四十四条规定的"其他严重情节"：

（一）生产、销售金额二十万元以上不满五十万元的；

（二）生产、销售金额十万元以上不满二十万元，有毒、有害食品的数量较大或者生产、销售持续时间较长的；

（三）生产、销售金额十万元以上不满二十万元，属于婴幼儿食品的；

（四）生产、销售金额十万元以上不满二十万元，一年内曾因危害食品安全违法犯罪活动受过行政处罚或者刑事处罚的；

（五）有毒、有害的非食品原料毒害性强或者含量高的；

（六）其他情节严重的情形。

**第七条**　生产、销售有毒、有害食品，生产、销售金额五十万元以上，或者具有本解释第四条规定的情形之一的，应当认定为刑法第一百四十四条规定的"致人死亡或者有其他特别严重情节"。

**第八条**　在食品加工、销售、运输、贮存等过程中，违反食品安全标准，超限量或者超范围滥用食品添加剂，足以造成严重食物中毒事故或者其他严重食源性疾病的，依照刑法第一百四十三条的规定以生产、销售不符合安全标准的食品罪定罪处罚。

在食用农产品种植、养殖、销售、运输、贮存等过程中，违反食品安全标准，超限量或者超范围滥用添加剂、农药、兽药等，足以造成严重食物中毒事故或者其他严重食源性疾病的，适用前款的规定定罪处罚。

**第九条**　在食品加工、销售、运输、贮存等过程中，掺入有毒、有害的非食品原料，或者使用有毒、有害的非食品原料加工食品的，依照刑法第一百四十四条的规定以生产、销售有毒、有害食品罪定罪处罚。

在食用农产品种植、养殖、销售、运输、贮存等过程中，使用禁用农药、兽药等禁用物质或者其他有毒、有害物质的，适用前款的规定定罪处罚。

在保健食品或者其他食品中非法添加国家禁用药物等有毒、有害物质的，适用第一款的规定定罪处罚。

**第十条**　生产、销售不符合食品安全标准的食品添加剂，用于食品的包装材料、容器、洗涤剂、消毒剂，或者用于食品生产经营的工具、设备等，构成犯罪的，依照刑法第一百四十条的规定以生产、销售伪劣产品罪定罪处罚。

**第十一条** 以提供给他人生产、销售食品为目的，违反国家规定，生产、销售国家禁止用于食品生产、销售的非食品原料，情节严重的，依照刑法第二百二十五条的规定以非法经营罪定罪处罚。

违反国家规定，生产、销售国家禁止生产、销售、使用的农药、兽药，饲料、饲料添加剂，或者饲料原料、饲料添加剂原料，情节严重的，依照前款的规定定罪处罚。

实施前两款行为，同时又构成生产、销售伪劣产品罪，生产、销售伪劣农药、兽药罪等其他犯罪的，依照处罚较重的规定定罪处罚。

**第十二条** 违反国家规定，私设生猪屠宰厂（场），从事生猪屠宰、销售等经营活动，情节严重的，依照刑法第二百二十五条的规定以非法经营罪定罪处罚。

实施前款行为，同时又构成生产、销售不符合安全标准的食品罪，生产、销售有毒、有害食品罪等其他犯罪的，依照处罚较重的规定定罪处罚。

**第十三条** 生产、销售不符合食品安全标准的食品，有毒、有害食品，符合刑法第一百四十三条、第一百四十四条规定的，以生产、销售不符合安全标准的食品罪或者生产、销售有毒、有害食品罪定罪处罚。同时构成其他犯罪的，依照处罚较重的规定定罪处罚。

生产、销售不符合食品安全标准的食品，无证据证明足以造成严重食物中毒事故或者其他严重食源性疾病，不构成生产、销售不符合安全标准的食品罪，但是构成生产、销售伪劣产品罪等其他犯罪的，依照该其他犯罪定罪处罚。

**第十四条** 明知他人生产、销售不符合食品安全标准的食品，有毒、有害食品，具有下列情形之一的，以生产、销售不符合安全标准的食品罪或者生产、销售有毒、有害食品罪的共犯论处：

（一）提供资金、贷款、账号、发票、证明、许可证件的；

（二）提供生产、经营场所或者运输、贮存、保管、邮寄、网络销售渠道等便利条件的；

（三）提供生产技术或者食品原料、食品添加剂、食品相关产品的；

（四）提供广告等宣传的。

**第十五条**　广告主、广告经营者、广告发布者违反国家规定，利用广告对保健食品或者其他食品作虚假宣传，情节严重的，依照刑法第二百二十二条的规定以虚假广告罪定罪处罚。

**第十六条**　负有食品安全监督管理职责的国家机关工作人员，滥用职权或者玩忽职守，导致发生重大食品安全事故或者造成其他严重后果，同时构成食品监管渎职罪和徇私舞弊不移交刑事案件罪、商检徇私舞弊罪、动植物检疫徇私舞弊罪、放纵制售伪劣商品犯罪行为罪等其他渎职犯罪的，依照处罚较重的规定定罪处罚。

负有食品安全监督管理职责的国家机关工作人员滥用职权或者玩忽职守，不构成食品监管渎职罪，但构成前款规定的其他渎职犯罪的，依照该其他犯罪定罪处罚。

负有食品安全监督管理职责的国家机关工作人员与他人共谋，利用其职务行为帮助他人实施危害食品安全犯罪行为，同时构成渎职犯罪和危害食品安全犯罪共犯的，依照处罚较重的规定定罪处罚。

**第十七条**　犯生产、销售不符合安全标准的食品罪，生产、销售有毒、有害食品罪，一般应当依法判处生产、销售金额二倍以上的罚金。

**第十八条**　对实施本解释规定之犯罪的犯罪分子，应当依照刑法规定的条件严格适用缓刑、免予刑事处罚。根据犯罪事实、情节和悔罪表现，对于符合刑法规定的缓刑适用条件的犯罪分子，可以适用缓刑，但是应当同时宣告禁止令，禁止其在缓刑考验期限内从事食品生产、销售及相关活动。

**第十九条**　单位实施本解释规定的犯罪的，依照本解释规定的定罪量刑标准处罚。

**第二十条**　下列物质应当认定为"有毒、有害的非食品原料"：

（一）法律、法规禁止在食品生产经营活动中添加、使用的物质；

（二）国务院有关部门公布的《食品中可能违法添加的非食用

物质名单》《保健食品中可能非法添加的物质名单》上的物质；

（三）国务院有关部门公告禁止使用的农药、兽药以及其他有毒、有害物质；

（四）其他危害人体健康的物质。

**第二十一条** "足以造成严重食物中毒事故或者其他严重食源性疾病""有毒、有害非食品原料"难以确定的，司法机关可以根据检验报告并结合专家意见等相关材料进行认定。必要时，人民法院可以依法通知有关专家出庭作出说明。

**第二十二条** 最高人民法院、最高人民检察院此前发布的司法解释与本解释不一致的，以本解释为准。

# 国务院关于加强食品等产品安全
# 监督管理的特别规定

（2007 年 7 月 25 日国务院第 186 次常务会议通过　2007 年 7 月 26 日中华人民共和国国务院令第 503 号公布　自公布之日起施行）

**第一条**　为了加强食品等产品安全监督管理，进一步明确生产经营者、监督管理部门和地方人民政府的责任，加强各监督管理部门的协调、配合，保障人体健康和生命安全，制定本规定。

**第二条**　本规定所称产品除食品外，还包括食用农产品、药品等与人体健康和生命安全有关的产品。

对产品安全监督管理，法律有规定的，适用法律规定；法律没有规定或者规定不明确的，适用本规定。

**第三条**　生产经营者应当对其生产、销售的产品安全负责，不得生产、销售不符合法定要求的产品。

依照法律、行政法规规定生产、销售产品需要取得许可证照或者需要经过认证的，应当按照法定条件、要求从事生产经营活动。不按照法定条件、要求从事生产经营活动或者生产、销售不符合法定要求产品的，由农业、卫生、质检、商务、工商、药品等监督管理部门依据各自职责，没收违法所得、产品和用于违法生产的工具、设备、原材料等物品，货值金额不足 5000 元的，并处 5 万元罚款；货值金额 5000 元以上不足 1 万元的，并处 10 万元罚款；货值金额 1 万元以上的，并处货值金额 10 倍以上 20 倍以下的罚款；造成严重后果的，由原发证部门吊销许可证照；构成非法经营罪或者生产、销售伪劣商品罪等犯罪的，依法追究刑事责任。

生产经营者不再符合法定条件、要求，继续从事生产经营活动的，由原发证部门吊销许可证照，并在当地主要媒体上公告被吊销许可证照的生产经营者名单；构成非法经营罪或者生产、销售伪劣商品罪等犯罪的，依法追究刑事责任。

依法应当取得许可证照而未取得许可证照从事生产经营活动的，由农业、卫生、质检、商务、工商、药品等监督管理部门依据各自职责，没收违法所得、产品和用于违法生产的工具、设备、原材料等物品，货值金额不足 1 万元的，并处 10 万元罚款；货值金额 1 万元以上的，并处货值金额 10 倍以上 20 倍以下的罚款；构成非法经营罪的，依法追究刑事责任。

有关行业协会应当加强行业自律，监督生产经营者的生产经营活动；加强公众健康知识的普及、宣传，引导消费者选择合法生产经营者生产、销售的产品以及有合法标识的产品。

**第四条** 生产者生产产品所使用的原料、辅料、添加剂、农业投入品，应当符合法律、行政法规的规定和国家强制性标准。

违反前款规定，违法使用原料、辅料、添加剂、农业投入品的，由农业、卫生、质检、商务、药品等监督管理部门依据各自职责没收违法所得，货值金额不足 5000 元的，并处 2 万元罚款；货值金额 5000 元以上不足 1 万元的，并处 5 万元罚款；货值金额 1 万元以上的，并处货值金额 5 倍以上 10 倍以下的罚款；造成严重后果的，由原发证部门吊销许可证照；构成生产、销售伪劣商品罪的，依法追究刑事责任。

**第五条** 销售者必须建立并执行进货检查验收制度，审验供货商的经营资格，验明产品合格证明和产品标识，并建立产品进货台账，如实记录产品名称、规格、数量、供货商及其联系方式、进货时间等内容。从事产品批发业务的销售企业应当建立产品销售台账，如实记录批发的产品品种、规格、数量、流向等内容。在产品集中交易场所销售自制产品的生产企业应当比照从事产品批发业务的销售企业的规定，履行建立产品销售台账的义务。进货台账和销售台账保存期限不得少于 2 年。销售者应当向供货商按照产品生产批次索要符合法定条件的检验机构出具的检验报告或者由供货商签字或者盖章的检验报告复印件；不能提供检验报告或者检验报告复印件的产品，不得销售。

违反前款规定的，由工商、药品监督管理部门依据各自职责责令停止销售；不能提供检验报告或者检验报告复印件销售产品的，没收违法所得和违法销售的产品，并处货值金额 3 倍的罚款；造成严重后果的，由原发证部门吊销许可证照。

**第六条** 产品集中交易市场的开办企业、产品经营柜台出租企业、产品展销会的举办企业，应当审查入场销售者的经营资格，明确入场销售者的产品安全管理责任，定期对入场销售者的经营环境、条件、内部安全管理制度和经营产品是否符合法定要求进行检查，发现销售不符合法定要求产品或者其他违法行为的，应当及时制止并立即报告所在地工商行政管理部门。

违反前款规定的，由工商行政管理部门处以 1000 元以上 5 万元以下的罚款；情节严重的，责令停业整顿；造成严重后果的，吊销营业执照。

**第七条** 出口产品的生产经营者应当保证其出口产品符合进口国（地区）的标准或者合同要求。法律规定产品必须经过检验方可出口的，应当经符合法律规定的机构检验合格。

出口产品检验人员应当依照法律、行政法规规定和有关标准、程序、方法进行检验，对其出具的检验证单等负责。

出入境检验检疫机构和商务、药品等监督管理部门应当建立出口产品的生产经营者良好记录和不良记录，并予以公布。对有良好记录的出口产品的生产经营者，简化检验检疫手续。

出口产品的生产经营者逃避产品检验或者弄虚作假的，由出入境检验检疫机构和药品监督管理部门依据各自职责，没收违法所得和产品，并处货值金额 3 倍的罚款；构成犯罪的，依法追究刑事责任。

**第八条** 进口产品应当符合我国国家技术规范的强制性要求以及我国与出口国（地区）签订的协议规定的检验要求。

质检、药品监督管理部门依据生产经营者的诚信度和质量管理水平以及进口产品风险评估的结果，对进口产品实施分类管理，并对进口产品的收货人实施备案管理。进口产品的收货人应当如实记录进口产品流向。记录保存期限不得少于 2 年。

质检、药品监督管理部门发现不符合法定要求产品时，可以将不符合法定要求产品的进货人、报检人、代理人列入不良记录名单。进口产品的进货人、销售者弄虚作假的，由质检、药品监督管理部门依据各自职责，没收违法所得和产品，并处货值金额3倍的罚款；构成犯罪的，依法追究刑事责任。进口产品的报检人、代理人弄虚作假的，取消报检资格，并处货值金额等值的罚款。

**第九条** 生产企业发现其生产的产品存在安全隐患，可能对人体健康和生命安全造成损害的，应当向社会公布有关信息，通知销售者停止销售，告知消费者停止使用，主动召回产品，并向有关监督管理部门报告；销售者应当立即停止销售该产品。销售者发现其销售的产品存在安全隐患，可能对人体健康和生命安全造成损害的，应当立即停止销售该产品，通知生产企业或者供货商，并向有关监督管理部门报告。

生产企业和销售者不履行前款规定义务的，由农业、卫生、质检、商务、工商、药品等监督管理部门依据各自职责，责令生产企业召回产品、销售者停止销售，对生产企业并处货值金额3倍的罚款，对销售者并处1000元以上5万元以下的罚款；造成严重后果的，由原发证部门吊销许可证照。

**第十条** 县级以上地方人民政府应当将产品安全监督管理纳入政府工作考核目标，对本行政区域内的产品安全监督管理负总责，统一领导、协调本行政区域内的监督管理工作，建立健全监督管理协调机制，加强对行政执法的协调、监督；统一领导、指挥产品安全突发事件应对工作，依法组织查处产品安全事故；建立监督管理责任制，对各监督管理部门进行评议、考核。质检、工商和药品等监督管理部门应当在所在地同级人民政府的统一协调下，依法做好产品安全监督管理工作。

县级以上地方人民政府不履行产品安全监督管理的领导、协调职责，本行政区域内一年多次出现产品安全事故、造成严重社会影响的，由监察机关或者任免机关对政府的主要负责人和直接负责的主管人员给予记大过、降级或者撤职的处分。

**第十一条** 国务院质检、卫生、农业等主管部门在各自职责范围内尽快制定、修改或者起草相关国家标准，加快建立统一管理、协调配套、符合实际、科学合理的产品标准体系。

**第十二条** 县级以上人民政府及其部门对产品安全实施监督管理，应当按照法定权限和程序履行职责，做到公开、公平、公正。

对生产经营者同一违法行为，不得给予2次以上罚款的行政处罚；对涉嫌构成犯罪、依法需要追究刑事责任的，应当依照《行政执法机关移送涉嫌犯罪案件的规定》，向公安机关移送。

农业、卫生、质检、商务、工商、药品等监督管理部门应当依据各自职责对生产经营者进行监督检查，并对其遵守强制性标准、法定要求的情况予以记录，由监督检查人员签字后归档。监督检查记录应当作为其直接负责主管人员定期考核的内容。公众有权查阅监督检查记录。

**第十三条** 生产经营者有下列情形之一的，农业、卫生、质检、商务、工商、药品等监督管理部门应当依据各自职责采取措施，纠正违法行为，防止或者减少危害发生，并依照本规定予以处罚：

（一）依法应当取得许可证照而未取得许可证照从事生产经营活动的；

（二）取得许可证照或者经过认证后，不按照法定条件、要求从事生产经营活动或者生产、销售不符合法定要求产品的；

（三）生产经营者不再符合法定条件、要求继续从事生产经营活动的；

（四）生产者生产产品不按照法律、行政法规的规定和国家强制性标准使用原料、辅料、添加剂、农业投入品的；

（五）销售者没有建立并执行进货检查验收制度，并建立产品进货台账的；

（六）生产企业和销售者发现其生产、销售的产品存在安全隐患，可能对人体健康和生命安全造成损害，不履行本规定的义务的；

（七）生产经营者违反法律、行政法规和本规定的其他有关规定的。

农业、卫生、质检、商务、工商、药品等监督管理部门不履行前款规定职责、造成后果的，由监察机关或者任免机关对其主要负责人、直接负责的主管人员和其他直接责任人员给予记大过或者降级的处分；造成严重后果的，给予其主要负责人、直接负责的主管人员和其他直接责任人员撤职或者开除的处分；其主要负责人、直接负责的主管人员和其他直接责任人员构成渎职罪的，依法追究刑事责任。

违反本规定，滥用职权或者有其他渎职行为的，由监察机关或者任免机关对其主要负责人、直接负责的主管人员和其他直接责任人员给予记过或者记大过的处分；造成严重后果的，给予其主要负责人、直接负责的主管人员和其他直接责任人员降级或者撤职的处分；其主要负责人、直接负责的主管人员和其他直接责任人员构成渎职罪的，依法追究刑事责任。

**第十四条** 农业、卫生、质检、商务、工商、药品等监督管理部门发现违反本规定的行为，属于其他监督管理部门职责的，应当立即书面通知并移交有权处理的监督管理部门处理。有权处理的部门应当立即处理，不得推诿；因不立即处理或者推诿造成后果的，由监察机关或者任免机关对其主要负责人、直接负责的主管人员和其他直接责任人员给予记大过或者降级的处分。

**第十五条** 农业、卫生、质检、商务、工商、药品等监督管理部门履行各自产品安全监督管理职责，有下列职权：

（一）进入生产经营场所实施现场检查；

（二）查阅、复制、查封、扣押有关合同、票据、账簿以及其他有关资料；

（三）查封、扣押不符合法定要求的产品，违法使用的原料、辅料、添加剂、农业投入品以及用于违法生产的工具、设备；

（四）查封存在危害人体健康和生命安全重大隐患的生产经营场所。

**第十六条** 农业、卫生、质检、商务、工商、药品等监督管理部门应当建立生产经营者违法行为记录制度，对违法行为的情况予以记录并公布；对有多次违法行为记录的生产经营者，吊销许可证照。

**第十七条** 检验检测机构出具虚假检验报告，造成严重后果的，由授予其资质的部门吊销其检验检测资质；构成犯罪的，对直接负责的主管人员和其他直接责任人员依法追究刑事责任。

**第十八条** 发生产品安全事故或者其他对社会造成严重影响的产品安全事件时，农业、卫生、质检、商务、工商、药品等监督管理部门必须在各自职责范围内及时作出反应，采取措施，控制事态发展，减少损失，依照国务院规定发布信息，做好有关善后工作。

**第十九条** 任何组织或者个人对违反本规定的行为有权举报。接到举报的部门应当为举报人保密。举报经调查属实的，受理举报的部门应当给予举报人奖励。

农业、卫生、质检、商务、工商、药品等监督管理部门应当公布本单位的电子邮件地址或者举报电话；对接到的举报，应当及时、完整地进行记录并妥善保存。举报的事项属于本部门职责的，应当受理，并依法进行核实、处理、答复；不属于本部门职责的，应当转交有权处理的部门，并告知举报人。

**第二十条** 本规定自公布之日起施行。

# 行政执法机关移送
# 涉嫌犯罪案件的规定

（2001 年 7 月 4 日国务院第 42 次常务会议通过 2001 年 7 月 9 日中华人民共和国国务院令第 310 号公布　自公布之日起施行）

**第一条**　为了保证行政执法机关向公安机关及时移送涉嫌犯罪案件，依法惩罚破坏社会主义市场经济秩序罪、妨害社会管理秩序罪以及其他罪，保障社会主义建设事业顺利进行，制定本规定。

**第二条**　本规定所称行政执法机关，是指依照法律、法规或者规章的规定，对破坏社会主义市场经济秩序、妨害社会管理秩序以及其他违法行为具有行政处罚权的行政机关，以及法律、法规授权的具有管理公共事务职能、在法定授权范围内实施行政处罚的组织。

**第三条**　行政执法机关在依法查处违法行为过程中，发现违法事实涉及的金额、违法事实的情节、违法事实造成的后果等，根据刑法关于破坏社会主义市场经济秩序罪、妨害社会管理秩序罪等罪的规定和最高人民法院、最高人民检察院关于破坏社会主义市场经济秩序罪、妨害社会管理秩序罪等罪的司法解释以及最高人民检察院、公安部关于经济犯罪案件的追诉标准等规定，涉嫌构成犯罪，依法需要追究刑事责任的，必须依照本规定向公安机关移送。

**第四条**　行政执法机关在查处违法行为过程中，必须妥善保存所收集的与违法行为有关的证据。

行政执法机关对查获的涉案物品，应当如实填写涉案物品清单，并按照国家有关规定予以处理。对易腐烂、变质等不宜或者不易保管的涉案物品，应当采取必要措施，留取证据；对需要进行检验、鉴定的涉案物品，应当由法定检验、鉴定机构进行检验、鉴定，并出具检验报告或者鉴定结论。

**第五条** 行政执法机关对应当向公安机关移送的涉嫌犯罪案件，应当立即指定2名或者2名以上行政执法人员组成专案组专门负责，核实情况后提出移送涉嫌犯罪案件的书面报告，报经本机关正职负责人或者主持工作的负责人审批。

行政执法机关正职负责人或者主持工作的负责人应当自接到报告之日起3日内作出批准移送或者不批准移送的决定。决定批准的，应当在24小时内向同级公安机关移送；决定不批准的，应当将不予批准的理由记录在案。

**第六条** 行政执法机关向公安机关移送涉嫌犯罪案件，应当附有下列材料：

（一）涉嫌犯罪案件移送书；

（二）涉嫌犯罪案件情况的调查报告；

（三）涉案物品清单；

（四）有关检验报告或者鉴定结论；

（五）其他有关涉嫌犯罪的材料。

**第七条** 公安机关对行政执法机关移送的涉嫌犯罪案件，应当在涉嫌犯罪案件移送书的回执上签字；其中，不属于本机关管辖的，应当在24小时内转送有管辖权的机关，并书面告知移送案件的行政执法机关。

**第八条** 公安机关应当自接受行政执法机关移送的涉嫌犯罪案件之日起3日内，依照刑法、刑事诉讼法以及最高人民法院、最高人民检察院关于立案标准和公安部关于公安机关办理刑事案件程序的规定，对所移送的案件进行审查。认为有犯罪事实，需要追究刑事责任，依法决定立案的，应当书面通知移送案件的行政执法机关；认为没有犯罪事实，或者犯罪事实显著轻微，不需要追究刑事责任，依法不予立案的，应当说明理由，并书面通知移送案件的行政执法机关，相应退回案卷材料。

**第九条** 行政执法机关接到公安机关不予立案的通知书后，认为依法应当由公安机关决定立案的，可以自接到不予立案通知书之日起3日内，提请作出不予立案决定的公安机关复议，也可以建议人民检察院依法进行立案监督。

作出不予立案决定的公安机关应当自收到行政执法机关提请复

议的文件之日起 3 日内作出立案或者不予立案的决定，并书面通知移送案件的行政执法机关。移送案件的行政执法机关对公安机关不予立案的复议决定仍有异议的，应当自收到复议决定通知书之日起 3 日内建议人民检察院依法进行立案监督。

公安机关应当接受人民检察院依法进行的立案监督。

**第十条** 行政执法机关对公安机关决定不予立案的案件，应当依法作出处理；其中，依照有关法律、法规或者规章的规定应当给予行政处罚的，应当依法实施行政处罚。

**第十一条** 行政执法机关对应当向公安机关移送的涉嫌犯罪案件，不得以行政处罚代替移送。

行政执法机关向公安机关移送涉嫌犯罪案件前已经作出的警告，责令停产停业，暂扣或者吊销许可证、暂扣或者吊销执照的行政处罚决定，不停止执行。

依照行政处罚法的规定，行政执法机关向公安机关移送涉嫌犯罪案件前，已经依法给予当事人罚款的，人民法院判处罚金时，依法折抵相应罚金。

**第十二条** 行政执法机关对公安机关决定立案的案件，应当自接到立案通知书之日起 3 日内将涉案物品以及与案件有关的其他材料移交公安机关，并办结交接手续；法律、行政法规另有规定的，依照其规定。

**第十三条** 公安机关对发现的违法行为，经审查，没有犯罪事实，或者立案侦查后认为犯罪事实显著轻微，不需要追究刑事责任，但依法应当追究行政责任的，应当及时将案件移送同级行政执法机关，有关行政执法机关应当依法作出处理。

**第十四条** 行政执法机关移送涉嫌犯罪案件，应当接受人民检察院和监察机关依法实施的监督。

任何单位和个人对行政执法机关违反本规定，应当向公安机关移送涉嫌犯罪案件而不移送的，有权向人民检察院、监察机关或者上级行政执法机关举报。

**第十五条** 行政执法机关违反本规定，隐匿、私分、销毁涉案物品的，由本级或者上级人民政府，或者实行垂直管理的上级行政执法机关，对其正职负责人根据情节轻重，给予降级以上的行政处分；构成犯罪的，依法追究刑事责任。

对前款所列行为直接负责的主管人员和其他直接责任人员，比照前款的规定给予行政处分；构成犯罪的，依法追究刑事责任。

**第十六条** 行政执法机关违反本规定，逾期不将案件移送公安机关的，由本级或者上级人民政府，或者实行垂直管理的上级行政执法机关，责令限期移送，并对其正职负责人或者主持工作的负责人根据情节轻重，给予记过以上的行政处分；构成犯罪的，依法追究刑事责任。

行政执法机关违反本规定，对应当向公安机关移送的案件不移送，或者以行政处罚代替移送的，由本级或者上级人民政府，或者实行垂直管理的上级行政执法机关，责令改正，给予通报；拒不改正的，对其正职负责人或者主持工作的负责人给予记过以上的行政处分；构成犯罪的，依法追究刑事责任。

对本条第一款、第二款所列行为直接负责的主管人员和其他直接责任人员，分别比照前两款的规定给予行政处分；构成犯罪的，依法追究刑事责任。

**第十七条** 公安机关违反本规定，不接受行政执法机关移送的涉嫌犯罪案件，或者逾期不作出立案或者不予立案的决定的，除由人民检察院依法实施立案监督外，由本级或者上级人民政府责令改正，对其正职负责人根据情节轻重，给予记过以上的行政处分；构成犯罪的，依法追究刑事责任。

对前款所列行为直接负责的主管人员和其他直接责任人员，比照前款的规定给予行政处分；构成犯罪的，依法追究刑事责任。

**第十八条** 行政执法机关在依法查处违法行为过程中，发现贪污贿赂、国家工作人员渎职或者国家机关工作人员利用职权侵犯公民人身权利和民主权利等违法行为，涉嫌构成犯罪的，应当比照本规定及时将案件移送人民检察院。

**第十九条** 本规定自公布之日起施行。

# 国务院对确需保留的行政审批
# 项目设定行政许可的决定

（2004 年 6 月 29 日国务院第 412 号令公布　自 2004 年 7 月 1 日起施行）

依照《中华人民共和国行政许可法》和行政审批制度改革的有关规定，国务院对所属各部门的行政审批项目进行了全面清理。由法律、行政法规设定的行政许可项目，依法继续实施；对法律、行政法规以外的规范性文件设定，但确需保留且符合《中华人民共和国行政许可法》第十二条规定事项的行政审批项目，根据《中华人民共和国行政许可法》第十四条第二款的规定，现决定予以保留并设定行政许可，共 500 项。

为保证本决定设定的行政许可依法、公开、公平、公正实施，国务院有关部门应当对实施本决定所列各项行政许可的条件等作出具体规定，并予以公布。有关实施行政许可的程序和期限依照《中华人民共和国行政许可法》的有关规定执行。

附件：国务院决定对确需保留的行政审批项目设定行政许可的目录

| 序号 | 项目名称 | 实施机关 |
|------|----------|----------|
| 1 | 境外资源开发类和大额用汇投资项目审批 | 国家发展改革委 |
| ⋮ | …… | …… |
| 175 | 兽医微生物菌（毒、虫）种认定 | 农业部 |
| ⋮ | …… | …… |
| 500 | 人民防空工程监理资质认定 | 国家人防办 |

备注：1. 鉴于投资体制改革正在进行，涉及固定资产投资项目的行政许可仍按国务院现行规定办理。

2. 按规定应当由国务院决定的事项，按照规定程序办理。

3. 按规定应当由其他部门决定或者应经其他部门审核的事项，按照现行规定办理。

# 国务院关于取消和下放一批
# 行政审批项目的决定

国发〔2013〕44 号

各省、自治区、直辖市人民政府，国务院各部委、各直属机构：

经研究论证，国务院决定，再取消和下放 68 项行政审批项目（其中有 2 项属于保密项目，按规定另行通知）。另建议取消和下放 7 项依据有关法律设立的行政审批项目，国务院将依照法定程序提请全国人民代表大会常务委员会修订相关法律规定。《国务院关于取消和下放一批行政审批项目等事项的决定》（国发〔2013〕19 号）中提出的涉及法律的 16 项行政审批项目，国务院已按照法定程序提请全国人民代表大会常务委员会修改了相关法律，现一并予以公布。

各地区、各部门要抓紧做好取消和下放管理层级行政审批项目的落实和衔接工作，加快配套改革和相关制度建设，在有序推进"放"的同时，加强后续监管，切实做到放、管结合。要按照深化行政体制改革、加快转变政府职能的要求，继续坚定不移推进行政审批制度改革，清理行政审批项目，加大简政放权力度。要健全监督制约机制，加强对行政审批权运行的监督，依法及时公开项目核准和行政审批信息，努力营造公平竞争、打破分割、优胜劣汰的市场环境，不断提高政府管理科学化、规范化水平。

附件：国务院决定取消和下放管理层级的行政审批项目目录（共计 82 项）

国务院

2013 年 11 月 8 日

附件：

# 国务院决定取消和下放管理层级的
# 行政审批项目目录

## （共计 82 项）

| 序号 | 项目名称 | 审批部门 | 其他共同审批部门 | 设定依据 | 处理决定 | 备注 |
|---|---|---|---|---|---|---|
| 1 | 地方粮库划转中央直属粮食储备库（站）审批 | 国家发展改革委 | 国家粮食局 | 《国务院办公厅关于保留部分非行政许可审批项目的通知》（国办发〔2004〕62号）《国务院关于第六批取消和调整行政审批项目的决定》（国发〔2012〕52号） | 取消 | |
| ⋮ | …… | …… | …… | …… | …… | …… |
| 30 | 重大动物疫病病料采集审批 | 农业部 | 无 | 《重大动物疫情应急条例》（国务院令第450号）《病原微生物实验室生物安全管理条例》（国务院令第424号） | 下放至省级人民政府兽医行政主管部门 | |
| 33 | 执业兽医资格认定 | 农业部 | 无 | 《中华人民共和国动物防疫法》 | 下放至省级人民政府兽医行政主管部门 | |

（续）

| 序号 | 项目名称 | 审批部门 | 其他共同审批部门 | 设定依据 | 处理决定 | 备注 |
|------|---------|---------|-----------------|---------|---------|------|
| ⋮ | …… | …… | …… | …… | …… | …… |
| 82 | 区域性批发企业需就近向其他省、自治区、直辖市行政区域内的取得麻醉药品和第一类精神药品使用资格的医疗机构销售麻醉药品和第一类精神药品的审批 | 食品药品监管总局 | 无 | 《麻醉药品和精神药品管理条例》（国务院令第442号） | 下放至省级人民政府食品药品监管部门 | 此项为"麻醉药品和精神药品经营审批"的子项，其他子项已经由省级及以下人民政府食品药品监管部门审批 |

# 国务院关于取消和下放一批
# 行政审批项目的决定

国发〔2014〕5 号

各省、自治区、直辖市人民政府，国务院各部委、各直属机构：

经研究论证，国务院决定，再取消和下放 64 项行政审批项目和 18 个子项。另建议取消和下放 6 项依据有关法律设立的行政审批项目，国务院将依照法定程序提请全国人民代表大会常务委员会修订相关法律规定。

各地区、各部门要抓紧做好取消和下放管理层级行政审批项目的落实和衔接工作，并切实加强事中事后监管。要继续大力推进行政审批制度改革，使简政放权成为持续的改革行动。要健全监督制约机制，加强对行政审批权运行的监督，不断提高政府管理科学化、规范化水平。

附件：国务院决定取消和下放管理层级的行政审批项目目录（64 项，另有 18 个子项）

国务院

2014 年 1 月 28 日

附件:

# 国务院决定取消和下放管理层级的
# 行政审批项目目录

## (64 项，另有 18 个子项)

| 序号 | 项目名称 | 审批部门 | 其他共同审批部门 | 设定依据 | 处理决定 | 备注 |
|---|---|---|---|---|---|---|
| 1 | 利用互联网实施远程高等学历教育的教育网校审批 | 教育部 | 无 | 《国务院对确需保留的行政审批项目设定行政许可的决定》(国务院令第412号) | 取消 | |
| ⋮ | …… | …… | …… | …… | …… | …… |
| 30 | 兽药安全性评价单位资格认定 | 农业部 | 无 | 《兽药管理条例》(国务院令第404号) | 取消 | |
| ⋮ | …… | …… | …… | …… | …… | …… |
| 82 | 特种设备安全操作类作业人员资格认定 | 质检总局 | 无 | 《中华人民共和国特种设备安全法》《特种设备安全监察条例》(国务院令第373号公布,第549号修订)《国务院对确需保留的行政审批项目设定行政许可的决定》(国务院令第412号) | 下放至省级人民政府质量技术监督部门 | 此2项为"特种设备安全管理人员、检验、检测人员和作业人员(限于氧舱维护管理人员、客运索道作业人员、大型游乐设施管理安装人员)资格认定"项目的子项 |

# 国务院关于取消和调整一批
# 行政审批项目等事项的决定

国发〔2015〕11号

各省、自治区、直辖市人民政府，国务院各部委、各直属机构：

经研究论证，国务院决定，取消和下放 90 项行政审批项目，取消 67 项职业资格许可和认定事项，取消 10 项评比达标表彰项目，将 21 项工商登记前置审批事项改为后置审批，保留 34 项工商登记前置审批事项。同时，建议取消和下放 18 项依据有关法律设立的行政审批和职业资格许可认定事项，将 5 项依据有关法律设立的工商登记前置审批事项改为后置审批，国务院将依照法定程序提请全国人民代表大会常务委员会修订相关法律规定。《国务院关于取消和下放一批行政审批项目的决定》（国发〔2014〕5 号）中提出的涉及修改法律的行政审批事项，有 4 项国务院已按照法定程序提请全国人民代表大会常务委员会修改了相关法律，现一并予以公布。

各地区、各部门要继续坚定不移推进行政审批制度改革，加大简政放权力度，健全监督制约机制，加强对行政审批权运行的监督，不断提高政府管理科学化规范化水平。要认真落实工商登记改革成果，除法律另有规定和国务院决定保留的工商登记前置审批事项外，其他事项一律不得作为工商登记前置审批。企业设立后进行变更登记、注销登记，依法需要前置审批的，继续按有关规定执行。

附件：国务院决定取消和下放管理层级的行政审批项目目录（共计 94 项）

国务院

2015 年 2 月 24 日

附件:

# 国务院决定取消和下放管理层级的
# 行政审批项目目录

## （共计 94 项）

| 序号 | 项目名称 | 审批部门 | 其他共同审批部门 | 设定依据 | 处理决定 | 备注 |
|---|---|---|---|---|---|---|
| 1 | 物业管理师注册执业资格认定 | 住房城乡建设部 | 无 | 《物业管理条例》（国务院令第504号）《物业管理师制度暂行规定》（国人部发〔2005〕95号） | 取消 | |
| ⋮ | …… | …… | …… | …… | …… | …… |
| 41 | 兽药生产许可证核发 | 农业部 | 无 | 《兽药管理条例》（国务院令第404号） | 下放至省级人民政府兽医行政主管部门 | |
| ⋮ | …… | …… | …… | …… | …… | …… |
| 94 | 商用密码科研单位审批 | 国家密码 | 无 | 《商用密码管理条例》（国务院令第273号） | 取消 | |

# 中华人民共和国行政许可法

（2003 年 8 月 27 日第十届全国人民代表大会常务
委员会第四次会议通过　2003 年 8 月 27 日中华人民共
和国主席令第七号公布　自 2004 年 7 月 1 日起施行）

## 目　　录

## 第一章　总　　则

**第一条**　为了规范行政许可的设定和实施，保护公民、法人和
其他组织的合法权益，维护公共利益和社会秩序，保障和监督行政
机关有效实施行政管理，根据宪法，制定本法。

**第二条** 本法所称行政许可，是指行政机关根据公民、法人或者其他组织的申请，经依法审查，准予其从事特定活动的行为。

**第三条** 行政许可的设定和实施，适用本法。

有关行政机关对其他机关或者对其直接管理的事业单位的人事、财务、外事等事项的审批，不适用本法。

**第四条** 设定和实施行政许可，应当依照法定的权限、范围、条件和程序。

**第五条** 设定和实施行政许可，应当遵循公开、公平、公正的原则。

有关行政许可的规定应当公布；未经公布的，不得作为实施行政许可的依据。行政许可的实施和结果，除涉及国家秘密、商业秘密或者个人隐私的外，应当公开。

符合法定条件、标准的，申请人有依法取得行政许可的平等权利，行政机关不得歧视。

**第六条** 实施行政许可，应当遵循便民的原则，提高办事效率，提供优质服务。

**第七条** 公民、法人或者其他组织对行政机关实施行政许可，享有陈述权、申辩权；有权依法申请行政复议或者提起行政诉讼；其合法权益因行政机关违法实施行政许可受到损害的，有权依法要求赔偿。

**第八条** 公民、法人或者其他组织依法取得的行政许可受法律保护，行政机关不得擅自改变已经生效的行政许可。

行政许可所依据的法律、法规、规章修改或者废止，或者准予行政许可所依据的客观情况发生重大变化的，为了公共利益的需要，行政机关可以依法变更或者撤回已经生效的行政许可。由此给公民、法人或者其他组织造成财产损失的，行政机关应当依法给予补偿。

**第九条** 依法取得的行政许可，除法律、法规规定依照法定条件和程序可以转让的外，不得转让。

**第十条** 县级以上人民政府应当建立健全对行政机关实施行政许可的监督制度，加强对行政机关实施行政许可的监督检查。

行政机关应当对公民、法人或者其他组织从事行政许可事项的活动实施有效监督。

# 第二章　行政许可的设定

**第十一条**　设定行政许可，应当遵循经济和社会发展规律，有利于发挥公民、法人或者其他组织的积极性、主动性，维护公共利益和社会秩序，促进经济、社会和生态环境协调发展。

**第十二条**　下列事项可以设定行政许可：

（一）直接涉及国家安全、公共安全、经济宏观调控、生态环境保护以及直接关系人身健康、生命财产安全等特定活动，需要按照法定条件予以批准的事项；

（二）有限自然资源开发利用、公共资源配置以及直接关系公共利益的特定行业的市场准入等，需要赋予特定权利的事项；

（三）提供公众服务并且直接关系公共利益的职业、行业，需要确定具备特殊信誉、特殊条件或者特殊技能等资格、资质的事项；

（四）直接关系公共安全、人身健康、生命财产安全的重要设备、设施、产品、物品，需要按照技术标准、技术规范，通过检验、检测、检疫等方式进行审定的事项；

（五）企业或者其他组织的设立等，需要确定主体资格的事项；

（六）法律、行政法规规定可以设定行政许可的其他事项。

**第十三条**　本法第十二条所列事项，通过下列方式能够予以规范的，可以不设行政许可：

（一）公民、法人或者其他组织能够自主决定的；

（二）市场竞争机制能够有效调节的；

（三）行业组织或者中介机构能够自律管理的；

（四）行政机关采用事后监督等其他行政管理方式能够解决的。

**第十四条**　本法第十二条所列事项，法律可以设定行政许可。尚未制定法律的，行政法规可以设定行政许可。

必要时，国务院可以采用发布决定的方式设定行政许可。实施后，除临时性行政许可事项外，国务院应当及时提请全国人民代表大会及其常务委员会制定法律，或者自行制定行政法规。

**第十五条** 本法第十二条所列事项，尚未制定法律、行政法规的，地方性法规可以设定行政许可；尚未制定法律、行政法规和地方性法规的，因行政管理的需要，确需立即实施行政许可的，省、自治区、直辖市人民政府规章可以设定临时性的行政许可。临时性的行政许可实施满一年需要继续实施的，应当提请本级人民代表大会及其常务委员会制定地方性法规。

地方性法规和省、自治区、直辖市人民政府规章，不得设定应当由国家统一确定的公民、法人或者其他组织的资格、资质的行政许可；不得设定企业或者其他组织的设立登记及其前置性行政许可。其设定的行政许可，不得限制其他地区的个人或者企业到本地区从事生产经营和提供服务，不得限制其他地区的商品进入本地区市场。

**第十六条** 行政法规可以在法律设定的行政许可事项范围内，对实施该行政许可作出具体规定。

地方性法规可以在法律、行政法规设定的行政许可事项范围内，对实施该行政许可作出具体规定。

规章可以在上位法设定的行政许可事项范围内，对实施该行政许可作出具体规定。

法规、规章对实施上位法设定的行政许可作出的具体规定，不得增设行政许可；对行政许可条件作出的具体规定，不得增设违反上位法的其他条件。

**第十七条** 除本法第十四条、第十五条规定的外，其他规范性文件一律不得设定行政许可。

**第十八条** 设定行政许可，应当规定行政许可的实施机关、条件、程序、期限。

**第十九条** 起草法律草案、法规草案和省、自治区、直辖市人民政府规章草案，拟设定行政许可的，起草单位应当采取听证会、论证会等形式听取意见，并向制定机关说明设定该行政许可的必要性、对经济和社会可能产生的影响以及听取和采纳意见的情况。

**第二十条** 行政许可的设定机关应当定期对其设定的行政许可进行评价；对已设定的行政许可，认为通过本法第十三条所列方式能够解决的，应当对设定该行政许可的规定及时予以修改或者废止。

行政许可的实施机关可以对已设定的行政许可的实施情况及存在的必要性适时进行评价，并将意见报告该行政许可的设定机关。

公民、法人或者其他组织可以向行政许可的设定机关和实施机关就行政许可的设定和实施提出意见和建议。

第二十一条　省、自治区、直辖市人民政府对行政法规设定的有关经济事务的行政许可，根据本行政区域经济和社会发展情况，认为通过本法第十三条所列方式能够解决的，报国务院批准后，可以在本行政区域内停止实施该行政许可。

# 第三章　行政许可的实施机关

第二十二条　行政许可由具有行政许可权的行政机关在其法定职权范围内实施。

第二十三条　法律、法规授权的具有管理公共事务职能的组织，在法定授权范围内，以自己的名义实施行政许可。被授权的组织适用本法有关行政机关的规定。

第二十四条　行政机关在其法定职权范围内，依照法律、法规、规章的规定，可以委托其他行政机关实施行政许可。委托机关应当将受委托行政机关和受委托实施行政许可的内容予以公告。

委托行政机关对受委托行政机关实施行政许可的行为应当负责监督，并对该行为的后果承担法律责任。

受委托行政机关在委托范围内，以委托行政机关名义实施行政许可；不得再委托其他组织或者个人实施行政许可。

第二十五条　经国务院批准，省、自治区、直辖市人民政府根据精简、统一、效能的原则，可以决定一个行政机关行使有关行政机关的行政许可权。

第二十六条　行政许可需要行政机关内设的多个机构办理的，该行政机关应当确定一个机构统一受理行政许可申请，统一送达行政许可决定。

行政许可依法由地方人民政府两个以上部门分别实施的，本级人民政府可以确定一个部门受理行政许可申请并转告有关部门分别提出意见后统一办理，或者组织有关部门联合办理、集中办理。

**第二十七条** 行政机关实施行政许可，不得向申请人提出购买指定商品、接受有偿服务等不正当要求。

行政机关工作人员办理行政许可，不得索取或者收受申请人的财物，不得谋取其他利益。

**第二十八条** 对直接关系公共安全、人身健康、生命财产安全的设备、设施、产品、物品的检验、检测、检疫，除法律、行政法规规定由行政机关实施的外，应当逐步由符合法定条件的专业技术组织实施。专业技术组织及其有关人员对所实施的检验、检测、检疫结论承担法律责任。

# 第四章　行政许可的实施程序

## 第一节　申请与受理

**第二十九条** 公民、法人或者其他组织从事特定活动，依法需要取得行政许可的，应当向行政机关提出申请。申请书需要采用格式文本的，行政机关应当向申请人提供行政许可申请书格式文本。申请书格式文本中不得包含与申请行政许可事项没有直接关系的内容。

申请人可以委托代理人提出行政许可申请。但是，依法应当由申请人到行政机关办公场所提出行政许可申请的除外。

行政许可申请可以通过信函、电报、电传、传真、电子数据交换和电子邮件等方式提出。

**第三十条** 行政机关应当将法律、法规、规章规定的有关行政许可的事项、依据、条件、数量、程序、期限以及需要提交的全部材料的目录和申请书示范文本等在办公场所公示。

申请人要求行政机关对公示内容予以说明、解释的，行政机关应当说明、解释，提供准确、可靠的信息。

**第三十一条** 申请人申请行政许可，应当如实向行政机关提交有关材料和反映真实情况，并对其申请材料实质内容的真实性负责。行政机关不得要求申请人提交与其申请的行政许可事项无关的技术资料和其他材料。

第三十二条　行政机关对申请人提出的行政许可申请，应当根据下列情况分别作出处理：

（一）申请事项依法不需要取得行政许可的，应当即时告知申请人不受理；

（二）申请事项依法不属于本行政机关职权范围的，应当即时作出不予受理的决定，并告知申请人向有关行政机关申请；

（三）申请材料存在可以当场更正的错误的，应当允许申请人当场更正；

（四）申请材料不齐全或者不符合法定形式的，应当当场或者在五日内一次告知申请人需要补正的全部内容，逾期不告知的，自收到申请材料之日起即为受理；

（五）申请事项属于本行政机关职权范围，申请材料齐全、符合法定形式，或者申请人按照本行政机关的要求提交全部补正申请材料的，应当受理行政许可申请。

行政机关受理或者不予受理行政许可申请，应当出具加盖本行政机关专用印章和注明日期的书面凭证。

第三十三条　行政机关应当建立和完善有关制度，推行电子政务，在行政机关的网站上公布行政许可事项，方便申请人采取数据电文等方式提出行政许可申请；应当与其他行政机关共享有关行政许可信息，提高办事效率。

## 第二节　审查与决定

第三十四条　行政机关应当对申请人提交的申请材料进行审查。

申请人提交的申请材料齐全、符合法定形式，行政机关能够当场作出决定的，应当当场作出书面的行政许可决定。

根据法定条件和程序，需要对申请材料的实质内容进行核实的，行政机关应当指派两名以上工作人员进行核查。

第三十五条　依法应当先经下级行政机关审查后报上级行政机关决定的行政许可，下级行政机关应当在法定期限内将初步审查意见和全部申请材料直接报送上级行政机关。上级行政机关不得要求申请人重复提供申请材料。

**第三十六条** 行政机关对行政许可申请进行审查时，发现行政许可事项直接关系他人重大利益的，应当告知该利害关系人。申请人、利害关系人有权进行陈述和申辩。行政机关应当听取申请人、利害关系人的意见。

**第三十七条** 行政机关对行政许可申请进行审查后，除当场作出行政许可决定的外，应当在法定期限内按照规定程序作出行政许可决定。

**第三十八条** 申请人的申请符合法定条件、标准的，行政机关应当依法作出准予行政许可的书面决定。

行政机关依法作出不予行政许可的书面决定的，应当说明理由，并告知申请人享有依法申请行政复议或者提起行政诉讼的权利。

**第三十九条** 行政机关作出准予行政许可的决定，需要颁发行政许可证件的，应当向申请人颁发加盖本行政机关印章的下列行政许可证件：

（一）许可证、执照或者其他许可证书；

（二）资格证、资质证或者其他合格证书；

（三）行政机关的批准文件或者证明文件；

（四）法律、法规规定的其他行政许可证件。

行政机关实施检验、检测、检疫的，可以在检验、检测、检疫合格的设备、设施、产品、物品上加贴标签或者加盖检验、检测、检疫印章。

**第四十条** 行政机关作出的准予行政许可决定，应当予以公开，公众有权查阅。

**第四十一条** 法律、行政法规设定的行政许可，其适用范围没有地域限制的，申请人取得的行政许可在全国范围内有效。

## 第三节 期　　限

**第四十二条** 除可以当场作出行政许可决定的外，行政机关应当自受理行政许可申请之日起二十日内作出行政许可决定。二十日内不能作出决定的，经本行政机关负责人批准，可以延长十日，并应当将延长期限的理由告知申请人。但是，法律、法规另有规定的，依照其规定。

依照本法第二十六条的规定，行政许可采取统一办理或者联合办理、集中办理的，办理的时间不得超过四十五日；四十五日内不能办结的，经本级人民政府负责人批准，可以延长十五日，并应当将延长期限的理由告知申请人。

**第四十三条** 依法应当先经下级行政机关审查后报上级行政机关决定的行政许可，下级行政机关应当自其受理行政许可申请之日起二十日内审查完毕。但是，法律、法规另有规定的，依照其规定。

**第四十四条** 行政机关作出准予行政许可的决定，应当自作出决定之日起十日内向申请人颁发、送达行政许可证件，或者加贴标签、加盖检验、检测、检疫印章。

**第四十五条** 行政机关作出行政许可决定，依法需要听证、招标、拍卖、检验、检测、检疫、鉴定和专家评审的，所需时间不计算在本节规定的期限内。行政机关应当将所需时间书面告知申请人。

## 第四节 听 证

**第四十六条** 法律、法规、规章规定实施行政许可应当听证的事项，或者行政机关认为需要听证的其他涉及公共利益的重大行政许可事项，行政机关应当向社会公告，并举行听证。

**第四十七条** 行政许可直接涉及申请人与他人之间重大利益关系的，行政机关在作出行政许可决定前，应当告知申请人、利害关系人享有要求听证的权利；申请人、利害关系人在被告知听证权利之日起五日内提出听证申请的，行政机关应当在二十日内组织听证。

申请人、利害关系人不承担行政机关组织听证的费用。

**第四十八条** 听证按照下列程序进行：

（一）行政机关应当于举行听证的七日前将举行听证的时间、地点通知申请人、利害关系人，必要时予以公告；

（二）听证应当公开举行；

（三）行政机关应当指定审查该行政许可申请的工作人员以外

的人员为听证主持人，申请人、利害关系人认为主持人与该行政许可事项有直接利害关系的，有权申请回避；

（四）举行听证时，审查该行政许可申请的工作人员应当提供审查意见的证据、理由，申请人、利害关系人可以提出证据，并进行申辩和质证；

（五）听证应当制作笔录，听证笔录应当交听证参加人确认无误后签字或者盖章。

行政机关应当根据听证笔录，作出行政许可决定。

## 第五节　变更与延续

**第四十九条**　被许可人要求变更行政许可事项的，应当向作出行政许可决定的行政机关提出申请；符合法定条件、标准的，行政机关应当依法办理变更手续。

**第五十条**　被许可人需要延续依法取得的行政许可的有效期的，应当在该行政许可有效期届满三十日前向作出行政许可决定的行政机关提出申请。但是，法律、法规、规章另有规定的，依照其规定。

行政机关应当根据被许可人的申请，在该行政许可有效期届满前作出是否准予延续的决定；逾期未作决定的，视为准予延续。

## 第六节　特别规定

**第五十一条**　实施行政许可的程序，本节规定的，适用本节规定；本节没有规定的，适用本章其他有关规定。

**第五十二条**　国务院实施行政许可的程序，适用有关法律、行政法规的规定。

**第五十三条**　实施本法第十二条第二项所列事项的行政许可的，行政机关应当通过招标、拍卖等公平竞争的方式作出决定。但是，法律、行政法规另有规定的，依照其规定。

行政机关通过招标、拍卖等方式作出行政许可决定的具体程序，依照有关法律、行政法规的规定。

行政机关按照招标、拍卖程序确定中标人、买受人后，应当作出准予行政许可的决定，并依法向中标人、买受人颁发行政许可证件。

行政机关违反本条规定，不采用招标、拍卖方式，或者违反招标、拍卖程序，损害申请人合法权益的，申请人可以依法申请行政复议或者提起行政诉讼。

**第五十四条** 实施本法第十二条第三项所列事项的行政许可，赋予公民特定资格，依法应当举行国家考试的，行政机关根据考试成绩和其他法定条件作出行政许可决定；赋予法人或者其他组织特定的资格、资质的，行政机关根据申请人的专业人员构成、技术条件、经营业绩和管理水平等的考核结果作出行政许可决定。但是，法律、行政法规另有规定的，依照其规定。

公民特定资格的考试依法由行政机关或者行业组织实施，公开举行。行政机关或者行业组织应当事先公布资格考试的报名条件、报考办法、考试科目以及考试大纲。但是，不得组织强制性的资格考试的考前培训，不得指定教材或者其他助考材料。

**第五十五条** 实施本法第十二条第四项所列事项的行政许可的，应当按照技术标准、技术规范依法进行检验、检测、检疫，行政机关根据检验、检测、检疫的结果作出行政许可决定。

行政机关实施检验、检测、检疫，应当自受理申请之日起五日内指派两名以上工作人员按照技术标准、技术规范进行检验、检测、检疫。不需要对检验、检测、检疫结果作进一步技术分析即可认定设备、设施、产品、物品是否符合技术标准、技术规范的，行政机关应当当场作出行政许可决定。

行政机关根据检验、检测、检疫结果，作出不予行政许可决定的，应当书面说明不予行政许可所依据的技术标准、技术规范。

**第五十六条** 实施本法第十二条第五项所列事项的行政许可，申请人提交的申请材料齐全、符合法定形式的，行政机关应当当场予以登记。需要对申请材料的实质内容进行核实的，行政机关依照本法第三十四条第三款的规定办理。

**第五十七条** 有数量限制的行政许可，两个或者两个以上申请人的申请均符合法定条件、标准的，行政机关应当根据受理行政许可申请的先后顺序作出准予行政许可的决定。但是，法律、行政法规另有规定的，依照其规定。

# 第五章　行政许可的费用

**第五十八条**　行政机关实施行政许可和对行政许可事项进行监督检查，不得收取任何费用。但是，法律、行政法规另有规定的，依照其规定。

行政机关提供行政许可申请书格式文本，不得收费。

行政机关实施行政许可所需经费应当列入本行政机关的预算，由本级财政予以保障，按照批准的预算予以核拨。

**第五十九条**　行政机关实施行政许可，依照法律、行政法规收取费用的，应当按照公布的法定项目和标准收费；所收取的费用必须全部上缴国库，任何机关或者个人不得以任何形式截留、挪用、私分或者变相私分。财政部门不得以任何形式向行政机关返还或者变相返还实施行政许可所收取的费用。

# 第六章　监督检查

**第六十条**　上级行政机关应当加强对下级行政机关实施行政许可的监督检查，及时纠正行政许可实施中的违法行为。

**第六十一条**　行政机关应当建立健全监督制度，通过核查反映被许可人从事行政许可事项活动情况的有关材料，履行监督责任。

行政机关依法对被许可人从事行政许可事项的活动进行监督检查时，应当将监督检查的情况和处理结果予以记录，由监督检查人员签字后归档。公众有权查阅行政机关监督检查记录。

行政机关应当创造条件，实现与被许可人、其他有关行政机关的计算机档案系统互联，核查被许可人从事行政许可事项活动情况。

**第六十二条**　行政机关可以对被许可人生产经营的产品依法进行抽样检查、检验、检测，对其生产经营场所依法进行实地检查。检查时，行政机关可以依法查阅或者要求被许可人报送有关材料；被许可人应当如实提供有关情况和材料。

行政机关根据法律、行政法规的规定，对直接关系公共安全、人身健康、生命财产安全的重要设备、设施进行定期检验。对检验合格的，行政机关应当发给相应的证明文件。

**第六十三条** 行政机关实施监督检查，不得妨碍被许可人正常的生产经营活动，不得索取或者收受被许可人的财物，不得谋取其他利益。

**第六十四条** 被许可人在作出行政许可决定的行政机关管辖区域外违法从事行政许可事项活动的，违法行为发生地的行政机关应当依法将被许可人的违法事实、处理结果抄告作出行政许可决定的行政机关。

**第六十五条** 个人和组织发现违法从事行政许可事项的活动，有权向行政机关举报，行政机关应当及时核实、处理。

**第六十六条** 被许可人未依法履行开发利用自然资源义务或者未依法履行利用公共资源义务的，行政机关应当责令限期改正；被许可人在规定期限内不改正的，行政机关应当依照有关法律、行政法规的规定予以处理。

**第六十七条** 取得直接关系公共利益的特定行业的市场准入行政许可的被许可人，应当按照国家规定的服务标准、资费标准和行政机关依法规定的条件，向用户提供安全、方便、稳定和价格合理的服务，并履行普遍服务的义务；未经作出行政许可决定的行政机关批准，不得擅自停业、歇业。

被许可人不履行前款规定的义务的，行政机关应当责令限期改正，或者依法采取有效措施督促其履行义务。

**第六十八条** 对直接关系公共安全、人身健康、生命财产安全的重要设备、设施，行政机关应当督促设计、建造、安装和使用单位建立相应的自检制度。

行政机关在监督检查时，发现直接关系公共安全、人身健康、生命财产安全的重要设备、设施存在安全隐患的，应当责令停止建造、安装和使用，并责令设计、建造、安装和使用单位立即改正。

**第六十九条** 有下列情形之一的，作出行政许可决定的行政机关或者其上级行政机关，根据利害关系人的请求或者依据职权，可以撤销行政许可：

（一）行政机关工作人员滥用职权、玩忽职守作出准予行政许可决定的；

（二）超越法定职权作出准予行政许可决定的；

（三）违反法定程序作出准予行政许可决定的；

（四）对不具备申请资格或者不符合法定条件的申请人准予行政许可的；

（五）依法可以撤销行政许可的其他情形。

被许可人以欺骗、贿赂等不正当手段取得行政许可的，应当予以撤销。

依照前两款的规定撤销行政许可，可能对公共利益造成重大损害的，不予撤销。

依照本条第一款的规定撤销行政许可，被许可人的合法权益受到损害的，行政机关应当依法给予赔偿。依照本条第二款的规定撤销行政许可的，被许可人基于行政许可取得的利益不受保护。

**第七十条**　有下列情形之一的，行政机关应当依法办理有关行政许可的注销手续：

（一）行政许可有效期届满未延续的；

（二）赋予公民特定资格的行政许可，该公民死亡或者丧失行为能力的；

（三）法人或者其他组织依法终止的；

（四）行政许可依法被撤销、撤回，或者行政许可证件依法被吊销的；

（五）因不可抗力导致行政许可事项无法实施的；

（六）法律、法规规定的应当注销行政许可的其他情形。

# 第七章　法律责任

**第七十一条**　违反本法第十七条规定设定的行政许可，有关机关应当责令设定该行政许可的机关改正，或者依法予以撤销。

**第七十二条**　行政机关及其工作人员违反本法的规定，有下列情形之一的，由其上级行政机关或者监察机关责令改正；情节严重的，对直接负责的主管人员和其他直接责任人员依法给予行政处分：

（一）对符合法定条件的行政许可申请不予受理的；

（二）不在办公场所公示依法应当公示的材料的；

（三）在受理、审查、决定行政许可过程中，未向申请人、利害关系人履行法定告知义务的；

（四）申请人提交的申请材料不齐全、不符合法定形式，不一次告知申请人必须补正的全部内容的；

（五）未依法说明不受理行政许可申请或者不予行政许可的理由的；

（六）依法应当举行听证而不举行听证的。

**第七十三条** 行政机关工作人员办理行政许可、实施监督检查，索取或者收受他人财物或者谋取其他利益，构成犯罪的，依法追究刑事责任；尚不构成犯罪的，依法给予行政处分。

**第七十四条** 行政机关实施行政许可，有下列情形之一的，由其上级行政机关或者监察机关责令改正，对直接负责的主管人员和其他直接责任人员依法给予行政处分；构成犯罪的，依法追究刑事责任：

（一）对不符合法定条件的申请人准予行政许可或者超越法定职权作出准予行政许可决定的；

（二）对符合法定条件的申请人不予行政许可或者不在法定期限内作出准予行政许可决定的；

（三）依法应当根据招标、拍卖结果或者考试成绩择优作出准予行政许可决定，未经招标、拍卖或者考试，或者不根据招标、拍卖结果或者考试成绩择优作出准予行政许可决定的。

**第七十五条** 行政机关实施行政许可，擅自收费或者不按照法定项目和标准收费的，由其上级行政机关或者监察机关责令退还非法收取的费用；对直接负责的主管人员和其他直接责任人员依法给予行政处分。

截留、挪用、私分或者变相私分实施行政许可依法收取的费用的，予以追缴；对直接负责的主管人员和其他直接责任人员依法给予行政处分；构成犯罪的，依法追究刑事责任。

**第七十六条** 行政机关违法实施行政许可，给当事人的合法权益造成损害的，应当依照国家赔偿法的规定给予赔偿。

第七十七条　行政机关不依法履行监督职责或者监督不力，造成严重后果的，由其上级行政机关或者监察机关责令改正，对直接负责的主管人员和其他直接责任人员依法给予行政处分；构成犯罪的，依法追究刑事责任。

第七十八条　行政许可申请人隐瞒有关情况或者提供虚假材料申请行政许可的，行政机关不予受理或者不予行政许可，并给予警告；行政许可申请属于直接关系公共安全、人身健康、生命财产安全事项的，申请人在一年内不得再次申请该行政许可。

第七十九条　被许可人以欺骗、贿赂等不正当手段取得行政许可的，行政机关应当依法给予行政处罚；取得的行政许可属于直接关系公共安全、人身健康、生命财产安全事项的，申请人在三年内不得再次申请该行政许可；构成犯罪的，依法追究刑事责任。

第八十条　被许可人有下列行为之一的，行政机关应当依法给予行政处罚；构成犯罪的，依法追究刑事责任：

（一）涂改、倒卖、出租、出借行政许可证件，或者以其他形式非法转让行政许可的；

（二）超越行政许可范围进行活动的；

（三）向负责监督检查的行政机关隐瞒有关情况、提供虚假材料或者拒绝提供反映其活动情况的真实材料的；

（四）法律、法规、规章规定的其他违法行为。

第八十一条　公民、法人或者其他组织未经行政许可，擅自从事依法应当取得行政许可的活动的，行政机关应当依法采取措施予以制止，并依法给予行政处罚；构成犯罪的，依法追究刑事责任。

# 第八章　附　　则

第八十二条　本法规定的行政机关实施行政许可的期限以工作日计算，不含法定节假日。

第八十三条　本法自 2004 年 7 月 1 日起施行。

本法施行前有关行政许可的规定，制定机关应当依照本法规定予以清理；不符合本法规定的，自本法施行之日起停止执行。

# 中华人民共和国行政诉讼法

（1989 年 4 月 4 日第七届全国人民代表大会第二次
会议通过　根据 2014 年 11 月 1 日第十二届全国人民
代表大会常务委员会第十一次会议《全国人民代表大
会常务委员会关于修改〈中华人民共和国行政诉讼法〉
的决定》修正　自 2015 年 5 月 1 日起施行）

## 目　　录

# 第一章　总　　则

**第一条**　为保证人民法院公正、及时审理行政案件，解决行政争议，保护公民、法人和其他组织的合法权益，监督行政机关依法行使职权，根据宪法，制定本法。

**第二条** 公民、法人或者其他组织认为行政机关和行政机关工作人员的行政行为侵犯其合法权益，有权依照本法向人民法院提起诉讼。

前款所称行政行为，包括法律、法规、规章授权的组织作出的行政行为。

**第三条** 人民法院应当保障公民、法人和其他组织的起诉权利，对应当受理的行政案件依法受理。

行政机关及其工作人员不得干预、阻碍人民法院受理行政案件。

被诉行政机关负责人应当出庭应诉。不能出庭的，应当委托行政机关相应的工作人员出庭。

**第四条** 人民法院依法对行政案件独立行使审判权，不受行政机关、社会团体和个人的干涉。

人民法院设行政审判庭，审理行政案件。

**第五条** 人民法院审理行政案件，以事实为根据，以法律为准绳。

**第六条** 人民法院审理行政案件，对行政行为是否合法进行审查。

**第七条** 人民法院审理行政案件，依法实行合议、回避、公开审判和两审终审制度。

**第八条** 当事人在行政诉讼中的法律地位平等。

**第九条** 各民族公民都有用本民族语言、文字进行行政诉讼的权利。

在少数民族聚居或者多民族共同居住的地区，人民法院应当用当地民族通用的语言、文字进行审理和发布法律文书。

人民法院应当对不通晓当地民族通用的语言、文字的诉讼参与人提供翻译。

**第十条** 当事人在行政诉讼中有权进行辩论。

**第十一条** 人民检察院有权对行政诉讼实行法律监督。

# 第二章 受案范围

**第十二条** 人民法院受理公民、法人或者其他组织提起的下列诉讼：

（一）对行政拘留、暂扣或者吊销许可证和执照、责令停产停业、没收违法所得、没收非法财物、罚款、警告等行政处罚不服的；

（二）对限制人身自由或者对财产的查封、扣押、冻结等行政强制措施和行政强制执行不服的；

（三）申请行政许可，行政机关拒绝或者在法定期限内不予答复，或者对行政机关作出的有关行政许可的其他决定不服的；

（四）对行政机关作出的关于确认土地、矿藏、水流、森林、山岭、草原、荒地、滩涂、海域等自然资源的所有权或者使用权的决定不服的；

（五）对征收、征用决定及其补偿决定不服的；

（六）申请行政机关履行保护人身权、财产权等合法权益的法定职责，行政机关拒绝履行或者不予答复的；

（七）认为行政机关侵犯其经营自主权或者农村土地承包经营权、农村土地经营权的；

（八）认为行政机关滥用行政权力排除或者限制竞争的；

（九）认为行政机关违法集资、摊派费用或者违法要求履行其他义务的；

（十）认为行政机关没有依法支付抚恤金、最低生活保障待遇或者社会保险待遇的；

（十一）认为行政机关不依法履行、未按照约定履行或者违法变更、解除政府特许经营协议、土地房屋征收补偿协议等协议的；

（十二）认为行政机关侵犯其他人身权、财产权等合法权益的。

除前款规定外，人民法院受理法律、法规规定可以提起诉讼的其他行政案件。

**第十三条** 人民法院不受理公民、法人或者其他组织对下列事项提起的诉讼：

（一）国防、外交等国家行为；

（二）行政法规、规章或者行政机关制定、发布的具有普遍约束力的决定、命令；

（三）行政机关对行政机关工作人员的奖惩、任免等决定；

（四）法律规定由行政机关最终裁决的行政行为。

# 第三章　管　　辖

**第十四条**　基层人民法院管辖第一审行政案件。

**第十五条**　中级人民法院管辖下列第一审行政案件：

（一）对国务院部门或者县级以上地方人民政府所作的行政行为提起诉讼的案件；

（二）海关处理的案件；

（三）本辖区内重大、复杂的案件。

（四）其他法律规定由中级人民法院管辖的案件。

**第十六条**　高级人民法院管辖本辖区内重大、复杂的第一审行政案件。

**第十七条**　最高人民法院管辖全国范围内重大、复杂的第一审行政案件。

**第十八条**　行政案件由最初作出行政行为的行政机关所在地人民法院管辖。经复议的案件，也可以由复议机关所在地人民法院管辖。

经最高人民法院批准，高级人民法院可以根据审判工作的实际情况，确定若干人民法院跨行政区域管辖行政案件。

**第十九条**　对限制人身自由的行政强制措施不服提起的诉讼，由被告所在地或者原告所在地人民法院管辖。

**第二十条**　因不动产提起的行政诉讼，由不动产所在地人民法院管辖。

**第二十一条**　两个以上人民法院都有管辖权的案件，原告可以选择其中一个人民法院提起诉讼。原告向两个以上有管辖权的人民法院提起诉讼的，由最先立案的人民法院管辖。

**第二十二条**　人民法院发现受理的案件不属于本院管辖的，应当移送有管辖权的人民法院，受移送的人民法院应当受理。受移送的人民法院认为受移送的案件按照规定不属于本院管辖的，应当报请上级人民法院指定管辖，不得再自行移送。

**第二十三条** 有管辖权的人民法院由于特殊原因不能行使管辖权的，由上级人民法院指定管辖。

人民法院对管辖权发生争议，由争议双方协商解决。协商不成的，报它们的共同上级人民法院指定管辖。

**第二十四条** 上级人民法院有权审理下级人民法院管辖的第一审行政案件。

下级人民法院对其管辖的第一审行政案件，认为需要由上级人民法院审理或者指定管辖的，可以报请上级人民法院决定。

# 第四章　诉讼参加人

**第二十五条** 行政行为的相对人以及其他与行政行为有利害关系的公民、法人或者其他组织，有权提起诉讼。

有权提起诉讼的公民死亡，其近亲属可以提起诉讼。

有权提起诉讼的法人或者其他组织终止，承受其权利的法人或者其他组织可以提起诉讼。

**第二十六条** 公民、法人或者其他组织直接向人民法院提起诉讼的，作出行政行为的行政机关是被告。

经复议的案件，复议机关决定维持原行政行为的，作出原行政行为的行政机关和复议机关是共同被告；复议机关改变原行政行为的，复议机关是被告。

复议机关在法定期限内未作出复议决定，公民、法人或者其他组织起诉原行政行为的，作出原行政行为的行政机关是被告；起诉复议机关不作为的，复议机关是被告。

两个以上行政机关作出同一行政行为的，共同作出行政行为的行政机关是共同被告。

行政机关委托的组织所作的行政行为，委托的行政机关是被告。

行政机关被撤销或者职权变更的，继续行使其职权的行政机关是被告。

**第二十七条** 当事人一方或双方为二人以上，因同一行政行为发生的行政案件，或者因同类行政行为发生的行政案件、人民法院认为可以合并审理并经当事人同意的，为共同诉讼。

**第二十八条** 当事人一方人数众多的共同诉讼，可以由当事人推选代表人进行诉讼。代表人的诉讼行为对其所代表的当事人发生效力，但代表人变更、放弃诉讼请求或者承认对方当事人的诉讼请求，应当经被代表的当事人同意。

**第二十九条** 公民、法人或者其他组织同被诉行政行为有利害关系但没有提起诉讼，或者同案件处理结果有利害关系的，可以作为第三人申请参加诉讼，或者由人民法院通知参加诉讼。

人民法院判决第三人承担义务或者减损第三人权益的，第三人有权依法提起上诉。

**第三十条** 没有诉讼行为能力的公民，由其法定代理人代为诉讼。法定代理人互相推诿代理责任的，由人民法院指定其中一人代为诉讼。

**第三十一条** 当事人、法定代理人，可以委托一至二人作为诉讼代理人。

下列人员可以被委托为诉讼代理人：

（一）律师、基层法律服务工作者；

（二）当事人的近亲属或者工作人员；

（三）当事人所在社区、单位以及有关社会团体推荐的公民。

**第三十二条** 代理诉讼的律师，有权按照规定查阅、复制本案有关材料，有权向有关组织和公民调查，收集与本案有关的证据。对涉及国家秘密、商业秘密和个人隐私的材料，应当依照法律规定保密。

当事人和其他诉讼代理人有权按照规定查阅、复制本案庭审材料，但涉及国家秘密、商业秘密和个人隐私的内容除外。

# 第五章 证 据

**第三十三条** 证据包括：

（一）书证；

（二）物证；

（三）视听资料；

（四）电子数据；

（五）证人证言；

（六）当事人的陈述；

（七）鉴定意见；

（八）勘验笔录、现场笔录。

以上证据经法庭审查属实，才能作为认定案件事实的根据。

**第三十四条** 被告对作出的行政行为负有举证责任，应当提供作出该行政行为的证据和所依据的规范性文件。

被告不提供或者无正当理由逾期提供证据，视为没有相应证据。但是，被诉行政行为涉及第三人合法权益，第三人提供证据的除外。

**第三十五条** 在诉讼过程中，被告及其诉讼代理人不得自行向原告、第三人和证人搜集证据。

**第三十六条** 被告在作出行政行为时已经收集了证据，但因不可抗力等正当事由不能提供的，经人民法院准许，可以延期提供。

原告或者第三人提出了其在行政处理程序中没有提出的理由或者证据的，经人民法院准许，被告可以补充证据。

**第三十七条** 原告可以提供证明行政行为违法的证据。原告提供的证据不成立的，不免除被告的举证责任。

**第三十八条** 在起诉被告不履行法定职责的案件中，原告应当提供其向被告提出申请的证据。但有下列情形之一的除外：

（一）被告应当依职权主动履行法定职责的；

（二）原告因正当理由不能提供证据的。

在行政赔偿、补偿的案件中，原告应当对行政行为造成的损害提供证据。因被告的原因导致原告无法举证的，由被告承担举证责任。

**第三十九条** 人民法院有权要求当事人提供或者补充证据。

**第四十条** 人民法院有权向有关行政机关以及其他组织、公民调取证据。但是，不得为证明行政行为的合法性调取被告作出行政行为时未收集的证据。

第四十一条　与本案有关的下列证据，原告或者第三人不能自行收集的，可以申请人民法院调取：

（一）由国家机关保存而须由人民法院调取的证据；

（二）涉及国家秘密、商业秘密和个人隐私的证据；

（三）确因客观原因不能自行收集的其他证据。

第四十二条　在证据可能灭失或者以后难以取得的情况下，诉讼参加人可以向人民法院申请保全证据，人民法院也可以主动采取保全措施。

第四十三条　证据应当在法庭上出示，并由当事人互相质证。对涉及国家秘密、商业秘密和个人隐私的证据，不得在公开开庭时出示。

人民法院应当按照法定程序，全面、客观地审查核实证据。对未采纳的证据应当在裁判文书中说明理由。

以非法手段取得的证据，不得作为认定案件事实的根据。

# 第六章　起诉和受理

第四十四条　对属于人民法院受案范围的行政案件，公民、法人或者其他组织可以先向行政机关申请复议，对复议决定不服的，再向人民法院提起诉讼；也可以直接向人民法院提起诉讼。

法律、法规规定应当先向行政机关申请复议，对复议决定不服再向人民法院提起诉讼的，依照法律、法规的规定。

第四十五条　公民、法人或者其他组织不服复议决定的，可以在收到复议决定书之日起十五日内向人民法院提起诉讼。复议机关逾期不作决定的，申请人可以在复议期满之日起十五日内向人民法院提起诉讼。法律另有规定的除外。

申请人不服复议决定的，可以在收到复议决定书之日起十五日内向人民法院提起诉讼。复议机关逾期不作决定的，申请人可以在复议期满之日起十五日内向人民法院提起诉讼。法律另有规定的除外。

第四十六条　公民、法人或者其他组织直接向人民法院提起诉讼的，应当自知道或者应当知道作出行政行为之日起六个月内提出。法律另有规定的除外。

因不动产提起诉讼的案件自行政行为作出之日起超过二十年，其他案件自行政行为作出之日起超过五年提起诉讼的，人民法院不予受理。

**第四十七条** 公民、法人或者其他组织申请行政机关履行保护其人身权、财产权等合法权益的法定职责，行政机关在接到申请之日起两个月内不履行的，公民、法人或者其他组织可以向人民法院提起诉讼。法律、法规对行政机关履行职责的期限另有规定的，从其规定。

公民、法人或者其他组织在紧急情况下请求行政机关履行保护其人身权、财产权等合法权益的法定职责，行政机关不履行的，提起诉讼不受前款规定期限的限制。

**第四十八条** 公民、法人或者其他组织因不可抗力或者其他不属于其自身的原因耽误起诉期限的，被耽误的时间不计算在起诉期限内。

公民、法人或者其他组织因前款规定以外的其他特殊情况耽误起诉期限的，在障碍消除后十日内，可以申请延长期限，是否准许由人民法院决定。

**第四十九条** 提起诉讼应当符合下列条件：

（一）原告是符合本法第二十五条规定的公民、法人或者其他组织；

（二）有明确的被告；

（三）有具体的诉讼请求和事实根据；

（四）属于人民法院受案范围和受诉人民法院管辖。

**第五十条** 起诉应当向人民法院递交起诉状，并按照被告人数提出副本。

书写起诉状确有困难的，可以口头起诉，由人民法院记入笔录，出具注明日期的书面凭证，并告知对方当事人。

**第五十一条** 人民法院在接到起诉状时对符合本法规定的起诉条件的，应当登记立案。

对当场不能判定是否符合本法规定的起诉条件的，应当接收起诉状，出具注明收到日期的书面凭证，并在七日内决定是否立案。不符合起诉条件的，作出不予立案的裁定。裁定书应当载明不予立案的理由。原告对裁定不服的，可以提起上诉。

起诉状内容欠缺或者有其他错误的，应当给予指导和释明，并一次性告知当事人需要补正的内容。不得未经指导和释明即以起诉不符合条件为由不接收起诉状。

对于不接收起诉状、接收起诉状后不出具书面凭证，以及不一次性告知当事人需要补正的起诉状内容的，当事人可以向上级人民法院投诉，上级人民法院应当责令改正，并对直接负责的主管人员和其他直接责任人员依法给予处分。

**第五十二条** 人民法院既不立案，又不作出不予立案裁定的，当事人可以向上一级人民法院起诉。上一级人民法院认为符合起诉条件的，应当立案、审理，也可以指定其他下级人民法院立案、审理。

**第五十三条** 公民、法人或者其他组织认为行政行为所依据的国务院部门和地方人民政府及其部门制定的规范性文件不合法，在对行政行为提起诉讼时，可以一并请求对该规范性文件进行审查。

前款规定的规范性文件不含规章。

# 第七章　审理和判决

## 第一节　一般规定

**第五十四条** 人民法院公开审理行政案件，但涉及国家秘密、个人隐私和法律另有规定的除外。

涉及商业秘密的案件，当事人申请不公开审理的，可以不公开审理。

**第五十五条** 当事人认为审判人员与本案有利害关系或者有其他关系可能影响公正审判，有权申请审判人员回避。

审判人员认为自己与本案有利害关系或者有其他关系，应当申请回避。

前两款规定，适用于书记员、翻译人员、鉴定人、勘验人。

院长担任审判长时的回避，由审判委员会决定；审判人员的回避，由院长决定；其他人员的回避，由审判长决定。当事人对决定不服的，可以申请复议一次。

**第五十六条** 诉讼期间，不停止行政行为的执行。但有下列情形之一的，裁定停止执行：

（一）被告认为需要停止执行的；

（二）原告或者利害关系人申请停止执行，人民法院认为该行政行为的执行会造成难以弥补的损失，并且停止执行不损害国家利益、社会公共利益的；

（三）人民法院认为该行政行为的执行会给国家利益、社会公共利益造成重大损害的；

（四）法律、法规规定停止执行的。

当事人对停止执行或者不停止执行的裁定不服的，可以申请复议一次。

**第五十七条** 人民法院对起诉行政机关没有依法支付抚恤金、最低生活保障金和工伤、医疗社会保险金的案件，权利义务关系明确、不先予执行将严重影响原告生活的，可以根据原告的申请，裁定先予执行。

当事人对先予执行裁定不服的，可以申请复议一次。复议期间不停止裁定的执行。

**第五十八条** 经人民法院传票传唤，原告无正当理由拒不到庭，或者未经法庭许可中途退庭的，可以按照撤诉处理；被告无正当理由拒不到庭，或者未经法庭许可中途退庭的，可以缺席判决。

**第五十九条** 诉讼参与人或者其他人有下列行为之一的，人民法院可以根据情节轻重，予以训诫、责令具结悔过或者处一万元以下的罚款、十五日以下的拘留；构成犯罪的，依法追究刑事责任：

（一）有义务协助调查、执行的人，对人民法院的协助调查决定、协助执行通知书，无故推脱、拒绝或者妨碍调查、执行的；

（二）伪造、隐藏、毁灭证据或者提供虚假证明材料，妨碍人民法院审理案件的；

（三）指使、贿买、胁迫他人作伪证或者威胁、阻止证人作证的；

（四）隐藏、转移、变卖、毁损已被查封、扣押、冻结的财产的；

（五）以欺骗、胁迫等非法手段使原告撤诉的；

（六）以暴力、威胁或者其他方法阻碍人民法院工作人员执行职务，或者以哄闹、冲击法庭等方法扰乱人民法院工作秩序的；

（七）对人民法院审判人员或者其他工作人员、诉讼参与人、协助调查和执行的人员恐吓、侮辱、诽谤、诬陷、殴打、围攻或者打击报复的。

人民法院对有前款规定的行为之一的单位，可以对其主要负责人或者直接责任人员依照前款规定予以罚款、拘留；构成犯罪的，依法追究刑事责任。

罚款、拘留须经人民法院院长批准。当事人不服的，可以向上一级人民法院申请复议一次。复议期间不停止执行。

**第六十条**　人民法院审理行政案件，不适用调解。但是，行政赔偿、补偿以及行政机关行使法律、法规规定的自由裁量权的案件可以调解。

调解应当遵循自愿、合法原则，不得损害国家利益、社会公共利益和他人合法权益。

**第六十一条**　在涉及行政许可、登记、征收、征用和行政机关对民事争议所作的裁决的行政诉讼中，当事人申请一并解决相关民事争议的，人民法院可以一并审理。

在行政诉讼中，人民法院认为行政案件的审理需以民事诉讼的裁判为依据的，可以裁定中止行政诉讼。

**第六十二条**　人民法院对行政案件宣告判决或者裁定前，原告申请撤诉的，或者被告改变其所作的行政行为，原告同意并申请撤诉的，是否准许，由人民法院裁定。

**第六十三条**　人民法院审理行政案件，以法律和行政法规、地方性法规为依据。地方性法规适用于本行政区域内发生的行政案件。

人民法院审理民族自治地方的行政案件，并以该民族自治地方的自治条例和单行条例为依据。

人民法院审理行政案件，参照规章。

**第六十四条**　人民法院在审理行政案件中，经审查认为本法第五十三条规定的规范性文件不合法的，不作为认定行政行为合法的依据，并向制定机关提出处理建议。

**第六十五条** 人民法院应当公开发生法律效力的判决书、裁定书，供公众查阅，但涉及国家秘密、商业秘密和个人隐私的内容除外。

**第六十六条** 人民法院在审理行政案件中，认为行政机关的主管人员、直接责任人员违法违纪的，应当将有关材料移送监察机关、该行政机关或者其上一级行政机关；认为有犯罪行为的，应当将有关材料移送公安、检察机关。

人民法院对被告经传票传唤无正当理由拒不到庭，或者未经法庭许可中途退庭的，可以将被告拒不到庭或者中途退庭的情况予以公告，并可以向监察机关或者被告的上一级行政机关提出依法给予其主要负责人或者直接责任人员处分的司法建议。

## 第二节　第一审普通程序

**第六十七条** 人民法院应当在立案之日起五日内，将起诉状副本发送被告。被告应当在收到起诉状副本之日起十五日内向人民法院提交作出行政行为的证据和所依据的规范性文件，并提出答辩状。人民法院应当在收到答辩状之日起五日内，将答辩状副本发送原告。

被告不提出答辩状的，不影响人民法院审理。

**第六十八条** 人民法院审理行政案件，由审判员组成合议庭，或者由审判员、陪审员组成合议庭。合议庭的成员，应当是三人以上的单数。

**第六十九条** 行政行为证据确凿，适用法律、法规正确，符合法定程序的，或者原告申请被告履行法定职责或者给付义务理由不成立的，人民法院判决驳回原告的诉讼请求。

**第七十条** 行政行为有下列情形之一的，人民法院判决撤销或者部分撤销，并可以判决被告重新作出行政行为：

（一）主要证据不足的；

（二）适用法律、法规错误的；

（三）违反法定程序的；

（四）超越职权的；

（五）滥用职权的；

（六）明显不当的。

**第七十一条** 人民法院判决被告重新作出行政行为的，被告不得以同一的事实和理由作出与原行政行为基本相同的行政行为。

**第七十二条** 人民法院经过审理，查明被告不履行法定职责的，判决被告在一定期限内履行。

**第七十三条** 人民法院经过审理，查明被告依法负有给付义务的，判决被告履行给付义务。

**第七十四条** 行政行为有下列情形之一的，人民法院判决确认违法，但不撤销行政行为：

（一）行政行为依法应当撤销，但撤销会给国家利益、社会公共利益造成重大损害的；

（二）行政行为程序轻微违法，但对原告权利不产生实际影响的。

行政行为有下列情形之一，不需要撤销或者判决履行的，人民法院判决确认违法：

（一）行政行为违法，但不具有可撤销内容的；

（二）被告改变原违法行政行为，原告仍要求确认原行政行为违法的；

（三）被告不履行或者拖延履行法定职责，判决履行没有意义的。

**第七十五条** 行政行为有实施主体不具有行政主体资格或者没有依据等重大且明显违法情形，原告申请确认行政行为无效的，人民法院判决确认无效。

**第七十六条** 人民法院判决确认违法或者无效的，可以同时判决责令被告采取补救措施；给原告造成损失的，依法判决被告承担赔偿责任。

**第七十七条** 行政处罚明显不当，或者其他行政行为涉及对款额的确定、认定确有错误的，人民法院可以判决变更。

人民法院判决变更，不得加重原告的义务或者减损原告的权益。但利害关系人同为原告，且诉讼请求相反的除外。

**第七十八条** 被告不依法履行、未按照约定履行或者违法变更、解除本法第十二条第一款第十一项规定的协议的，人民法院判决被告承担继续履行、采取补救措施或者赔偿损失等责任。

被告变更、解除本法第十二条第一款第十一项规定的协议合法，但未依法给予补偿的，人民法院判决给予补偿。

**第七十九条** 复议机关与作出原行政行为的行政机关为共同被告的案件，人民法院应当对复议决定和原行政行为一并作出裁判。

**第八十条** 人民法院对公开审理和不公开审理的案件，一律公开宣告判决。

当庭宣判的，应当在十日内发送判决书；定期宣判的，宣判后立即发给判决书。

宣告判决时，必须告知当事人上诉权利、上诉期限和上诉的人民法院。

**第八十一条** 人民法院应当在立案之日起六个月内作出第一审判决。有特殊情况需要延长的，由高级人民法院批准，高级人民法院审理第一审案件需要延长的，由最高人民法院批准。

## 第三节　简易程序

**第八十二条** 人民法院审理下列第一审行政案件，认为事实清楚、权利义务关系明确、争议不大的，可以适用简易程序：

（一）被诉行政行为是依法当场作出的；

（二）案件涉及款额二千元以下的；

（三）属于政府信息公开案件的。

除前款规定以外的第一审行政案件，当事人各方同意适用简易程序的，可以适用简易程序。

发回重审、按照审判监督程序再审的案件不适用简易程序。

**第八十三条** 适用简易程序审理的行政案件，由审判员一人独任审理，并应当在立案之日起四十五日内审结。

**第八十四条** 人民法院在审理过程中，发现案件不宜适用简易程序的，裁定转为普通程序。

## 第四节　第二审程序

**第八十五条** 当事人不服人民法院第一审判决的，有权在判决书送达之日起十五日内向上一级人民法院提起上诉。当事人不服人民法院第一审裁定的，有权在裁定书送达之日起十日内向上一级人民法院提起上诉。逾期不提起上诉的，人民法院的第一审判决或者裁定发生法律效力。

**第八十六条** 人民法院对上诉案件，应当组成合议庭，开庭审理。经过阅卷、调查和询问当事人，对没有提出新的事实、证据或者理由，合议庭认为不需要开庭审理的，也可以不开庭审理。

**第八十七条** 人民法院审理上诉案件，应当对原审人民法院的判决、裁定和被诉行政行为进行全面审查。

**第八十八条** 人民法院审理上诉案件，应当在收到上诉状之日起三个月内作出终审判决。有特殊情况需要延长的，由高级人民法院批准，高级人民法院审理上诉案件需要延长的，由最高人民法院批准。

**第八十九条** 人民法院审理上诉案件，按照下列情形，分别处理：

（一）原判决、裁定认定事实清楚，适用法律、法规正确的，判决或者裁定驳回上诉，维持原判决、裁定；

（二）原判决、裁定认定事实错误或者适用法律、法规错误的，依法改判、撤销或者变更；

（三）原判决认定基本事实不清、证据不足的，发回原审人民法院重审，或者查清事实后改判；

（四）原判决遗漏当事人或者违法缺席判决等严重违反法定程序的，裁定撤销原判决，发回原审人民法院重审。

原审人民法院对发回重审的案件作出判决后，当事人提起上诉的，第二审人民法院不得再次发回重审。

人民法院审理上诉案件，需要改变原审判决的，应当同时对被诉行政行为作出判决。

## 第五节　审判监督程序

**第九十条** 当事人对已经发生法律效力的判决、裁定，认为确有错误的，可以向上一级人民法院申请再审，但判决、裁定不停止执行。

**第九十一条** 当事人的申请符合下列情形之一的，人民法院应当再审：

（一）不予立案或者驳回起诉确有错误的；

（二）有新的证据，足以推翻原判决、裁定的；

（三）原判决、裁定认定事实的主要证据不足、未经质证或者系伪造的；

（四）原判决、裁定适用法律、法规确有错误的；

（五）违反法律规定的诉讼程序，可能影响公正审判的；

（六）原判决、裁定遗漏诉讼请求的；

（七）据以作出原判决、裁定的法律文书被撤销或者变更的；

（八）审判人员在审理该案件时有贪污受贿、徇私舞弊、枉法裁判行为的。

**第九十二条** 各级人民法院院长对本院已经发生法律效力的判决、裁定，发现有本法第九十一条规定情形之一，或者发现调解违反自愿原则或者调解书内容违法，认为需要再审的，应当提交审判委员会讨论决定。

最高人民法院对地方各级人民法院已经发生法律效力的判决、裁定，上级人民法院对下级人民法院已经发生法律效力的判决、裁定，发现有本法第九十一条规定情形之一，或者发现调解违反自愿原则或者调解书内容违法的，有权提审或者指令下级人民法院再审。

**第九十三条** 最高人民检察院对各级人民法院已经发生法律效力的判决、裁定，上级人民检察院对下级人民法院已经发生法律效力的判决、裁定，发现有本法第九十一条规定情形之一，或者发现调解书损害国家利益、社会公共利益的，应当提出抗诉。

地方各级人民检察院对同级人民法院已经发生法律效力的判决、裁定，发现有本法第九十一条规定情形之一，或者发现调解书损害国家利益、社会公共利益的，可以向同级人民法院提出检察建议，并报上级人民检察院备案；也可以提请上级人民检察院向同级人民法院提出抗诉。

各级人民检察院对审判监督程序以外的其他审判程序中审判人员的违法行为，有权向同级人民法院提出检察建议。

# 第八章　执　行

**第九十四条**　当事人必须履行人民法院发生法律效力的判决、裁定、调解书。

**第九十五条**　公民、法人或者其他组织拒绝履行判决、裁定、调解书的，行政机关或者第三人可以向第一审人民法院申请强制执行，或者由行政机关依法强制执行。

**第九十六条**　行政机关拒绝履行判决、裁定、调解书的，第一审人民法院可以采取下列措施：

（一）对应当归还的罚款或者应当给付的款额，通知银行从该行政机关的账户内划拨；

（二）在规定期限内不履行的，从期满之日起，对该行政机关负责人按日处五十元至一百元的罚款；

（三）将行政机关拒绝履行的情况予以公告；

（四）向监察机关或者该行政机关的上一级行政机关提出司法建议。接受司法建议的机关，根据有关规定进行处理，并将处理情况告知人民法院；

（五）拒不履行判决、裁定、调解书，社会影响恶劣的，可以对该行政机关直接负责的主管人员和其他直接责任人员予以拘留；情节严重，构成犯罪的，依法追究刑事责任。

**第九十七条**　公民、法人或者其他组织对行政行为在法定期间不提起诉讼又不履行的，行政机关可以申请人民法院强制执行，或者依法强制执行。

# 第九章　涉外行政诉讼

**第九十八条**　外国人、无国籍人、外国组织在中华人民共和国进行行政诉讼，适用本法。法律另有规定的除外。

**第九十九条**　外国人、无国籍人、外国组织在中华人民共和国进行行政诉讼，同中华人民共和国公民、组织有同等的诉讼权利和义务。

外国法院对中华人民共和国公民、组织的行政诉讼权利加以限制的，人民法院对该国公民、组织的行政诉讼权利，实行对等原则。

**第一百条**　外国人、无国籍人、外国组织在中华人民共和国进行行政诉讼，委托律师代理诉讼的，应当委托中华人民共和国律师机构的律师。

# 第十章　附　　则

**第一百零一条**　人民法院审理行政案件，关于期间、送达、财产保全、开庭审理、调解、中止诉讼、终结诉讼、简易程序、执行等，以及人民检察院对行政案件受理、审理、裁判、执行的监督，本法没有规定的，适用《中华人民共和国民事诉讼法》的相关规定。

**第一百零二条**　人民法院审理行政案件，应当收取诉讼费用。诉讼费用由败诉方承担，双方都有责任的由双方分担。收取诉讼费用的具体办法另行规定。

**第一百零三条**　本法自一九九〇年十月一日起施行。

# 中华人民共和国行政处罚法

（1996 年 3 月 17 日第八届全国人民代表大会第四次会议通过　2009 年 8 月 27 日第十一届全国人民代表大会常务委员会第十次会议《关于修改部分法律的决定》修正）

## 目　　录

## 第一章　总　　则

**第一条**　为了规范行政处罚的设定和实施，保障和监督行政机关有效实施行政管理，维护公共利益和社会秩序，保护公民、法人或者其他组织的合法权益，根据宪法，制定本法。

**第二条**　行政处罚的设定和实施，适用本法。

**第三条**　公民、法人或者其他组织违反行政管理秩序的行为，应当给予行政处罚的，依照本法由法律、法规或者规章规定，并由行政机关依照本法规定的程序实施。

没有法定依据或者不遵守法定程序的，行政处罚无效。

**第四条**　行政处罚遵循公正、公开的原则。

设定和实施行政处罚必须以事实为依据，与违法行为的事实、性质、情节以及社会危害程度相当。

对违法行为给予行政处罚的规定必须公布；未经公布的，不得作为行政处罚的依据。

**第五条**　实施行政处罚，纠正违法行为，应当坚持处罚与教育相结合，教育公民、法人或者其他组织自觉守法。

**第六条**　公民、法人或者其他组织对行政机关所给予的行政处罚，享有陈述权、申辩权；对行政处罚不服的，有权依法申请行政复议或者提起行政诉讼。

公民、法人或者其他组织因行政机关违法给予行政处罚受到损害的，有权依法提出赔偿要求。

**第七条**　公民、法人或者其他组织因违法受到行政处罚，其违法行为对他人造成损害的，应当依法承担民事责任。

违法行为构成犯罪的，应当依法追究刑事责任，不得以行政处罚代替刑事处罚。

# 第二章　行政处罚的种类和设定

**第八条**　行政处罚的种类：

（一）警告；

（二）罚款；

（三）没收违法所得、没收非法财物；

（四）责令停产停业；

（五）暂扣或者吊销许可证、暂扣或者吊销执照；

（六）行政拘留；

（七）法律、行政法规规定的其他行政处罚。

**第九条**　法律可以设定各种行政处罚。

限制人身自由的行政处罚，只能由法律设定。

**第十条** 行政法规可以设定除限制人身自由以外的行政处罚。

法律对违法行为已经作出行政处罚规定，行政法规需要作出具体规定的，必须在法律规定的给予行政处罚的行为、种类和幅度的范围内规定。

**第十一条** 地方性法规可以设定除限制人身自由、吊销企业营业执照以外的行政处罚。

法律、行政法规对违法行为已经作出行政处罚规定，地方性法规需要作出具体规定的，必须在法律、行政法规规定的给予行政处罚的行为、种类和幅度的范围内规定。

**第十二条** 国务院部、委员会制定的规章可以在法律、行政法规规定的给予行政处罚的行为、种类和幅度的范围内作出具体规定。

尚未制定法律、行政法规的，前款规定的国务院部、委员会制定的规章对违反行政管理秩序的行为，可以设定警告或者一定数量罚款的行政处罚。罚款的限额由国务院规定。

国务院可以授权具有行政处罚权的直属机构依照本条第一款、第二款的规定，规定行政处罚。

**第十三条** 省、自治区、直辖市人民政府和省、自治区人民政府所在地的市人民政府以及经国务院批准的较大的市人民政府制定的规章可以在法律、法规规定的给予行政处罚的行为、种类和幅度的范围内作出具体规定。

尚未制定法律、法规的，前款规定的人民政府制定的规章对违反行政管理秩序的行为，可以设定警告或者一定数量罚款的行政处罚。罚款的限额由省、自治区、直辖市人民代表大会常务委员会规定。

**第十四条** 除本法第九条、第十条、第十一条、第十二条以及第十三条的规定外，其他规范性文件不得设定行政处罚。

# 第三章 行政处罚的实施机关

**第十五条** 行政处罚由具有行政处罚权的行政机关在法定职权范围内实施。

第十六条 国务院或者经国务院授权的省、自治区、直辖市人民政府可以决定一个行政机关行使有关行政机关的行政处罚权,但限制人身自由的行政处罚权只能由公安机关行使。

第十七条 法律、法规授权的具有管理公共事务职能的组织可以在法定授权范围内实施行政处罚。

第十八条 行政机关依照法律、法规或者规章的规定,可以在其法定权限内委托符合本法第十九条规定条件的组织实施行政处罚。行政机关不得委托其他组织或者个人实施行政处罚。

委托行政机关对受委托的组织实施行政处罚的行为应当负责监督,并对该行为的后果承担法律责任。

受委托组织在委托范围内,以委托行政机关名义实施行政处罚;不得再委托其他任何组织或者个人实施行政处罚。

第十九条 受委托组织必须符合以下条件:

(一)依法成立的管理公共事务的事业组织;

(二)具有熟悉有关法律、法规、规章和业务的工作人员;

(三)对违法行为需要进行技术检查或者技术鉴定的,应当有条件组织进行相应的技术检查或者技术鉴定。

# 第四章 行政处罚的管辖和适用

第二十条 行政处罚由违法行为发生地的县级以上地方人民政府具有行政处罚权的行政机关管辖。法律、行政法规另有规定的除外。

第二十一条 对管辖发生争议的,报请共同的上一级行政机关指定管辖。

第二十二条 违法行为构成犯罪的,行政机关必须将案件移送司法机关,依法追究刑事责任。

第二十三条 行政机关实施行政处罚时,应当责令当事人改正或者限期改正违法行为。

第二十四条 对当事人的同一个违法行为,不得给予两次以上罚款的行政处罚。

第二十五条 不满十四周岁的人有违法行为的,不予行政处罚，责令监护人加以管教；已满十四周岁不满十八周岁的人有违法行为的，从轻或者减轻行政处罚。

**第二十六条** 精神病人在不能辨认或者不能控制自己行为时有违法行为的，不予行政处罚，但应当责令其监护人严加看管和治疗。间歇性精神病人在精神正常时有违法行为的，应当给予行政处罚。

**第二十七条** 当事人有下列情形之一的，应当依法从轻或者减轻行政处罚：

（一）主动消除或者减轻违法行为危害后果的；

（二）受他人胁迫有违法行为的；

（三）配合行政机关查处违法行为有立功表现的；

（四）其他依法从轻或者减轻行政处罚的。

违法行为轻微并及时纠正，没有造成危害后果的，不予行政处罚。

**第二十八条** 违法行为构成犯罪，人民法院判处拘役或者有期徒刑时，行政机关已经给予当事人行政拘留的，应当依法折抵相应刑期。

违法行为构成犯罪，人民法院判处罚金时，行政机关已经给予当事人罚款的，应当折抵相应罚金。

**第二十九条** 违法行为在二年内未被发现的，不再给予行政处罚。法律另有规定的除外。

前款规定的期限，从违法行为发生之日起计算；违法行为有连续或者继续状态的，从行为终了之日起计算。

# 第五章　行政处罚的决定

**第三十条** 公民、法人或者其他组织违反行政管理秩序的行为，依法应当给予行政处罚的，行政机关必须查明事实；违法事实不清的，不得给予行政处罚。

**第三十一条** 行政机关在作出行政处罚决定之前，应当告知当事人作出行政处罚决定的事实、理由及依据，并告知当事人依法享有的权利。

**第三十二条** 当事人有权进行陈述和申辩。行政机关必须充分听取当事人的意见，对当事人提出的事实、理由和证据，应当进行复核；当事人提出的事实、理由或者证据成立的，行政机关应当采纳。

行政机关不得因当事人申辩而加重处罚。

## 第一节 简易程序

**第三十三条** 违法事实确凿并有法定依据，对公民处以五十元以下、对法人或者其他组织处以一千元以下罚款或者警告的行政处罚的，可以当场作出行政处罚决定。当事人应当依照本法第四十六条、第四十七条、第四十八条的规定履行行政处罚决定。

**第三十四条** 执法人员当场作出行政处罚决定的，应当向当事人出示执法身份证件，填写预定格式、编有号码的行政处罚决定书。行政处罚决定书应当当场交付当事人。

前款规定的行政处罚决定书应当载明当事人的违法行为、行政处罚依据、罚款数额、时间、地点以及行政机关名称，并由执法人员签名或者盖章。

执法人员当场作出的行政处罚决定，必须报所属行政机关备案。

**第三十五条** 当事人对当场作出的行政处罚决定不服的，可以依法申请行政复议或者提起行政诉讼。

## 第二节 一般程序

**第三十六条** 除本法第三十三条规定的可以当场作出的行政处罚外，行政机关发现公民、法人或者其他组织有依法应当给予行政处罚的行为的，必须全面、客观、公正地调查，收集有关证据；必要时，依照法律、法规的规定，可以进行检查。

**第三十七条** 行政机关在调查或者进行检查时，执法人员不得少于两人，并应当向当事人或者有关人员出示证件。当事人或者有关人员应当如实回答询问，并协助调查或者检查，不得阻挠。询问或者检查应当制作笔录。

行政机关在搜集证据时，可以采取抽样取证的方法；在证据可能灭失或者以后难以取得的情况下，经行政机关负责人批准，可以先行登记保存，并应当在七日内及时作出处理决定，在此期间，当事人或者有关人员不得销毁或者转移证据。

执法人员与当事人有直接利害关系的，应当回避。

**第三十八条** 调查终结，行政机关负责人应当对调查结果进行审查，根据不同情况，分别作出如下决定：

（一）确有应受行政处罚的违法行为的，根据情节轻重及具体情况，作出行政处罚决定；

（二）违法行为轻微，依法可以不予行政处罚的，不予行政处罚；

（三）违法事实不能成立的，不得给予行政处罚；

（四）违法行为已构成犯罪的，移送司法机关。

对情节复杂或者重大违法行为给予较重的行政处罚，行政机关的负责人应当集体讨论决定。

**第三十九条** 行政机关依照本法第三十八条的规定给予行政处罚，应当制作行政处罚决定书。行政处罚决定书应当载明下列事项：

（一）当事人的姓名或者名称、地址；

（二）违反法律、法规或者规章的事实和证据；

（三）行政处罚的种类和依据；

（四）行政处罚的履行方式和期限；

（五）不服行政处罚决定，申请行政复议或者提起行政诉讼的途径和期限；

（六）作出行政处罚决定的行政机关名称和作出决定的日期。

行政处罚决定书必须盖有作出行政处罚决定的行政机关的印章。

**第四十条** 行政处罚决定书应当在宣告后当场交付当事人；当事人不在场的，行政机关应当在七日内依照民事诉讼法的有关规定，将行政处罚决定书送达当事人。

**第四十一条** 行政机关及其执法人员在作出行政处罚决定之前，不依照本法第三十一条、第三十二条的规定向当事人告知给予行政处罚的事实、理由和依据，或者拒绝听取当事人的陈述、申辩，行政处罚决定不能成立；当事人放弃陈述或者申辩权利的除外。

### 第三节　听证程序

**第四十二条**　行政机关作出责令停产停业、吊销许可证或者执照、较大数额罚款等行政处罚决定之前，应当告知当事人有要求举行听证的权利；当事人要求听证的，行政机关应当组织听证。当事人不承担行政机关组织听证的费用。听证依照以下程序组织：

（一）当事人要求听证的，应当在行政机关告知后三日内提出；

（二）行政机关应当在听证的七日前，通知当事人举行听证的时间、地点；

（三）除涉及国家秘密、商业秘密或者个人隐私外，听证公开举行；

（四）听证由行政机关指定的非本案调查人员主持；当事人认为主持人与本案有直接利害关系的，有权申请回避；

（五）当事人可以亲自参加听证，也可以委托一至二人代理；

（六）举行听证时，调查人员提出当事人违法的事实、证据和行政处罚建议；当事人进行申辩和质证；

（七）听证应当制作笔录；笔录应当交当事人审核无误后签字或者盖章。

当事人对限制人身自由的行政处罚有异议的，依照治安管理处罚法有关规定执行。

**第四十三条**　听证结束后，行政机关依照本法第三十八条的规定，作出决定。

## 第六章　行政处罚的执行

**第四十四条**　行政处罚决定依法作出后，当事人应当在行政处罚决定的期限内，予以履行。

**第四十五条**　当事人对行政处罚决定不服申请行政复议或者提起行政诉讼的，行政处罚不停止执行，法律另有规定的除外。

**第四十六条**　作出罚款决定的行政机关应当与收缴罚款的机构分离。

除依照本法第四十七条、第四十八条的规定当场收缴的罚款外，作出行政处罚决定的行政机关及其执法人员不得自行收缴罚款。

当事人应当自收到行政处罚决定书之日起十五日内，到指定的银行缴纳罚款。银行应当收受罚款，并将罚款直接上缴国库。

**第四十七条** 依照本法第三十三条的规定当场作出行政处罚决定，有下列情形之一的，执法人员可以当场收缴罚款：

（一）依法给予二十元以下的罚款的；

（二）不当场收缴事后难以执行的。

**第四十八条** 在边远、水上、交通不便地区，行政机关及其执法人员依照本法第三十三条、第三十八条的规定作出罚款决定后，当事人向指定的银行缴纳罚款确有困难，经当事人提出，行政机关及其执法人员可以当场收缴罚款。

**第四十九条** 行政机关及其执法人员当场收缴罚款的，必须向当事人出具省、自治区、直辖市财政部门统一制发的罚款收据；不出具财政部门统一制发的罚款收缴的，当事人有权拒绝缴纳罚款。

**第五十条** 执法人员当场收缴的罚款，应当自收缴罚款之日起二日内，交至行政机关；在水上当场收缴的罚款，应当自抵岸之日起二日内交至行政机关；行政机关应当在二日内将罚款缴付指定的银行。

**第五十一条** 当事人逾期不履行行政处罚决定的，作出行政处罚决定的行政机关可以采取下列措施：

（一）到期不缴纳罚款的，每日按罚款数额的百分之三加处罚款；

（二）根据法律规定，将查封、扣押的财物拍卖或者将冻结的存款划拨抵缴罚款；

（三）申请人民法院强制执行。

**第五十二条** 当事人确有经济困难，需要延期或者分期缴纳罚款的，经当事人申请和行政机关批准，可以暂缓或者分期缴纳。

**第五十三条** 除依法应当予以销毁的物品外，依法没收的非法财物必须按照国家规定公开拍卖或者按照国家有关规定处理。

罚款、没收违法所得或者没收非法财物拍卖的款项，必须全部上缴国库，任何行政机关或者个人不得以任何形式截留、私分或者变相私分；财政部门不得以任何形式向作出行政处罚决定的行政机关返还罚款、没收的违法所得或者返还没收非法财物的拍卖款项。

第五十四条 行政机关应当建立健全对行政处罚的监督制度。县级以上人民政府应当加强对行政处罚的监督检查。

公民、法人或者其他组织对行政机关作出的行政处罚，有权申诉或者检举；行政机关应当认真审查，发现行政处罚有错误的，应当主动改正。

# 第七章　法律责任

第五十五条 行政机关实施行政处罚，有下列情形之一的，由上级行政机关或者有关部门责令改正，可以对直接负责的主管人员和其他直接责任人员依法给予行政处分：

（一）没有法定的行政处罚依据的；

（二）擅自改变行政处罚种类、幅度的；

（三）违反法定的行政处罚程序的；

（四）违反本法第十八条关于委托处罚的规定的。

第五十六条 行政机关对当事人进行处罚不使用罚款、没收财物单据或者使用非法定部门制发的罚款、没收财物单据的，当事人有权拒绝处罚，并有权予以检举。上级行政机关或者有关部门对使用的非法单据予以收缴销毁，对直接负责的主管人员和其他直接责任人员依法给予行政处分。

第五十七条 行政机关违反本法第四十六条的规定自行收缴罚款的，财政部门违反本法第五十三条的规定向行政机关返还罚款或者拍卖款项的，由上级行政机关或者有关部门责令改正，对直接负责的主管人员和其他直接责任人员依法给予行政处分。

第五十八条 行政机关将罚款、没收的违法所得或者财物截留、私分或者变相私分的，由财政部门或者有关部门予以追缴，对直接负责的主管人员和其他直接责任人员依法给予行政处分；情节严重构成犯罪的，依法追究刑事责任。

执法人员利用职务上的便利，索取或者收受他人财物、收缴罚款据为己有，构成犯罪的，依法追究刑事责任；情节轻微不构成犯罪的，依法给予行政处分。

**第五十九条** 行政机关使用或者损毁扣押的财物，对当事人造成损失的，应当依法予以赔偿，对直接负责的主管人员和其他直接责任人员依法给予行政处分。

**第六十条** 行政机关违法实行检查措施或者执行措施，给公民人身或者财产造成损害、给法人或者其他组织造成损失的，应当依法予以赔偿，对直接负责的主管人员和其他直接责任人员依法给予行政处分；情节严重构成犯罪的，依法追究刑事责任。

**第六十一条** 行政机关为牟取本单位私利，对应当依法移交司法机关追究刑事责任的不移交，以行政处罚代替刑罚，由上级行政机关或者有关部门责令纠正；拒不纠正的，对直接负责的主管人员给予行政处分；徇私舞弊、包庇纵容违法行为的，依照刑法有关规定追究刑事责任。

**第六十二条** 执法人员玩忽职守，对应当予以制止和处罚的违法行为不予制止、处罚，致使公民、法人或者其他组织的合法权益、公共利益和社会秩序遭受损害的，对直接负责的主管人员和其他直接责任人员依法给予行政处分；情节严重构成犯罪的，依法追究刑事责任。

# 第八章 附 则

**第六十三条** 本法第四十六条罚款决定与罚款收缴分离的规定，由国务院制定具体实施办法。

**第六十四条** 本法自 1996 年 10 月 1 日起施行。

本法公布前制定的法规和规章关于行政处罚的规定与本法不符合的，应当自本法公布之日起，依照本法规定予以修订，在 1997 年 12 月 31 日前修订完毕。

附：

刑法有关条文

**第一百八十八条** 司法工作人员徇私舞弊，对明知是无罪的人而使他受追诉、对明知是有罪的人而故意包庇不使他受追诉，或者故意颠倒黑白做枉法裁判的，处五年以下有期徒刑、拘役或者剥夺政治权利；情节特别严重的，处五年以上有期徒刑。

# 中华人民共和国行政复议法

（1999 年 4 月 29 日第九届全国人民代表大会常务委员会第九次会议通过　1999 年 4 月 29 日中华人民共和国主席令第十六号公布　自 1999 年 10 月 1 日起施行）

## 目　　录

## 第一章　总　　则

**第一条**　为了防止和纠正违法的或者不当的具体行政行为，保护公民、法人和其他组织的合法权益，保障和监督行政机关依法行使职权，根据宪法，制定本法。

**第二条**　公民、法人或者其他组织认为具体行政行为侵犯其合法权益，向行政机关提出行政复议申请，行政机关受理行政复议申请、作出行政复议决定，适用本法。

**第三条**　依照本法履行行政复议职责的行政机关是行政复议机关。行政复议机关负责法制工作的机构具体办理行政复议事项，履行下列职责：

（一）受理行政复议申请；

（二）向有关组织和人员调查取证，查阅文件和资料；

（三）审查申请行政复议的具体行政行为是否合法与适当，拟订行政复议决定；

（四）处理或者转送对本法第七条所列有关规定的审查申请；

（五）对行政机关违反本法规定的行为依照规定的权限和程序提出处理建议；

（六）办理因不服行政复议决定提起行政诉讼的应诉事项；

（七）法律、法规规定的其他职责。

**第四条** 行政复议机关履行行政复议职责，应当遵循合法、公正、公开、及时、便民的原则，坚持有错必纠，保障法律、法规的正确实施。

**第五条** 公民、法人或者其他组织对行政复议决定不服的，可以依照行政诉讼法的规定向人民法院提起行政诉讼，但是法律规定行政复议决定为最终裁决的除外。

# 第二章　行政复议范围

**第六条** 有下列情形之一的，公民、法人或者其他组织可以依照本法申请行政复议：

（一）对行政机关作出的警告、罚款、没收违法所得、没收非法财物、责令停产停业、暂扣或者吊销许可证、暂扣或者吊销执照、行政拘留等行政处罚决定不服的；

（二）对行政机关作出的限制人身自由或者查封、扣押、冻结财产等行政强制措施决定不服的；

（三）对行政机关作出的有关许可证、执照、资质证、资格证等证书变更、中止、撤销的决定不服的；

（四）对行政机关作出的关于确认土地、矿藏、水流、森林、山岭、草原、荒地、滩涂、海域等自然资源的所有权或者使用权的决定不服的；

（五）认为行政机关侵犯合法的经营自主权的；

（六）认为行政机关变更或者废止农业承包合同，侵犯其合法权益的；

（七）认为行政机关违法集资、征收财物、摊派费用或者违法要求履行其他义务的；

（八）认为符合法定条件，申请行政机关颁发许可证、执照、资质证、资格证等证书，或者申请行政机关审批、登记有关事项，行政机关没有依法办理的；

（九）申请行政机关履行保护人身权利、财产权利、受教育权利的法定职责，行政机关没有依法履行的；

（十）申请行政机关依法发放抚恤金、社会保险金或者最低生活保障费，行政机关没有依法发放的；

（十一）认为行政机关的其他具体行政行为侵犯其合法权益的。

**第七条** 公民、法人或者其他组织认为行政机关的具体行政行为所依据的下列规定不合法，在对具体行政行为申请行政复议时，可以一并向行政复议机关提出对该规定的审查申请：

（一）国务院部门的规定；

（二）县级以上地方各级人民政府及其工作部门的规定；

（三）乡、镇人民政府的规定。

前款所列规定不含国务院部、委员会规章和地方人民政府规章。规章的审查依照法律、行政法规办理。

**第八条** 不服行政机关作出的行政处分或者其他人事处理决定的，依照有关法律、行政法规的规定提出申诉。

不服行政机关对民事纠纷作出的调解或者其他处理，依法申请仲裁或者向人民法院提起诉讼。

# 第三章 行政复议申请

**第九条** 公民、法人或者其他组织认为具体行政行为侵犯其合法权益的，可以自知道该具体行政行为之日起六十日内提出行政复议申请；但是法律规定的申请期限超过六十日的除外。

因不可抗力或者其他正当理由耽误法定申请期限的，申请期限自障碍消除之日起继续计算。

**第十条** 依照本法申请行政复议的公民、法人或者其他组织是申请人。

有权申请行政复议的公民死亡的，其近亲属可以申请行政复议。有权申请行政复议的公民为无民事行为能力人或者限制民事行为能力人的，其法定代理人可以代为申请行政复议。有权申请行政复议的法人或者其他组织终止的，承受其权利的法人或者其他组织可以申请行政复议。

同申请行政复议的具体行政行为有利害关系的其他公民、法人或者其他组织，可以作为第三人参加行政复议。

公民、法人或者其他组织对行政机关的具体行政行为不服申请行政复议的，作出具体行政行为的行政机关是被申请人。

申请人、第三人可以委托代理人代为参加行政复议。

**第十一条** 申请人申请行政复议，可以书面申请，也可以口头申请；口头申请的，行政复议机关应当当场记录申请人的基本情况、行政复议请求、申请行政复议的主要事实、理由和时间。

**第十二条** 对县级以上地方各级人民政府工作部门的具体行政行为不服的，由申请人选择，可以向该部门的本级人民政府申请行政复议，也可以向上一级主管部门申请行政复议。

对海关、金融、国税、外汇管理等实行垂直领导的行政机关和国家安全机关的具体行政行为不服的，向上一级主管部门申请行政复议。

**第十三条** 对地方各级人民政府的具体行政行为不服的，向上一级地方人民政府申请行政复议。

对省、自治区人民政府依法设立的派出机关所属的县级地方人民政府的具体行政行为不服的，向该派出机关申请行政复议。

**第十四条** 对国务院部门或者省、自治区、直辖市人民政府的具体行政行为不服的，向作出该具体行政行为的国务院部门或者省、自治区、直辖市人民政府申请行政复议。对行政复议决定不服的，可以向人民法院提起行政诉讼；也可以向国务院申请裁决，国务院依照本法的规定作出最终裁决。

**第十五条** 对本法第十二条、第十三条、第十四条规定以外的其他行政机关、组织的具体行政行为不服的，按照下列规定申请行政复议：

（一）对县级以上地方人民政府依法设立的派出机关的具体行

政行为不服的，向设立该派出机关的人民政府申请行政复议；

（二）对政府工作部门依法设立的派出机构依照法律、法规或者规章规定，以自己的名义作出的具体行政行为不服的，向设立该派出机构的部门或者该部门的本级地方人民政府申请行政复议；

（三）对法律、法规授权的组织的具体行政行为不服的，分别向直接管理该组织的地方人民政府、地方人民政府工作部门或者国务院部门申请行政复议；

（四）对两个或者两个以上行政机关以共同的名义作出的具体行政行为不服的，向其共同上一级行政机关申请行政复议；

（五）对被撤销的行政机关在撤销前所作出的具体行政行为不服的，向继续行使其职权的行政机关的上一级行政机关申请行政复议。

有前款所列情形之一的，申请人也可以向具体行政行为发生地的县级地方人民政府提出行政复议申请，由接受申请的县级地方人民政府依照本法第十八条的规定办理。

第十六条　公民、法人或者其他组织申请行政复议，行政复议机关已经依法受理的，或者法律、法规规定应当先向行政复议机关申请行政复议、对行政复议决定不服再向人民法院提起行政诉讼的，在法定行政复议期限内不得向人民法院提起行政诉讼。

公民、法人或者其他组织向人民法院提起行政诉讼，人民法院已经依法受理的，不得申请行政复议。

# 第四章　行政复议受理

第十七条　行政复议机关收到行政复议申请后，应当在五日内进行审查，对不符合本法规定的行政复议申请，决定不予受理，并书面告知申请人；对符合本法规定，但是不属于本机关受理的行政复议申请，应当告知申请人向有关行政复议机关提出。

除前款规定外，行政复议申请自行政复议机关负责法制工作的机构收到之日起即为受理。

第十八条　依照本法第十五条第二款的规定接受行政复议申请的县级地方人民政府，对依照本法第十五条第一款的规定属于其他行政复议机关受理的行政复议申请，应当自接到该行政复议申请之日起七日内，转送有关行政复议机关，并告知申请人。接受转送的行政复议机关应当依照本法第十七条的规定办理。

第十九条　法律、法规规定应当先向行政复议机关申请行政复议、对行政复议决定不服再向人民法院提起行政诉讼的，行政复议机关决定不予受理或者受理后超过行政复议期限不作答复的，公民、法人或者其他组织可以自收到不予受理决定书之日起或者行政复议期满之日起十五日内，依法向人民法院提起行政诉讼。

第二十条　公民、法人或者其他组织依法提出行政复议申请，行政复议机关无正当理由不予受理的，上级行政机关应当责令其受理；必要时，上级行政机关也可以直接受理。

第二十一条　行政复议期间具体行政行为不停止执行；但是，有下列情形之一的，可以停止执行：

（一）被申请人认为需要停止执行的；

（二）行政复议机关认为需要停止执行的；

（三）申请人申请停止执行，行政复议机关认为其要求合理，决定停止执行的；

（四）法律规定停止执行的。

# 第五章　行政复议决定

第二十二条　行政复议原则上采取书面审查的办法，但是申请人提出要求或者行政复议机关负责法制工作的机构认为有必要时，可以向有关组织和人员调查情况，听取申请人、被申请人和第三人的意见。

第二十三条　行政复议机关负责法制工作的机构应当自行政复议申请受理之日起七日内，将行政复议申请书副本或者行政复议申请笔录复印件发送被申请人。被申请人应当自收到申请书副本或者申请笔录复印件之日起十日内，提出书面答复，并提交当初作出具体行政行为的证据、依据和其他有关材料。

申请人、第三人可以查阅被申请人提出的书面答复、作出具体行政行为的证据、依据和其他有关材料，除涉及国家秘密、商业秘密或者个人隐私外，行政复议机关不得拒绝。

**第二十四条**　在行政复议过程中，被申请人不得自行向申请人和其他有关组织或者个人搜集证据。

**第二十五条**　行政复议决定做出前，申请人要求撤回行政复议申请的，经说明理由，可以撤回；撤回行政复议申请的，行政复议终止。

**第二十六条**　申请人在申请行政复议时，一并提出对本法第七条所列有关规定的审查申请的，行政复议机关对该规定有权处理的，应当在三十日内依法处理；无权处理的，应当在七日内按照法定程序转送有权处理的行政机关依法处理，有权处理的行政机关应当在六十日内依法处理。处理期间，中止对具体行政行为的审查。

**第二十七条**　行政复议机关在对被申请人作出的具体行政行为进行审查时，认为其依据不合法，本机关有权处理的，应当在三十日内依法处理；无权处理的，应当在七日内按照法定程序转送有权处理的国家机关依法处理。处理期间，中止对具体行政行为的审查。

**第二十八条**　行政复议机关负责法制工作的机构应当对被申请人作出的具体行政行为进行审查，提出意见，经行政复议机关的负责人同意或者集体讨论通过后，按照下列规定作出行政复议决定：

（一）具体行政行为认定事实清楚，证据确凿，适用依据正确，程序合法，内容适当的，决定维持；

（二）被申请人不履行法定职责的，决定其在一定期限内履行；

（三）具体行政行为有下列情形之一的，决定撤销、变更或者确认该具体行政行为违法；决定撤销或者确认该具体行政行为违法的，可以责令被申请人在一定期限内重新作出具体行政行为：

1. 主要事实不清、证据不足的；

2. 适用依据错误的；

3. 违反法定程序的；

4. 超越或者滥用职权的；

5. 具体行政行为明显不当的。

（四）被申请人不按照本法第二十三条的规定提出书面答复、提交当初作出具体行政行为的证据、依据和其他有关材料的，视为该具体行政行为没有证据、依据，决定撤销该具体行政行为。

行政复议机关责令被申请人重新作出具体行政行为的，被申请人不得以同一的事实和理由作出与原具体行政行为相同或者基本相同的具体行政行为。

**第二十九条** 申请人在申请行政复议时可以一并提出行政赔偿请求，行政复议机关对符合国家赔偿法的有关规定应当给予赔偿的，在决定撤销、变更具体行政行为或者确认具体行政行为违法时，应当同时决定被申请人依法给予赔偿。

申请人在申请行政复议时没有提出行政赔偿请求的，行政复议机关在依法决定撤销或者变更罚款、撤销违法集资、没收财物、征收财物、摊派费用以及对财产的查封、扣押、冻结等具体行政行为时，应当同时责令被申请人返还财产，解除对财产的查封、扣押、冻结措施，或者赔偿相应的价款。

**第三十条** 公民、法人或者其他组织认为行政机关的具体行政行为侵犯其已经依法取得的土地、矿藏、水流、森林、山岭、草原、荒地、滩涂、海域等自然资源的所有权或者使用权的，应当先申请行政复议；对行政复议决定不服的，可以依法向人民法院提起行政诉讼。

根据国务院或者省、自治区、直辖市人民政府对行政区划的勘定、调整或者征用土地的决定，省、自治区、直辖市人民政府确认土地、矿藏、水流、森林、山岭、草原、荒地、滩涂、海域等自然资源的所有权或者使用权的行政复议决定为最终裁决。

**第三十一条** 行政复议机关应当自受理申请之日起六十日内作出行政复议决定；但是法律规定的行政复议期限少于六十日的除外。情况复杂，不能在规定期限内作出行政复议决定的，经行政复议机关的负责人批准，可以适当延长，并告知申请人和被申请人；但是延长期限最多不超过三十日。

行政复议机关作出行政复议决定，应当制作行政复议决定书，并加盖印章。

行政复议决定书一经送达，即发生法律效力。

**第三十二条** 被申请人应当履行行政复议决定。

被申请人不履行或者无正当理由拖延履行行政复议决定的，行政复议机关或者有关上级行政机关应当责令其限期履行。

第三十三条　申请人逾期不起诉又不履行行政复议决定的，或者不履行最终裁决的行政复议决定的，按照下列规定分别处理：

（一）维持具体行政行为的行政复议决定，由作出具体行政行为的行政机关依法强制执行，或者申请人民法院强制执行；

（二）变更具体行政行为的行政复议决定，由行政复议机关依法强制执行，或者申请人民法院强制执行。

# 第六章　法律责任

第三十四条　行政复议机关违反本法规定，无正当理由不予受理依法提出的行政复议申请或者不按照规定转送行政复议申请的，或者在法定期限内不作出行政复议决定的，对直接负责的主管人员和其他直接责任人员依法给予警告、记过、记大过的行政处分；经责令受理仍不受理或者不按照规定转送行政复议申请，造成严重后果的，依法给予降级、撤职、开除的行政处分。

第三十五条　行政复议机关工作人员在行政复议活动中，徇私舞弊或者有其他渎职、失职行为的，依法给予警告、记过、记大过的行政处分；情节严重的，依法给予降级、撤职、开除的行政处分；构成犯罪的，依法追究刑事责任。

第三十六条　被申请人违反本法规定，不提出书面答复或者不提交作出具体行政行为的证据、依据和其他有关材料，或者阻挠、变相阻挠公民、法人或者其他组织依法申请行政复议的，对直接负责的主管人员和其他直接责任人员依法给予警告、记过、记大过的行政处分；进行报复陷害的，依法给予降级、撤职、开除的行政处分；构成犯罪的，依法追究刑事责任。

第三十七条　被申请人不履行或者无正当理由拖延履行行政复议决定的，对直接负责的主管人员和其他直接责任人员依法给予警告、记过、记大过的行政处分；经责令履行仍拒不履行的，依法给予降级、撤职、开除的行政处分。

第三十八条　行政复议机关负责法制工作的机构发现有无正当理由不予受理行政复议申请、不按照规定期限作出行政复议决定、徇私舞弊、对申请人打击报复或者不履行行政复议决定等情形的，应当向有关行政机关提出建议，有关行政机关应当依照本法和有关法律、行政法规的规定作出处理。

# 第七章　附　　则

**第三十九条**　行政复议机关受理行政复议申请，不得向申请人收取任何费用。行政复议活动所需经费，应当列入本机关的行政经费，由本级财政予以保障。

**第四十条**　行政复议期间的计算和行政复议文书的送达，依照民事诉讼法关于期间、送达的规定执行。

本法关于行政复议期间有关"五日"、"七日"的规定是指工作日，不含节假日。

**第四十一条**　外国人、无国籍人、外国组织在中华人民共和国境内申请行政复议，适用本法。

**第四十二条**　本法施行前公布的法律有关行政复议的规定与本法的规定不一致的，以本法的规定为准。

**第四十三条**　本法自 1999 年 10 月 1 日起施行。1990 年 12 月 24 日国务院发布、1994 年 10 月 9 日国务院修订发布的《行政复议条例》同时废止。

# 中华人民共和国
# 行政复议法实施条例

（2007 年 5 月 23 日国务院第 177 次常务会议通过　2007 年 5 月 29 日中华人民共和国国务院令第 499 号公布　自 2007 年 8 月 1 日起施行）

## 目　　录

## 第一章　总　　则

**第一条**　为了进一步发挥行政复议制度在解决行政争议、建设法治政府、构建社会主义和谐社会中的作用，根据《中华人民共和国行政复议法》（以下简称行政复议法），制定本条例。

**第二条**　各级行政复议机关应当认真履行行政复议职责，领导并支持本机关负责法制工作的机构（以下简称行政复议机构）

依法办理行政复议事项，并依照有关规定配备、充实、调剂专职行政复议人员，保证行政复议机构的办案能力与工作任务相适应。

**第三条** 行政复议机构除应当依照行政复议法第三条的规定履行职责外，还应当履行下列职责：

（一）依照行政复议法第十八条的规定转送有关行政复议申请；

（二）办理行政复议法第二十九条规定的行政赔偿等事项；

（三）按照职责权限，督促行政复议申请的受理和行政复议决定的履行；

（四）办理行政复议、行政应诉案件统计和重大行政复议决定备案事项；

（五）办理或者组织办理未经行政复议直接提起行政诉讼的行政应诉事项；

（六）研究行政复议工作中发现的问题，及时向有关机关提出改进建议，重大问题及时向行政复议机关报告。

**第四条** 专职行政复议人员应当具备与履行行政复议职责相适应的品行、专业知识和业务能力，并取得相应资格。具体办法由国务院法制机构会同国务院有关部门规定。

# 第二章　行政复议申请

## 第一节　申　请　人

**第五条** 依照行政复议法和本条例的规定申请行政复议的公民、法人或者其他组织为申请人。

**第六条** 合伙企业申请行政复议的，应当以核准登记的企业为申请人，由执行合伙事务的合伙人代表该企业参加行政复议；其他合伙组织申请行政复议的，由合伙人共同申请行政复议。

前款规定以外的不具备法人资格的其他组织申请行政复议的，由该组织的主要负责人代表该组织参加行政复议；没有主要负责人的，由共同推选的其他成员代表该组织参加行政复议。

**第七条** 股份制企业的股东大会、股东代表大会、董事会认为行政机关作出的具体行政行为侵犯企业合法权益的，可以以企业的名义申请行政复议。

**第八条** 同一行政复议案件申请人超过 5 人的，推选 1 至 5 名代表参加行政复议。

**第九条** 行政复议期间，行政复议机构认为申请人以外的公民、法人或者其他组织与被审查的具体行政行为有利害关系的，可以通知其作为第三人参加行政复议。

行政复议期间，申请人以外的公民、法人或者其他组织与被审查的具体行政行为有利害关系的，可以向行政复议机构申请作为第三人参加行政复议。

第三人不参加行政复议，不影响行政复议案件的审理。

**第十条** 申请人、第三人可以委托 1 至 2 名代理人参加行政复议。申请人、第三人委托代理人的，应当向行政复议机构提交授权委托书。授权委托书应当载明委托事项、权限和期限。公民在特殊情况下无法书面委托的，可以口头委托。口头委托的，行政复议机构应当核实并记录在卷。申请人、第三人解除或者变更委托的，应当书面报告行政复议机构。

## 第二节 被申请人

**第十一条** 公民、法人或者其他组织对行政机关的具体行政行为不服，依照行政复议法和本条例的规定申请行政复议的，作出该具体行政行为的行政机关为被申请人。

**第十二条** 行政机关与法律、法规授权的组织以共同的名义作出具体行政行为的，行政机关和法律、法规授权的组织为共同被申请人。

行政机关与其他组织以共同名义作出具体行政行为的，行政机关为被申请人。

**第十三条** 下级行政机关依照法律、法规、规章规定，经上级行政机关批准作出具体行政行为的，批准机关为被申请人。

**第十四条** 行政机关设立的派出机构、内设机构或者其他组织，未经法律、法规授权，对外以自己名义作出具体行政行为的，该行政机关为被申请人。

## 第三节 行政复议申请期限

**第十五条** 行政复议法第九条第一款规定的行政复议申请期限的计算，依照下列规定办理：

（一）当场作出具体行政行为的，自具体行政行为作出之日起计算；

（二）载明具体行政行为的法律文书直接送达的，自受送达人签收之日起计算；

（三）载明具体行政行为的法律文书邮寄送达的，自受送达人在邮件签收单上签收之日起计算；没有邮件签收单的，自受送达人在送达回执上签名之日起计算；

（四）具体行政行为依法通过公告形式告知受送达人的，自公告规定的期限届满之日起计算；

（五）行政机关作出具体行政行为时未告知公民、法人或者其他组织，事后补充告知的，自该公民、法人或者其他组织收到行政机关补充告知的通知之日起计算；

（六）被申请人能够证明公民、法人或者其他组织知道具体行政行为的，自证据材料证明其知道具体行政行为之日起计算。

行政机关作出具体行政行为，依法应当向有关公民、法人或者其他组织送达法律文书而未送达的，视为该公民、法人或者其他组织不知道该具体行政行为。

**第十六条** 公民、法人或者其他组织依照行政复议法第六条第（八）项、第（九）项、第（十）项的规定申请行政机关履行法定职责，行政机关未履行的，行政复议申请期限依照下列规定计算：

（一）有履行期限规定的，自履行期限届满之日起计算；

（二）没有履行期限规定的，自行政机关收到申请满60日起计算。

公民、法人或者其他组织在紧急情况下请求行政机关履行保护人身权、财产权的法定职责，行政机关不履行的，行政复议申请期限不受前款规定的限制。

**第十七条** 行政机关作出的具体行政行为对公民、法人或者其他组织的权利、义务可能产生不利影响的，应当告知其申请行政复议的权利、行政复议机关和行政复议申请期限。

## 第四节　行政复议申请的提出

**第十八条**　申请人书面申请行政复议的，可以采取当面递交、邮寄或者传真等方式提出行政复议申请。

有条件的行政复议机构可以接受以电子邮件形式提出的行政复议申请。

**第十九条**　申请人书面申请行政复议的，应当在行政复议申请书中载明下列事项：

（一）申请人的基本情况，包括：公民的姓名、性别、年龄、身份证号码、工作单位、住所、邮政编码；法人或者其他组织的名称、住所、邮政编码和法定代表人或者主要负责人的姓名、职务；

（二）被申请人的名称；

（三）行政复议请求、申请行政复议的主要事实和理由；

（四）申请人的签名或者盖章；

（五）申请行政复议的日期。

**第二十条**　申请人口头申请行政复议的，行政复议机构应当依照本条例第十九条规定的事项，当场制作行政复议申请笔录交申请人核对或者向申请人宣读，并由申请人签字确认。

**第二十一条**　有下列情形之一的，申请人应当提供证明材料：

（一）认为被申请人不履行法定职责的，提供曾经要求被申请人履行法定职责而被申请人未履行的证明材料；

（二）申请行政复议时一并提出行政赔偿请求的，提供受具体行政行为侵害而造成损害的证明材料；

（三）法律、法规规定需要申请人提供证据材料的其他情形。

**第二十二条**　申请人提出行政复议申请时错列被申请人的，行政复议机构应当告知申请人变更被申请人。

**第二十三条**　申请人对两个以上国务院部门共同作出的具体行政行为不服的，依照行政复议法第十四条的规定，可以向其中任何一个国务院部门提出行政复议申请，由作出具体行政行为的国务院部门共同作出行政复议决定。

**第二十四条**　申请人对经国务院批准实行省以下垂直领导的部

门作出的具体行政行为不服的，可以选择向该部门的本级人民政府或者上一级主管部门申请行政复议；省、自治区、直辖市另有规定的，依照省、自治区、直辖市的规定办理。

第二十五条　申请人依照行政复议法第三十条第二款的规定申请行政复议的，应当向省、自治区、直辖市人民政府提出行政复议申请。

第二十六条　依照行政复议法第七条的规定，申请人认为具体行政行为所依据的规定不合法的，可以在对具体行政行为申请行政复议的同时一并提出对该规定的审查申请；申请人在对具体行政行为提出行政复议申请时尚不知道该具体行政行为所依据的规定的，可以在行政复议机关作出行政复议决定前向行政复议机关提出对该规定的审查申请。

# 第三章　行政复议受理

第二十七条　公民、法人或者其他组织认为行政机关的具体行政行为侵犯其合法权益提出行政复议申请，除不符合行政复议法和本条例规定的申请条件的，行政复议机关必须受理。

第二十八条　行政复议申请符合下列规定的，应当予以受理：

（一）有明确的申请人和符合规定的被申请人；

（二）申请人与具体行政行为有利害关系；

（三）有具体的行政复议请求和理由；

（四）在法定申请期限内提出；

（五）属于行政复议法规定的行政复议范围；

（六）属于收到行政复议申请的行政复议机构的职责范围；

（七）其他行政复议机关尚未受理同一行政复议申请，人民法院尚未受理同一主体就同一事实提起的行政诉讼。

第二十九条　行政复议申请材料不齐全或者表述不清楚的，行政复议机构可以自收到该行政复议申请之日起5日内书面通知申请人补正。补正通知应当载明需要补正的事项和合理的补正期限。无正当理由逾期不补正的，视为申请人放弃行政复议申请。补正申请材料所用时间不计入行政复议审理期限。

第三十条　申请人就同一事项向两个或者两个以上有权受理的行政机关申请行政复议的，由最先收到行政复议申请的行政机关受理；同时收到行政复议申请的，由收到行政复议申请的行政机关在10日内协商确定；协商不成的，由其共同上一级行政机关在10日内指定受理机关。协商确定或者指定受理机关所用时间不计入行政复议审理期限。

第三十一条　依照行政复议法第二十条的规定，上级行政机关认为行政复议机关不予受理行政复议申请的理由不成立的，可以先行督促其受理；经督促仍不受理的，应当责令其限期受理，必要时也可以直接受理；认为行政复议申请不符合法定受理条件的，应当告知申请人。

# 第四章　行政复议决定

第三十二条　行政复议机构审理行政复议案件，应当由2名以上行政复议人员参加。

第三十三条　行政复议机构认为必要时，可以实地调查核实证据；对重大、复杂的案件，申请人提出要求或者行政复议机构认为必要时，可以采取听证的方式审理。

第三十四条　行政复议人员向有关组织和人员调查取证时，可以查阅、复制、调取有关文件和资料，向有关人员进行询问。

调查取证时，行政复议人员不得少于2人，并应当向当事人或者有关人员出示证件。被调查单位和人员应当配合行政复议人员的工作，不得拒绝或者阻挠。

需要现场勘验的，现场勘验所用时间不计入行政复议审理期限。

第三十五条　行政复议机关应当为申请人、第三人查阅有关材料提供必要条件。

第三十六条　依照行政复议法第十四条的规定申请原级行政复议的案件，由原承办具体行政行为有关事项的部门或者机构提出书面答复，并提交作出具体行政行为的证据、依据和其他有关材料。

第三十七条　行政复议期间涉及专门事项需要鉴定的，当事人可以自行委托鉴定机构进行鉴定，也可以申请行政复议机构委托鉴定机构进行鉴定。鉴定费用由当事人承担。鉴定所用时间不计入行政复议审理期限。

**第三十八条** 申请人在行政复议决定做出前自愿撤回行政复议申请的，经行政复议机构同意，可以撤回。

申请人撤回行政复议申请的，不得再以同一事实和理由提出行政复议申请。但是，申请人能够证明撤回行政复议申请违背其真实意思表示的除外。

**第三十九条** 行政复议期间被申请人改变原具体行政行为的，不影响行政复议案件的审理。但是，申请人依法撤回行政复议申请的除外。

**第四十条** 公民、法人或者其他组织对行政机关行使法律、法规规定的自由裁量权作出的具体行政行为不服申请行政复议，申请人与被申请人在行政复议决定做出前自愿达成和解的，应当向行政复议机构提交书面和解协议；和解内容不损害社会公共利益和他人合法权益的，行政复议机构应当准许。

**第四十一条** 行政复议期间有下列情形之一，影响行政复议案件审理的，行政复议中止：

（一）作为申请人的自然人死亡，其近亲属尚未确定是否参加行政复议的；

（二）作为申请人的自然人丧失参加行政复议的能力，尚未确定法定代理人参加行政复议的；

（三）作为申请人的法人或者其他组织终止，尚未确定权利义务承受人的；

（四）作为申请人的自然人下落不明或者被宣告失踪的；

（五）申请人、被申请人因不可抗力，不能参加行政复议的；

（六）案件涉及法律适用问题，需要有权机关作出解释或者确认的；

（七）案件审理需要以其他案件的审理结果为依据，而其他案件尚未审结的；

（八）其他需要中止行政复议的情形。

行政复议中止的原因消除后，应当及时恢复行政复议案件的审理。

行政复议机构中止、恢复行政复议案件的审理，应当告知有关当事人。

**第四十二条** 行政复议期间有下列情形之一的，行政复议终止：

（一）申请人要求撤回行政复议申请，行政复议机构准予撤回的；

（二）作为申请人的自然人死亡，没有近亲属或者其近亲属放弃行政复议权利的；

（三）作为申请人的法人或者其他组织终止，其权利义务的承受人放弃行政复议权利的；

（四）申请人与被申请人依照本条例第四十条的规定，经行政复议机构准许达成和解的；

（五）申请人对行政拘留或者限制人身自由的行政强制措施不服申请行政复议后，因申请人同一违法行为涉嫌犯罪，该行政拘留或者限制人身自由的行政强制措施变更为刑事拘留的。

依照本条例第四十一条第一款第（一）项、第（二）项、第（三）项规定中止行政复议，满60日行政复议中止的原因仍未消除的，行政复议终止。

**第四十三条** 依照行政复议法第二十八条第一款第（一）项规定，具体行政行为认定事实清楚，证据确凿，适用依据正确，程序合法，内容适当的，行政复议机关应当决定维持。

**第四十四条** 依照行政复议法第二十八条第一款第（二）项规定，被申请人不履行法定职责的，行政复议机关应当决定其在一定期限内履行法定职责。

**第四十五条** 具体行政行为有行政复议法第二十八条第一款第（三）项规定情形之一的，行政复议机关应当决定撤销、变更该具体行政行为或者确认该具体行政行为违法；决定撤销该具体行政行为或者确认该具体行政行为违法的，可以责令被申请人在一定期限内重新作出具体行政行为。

**第四十六条** 被申请人未依照行政复议法第二十三条的规定提出书面答复、提交当初作出具体行政行为的证据、依据和其他有关材料的，视为该具体行政行为没有证据、依据，行政复议机关应当决定撤销该具体行政行为。

**第四十七条** 具体行政行为有下列情形之一，行政复议机关可以决定变更：

（一）认定事实清楚，证据确凿，程序合法，但是明显不当或者适用依据错误的；

（二）认定事实不清，证据不足，但是经行政复议机关审理查明事实清楚，证据确凿的。

**第四十八条** 有下列情形之一的，行政复议机关应当决定驳回行政复议申请：

（一）申请人认为行政机关不履行法定职责申请行政复议，行政复议机关受理后发现该行政机关没有相应法定职责或者在受理前已经履行法定职责的；

（二）受理行政复议申请后，发现该行政复议申请不符合行政复议法和本条例规定的受理条件的。

上级行政机关认为行政复议机关驳回行政复议申请的理由不成立的，应当责令其恢复审理。

**第四十九条** 行政复议机关依照行政复议法第二十八条的规定责令被申请人重新作出具体行政行为的，被申请人应当在法律、法规、规章规定的期限内重新作出具体行政行为；法律、法规、规章未规定期限的，重新作出具体行政行为的期限为60日。

公民、法人或者其他组织对被申请人重新作出的具体行政行为不服，可以依法申请行政复议或者提起行政诉讼。

**第五十条** 有下列情形之一的，行政复议机关可以按照自愿、合法的原则进行调解：

（一）公民、法人或者其他组织对行政机关行使法律、法规规定的自由裁量权作出的具体行政行为不服申请行政复议的；

（二）当事人之间的行政赔偿或者行政补偿纠纷。

当事人经调解达成协议的，行政复议机关应当制作行政复议调解书。调解书应当载明行政复议请求、事实、理由和调解结果，并加盖行政复议机关印章。行政复议调解书经双方当事人签字，即具有法律效力。

调解未达成协议或者调解书生效前一方反悔的，行政复议机关应当及时作出行政复议决定。

**第五十一条** 行政复议机关在申请人的行政复议请求范围内，不得作出对申请人更为不利的行政复议决定。

**第五十二条** 第三人逾期不起诉又不履行行政复议决定的，依照行政复议法第三十三条的规定处理。

# 第五章 行政复议指导和监督

**第五十三条** 行政复议机关应当加强对行政复议工作的领导。

行政复议机构在本级行政复议机关的领导下，按照职责权限对行政复议工作进行督促、指导。

**第五十四条** 县级以上各级人民政府应当加强对所属工作部门和下级人民政府履行行政复议职责的监督。

行政复议机关应当加强对其行政复议机构履行行政复议职责的监督。

**第五十五条** 县级以上地方各级人民政府应当建立健全行政复议工作责任制，将行政复议工作纳入本级政府目标责任制。

**第五十六条** 县级以上地方各级人民政府应当按照职责权限，通过定期组织检查、抽查等方式，对所属工作部门和下级人民政府行政复议工作进行检查，并及时向有关方面反馈检查结果。

**第五十七条** 行政复议期间行政复议机关发现被申请人或者其他下级行政机关的相关行政行为违法或者需要做好善后工作的，可以制作行政复议意见书。有关机关应当自收到行政复议意见书之日起 60 日内将纠正相关行政违法行为或者做好善后工作的情况通报行政复议机构。

行政复议期间行政复议机构发现法律、法规、规章实施中带有普遍性的问题，可以制作行政复议建议书，向有关机关提出完善制度和改进行政执法的建议。

**第五十八条** 县级以上各级人民政府行政复议机构应当定期向本级人民政府提交行政复议工作状况分析报告。

**第五十九条** 下级行政复议机关应当及时将重大行政复议决定

报上级行政复议机关备案。

**第六十条** 各级行政复议机构应当定期组织对行政复议人员进行业务培训，提高行政复议人员的专业素质。

**第六十一条** 各级行政复议机关应当定期总结行政复议工作，对在行政复议工作中做出显著成绩的单位和个人，依照有关规定给予表彰和奖励。

# 第六章 法律责任

**第六十二条** 被申请人在规定期限内未按照行政复议决定的要求重新作出具体行政行为，或者违反规定重新作出具体行政行为的，依照行政复议法第三十七条的规定追究法律责任。

**第六十三条** 拒绝或者阻挠行政复议人员调查取证、查阅、复制、调取有关文件和资料的，对有关责任人员依法给予处分或者治安处罚；构成犯罪的，依法追究刑事责任。

**第六十四条** 行政复议机关或者行政复议机构不履行行政复议法和本条例规定的行政复议职责，经有权监督的行政机关督促仍不改正的，对直接负责的主管人员和其他直接责任人员依法给予警告、记过、记大过的处分；造成严重后果的，依法给予降级、撤职、开除的处分。

**第六十五条** 行政机关及其工作人员违反行政复议法和本条例规定的，行政复议机构可以向人事、监察部门提出对有关责任人员的处分建议，也可以将有关人员违法的事实材料直接转送人事、监察部门处理；接受转送的人事、监察部门应当依法处理，并将处理结果通报转送的行政复议机构。

# 第七章 附　　则

**第六十六条** 本条例自 2007 年 8 月 1 日起施行。

# 中华人民共和国突发事件应对法

（2007 年 8 月 30 日第十届全国人民代表大会常务委员会第二十九次会议通过　2007 年 8 月 30 日中华人民共和国主席令第六十九号公布　自 2007 年 11 月 1 日起施行）

## 目　　录

# 第一章　总　　则

**第一条**　为了预防和减少突发事件的发生，控制、减轻和消除突发事件引起的严重社会危害，规范突发事件应对活动，保护人民生命财产安全，维护国家安全、公共安全、环境安全和社会秩序，制定本法。

**第二条**　突发事件的预防与应急准备、监测与预警、应急处置与救援、事后恢复与重建等应对活动，适用本法。

**第三条**　本法所称突发事件，是指突然发生，造成或者可能造成严重社会危害，需要采取应急处置措施予以应对的自然灾害、事故灾难、公共卫生事件和社会安全事件。

按照社会危害程度、影响范围等因素，自然灾害、事故灾难、公共卫生事件分为特别重大、重大、较大和一般四级。法律、行政法规或者国务院另有规定的，从其规定。

突发事件的分级标准由国务院或者国务院确定的部门制定。

**第四条** 国家建立统一领导、综合协调、分类管理、分级负责、属地管理为主的应急管理体制。

**第五条** 突发事件应对工作实行预防为主、预防与应急相结合的原则。国家建立重大突发事件风险评估体系，对可能发生的突发事件进行综合性评估，减少重大突发事件的发生，最大限度地减轻重大突发事件的影响。

**第六条** 国家建立有效的社会动员机制，增强全民的公共安全和防范风险的意识，提高全社会的避险救助能力。

**第七条** 县级人民政府对本行政区域内突发事件的应对工作负责；涉及两个以上行政区域的，由有关行政区域共同的上一级人民政府负责，或者由各有关行政区域的上一级人民政府共同负责。

突发事件发生后，发生地县级人民政府应当立即采取措施控制事态发展，组织开展应急救援和处置工作，并立即向上一级人民政府报告，必要时可以越级上报。

突发事件发生地县级人民政府不能消除或者不能有效控制突发事件引起的严重社会危害的，应当及时向上级人民政府报告。上级人民政府应当及时采取措施，统一领导应急处置工作。

法律、行政法规规定由国务院有关部门对突发事件的应对工作负责的，从其规定；地方人民政府应当积极配合并提供必要的支持。

**第八条** 国务院在总理领导下研究、决定和部署特别重大突发事件的应对工作；根据实际需要，设立国家突发事件应急指挥机构，负责突发事件应对工作；必要时，国务院可以派出工作组指导有关工作。

县级以上地方各级人民政府设立由本级人民政府主要负责人、相关部门负责人、驻当地中国人民解放军和中国人民武装警察部队有关负责人组成的突发事件应急指挥机构，统一领导、协调本级人民政府各有关部门和下级人民政府开展突发事件应对工作；根据实际需要，设立相关类别突发事件应急指挥机构，组织、协调、指挥突发事件应对工作。

上级人民政府主管部门应当在各自职责范围内，指导、协助下级人民政府及其相应部门做好有关突发事件的应对工作。

**第九条** 国务院和县级以上地方各级人民政府是突发事件应对工作的行政领导机关，其办事机构及具体职责由国务院规定。

**第十条** 有关人民政府及其部门作出的应对突发事件的决定、命令，应当及时公布。

**第十一条** 有关人民政府及其部门采取的应对突发事件的措施，应当与突发事件可能造成的社会危害的性质、程度和范围相适应；有多种措施可供选择的，应当选择有利于最大限度地保护公民、法人和其他组织权益的措施。

公民、法人和其他组织有义务参与突发事件应对工作。

**第十二条** 有关人民政府及其部门为应对突发事件，可以征用单位和个人的财产。被征用的财产在使用完毕或者突发事件应急处置工作结束后，应当及时返还。财产被征用或者征用后毁损、灭失的，应当给予补偿。

**第十三条** 因采取突发事件应对措施，诉讼、行政复议、仲裁活动不能正常进行的，适用有关时效中止和程序中止的规定，但法律另有规定的除外。

**第十四条** 中国人民解放军、中国人民武装警察部队和民兵组织依照本法和其他有关法律、行政法规、军事法规的规定以及国务院、中央军事委员会的命令，参加突发事件的应急救援和处置工作。

**第十五条** 中华人民共和国政府在突发事件的预防、监测与预警、应急处置与救援、事后恢复与重建等方面，同外国政府和有关国际组织开展合作与交流。

**第十六条** 县级以上人民政府做出应对突发事件的决定、命令，应当报本级人民代表大会常务委员会备案；突发事件应急处置工作结束后，应当向本级人民代表大会常务委员会作出专项工作报告。

# 第二章　预防与应急准备

**第十七条**　国家建立健全突发事件应急预案体系。

国务院制定国家突发事件总体应急预案，组织制定国家突发事件专项应急预案；国务院有关部门根据各自的职责和国务院相关应急预案，制定国家突发事件部门应急预案。

地方各级人民政府和县级以上地方各级人民政府有关部门根据有关法律、法规、规章、上级人民政府及其有关部门的应急预案以及本地区的实际情况，制定相应的突发事件应急预案。

应急预案制定机关应当根据实际需要和情势变化，适时修订应急预案。应急预案的制定、修订程序由国务院规定。

**第十八条**　应急预案应当根据本法和其他有关法律、法规的规定，针对突发事件的性质、特点和可能造成的社会危害，具体规定突发事件应急管理工作的组织指挥体系与职责和突发事件的预防与预警机制、处置程序、应急保障措施以及事后恢复与重建措施等内容。

**第十九条**　城乡规划应当符合预防、处置突发事件的需要，统筹安排应对突发事件所必需的设备和基础设施建设，合理确定应急避难场所。

**第二十条**　县级人民政府应当对本行政区域内容易引发自然灾害、事故灾难和公共卫生事件的危险源、危险区域进行调查、登记、风险评估，定期进行检查、监控，并责令有关单位采取安全防范措施。

省级和设区的市级人民政府应当对本行政区域内容易引发特别重大、重大突发事件的危险源、危险区域进行调查、登记、风险评估，组织进行检查、监控，并责令有关单位采取安全防范措施。

县级以上地方各级人民政府按照本法规定登记的危险源、危险区域，应当按照国家规定及时向社会公布。

**第二十一条**　县级人民政府及其有关部门、乡级人民政府、街道办事处、居民委员会、村民委员会应当及时调解处理可能引发社会安全事件的矛盾纠纷。

第二十二条　所有单位应当建立健全安全管理制度，定期检查本单位各项安全防范措施的落实情况，及时消除事故隐患；掌握并及时处理本单位存在的可能引发社会安全事件的问题，防止矛盾激化和事态扩大；对本单位可能发生的突发事件和采取安全防范措施的情况，应当按照规定及时向所在地人民政府或者人民政府有关部门报告。

第二十三条　矿山、建筑施工单位和易燃易爆物品、危险化学品、放射性物品等危险物品的生产、经营、储运、使用单位，应当制定具体应急预案，并对生产经营场所、有危险物品的建筑物、构筑物及周边环境开展隐患排查，及时采取措施消除隐患，防止发生突发事件。

第二十四条　公共交通工具、公共场所和其他人员密集场所的经营单位或者管理单位应当制定具体应急预案，为交通工具和有关场所配备报警装置和必要的应急救援设备、设施，注明其使用方法，并显著标明安全撤离的通道、路线，保证安全通道、出口的畅通。

有关单位应当定期检测、维护其报警装置和应急救援设备、设施，使其处于良好状态，确保正常使用。

第二十五条　县级以上人民政府应当建立健全突发事件应急管理培训制度，对人民政府及其有关部门负有处置突发事件职责的工作人员定期进行培训。

第二十六条　县级以上人民政府应当整合应急资源，建立或者确定综合性应急救援队伍。人民政府有关部门可以根据实际需要设立专业应急救援队伍。

县级以上人民政府及其有关部门可以建立由成年志愿者组成的应急救援队伍。单位应当建立由本单位职工组成的专职或者兼职应急救援队伍。

县级以上人民政府应当加强专业应急救援队伍与非专业应急救援队伍的合作，联合培训、联合演练，提高合成应急、协同应急的能力。

第二十七条　国务院有关部门、县级以上地方各级人民政府及其有关部门、有关单位应当为专业应急救援人员购买人身意外伤害保险，配备必要的防护装备和器材，减少应急救援人员的人身风险。

第二十八条 中国人民解放军、中国人民武装警察部队和民兵组织应当有计划地组织开展应急救援的专门训练。

第二十九条 县级人民政府及其有关部门、乡级人民政府、街道办事处应当组织开展应急知识的宣传普及活动和必要的应急演练。

居民委员会、村民委员会、企业事业单位应当根据所在地人民政府的要求，结合各自的实际情况，开展有关突发事件应急知识的宣传普及活动和必要的应急演练。

新闻媒体应当无偿开展突发事件预防与应急、自救与互救知识的公益宣传。

第三十条 各级各类学校应当把应急知识教育纳入教学内容，对学生进行应急知识教育，培养学生的安全意识和自救与互救能力。

教育主管部门应当对学校开展应急知识教育进行指导和监督。

第三十一条 国务院和县级以上地方各级人民政府应当采取财政措施，保障突发事件应对工作所需经费。

第三十二条 国家建立健全应急物资储备保障制度，完善重要应急物资的监管、生产、储备、调拨和紧急配送体系。

设区的市级以上人民政府和突发事件易发、多发地区的县级人民政府应当建立应急救援物资、生活必需品和应急处置装备的储备制度。

县级以上地方各级人民政府应当根据本地区的实际情况，与有关企业签订协议，保障应急救援物资、生活必需品和应急处置装备的生产、供给。

第三十三条 国家建立健全应急通信保障体系，完善公用通信网，建立有线与无线相结合、基础电信网络与机动通信系统相配套的应急通信系统，确保突发事件应对工作的通信畅通。

第三十四条 国家鼓励公民、法人和其他组织为人民政府应对突发事件工作提供物资、资金、技术支持和捐赠。

第三十五条 国家发展保险事业，建立国家财政支持的巨灾风险保险体系，并鼓励单位和公民参加保险。

**第三十六条** 国家鼓励、扶持具备相应条件的教学科研机构培养应急管理专门人才，鼓励、扶持教学科研机构和有关企业研究开发用于突发事件预防、监测、预警、应急处置与救援的新技术、新设备和新工具。

# 第三章 监测与预警

**第三十七条** 国务院建立全国统一的突发事件信息系统。

县级以上地方各级人民政府应当建立或者确定本地区统一的突发事件信息系统，汇集、储存、分析、传输有关突发事件的信息，并与上级人民政府及其有关部门、下级人民政府及其有关部门、专业机构和监测网点的突发事件信息系统实现互联互通，加强跨部门、跨地区的信息交流与情报合作。

**第三十八条** 县级以上人民政府及其有关部门、专业机构应当通过多种途径收集突发事件信息。

县级人民政府应当在居民委员会、村民委员会和有关单位建立专职或者兼职信息报告员制度。

获悉突发事件信息的公民、法人或者其他组织，应当立即向所在地人民政府、有关主管部门或者指定的专业机构报告。

**第三十九条** 地方各级人民政府应当按照国家有关规定向上级人民政府报送突发事件信息。县级以上人民政府有关主管部门应当向本级人民政府相关部门通报突发事件信息。专业机构、监测网点和信息报告员应当及时向所在地人民政府及其有关主管部门报告突发事件信息。

有关单位和人员报送、报告突发事件信息，应当做到及时、客观、真实，不得迟报、谎报、瞒报、漏报。

**第四十条** 县级以上地方各级人民政府应当及时汇总分析突发事件隐患和预警信息，必要时组织相关部门、专业技术人员、专家学者进行会商，对发生突发事件的可能性及其可能造成的影响进行评估；认为可能发生重大或者特别重大突发事件的，应当立即向上级人民政府报告，并向上级人民政府有关部门、当地驻军和可能受到危害的毗邻或者相关地区的人民政府通报。

第四十一条　国家建立健全突发事件监测制度。

县级以上人民政府及其有关部门应当根据自然灾害、事故灾难和公共卫生事件的种类和特点，建立健全基础信息数据库，完善监测网络，划分监测区域，确定监测点，明确监测项目，提供必要的设备、设施，配备专职或者兼职人员，对可能发生的突发事件进行监测。

第四十二条　国家建立健全突发事件预警制度。

可以预警的自然灾害、事故灾难和公共卫生事件的预警级别，按照突发事件发生的紧急程度、发展势态和可能造成的危害程度分为一级、二级、三级和四级，分别用红色、橙色、黄色和蓝色标示，一级为最高级别。

预警级别的划分标准由国务院或者国务院确定的部门制定。

第四十三条　可以预警的自然灾害、事故灾难或者公共卫生事件即将发生或者发生的可能性增大时，县级以上地方各级人民政府应当根据有关法律、行政法规和国务院规定的权限和程序，发布相应级别的警报，决定并宣布有关地区进入预警期，同时向上一级人民政府报告，必要时可以越级上报，并向当地驻军和可能受到危害的毗邻或者相关地区的人民政府通报。

第四十四条　发布三级、四级警报，宣布进入预警期后，县级以上地方各级人民政府应当根据即将发生的突发事件的特点和可能造成的危害，采取下列措施：

（一）启动应急预案；

（二）责令有关部门、专业机构、监测网点和负有特定职责的人员及时收集、报告有关信息，向社会公布反映突发事件信息的渠道，加强对突发事件发生、发展情况的监测、预报和预警工作；

（三）组织有关部门和机构、专业技术人员、有关专家学者，随时对突发事件信息进行分析评估，预测发生突发事件可能性的大小、影响范围和强度以及可能发生的突发事件的级别；

（四）定时向社会发布与公众有关的突发事件预测信息和分析评估结果，并对相关信息的报道工作进行管理；

（五）及时按照有关规定向社会发布可能受到突发事件危害的

警告，宣传避免、减轻危害的常识，公布咨询电话。

**第四十五条** 发布一级、二级警报，宣布进入预警期后，县级以上地方各级人民政府除采取本法第四十四条规定的措施外，还应当针对即将发生的突发事件的特点和可能造成的危害，采取下列一项或者多项措施：

（一）责令应急救援队伍、负有特定职责的人员进入待命状态，并动员后备人员做好参加应急救援和处置工作的准备；

（二）调集应急救援所需物资、设备、工具，准备应急设施和避难场所，并确保其处于良好状态、随时可以投入正常使用；

（三）加强对重点单位、重要部位和重要基础设施的安全保卫，维护社会治安秩序；

（四）采取必要措施，确保交通、通信、供水、排水、供电、供气、供热等公共设施的安全和正常运行；

（五）及时向社会发布有关采取特定措施避免或者减轻危害的建议、劝告；

（六）转移、疏散或者撤离易受突发事件危害的人员并予以妥善安置，转移重要财产；

（七）关闭或者限制使用易受突发事件危害的场所，控制或者限制容易导致危害扩大的公共场所的活动；

（八）法律、法规、规章规定的其他必要的防范性、保护性措施。

**第四十六条** 对即将发生或者已经发生的社会安全事件，县级以上地方各级人民政府及其有关主管部门应当按照规定向上一级人民政府及其有关主管部门报告，必要时可以越级上报。

**第四十七条** 发布突发事件警报的人民政府应当根据事态的发展，按照有关规定适时调整预警级别并重新发布。

有事实证明不可能发生突发事件或者危险已经解除的，发布警报的人民政府应当立即宣布解除警报，终止预警期，并解除已经采取的有关措施。

# 第四章　应急处置与救援

**第四十八条**　突发事件发生后，履行统一领导职责或者组织处置突发事件的人民政府应当针对其性质、特点和危害程度，立即组织有关部门，调动应急救援队伍和社会力量，依照本章的规定和有关法律、法规、规章的规定采取应急处置措施。

**第四十九条**　自然灾害、事故灾难或者公共卫生事件发生后，履行统一领导职责的人民政府可以采取下列一项或者多项应急处置措施：

（一）组织营救和救治受害人员，疏散、撤离并妥善安置受到威胁的人员以及采取其他救助措施；

（二）迅速控制危险源，标明危险区域，封锁危险场所，划定警戒区，实行交通管制以及其他控制措施；

（三）立即抢修被损坏的交通、通信、供水、排水、供电、供气、供热等公共设施，向受到危害的人员提供避难场所和生活必需品，实施医疗救护和卫生防疫以及其他保障措施；

（四）禁止或者限制使用有关设备、设施，关闭或者限制使用有关场所，中止人员密集的活动或者可能导致危害扩大的生产经营活动以及采取其他保护措施；

（五）启用本级人民政府设置的财政预备费和储备的应急救援物资，必要时调用其他急需物资、设备、设施、工具；

（六）组织公民参加应急救援和处置工作，要求具有特定专长的人员提供服务；

（七）保障食品、饮用水、燃料等基本生活必需品的供应；

（八）依法从严惩处囤积居奇、哄抬物价、制假售假等扰乱市场秩序的行为，稳定市场价格，维护市场秩序；

（九）依法从严惩处哄抢财物、干扰破坏应急处置工作等扰乱社会秩序的行为，维护社会治安；

（十）采取防止发生次生、衍生事件的必要措施。

**第五十条**　社会安全事件发生后，组织处置工作的人民政府应当立即组织有关部门并由公安机关针对事件的性质和特点，依照有关法律、行政法规和国家其他有关规定，采取下列一项或者多项应急处置措施：

（一）强制隔离使用器械相互对抗或者以暴力行为参与冲突的当事人，妥善解决现场纠纷和争端，控制事态发展；

（二）对特定区域内的建筑物、交通工具、设备、设施以及燃料、燃气、电力、水的供应进行控制；

（三）封锁有关场所、道路，查验现场人员的身份证件，限制有关公共场所内的活动；

（四）加强对易受冲击的核心机关和单位的警卫，在国家机关、军事机关、国家通讯社、广播电台、电视台、外国驻华使领馆等单位附近设置临时警戒线；

（五）法律、行政法规和国务院规定的其他必要措施。

严重危害社会治安秩序的事件发生时，公安机关应当立即依法出动警力，根据现场情况依法采取相应的强制性措施，尽快使社会秩序恢复正常。

**第五十一条** 发生突发事件，严重影响国民经济正常运行时，国务院或者国务院授权的有关主管部门可以采取保障、控制等必要的应急措施，保障人民群众的基本生活需要，最大限度地减轻突发事件的影响。

**第五十二条** 履行统一领导职责或者组织处置突发事件的人民政府，必要时可以向单位和个人征用应急救援所需设备、设施、场地、交通工具和其他物资，请求其他地方人民政府提供人力、物力、财力或者技术支援，要求生产、供应生活必需品和应急救援物资的企业组织生产、保证供给，要求提供医疗、交通等公共服务的组织提供相应的服务。

履行统一领导职责或者组织处置突发事件的人民政府，应当组织协调运输经营单位，优先运送处置突发事件所需物资、设备、工具、应急救援人员和受到突发事件危害的人员。

**第五十三条** 履行统一领导职责或者组织处置突发事件的人民政府，应当按照有关规定统一、准确、及时发布有关突发事件事态发展和应急处置工作的信息。

**第五十四条** 任何单位和个人不得编造、传播有关突发事件事态发展或者应急处置工作的虚假信息。

　　**第五十五条**　突发事件发生地的居民委员会、村民委员会和其他组织应当按照当地人民政府的决定、命令，进行宣传动员，组织群众开展自救和互救，协助维护社会秩序。

　　**第五十六条**　受到自然灾害危害或者发生事故灾难、公共卫生事件的单位，应当立即组织本单位应急救援队伍和工作人员营救受害人员，疏散、撤离、安置受到威胁的人员，控制危险源，标明危险区域，封锁危险场所，并采取其他防止危害扩大的必要措施，同时向所在地县级人民政府报告；对因本单位的问题引发的或者主体是本单位人员的社会安全事件，有关单位应当按照规定上报情况，并迅速派出负责人赶赴现场开展劝解、疏导工作。

　　突发事件发生地的其他单位应当服从人民政府发布的决定、命令，配合人民政府采取的应急处置措施，做好本单位的应急救援工作，并积极组织人员参加所在地的应急救援和处置工作。

　　**第五十七条**　突发事件发生地的公民应当服从人民政府、居民委员会、村民委员会或者所属单位的指挥和安排，配合人民政府采取的应急处置措施，积极参加应急救援工作，协助维护社会秩序。

# 第五章　　事后恢复与重建

　　**第五十八条**　突发事件的威胁和危害得到控制或者消除后，履行统一领导职责或者组织处置突发事件的人民政府应当停止执行依照本法规定采取的应急处置措施，同时采取或者继续实施必要措施，防止发生自然灾害、事故灾难、公共卫生事件的次生、衍生事件或者重新引发社会安全事件。

　　**第五十九条**　突发事件应急处置工作结束后，履行统一领导职责的人民政府应当立即组织对突发事件造成的损失进行评估，组织受影响地区尽快恢复生产、生活、工作和社会秩序，制定恢复重建计划，并向上一级人民政府报告。

　　受突发事件影响地区的人民政府应当及时组织和协调公安、交通、铁路、民航、邮电、建设等有关部门恢复社会治安秩序，尽快修复被损坏的交通、通信、供水、排水、供电、供气、供热等公共设施。

**第六十条** 受突发事件影响地区的人民政府开展恢复重建工作需要上一级人民政府支持的，可以向上一级人民政府提出请求。上一级人民政府应当根据受影响地区遭受的损失和实际情况，提供资金、物资支持和技术指导，组织其他地区提供资金、物资和人力支援。

**第六十一条** 国务院根据受突发事件影响地区遭受损失的情况，制定扶持该地区有关行业发展的优惠政策。

受突发事件影响地区的人民政府应当根据本地区遭受损失的情况，制定救助、补偿、抚慰、抚恤、安置等善后工作计划并组织实施，妥善解决因处置突发事件引发的矛盾和纠纷。

公民参加应急救援工作或者协助维护社会秩序期间，其在本单位的工资待遇和福利不变；表现突出、成绩显著的，由县级以上人民政府给予表彰或者奖励。

县级以上人民政府对在应急救援工作中伤亡的人员依法给予抚恤。

**第六十二条** 履行统一领导职责的人民政府应当及时查明突发事件的发生经过和原因，总结突发事件应急处置工作的经验教训，制定改进措施，并向上一级人民政府提出报告。

# 第六章　法律责任

**第六十三条** 地方各级人民政府和县级以上各级人民政府有关部门违反本法规定，不履行法定职责的，由其上级行政机关或者监察机关责令改正；有下列情形之一的，根据情节对直接负责的主管人员和其他直接责任人员依法给予处分：

（一）未按规定采取预防措施，导致发生突发事件，或者未采取必要的防范措施，导致发生次生、衍生事件的；

（二）迟报、谎报、瞒报、漏报有关突发事件的信息，或者通报、报送、公布虚假信息，造成后果的；

（三）未按规定及时发布突发事件警报、采取预警期的措施，导致损害发生的；

（四）未按规定及时采取措施处置突发事件或者处置不当，造成后果的；

（五）不服从上级人民政府对突发事件应急处置工作的统一领导、指挥和协调的；

（六）未及时组织开展生产自救、恢复重建等善后工作的；

（七）截留、挪用、私分或者变相私分应急救援资金、物资的；

（八）不及时归还征用的单位和个人的财产，或者对被征用财产的单位和个人不按规定给予补偿的。

**第六十四条** 有关单位有下列情形之一的，由所在地履行统一领导职责的人民政府责令停产停业，暂扣或者吊销许可证或者营业执照，并处五万元以上二十万元以下的罚款；构成违反治安管理行为的，由公安机关依法给予处罚：

（一）未按规定采取预防措施，导致发生严重突发事件的；

（二）未及时消除已发现的可能引发突发事件的隐患，导致发生严重突发事件的；

（三）未做好应急设备、设施日常维护、检测工作，导致发生严重突发事件或者突发事件危害扩大的；

（四）突发事件发生后，不及时组织开展应急救援工作，造成严重后果的。

前款规定的行为，其他法律、行政法规规定由人民政府有关部门依法决定处罚的，从其规定。

**第六十五条** 违反本法规定，编造并传播有关突发事件事态发展或者应急处置工作的虚假信息，或者明知是有关突发事件事态发展或者应急处置工作的虚假信息而进行传播的，责令改正，给予警告；造成严重后果的，依法暂停其业务活动或者吊销其执业许可证；负有直接责任的人员是国家工作人员的，还应当对其依法给予处分；构成违反治安管理行为的，由公安机关依法给予处罚。

**第六十六条** 单位或者个人违反本法规定，不服从所在地人民政府及其有关部门发布的决定、命令或者不配合其依法采取的措施，构成违反治安管理行为的，由公安机关依法给予处罚。

**第六十七条** 单位或者个人违反本法规定，导致突发事件发生或者危害扩大，给他人人身、财产造成损害的，应当依法承担民事责任。

**第六十八条** 违反本法规定，构成犯罪的，依法追究刑事责任。

# 第七章 附　　则

**第六十九条** 发生特别重大突发事件，对人民生命财产安全、国家安全、公共安全、环境安全或者社会秩序构成重大威胁，采取本法和其他有关法律、法规、规章规定的应急处置措施不能消除或者有效控制、减轻其严重社会危害，需要进入紧急状态的，由全国人民代表大会常务委员会或者国务院依照宪法和其他有关法律规定的权限和程序决定。

紧急状态期间采取的非常措施，依照有关法律规定执行或者由全国人民代表大会常务委员会另行规定。

**第七十条** 本法自 2007 年 11 月 1 日起施行。

# 中华人民共和国行政强制法

（2011 年 6 月 30 日第十一届全国人民代表大会常务委员会第二十一次会议通过　2011 年 6 月 30 日中华人民共和国主席令第四十九号公布　自 2012 年 1 月 1 日起施行）

## 目　　录

## 第一章　总　　则

**第一条**　为了规范行政强制的设定和实施，保障和监督行政机关依法履行职责，维护公共利益和社会秩序，保护公民、法人和其他组织的合法权益，根据宪法，制定本法。

**第二条**　本法所称行政强制，包括行政强制措施和行政强制执行。

行政强制措施，是指行政机关在行政管理过程中，为制止违法行为、防止证据损毁、避免危害发生、控制危险扩大等情形，依法对公民的人身自由实施暂时性限制，或者对公民、法人或者其他组织的财物实施暂时性控制的行为。

行政强制执行，是指行政机关或者行政机关申请人民法院，对不履行行政决定的公民、法人或者其他组织，依法强制履行义务的行为。

**第三条** 行政强制的设定和实施，适用本法。

发生或者即将发生自然灾害、事故灾难、公共卫生事件或者社会安全事件等突发事件，行政机关采取应急措施或者临时措施，依照有关法律、行政法规的规定执行。

行政机关采取金融业审慎监管措施、进出境货物强制性技术监控措施，依照有关法律、行政法规的规定执行。

**第四条** 行政强制的设定和实施，应当依照法定的权限、范围、条件和程序。

**第五条** 行政强制的设定和实施，应当适当。采用非强制手段可以达到行政管理目的的，不得设定和实施行政强制。

**第六条** 实施行政强制，应当坚持教育与强制相结合。

**第七条** 行政机关及其工作人员不得利用行政强制权为单位或者个人谋取利益。

**第八条** 公民、法人或者其他组织对行政机关实施行政强制，享有陈述权、申辩权；有权依法申请行政复议或者提起行政诉讼；因行政机关违法实施行政强制受到损害的，有权依法要求赔偿。

公民、法人或者其他组织因人民法院在强制执行中有违法行为或者扩大强制执行范围受到损害的，有权依法要求赔偿。

# 第二章　行政强制的种类和设定

**第九条** 行政强制措施的种类：

（一）限制公民人身自由；

（二）查封场所、设施或者财物；

（三）扣押财物；

（四）冻结存款、汇款；

（五）其他行政强制措施。

**第十条** 行政强制措施由法律设定。

尚未制定法律，且属于国务院行政管理职权事项的，行政法规可以设定除本法第九条第一项、第四项和应当由法律规定的行政强制措施以外的其他行政强制措施。

尚未制定法律、行政法规，且属于地方性事务的，地方性法规可以设定本法第九条第二项、第三项的行政强制措施。

法律、法规以外的其他规范性文件不得设定行政强制措施。

**第十一条** 法律对行政强制措施的对象、条件、种类作了规定的，行政法规、地方性法规不得作出扩大规定。

法律中未设定行政强制措施的，行政法规、地方性法规不得设定行政强制措施。但是，法律规定特定事项由行政法规规定具体管理措施的，行政法规可以设定除本法第九条第一项、第四项和应当由法律规定的行政强制措施以外的其他行政强制措施。

**第十二条** 行政强制执行的方式：

（一）加处罚款或者滞纳金；

（二）划拨存款、汇款；

（三）拍卖或者依法处理查封、扣押的场所、设施或者财物；

（四）排除妨碍、恢复原状；

（五）代履行；

（六）其他强制执行方式。

**第十三条** 行政强制执行由法律设定。

法律没有规定行政机关强制执行的，作出行政决定的行政机关应当申请人民法院强制执行。

**第十四条** 起草法律草案、法规草案，拟设定行政强制的，起草单位应当采取听证会、论证会等形式听取意见，并向制定机关说明设定该行政强制的必要性、可能产生的影响以及听取和采纳意见的情况。

**第十五条** 行政强制的设定机关应当定期对其设定的行政强制进行评价，并对不适当的行政强制及时予以修改或者废止。

行政强制的实施机关可以对已设定的行政强制的实施情况及存在的必要性适时进行评价，并将意见报告该行政强制的设定机关。

公民、法人或者其他组织可以向行政强制的设定机关和实施机关就行政强制的设定和实施提出意见和建议。有关机关应当认真研究论证，并以适当方式予以反馈。

# 第三章　行政强制措施实施程序

## 第一节　一般规定

**第十六条**　行政机关履行行政管理职责，依照法律、法规的规定，实施行政强制措施。

违法行为情节显著轻微或者没有明显社会危害的，可以不采取行政强制措施。

**第十七条**　行政强制措施由法律、法规规定的行政机关在法定职权范围内实施。行政强制措施权不得委托。

依据《中华人民共和国行政处罚法》的规定行使相对集中行政处罚权的行政机关，可以实施法律、法规规定的与行政处罚权有关的行政强制措施。

行政强制措施应当由行政机关具备资格的行政执法人员实施，其他人员不得实施。

**第十八条**　行政机关实施行政强制措施应当遵守下列规定：

（一）实施前须向行政机关负责人报告并经批准；

（二）由两名以上行政执法人员实施；

（三）出示执法身份证件；

（四）通知当事人到场；

（五）当场告知当事人采取行政强制措施的理由、依据以及当事人依法享有的权利、救济途径；

（六）听取当事人的陈述和申辩；

（七）制作现场笔录；

（八）现场笔录由当事人和行政执法人员签名或者盖章，当事人拒绝的，在笔录中予以注明；

（九）当事人不到场的，邀请见证人到场，由见证人和行政执法人员在现场笔录上签名或者盖章；

（十）法律、法规规定的其他程序。

**第十九条**　情况紧急，需要当场实施行政强制措施的，行政执法人员应当在二十四小时内向行政机关负责人报告，并补办批准手续。行政机关负责人认为不应当采取行政强制措施的，应当立即解除。

**第二十条**　依照法律规定实施限制公民人身自由的行政强制措施，除应当履行本法第十八条规定的程序外，还应当遵守下列规定：

（一）当场告知或者实施行政强制措施后立即通知当事人家属实施行政强制措施的行政机关、地点和期限；

（二）在紧急情况下当场实施行政强制措施的，在返回行政机关后，立即向行政机关负责人报告并补办批准手续；

（三）法律规定的其他程序。

实施限制人身自由的行政强制措施不得超过法定期限。实施行政强制措施的目的已经达到或者条件已经消失，应当立即解除。

**第二十一条**　违法行为涉嫌犯罪应当移送司法机关的，行政机关应当将查封、扣押、冻结的财物一并移送，并书面告知当事人。

## 第二节　查封、扣押

**第二十二条**　查封、扣押应当由法律、法规规定的行政机关实施，其他任何行政机关或者组织不得实施。

**第二十三条**　查封、扣押限于涉案的场所、设施或者财物，不得查封、扣押与违法行为无关的场所、设施或者财物；不得查封、扣押公民个人及其所扶养家属的生活必需品。

当事人的场所、设施或者财物已被其他国家机关依法查封的，不得重复查封。

**第二十四条**　行政机关决定实施查封、扣押的，应当履行本法第十八条规定的程序，制作并当场交付查封、扣押决定书和清单。

查封、扣押决定书应当载明下列事项：

（一）当事人的姓名或者名称、地址；

（二）查封、扣押的理由、依据和期限；

（三）查封、扣押场所、设施或者财物的名称、数量等；

（四）申请行政复议或者提起行政诉讼的途径和期限；

（五）行政机关的名称、印章和日期。

查封、扣押清单一式二份，由当事人和行政机关分别保存。

**第二十五条** 查封、扣押的期限不得超过三十日；情况复杂的，经行政机关负责人批准，可以延长，但是延长期限不得超过三十日。法律、行政法规另有规定的除外。

延长查封、扣押的决定应当及时书面告知当事人，并说明理由。

对物品需要进行检测、检验、检疫或者技术鉴定的，查封、扣押的期间不包括检测、检验、检疫或者技术鉴定的期间。检测、检验、检疫或者技术鉴定的期间应当明确，并书面告知当事人。检测、检验、检疫或者技术鉴定的费用由行政机关承担。

**第二十六条** 对查封、扣押的场所、设施或者财物，行政机关应当妥善保管，不得使用或者损毁；造成损失的，应当承担赔偿责任。

对查封的场所、设施或者财物，行政机关可以委托第三人保管，第三人不得损毁或者擅自转移、处置。因第三人的原因造成的损失，行政机关先行赔付后，有权向第三人追偿。

因查封、扣押发生的保管费用由行政机关承担。

**第二十七条** 行政机关采取查封、扣押措施后，应当及时查清事实，在本法第二十五条规定的期限内作出处理决定。对违法事实清楚，依法应当没收的非法财物予以没收；法律、行政法规规定应当销毁的，依法销毁；应当解除查封、扣押的，作出解除查封、扣押的决定。

**第二十八条** 有下列情形之一的，行政机关应当及时作出解除查封、扣押决定：

（一）当事人没有违法行为；

（二）查封、扣押的场所、设施或者财物与违法行为无关；

（三）行政机关对违法行为已经作出处理决定，不再需要查封、扣押；

（四）查封、扣押期限已经届满；

（五）其他不再需要采取查封、扣押措施的情形。

解除查封、扣押应当立即退还财物；已将鲜活物品或者其他不易保管的财物拍卖或者变卖的，退还拍卖或者变卖所得款项。变卖价格明显低于市场价格，给当事人造成损失的，应当给予补偿。

## 第三节　冻　　结

**第二十九条**　冻结存款、汇款应当由法律规定的行政机关实施，不得委托给其他行政机关或者组织；其他任何行政机关或者组织不得冻结存款、汇款。

冻结存款、汇款的数额应当与违法行为涉及的金额相当；已被其他国家机关依法冻结的，不得重复冻结。

**第三十条**　行政机关依照法律规定决定实施冻结存款、汇款的，应当履行本法第十八条第一项、第二项、第三项、第七项规定的程序，并向金融机构交付冻结通知书。

金融机构接到行政机关依法作出的冻结通知书后，应当立即予以冻结，不得拖延，不得在冻结前向当事人泄露信息。

法律规定以外的行政机关或者组织要求冻结当事人存款、汇款的，金融机构应当拒绝。

**第三十一条**　依照法律规定冻结存款、汇款的，作出决定的行政机关应当在三日内向当事人交付冻结决定书。冻结决定书应当载明下列事项：

（一）当事人的姓名或者名称、地址；

（二）冻结的理由、依据和期限；

（三）冻结的账号和数额；

（四）申请行政复议或者提起行政诉讼的途径和期限；

（五）行政机关的名称、印章和日期。

**第三十二条**　自冻结存款、汇款之日起三十日内，行政机关应当作出处理决定或者作出解除冻结决定；情况复杂的，经行政机关负责人批准，可以延长，但是延长期限不得超过三十日。法律另有规定的除外。

延长冻结的决定应当及时书面告知当事人，并说明理由。

**第三十三条**　有下列情形之一的，行政机关应当及时作出解除冻结决定：

（一）当事人没有违法行为；

（二）冻结的存款、汇款与违法行为无关；

（三）行政机关对违法行为已经作出处理决定，不再需要冻结；

（四）冻结期限已经届满；

（五）其他不再需要采取冻结措施的情形。

行政机关作出解除冻结决定的，应当及时通知金融机构和当事人。金融机构接到通知后，应当立即解除冻结。

行政机关逾期未作出处理决定或者解除冻结决定的，金融机构应当自冻结期满之日起解除冻结。

# 第四章　行政机关强制执行程序

## 第一节　一般规定

**第三十四条**　行政机关依法作出行政决定后，当事人在行政机关决定的期限内不履行义务的，具有行政强制执行权的行政机关依照本章规定强制执行。

**第三十五条**　行政机关作出强制执行决定前，应当事先催告当事人履行义务。催告应当以书面形式作出，并载明下列事项：

（一）履行义务的期限；

（二）履行义务的方式；

（三）涉及金钱给付的，应当有明确的金额和给付方式；

（四）当事人依法享有的陈述权和申辩权。

**第三十六条**　当事人收到催告书后有权进行陈述和申辩。行政机关应当充分听取当事人的意见，对当事人提出的事实、理由和证据，应当进行记录、复核。当事人提出的事实、理由或者证据成立的，行政机关应当采纳。

**第三十七条**　经催告，当事人逾期仍不履行行政决定，且无正当理由的，行政机关可以作出强制执行决定。

强制执行决定应当以书面形式作出，并载明下列事项：

（一）当事人的姓名或者名称、地址；

（二）强制执行的理由和依据；

（三）强制执行的方式和时间；

（四）申请行政复议或者提起行政诉讼的途径和期限；

（五）行政机关的名称、印章和日期。

在催告期间，对有证据证明有转移或者隐匿财物迹象的，行政机关可以作出立即强制执行决定。

**第三十八条** 催告书、行政强制执行决定书应当直接送达当事人。当事人拒绝接收或者无法直接送达当事人的，应当依照《中华人民共和国民事诉讼法》的有关规定送达。

**第三十九条** 有下列情形之一的，中止执行：

（一）当事人履行行政决定确有困难或者暂无履行能力的；

（二）第三人对执行标的主张权利，确有理由的；

（三）执行可能造成难以弥补的损失，且中止执行不损害公共利益的；

（四）行政机关认为需要中止执行的其他情形。

中止执行的情形消失后，行政机关应当恢复执行。对没有明显社会危害，当事人确无能力履行，中止执行满三年未恢复执行的，行政机关不再执行。

**第四十条** 有下列情形之一的，终结执行：

（一）公民死亡，无遗产可供执行，又无义务承受人的；

（二）法人或者其他组织终止，无财产可供执行，又无义务承受人的；

（三）执行标的灭失的；

（四）据以执行的行政决定被撤销的；

（五）行政机关认为需要终结执行的其他情形。

**第四十一条** 在执行中或者执行完毕后，据以执行的行政决定被撤销、变更，或者执行错误的，应当恢复原状或者退还财物；不能恢复原状或者退还财物的，依法给予赔偿。

**第四十二条** 实施行政强制执行，行政机关可以在不损害公共利益和他人合法权益的情况下，与当事人达成执行协议。执行协议可以约定分阶段履行；当事人采取补救措施的，可以减免加处的罚款或者滞纳金。

执行协议应当履行。当事人不履行执行协议的，行政机关应当恢复强制执行。

**第四十三条** 行政机关不得在夜间或者法定节假日实施行政强制执行。但是，情况紧急的除外。

行政机关不得对居民生活采取停止供水、供电、供热、供燃气等方式迫使当事人履行相关行政决定。

**第四十四条** 对违法的建筑物、构筑物、设施等需要强制拆除的，应当由行政机关予以公告，限期当事人自行拆除。当事人在法定期限内不申请行政复议或者提起行政诉讼，又不拆除的，行政机关可以依法强制拆除。

## 第二节　金钱给付义务的执行

**第四十五条** 行政机关依法作出金钱给付义务的行政决定，当事人逾期不履行的，行政机关可以依法加处罚款或者滞纳金。加处罚款或者滞纳金的标准应当告知当事人。

加处罚款或者滞纳金的数额不得超出金钱给付义务的数额。

**第四十六条** 行政机关依照本法第四十五条规定实施加处罚款或者滞纳金超过三十日，经催告当事人仍不履行的，具有行政强制执行权的行政机关可以强制执行。

行政机关实施强制执行前，需要采取查封、扣押、冻结措施的，依照本法第三章规定办理。

没有行政强制执行权的行政机关应当申请人民法院强制执行。但是，当事人在法定期限内不申请行政复议或者提起行政诉讼，经催告仍不履行的，在实施行政管理过程中已经采取查封、扣押措施的行政机关，可以将查封、扣押的财物依法拍卖抵缴罚款。

**第四十七条** 划拨存款、汇款应当由法律规定的行政机关决定，并书面通知金融机构。金融机构接到行政机关依法作出划拨存款、汇款的决定后，应当立即划拨。

法律规定以外的行政机关或者组织要求划拨当事人存款、汇款的，金融机构应当拒绝。

**第四十八条** 依法拍卖财物，由行政机关委托拍卖机构依照《中华人民共和国拍卖法》的规定办理。

**第四十九条** 划拨的存款、汇款以及拍卖和依法处理所得的款项应当上缴国库或者划入财政专户。任何行政机关或者个人不得以任何形式截留、私分或者变相私分。

## 第三节　代　履　行

**第五十条**　行政机关依法作出要求当事人履行排除妨碍、恢复原状等义务的行政决定，当事人逾期不履行，经催告仍不履行，其后果已经或者将危害交通安全、造成环境污染或者破坏自然资源的，行政机关可以代履行，或者委托没有利害关系的第三人代履行。

**第五十一条**　代履行应当遵守下列规定：

（一）代履行前送达决定书，代履行决定书应当载明当事人的姓名或者名称、地址，代履行的理由和依据、方式和时间、标的、费用预算以及代履行人；

（二）代履行三日前，催告当事人履行，当事人履行的，停止代履行；

（三）代履行时，作出决定的行政机关应当派员到场监督；

（四）代履行完毕，行政机关到场监督的工作人员、代履行人和当事人或者见证人应当在执行文书上签名或者盖章。

代履行的费用按照成本合理确定，由当事人承担。但是，法律另有规定的除外。

代履行不得采用暴力、胁迫以及其他非法方式。

**第五十二条**　需要立即清除道路、河道、航道或者公共场所的遗洒物、障碍物或者污染物，当事人不能清除的，行政机关可以决定立即实施代履行；当事人不在场的，行政机关应当在事后立即通知当事人，并依法作出处理。

## 第五章　申请人民法院强制执行

**第五十三条**　当事人在法定期限内不申请行政复议或者提起行政诉讼，又不履行行政决定的，没有行政强制执行权的行政机关可以自期限届满之日起三个月内，依照本章规定申请人民法院强制执行。

**第五十四条** 行政机关申请人民法院强制执行前，应当催告当事人履行义务。催告书送达十日后当事人仍未履行义务的，行政机关可以向所在地有管辖权的人民法院申请强制执行；执行对象是不动产的，向不动产所在地有管辖权的人民法院申请强制执行。

**第五十五条** 行政机关向人民法院申请强制执行，应当提供下列材料：

（一）强制执行申请书；

（二）行政决定书及作出决定的事实、理由和依据；

（三）当事人的意见及行政机关催告情况；

（四）申请强制执行标的情况；

（五）法律、行政法规规定的其他材料。

强制执行申请书应当由行政机关负责人签名，加盖行政机关的印章，并注明日期。

**第五十六条** 人民法院接到行政机关强制执行的申请，应当在五日内受理。

行政机关对人民法院不予受理的裁定有异议的，可以在十五日内向上一级人民法院申请复议，上一级人民法院应当自收到复议申请之日起十五日内作出是否受理的裁定。

**第五十七条** 人民法院对行政机关强制执行的申请进行书面审查，对符合本法第五十五条规定，且行政决定具备法定执行效力的，除本法第五十八条规定的情形外，人民法院应当自受理之日起七日内作出执行裁定。

**第五十八条** 人民法院发现有下列情形之一的，在作出裁定前可以听取被执行人和行政机关的意见：

（一）明显缺乏事实根据的；

（二）明显缺乏法律、法规依据的；

（三）其他明显违法并损害被执行人合法权益的。

人民法院应当自受理之日起三十日内作出是否执行的裁定。裁定不予执行的，应当说明理由，并在五日内将不予执行的裁定送达行政机关。

行政机关对人民法院不予执行的裁定有异议的，可以自收到裁定之日起十五日内向上一级人民法院申请复议，上一级人民法院应当自收到复议申请之日起三十日内作出是否执行的裁定。

第五十九条　因情况紧急，为保障公共安全，行政机关可以申请人民法院立即执行。经人民法院院长批准，人民法院应当自作出执行裁定之日起五日内执行。

第六十条　行政机关申请人民法院强制执行，不缴纳申请费。强制执行的费用由被执行人承担。

人民法院以划拨、拍卖方式强制执行的，可以在划拨、拍卖后将强制执行的费用扣除。

依法拍卖财物，由人民法院委托拍卖机构依照《中华人民共和国拍卖法》的规定办理。

划拨的存款、汇款以及拍卖和依法处理所得的款项应当上缴国库或者划入财政专户，不得以任何形式截留、私分或者变相私分。

# 第六章　法律责任

第六十一条　行政机关实施行政强制，有下列情形之一的，由上级行政机关或者有关部门责令改正，对直接负责的主管人员和其他直接责任人员依法给予处分：

（一）没有法律、法规依据的；

（二）改变行政强制对象、条件、方式的；

（三）违反法定程序实施行政强制的；

（四）违反本法规定，在夜间或者法定节假日实施行政强制执行的；

（五）对居民生活采取停止供水、供电、供热、供燃气等方式迫使当事人履行相关行政决定的；

（六）有其他违法实施行政强制情形的。

第六十二条　违反本法规定，行政机关有下列情形之一的，由上级行政机关或者有关部门责令改正，对直接负责的主管人员和其他直接责任人员依法给予处分：

（一）扩大查封、扣押、冻结范围的；

（二）使用或者损毁查封、扣押场所、设施或者财物的；

（三）在查封、扣押法定期间不作出处理决定或者未依法及时解除查封、扣押的；

（四）在冻结存款、汇款法定期间不作出处理决定或者未依法及时解除冻结的。

**第六十三条** 行政机关将查封、扣押的财物或者划拨的存款、汇款以及拍卖和依法处理所得的款项，截留、私分或者变相私分的，由财政部门或者有关部门予以追缴；对直接负责的主管人员和其他直接责任人员依法给予记大过、降级、撤职或者开除的处分。

行政机关工作人员利用职务上的便利，将查封、扣押的场所、设施或者财物据为己有的，由上级行政机关或者有关部门责令改正，依法给予记大过、降级、撤职或者开除的处分。

**第六十四条** 行政机关及其工作人员利用行政强制权为单位或者个人谋取利益的，由上级行政机关或者有关部门责令改正，对直接负责的主管人员和其他直接责任人员依法给予处分。

**第六十五条** 违反本法规定，金融机构有下列行为之一的，由金融业监督管理机构责令改正，对直接负责的主管人员和其他直接责任人员依法给予处分：

（一）在冻结前向当事人泄露信息的；

（二）对应当立即冻结、划拨的存款、汇款不冻结或者不划拨，致使存款、汇款转移的；

（三）将不应当冻结、划拨的存款、汇款予以冻结或者划拨的；

（四）未及时解除冻结存款、汇款的。

**第六十六条** 违反本法规定，金融机构将款项划入国库或者财政专户以外的其他账户的，由金融业监督管理机构责令改正，并处以违法划拨款项二倍的罚款；对直接负责的主管人员和其他直接责任人员依法给予处分。

违反本法规定，行政机关、人民法院指令金融机构将款项划入国库或者财政专户以外的其他账户的，对直接负责的主管人员和其他直接责任人员依法给予处分。

**第六十七条** 人民法院及其工作人员在强制执行中有违法行为或者扩大强制执行范围的，对直接负责的主管人员和其他直接责任人员依法给予处分。

**第六十八条** 违反本法规定，给公民、法人或者其他组织造成损失的，依法给予赔偿。

违反本法规定，构成犯罪的，依法追究刑事责任。

# 第七章　附　　则

**第六十九条**　本法中十日以内期限的规定是指工作日，不含法定节假日。

**第七十条**　法律、行政法规授权的具有管理公共事务职能的组织在法定授权范围内，以自己的名义实施行政强制，适用本法有关行政机关的规定。

**第七十一条**　本法自 2012 年 1 月 1 日起施行。

# 中华人民共和国
# 政府信息公开条例

（2007 年 1 月 17 日国务院第 165 次常务会议通过 2007 年 4 月 5 日中华人民共和国国务院令第 492 号公布 自 2008 年 5 月 1 日起施行）

## 目 录

## 第一章 总 则

**第一条** 为了保障公民、法人和其他组织依法获取政府信息，提高政府工作的透明度，促进依法行政，充分发挥政府信息对人民群众生产、生活和经济社会活动的服务作用，制定本条例。

**第二条** 本条例所称政府信息，是指行政机关在履行职责过程中制作或者获取的，以一定形式记录、保存的信息。

**第三条** 各级人民政府应当加强对政府信息公开工作的组织领导。

国务院办公厅是全国政府信息公开工作的主管部门，负责推进、指导、协调、监督全国的政府信息公开工作。

县级以上地方人民政府办公厅（室）或者县级以上地方人民政府确定的其他政府信息公开工作主管部门负责推进、指导、协调、监督本行政区域的政府信息公开工作。

**第四条** 各级人民政府及县级以上人民政府部门应当建立健全本行政机关的政府信息公开工作制度，并指定机构（以下统称政府信息公开工作机构）负责本行政机关政府信息公开的日常工作。

政府信息公开工作机构的具体职责是：

（一）具体承办本行政机关的政府信息公开事宜；

（二）维护和更新本行政机关公开的政府信息；

（三）组织编制本行政机关的政府信息公开指南、政府信息公开目录和政府信息公开工作年度报告；

（四）对拟公开的政府信息进行保密审查；

（五）本行政机关规定的与政府信息公开有关的其他职责。

**第五条** 行政机关公开政府信息，应当遵循公正、公平、便民的原则。

**第六条** 行政机关应当及时、准确地公开政府信息。行政机关发现影响或者可能影响社会稳定、扰乱社会管理秩序的虚假或者不完整信息的，应当在其职责范围内发布准确的政府信息予以澄清。

**第七条** 行政机关应当建立健全政府信息发布协调机制。行政机关发布政府信息涉及其他行政机关的，应当与有关行政机关进行沟通、确认，保证行政机关发布的政府信息准确一致。

行政机关发布政府信息依照国家有关规定需要批准的，未经批准不得发布。

**第八条** 行政机关公开政府信息，不得危及国家安全、公共安全、经济安全和社会稳定。

# 第二章 公开的范围

**第九条** 行政机关对符合下列基本要求之一的政府信息应当主动公开：

（一）涉及公民、法人或者其他组织切身利益的；

（二）需要社会公众广泛知晓或者参与的；

（三）反映本行政机关机构设置、职能、办事程序等情况的；

（四）其他依照法律、法规和国家有关规定应当主动公开的。

**第十条** 县级以上各级人民政府及其部门应当依照本条例第九条的规定，在各自职责范围内确定主动公开的政府信息的具体内容，并重点公开下列政府信息：

（一）行政法规、规章和规范性文件；

（二）国民经济和社会发展规划、专项规划、区域规划及相关政策；

（三）国民经济和社会发展统计信息；

（四）财政预算、决算报告；

（五）行政事业性收费的项目、依据、标准；

（六）政府集中采购项目的目录、标准及实施情况；

（七）行政许可的事项、依据、条件、数量、程序、期限以及申请行政许可需要提交的全部材料目录及办理情况；

（八）重大建设项目的批准和实施情况；

（九）扶贫、教育、医疗、社会保障、促进就业等方面的政策、措施及其实施情况；

（十）突发公共事件的应急预案、预警信息及应对情况；

（十一）环境保护、公共卫生、安全生产、食品药品、产品质量的监督检查情况。

**第十一条** 设区的市级人民政府、县级人民政府及其部门重点公开的政府信息还应当包括下列内容：

（一）城乡建设和管理的重大事项；

（二）社会公益事业建设情况；

（三）征收或者征用土地、房屋拆迁及其补偿、补助费用的发放、使用情况；

（四）抢险救灾、优抚、救济、社会捐助等款物的管理、使用和分配情况。

**第十二条** 乡（镇）人民政府应当依照本条例第九条的规定，在其职责范围内确定主动公开的政府信息的具体内容，并重点公开下列政府信息：

（一）贯彻落实国家关于农村工作政策的情况；

（二）财政收支、各类专项资金的管理和使用情况；

（三）乡（镇）土地利用总体规划、宅基地使用的审核情况；

（四）征收或者征用土地、房屋拆迁及其补偿、补助费用的发放、使用情况；

（五）乡（镇）的债权债务、筹资筹劳情况；

（六）抢险救灾、优抚、救济、社会捐助等款物的发放情况；

（七）乡镇集体企业及其他乡镇经济实体承包、租赁、拍卖等情况；

（八）执行计划生育政策的情况。

**第十三条** 除本条例第九条、第十条、第十一条、第十二条规定的行政机关主动公开的政府信息外，公民、法人或者其他组织还可以根据自身生产、生活、科研等特殊需要，向国务院部门、地方各级人民政府及县级以上地方人民政府部门申请获取相关政府信息。

**第十四条** 行政机关应当建立健全政府信息发布保密审查机制，明确审查的程序和责任。

行政机关在公开政府信息前，应当依照《中华人民共和国保守国家秘密法》以及其他法律、法规和国家有关规定对拟公开的政府信息进行审查。

行政机关对政府信息不能确定是否可以公开时，应当依照法律、法规和国家有关规定报有关主管部门或者同级保密工作部门确定。

行政机关不得公开涉及国家秘密、商业秘密、个人隐私的政府信息。但是，经权利人同意公开或者行政机关认为不公开可能对公共利益造成重大影响的涉及商业秘密、个人隐私的政府信息，可以予以公开。

# 第三章　公开的方式和程序

**第十五条** 行政机关应当将主动公开的政府信息，通过政府公报、政府网站、新闻发布会以及报刊、广播、电视等便于公众知晓的方式公开。

**第十六条** 各级人民政府应当在国家档案馆、公共图书馆设置政府信息查阅场所，并配备相应的设施、设备，为公民、法人或者其他组织获取政府信息提供便利。

行政机关可以根据需要设立公共查阅室、资料索取点、信息公告栏、电子信息屏等场所、设施，公开政府信息。

行政机关应当及时向国家档案馆、公共图书馆提供主动公开的政府信息。

**第十七条** 行政机关制作的政府信息，由制作该政府信息的行政机关负责公开；行政机关从公民、法人或者其他组织获取的政府信息，由保存该政府信息的行政机关负责公开。法律、法规对政府信息公开的权限另有规定的，从其规定。

**第十八条** 属于主动公开范围的政府信息，应当自该政府信息形成或者变更之日起 20 个工作日内予以公开。法律、法规对政府信息公开的期限另有规定的，从其规定。

**第十九条** 行政机关应当编制、公布政府信息公开指南和政府信息公开目录，并及时更新。

政府信息公开指南，应当包括政府信息的分类、编排体系、获取方式，政府信息公开工作机构的名称、办公地址、办公时间、联系电话、传真号码、电子邮箱等内容。

政府信息公开目录，应当包括政府信息的索引、名称、内容概述、生成日期等内容。

**第二十条** 公民、法人或者其他组织依照本条例第十三条规定向行政机关申请获取政府信息的，应当采用书面形式（包括数据电文形式）；采用书面形式确有困难的，申请人可以口头提出，由受理该申请的行政机关代为填写政府信息公开申请。

政府信息公开申请应当包括下列内容：

（一）申请人的姓名或者名称、联系方式；

（二）申请公开的政府信息的内容描述；

（三）申请公开的政府信息的形式要求。

**第二十一条** 对申请公开的政府信息，行政机关根据下列情况分别作出答复：

（一）属于公开范围的，应当告知申请人获取该政府信息的方式和途径；

（二）属于不予公开范围的，应当告知申请人并说明理由；

（三）依法不属于本行政机关公开或者该政府信息不存在的，应当告知申请人，对能够确定该政府信息的公开机关的，应当告知申请人该行政机关的名称、联系方式；

（四）申请内容不明确的，应当告知申请人作出更改、补充。

**第二十二条**　申请公开的政府信息中含有不应当公开的内容，但是能够作区分处理的，行政机关应当向申请人提供可以公开的信息内容。

**第二十三条**　行政机关认为申请公开的政府信息涉及商业秘密、个人隐私，公开后可能损害第三方合法权益的，应当书面征求第三方的意见；第三方不同意公开的，不得公开。但是，行政机关认为不公开可能对公共利益造成重大影响的，应当予以公开，并将决定公开的政府信息内容和理由书面通知第三方。

**第二十四条**　行政机关收到政府信息公开申请，能够当场答复的，应当当场予以答复。

行政机关不能当场答复的，应当自收到申请之日起15个工作日内予以答复；如需延长答复期限的，应当经政府信息公开工作机构负责人同意，并告知申请人，延长答复的期限最长不得超过15个工作日。

申请公开的政府信息涉及第三方权益的，行政机关征求第三方意见所需时间不计算在本条第二款规定的期限内。

**第二十五条**　公民、法人或者其他组织向行政机关申请提供与其自身相关的税费缴纳、社会保障、医疗卫生等政府信息的，应当出示有效身份证件或者证明文件。

公民、法人或者其他组织有证据证明行政机关提供的与其自身相关的政府信息记录不准确的，有权要求该行政机关予以更正。该行政机关无权更正的，应当转送有权更正的行政机关处理，并告知申请人。

**第二十六条**　行政机关依申请公开政府信息，应当按照申请人要求的形式予以提供；无法按照申请人要求的形式提供的，可以通过安排申请人查阅相关资料、提供复制件或者其他适当形式提供。

**第二十七条**　行政机关依申请提供政府信息，除可以收取检索、复制、邮寄等成本费用外，不得收取其他费用。行政机关不得通过其他组织、个人以有偿服务方式提供政府信息。

行政机关收取检索、复制、邮寄等成本费用的标准由国务院价格主管部门会同国务院财政部门制定。

**第二十八条** 申请公开政府信息的公民确有经济困难的，经本人申请、政府信息公开工作机构负责人审核同意，可以减免相关费用。

申请公开政府信息的公民存在阅读困难或者视听障碍的，行政机关应当为其提供必要的帮助。

# 第四章　监督和保障

**第二十九条** 各级人民政府应当建立健全政府信息公开工作考核制度、社会评议制度和责任追究制度，定期对政府信息公开工作进行考核、评议。

**第三十条** 政府信息公开工作主管部门和监察机关负责对行政机关政府信息公开的实施情况进行监督检查。

**第三十一条** 各级行政机关应当在每年 3 月 31 日前公布本行政机关的政府信息公开工作年度报告。

**第三十二条** 政府信息公开工作年度报告应当包括下列内容：

（一）行政机关主动公开政府信息的情况；

（二）行政机关依申请公开政府信息和不予公开政府信息的情况；

（三）政府信息公开的收费及减免情况；

（四）因政府信息公开申请行政复议、提起行政诉讼的情况；

（五）政府信息公开工作存在的主要问题及改进情况；

（六）其他需要报告的事项。

**第三十三条** 公民、法人或者其他组织认为行政机关不依法履行政府信息公开义务的，可以向上级行政机关、监察机关或者政府信息公开工作主管部门举报。收到举报的机关应当予以调查处理。

公民、法人或者其他组织认为行政机关在政府信息公开工作中的具体行政行为侵犯其合法权益的，可以依法申请行政复议或者提起行政诉讼。

**第三十四条** 行政机关违反本条例的规定，未建立健全政府信息发布保密审查机制的，由监察机关、上一级行政机关责令改正；情节严重的，对行政机关主要负责人依法给予处分。

**第三十五条** 行政机关违反本条例的规定，有下列情形之一的，由监察机关、上一级行政机关责令改正；情节严重的，对行政机关直接负责的主管人员和其他直接责任人员依法给予处分；构成犯罪的，依法追究刑事责任：

（一）不依法履行政府信息公开义务的；

（二）不及时更新公开的政府信息内容、政府信息公开指南和政府信息公开目录的；

（三）违反规定收取费用的；

（四）通过其他组织、个人以有偿服务方式提供政府信息的；

（五）公开不应当公开的政府信息的；

（六）违反本条例规定的其他行为。

# 第五章 附 则

**第三十六条** 法律、法规授权的具有管理公共事务职能的组织公开政府信息的活动，适用本条例。

**第三十七条** 教育、医疗卫生、计划生育、供水、供电、供气、供热、环保、公共交通等与人民群众利益密切相关的公共企事业单位在提供社会公共服务过程中制作、获取的信息的公开，参照本条例执行，具体办法由国务院有关主管部门或者机构制定。

**第三十八条** 本条例自 2008 年 5 月 1 日起施行。

# 罚款决定与罚款收缴
# 分离实施办法

(1997 年 11 月 17 日中华人民共和国国务院令第
235 号发布　自 1998 年 1 月 1 日起施行)

**第一条**　为了实施罚款决定与罚款收缴分离，加强对罚款收缴活动的监督，保证罚款及时上缴国库，根据《中华人民共和国行政处罚法》（以下简称行政处罚法）的规定，制定本办法。

**第二条**　罚款的收取、缴纳及相关活动，适用本办法。

**第三条**　作出罚款决定的行政机关应当与收缴罚款的机构分离；但是，依照行政处罚法的规定可以当场收缴罚款的除外。

**第四条**　罚款必须全部上缴国库，任何行政机关、组织或者个人不得以任何形式截留、私分或者变相私分。

行政机关执法所需经费的拨付，按照国家有关规定执行。

**第五条**　经中国人民银行批准有代理收付款项业务的商业银行、信用合作社（以下简称代收机构），可以开办代收罚款的业务。

具体代收机构由县级以上地方人民政府组织本级财政部门、中国人民银行当地分支机构和依法具有行政处罚权的行政机关共同研究，统一确定。海关、外汇管理等实行垂直领导的依法具有行政处罚权的行政机关作出罚款决定的，具体代收机构由财政部、中国人民银行会同国务院有关部门确定。依法具有行政处罚权的国务院有关部门作出罚款决定的，具体代收机构由财政部、中国人民银行确定。

代收机构应当具备足够的代收网点，以方便当事人缴纳罚款。

**第六条** 行政机关应当依照本办法和国家有关规定，同代收机构签订代收罚款协议。

代收罚款协议应当包括下列事项：

（一）行政机关、代收机构名称；

（二）具体代收网点；

（三）代收机构上缴罚款的预算科目、预算级次；

（四）代收机构告知行政机关代收罚款情况的方式、期限；

（五）需要明确的其他事项。

自代收罚款协议签订之日起 15 日内，行政机关应当将代收罚款协议报上一级行政机关和同级财政部门备案；代收机构应当将代收罚款协议报中国人民银行或者其当地分支机构备案。

**第七条** 行政机关作出罚款决定的行政处罚决定书应当载明代收机构的名称、地址和当事人应当缴纳罚款的数额、期限等，并明确对当事人逾期缴纳罚款是否加处罚款。

当事人应当按照行政处罚决定书确定的罚款数额、期限，到指定的代收机构缴纳罚款。

**第八条** 代收机构代收罚款，应当向当事人出具罚款收据。

罚款收据的格式和印制，由财政部规定。

**第九条** 当事人逾期缴纳罚款，行政处罚决定书明确需要加处罚款的，代收机构应当按照行政处罚决定书加收罚款。

当事人对加收罚款有异议的，应当先缴纳罚款和加收的罚款，再依法向作出行政处罚决定的行政机关申请复议。

**第十条** 代收机构应当按照代收罚款协议规定的方式、期限，将当事人的姓名或者名称、缴纳罚款的数额、时间等情况书面告知作出行政处罚决定的行政机关。

**第十一条** 代收机构应当按照行政处罚法和国家有关规定，将代收的罚款直接上缴国库。

**第十二条** 国库应当按照《中华人民共和国国家金库条例》的规定，定期同财政部门和行政机关对账，以保证收受的罚款和上缴国库的罚款数额一致。

**第十三条** 代收机构应当在代收网点、营业时间、服务设施、缴款手续等方面为当事人缴纳罚款提供方便。

**第十四条** 财政部门应当向代收机构支付手续费，具体标准由财政部制定。

**第十五条** 法律、法规授权的具有管理公共事务职能的组织和依法受委托的组织依法作出的罚款决定与罚款收缴，适用本办法。

**第十六条** 本办法由财政部会同中国人民银行组织实施。

**第十七条** 本办法自 1998 年 1 月 1 日起施行。

# 二、部门规章

# 动物疫情报告管理办法

（1999 年 10 月 19 日农牧发〔1999〕18 号文下发）

**第一条** 根据《中华人民共和国动物防疫法》及有关规定，制定本办法。

**第二条** 本办法所称动物疫情是指动物疫病发生、发展的情况。

**第三条** 国务院畜牧兽医行政管理部门主管全国动物疫情报告工作，县级以上地方人民政府畜牧兽医行政管理部门主管本行政区内的动物疫情报告工作。

畜牧兽医行政管理部门统一公布动物疫情。未经授权，其他任何单位和个人不得以任何方式公布动物疫情。

**第四条** 各级动物防疫监督机构实施辖区内动物疫情报告工作。

**第五条** 动物疫情实行逐级报告制度。

县、地、省动物防疫监督机构、全国畜牧兽医总站建立四级疫情报告系统。

国务院畜牧兽医行政管理部门在全国布设动物疫情测报点（简称"国家测报点"）直接向全国畜牧兽医总站报告。

**第六条** 动物疫情报告实行快报、月报和年报。

**（一）快报**

有下列情形之一的必须快报：

1. 发生一类或者疑似一类动物疫病；

2. 二类、三类或者其他动物疫病呈暴发性流行；

3. 新发现的动物疫病；

4. 已经消灭又发生的动物疫病。

县级动物防疫监督机构和国家测报点确认发生上述动物疫情后，应在 24 小时之内快报至全国畜牧兽医总站。全国畜牧兽医总站应在 12 小时之内报国务院畜牧兽医行政管理部门。

### （二）月报

县级动物防疫监督机构对辖区内当月发生的动物疫情，于下一个月 5 日之前将疫情报告地级动物防疫监督机构；地级动物防疫监督机构每月 10 日之前，报告省级动物防疫监督机构；省级动物防疫监督机构于每月 15 日之前报全国畜牧兽医总站；全国畜牧兽医总站将汇总分析结果于每月 20 日前报国务院畜牧兽医行政管理部门。

### （三）年报

县级动物防疫监督机构每年应将辖区内上一年的动物疫情在 1 月 10 日前报告地（市）级动物防疫监督机构；地（市）级动物防疫监督机构应当在 1 月 20 日前报省级动物防疫监督机构；省级动物防疫监督机构应当在 1 月 30 日前报全国畜牧兽医总站；全国畜牧兽医总站将汇总分析结果于 2 月 20 日前报国务院畜牧兽医行政管理部门。

**第七条** 各级动物防疫监督机构和国家测报点在快报、月报、年报动物疫情时，必须同时报告当地畜牧兽医行政管理部门。

省级动物防疫监督机构和国家测报点报告疫情时，须同时报告国务院畜牧兽医行政管理部门，并抄送农业部动物检疫所进行分析研究。

**第八条** 疫情报告以表格形式上报。需要文字说明的，要同时报告文字材料。全国畜牧兽医总站统一制定动物疫情快报、月报、年报报表。

**第九条** 从事动物饲养、经营及动物产品生产、经营和从事动物防疫科研、教学、诊疗及进出境动物检疫等单位和个人，应当建立本单位疫情统计、登记制度，并定期向当地动物防疫监督机构报告。

**第十条** 对在动物疫情报告工作中作出显著成绩的单位和个人，由畜牧兽医行政管理部门给予表彰或奖励。

**第十一条** 违反本办法规定，瞒报、谎报或者阻碍他人报告动物疫情的，按《中华人民共和国动物防疫法》及有关规定给予处罚，对负有直接责任的主管人员和其他直接责任人，依法给予行政处分。

**第十二条**　违反本办法规定，引起重大动物疫情，造成重大经济损失，构成犯罪的移交司法机关处理。

**第十三条**　本办法由国务院畜牧兽医行政管理部门负责解释。

**第十四条**　本办法从公布之日起实施。

# 畜禽标识和养殖档案管理办法

（2006 年 6 月 26 日农业部令第 67 号公布）

## 第一章　总　　则

**第一条**　为了规范畜牧业生产经营行为，加强畜禽标识和养殖档案管理，建立畜禽及畜禽产品可追溯制度，有效防控重大动物疫病，保障畜禽产品质量安全，依据《中华人民共和国畜牧法》、《中华人民共和国动物防疫法》和《中华人民共和国农产品质量安全法》，制定本办法。

**第二条**　本办法所称畜禽标识是指经农业部批准使用的耳标、电子标签、脚环以及其他承载畜禽信息的标识物。

**第三条**　在中华人民共和国境内从事畜禽及畜禽产品生产、经营、运输等活动，应当遵守本办法。

**第四条**　农业部负责全国畜禽标识和养殖档案的监督管理工作。

县级以上地方人民政府畜牧兽医行政主管部门负责本行政区域内畜禽标识和养殖档案的监督管理工作。

**第五条**　畜禽标识制度应当坚持统一规划、分类指导、分步实施、稳步推进的原则。

**第六条**　畜禽标识所需费用列入省级人民政府财政预算。

## 第二章　畜禽标识管理

**第七条**　畜禽标识实行一畜一标，编码应当具有唯一性。

**第八条**　畜禽标识编码由畜禽种类代码、县级行政区域代码、标识顺序号共 15 位数字及专用条码组成。

猪、牛、羊的畜禽种类代码分别为 1、2、3。

编码形式为：×（种类代码）—×××××××（县级行政区域代码）—×××××××××（标识顺序号）。

**第九条**　农业部制定并公布畜禽标识技术规范，生产企业生产的畜禽标识应当符合该规范规定。

省级动物疫病预防控制机构统一采购畜禽标识，逐级供应。

**第十条**　畜禽标识生产企业不得向省级动物疫病预防控制机构以外的单位和个人提供畜禽标识。

**第十一条**　畜禽养殖者应当向当地县级动物疫病预防控制机构申领畜禽标识，并按照下列规定对畜禽加施畜禽标识：

（一）新出生畜禽，在出生后 30 天内加施畜禽标识；30 天内离开饲养地的，在离开饲养地前加施畜禽标识；从国外引进畜禽，在畜禽到达目的地 10 日内加施畜禽标识。

（二）猪、牛、羊在左耳中部加施畜禽标识，需要再次加施畜禽标识的，在右耳中部加施。

**第十二条**　畜禽标识严重磨损、破损、脱落后，应当及时加施新的标识，并在养殖档案中记录新标识编码。

**第十三条**　动物卫生监督机构实施产地检疫时，应当查验畜禽标识。没有加施畜禽标识的，不得出具检疫合格证明。

**第十四条**　动物卫生监督机构应当在畜禽屠宰前，查验、登记畜禽标识。

畜禽屠宰经营者应当在畜禽屠宰时回收畜禽标识，由动物卫生监督机构保存、销毁。

**第十五条**　畜禽经屠宰检疫合格后，动物卫生监督机构应当在畜禽产品检疫标志中注明畜禽标识编码。

**第十六条**　省级人民政府畜牧兽医行政主管部门应当建立畜禽标识及所需配套设备的采购、保管、发放、使用、登记、回收、销毁等制度。

**第十七条**　畜禽标识不得重复使用。

# 第三章　养殖档案管理

**第十八条**　畜禽养殖场应当建立养殖档案，载明以下内容：

（一）畜禽的品种、数量、繁殖记录、标识情况、来源和进出场日期；

（二）饲料、饲料添加剂等投入品和兽药的来源、名称、使用对象、时间和用量等有关情况；

（三）检疫、免疫、监测、消毒情况；

（四）畜禽发病、诊疗、死亡和无害化处理情况；

（五）畜禽养殖代码；

（六）农业部规定的其他内容。

**第十九条** 县级动物疫病预防控制机构应当建立畜禽防疫档案，载明以下内容：

（一）畜禽养殖场：名称、地址、畜禽种类、数量、免疫日期、疫苗名称、畜禽养殖代码、畜禽标识顺序号、免疫人员以及用药记录等。

（二）畜禽散养户：户主姓名、地址、畜禽种类、数量、免疫日期、疫苗名称、畜禽标识顺序号、免疫人员以及用药记录等。

**第二十条** 畜禽养殖场、养殖小区应当依法向所在地县级人民政府畜牧兽医行政主管部门备案，取得畜禽养殖代码。

畜禽养殖代码由县级人民政府畜牧兽医行政主管部门按照备案顺序统一编号，每个畜禽养殖场、养殖小区只有一个畜禽养殖代码。

畜禽养殖代码由 6 位县级行政区域代码和 4 位顺序号组成，作为养殖档案编号。

**第二十一条** 饲养种畜应当建立个体养殖档案，注明标识编码、性别、出生日期、父系和母系品种类型、母本的标识编码等信息。

种畜调运时应当在个体养殖档案上注明调出和调入地，个体养殖档案应当随同调运。

**第二十二条** 养殖档案和防疫档案保存时间：商品猪、禽为 2 年，牛为 20 年，羊为 10 年，种畜禽长期保存。

**第二十三条** 从事畜禽经营的销售者和购买者应当向所在地县级动物疫病预防控制机构报告更新防疫档案相关内容。

销售者或购买者属于养殖场的，应及时在畜禽养殖档案中登记畜禽标识编码及相关信息变化情况。

第二十四条　畜禽养殖场养殖档案及种畜个体养殖档案格式由农业部统一制定。

# 第四章　信息管理

第二十五条　国家实施畜禽标识及养殖档案信息化管理，实现畜禽及畜禽产品可追溯。

第二十六条　农业部建立包括国家畜禽标识信息中央数据库在内的国家畜禽标识信息管理系统。

省级人民政府畜牧兽医行政主管部门建立本行政区域畜禽标识信息数据库，并成为国家畜禽标识信息中央数据库的子数据库。

第二十七条　县级以上人民政府畜牧兽医行政主管部门根据数据采集要求，组织畜禽养殖相关信息的录入、上传和更新工作。

# 第五章　监督管理

第二十八条　县级以上地方人民政府畜牧兽医行政主管部门所属动物卫生监督机构具体承担本行政区域内畜禽标识的监督管理工作。

第二十九条　畜禽标识和养殖档案记载的信息应当连续、完整、真实。

第三十条　有下列情形之一的，应当对畜禽、畜禽产品实施追溯：

（一）标识与畜禽、畜禽产品不符；

（二）畜禽、畜禽产品染疫；

（三）畜禽、畜禽产品没有检疫证明；

（四）违规使用兽药及其他有毒、有害物质；

（五）发生重大动物卫生安全事件；

（六）其他应当实施追溯的情形。

第三十一条　县级以上人民政府畜牧兽医行政主管部门应当根据畜禽标识、养殖档案等信息对畜禽及畜禽产品实施追溯和处理。

**第三十二条** 国外引进的畜禽在国内发生重大动物疫情，由农业部会同有关部门进行追溯。

**第三十三条** 任何单位和个人不得销售、收购、运输、屠宰应当加施标识而没有标识的畜禽。

# 第六章 附 则

**第三十四条** 违反本办法规定的，按照《中华人民共和国畜牧法》、《中华人民共和国动物防疫法》和《中华人民共和国农产品质量安全法》的有关规定处罚。

**第三十五条** 本办法自 2006 年 7 月 1 日起施行，2002 年 5 月 24 日农业部发布的《动物免疫标识管理办法》（农业部令第 13 号）同时废止。

猪、牛、羊以外其他畜禽标识实施时间和具体措施由农业部另行规定。

# 无规定动物疫病区评估管理办法

（2007 年 1 月 23 日农业部令第 1 号公布）

## 第一章　总　　则

**第一条**　为实施动物疫病区域化管理，规范无规定动物疫病区评估活动，有效控制和扑灭重大动物疫病，提高动物卫生及动物产品安全水平，促进对外贸易，根据《中华人民共和国动物防疫法》等法律法规规定，制定本办法。

**第二条**　本办法所称无规定动物疫病区评估是指按照《无规定动物疫病区管理技术规范》，对某一特定区域动物疫病状况及防控能力进行的综合评价。

**第三条**　农业部负责全国无规定动物疫病区评估管理工作，确定并公布实施区域化管理的动物疫病种类，制定并发布《无规定动物疫病区管理技术规范》。

农业部设立的全国动物卫生风险评估专家委员会，承担无规定动物疫病区评估工作。

**第四条**　无规定动物疫病区评估应当遵循有关国际组织确定的区域控制与风险评估基本原则。

**第五条**　国家支持各省、自治区、直辖市建立无规定动物疫病区，鼓励养殖企业参与无规定动物疫病区建设。

## 第二章　申　　请

**第六条**　无规定动物疫病区建成并符合农业部《无规定动物疫病区管理技术规范》要求的，由省级人民政府畜牧兽医行政主管部门向农业部申请评估。

跨省无规定动物疫病区的评估，由区域涉及的省级人民政府畜牧兽医行政主管部门共同申请。

**第七条** 申请无规定动物疫病区评估应当提交申请书和自我评估报告。

申请书应当明确下列事项：

（一）无规定动物疫病区的范围；

（二）兽医体系建设情况；

（三）动物疫情报告体系；

（四）动物疫病流行情况；

（五）控制、扑灭计划和实施情况；

（六）免疫措施和监测情况；

（七）应急反应措施。

**第八条** 无规定动物疫病区可以是以下区域：

（一）省、自治区、直辖市的部分或全部区域；

（二）毗邻省的连片区域；

（三）同一生物安全管理体系下的若干养殖加工场所构成的一定区域。

**第九条** 农业部自收到申请之日起 10 个工作日内做出是否受理的决定，并书面通知申请单位和全国动物卫生风险评估专家委员会。

# 第三章 评 估

**第十条** 全国动物卫生风险评估专家委员会应当自收到农业部通知后 5 个工作日内组成评估专家组并指定组长。评估专家组由 5 人以上单数组成，实行组长负责制。

**第十一条** 评估专家组按照农业部《无规定动物疫病区管理技术规范》要求开展无规定动物疫病区评估。

无规定动物疫病区评估应当遵循科学、公平、公正的原则，采取书面评审和现场评审相结合的方式进行。

**第十二条** 评估专家组应当在 5 个工作日内完成书面评审。

书面评审包括以下内容：

（一）申请书和自我评估报告格式是否符合规定，有无缺项、漏项；

（二）申报材料是否符合无规定动物疫病区自然环境条件、人工屏障和动物流行病学等方面的要求。

**第十三条** 书面评审合格的，由评估专家组进行现场评审。

书面评审不合格的，由全国动物卫生风险评估专家委员会报请农业部书面通知申请单位在规定期限内补充有关资料。逾期未报送的，按撤回申请处理。

**第十四条** 现场评审应当遵循下列程序，并在 15 个工作日内完成：

（一）评估专家组组长主持召开会议，宣布现场评审方案、专家组分工、时间安排和评估纪律等；

（二）听取申请单位关于无规定动物疫病区建设及管理情况的介绍；

（三）实地核查有关资料、档案和建设情况。

**第十五条** 专家组组长可以根据评审需要，召集临时会议，对评审中发现的问题进行讨论。必要时可以要求申请单位陈述有关情况。

申请单位应当如实提供评估专家组所要求的有关资料，并配合专家组开展评估。

**第十六条** 经实地核查，申报材料真实、准确，并达到《无规定动物疫病区管理技术规范》要求的，予以通过现场评估。

经实地核查，发现有下列情形之一的，限期整改：

（一）申报的无规定动物疫病区区域范围与实际不符的；

（二）需要进一步补充数据和材料的；

（三）个别事项未完全达到《无规定动物疫病区管理技术规范》要求的；

（四）其他可以通过整改达到要求的。

经实地核查，发现有下列情形之一的，不予通过现场评估：

（一）与本办法第十二条第二款第二项有原则性出入的；

（二）未达到《无规定动物疫病区管理技术规范》有关动物疫情监测、检疫监管和应急反应要求的；

（三）申请单位隐瞒有关情况或者有其他欺骗行为的。

**第十七条** 需要"限期整改"的，由农业部书面通知申请单位在规定期限内进行整改。

申请单位在规定期限内完成整改后，将整改报告及相关证明材料报评估专家组审核，审核结果经全国动物卫生风险评估专家委员会报农业部。必要时，全国动物卫生风险评估专家委员会可以组织评估专家组再次进行现场评审。

**第十八条** 评估专家组应当在现场评估结束后 5 个工作日内完成评估报告，并提出"通过"或"不予通过"的评估建议，经全国动物卫生风险评估专家委员会报农业部。

**第十九条** 特殊情况下，经农业部同意，评估专家组可以适当缩短或延长评估时间。

# 第四章 公　　布

**第二十条** 农业部自收到评估报告后 10 个工作日内完成初审。初审通过的，由农业部通知申请单位；初审不合格的，书面通知申请单位并说明理由。

**第二十一条** 初审通过的，由农业部征求省、自治区、直辖市人民政府畜牧兽医行政主管部门的意见。

省、自治区、直辖市人民政府畜牧兽医行政主管部门应当在规定期限内向农业部反馈书面意见。

**第二十二条** 农业部对省、自治区、直辖市的反馈意见进行审核，做出无规定动物疫病区是否合格的决定。

合格的无规定动物疫病区由农业部列入国家无规定动物疫病区名录，并对外公布。农业部根据需要向有关国际组织、国家和地区通报评估情况或申请国际评估认可。

**第二十三条** 列入国家无规定动物疫病区名单的区域发生规定的动物疫病，农业部取消其无规定动物疫病区资格，并对外公布有关情况。

无规定动物疫病区在疫情扑灭后，符合农业部《无规定动物疫病区管理技术规范》要求，并经省、自治区、直辖市人民政府畜牧兽医行政主管部门评估合格，可以向农业部申请恢复无规定动物疫病区资格。

**第二十四条** 农业部对已公布的无规定动物疫病区实行不定期监督检查。发现不符合本办法第十六条第三款有关规定的，取消其无规定动物疫病区资格。

# 第五章 附 则

**第二十五条** 发生重大动物疫情解除封锁后，需要国家确认为无疫状况的，以及动物及动物产品对外贸易等活动中需要进行无疫状况评估的，参照本办法执行。

**第二十六条** 无规定动物疫病区评估申请书的内容和格式由农业部统一规定。

**第二十七条** 本办法自 2007 年 3 月 1 日起施行。

# 动物检疫管理办法

(2010 年 1 月 21 日农业部令 2010 年第 6 号公布)

## 第一章 总 则

**第一条** 为加强动物检疫活动管理，预防、控制和扑灭动物疫病，保障动物及动物产品安全，保护人体健康，维护公共卫生安全，根据《中华人民共和国动物防疫法》（以下简称《动物防疫法》），制定本办法。

**第二条** 本办法适用于中华人民共和国领域内的动物检疫活动。

**第三条** 农业部主管全国动物检疫工作。

县级以上地方人民政府兽医主管部门主管本行政区域内的动物检疫工作。

县级以上地方人民政府设立的动物卫生监督机构负责本行政区域内动物、动物产品的检疫及其监督管理工作。

**第四条** 动物检疫的范围、对象和规程由农业部制定、调整并公布。

**第五条** 动物卫生监督机构指派官方兽医按照《动物防疫法》和本办法的规定对动物、动物产品实施检疫，出具检疫证明，加施检疫标志。

动物卫生监督机构可以根据检疫工作需要，指定兽医专业人员协助官方兽医实施动物检疫。

**第六条** 动物检疫遵循过程监管、风险控制、区域化和可追溯管理相结合的原则。

# 第二章　检疫申报

**第七条**　国家实行动物检疫申报制度。

动物卫生监督机构应当根据检疫工作需要，合理设置动物检疫申报点，并向社会公布动物检疫申报点、检疫范围和检疫对象。

县级以上人民政府兽医主管部门应当加强动物检疫申报点的建设和管理。

**第八条**　下列动物、动物产品在离开产地前，货主应当按规定时限向所在地动物卫生监督机构申报检疫：

（一）出售、运输动物产品和供屠宰、继续饲养的动物，应当提前3天申报检疫。

（二）出售、运输乳用动物、种用动物及其精液、卵、胚胎、种蛋，以及参加展览、演出和比赛的动物，应当提前15天申报检疫。

（三）向无规定动物疫病区输入相关易感动物、易感动物产品的，货主除按规定向输出地动物卫生监督机构申报检疫外，还应当在起运3天前向输入地省级动物卫生监督机构申报检疫。

**第九条**　合法捕获野生动物的，应当在捕获后3天内向捕获地县级动物卫生监督机构申报检疫。

**第十条**　屠宰动物的，应当提前6小时向所在地动物卫生监督机构申报检疫；急宰动物的，可以随时申报。

**第十一条**　申报检疫的，应当提交检疫申报单；跨省、自治区、直辖市调运乳用动物、种用动物及其精液、胚胎、种蛋的，还应当同时提交输入地省、自治区、直辖市动物卫生监督机构批准的《跨省引进乳用种用动物检疫审批表》。

申报检疫采取申报点填报、传真、电话等方式申报。采用电话申报的，需在现场补填检疫申报单。

**第十二条**　动物卫生监督机构受理检疫申报后，应当派出官方兽医到现场或指定地点实施检疫；不予受理的，应当说明理由。

# 第三章 产地检疫

**第十三条** 出售或者运输的动物、动物产品经所在地县级动物卫生监督机构的官方兽医检疫合格，并取得《动物检疫合格证明》后，方可离开产地。

**第十四条** 出售或者运输的动物，经检疫符合下列条件，由官方兽医出具《动物检疫合格证明》：

（一）来自非封锁区或者未发生相关动物疫情的饲养场（户）；

（二）按照国家规定进行了强制免疫，并在有效保护期内；

（三）临床检查健康；

（四）农业部规定需要进行实验室疫病检测的，检测结果符合要求；

（五）养殖档案相关记录和畜禽标识符合农业部规定。

乳用、种用动物和宠物，还应当符合农业部规定的健康标准。

**第十五条** 合法捕获的野生动物，经检疫符合下列条件，由官方兽医出具《动物检疫合格证明》后，方可饲养、经营和运输：

（一）来自非封锁区；

（二）临床检查健康；

（三）农业部规定需要进行实验室疫病检测的，检测结果符合要求。

**第十六条** 出售、运输的种用动物精液、卵、胚胎、种蛋，经检疫符合下列条件，由官方兽医出具《动物检疫合格证明》：

（一）来自非封锁区，或者未发生相关动物疫情的种用动物饲养场；

（二）供体动物按照国家规定进行了强制免疫，并在有效保护期内；

（三）供体动物符合动物健康标准；

（四）农业部规定需要进行实验室疫病检测的，检测结果符合要求；

（五）供体动物的养殖档案相关记录和畜禽标识符合农业部规定。

第十七条　出售、运输的骨、角、生皮、原毛、绒等产品，经检疫符合下列条件，由官方兽医出具《动物检疫合格证明》：

（一）来自非封锁区，或者未发生相关动物疫情的饲养场（户）；

（二）按有关规定消毒合格；

（三）农业部规定需要进行实验室疫病检测的，检测结果符合要求。

第十八条　经检疫不合格的动物、动物产品，由官方兽医出具检疫处理通知单，并监督货主按照农业部规定的技术规范处理。

第十九条　跨省、自治区、直辖市引进用于饲养的非乳用、非种用动物到达目的地后，货主或者承运人应当在 24 小时内向所在地县级动物卫生监督机构报告，并接受监督检查。

第二十条　跨省、自治区、直辖市引进的乳用、种用动物到达输入地后，在所在地动物卫生监督机构的监督下，应当在隔离场或饲养场（养殖小区）内的隔离舍进行隔离观察，大中型动物隔离期为 45 天，小型动物隔离期为 30 天。经隔离观察合格的方可混群饲养；不合格的，按照有关规定进行处理。隔离观察合格后需继续在省内运输的，货主应当申请更换《动物检疫合格证明》。动物卫生监督机构更换《动物检疫合格证明》不得收费。

# 第四章　屠宰检疫

第二十一条　县级动物卫生监督机构依法向屠宰场（厂、点）派驻（出）官方兽医实施检疫。屠宰场（厂、点）应当提供与屠宰规模相适应的官方兽医驻场检疫室和检疫操作台等设施。出场（厂、点）的动物产品应当经官方兽医检疫合格，加施检疫标志，并附有《动物检疫合格证明》。

第二十二条　进入屠宰场（厂、点）的动物应当附有《动物检疫合格证明》，并佩戴有农业部规定的畜禽标识。

官方兽医应当查验进场动物附具的《动物检疫合格证明》和佩戴的畜禽标识，检查待宰动物健康状况，对疑似染疫的动物进行隔离观察。

官方兽医应当按照农业部规定，在动物屠宰过程中实施全流程同步检疫和必要的实验室疫病检测。

**第二十三条** 经检疫符合下列条件的，由官方兽医出具《动物检疫合格证明》，对胴体及分割、包装的动物产品加盖检疫验讫印章或者加施其他检疫标志：

（一）无规定的传染病和寄生虫病；

（二）符合农业部规定的相关屠宰检疫规程要求；

（三）需要进行实验室疫病检测的，检测结果符合要求。

骨、角、生皮、原毛、绒的检疫还应当符合本办法第十七条有关规定。

**第二十四条** 经检疫不合格的动物、动物产品，由官方兽医出具检疫处理通知单，并监督屠宰场（厂、点）或者货主按照农业部规定的技术规范处理。

**第二十五条** 官方兽医应当回收进入屠宰场（厂、点）动物附具的《动物检疫合格证明》，填写屠宰检疫记录。回收的《动物检疫合格证明》应当保存十二个月以上。

**第二十六条** 经检疫合格的动物产品到达目的地后，需要直接在当地分销的，货主可以向输入地动物卫生监督机构申请换证，换证不得收费。换证应当符合下列条件：

（一）提供原始有效《动物检疫合格证明》，检疫标志完整，且证物相符；

（二）在有关国家标准规定的保质期内，且无腐败变质。

**第二十七条** 经检疫合格的动物产品到达目的地，贮藏后需继续调运或者分销的，货主可以向输入地动物卫生监督机构重新申报检疫。输入地县级以上动物卫生监督机构对符合下列条件的动物产品，出具《动物检疫合格证明》。

（一）提供原始有效《动物检疫合格证明》，检疫标志完整，且证物相符；

（二）在有关国家标准规定的保质期内，无腐败变质；

（三）有健全的出入库登记记录；

（四）农业部规定进行必要的实验室疫病检测的，检测结果符合要求。

# 第五章　水产苗种产地检疫

**第二十八条**　出售或者运输水生动物的亲本、稚体、幼体、受精卵、发眼卵及其他遗传育种材料等水产苗种的，货主应当提前20天向所在地县级动物卫生监督机构申报检疫；经检疫合格，并取得《动物检疫合格证明》后，方可离开产地。

**第二十九条**　养殖、出售或者运输合法捕获的野生水产苗种的，货主应当在捕获野生水产苗种后2天内向所在地县级动物卫生监督机构申报检疫；经检疫合格，并取得《动物检疫合格证明》后，方可投放养殖场所、出售或者运输。

合法捕获的野生水产苗种实施检疫前，货主应当将其隔离在符合下列条件的临时检疫场地：

（一）与其他养殖场所有物理隔离设施；

（二）具有独立的进排水和废水无害化处理设施以及专用渔具；

（三）农业部规定的其他防疫条件。

**第三十条**　水产苗种经检疫符合下列条件的，由官方兽医出具《动物检疫合格证明》：

（一）该苗种生产场近期未发生相关水生动物疫情；

（二）临床健康检查合格；

（三）农业部规定需要经水生动物疫病诊断实验室检验的，检验结果符合要求。

检疫不合格的，动物卫生监督机构应当监督货主按照农业部规定的技术规范处理。

**第三十一条**　跨省、自治区、直辖市引进水产苗种到达目的地后，货主或承运人应当在24小时内按照有关规定报告，并接受当地动物卫生监督机构的监督检查。

# 第六章　无规定动物疫病区动物检疫

**第三十二条**　向无规定动物疫病区运输相关易感动物、动物产品的，除附有输出地动物卫生监督机构出具的《动物检疫合格证

明》外，还应当向输入地省、自治区、直辖市动物卫生监督机构申
报检疫，并按照本办法第三十三条、第三十四条规定取得输入地
《动物检疫合格证明》。

**第三十三条** 输入到无规定动物疫病区的相关易感动物，应当
在输入地省、自治区、直辖市动物卫生监督机构指定的隔离场所，
按照农业部规定的无规定动物疫病区有关检疫要求隔离检疫。大中
型动物隔离检疫期为 45 天，小型动物隔离检疫期为 30 天。隔离检
疫合格的，由输入地省、自治区、直辖市动物卫生监督机构的官方
兽医出具《动物检疫合格证明》；不合格的，不准进入，并依法
处理。

**第三十四条** 输入到无规定动物疫病区的相关易感动物产品，
应当在输入地省、自治区、直辖市动物卫生监督机构指定的地点，
按照农业部规定的无规定动物疫病区有关检疫要求进行检疫。检疫
合格的，由输入地省、自治区、直辖市动物卫生监督机构的官方兽
医出具《动物检疫合格证明》；不合格的，不准进入，并依法处理。

# 第七章　乳用种用动物检疫审批

**第三十五条** 跨省、自治区、直辖市引进乳用动物、种用动物
及其精液、胚胎、种蛋的，货主应当填写《跨省引进乳用种用动物
检疫审批表》，向输入地省、自治区、直辖市动物卫生监督机构申
请办理审批手续。

**第三十六条** 输入地省、自治区、直辖市动物卫生监督机构应
当自受理申请之日起 10 个工作日内，做出是否同意引进的决定。
符合下列条件的，签发《跨省引进乳用种用动物检疫审批表》；不
符合下列条件的，书面告知申请人，并说明理由。

（一）输出和输入饲养场、养殖小区取得《动物防疫条件合格
证》；

（二）输入饲养场、养殖小区存栏的动物符合动物健康标准；

（三）输出的乳用、种用动物养殖档案相关记录符合农业部
规定；

（四）输出的精液、胚胎、种蛋的供体符合动物健康标准。

**第三十七条** 货主凭输入地省、自治区、直辖市动物卫生监督机构签发的《跨省引进乳用种用动物检疫审批表》，按照本办法规定向输出地县级动物卫生监督机构申报检疫。输出地县级动物卫生监督机构应当按照本办法的规定实施检疫。

**第三十八条** 跨省引进乳用种用动物应当在《跨省引进乳用种用动物检疫审批表》有效期内运输。逾期引进的，货主应当重新办理审批手续。

# 第八章　检疫监督

**第三十九条** 屠宰、经营、运输以及参加展览、演出和比赛的动物，应当附有《动物检疫合格证明》；经营、运输的动物产品应当附有《动物检疫合格证明》和检疫标志。

对符合前款规定的动物、动物产品，动物卫生监督机构可以查验检疫证明、检疫标志，对动物、动物产品进行采样、留验、抽检，但不得重复检疫收费。

**第四十条** 依法应当检疫而未经检疫的动物，由动物卫生监督机构依照本条第二款规定补检，并依照《动物防疫法》处理处罚。

符合下列条件的，由动物卫生监督机构出具《动物检疫合格证明》；不符合的，按照农业部有关规定进行处理。

（一）畜禽标识符合农业部规定；

（二）临床检查健康；

（三）农业部规定需要进行实验室疫病检测的，检测结果符合要求。

**第四十一条** 依法应当检疫而未经检疫的骨、角、生皮、原毛、绒等产品，符合下列条件的，由动物卫生监督机构出具《动物检疫合格证明》；不符合的，予以没收销毁。同时，依照《动物防疫法》处理处罚。

（一）货主在5天内提供输出地动物卫生监督机构出具的来自非封锁区的证明；

（二）经外观检查无腐烂变质；

（三）按有关规定重新消毒；

（四）农业部规定需要进行实验室疫病检测的，检测结果符合要求。

**第四十二条** 依法应当检疫而未经检疫的精液、胚胎、种蛋等，符合下列条件的，由动物卫生监督机构出具《动物检疫合格证明》；不符合的，予以没收销毁。同时，依照《动物防疫法》处理处罚。

（一）货主在 5 天内提供输出地动物卫生监督机构出具的来自非封锁区的证明和供体动物符合健康标准的证明；

（二）在规定的保质期内，并经外观检查无腐败变质；

（三）农业部规定需要进行实验室疫病检测的，检测结果符合要求。

**第四十三条** 依法应当检疫而未经检疫的肉、脏器、脂、头、蹄、血液、筋等，符合下列条件的，由动物卫生监督机构出具《动物检疫合格证明》，并依照《动物防疫法》第七十八条的规定进行处罚；不符合下列条件的，予以没收销毁，并依照《动物防疫法》第七十六条的规定进行处罚：

（一）货主在 5 天内提供输出地动物卫生监督机构出具的来自非封锁区的证明；

（二）经外观检查无病变、无腐败变质；

（三）农业部规定需要进行实验室疫病检测的，检测结果符合要求。

**第四十四条** 经铁路、公路、水路、航空运输依法应当检疫的动物、动物产品的，托运人托运时应当提供《动物检疫合格证明》。没有《动物检疫合格证明》的，承运人不得承运。

**第四十五条** 货主或者承运人应当在装载前和卸载后，对动物、动物产品的运载工具以及饲养用具、装载用具等，按照农业部规定的技术规范进行消毒，并对清除的垫料、粪便、污物等进行无害化处理。

**第四十六条** 封锁区内的商品蛋、生鲜奶的运输监管按照《重大动物疫情应急条例》实施。

**第四十七条** 经检疫合格的动物、动物产品应当在规定时间内到达目的地。经检疫合格的动物在运输途中发生疫情，应按有关规定报告并处置。

# 第九章　罚　　则

**第四十八条**　违反本办法第十九条、第三十一条规定,跨省、自治区、直辖市引进用于饲养的非乳用、非种用动物和水产苗种到达目的地后,未向所在地动物卫生监督机构报告的,由动物卫生监督机构处五百元以上二千元以下罚款。

**第四十九条**　违反本办法第二十条规定,跨省、自治区、直辖市引进的乳用、种用动物到达输入地后,未按规定进行隔离观察的,由动物卫生监督机构责令改正,处二千元以上一万元以下罚款。

**第五十条**　其他违反本办法规定的行为,依照《动物防疫法》有关规定予以处罚。

# 第十章　附　　则

**第五十一条**　动物卫生监督证章标志格式或样式由农业部统一制定。

**第五十二条**　水产苗种产地检疫,由地方动物卫生监督机构委托同级渔业主管部门实施。水产苗种以外的其他水生动物及其产品不实施检疫。

**第五十三条**　本办法自 2010 年 3 月 1 日起施行。农业部 2002年 5 月 24 日发布的《动物检疫管理办法》(农业部令第 14 号)自本办法施行之日起废止。

# 动物防疫条件审查办法

(2010 年 1 月 21 日农业部令 2010 年第 7 号公布)

## 第一章 总 则

**第一条** 为了规范动物防疫条件审查，有效预防控制动物疫病，维护公共卫生安全，根据《中华人民共和国动物防疫法》，制定本办法。

**第二条** 动物饲养场、养殖小区、动物隔离场所、动物屠宰加工场所以及动物和动物产品无害化处理场所，应当符合本办法规定的动物防疫条件，并取得《动物防疫条件合格证》。

经营动物和动物产品的集贸市场应当符合本办法规定的动物防疫条件。

**第三条** 农业部主管全国动物防疫条件审查和监督管理工作。

县级以上地方人民政府兽医主管部门主管本行政区域内的动物防疫条件审查和监督管理工作。

县级以上地方人民政府设立的动物卫生监督机构负责本行政区域内的动物防疫条件监督执法工作。

**第四条** 动物防疫条件审查应当遵循公开、公正、公平、便民的原则。

## 第二章 饲养场、养殖小区动物防疫条件

**第五条** 动物饲养场、养殖小区选址应当符合下列条件：

（一）距离生活饮用水源地、动物屠宰加工场所、动物和动物产品集贸市场 500 米以上；距离种畜禽场 1000 米以上；距离动物诊疗场所 200 米以上；动物饲养场（养殖小区）之间距离不少于

500 米；

（二）距离动物隔离场所、无害化处理场所 3000 米以上；

（三）距离城镇居民区、文化教育科研等人口集中区域及公路、铁路等主要交通干线 500 米以上。

**第六条** 动物饲养场、养殖小区布局应当符合下列条件：

（一）场区周围建有围墙；

（二）场区出入口处设置与门同宽，长 4 米、深 0.3 米以上的消毒池；

（三）生产区与生活办公区分开，并有隔离设施；

（四）生产区入口处设置更衣消毒室，各养殖栋舍出入口设置消毒池或者消毒垫；

（五）生产区内清洁道、污染道分设；

（六）生产区内各养殖栋舍之间距离在 5 米以上或者有隔离设施。

禽类饲养场、养殖小区内的孵化间与养殖区之间应当设置隔离设施，并配备种蛋熏蒸消毒设施，孵化间的流程应当单向，不得交叉或者回流。

**第七条** 动物饲养场、养殖小区应当具有下列设施设备：

（一）场区入口处配置消毒设备；

（二）生产区有良好的采光、通风设施设备；

（三）圈舍地面和墙壁选用适宜材料，以便清洗消毒；

（四）配备疫苗冷冻（冷藏）设备、消毒和诊疗等防疫设备的兽医室，或者有兽医机构为其提供相应服务；

（五）有与生产规模相适应的无害化处理、污水污物处理设施设备；

（六）有相对独立的引入动物隔离舍和患病动物隔离舍。

**第八条** 动物饲养场、养殖小区应当有与其养殖规模相适应的执业兽医或者乡村兽医。

患有相关人畜共患传染病的人员不得从事动物饲养工作。

**第九条** 动物饲养场、养殖小区应当按规定建立免疫、用药、检疫申报、疫情报告、消毒、无害化处理、畜禽标识等制度及养殖档案。

**第十条** 种畜禽场除符合本办法第六条、第七条、第八条、第九条规定外，还应当符合下列条件：

（一）距离生活饮用水源地、动物饲养场、养殖小区和城镇居民区、文化教育科研等人口集中区域及公路、铁路等主要交通干线1000米以上；

（二）距离动物隔离场所、无害化处理场所、动物屠宰加工场所、动物和动物产品集贸市场、动物诊疗场所3000米以上；

（三）有必要的防鼠、防鸟、防虫设施或者措施；

（四）有国家规定的动物疫病的净化制度；

（五）根据需要，种畜场还应当设置单独的动物精液、卵、胚胎采集等区域。

# 第三章　屠宰加工场所动物防疫条件

**第十一条**　动物屠宰加工场所选址应当符合下列条件：

（一）距离生活饮用水源地、动物饲养场、养殖小区、动物集贸市场500米以上；距离种畜禽场3000米以上；距离动物诊疗场所200米以上；

（二）距离动物隔离场所、无害化处理场所3000米以上。

**第十二条**　动物屠宰加工场所布局应当符合下列条件：

（一）场区周围建有围墙；

（二）运输动物车辆出入口设置与门同宽，长4米、深0.3米以上的消毒池；

（三）生产区与生活办公区分开，并有隔离设施；

（四）入场动物卸载区域有固定的车辆消毒场地，并配有车辆清洗、消毒设备；

（五）动物入场口和动物产品出场口应当分别设置；

（六）屠宰加工间入口设置人员更衣消毒室；

（七）有与屠宰规模相适应的独立检疫室、办公室和休息室；

（八）有待宰圈、患病动物隔离观察圈、急宰间；加工原毛、生皮、绒、骨、角的，还应当设置封闭式熏蒸消毒间。

**第十三条**　动物屠宰加工场所应当具有下列设施设备：

（一）动物装卸台配备照度不小于300lx的照明设备；

（二）生产区有良好的采光设备，地面、操作台、墙壁、天棚应当耐腐蚀、不吸潮、易清洗；

（三）屠宰间配备检疫操作台和照度不小于500lx的照明设备；

（四）有与生产规模相适应的无害化处理、污水污物处理设施设备。

**第十四条** 动物屠宰加工场所应当建立动物入场和动物产品出场登记、检疫申报、疫情报告、消毒、无害化处理等制度。

## 第四章 隔离场所动物防疫条件

**第十五条** 动物隔离场所选址应当符合下列条件：

（一）距离动物饲养场、养殖小区、种畜禽场、动物屠宰加工场所、无害化处理场所、动物诊疗场所、动物和动物产品集贸市场以及其他动物隔离场3000米以上；

（二）距离城镇居民区、文化教育科研等人口集中区域及公路、铁路等主要交通干线、生活饮用水源地500米以上。

**第十六条** 动物隔离场所布局应当符合下列条件：

（一）场区周围有围墙；

（二）场区出入口处设置与门同宽，长4米、深0.3米以上的消毒池；

（三）饲养区与生活办公区分开，并有隔离设施；

（四）有配备消毒、诊疗和检测等防疫设备的兽医室；

（五）饲养区内清洁道、污染道分设；

（六）饲养区入口设置人员更衣消毒室。

**第十七条** 动物隔离场所应当具有下列设施设备：

（一）场区出入口处配置消毒设备；

（二）有无害化处理、污水污物处理设施设备。

**第十八条** 动物隔离场所应当配备与其规模相适应的执业兽医。

患有相关人畜共患传染病的人员不得从事动物饲养工作。

**第十九条** 动物隔离场所应当建立动物和动物产品进出登记、免疫、用药、消毒、疫情报告、无害化处理等制度。

## 第五章　无害化处理场所动物防疫条件

**第二十条**　动物和动物产品无害化处理场所选址应当符合下列条件：

（一）距离动物养殖场、养殖小区、种畜禽场、动物屠宰加工场所、动物隔离场所、动物诊疗场所、动物和动物产品集贸市场、生活饮用水源地3000米以上；

（二）距离城镇居民区、文化教育科研等人口集中区域及公路、铁路等主要交通干线500米以上。

**第二十一条**　动物和动物产品无害化处理场所布局应当符合下列条件：

（一）场区周围建有围墙；

（二）场区出入口处设置与门同宽，长4米、深0.3米以上的消毒池，并设有单独的人员消毒通道；

（三）无害化处理区与生活办公区分开，并有隔离设施；

（四）无害化处理区内设置染疫动物扑杀间、无害化处理间、冷库等；

（五）动物扑杀间、无害化处理间入口处设置人员更衣室，出口处设置消毒室。

**第二十二条**　动物和动物产品无害化处理场所应当具有下列设施设备：

（一）配置机动消毒设备；

（二）动物扑杀间、无害化处理间等配备相应规模的无害化处理、污水污物处理设施设备；

（三）有运输动物和动物产品的专用密闭车辆。

**第二十三条**　动物和动物产品无害化处理场所应当建立病害动物和动物产品入场登记、消毒、无害化处理后的物品流向登记、人员防护等制度。

## 第六章　集贸市场动物防疫条件

**第二十四条**　专门经营动物的集贸市场应当符合下列条件：

（一）距离文化教育科研等人口集中区域、生活饮用水源地、动物饲养场和养殖小区、动物屠宰加工场所 500 米以上，距离种畜禽场、动物隔离场所、无害化处理场所 3000 米以上，距离动物诊疗场所 200 米以上；

（二）市场周围有围墙，场区出入口处设置与门同宽，长 4 米、深 0.3 米以上的消毒池；

（三）场内设管理区、交易区、废弃物处理区，各区相对独立；

（四）交易区内不同种类动物交易场所相对独立；

（五）有清洗、消毒和污水污物处理设施设备；

（六）有定期休市和消毒制度。

（七）有专门的兽医工作室。

**第二十五条**　兼营动物和动物产品的集贸市场应当符合下列动物防疫条件：

（一）距离动物饲养场和养殖小区 500 米以上，距离种畜禽场、动物隔离场所、无害化处理场所 3000 米以上，距离动物诊疗场所 200 米以上；

（二）动物和动物产品交易区与市场其他区域相对隔离；

（三）动物交易区与动物产品交易区相对隔离；

（四）不同种类动物交易区相对隔离；

（五）交易区地面、墙面（裙）和台面防水、易清洗；

（六）有消毒制度。

活禽交易市场除符合前款规定条件外，市场内的水禽与其他家禽还应当分开，宰杀间与活禽存放间应当隔离，宰杀间与出售场地应当分开，并有定期休市制度。

# 第七章　审查发证

**第二十六条**　兴办动物饲养场、养殖小区、动物屠宰加工场所、动物隔离场所、动物和动物产品无害化处理场所，应当按照本办法规定进行选址、工程设计和施工。

**第二十七条**　本办法第二条第一款规定场所建设竣工后，应当向所在地县级地方人民政府兽医主管部门提出申请，并提交以下材料：

（一）《动物防疫条件审查申请表》；

（二）场所地理位置图、各功能区布局平面图；

（三）设施设备清单；

（四）管理制度文本；

（五）人员情况。

申请材料不齐全或者不符合规定条件的，县级地方人民政府兽医主管部门应当自收到申请材料之日起 5 个工作日内，一次告知申请人需补正的内容。

**第二十八条** 兴办动物饲养场、养殖小区和动物屠宰加工场所的，县级地方人民政府兽医主管部门应当自收到申请之日起 20 个工作日内完成材料和现场审查，审查合格的，颁发《动物防疫条件合格证》；审查不合格的，应当书面通知申请人，并说明理由。

**第二十九条** 兴办动物隔离场所、动物和动物产品无害化处理场所的，县级地方人民政府兽医主管部门应当自收到申请之日起 5 个工作日内完成材料初审，并将初审意见和有关材料报省、自治区、直辖市人民政府兽医主管部门。省、自治区、直辖市人民政府兽医主管部门自收到初审意见和有关材料之日起 15 个工作日内完成材料和现场审查，审查合格的，颁发《动物防疫条件合格证》；审查不合格的，应当书面通知申请人，并说明理由。

# 第八章 监督管理

**第三十条** 动物卫生监督机构依照《中华人民共和国动物防疫法》和有关法律、法规的规定，对动物饲养场、养殖小区、动物隔离场所、动物屠宰加工场所、动物和动物产品无害化处理场所、动物和动物产品集贸市场的动物防疫条件实施监督检查，有关单位和个人应当予以配合，不得拒绝和阻碍。

**第三十一条** 本办法第二条第一款所列场所在取得《动物防疫条件合格证》后，变更场址或者经营范围的，应当重新申请办理《动物防疫条件合格证》，同时交回原《动物防疫条件合格证》，由原发证机关予以注销。

变更布局、设施设备和制度，可能引起动物防疫条件发生变化的，应当提前 30 日向原发证机关报告。发证机关应当在 20 日内完成审查，并将审查结果通知申请人。

变更单位名称或者其负责人的，应当在变更后 15 日内持有效证明申请变更《动物防疫条件合格证》。

**第三十二条** 本办法第二条第一款所列场所停业的，应当于停业后 30 日内将《动物防疫条件合格证》交回原发证机关注销。

**第三十三条** 本办法第二条所列场所，应当在每年 1 月底前将上一年的动物防疫条件情况和防疫制度执行情况向发证机关报告。

**第三十四条** 禁止转让、伪造或者变造《动物防疫条件合格证》。

**第三十五条** 《动物防疫条件合格证》丢失或者损毁的，应当在 15 日内向发证机关申请补发。

# 第九章 罚 则

**第三十六条** 违反本办法第三十一条第一款规定，变更场所地址或者经营范围，未按规定重新申请《动物防疫条件合格证》的，按照《中华人民共和国动物防疫法》第七十七条规定予以处罚。

违反本办法第三十一条第二款规定，未经审查擅自变更布局、设施设备和制度的，由动物卫生监督机构给予警告。对不符合动物防疫条件的，由动物卫生监督机构责令改正；拒不改正或者整改后仍不合格的，由发证机关收回并注销《动物防疫条件合格证》。

**第三十七条** 违反本办法第二十四条和第二十五条规定，经营动物和动物产品的集贸市场不符合动物防疫条件的，由动物卫生监督机构责令改正；拒不改正的，由动物卫生监督机构处五千元以上两万元以下的罚款，并通报同级工商行政管理部门依法处理。

**第三十八条** 违反本办法第三十四条规定，转让、伪造或者变造《动物防疫条件合格证》的，由动物卫生监督机构收缴《动物防疫条件合格证》，处两千元以上一万元以下的罚款。

使用转让、伪造或者变造《动物防疫条件合格证》的，由动物卫生监督机构按照《中华人民共和国动物防疫法》第七十七条规定予以处罚。

**第三十九条** 违反本办法规定，构成犯罪或者违反治安管理规定的，依法移送公安机关处理。

# 第十章 附 则

**第四十条** 本办法所称动物饲养场、养殖小区是指《中华人民共和国畜牧法》第三十九条规定的畜禽养殖场、养殖小区。

饲养场、养殖小区内自用的隔离舍和屠宰加工场所内自用的患病动物隔离观察圈，饲养场、养殖小区、屠宰加工场所和动物隔离场内设置的自用无害化处理场所，不再另行办理《动物防疫条件合格证》。

**第四十一条** 本办法自 2010 年 5 月 1 日起施行。农业部 2002 年 5 月 24 日发布的《动物防疫条件审核管理办法》（农业部令第 15 号）同时废止。

本办法施行前已发放的《动物防疫合格证》在有效期内继续有效，有效期不满 1 年的，可沿用到 2011 年 5 月 1 日止。本办法施行前未取得《动物防疫合格证》的各类场所，应当在 2011 年 5 月 1 日前达到本办法规定的条件，取得《动物防疫条件合格证》。

# 高致病性动物病原微生物实验室生物安全管理审批办法

(2005 年 5 月 20 日农业部令第 52 号公布)

## 第一章 总 则

**第一条** 为了规范高致病性动物病原微生物实验室生物安全管理的审批工作，根据《病原微生物实验室生物安全管理条例》，制定本办法。

**第二条** 高致病性动物病原微生物的实验室资格、实验活动和运输的审批，适用本办法。

**第三条** 本办法所称高致病性动物病原微生物是指来源于动物的、《动物病原微生物分类名录》中规定的第一类、第二类病原微生物。

《动物病原微生物分类名录》由农业部商国务院有关部门后制定、调整并予以公布。

**第四条** 农业部主管全国高致病性动物病原微生物实验室生物安全管理工作。

县级以上地方人民政府兽医行政管理部门负责本行政区域内高致病性动物病原微生物实验室生物安全管理工作。

## 第二章 实验室资格审批

**第五条** 实验室从事高致病性动物病原微生物实验活动，应当取得农业部颁发的《高致病性动物病原微生物实验室资格证书》。

**第六条** 实验室申请《高致病性动物病原微生物实验室资格证书》，应当具备下列条件：

（一）依法从事动物疫病的研究、检测、诊断，以及菌（毒）种保藏等活动；

（二）符合农业部颁发的《兽医实验室生物安全管理规范》；

（三）取得国家生物安全三级或者四级实验室认可证书；

（四）从事实验活动的工作人员具备兽医相关专业大专以上学历或中级以上技术职称，受过生物安全知识培训；

（五）实验室工程质量经依法检测验收合格。

**第七条** 符合前条规定条件的，申请人应当向所在地省、自治区、直辖市人民政府兽医行政管理部门提出申请，并提交下列材料：

（一）高致病性动物病原微生物实验室资格申请表一式两份；

（二）实验室管理手册；

（三）国家实验室认可证书复印件；

（四）实验室设立单位的法人资格证书复印件；

（五）实验室工作人员学历证书或者技术职称证书复印件；

（六）实验室工作人员生物安全知识培训情况证明材料；

（七）实验室工程质量检测验收报告复印件。

省、自治区、直辖市人民政府兽医行政管理部门应当自收到申请之日起 10 日内，将初审意见和有关材料报送农业部。

农业部收到初审意见和有关材料后，组织专家进行评审，必要时可到现场核实和评估。农业部自收到专家评审意见之日起 10 日内作出是否颁发《高致病性动物病原微生物实验室资格证书》的决定；不予批准的，及时告知申请人并说明理由。

**第八条** 《高致病性动物病原微生物实验室资格证书》有效期为 5 年。有效期届满，实验室需要继续从事高致病性动物病原微生物实验活动的，应当在届满 6 个月前，按照本办法的规定重新申请《高致病性动物病原微生物实验室资格证书》。

## 第三章 实验活动审批

**第九条** 一级、二级实验室不得从事高致病性动物病原微生物实验活动。三级、四级实验室需要从事某种高致病性动物病原微生物或者疑似高致病性动物病原微生物实验活动的，应当经农业部或者省、自治区、直辖市人民政府兽医行政管理部门批准。

**第十条** 三级、四级实验室从事某种高致病性动物病原微生物或者疑似高致病性动物病原微生物实验活动的，应当具备下列条件：

（一）取得农业部颁发的《高致病性动物病原微生物实验室资格证书》，并在有效期内；

（二）实验活动限于与动物病原微生物菌（毒）种、样本有关的研究、检测、诊断和菌（毒）种保藏等。

农业部对特定高致病性动物病原微生物或疑似高致病性动物病原微生物实验活动的实验单位有明确规定的，只能在规定的实验室进行。

**第十一条** 符合前条规定条件的，申请人应当向所在地省、自治区、直辖市人民政府兽医行政管理部门提出申请，并提交下列材料：

（一）高致病性动物病原微生物实验活动申请表一式两份；

（二）高致病性动物病原微生物实验室资格证书复印件；

（三）从事与高致病性动物病原微生物有关的科研项目的，还应当提供科研项目立项证明材料。

从事我国尚未发现或者已经宣布消灭的动物病原微生物有关实验活动的，或者从事国家规定的特定高致病性动物病原微生物病原分离和鉴定、活病毒培养、感染材料核酸提取、动物接种试验等有关实验活动的，省、自治区、直辖市人民政府兽医行政管理部门应当自收到申请之日起 7 日内，将初审意见和有关材料报送农业部。农业部自收到初审意见和有关材料之日起 8 日内作出是否批准的决定；不予批准的，及时通知申请人并说明理由。

从事前款规定以外的其他高致病性动物病原微生物或者疑似高致病性动物病原微生物实验活动的，省、自治区、直辖市人民政府兽医行政管理部门应当自收到申请之日起 15 日内作出是否批准的决定，并自批准之日起 10 日内报农业部备案；不予批准的，应当及时通知申请人并说明理由。

**第十二条** 实验室申报或者接受与高致病性动物病原微生物有

关的科研项目前，应当向农业部申请审查，并提交以下材料：

（一）高致病性动物病原微生物科研项目生物安全审查表一式两份；

（二）科研项目建议书；

（三）科研项目研究中采取的生物安全措施。

农业部自收到申请之日起 20 日内作出是否同意的决定。

科研项目立项后，需要从事与高致病性动物病原微生物有关的实验活动的，应当按照本办法第十条、第十一条的规定，经农业部或者省、自治区、直辖市人民政府兽医行政管理部门批准。

**第十三条** 出入境检验检疫机构、动物防疫机构在实验室开展检测、诊断工作时，发现高致病性动物病原微生物或疑似高致病性动物病原微生物，需要进一步从事这类高致病性动物病原微生物病原分离和鉴定、活病毒培养、感染材料核酸提取、动物接种试验等相关实验活动的，应当按照本办法第十条、第十一条的规定，经农业部或者省、自治区、直辖市人民政府兽医行政管理部门批准。

**第十四条** 出入境检验检疫机构为了检验检疫工作的紧急需要，申请在实验室对高致病性动物病原微生物或疑似高致病性动物病原微生物开展病原分离和鉴定、活病毒培养、感染材料核酸提取、动物接种试验等进一步实验活动的，应当具备下列条件，并按照本办法第十一条的规定提出申请。

（一）实验目的仅限于检疫；

（二）实验活动符合法定检疫规程；

（三）取得农业部颁发的《高致病性动物病原微生物实验室资格证书》，并在有效期内。

农业部或者省、自治区、直辖市人民政府兽医行政管理部门自收到申请之时起 2 小时内作出是否批准的决定；不批准的，通知申请人并说明理由。2 小时内未作出决定的，出入境检验检疫机构实验室可以从事相应的实验活动。

**第十五条** 实验室在实验活动期间，应当按照《病原微生物实验室生物安全管理条例》的规定，做好实验室感染控制、生物安全防护、病原微生物菌（毒）种保存和使用、安全操作、实验室排放的废水和废气以及其他废物处置等工作。

第十六条　实验室在实验活动结束后，应当及时将病原微生物菌（毒）种、样本就地销毁或者送交农业部指定的保藏机构保藏，并将实验活动结果以及工作情况向原批准部门报告。

# 第四章　运输审批

第十七条　运输高致病性动物病原微生物菌（毒）种或者样本的，应当经农业部或者省、自治区、直辖市人民政府兽医行政管理部门批准。

第十八条　运输高致病性动物病原微生物菌（毒）种或者样本的，应当具备下列条件：

（一）运输的高致病性动物病原微生物菌（毒）种或者样本仅限用于依法进行的动物疫病的研究、检测、诊断、菌（毒）种保藏和兽用生物制品的生产等活动；

（二）接收单位是研究、检测、诊断机构的，应当取得农业部颁发的《高致病性动物病原微生物实验室资格证书》，并取得农业部或者省、自治区、直辖市人民政府兽医行政管理部门颁发的从事高致病性动物病原微生物或者疑似高致病性动物病原微生物实验活动批准文件；接收单位是兽用生物制品研制和生产单位的，应当取得农业部颁发的生物制品批准文件；接收单位是菌（毒）种保藏机构的，应当取得农业部颁发的指定菌（毒）种保藏的文件；

（三）盛装高致病性动物病原微生物菌（毒）种或者样本的容器或者包装材料应当符合农业部制定的《高致病性动物病原微生物菌（毒）种或者样本运输包装规范》。

第十九条　符合前条规定条件的，申请人应当向出发地省、自治区、直辖市人民政府兽医行政管理部门提出申请，并提交以下材料：

（一）运输高致病性动物病原微生物菌（毒）种（样本）申请表一式两份；

（二）前条第二项规定的有关批准文件复印件；

（三）接收单位同意接收的证明材料，但送交菌（毒）种保藏的除外。

在省、自治区、直辖市人民政府行政区域内运输的，省、自治区、直辖市人民政府兽医行政管理部门应当对申请人提交的申请材料进行审查，符合条件的，即时批准，发给《高致病性动物病原微生物菌（毒）种、样本准运证书》；不予批准的，应当即时告知申请人。

需要跨省、自治区、直辖市运输或者运往国外的，由出发地省、自治区、直辖市人民政府兽医行政管理部门进行初审，并将初审意见和有关材料报送农业部。农业部应当对初审意见和有关材料进行审查，符合条件的，即时批准，发给《高致病性动物病原微生物菌（毒）种、样本准运证书》；不予批准的，应当即时告知申请人。

**第二十条**  申请人凭《高致病性动物病原微生物菌（毒）种、样本准运证书》运输高致病性动物病原微生物菌（毒）种或者样本；需要通过铁路、公路、民用航空等公共交通工具运输的，凭《高致病性动物病原微生物菌（毒）种、样本准运证书》办理承运手续；通过民航运输的，还需经过国务院民用航空主管部门批准。

**第二十一条**  出入境检验检疫机构在检疫过程中运输动物病原微生物样本的，由国务院出入境检验检疫部门批准，同时向农业部通报。

# 第五章  附  则

**第二十二条**  对违反本办法规定的行为，依照《病原微生物实验室生物安全管理条例》第五十六条、第五十七条、第五十八条、第五十九条、第六十条、第六十二条、第六十三条的规定予以处罚。

**第二十三条**  本办法规定的《高致病性动物病原微生物实验室资格证书》、《从事高致病性动物病原微生物实验活动批准文件》和《高致病性动物病原微生物菌（毒）种、样本准运证书》由农业部印制。

《高致病性动物病原微生物实验室资格申请表》、《高致病性动物病原微生物实验活动申请表》、《运输高致病性动物病原微生物菌

（毒）种、样本申请表》和《高致病性动物病原微生物科研项目生物安全审查表》可以从中国农业信息网（http：//www. agri. gov. cn）下载。

**第二十四条** 本办法自公布之日起施行。

# 动物病原微生物分类名录

（2005 年 5 月 24 日农业部令第 53 号公布）

根据《病原微生物实验室生物安全管理条例》第七条、第八条的规定，对动物病原微生物分类如下：

## 一、一类动物病原微生物

口蹄疫病毒、高致病性禽流感病毒、猪水泡病病毒、非洲猪瘟病毒、非洲马瘟病毒、牛瘟病毒、小反刍兽疫病毒、牛传染性胸膜肺炎丝状支原体、牛海绵状脑病病原、痒病病原。

## 二、二类动物病原微生物

猪瘟病毒、鸡新城疫病毒、狂犬病病毒、绵羊痘/山羊痘病毒、蓝舌病病毒、兔病毒性出血症病毒、炭疽芽孢杆菌、布氏杆菌。

## 三、三类动物病原微生物

多种动物共患病病原微生物：低致病性流感病毒、伪狂犬病病毒、破伤风梭菌、气肿疽梭菌、结核分支杆菌、副结核分支杆菌、致病性大肠杆菌、沙门氏菌、巴氏杆菌、致病性链球菌、李氏杆菌、产气荚膜梭菌、嗜水气单胞菌、肉毒梭状芽孢杆菌、腐败梭菌和其他致病性梭菌、鹦鹉热衣原体、放线菌、钩端螺旋体。

牛病病原微生物：牛恶性卡他热病毒、牛白血病病毒、牛流行热病毒、牛传染性鼻气管炎病毒、牛病毒腹泻/黏膜病病毒、牛生殖器弯曲杆菌、日本血吸虫。

绵羊和山羊病病原微生物：山羊关节炎/脑脊髓炎病毒、梅迪/维斯纳病病毒、传染性脓疱皮炎病毒。

猪病病原微生物：日本脑炎病毒、猪繁殖与呼吸综合征病毒、猪细小病毒、猪圆环病毒、猪流行性腹泻病毒、猪传染性胃肠炎病毒、猪丹毒杆菌、猪支气管败血波氏杆菌、猪胸膜肺炎放线杆菌、副猪嗜血杆菌、猪肺炎支原体、猪密螺旋体。

马病病原微生物：马传染性贫血病毒、马动脉炎病毒、马病毒性流产病毒、马鼻炎病毒、鼻疽假单胞菌、类鼻疽假单胞菌、假皮疽组织胞浆菌、溃疡性淋巴管炎假结核棒状杆菌。

禽病病原微生物：鸭瘟病毒、鸭病毒性肝炎病毒、小鹅瘟病毒、鸡传染性法氏囊病病毒、鸡马立克氏病病毒、禽白血病/肉瘤病毒、禽网状内皮组织增殖病病毒、鸡传染性贫血病毒、鸡传染性喉气管炎病毒、鸡传染性支气管炎病毒、鸡减蛋综合征病毒、禽痘病毒、鸡病毒性关节炎病毒、禽传染性脑脊髓炎病毒、副鸡嗜血杆菌、鸡毒支原体、鸡球虫。

兔病病原微生物：兔黏液瘤病病毒、野兔热土拉杆菌、兔支气管败血波氏杆菌、兔球虫。

水生动物病病原微生物：流行性造血器官坏死病毒、传染性造血器官坏死病毒、马苏大马哈鱼病毒、病毒性出血性败血症病毒、锦鲤疱疹病毒、斑点叉尾鮰病毒、病毒性脑病和视网膜病毒、传染性胰脏坏死病毒、真鲷虹彩病毒、白鲟虹彩病毒、中肠腺坏死杆状病毒、传染性皮下和造血器官坏死病毒、核多角体杆状病毒、虾产卵死亡综合征病毒、鳌鳃腺炎病毒、Taura综合征病毒、对虾白斑综合征病毒、黄头病病毒、草鱼出血病毒、鲤春病毒血症病毒、鲍球形病毒、鲑鱼传染性贫血病毒。

蜜蜂病病原微生物：美洲幼虫腐臭病幼虫杆菌、欧洲幼虫腐臭病蜂房蜜蜂球菌、白垩病蜂球囊菌、蜜蜂微孢子虫、跗腺螨、雅氏大蜂螨。

其他动物病病原微生物：犬瘟热病毒、犬细小病毒、犬腺病毒、犬冠状病毒、犬副流感病毒、猫泛白细胞减少综合征病毒、水貂阿留申病病毒、水貂病毒性肠炎病毒。

## 四、四类动物病原微生物

是指危险性小、低致病力、实验室感染机会少的兽用生物制品、疫苗生产用的各种弱毒病原微生物以及不属于第一、二、三类的各种低毒力的病原微生物。

# 动物病原微生物菌（毒）
# 种保藏管理办法

（2008 年 11 月 26 日农业部令第 16 号公布）

## 第一章  总  则

**第一条**  为了加强动物病原微生物菌（毒）种和样本保藏管理，依据《中华人民共和国动物防疫法》、《病原微生物实验室生物安全管理条例》和《兽药管理条例》等法律法规，制定本办法。

**第二条**  本办法适用于中华人民共和国境内菌（毒）种和样本的保藏活动及其监督管理。

**第三条**  本办法所称菌（毒）种，是指具有保藏价值的动物细菌、真菌、放线菌、衣原体、支原体、立克次氏体、螺旋体、病毒等微生物。

本办法所称样本，是指人工采集的、经鉴定具有保藏价值的含有动物病原微生物的体液、组织、排泄物、分泌物、污染物等物质。

本办法所称保藏机构，是指承担菌（毒）种和样本保藏任务，并向合法从事动物病原微生物相关活动的实验室或者兽用生物制品企业提供菌（毒）种或者样本的单位。

菌（毒）种和样本的分类按照《动物病原微生物分类名录》的规定执行。

**第四条**  农业部主管全国菌（毒）种和样本保藏管理工作。

县级以上地方人民政府兽医主管部门负责本行政区域内的菌（毒）种和样本保藏监督管理工作。

**第五条**  国家对实验活动用菌（毒）种和样本实行集中保藏，保藏机构以外的任何单位和个人不得保藏菌（毒）种或者样本。

# 第二章　保藏机构

**第六条**　保藏机构分为国家级保藏中心和省级保藏中心。保藏机构由农业部指定。

保藏机构保藏的菌（毒）种和样本的种类由农业部核定。

**第七条**　保藏机构应当具备以下条件：

（一）符合国家关于保藏机构设立的整体布局和实际需要；

（二）有满足菌（毒）种和样本保藏需要的设施设备；保藏高致病性动物病原微生物菌（毒）种或者样本的，应当具有相应级别的高等级生物安全实验室，并依法取得《高致病性动物病原微生物实验室资格证书》；

（三）有满足保藏工作要求的工作人员；

（四）有完善的菌（毒）种和样本保管制度、安全保卫制度；

（五）有满足保藏活动需要的经费。

**第八条**　保藏机构的职责：

（一）负责菌（毒）种和样本的收集、筛选、分析、鉴定和保藏；

（二）开展菌（毒）种和样本的分类与保藏新方法、新技术研究；

（三）建立菌（毒）种和样本数据库；

（四）向合法从事动物病原微生物实验活动的实验室或者兽用生物制品生产企业提供菌（毒）种或者样本。

# 第三章　菌（毒）种和样本的收集

**第九条**　从事动物疫情监测、疫病诊断、检验检疫和疫病研究等活动的单位和个人，应当及时将研究、教学、检测、诊断等实验活动中获得的具有保藏价值的菌（毒）种和样本，送交保藏机构鉴定和保藏，并提交菌（毒）种和样本的背景资料。

保藏机构可以向国内有关单位和个人索取需要保藏的菌（毒）种和样本。

**第十条** 保藏机构应当向提供菌（毒）种和样本的单位和个人出具接收证明。

**第十一条** 保藏机构应当在每年年底前将保藏的菌（毒）种和样本的种类、数量报农业部。

# 第四章 菌（毒）种和样本的保藏、供应

**第十二条** 保藏机构应当设专库保藏一、二类菌（毒）种和样本，设专柜保藏三、四类菌（毒）种和样本。

保藏机构保藏的菌（毒）种和样本应当分类存放，实行双人双锁管理。

**第十三条** 保藏机构应当建立完善的技术资料档案，详细记录所保藏的菌（毒）种和样本的名称、编号、数量、来源、病原微生物类别、主要特性、保存方法等情况。

技术资料档案应当永久保存。

**第十四条** 保藏机构应当对保藏的菌（毒）种按时鉴定、复壮，妥善保藏，避免失活。

保藏机构对保藏的菌（毒）种开展鉴定、复壮的，应当按照规定在相应级别的生物安全实验室进行。

**第十五条** 保藏机构应当制定实验室安全事故处理应急预案。发生保藏的菌（毒）种或者样本被盗、被抢、丢失、泄漏和实验室人员感染的，应当按照《病原微生物实验室生物安全管理条例》的规定及时报告、启动预案，并采取相应的处理措施。

**第十六条** 实验室和兽用生物制品生产企业需要使用菌（毒）种或者样本的，应当向保藏机构提出申请。

**第十七条** 保藏机构应当按照以下规定提供菌（毒）种或者样本：

（一）提供高致病性动物病原微生物菌（毒）种或者样本的，查验从事高致病性动物病原微生物相关实验活动的批准文件；

（二）提供兽用生物制品生产和检验用菌（毒）种或者样本的，查验兽药生产批准文号文件；

（三）提供三、四类菌（毒）种或者样本的，查验实验室所在

单位出具的证明。

保藏机构应当留存前款规定的证明文件的原件或者复印件。

**第十八条** 保藏机构提供菌（毒）种或者样本时，应当进行登记，详细记录所提供的菌（毒）种或者样本的名称、数量、时间以及发放人、领取人、使用单位名称等。

**第十九条** 保藏机构应当对具有知识产权的菌（毒）种承担相应的保密责任。

保藏机构提供具有知识产权的菌（毒）种或者样本的，应当经原提供者或者持有人的书面同意。

**第二十条** 保藏机构提供的菌（毒）种或者样本应当附有标签，标明菌（毒）种名称、编号、移植和冻干日期等。

**第二十一条** 保藏机构保藏菌（毒）种或者样本所需费用由同级财政在单位预算中予以保障。

# 第五章　菌（毒）种和样本的销毁

**第二十二条** 有下列情形之一的，保藏机构应当组织专家论证，提出销毁菌（毒）种或者样本的建议：

（一）国家规定应当销毁的；

（二）有证据表明已丧失生物活性或者被污染，已不适于继续使用的；

（三）无继续保藏价值的。

**第二十三条** 保藏机构销毁一、二类菌（毒）种和样本的，应当经农业部批准；销毁三、四类菌（毒）种和样本的，应当经保藏机构负责人批准，并报农业部备案。

保藏机构销毁菌（毒）种和样本的，应当在实施销毁 30 日前书面告知原提供者。

**第二十四条** 保藏机构销毁菌（毒）种和样本的，应当制定销毁方案，注明销毁的原因、品种、数量，以及销毁方式方法、时间、地点、实施人和监督人等。

**第二十五条** 保藏机构销毁菌（毒）种和样本时，应当使用可靠的销毁设施和销毁方法，必要时应当组织开展灭活效果验证和风险评估。

**第二十六条** 保藏机构销毁菌（毒）种和样本的，应当做好销毁记录，经销毁实施人、监督人签字后存档，并将销毁情况报农业部。

**第二十七条** 实验室在相关实验活动结束后，应当按照规定及时将菌（毒）种和样本就地销毁或者送交保藏机构保管。

# 第六章　菌（毒）种和样本的对外交流

**第二十八条** 国家对菌（毒）种和样本对外交流实行认定审批制度。

**第二十九条** 从国外引进和向国外提供菌（毒）种或者样本的，应当经所在地省、自治区、直辖市人民政府兽医主管部门审核后，报农业部批准。

**第三十条** 从国外引进菌（毒）种或者样本的单位，应当在引进菌（毒）种或者样本后 6 个月内，将备份及其背景资料，送交保藏机构。

引进单位应当在相关活动结束后，及时将菌（毒）种和样本就地销毁。

**第三十一条** 出口《生物两用品及相关设备和技术出口管制清单》所列的菌（毒）种或者样本的，还应当按照《生物两用品及相关设备和技术出口管制条例》的规定取得生物两用品及相关设备和技术出口许可证件。

# 第七章　罚　　则

**第三十二条** 违反本办法规定，保藏或者提供菌（毒）种或者样本的，由县级以上地方人民政府兽医主管部门责令其将菌（毒）种或者样本销毁或者送交保藏机构；拒不销毁或者送交的，对单位处一万元以上三万元以下罚款，对个人处五百元以上一千元以下罚款。

**第三十三条** 违反本办法规定，未及时向保藏机构提供菌

（毒）种或者样本的，由县级以上地方人民政府兽医主管部门责令改正；拒不改正的，对单位处一万元以上三万元以下罚款，对个人处五百元以上一千元以下罚款。

**第三十四条** 违反本办法规定，未经农业部批准，从国外引进或者向国外提供菌（毒）种或者样本的，由县级以上地方人民政府兽医主管部门责令其将菌（毒）种或者样本销毁或者送交保藏机构，并对单位处一万元以上三万元以下罚款，对个人处五百元以上一千元以下罚款。

**第三十五条** 保藏机构违反本办法规定的，由农业部责令改正；情节严重的，取消保藏机构资格。

# 第八章 附 则

**第三十六条** 本办法自 2009 年 1 月 1 日起施行。1980 年 11 月 25 日农业部发布的《兽医微生物菌种保藏管理试行办法》（农〔牧〕字第 181 号）同时废止。

# 乡村兽医管理办法

（2008 年 11 月 26 日农业部令第 17 号公布）

**第一条** 为了加强乡村兽医从业管理，提高乡村兽医业务素质和职业道德水平，保障乡村兽医合法权益，保护动物健康和公共卫生安全，根据《中华人民共和国动物防疫法》，制定本办法。

**第二条** 乡村兽医在乡村从事动物诊疗服务活动的，应当遵守本办法。

**第三条** 本办法所称乡村兽医，是指尚未取得执业兽医资格，经登记在乡村从事动物诊疗服务活动的人员。

**第四条** 农业部主管全国乡村兽医管理工作。

县级以上地方人民政府兽医主管部门主管本行政区域内乡村兽医管理工作。

县级以上地方人民政府设立的动物卫生监督机构负责本行政区域内乡村兽医监督执法工作。

**第五条** 国家鼓励符合条件的乡村兽医参加执业兽医资格考试，鼓励取得执业兽医资格的人员到乡村从事动物诊疗服务活动。

**第六条** 国家实行乡村兽医登记制度。符合下列条件之一的，可以向县级人民政府兽医主管部门申请乡村兽医登记：

（一）取得中等以上兽医、畜牧（畜牧兽医）、中兽医（民族兽医）或水产养殖专业学历的；

（二）取得中级以上动物疫病防治员、水生动物病害防治员职业技能鉴定证书的；

（三）在乡村从事动物诊疗服务连续 5 年以上的；

（四）经县级人民政府兽医主管部门培训合格的。

**第七条** 申请乡村兽医登记的，应当提交下列材料：

（一）乡村兽医登记申请表；

（二）学历证明、职业技能鉴定证书、培训合格证书或者乡镇畜牧兽医站出具的从业年限证明；

（三）申请人身份证明和复印件。

**第八条** 县级人民政府兽医主管部门应当在收到申请材料之日起 20 个工作日内完成审核。审核合格的，予以登记，并颁发乡村兽医登记证；不合格的，书面通知申请人，并说明理由。

乡村兽医登记证应当载明乡村兽医姓名、从业区域、有效期等事项。

乡村兽医登记证有效期五年，有效期届满需要继续从事动物诊疗服务活动的，应当在有效期届满三个月前申请续展。

**第九条** 乡村兽医登记证格式由农业部规定，各省、自治区、直辖市人民政府兽医主管部门统一印制。

县级人民政府兽医主管部门办理乡村兽医登记，不得收取任何费用。

**第十条** 县级人民政府兽医主管部门应当将登记的乡村兽医名单逐级汇总报省、自治区、直辖市人民政府兽医主管部门备案。

**第十一条** 乡村兽医只能在本乡镇从事动物诊疗服务活动，不得在城区从业。

**第十二条** 乡村兽医在乡村从事动物诊疗服务活动的，应当有固定的从业场所和必要的兽医器械。

**第十三条** 乡村兽医应当按照《兽药管理条例》和农业部的规定使用兽药，并如实记录用药情况。

**第十四条** 乡村兽医在动物诊疗服务活动中，应当按照规定处理使用过的兽医器械和医疗废弃物。

**第十五条** 乡村兽医在动物诊疗服务活动中发现动物染疫或者疑似染疫的，应当按照国家规定立即报告，并采取隔离等控制措施，防止动物疫情扩散。

乡村兽医在动物诊疗服务活动中发现动物患有或者疑似患有国家规定应当扑杀的疫病时，不得擅自进行治疗。

**第十六条** 发生突发动物疫情时，乡村兽医应当参加当地人民政府或者有关部门组织的预防、控制和扑灭工作，不得拒绝和阻碍。

**第十七条** 省、自治区、直辖市人民政府兽医主管部门应当制定乡村兽医培训规划，保证乡村兽医至少每两年接受一次培训。县级人民政府兽医主管部门应当根据培训规划制定本地区乡村兽医培训计划。

**第十八条** 县级人民政府兽医主管部门和乡（镇）人民政府应当按照《中华人民共和国动物防疫法》的规定，优先确定乡村兽医作为村级动物防疫员。

**第十九条** 乡村兽医有下列行为之一的，由动物卫生监督机构给予警告，责令暂停六个月以上一年以下动物诊疗服务活动；情节严重的，由原登记机关收回、注销乡村兽医登记证：

（一）不按照规定区域从业的；

（二）不按照当地人民政府或者有关部门的要求参加动物疫病预防、控制和扑灭活动的。

**第二十条** 乡村兽医有下列情形之一的，原登记机关应当收回、注销乡村兽医登记证：

（一）死亡或者被宣告失踪的；

（二）中止兽医服务活动满二年的。

**第二十一条** 乡村兽医在动物诊疗服务活动中，违法使用兽药的，依照有关法律、行政法规的规定予以处罚。

**第二十二条** 从事水生动物疫病防治的乡村兽医由县级人民政府渔业行政主管部门依照本办法的规定进行登记和监管。

县级人民政府渔业行政主管部门应当将登记的从事水生动物疫病防治的乡村兽医信息汇总通报同级兽医主管部门。

**第二十三条** 本办法自 2009 年 1 月 1 日起施行。

# 执业兽医管理办法

（2008 年 11 月 26 日农业部令第 18 号公布，2013 年 9 月 28 日农业部令 2013 年第 3 号修订，2013 年 12 月 18 日农业部令 2013 年第 5 号修订）

## 第一章　总　　则

**第一条**　为了规范执业兽医执业行为，提高执业兽医业务素质和职业道德水平，保障执业兽医合法权益，保护动物健康和公共卫生安全，根据《中华人民共和国动物防疫法》，制定本办法。

**第二条**　在中华人民共和国境内从事动物诊疗和动物保健活动的兽医人员适用本办法。

**第三条**　本办法所称执业兽医，包括执业兽医师和执业助理兽医师。

**第四条**　农业部主管全国执业兽医管理工作。

县级以上地方人民政府兽医主管部门主管本行政区域内的执业兽医管理工作。

县级以上地方人民政府设立的动物卫生监督机构负责执业兽医的监督执法工作。

**第五条**　县级以上人民政府兽医主管部门应当对在预防、控制和扑灭动物疫病工作中做出突出贡献的执业兽医，按照国家有关规定给予表彰和奖励。

**第六条**　执业兽医应当具备良好的职业道德，按照有关动物防疫、动物诊疗和兽药管理等法律、行政法规和技术规范的要求，依法执业。

执业兽医应当定期参加兽医专业知识和相关政策法规教育培训，不断提高业务素质。

**第七条**　执业兽医依法履行职责，其权益受法律保护。

鼓励成立兽医行业协会，实行行业自律，规范从业行为，提高服务水平。

## 第二章　资格考试

**第八条**　国家实行执业兽医资格考试制度。执业兽医资格考试由农业部组织，全国统一大纲、统一命题、统一考试。

**第九条**　具有兽医、畜牧兽医、中兽医（民族兽医）或者水产养殖专业大学专科以上学历的人员，可以参加执业兽医资格考试。

**第十条**　执业兽医资格考试内容包括兽医综合知识和临床技能两部分。

**第十一条**　农业部组织成立全国执业兽医资格考试委员会。考试委员会负责审定考试科目、考试大纲、考试试题，对考试工作进行监督、指导和确定合格标准。

**第十二条**　农业部执业兽医管理办公室承担考试委员会的日常工作，负责拟订考试科目、编写考试大纲、建立考试题库、组织考试命题，并提出考试合格标准建议等。

**第十三条**　执业兽医资格考试成绩符合执业兽医师标准的，取得执业兽医师资格证书；符合执业助理兽医师资格标准的，取得执业助理兽医师资格证书。

执业兽医师资格证书和执业助理兽医师资格证书由省、自治区、直辖市人民政府兽医主管部门颁发。

## 第三章　执业注册和备案

**第十四条**　取得执业兽医师资格证书，从事动物诊疗活动的，应当向注册机关申请兽医执业注册；取得执业助理兽医师资格证书，从事动物诊疗辅助活动的，应当向注册机关备案。

**第十五条**　申请兽医执业注册或者备案的，应当向注册机关提交下列材料：

（一）注册申请表或者备案表；

（二）执业兽医资格证书及其复印件；

（三）医疗机构出具的六个月内的健康体检证明；

（四）身份证明原件及其复印件；

（五）动物诊疗机构聘用证明及其复印件；申请人是动物诊疗机构法定代表人（负责人）的，提供动物诊疗许可证复印件。

第十六条　注册机关收到执业兽医师注册申请后，应当在20个工作日内完成对申请材料的审核。经审核合格的，发给兽医师执业证书；不合格的，书面通知申请人，并说明理由。

注册机关收到执业助理兽医师备案材料后，应当及时对备案材料进行审查，材料齐全、真实的，应当发给助理兽医师执业证书。

第十七条　兽医师执业证书和助理兽医师执业证书应当载明姓名、执业范围、受聘动物诊疗机构名称等事项。

兽医师执业证书和助理兽医师执业证书的格式由农业部规定，由省、自治区、直辖市人民政府兽医主管部门统一印制。

第十八条　有下列情形之一的，不予发放兽医师执业证书或者助理兽医师执业证书：

（一）不具有完全民事行为能力的；

（二）被吊销兽医师执业证书或者助理兽医师执业证书不满二年的；

（三）患有国家规定不得从事动物诊疗活动的人畜共患传染病的。

第十九条　执业兽医变更受聘的动物诊疗机构的，应当按照本办法的规定重新办理注册或者备案手续。

第二十条　县级以上地方人民政府兽医主管部门应当将注册和备案的执业兽医名单逐级汇总报农业部。

# 第四章　执业活动管理

第二十一条　执业兽医不得同时在两个或者两个以上动物诊疗机构执业，但动物诊疗机构间的会诊、支援、应邀出诊、急救除外。

第二十二条　执业兽医师可以从事动物疾病的预防、诊断、治疗和开具处方、填写诊断书、出具有关证明文件等活动。

**第二十三条** 执业助理兽医师在执业兽医师指导下协助开展兽医执业活动，但不得开具处方、填写诊断书、出具有关证明文件。

**第二十四条** 兽医、畜牧兽医、中兽医（民族兽医）、水产养殖专业的学生可以在执业兽医师指导下进行专业实习。

**第二十五条** 经注册和备案专门从事水生动物疫病诊疗的执业兽医师和执业助理兽医师，不得从事其他动物疫病诊疗。

**第二十六条** 执业兽医在执业活动中应当履行下列义务：

（一）遵守法律、法规、规章和有关管理规定；

（二）按照技术操作规范从事动物诊疗和动物诊疗辅助活动；

（三）遵守职业道德，履行兽医职责；

（四）爱护动物，宣传动物保健知识和动物福利。

**第二十七条** 执业兽医师应当使用规范的处方笺、病历册，并在处方笺、病历册上签名。未经亲自诊断、治疗，不得开具处方药、填写诊断书、出具有关证明文件。

执业兽医师不得伪造诊断结果，出具虚假证明文件。

**第二十八条** 执业兽医在动物诊疗活动中发现动物染疫或者疑似染疫的，应当按照国家规定立即向当地兽医主管部门、动物卫生监督机构或者动物疫病预防控制机构报告，并采取隔离等控制措施，防止动物疫情扩散。

执业兽医在动物诊疗活动中发现动物患有或者疑似患有国家规定应当扑杀的疫病时，不得擅自进行治疗。

**第二十九条** 执业兽医应当按照国家有关规定合理用药，不得使用假劣兽药和农业部规定禁止使用的药品及其他化合物。

执业兽医师发现可能与兽药使用有关的严重不良反应的，应当立即向所在地人民政府兽医主管部门报告。

**第三十条** 执业兽医应当按照当地人民政府或者兽医主管部门的要求，参加预防、控制和扑灭动物疫病活动，其所在单位不得阻碍、拒绝。

**第三十一条** 执业兽医应当于每年3月底前将上年度兽医执业活动情况向注册机关报告。

# 第五章 罚 则

**第三十二条** 违反本办法规定，执业兽医有下列情形之一的，由动物卫生监督机构按照《中华人民共和国动物防疫法》第八十二条第一款的规定予以处罚；情节严重的，并报原注册机关收回、注销兽医师执业证书或者助理兽医师执业证书：

（一）超出注册机关核定的执业范围从事动物诊疗活动的；

（二）变更受聘的动物诊疗机构未重新办理注册或者备案的。

**第三十三条** 使用伪造、变造、受让、租用、借用的兽医师执业证书或者助理兽医师执业证书的，动物卫生监督机构应当依法收缴，并按照《中华人民共和国动物防疫法》第八十二条第一款的规定予以处罚。

**第三十四条** 执业兽医有下列情形之一的，原注册机关应当收回、注销兽医师执业证书或者助理兽医师执业证书：

（一）死亡或者被宣告失踪的；

（二）中止兽医执业活动满二年的；

（三）被吊销兽医师执业证书或者助理兽医师执业证书的；

（四）连续两年没有将兽医执业活动情况向注册机关报告，且拒不改正的；

（五）出让、出租、出借兽医师执业证书或者助理兽医师执业证书的。

**第三十五条** 执业兽医师在动物诊疗活动中有下列情形之一的，由动物卫生监督机构给予警告，责令限期改正；拒不改正或者再次出现同类违法行为的，处一千元以下罚款：

（一）不使用病历，或者应当开具处方未开具处方的；

（二）使用不规范的处方笺、病历册，或者未在处方笺、病历册上签名的；

（三）未经亲自诊断、治疗，开具处方药、填写诊断书、出具有关证明文件的；

（四）伪造诊断结果，出具虚假证明文件的。

**第三十六条** 执业兽医在动物诊疗活动中，违法使用兽药的，依照有关法律、行政法规的规定予以处罚。

**第三十七条** 注册机关及动物卫生监督机构不依法履行审查和监督管理职责，玩忽职守、滥用职权或者徇私舞弊的，对直接负责的主管人员和其他直接责任人员，依照有关规定给予处分；构成犯罪的，依法追究刑事责任。

# 第六章 附 则

**第三十八条** 本办法施行前，不具有大学专科以上学历，但已取得兽医师以上专业技术职称，经县级以上地方人民政府兽医主管部门考核合格的，可以参加执业兽医资格考试。

**第三十九条** 本办法施行前，具有兽医、水产养殖本科以上学历，从事兽医临床教学或者动物诊疗活动，并取得高级兽医师、水产养殖高级工程师以上专业技术职称或者具有同等专业技术职称，经省、自治区、直辖市人民政府兽医主管部门考核合格，报农业部审核批准后颁发执业兽医师资格证书。

**第四十条** 动物饲养场（养殖小区）、实验动物饲育单位、兽药生产企业、动物园等单位聘用的取得执业兽医师资格证书和执业助理兽医师资格证书的兽医人员，可以凭聘用合同申请兽医执业注册或者备案，但不得对外开展兽医执业活动。

**第四十一条** 省级人民政府兽医主管部门根据本地区实际，可以决定取得执业助理兽医师资格证书的兽医人员，依照本办法第三章规定的程序注册后，在一定期限内可以开具兽医处方笺。

前款期限由省级人民政府兽医主管部门确定，但不得超过2017 年 12 月 31 日。

经注册的执业助理兽医师，注册机关应当在其执业证书上载明"依法注册"字样和期限，并按执业兽医师进行执业活动管理。

**第四十二条** 乡村兽医的具体管理办法由农业部另行规定。

**第四十三条** 外国人和香港、澳门、台湾居民申请执业兽医资格考试、注册和备案的具体办法另行制定。

**第四十四条** 本办法所称注册机关，是指县（市辖区）级人民政府兽医主管部门；市辖区未设立兽医主管部门的，注册机关为上一级兽医主管部门。

**第四十五条** 本办法自 2009 年 1 月 1 日起施行。

# 关于《执业兽医管理办法（草案）》的说明

为加强执业兽医管理，规范兽医从业行为，根据《动物防疫法》的规定，我局组织起草了《执业兽医管理办法（草案）》（以下简称《草案》），征求了地方兽医部门和人事部的意见，并在中国政府网、中国农业信息网上公布面向社会公开征求意见，同时多次召开专家座谈会、论证会进行研究。经人事司、政法司协调，反复修改，各司局达成一致意见，《草案》已基本成熟。现将有关情况说明如下。

## 一、关于执业兽医分类

新修订的《动物防疫法》对执业兽医没有进行分类。当时，国务院法制办和全国人大鉴于《动物防疫法》是调整动物防疫活动的专业法，因而对执业兽医的问题只做了原则性规定。而在世界上许多国家和地区都将执业兽医分为执业兽医师和执业助理兽医师。在一些已建立了执业兽医制度的省份或城市，也都是将执业兽医分为两类，即执业兽医师和执业助理兽医师。为此，《草案》将执业兽医分为执业兽医师和执业助理兽医师（第三条），并区分他们的执业权限，即执业兽医师可以诊断、治疗、开具处方、填写诊断书（第二十二条）；执业助理兽医师在执业兽医师指导下协助开展兽医执业活动，但不得开具处方、填写诊断书（第二十三条）。

## 二、关于执业兽医资格考试组织方式

执业兽医资格考试是确定兽医从业人员市场准入的水平考试，应当全国统一标准、统一组织。参照国家司法考试、医师资格考试等类似行业做法，《草案》规定执业兽医资格考试由农业部统一组织，全国统一大纲、统一命题、统一考试（第八条）。同时，规定农业部组织成立全国执业兽医资格考试委员会，负责审定考试科目、考试大纲、考试试题，对考试工作进行监督、指导和确定合格标准（第十一条）。农业部执业兽医管理办公室承担考试委员会的日常工作，负责拟订考试科目、编写考试大纲、建立考试题库、组织考试命题，并提出考试合格标准建议等工作（第十二条）。目前，我局已对执业兽医资格考试做了大量的准备工作，组织起草《执业兽医师考试大纲》、《执业助理兽医师考试大纲》、《执业兽医考试管理办法》等考试考务规定，制定执业兽医考试工作方案，筹备中国兽医协会，待《执业兽医管理办法》颁布实施后，尽快组织开展全国执业兽医考试。

## 三、关于执业兽医资格考试报名条件和考试内容

《动物防疫法》规定具有兽医相关专业大学专科以上学历的，可申请执业兽医资格考试。为此，《草案》细化了执业兽医资格考试报名条件，规定"具有兽医、畜牧兽医、中兽医（民族兽医）和水产养殖专业大学专科以上学历的人员，可以参加执业兽医资格考试"（第九条）。对本办法实施前不具备专科以上学历但已取得兽医师以上专业技术职称的人员，经考核可以报名参加考试（第三十八条）。同时，借鉴美国、英国、日本和中国香港、中国台湾等国家和地区执业兽医资格考试的做法，规定执业资格考试的内容包括兽医综合知识和临床技能两部分（第十条），其中"临床技能"采取病例分析的方式进行书面考试。

## 四、关于执业兽医注册、备案

《草案》对执业兽医师和执业助理兽医师实行不同的管理措施。执业兽医师实行注册制度，未经注册不得从业；对执业助理兽医师实行备案制度，但未备案不给予处罚（第十四条）。同时，考虑到兽医专业学生实习需要，《草案》规定兽医专业学生在执业兽医师指导下进行专业实习的，不需注册（第二十四条）。《草案》还规范了执业兽医师注册和执业助理兽医备案的程序和条件（第十五条至第十九条）。

## 五、关于执业兽医从业活动管理

《草案》加强了兽医从业人员管理。一是规定执业兽医不得同

时在两个或者两个以上动物诊疗机构执业（第二十一条）；二是规范了执业兽医师和执业助理兽医师从业范围（第二十二条、第二十三条、第二十五条）；三是规范了执业兽医使用的处方笺、病历记录（第二十七条）；四是严格了执业兽医疫情报告义务（第二十八条）；五是对动物饲养场聘用的执业兽医管理进行了规范（第四十条）。

另外，《草案》对违法从事兽医执业活动的行为明确了行政处罚措施，增强了可操作性。

以上说明是否妥当，请审议。

# 动物诊疗机构管理办法

(2008 年 11 月 26 日农业部令第 19 号公布)

## 第一章　总　　则

**第一条**　为了加强动物诊疗机构管理，规范动物诊疗行为，保障公共卫生安全，根据《中华人民共和国动物防疫法》，制定本办法。

**第二条**　在中华人民共和国境内从事动物诊疗活动的机构，应当遵守本办法。

本办法所称动物诊疗，是指动物疾病的预防、诊断、治疗和动物绝育手术等经营性活动。

**第三条**　农业部负责全国动物诊疗机构的监督管理。

县级以上地方人民政府兽医主管部门负责本行政区域内动物诊疗机构的管理。

县级以上地方人民政府设立的动物卫生监督机构负责本行政区域内动物诊疗机构的监督执法工作。

## 第二章　诊疗许可

**第四条**　国家实行动物诊疗许可制度。从事动物诊疗活动的机构，应当取得动物诊疗许可证，并在规定的诊疗活动范围内开展动物诊疗活动。

**第五条**　申请设立动物诊疗机构的，应当具备下列条件：

（一）有固定的动物诊疗场所，且动物诊疗场所使用面积符合省、自治区、直辖市人民政府兽医主管部门的规定；

（二）动物诊疗场所选址距离畜禽养殖场、屠宰加工场、动物交易场所不少于 200 米；

（三）动物诊疗场所设有独立的出入口，出入口不得设在居民住宅楼内或者院内，不得与同一建筑物的其他用户共用通道；

（四）具有布局合理的诊疗室、手术室、药房等设施；

（五）具有诊断、手术、消毒、冷藏、常规化验、污水处理等器械设备；

（六）具有 1 名以上取得执业兽医师资格证书的人员；

（七）具有完善的诊疗服务、疫情报告、卫生消毒、兽药处方、药物和无害化处理等管理制度。

**第六条** 动物诊疗机构从事动物颅腔、胸腔和腹腔手术的，除具备本办法第五条规定的条件外，还应当具备以下条件：

（一）具有手术台、X 光机或者 B 超等器械设备；

（二）具有 3 名以上取得执业兽医师资格证书的人员。

**第七条** 设立动物诊疗机构，应当向动物诊疗场所所在地的发证机关提出申请，并提交下列材料：

（一）动物诊疗许可证申请表；

（二）动物诊疗场所地理方位图、室内平面图和各功能区布局图；

（三）动物诊疗场所使用权证明；

（四）法定代表人（负责人）身份证明；

（五）执业兽医师资格证书原件及复印件；

（六）设施设备清单；

（七）管理制度文本；

（八）执业兽医和服务人员的健康证明材料。

申请材料不齐全或者不符合规定条件的，发证机关应当自收到申请材料之日起 5 个工作日内一次告知申请人需补正的内容。

**第八条** 动物诊疗机构应当使用规范的名称。不具备从事动物颅腔、胸腔和腹腔手术能力的，不得使用"动物医院"的名称。

动物诊疗机构名称应当经工商行政管理机关预先核准。

**第九条** 发证机关受理申请后，应当在 20 个工作日内完成对申请材料的审核和对动物诊疗场所的实地考查。符合规定条件的，发证机关应当向申请人颁发动物诊疗许可证；不符合条件的，书面通知申请人，并说明理由。

专门从事水生动物疫病诊疗的，发证机关在核发动物诊疗许可证时，应当征求同级渔业行政主管部门的意见。

**第十条** 动物诊疗许可证应当载明诊疗机构名称、诊疗活动范围、从业地点和法定代表人（负责人）等事项。

动物诊疗许可证格式由农业部统一规定。

**第十一条** 申请人凭动物诊疗许可证到动物诊疗场所所在地工商行政管理部门办理登记注册手续。

**第十二条** 动物诊疗机构设立分支机构的，应当按照本办法的规定另行办理动物诊疗许可证。

**第十三条** 动物诊疗机构变更名称或者法定代表人（负责人）的，应当在办理工商变更登记手续后 15 个工作日内，向原发证机关申请办理变更手续。

动物诊疗机构变更从业地点、诊疗活动范围的，应当按照本办法规定重新办理动物诊疗许可手续，申请换发动物诊疗许可证，并依法办理工商变更登记手续。

**第十四条** 动物诊疗许可证不得伪造、变造、转让、出租、出借。

动物诊疗许可证遗失的，应当及时向原发证机关申请补发。

**第十五条** 发证机关办理动物诊疗许可证，不得向申请人收取费用。

# 第三章　诊疗活动管理

**第十六条** 动物诊疗机构应当依法从事动物诊疗活动，建立健全内部管理制度，在诊疗场所的显著位置悬挂动物诊疗许可证和公示从业人员基本情况。

**第十七条** 动物诊疗机构应当按照国家兽药管理的规定使用兽药，不得使用假劣兽药和农业部规定禁止使用的药品及其他化合物。

**第十八条** 动物诊疗机构兼营宠物用品、宠物食品、宠物美容等项目的，兼营区域与动物诊疗区域应当分别独立设置。

第十九条　动物诊疗机构应当使用规范的病历、处方笺，病历、处方笺应当印有动物诊疗机构名称。病历档案应当保存 3 年以上。

第二十条　动物诊疗机构安装、使用具有放射性的诊疗设备的，应当依法经环境保护部门批准。

第二十一条　动物诊疗机构发现动物染疫或者疑似染疫的，应当按照国家规定立即向当地兽医主管部门、动物卫生监督机构或者动物疫病预防控制机构报告，并采取隔离等控制措施，防止动物疫情扩散。

动物诊疗机构发现动物患有或者疑似患有国家规定应当扑杀的疫病时，不得擅自进行治疗。

第二十二条　动物诊疗机构应当按照农业部规定处理病死动物和动物病理组织。

动物诊疗机构应当参照《医疗废弃物管理条例》的有关规定处理医疗废弃物。

第二十三条　动物诊疗机构的执业兽医应当按照当地人民政府或者兽医主管部门的要求，参加预防、控制和扑灭动物疫病活动。

第二十四条　动物诊疗机构应当配合兽医主管部门、动物卫生监督机构、动物疫病预防控制机构进行有关法律法规宣传、流行病学调查和监测工作。

第二十五条　动物诊疗机构不得随意抛弃病死动物、动物病理组织和医疗废弃物，不得排放未经无害化处理或者处理不达标的诊疗废水。

第二十六条　动物诊疗机构应当定期对本单位工作人员进行专业知识和相关政策、法规培训。

第二十七条　动物诊疗机构应当于每年 3 月底前将上年度动物诊疗活动情况向发证机关报告。

第二十八条　动物卫生监督机构应当建立健全日常监管制度，对辖区内动物诊疗机构和人员执行法律、法规、规章的情况进行监督检查。

兽医主管部门应当设立动物诊疗违法行为举报电话，并向社会公示。

# 第四章  罚  则

**第二十九条**  违反本办法规定，动物诊疗机构有下列情形之一的，由动物卫生监督机构按照《中华人民共和国动物防疫法》第八十一条第一款的规定予以处罚；情节严重的，并报原发证机关收回、注销其动物诊疗许可证：

（一）超出动物诊疗许可证核定的诊疗活动范围从事动物诊疗活动的；

（二）变更从业地点、诊疗活动范围未重新办理动物诊疗许可证的。

**第三十条**  使用伪造、变造、受让、租用、借用的动物诊疗许可证的，动物卫生监督机构应当依法收缴，并按照《中华人民共和国动物防疫法》第八十一条第一款的规定予以处罚。

出让、出租、出借动物诊疗许可证的，原发证机关应当收回、注销其动物诊疗许可证。

**第三十一条**  动物诊疗场所不再具备本办法第五条、第六条规定条件的，由动物卫生监督机构给予警告，责令限期改正；逾期仍达不到规定条件的，由原发证机关收回、注销其动物诊疗许可证。

**第三十二条**  动物诊疗机构连续停业两年以上的，或者连续两年未向发证机关报告动物诊疗活动情况，拒不改正的，由原发证机关收回、注销其动物诊疗许可证。

**第三十三条**  违反本办法规定，动物诊疗机构有下列情形之一的，由动物卫生监督机构给予警告，责令限期改正；拒不改正或者再次出现同类违法行为的，处以一千元以下罚款。

（一）变更机构名称或者法定代表人未办理变更手续的；

（二）未在诊疗场所悬挂动物诊疗许可证或者公示从业人员基本情况的；

（三）不使用病历，或者应当开具处方未开具处方的；

（四）使用不规范的病历、处方笺的。

**第三十四条**  动物诊疗机构在动物诊疗活动中，违法使用兽药的，或者违法处理医疗废弃物的，依照有关法律、行政法规的规定予以处罚。

**第三十五条** 动物诊疗机构违反本办法第二十五条规定的，由动物卫生监督机构按照《中华人民共和国动物防疫法》第七十五条的规定予以处罚。

**第三十六条** 兽医主管部门依法吊销、注销动物诊疗许可证的，应当及时通报工商行政管理部门。

**第三十七条** 发证机关及其动物卫生监督机构不依法履行审查和监督管理职责，玩忽职守、滥用职权或者徇私舞弊的，依照有关规定给予处分；构成犯罪的，依法追究刑事责任。

# 第五章 附 则

**第三十八条** 乡村兽医在乡村从事动物诊疗活动的具体管理办法由农业部另行规定。

**第三十九条** 本办法所称发证机关，是指县（市辖区）级人民政府兽医主管部门；市辖区未设立兽医主管部门的，发证机关为上一级兽医主管部门。

**第四十条** 本办法自 2009 年 1 月 1 日起施行。

本办法施行前已开办的动物诊疗机构，应当自本办法施行之日起 12 个月内，依照本办法的规定，办理动物诊疗许可证。

# 兽用处方药和非处方药管理办法

(2013 年 9 月 11 日农业部令第 2 号公布)

**第一条** 为加强兽药监督管理，促进兽医临床合理用药，保障动物产品安全，根据《兽药管理条例》，制定本办法。

**第二条** 国家对兽药实行分类管理，根据兽药的安全性和使用风险程度，将兽药分为兽用处方药和非处方药。

兽用处方药是指凭兽医处方笺方可购买和使用的兽药。

兽用非处方药是指不需要兽医处方笺即可自行购买并按照说明书使用的兽药。

兽用处方药目录由农业部制定并公布。兽用处方药目录以外的兽药为兽用非处方药。

**第三条** 农业部主管全国兽用处方药和非处方药管理工作。

县级以上地方人民政府兽医行政管理部门负责本行政区域内兽用处方药和非处方药的监督管理，具体工作可以委托所属执法机构承担。

**第四条** 兽用处方药的标签和说明书应当标注"兽用处方药"字样，兽用非处方药的标签和说明书应当标注"兽用非处方药"字样。

前款字样应当在标签和说明书的右上角以宋体红色标注，背景应当为白色，字体大小根据实际需要设定，但必须醒目、清晰。

**第五条** 兽药生产企业应当跟踪本企业所生产兽药的安全性和有效性，发现不适合按兽用非处方药管理的，应当及时向农业部报告。

兽药经营者、动物诊疗机构、行业协会或者其他组织和个人发现兽用非处方药有前款规定情形的，应当向当地兽医行政管理部门报告。

**第六条** 兽药经营者应当在经营场所显著位置悬挂或者张贴

"兽用处方药必须凭兽医处方购买"的提示语。

兽药经营者对兽用处方药、兽用非处方药应当分区或分柜摆放。兽用处方药不得采用开架自选方式销售。

**第七条** 兽用处方药凭兽医处方笺方可买卖，但下列情形除外：

（一）进出口兽用处方药的；

（二）向动物诊疗机构、科研单位、动物疫病预防控制机构和其他兽药生产企业、经营者销售兽用处方药的；

（三）向聘有依照《执业兽医管理办法》规定注册的专职执业兽医的动物饲养场（养殖小区）、动物园、实验动物饲育场等销售兽用处方药的。

**第八条** 兽医处方笺由依法注册的执业兽医按照其注册的执业范围开具。

**第九条** 兽医处方笺应当记载下列事项：

（一）畜主姓名或动物饲养场名称；

（二）动物种类、年（日）龄、体重及数量；

（三）诊断结果；

（四）兽药通用名称、规格、数量、用法、用量及休药期；

（五）开具处方日期及开具处方执业兽医注册号和签章。

处方笺一式三联，第一联由开具处方药的动物诊疗机构或执业兽医保存，第二联由兽药经营者保存，第三联由畜主或动物饲养场保存。动物饲养场（养殖小区）、动物园、实验动物饲育场等单位专职执业兽医开具的处方笺由专职执业兽医所在单位保存。

处方笺应当保存二年以上。

**第十条** 兽药经营者应当对兽医处方笺进行查验，单独建立兽用处方药的购销记录，并保存二年以上。

**第十一条** 兽用处方药应当依照处方笺所载事项使用。

**第十二条** 乡村兽医应当按照农业部制定、公布的《乡村兽医基本用药目录》使用兽药。

**第十三条** 兽用麻醉药品、精神药品、毒性药品等特殊药品的生产、销售和使用，还应当遵守国家有关规定。

**第十四条** 违反本办法第四条规定的，依照《兽药管理条例》

第六十条第二款的规定进行处罚。

**第十五条** 违反本办法规定，未经注册执业兽医开具处方销售、购买、使用兽用处方药的，依照《兽药管理条例》第六十六条的规定进行处罚。

**第十六条** 违反本办法规定，有下列情形之一的，依照《兽药管理条例》第五十九条第一款的规定进行处罚：

（一）兽药经营者未在经营场所明显位置悬挂或者张贴提示语的；

（二）兽用处方药与兽用非处方药未分区或分柜摆放的；

（三）兽用处方药采用开架自选方式销售的；

（四）兽医处方笺和兽用处方药购销记录未按规定保存的。

**第十七条** 违反本办法其他规定的，依照《中华人民共和国动物防疫法》、《兽药管理条例》有关规定进行处罚。

**第十八条** 本办法自 2014 年 3 月 1 日起施行。

# 农业部关于发布《中华人民共和国动物及动物源食品中残留物质监控计划》和《官方取样程序》的通知

(1999 年 5 月 11 日农牧发〔1999〕8 号公布)

## 中华人民共和国动物及动物源食品中残留物质监控计划

### 1. 总论

中华人民共和国政府认识到动物源性产品及其他食品中的某些物质及其残留对消费者有害，并影响动物源性产品的质量，同时不当地使用某些兽药将严重影响人体健康。

鉴于我国已经制定了多部有关涉及安全卫生和进出口商品检验、动物防疫等方面的法律和有关兽药使用和管理。出口肉品加工企业注册管理等方面的专业性法规，但仍需在原有的法律框架下对有关残留监控的重点环节制定明确的专门条款，对出口动物及其产品的生产尤为必要。政府有关部门对有关物质进行监控是残留监控体系的必要措施。

中国政府制定了动物源食品中农药、兽药及其他有害化学物质的最高残留限量。

中国政府禁止使用某些具有激素或甲状腺素样作用的物质，并于 1999 年 1 月 1 日起禁止使用诸如己烯雌酚或类固醇类物质及具有促蛋白合成作用的 $\beta$-受体激动剂等。

残留监控体系对农、兽药生产、分销、零售及使用进行监控，并对动物饲养和动物源性初级产品的生产过程进行监控。中华人民共和国有关主管部门通过监管和检验来全面、系统地对禁用物质及其残留进行监控。为保证该监控系统有效的运行，以达到在全国范围内对残留问题进行有效的控制和检测，有必要制定专门的条款来协调检验检疫部门、农牧兽医部门等主管部门之间的合作。

鉴于为迅速、有效的统一实施控制，需将有关各项监控的规则和措施集中于一单独文本，特制定本监控规划。

该文件主要包括：

（1）与残留监控的有关法律、法规以及有关受监控物质的禁用或允许使用、销售管理规定；

（2）监控体系中主管部门和有关部门的组织结构；

（3）实验室检测网络及其检测能力；

（4）企业自控和官方控制措施；

（5）官方抽样细则；

（6）准备检测的物质，分析方法，准备抽取的样品数量及理由；抽样水平和频率以及准备抽取的官方样品的数量；

（7）对违规的动物或产品的处理措施。

中华人民共和国的管理体系明确区分了用于内销和出口的动物及动物产品的生产。通过采取监控措施确保只有在符合出口标准的饲养场饲养的动物及上述动物在符合出口标准的加工厂中加工后的动物源性产品才允许出口。

本残留监控计划是结合中国国情并参考了 96/22/EC 理事会指令和 96/23/EC 理事会指令而制定，适用于出口动物及动物源性产品的生产。

**2. 范围和概念**

2.1　本监控规划在于制定措施以监控附件所列的物质和各组残留

2.2　有关概念

2.2.1　动物源性食品（Animal Derived Food）：全部可食用的动物组织以及蛋和奶。

2.2.2　禽类（Poultry）：系指包括鸡、鸭、火鸡、鹅、鸽等在内的家养的禽。

2.2.3　饲养动物（Farm Animal）：指牛、猪、绵羊和山羊、家养奇蹄兽、骆驼和养殖鱼类；

2.2.4　家养及野生野味：兔、家养及野生野味，如野鸡和珍珠鸡等；

2.2.5　治疗处理（Therapeutic Treatment）：根据兽药使用管理规定，经兽医诊断后，对单个饲养动物施用经许可的物质以处理繁殖方面的问题，包括中止不需要的妊娠，对于 $\beta$-受体激动剂，用于引起因牛和非肉用饲养马的分娩以及治疗呼吸方面的问题；

2.2.6　动物技术处理（Animal Technical Treatment）：指对单个家养动物施用根据兽药使用管理规定许可的物质，在兽医检查后，用于同期发情以及为胚胎移植，准备移植体和受体；对于水产养殖动物，在兽医指导和监督下，对一群育种动物进行性别转化；

2.2.7　非法处理（Illegal Treatment）：指使用未经许可的物质或产品或虽经有关法规许可，但不是用于许可的用途或不是在许可的条件下施用。

2.2.8　禁用的物质或制品（Unauthorized Substances or Products）：指我国兽药使用管理规定和有关贸易国法规禁止施用于动物的物质或制品；

2.2.9　残留（Residue）：指具有药物作用的物质及其代谢产物和其他传播至动物制品并可能危害人类健康的物质的残留；

2.2.10　主管当局（Competent Authority）：指国务院授权机构；

2.2.11　官方样品（Official Sample）：指为检测违禁物质或残留由主管当局指定检测机构抽取的标明品种类型、有关数量、抽样方法和动物性别以及动物或动物制品来源等具体识别特性的样品；

2.2.12　批准的实验室（Approved Laboratory）：指为检测官方样品中的残留，经我国主管当局批准的实验室；

2.2.13　一批动物（A Batch of Animals）：指一组在同一饲养场、同时期、相同条件下饲养、同一年龄段、同一品种的动物；

2.2.14　$\beta$-受体激动剂（Beta - agonist）：指 $\beta$ 肾上腺素受体兴奋剂类物质。

**3. 法律和法规**（Laws and Regulations）

3.1　有关法律、法规

《兽药管理条例》

《饲料管理条例》

《中华人民共和国食品卫生法》

《中华人民共和国动物防疫法》

《中华人民共和国进出口商品检验法》

《中华人民共和国产品质量法》

3.2　有关规定

《允许作饲料药物添加剂的兽药品种及使用规定》

《饲料添加剂允许使用品种目录》

《动物性食品中兽药最高残留限量》

《出口食品生产企业向国外卫生注册管理规定》

《进出口商品检验实验室认可管理办法》

《进出口商品抽查检验管理办法》

《出口畜禽肉及其制品加工企业注册卫生规范》

《出口水产品加工企业注册卫生规范》

《出口鳗鱼养殖场登记管理方法》

本监控计划的建立与实施除以我国的有关法律、法规和兽药使用规定为依据外，也尽量符合进口国法规要求，并通过相应的行政指令予以保证。

**4. 管理与组织机构**

我国的动物及动物源食品残留物监控工作由农业部及所属机构承担，国家出入境检验检疫局及其分支机构承担进出口动物源性食品的残留的检测工作。其年度报告将于次年 7 月 1 日前发表。

农业部和国家出入境检验检疫局成立专家协调工作组，负责全国有害物质残留监控规划及年度监控计划，并负责有关监控信息的交流，根据监控结果准备并起草年度监控报告。

农业部邀请其他有关部门专家，成立全国药物残留监控专家委员会。

4.1　全国药物残留监控专家委员会职责

全国药物残留监控专家委员会根据

（1）国内药品使用情况及有关环保监控信息；

（2）地方残留监控机构的数据及农、兽药销售和使用等方面信息；评估残留监控计划的效果及效率，进行必要调整；

该委员会同时负责与相关国际专业组织进行对话，并负责拟订、审议和修改全国残留年度监控计划。

4.2 农业部负责全国兽药在动物性食品中的残留控制工作；制定、修订有关兽药残留法规、规定；发布兽药残留限量标准、检验方法等技术规定；发布兽药残留监控计划和年度监控计划；负责兽药残留工作的组织、协调、监督等管理工作。

4.3 国家出入境检验检疫局负责制定国家进出口动物产品的药物残留检测方法的标准。进出口动物产品的检测和监督管理、制订国家残留监控计划中针对进出口动物及动物产品的残留监控计划，并负责对进出口动物产品检验和监管工作。

4.4 地方残留监控机构

4.4.1 地方畜牧部门

（1）省、自治区、直辖市农牧厅（局）负责协调本辖区的残留监控计划的实施；

（2）省、自治区、直辖市兽药检验机构及动物防疫部门负责：

——执行国内消费的动物和动物产品中残留检测任务；

——对本地兽药和饲料药物添加剂生产厂进行检查和监督；

——在当地农场进行残留监控和检查；

——采集国内市场的农场和屠宰厂样品。

4.4.2 地方检验检疫部门（地方CIQ）

经国家出入境检验检疫局批准，地方检验检疫机构执行残留监控计划的以下方面：

——从出口屠宰厂中采集官方样品；

——对出口动物产品进行残留检查；

——对进口动物产品进行检验和监管；

——对出口动物产品进行检验，并对出口屠宰厂进行监管；

——对动物源性食品中的残留进行对比检验；

——对当地出口屠宰厂使用的动物用药情况进行检查和监管，并向国家局提供有关监控数据。

4.5 实验室分析能力

包括农业系统和检验检疫系统实验室，以及农业部和国家出入境检验检疫局认可的学术机构的实验室。

实验室按 ISO/IEC 导则 25－1990 等标准，编制了体系文件，并进行规范化管理，实验室定期参加国际水平测试，并组织国内协同试验，比对实验等活动。

所有检验人员需按实验室管理要求，经考核获得上岗证书，才能从事有关的检验。所有认可实验室都具备从事其检验工作的大型精密仪器等资源。

### 5. 企业的协同责任

5.1 任何从事动物产品生产和/或动物饲养的企业（个人或法人）必须遵守国内的有关管理规定，对生产出口产品的企业，遵守有关贸易国的规则。

5.2 最初加工动物源性初级产品的企业，应采取必要的措施，确保加工生产者，能够保证只接受停药期的动物；通过检验或检查，使自己确信进厂的动物或产品，残留不超过最高限量；不含有禁用物质或制品。

5.3 所有出口企业（个人或法人）应确保生产和出口，未使用过未经认可的物质或制品的动物，或未接受非法处理的动物；使用过认可物质或制品，但其停药期得以遵守的动物；及其以上动物的制品。

5.4 经农业部认可的官方兽药应负责对饲养条件以及用药情况进行监控和认可。兽医应在养殖场记录上处理或投药日期和种类，接受治疗的动物身份和相应停药期。

5.5 动物产品加工企业应设立相对独立的质量管理部门和一定规模的实验室，配备必要的检测仪器、设备和相应检测试剂，应建立相应的监控制度，并制定当某环节失控时的纠正措施。

5.6 动物产品加工企业应具有供药、防疫和技术监控的资料，每一个环节都应建立相应的质量文件并保持记录。

5.7 有关企业生产出口动物源性食品的出口产品必须接受检验检疫部门的监督检查，厂方有责任向主管当局提供有关信息。

5.8 检验检疫部门的驻厂人员应加强对商标和卫生标识的监控。

5.9 饲料厂必须向主管部门申报饲料添加剂和添加的药物以及各种营养成分配方，应详细记录饲料添加剂和药物成分的来源。

5.10　商品畜禽养殖场在饲养过程中使用的药品必须是有关法规允许使用的药物，并认真填写《用药登记》内容至少包括用药名称、用药方式、剂量、停药日期。并将处方保留五年以作证据，严防使用违禁药物。

5.11　商品畜禽养殖场饲养的商品动物应按规定停药期出栏，屠宰厂应认真检查动物的用药卡与检疫证明。

**6. 官方控制措施**（Official Control Measures）

6.1　控制的范围和内容

6.1.1　地方残留监控机构在实施年度监控计划过程中，可以在下列情形下随机进行官方检查：

（1）属于 A 组（具有合成作用的物质和未经许可的物质）的生产、搬运、储存、运输、分发、销售或购买过程中；

（2）在动物饲料生产和分发的各个环节；

（3）在本指令涉及的动物源性原料和动物的整个生产过程中；

（4）对关键控制的违禁药物进行宰前检测，扣留可疑动物以便确定，并立即向有关部门报告阳性结果。

6.1.2　以上检查或检测是针对是否拥有或出现准备用于动物育肥或非法处理的违禁物质或制品而进行的。

6.1.3　如果有迹象表明，或怀疑有欺诈行为，并且在检查中出现阳性结果的情况下，则对检测出残留的组织或动物按国家有关规定处理。

6.1.4　主管部门执行的所有检查必须在不预先通知的情况下进行。所有被检单位有义务为宰前检验提供方便，协助进行必要的操作。

6.1.5　在发现问题时，应采取以下措施：

（1）在怀疑有非法处理时，要求饲养场负责人或兽医提供材料，以证明处理的性质；

（2）如果经质询证实确有非法处理或使用了未经许可的物质或制品或有理由怀疑这种使用应进行：

——对原生产场进行抽样检查，主要是检测由于非法使用而导致的残留；

——必要时对饮用水和饲料进行官方抽样；

——必要时对水产养殖动物的捕获水源或水源进行抽样检查；

——对违禁药物的生产、搬运、储存、运输、分发、销售或购买过程进行检查；

——为确定违禁物质或制品的来源或被处理动物的来源所需的任何检查；

（3）如果超出进口贸易国制定的最高限量或国内法规制定的限量，可采取任何必要的措施或进行任何必要的调查。

6.2　基准实验室

6.2.1　农业部在中国兽药检验机构和中国农业大学设立基准实验室，国家出入境检验检疫局在中国进出口商品检验技术研究所等单位设立残留物监控的基准实验室。每一试验室及其他拟建立的实验室应专门针对某一物质或某一组物质进行检验。

6.2.1.1　基准实验室职责：

（1）基准实验室负责协调残留分析实验室的工作，尤其是协调每种残留或残留组分析方法和标准；

（2）协助主管当局制定残留监控计划和组织实施；

（3）定期有针对性的组织进行比对试验；

（4）保证国内实验室遵守制定的限量；

（5）普及国际有关残留量监控信息；

（6）保证有关检验监督人员能够参加国际有关组织的进一步培训，以利有关人员专业水平的发展。

6.2.2　国家在各省（直辖市）兽药残留检测机构和有关单位设立残留检测认可实验室，实施国家残留检测计划。

6.3　化合物评价和分类方法

肉食动物在生长周期中可能接触并被摄入残留在其家畜、家禽产品中的化合物主要包括：

6.3.1　化学杀虫剂、被允许直接用于家畜或家禽或农作物，或用于饲养场的环境消毒，灭蝇虫的一些化学杀虫剂。

6.3.2　兽药，指用于预防、治疗、诊断畜禽等动物疾病，有目的地调节其生理机能并规定作用、用途、用法、用量的物质（含饲料药物添加剂）。包括：

（1）血清、菌（疫）苗诊断液等生物制品；

（2）兽用的中药材、中成药、化学原料及其制剂；

（3）抗生素、生化药品、放射性药品。

6.3.3　环境污染物。包括不可避免的污染物，不当使用农药和兽药，所产生环境污染在屠宰动物的可食组织中产生的不可接受的残留量、重点监控的违禁药物见附表1。

6.3.4　对残留物进行监控的判断标准

某一类残留物往往包括多种残留，根据中国的国情，对所有的化合物残留均进行检验，是行不通也是不必要的。因此，与本文本规定有关抽样细则不相抵触，根据在不同的地区的环境条件下，各类化合物的生产、销售、使用等有关信息，以确定这些化合物可能产生的残留及其危害的程度，并在此基础上，选择适当的方法，对当前具有最大潜在危险的化合物实施检验。

6.3.5　分类方法：

根据以下因素对每种化合物进行综合评价，以判断动物接触化合物后，产生的潜在危险对人类健康的影响。

（1）是否使用有关化合物；

（2）实际使用量或大概使用量；

（3）有无滥用及其产生有害残留的潜在危险；

（4）在动物、植物体内和外界中吸收、分布、代谢、排泄情况包括代谢物残留的生物效力和持续性；

（5）残留物的化学性质及其毒性。

综合这些因素进行评价，将这些化合物划分为 A、B、C、D 四个种类，以 A、B、C、D 来表示在动物屠宰时发生潜在的有害残留量的递降顺序（A、B、C 表示化合物承担作用的最大或最小的价值，"D"表示"无关紧要"或"还未被列入"）。

6.4　抽样方法和抽样细则

残留物控制计划旨在调查发现饲养场、屠宰场、奶场、水产品加工厂、蛋类收购站等动物源性食品中残留危害的原因。

我国官方抽样方法将参照国际通行的抽样水平和抽样频率，制定并执行；出口动物产品的官方抽样参照贸易国的规定，如欧盟96/23/EC 和 96/23/EC 指令。

6.5　检验方法：

建立检验方法的执行标准，任何达到该标准的方面均可用于检验。

6.5.1 AOAC 法定方法：

（1）可直接采用；

（2）由三位化验师（二个或三个实验室）研究—验证，可将方法，扩大到其他分析物、组织、种类和产品；

（3）扩大到早期研究的分析物相同基质的其他类似的分析物。

6.5.2 中华人民共和国农业部兽药残留检测方法。

6.5.3 国家出入境检验检疫局制定的出口动物产品兽药残留检测方法。

6.5.4 有关贸易国认可的常规方法和标准方法。

6.5.5 美国《联邦注册》中发表并收编在美国联邦法规中的分析方法、FDA 方法、FSIS 方法。

6.6 标准物质

采用国际认可的标准物质。

6.7 官方样品

官方样品必须按本文本抽样方针和抽样水平和频率的要求抽取以在认可实验室检测。

当批准允许销售某种兽药用于拟供人类食用的动物时，农业部应同时发布相应的常规分析方法以进行残留检测。

如果对分析结果有异议，其结果必须由指定的该物质或残留的有关监测实验室进行验证。

6.8 发现违规时所应采取的措施

6.8.1 如果官方抽样检查出现阳性结果，表明有非法处理，农业部等有关部门应及时采取必要的措施。

（1）获取所有必要的信息以验明有关动物的原始饲养场或输出场；

（2）检查全部详情及其结果，如果一个省（市）采取的控制措施表明需要在一个或多个省（市）进行调查，或需要在其他相关部门（系统）进行、调查，如果证明调查有必要，国家出入境检验检疫局与农业部应协调在其他省（市）部门采取适当的措施；

6.8.2 有关机构应：

（1）适当时对原始或输出场进行调查，以找出残留出现的原因；

（2）对于出现非法处理，适当时在生产、加工、储存、运输、施用分发或销售等环节，对有关物质或制品的来源进行调查；

（3）该机构认为必要的任何其他的进一步调查；

对于出口加工生产厂

1）当有关调查涉及授权出口的加工厂时，主管部门应立即对该出口加工厂的其他动物或动物产品进行取样。对样品所采集的动物群要进行识别并立即通知有关农牧部门。在此情况下，检查结果未出来之前，任何动物都不能离开养殖场。如果证实进行了非法处理，应立即将检验结果为阳性的动物群置于官方监控，并立即停止出口，吊销其生产、加工许可证。国家检验检疫局将尽力识别和追回可能受到影响的其他动物或动物制品。

2）如果证明出现滥用许可药物的现象或未遵守停药期规定，应要求相关企业采取适当的预防措施改正其错误。该养殖场应受到更为严格的相关残留的检查。如果再次违规将吊销其出口注册许可证。

对国内产品

1）如果有证据表明允许使用的药物或制品的残留量超出最高限量，主管部门应适当地对原始养殖场或输出场进行调查，以确定超出限量的原因，根据调查结果，采取一切必要的措施以保证公共卫生，禁止动物离开饲养场一段时间。如果确实进行了非法处理，主管部门必须保证将有关家畜禽立即置于官方控制之下，并进行官方标识，并依据动物性产品抽样细则抽取具有代表性的样品数量。

2）如有关动物性产品多次超出最高限量，农业部等有关部门必须至少在六个月内加强对有关养殖场/企业的动物和制品的检查，在对样品的分析结果出来之前扣留有关制品或胴体，只要有结果表明残留超出最高限量，对有关制品或胴体必须宣布为不适于人类食用。

3）凡涉及出现阳性结果或非法处理的一切检查分析和调查费用应由生产者或动物所有者承担。

6.8.3 对违规企业的处罚措施

当未被授权的个人发现拥有非授权物质或产品，或该文件附录中所列的 A 组及 B 组（1）、（2）类产品，这些非授权物质或产品应由官方控制直至有关主管采取相应措施，不管将对违规者采取任何处罚。

如果发现任何农场使用任何违禁药品，除在官方监控下，涉案农场的动物不能离开所其原产农场或转交给任何个人。主管部门应根据所发现的物质的特性采取适当的预防措施。

如果主管部门怀疑或有证据表明相关动物接受过允许的处理方法，但不符合停药期规定，主管部门应推迟对上述动物的屠宰直至确认残留量未超过允许值，特别是对按许可方式接受过 $\beta$-受体激动剂治疗的动物，其停药期应不低于 28 天。

根据国家残留监控计划的要求实施检查和抽样工作中，并按本计划规定进行调查和核查过程中，如不配合或阻挠主管部门的工作将导致有关政府主管部门对此采取适当的刑事或行政处罚。

对持有或对外提供国家规定禁止使用的药物或产品的个人，或对动物使用此类药物或产品的个人，将采取合适的政府行政处罚措施。

# 官方取样程序

### 1. 概况

官方取样程序是根据"中华人民共和国动物及动物源食品中残留物质监控计划"而制定，是基于中国国情并参照欧盟 98/179/EC 指令和 FAO/WO 农药残留法典委员会所推荐的取样方法制定的。

本取样程序的目的是为了从一批样品中获得有代表性的样品。该取样程序的主要方针是为查取由于违禁药品的使用和准用药品的滥用后造成的动物和动物产品残留超标。为保证样品的代表性，取样应按随机原则进行。取样应考虑特定的环境或季节性使用的某些药物。

为确立官方取样程序和官方样品处理的公正性、合法性和科学性，特制定以下规定。

## 2. 职责

### 2.1 取样人员

官方取样人员应由主管机构指派，负责取样、分样、封装和标记，并在适当条件下将样品运送到指定的检测单位。

### 2.2 认可实验室

样品的分析应由主管机构认可的官方残留检测实验室独立完成。这些实验室必须参加由主管当局或基准实验室组织的必要的水平测试。

## 3. 取样

### 3.1 要求

取样应采取必要的保密措施，事先不得通知被检单位，确保取样的真实性。

### 3.2 取样方针

#### 3.2.1 发现所有非法用药

#### 3.2.2 按照中国规定的兽药、农药或环境污染物的最高残留限量和进出口国最高残留限量进行控制。

#### 3.2.3 调查和揭示动物源食品中兽药和农残等残留超过标准的有关信息。

### 3.3 定义

#### 3.3.1 目标样品

目标样品是按照上述 3.2 定义的取样规则采取的样品。

#### 3.3.2 可疑样品

从发现明显的被污染状况，或极易发现和鉴别出污染物的整批货物中所采集的样品。

#### 3.3.3 随机样品

随机样品是从统计考虑能提供代表性数据的样品。

### 3.4 养殖场（厂）取样

取样时应考虑动物的品种、性别、年（日）龄和饲养管理，所用药物的品种及用量等因素。此外，还应考虑以下情况：

——有使用过违禁药品或有毒、有害物质的迹象；

——第二性征及行为异常变化；

——畜禽种群发育水平与体态异常。

3.4.1　血样

对牛、羊、猪等家畜，应从颈静脉或前腔静脉取全血加抗凝剂。取样量为：

牛：50～100ml；

羊和猪：20～50ml。

3.4.2　尿样

收集清晨饲喂前的尿液 100～200ml。

3.4.3　饲料和饮水

从料槽或水槽中取样，取样量不少于 500g。

3.4.4　初级产品

蛋：从产蛋架上抽取，取样量不少于 10 枚；

奶：从全场混合奶中取，取样量不少于 1000ml；

蜂蜜：从每个蜂场抽取 10% 的蜂群，每一群随机取 1 张未封蜂坯，用分蜜机分离后取 1000g。

鱼：将活鱼击毙，洗净，沿脊背剖开取背肌，每尾 10～50g，总量 500g。

3.5　屠宰加工厂（场）取样

在屠宰线上，根据屠宰厂（场）的规模，按屠宰数量取样。抽取的样品不得进行任何洗涤或处理。

3.6　在蜂蜜加工厂（场）取样

3.6.1　检验批

以不超过 1000 件为一检验批、同一检验批的商品应具有相同的特征，如包装、标志、产地、规格和等级等。

3.6.2　取样数量

| 批量（件） | 最低取样数（件） |
| --- | --- |
| ＜50 | 5 |
| 50～100 | 10 |
| 101～500 | 每增加 100，增取 5 |
| ≥501 | 每增加 100，增取 2 |

3.6.3　取样工具

3.6.3.1　取样器：不锈钢管，长约 115cm，直径约 2.5cm。

3.6.3.2　混样器：搪瓷桶（或杯）。

3.6.3.3　单套杆：不锈钢制。

3.6.3.4　样品瓶：500ml磨砂盖广口玻璃瓶。

3.6.4　取样方法

按3.6.2规定的取样件数随机抽取，逐件开启。将取样器缓放入，吸取样品。如遇蜂蜜结晶时，则用单套杆或取样器插到底，吸取样品，每件取至少300g倾入混样器，将所取样品混合均匀，缩分至1kg后装入清洁干燥的样品瓶内，加封标识。

3.7　从冷库取样

如货物批量较大，以不超过2500件（箱）为一检验批。如货物批量较小，少于2500件时，均按下述抽取样品数，每件（箱）抽取一包，每包抽取样品不少于50克，总量应不少于1kg。

| 检验批量（件） | 最少取样数（件） |
| --- | --- |
| 1～25 | 1 |
| 26～100 | 5 |
| 101～250 | 10 |
| 251～500 | 15 |
| 501～1000 | 17 |
| 1001～2500 | 20 |

或

| 批货重量（kg） | 取样（件） |
| --- | --- |
| <50 | 3 |
| 51～500 | 5 |
| 501～2000 | 10 |
| >2000 | 15 |

每件取样量一般为50～300g，总量不少于500g。

3.8　缩分小样

为保证样品检验结果的可重复性或能进一步仲裁，每个样品都应分成至少两个相同的小样，每个小样的数量都能满足每次进行完整分析的需要。分样可以在采样点或检验部门的实验室进行。分样时，必须避免污染或任何能引起残留物含量变化因素的产生。

### 3.9 样品容器

样品应装于合适的清洁干燥容器中，以保持样品的完整性和可追溯性。可采用聚乙烯塑料容器、玻璃制品等惰性材料容器（不允许用橡胶制品）盛装样品，然后放入较大干净容器中密封装运，必要时可在容器盖下衬一张铝箔以防止各种可能的污染。若发现货品有污染迹象，应将所取样品单独装入另外的容器中，分别化验。

### 3.10 封识

每个样品应在容器外表贴上标签，标签注明样品名、样品编号、生产批号、取样日期、取样地点、堆位、取样人等。容器应由取样人员或其他官方人员封口以防止被替换、交叉污染和降解。

### 3.11 取样单

取样时应做好记录并编号，填写取样单一式四份，分别由取样单位、被取样单位、检验单位和主管部门各保留一份。对可能被污染的货品的堆位及数量作详细记录，并特别注意记录：

——动物来源、品种、年龄、性别和养殖体系；

——关于养殖生产者的情况；

——屠宰前 4 周使用药物或药物添加剂的情况。

应避免从一个养殖生产者多重取样。

### 4. 贮存和运输

为确保被分析物的稳定性和样品的完整性，采集的样品应由专人妥善保存，并在规定时间内送达检测单位。

贮存和运输应按以下要求操作：

——取样后样品应立即在 $-18℃$ 以下保存（蜂蜜 $-10℃$ 保存）；在 $0\sim5℃$ 条件下 48h 内送达检测单位。

——运输工具应保持清洁无污染；

——防止贮存地点和装卸地点可能造成的污染。

### 5. 样品交接

检测机构接样时，应由接样人签名、清点数量、入库保存于 $-18℃$ 以下待检，并填写相关单据。

### 6. 样品送检

样品送交检验人员时，样品保管人员应填写样品送检单。

# 兽药生产经营质量管理规范

（2002 年 3 月 19 日农业部令第 11 号公布）

## 第一章　总　　则

**第一条**　根据《兽药管理条例》规定，制定本规范。

**第二条**　本规范是兽药生产和质量管理的基本准则，适用于兽药制剂生产的全过程、原料药生产中影响成品质量的关键工序。

## 第二章　机构与人员

**第三条**　兽药生产企业应建立生产和质量管理机构，各类机构和人员职责应明确，并配备一定数量的与兽药生产相适应的具有专业知识和生产经验的管理人员和技术人员。

**第四条**　兽药生产企业主管兽药生产管理的负责人和质量管理的负责人，应具有制药或相关专业大专以上学历，有兽药生产和质量管理工作经验。

**第五条**　兽药生产管理部门的负责人和质量管理部门的负责人应具有兽医、制药及相关专业大专以上学历，有兽药生产和质量管理的实践经验，有能力对兽药生产和质量管理中的实际问题作出正确的判断和处理。

兽药生产管理部门负责人和质量管理部门负责人均应由专职人员担任，并不得互相兼任。

**第六条**　直接从事兽药生产操作和质量检验的人员应具有高中以上文化程度，具有基础理论知识和实际操作技能。从事生产辅助性工作的人员应具有初中以上文化程度。

**第七条**　兽药生产企业应制订人员培训计划，按本规范要求对从事兽药生产的各类人员进行培训，经考核合格后方可上岗。

对从事高生物活性、高毒性、强污染性、高致敏性及与人畜共患病有关或有特殊要求的兽药生产操作人员和质量检验人员，应经相应专业的技术培训。

**第八条** 质量检验人员应经省级兽药检验机构培训，经考核合格后持证上岗。质量检验负责人的任命和变更应报省级兽药检验机构备案。

# 第三章 厂房与设施

**第九条** 兽药生产企业必须有整洁的生产环境，其空气、场地、水质应符合生产要求。厂区周围不应有影响兽药产品质量的污染源；厂区的地面、路面及运输等不应对兽药生产造成污染；生产、仓储、行政、生活和辅助区的总体布局应合理，不得互相妨碍。

**第十条** 厂房应按生产工艺流程及所要求的空气洁净度级别进行合理布局，同一厂房内以及相邻厂房之间的生产操作不得相互妨碍。厂房设计、建设及布局应符合以下要求：

1. 生产区域的布局要顺应工艺流程，减少生产流程的迂回、往返；

2. 洁净度级别高的房间宜设在靠近人员最少到达、干扰少的位置。洁净度级别相同的房间要相对集中。洁净室（区）内不同房间之间相互联系应符合品种和工艺的需要，必要时要有防止交叉污染的措施；

3. 洁净室（区）与非洁净室（区）之间应设缓冲室、气闸室或空气吹淋等防止污染的设施；

4. 洁净厂房中人员及物料的出入门应分别设置，物料传递路线应尽量缩短；

5. 物料和成品的出入口应分开；

6. 人员和物料进入洁净厂房要有各自的净化用室和设施，净化用室的设置和要求应与生产区的洁净度级别相适应；

7. 操作区内仅允许放置与操作有关的物料，设置必要的工艺设备，用于生产、贮存的区域不得用作非区域内工作人员的通道；

8. 电梯不宜设在洁净区内，确需设置时，电梯前应设缓冲室。

**第十一条** 厂房及仓储区应有防止昆虫、鼠类及其他动物进入的设施。

**第十二条** 厂房应便于进行清洁工作。非洁净室（区）厂房的地面、墙壁、天棚等内表面应平整、清洁、无污迹，易清洁。洁净室（区）内表面应平整光滑、耐冲击、无裂缝、接口严密、无颗粒物脱落，并能耐受清洗和消毒，墙壁与地面的交界处宜成弧形或采取其他措施，地面应平整光滑、无缝隙、耐磨、耐腐蚀、耐冲击，易除尘清洁。

**第十三条** 根据需要，厂房内应划分生产区和仓储区，具有与生产规模相适应的面积和空间，便于生产操作和安置设备，存放物料、中间产品、待验品和成品，并应最大限度地减少差错和交叉污染。

**第十四条** 根据兽药生产工艺要求，洁净室（区）内设置的称量室和备料室，其空气洁净度级别应与生产条件的要求一致，并有捕尘和防止交叉污染的设施。

**第十五条** 物料进入洁净室（区）前必须进行清洁处理，物料入口处须设置清除物料外包装的房间。无菌生产所需的物料，应经无菌处理后再从传递窗或缓冲室中传递。

**第十六条** 洁净室（区）内各种管道、灯具、风口以及其他公用设施，在设计和安装时应考虑使用中避免出现不易清洁的部位。

**第十七条** 洁净室（区）内应根据生产要求提供足够的照明。主要工作室的最低照度不得低于150勒克斯，对照度有特殊要求的生产部位可设置局部照明。厂房应有应急照明设施。厂房内其他区域的最低照度不得低于100勒克斯。

**第十八条** 进入洁净室（区）的空气必须净化，并根据生产工艺要求划分空气洁净级别。洁净室（区）内空气的微生物数和尘粒数应定期监测，监测结果应记录存档。

**第十九条** 洁净室（区）的窗户、天棚及进入室内的管道、风口、灯具与墙壁或天棚的连接部位均应密封。空气洁净度级别不同的相邻洁净室（区）之间的静压差应大于5帕。洁净室（区）与非洁净室（区）之间的静压差应大于 10 帕。洁净室（区）与室外大气（含与室外直接相通的区域）的静压差应大于 12 帕，并应有指示压差的装置或设置监控报警系统。对生物制品的洁净室车间，上述规定的静压差数值绝对值应按工艺要求确定。

**第二十条** 洁净室（区）的温度和相对湿度应与兽药生产工艺要求相适应。无特殊要求时，温度应控制在 18～26℃，相对湿度控制在 30%～65%。

**第二十一条** 洁净室（区）内安装的水池、地漏不得对兽药产生污染。

**第二十二条** 不同空气洁净度级别的洁净室（区）之间的人员及物料出入，应有防止交叉污染的措施。

**第二十三条** 生产青霉素类、$\beta$-内酰胺结构类等高致敏性兽药应使用相对独立的厂房、设施及独立的空气净化系统，分装室应保持相对负压，排至室外的废气应经净化处理并符合要求，排风口应远离其他空气净化系统的进风口。如需利用停产的该类车间分装其他产品时，则必须进行清洁处理，不得有残留并经测试合格后才能生产其他产品。

**第二十四条** 生物制品应按微生物类别、性质的不同分开生产。强毒菌种与弱毒菌种、生产用菌毒种与非生产用菌毒种、生产用细胞与非生产用细胞、活疫苗与灭活疫苗、灭活前与灭活后、脱毒前与脱毒后其生产操作区域和贮存设备应严格分开。

**第二十五条** 中药制剂的生产操作区应与中药材的前处理、提取、浓缩以及动物脏器、组织的洗涤或处理等生产操作区分开。中药材前处理操作工序应有良好的通风、排烟、除尘设施。

**第二十六条** 工艺用水的水处理及其配套设施的设计、安装和维护应能确保达到设定的质量标准和需要，并制订工艺用水的制造规程、贮存方法、质量标准、检验操作规程及设施的清洗规程等。

**第二十七条** 与兽药直接接触的干燥用空气、压缩空气和惰性气体应经净化处理，其洁净程度应与洁净室（区）内的洁净级别相同。

**第二十八条** 仓储区建筑应符合防潮、防火的要求，仓储面积应适用于物料及产品的分类、有序存放。待检、合格、不合格物料及产品应分库保存或严格分开码垛贮存，并有易于识别的明显标记。

对温度、湿度有特殊要求的物料或产品应置于能保证其稳定性的仓储条件下储存。

易燃易爆的危险品、废品应分别在特殊的或隔离的仓库内保存。毒性药品、麻醉药品、精神药品应按规定保存。

仓储区应有符合规定的消防间距和交通通道。

**第二十九条** 仓储区应保持清洁和干燥，照明、通风等设施及温度、湿度的控制应符合储存要求并定期监测。

仓储区可设原料取样或称量室，其环境的空气洁净度级别应与生产要求一致。如不在取样室取样，取样时应有防止污染和交叉污染的措施。

**第三十条** 质量管理部门应根据需要设置检验、中药标本、留样观察以及其他各类实验室，能根据需要对实验室洁净度、温湿度进行控制并与兽药生产区分开。生物检定、微生物限度检定和生物制品检验用强、弱毒操作间要分室进行。

**第三十一条** 对环境有特殊要求的仪器设备，应放置在专门的仪器室内，并有防止外界因素影响的设施。

**第三十二条** 实验动物房应与其他区域严格分开，其设计建造应符合国家有关规定。生产兽用生物制品必须设置生产和检验用动物房。生产其他需进行动物实验的兽药产品，兽药生产企业可采取设置实验动物房或委托其他单位进行有关动物实验的方式，被委托实验单位的实验动物房必须具备相应的条件和资质，并应符合规定要求。

# 第四章 设 备

**第三十三条** 兽药生产企业必须具备与所生产产品相适应的生产和检验设备，其性能和主要技术参数应能保证生产和产品质量控制的需要。

**第三十四条** 设备的设计、选型、安装应符合生产要求，易于清洗、消毒或灭菌，便于生产操作和维修、保养，并能防止差错和减少污染。

生产设备的安装需跨越两个洁净度级别不同的区域时，应采取密封的隔断装置。

**第三十五条** 与兽药直接接触的设备表面应光洁、平整、易清洗或消毒、耐腐蚀，不与兽药发生化学变化或吸附兽药。设备所用的润滑剂、冷却剂等不得对兽药或容器造成污染。

**第三十六条** 与设备连接的主要固定管道应标明管内物料名称、流向。

**第三十七条** 纯化水、注射用水的制备、储存和分配系统应能防止微生物的滋生和污染。储罐和输送管道所用材料应无毒、耐腐蚀。管道的设计和安装应避免死角、盲管。储罐和管道应规定清洗、灭菌周期。注射用水储罐的通气口应安装不脱落纤维的疏水性除菌滤器。注射用水的储存可采用 80℃以上保温、65℃以上保温循环或 4℃以下存放。

**第三十八条** 用于生产和检验的仪器、仪表、量器、衡器等的适用范围和精密度应符合生产和检验的要求，有明显的合格标志，并定期经法定计量部门校验。

**第三十九条** 生产设备应有明显的状态标志，并定期维修、保养和验证。设备安装、维修、保养的操作不得影响产品的质量。不合格的设备应搬出生产区，未搬出前应有明显标志。

**第四十条** 生产、检验设备及器具均应制订使用、维修、清洁、保养规程，定期检查、清洁、保养与维修，并由专人进行管理和记录。

**第四十一条** 主要生产和检验设备、仪器、衡器均应建立设备档案，内容包括：生产厂家、型号、规格、技术参数、说明书、设备图纸、备件清单、安装位置及施工图，以及检修和维修保养内容及记录、验证记录、事故记录等。

# 第五章 物 料

**第四十二条** 兽药生产所用物料的购入、贮存、发放、使用等应制定管理制度。

第四十三条　兽药生产所需的物料，应符合兽药标准、药品标准、包装材料标准、兽用生物制品规程或其他有关标准，不得对兽药的质量产生不良影响。进口兽药应有口岸兽药检验机构的检验报告。

第四十四条　兽药生产所用的中药材应符合质量标准，其产地应保持相对稳定。中药材外包装上应标明品名、产地、来源、加工日期，并附质量合格证。

第四十五条　兽药生产所用物料应从合法或符合规定条件的单位购进，并按规定入库。

第四十六条　待验、合格、不合格物料应严格管理，有易于识别的明显标志和防止混淆的措施，并建立物料流转账卡。不合格的物料应专区存放，并按有关规定及时处理。

第四十七条　对温度、湿度或其他条件有特殊要求的物料、中间产品和成品，应按规定条件贮存。固体、液体原料应分开贮存；挥发性物料应注意避免污染其他物料；炮制、整理加工后的净药材应使用洁净容器或包装，并与未加工、炮制的药材严格分开；贵细药材、毒性药材等应在专柜内贮存。

第四十八条　兽用麻醉药品、精神药品、毒性药品（包括药材）及易燃易爆和其他危险品的验收、贮存、保管、使用、销毁应严格执行国家有关的规定。菌毒种的验收、贮存、保管、使用、销毁应执行国家有关兽医微生物菌种保管的规定。

第四十九条　物料应按规定的使用期限贮存，未规定使用期限的，其贮存一般不超过三年，期满后应复验。贮存期内如有特殊情况应及时复验。

第五十条　兽药的标签、使用说明书应与畜牧兽医行政管理部门批准的内容、式样、文字相一致。标签内容包括：兽用标记、兽药名称（通用名、商品名）、有效成分及其含量、规格、作用用途、用法用量、批准文号、生产批号、有效期、停药期、生产厂名及地址等。

产品说明书内容应包括兽用标记、兽药名称、主要成分、性状、药理作用、作用用途、用法用量、不良反应、注意事项、停药期、有效期、贮存、生产批号、生产厂名等。

必要时标签与产品说明书内容可同时印制在产品标签、包装盒、袋上。

标签、使用说明书应经企业质量管理部门校对无误后印刷、发放、使用。

**第五十一条** 兽药的标签、使用说明书应由专人保管、领用，并符合以下要求：

1. 标签、使用说明书均应按品种、规格有专柜或专库存放，由专人验收、保管、发放、领用，并凭批包装指令发放，按实际需要量领取；

2. 标签要计数发放，领用人核对、签名，使用数、残损数及剩余数之和应与领用数相符，印有批号的残损或剩余标签及包装材料应由专人负责计数销毁；

3. 标签发放、使用、销毁应有记录。

# 第六章　卫　　生

**第五十二条** 兽药生产企业应有防止污染的卫生措施，制订环境、工艺、厂房、人员等各项卫生管理制度，并由专人负责。

**第五十三条** 兽药生产车间、工序、岗位均应按生产和空气洁净度级别的要求制订厂房、设备、管道、容器等清洁操作规程，内容应包括：清洁方法、程序、间隔时间，使用的清洁剂或消毒剂，清洁工具的清洁方法和存放地点等。

**第五十四条** 生产区内不得吸烟及存放非生产物品和个人杂物，生产中的废弃物应及时处理。

**第五十五条** 更衣室、浴室及厕所的设置及卫生环境不得对洁净室（区）产生不良影响。

**第五十六条** 工作服的选材、式样及穿戴方式应与生产操作和空气洁净度级别要求相适应，不同级别洁净室（区）的工作服应有明显标识，并不得混用。

洁净工作服的质地应光滑、不产生静电、不脱落纤维和颗粒性物质。无菌工作服必须包盖全部头发、胡须及脚部，并能最大限度地阻留人体脱落物。

不同空气洁净度级别使用的工作服应分别清洗、整理，必要时消毒或灭菌。工作服洗涤、灭菌时不应带入附加的颗粒物质。工作服应制定清洗制度，确定清洗周期。进行病原微生物培养或操作区域内使用的工作服应消毒后清洗。

**第五十七条** 洁净室（区）内人员数量应严格控制，仅限于该区域生产操作人员和经批准的人员进入。

**第五十八条** 进入洁净室（区）的人员不得化妆和佩戴饰物，不得裸手直接接触兽药。

**第五十九条** 洁净室（区）内应使用无脱落物、易清洗、易消毒的卫生工具，卫生工具应存放于对产品不造成污染的指定地点，并应限定使用区域。洁净室（区）应定期消毒，使用的消毒剂不得对设备、物料和成品产生污染。消毒剂品种应定期更换，防止产生耐药菌株。

**第六十条** 生产人员应建立健康档案。直接接触兽药的生产人员每年至少体检一次。传染病、皮肤病患者和体表有伤口者不得从事直接接触兽药的生产。

# 第七章 验 证

**第六十一条** 兽药生产验证应包括厂房、设施及设备安装确认、运行确认、性能确认、模拟生产验证和产品验证及仪器仪表的校验。

**第六十二条** 产品的生产工艺及关键设施、设备应按验证方案进行验证。当影响产品质量的主要因素，如工艺、质量控制方法、主要原辅料、主要生产设备或主要生产介质等发生改变时，以及生产一定周期后，应进行再验证。

**第六十三条** 应根据验证对象提出验证项目，并制订工作程序和验证方案。验证工作程序包括：提出验证要求、建立验证组织、完成验证方案的审批和组织实施。

**第六十四条** 验证方案主要内容包括：验证目的、要求、质量标准、实施所需要的条件、测试方法、时间进度表等。验证工作完成后应写出验证报告，由验证工作负责人审核、批准。

**第六十五条** 验证过程中的数据和分析内容应以文件形式归档保存。验证文件应包括验证方案、验证报告、评价和建议、批准人等。

# 第八章 文 件

**第六十六条** 兽药生产企业应有完整的生产管理、质量管理文件和各类管理制度、记录。

**第六十七条** 各类制度及记录内容应包括：

1. 企业管理、生产管理、质量管理、生产辅助部门的各项管理制度；

2. 厂房、设施和设备的使用、维护、保养、检修等制度和记录；

3. 物料验收、发放管理制度和记录；

4. 生产操作、质量检验、产品销售、用户投诉等制度和记录；

5. 环境、厂房、设备、人员、工艺等卫生管理制度和记录；

6. 不合格品管理、物料退库和报废、紧急情况处理、三废处理等制度和记录；

7. 本规范和专业技术培训等制度和记录。

**第六十八条** 产品生产管理文件主要包括生产工艺规程、岗位操作法或标准操作规程、批生产记录等。

1. 生产工艺规程内容包括：品名，剂型，处方，生产工艺的操作要求，物料、中间产品、成品的质量标准和技术参数及贮存注意事项，物料平衡的计算方法，成品容器，包装材料的要求等。

2. 岗位操作法内容包括：生产操作方法和要点，重点操作的复核、复查，中间体、半成品质量标准及控制，安全和劳动保护，设备维修、清洗，异常情况处理和报告，工艺卫生和环境卫生等。

3. 标准操作规程内容包括：题目、编号、制定人及制定日期、审核人及审核日期、批准人及批准日期、颁发部门、生效日期、分发部门、标题及正文。

4. 批生产记录内容包括：产品名称、剂型、规格、本批的配方及投料、所用容器和标签及包装材料的说明、生产批号、生产日期、操作者、复核者签名，有关操作与设备、相关生产阶段的产品数量、物料平衡的计算、生产过程的控制记录、检验结果及特殊情况处理记录，并附产品标签、使用说明书。

**第六十九条** 产品质量管理文件主要包括：

1. 产品的申请和审批文件；

2. 物料、中间产品和成品质量标准、企业内控标准及其检验操作规程；

3. 产品质量稳定性考察；

4. 批检验记录，并附检验原始记录和检验报告单。

**第七十条** 兽药生产企业应建立文件的起草、修订、审查、批准、撤销、印刷和保管的管理制度。分发、使用的文件应为批准的现行文本，已撤销和过时的文件除留档备查外，不得在工作现场出现。

**第七十一条** 生产管理文件和质量管理文件应符合以下要求：

1. 文件标题应能清楚地说明文件的性质；

2. 各类文件应有便于识别其文本、类别的系统编号和日期；

3. 文件数据的填写应真实、清晰，不得任意涂改，若确需修改，需签名和标明日期，并应使原数据仍可辨认；

4. 文件不得使用手抄件；

5. 文件制定、审查和批准的责任应明确，并有责任人签名。

# 第九章　生产管理

**第七十二条** 兽药生产企业应制订生产工艺规程、岗位操作法或标准操作规程，并不得任意更改。如需更改时应按原文件制订程序办理有关手续。

**第七十三条** 生产操作前，操作人员应检查生产环境、设施、设备、容器的清洁卫生状况和主要设备的运行状况，并认真核对物料、半成品数量及检验报告单。

**第七十四条** 每批产品应按产量和数量的物料平衡进行检查。如有显著差异，必须查明原因，在得出合理解释、确认无潜在质量事故后，方可按正常产品处理。

**第七十五条** 批生产记录应及时填写，做到字迹清晰、内容真实、数据完整，并由操作人及复核人签名。记录应保持整洁，不得撕毁和任意涂改；更改时应在更改处签名，并使原数据仍可辨认。

批生产记录应按批号归档，保存至兽药有效期后一年。未规定有效期的兽药，批生产记录应保存三年。

**第七十六条** 在规定期限内具有同一性质和质量，并在同一连续生产周期中生产出来的一定数量的兽药为一批。每批产品均应编制生产批号。

**第七十七条** 兽药生产操作应采取以下措施：

1. 生产前应确认生产环境中无上次生产遗留物；

2. 应防止尘埃的产生和扩散；

3. 不同产品品种、规格的生产操作不得在同一生产操作间同时进行；有数条包装线同时进行包装时，应采取隔离或其他有效防止污染或混淆的设施；

4. 生产过程应按工艺、质量控制要点进行中间检查，并填写生产记录；

5. 生产过程中应防止物料及产品所产生的气体、蒸汽、喷雾物或生物体等引起的交叉污染；

6. 每一生产操作间或生产用设备、容器应有所生产的产品或物料名称、批号、数量等状态标志；

7. 不同药性的药材不得在一起洗涤，洗涤后的药材及切制的炮制品不宜露天干燥；

8. 药材及中间产品的灭菌方法以不改变药材的药效、质量为原则。

**第七十八条** 应根据产品工艺规程选用工艺用水，工艺用水应符合质量标准，并定期检验，检验有记录。应根据验证结果规定检验周期。

**第七十九条** 产品应有批包装记录，内容包括：

1. 待包装产品的名称、批号、含量规格和包装规格；

2. 印有批号的标签和使用说明书及产品合格证；

3. 待包装产品和包装材料的领取数量及发放人、领用人、核对人签名；

4. 已包装产品的数量；

5. 前次包装操作的清场记录（副本）及本次包装清场记录（正本）；

6. 本次包装操作完成后的检验核对结果、核对人签名；

7. 生产操作负责人签名。

**第八十条** 每批产品的每一生产阶段完成后必须由生产操作人员清场，填写清场记录。清场记录内容应包括：工序、品名、生产批号、清场日期、检查项目及结果、清场负责人及复查人签名。清场记录应纳入批生产记录。

# 第十章 质量管理

**第八十一条** 兽药生产企业质量管理部门负责兽药生产全过程的质量管理和检验，受企业负责人直接领导。质量管理部门应配备一定数量的质量管理和检验人员，并有与兽药生产规模、品种、检验要求相适应的场所、仪器、设备。

**第八十二条** 质量管理部门的主要职责：

1. 制订企业质量责任制和质量管理及检验人员的职责；

2. 负责组织自检工作；

3. 负责验证方案的审核；

4. 制修订物料、中间产品和成品的内控标准和检验操作规程，制定取样和留样观察制度；

5. 制订检验用设施、设备、仪器的使用及管理办法；实验动物管理办法及消毒剂使用管理办法等；

6. 决定物料和中间产品的使用；

7. 审核成品发放前批生产记录，决定成品发放；

8. 审核不合格品处理程序；

9. 对物料、标签、中间产品和成品进行取样、检验、留样，并出具检验报告；

10. 定期监测洁净室（区）的尘粒数和微生物数和对工艺用水的质量监测；

11. 评价原料、中间产品及成品的质量稳定性，为确定物料贮存期、兽药有效期提供数据；

12. 负责产品质量指标的统计考核及总结报送工作；

13. 负责建立产品质量档案工作。产品质量档案内容应包括：产品简介；质量标准沿革；主要原辅料、半成品、成品质量标准；历年质量情况及留样观察情况；与国内外同类产品对照情况；重大质量事故的分析、处理情况；用户访问意见、检验方法变更情况、提高产品质量的试验总结等；

14. 负责组织质量管理、检验人员的专业技术及本规范的培训、考核及总结工作；

15. 会同企业有关部门对主要物料供应商质量体系进行评估。

# 第十一章　产品销售与收回

**第八十三条**　每批成品均应有销售记录。根据销售记录能追查每批兽药的售出情况，必要时应能及时全部追回。销售记录内容应包括：品名、剂型、批号、规格、数量、收货单位和地址、发货日期等。

**第八十四条**　销售记录应保存至兽药有效期后一年。未规定有效期的兽药，其销售记录应保存三年。

**第八十五条**　兽药生产企业应建立兽药退货和收回的书面程序，并有记录。兽药退货和收回记录内容应包括：品名、批号、规格、数量、退货和收回单位及地址、退货和收回原因及日期、处理意见。

因质量原因退货和收回的兽药制剂，应在企业质量管理部门监督下销毁，涉及其他批号时，应同时处理。

# 第十二章　投诉与不良反应报告

**第八十六条**　企业应建立兽药不良反应监察报告制度，指定专门部门或人员负责管理。

**第八十七条**　对用户的产品质量投诉和产品不良反应应详细记录和调查处理，并连同原投诉材料存档备查。对兽药不良反应应及时向当地农牧行政管理部门提出书面报告。

**第八十八条** 兽药生产出现重大质量问题和严重的安全问题时，应立即停止生产，并及时向当地农牧行政管理机关报告。

# 第十三章 自 检

**第八十九条** 兽药生产企业应制定自检工作程序和自检周期，设立自检工作组，并定期组织自检。自检工作组应由质量、生产、销售等管理部门中熟悉专业及本规范的人员组成。自检工作每年至少一次。

**第九十条** 自检工作应按自检工作程序对人员、厂房、设备、文件、生产、质量控制、兽药销售、用户投诉和产品收回的处理等项目和记录定期进行检查，以证实与本规范的一致性。

**第九十一条** 自检应有记录。自检完成后应形成自检报告，内容包括自检的结果、评价的结论以及改进措施和建议，自检报告和记录应归档。

# 第十四章 附 则

**第九十二条** 本规范下列用语的含义是：

兽药制剂：片剂、注射剂、粉剂、预混剂、口服溶液剂、混悬剂、胶囊剂、散剂、颗粒剂、软膏剂、酊剂、灌注剂、流浸膏与浸膏剂、兽用生物制品等。

物料：原料、辅料、包装材料等。

批号：用于识别"批"的一组数字或字母加数字。用以追溯或审查该批兽药的生产历史。

待验：物料在允许投料、使用或出厂前所处的搁置、等待检验结果的状态。

批生产记录：一个批次的待包装品或成品的所有生产记录。批生产记录能提供该批产品的生产历史，以及与质量有关的情况。

物料平衡：产品或物料的理论产量或理论用量与实际产量或用量之间的比较，并适当考虑可允许的正常偏差。

标准操作规程：经批准用以指示操作的通用性文件或管理办法。

生产工艺规程：规定为生产一定数量成品所需起始原料和包装材料的数量，以及工艺、加工说明、注意事项，包括生产过程中控制的一个或一套文件。

工艺用水：兽药生产工艺中使用的水，包括：饮用水、纯化水、注射用水。

纯化水：为蒸馏法、离子交换法、反渗透法或其他适宜的方法制得供药用的水，不含任何附加剂。

注射用水：符合 2000 年版《中国兽药典》注射用水项下规定的水。

洁净室（区）：需要对尘粒及微生物含量进行控制的房间（区域）。其建筑结构、装备及其使用均具有减少该区域内污染源的介入、产生和滞留的功能。

验证：证明任何程序、生产过程、设备、物料、活动或系统确实能达到预期结果的有文件证明的一系列活动。

兽药不良反应：包括所有危及动物健康或生命及导致饲料报酬明显下降的不良反应；疑为兽药所致的致畸、致癌、致突变反应；各种类型的过敏反应；疑为兽药间相互作用所致的不良反应；因兽药质量或稳定性问题引起的不良反应；其他一切意外的不良反应。

**第九十三条** 不同类别兽药的生产质量管理特殊要求列入本规范附录。

**第九十四条** 本规范由农业部负责解释。

**第九十五条** 本规范自 2002 年 6 月 19 日起施行。原农业部颁布的《兽药生产质量管理规范（试行）》（〔1989〕农〔牧〕字第 52 号）和《兽药生产质量管理规范实施细则（试行）》（农牧发〔1994〕32 号）同时废止。

# 兽药注册办法

（2004 年 11 月 24 日农业部令第 44 号公布）

## 第一章　总　　则

**第一条**　为保证兽药安全、有效和质量可控，规范兽药注册行为，根据《兽药管理条例》，制定本办法。

**第二条**　在中华人民共和国境内从事新兽药注册和进口兽药注册，应当遵守本办法。

**第三条**　农业部负责全国兽药注册工作。

农业部兽药审评委员会负责新兽药和进口兽药注册资料的评审工作。

中国兽医药品检验机构和农业部指定的其他兽药检验机构承担兽药注册的复核检验工作。

## 第二章　新兽药注册

**第四条**　新兽药注册申请人应当在完成临床试验后，向农业部提出申请，并按《兽药注册资料要求》提交相关资料。

**第五条**　联合研制的新兽药，可以由其中一个单位申请注册或联合申请注册，但不得重复申请注册；联合申请注册的，应当共同署名作为该新兽药的申请人。

**第六条**　申请新兽药注册所报送的资料应当完整、规范，数据必须真实、可靠。引用文献资料应当注明著作名称、刊物名称及卷、期、页等；

未公开发表的文献资料应当提供资料所有者许可使用的证明文件；外文资料应当按照要求提供中文译本。

申请新兽药注册时，申请人应当提交保证书，承诺对他人的知识产权不构成侵权并对可能的侵权后果负责，保证自行取得的试验数据的真实性。

申报资料含有境外兽药试验研究资料的，应当附具境外研究机构提供的资料项目、页码情况说明和该机构经公证的合法登记证明文件。

**第七条** 有下列情形之一的新兽药注册申请，不予受理：

（一）农业部已公告在监测期，申请人不能证明数据为自己取得的兽药；

（二）经基因工程技术获得，未通过生物安全评价的灭活疫苗、诊断制品之外的兽药；

（三）申请材料不符合要求，在规定期间内未补正的；

（四）不予受理的其他情形。

**第八条** 农业部自收到申请之日起 10 个工作日内，将决定受理的新兽药注册申请资料送农业部兽药审评委员会进行技术评审，并通知申请人提交复核检验所需的连续 3 个生产批号的样品和有关资料，送指定的兽药检验机构进行复核检验。

申请的新兽药属于生物制品的，必要时，应对有关种毒进行检验。

**第九条** 农业部兽药审评委员会应当自收到资料之日起 120 个工作日内提出评审意见，报送农业部。

评审中需要补充资料的，申请人应当自收到通知之日起 6 个月内补齐有关数据；逾期未补正的，视为自动撤回注册申请。

**第十条** 兽药检验机构应当在规定时间内完成复核检验，并将检验报告书和复核意见送达申请人，同时报农业部和农业部兽药审评委员会。

初次样品检验不合格的，申请人可以再送样复核检验一次。

**第十一条** 农业部自收到技术评审和复核检验结论之日起 60 个工作日内完成审查；必要时，可派员进行现场核查。审查合格的，发给《新兽药注册证书》，并予以公告，同时发布该新兽药的标准、标签和说明书。不合格的，书面通知申请人。

**第十二条** 新兽药注册审批期间，新兽药的技术要求由于相同品种在境外获准上市而发生变化的，按原技术要求审批。

# 第三章　进口兽药注册

**第十三条**　首次向中国出口兽药，应当由出口方驻中国境内的办事机构或由其委托的中国境内代理机构向农业部提出申请，填写《兽药注册申请表》，并按《兽药注册资料要求》提交相关资料。

申请向中国出口兽用生物制品的，还应当提供菌（毒、虫）种、细胞等有关材料和资料。

**第十四条**　申请兽药制剂进口注册，必须提供用于生产该制剂的原料药和辅料、直接接触兽药的包装材料和容器合法来源的证明文件。原料药尚未取得农业部批准的，须同时申请原料药注册，并应当报送有关的生产工艺、质量指标和检验方法等研究资料。

**第十五条**　申请进口兽药注册所报送的资料应当完整、规范，数据必须真实、可靠。引用文献资料应当注明著作名称、刊物名称及卷、期、页等；外文资料应当按照要求提供中文译本。

**第十六条**　农业部自收到申请之日起 10 个工作日内组织初步审查，经初步审查合格的，予以受理，书面通知申请人。

予以受理的，农业部将进口兽药注册申请资料送农业部兽药审评委员会进行技术评审，并通知申请人提交复核检验所需的连续 3 个生产批号的样品和有关资料，送指定的兽药检验机构进行复核检验。

**第十七条**　有下列情形之一的进口兽药注册申请，不予受理：

（一）农业部已公告在监测期，申请人不能证明数据为自己取得的兽药；

（二）经基因工程技术获得，未通过生物安全评价的灭活疫苗、诊断制品之外的兽药；

（三）我国规定的一类疫病以及国内未发生疫病的活疫苗；

（四）来自疫区可能造成疫病在中国境内传播的兽用生物制品；

（五）申请资料不符合要求，在规定期间内未补正的；

（六）不予受理的其他情形。

**第十八条**　进口兽药注册的评审和检验程序适用本办法第九条

和第十条的规定。

**第十九条** 申请进口注册的兽用化学药品，应当在中华人民共和国境内指定的机构进行相关临床试验和残留检测方法验证；必要时，农业部可以要求进行残留消除试验，以确定休药期。

申请进口注册的兽药属于生物制品的，农业部可以要求在中华人民共和国境内指定的机构进行安全性和有效性试验。

**第二十条** 农业部自收到技术评审和复核检验结论之日起60个工作日内完成审查；必要时，可派员进行现场核查。审查合格的，发给《进口兽药注册证书》，并予以公告；中国香港、澳门和台湾地区的生产企业申请注册的兽药，发给《兽药注册证书》。审查不合格的，书面通知申请人。

农业部在批准进口兽药注册的同时，发布经核准的进口兽药标准和产品标签、说明书。

**第二十一条** 农业部对申请进口注册的兽药进行风险分析，经风险分析存在安全风险的，不予注册。

# 第四章　兽药变更注册

**第二十二条** 已经注册的兽药拟改变原批准事项的，应当向农业部申请兽药变更注册。

**第二十三条** 申请人申请变更注册时，应当填写《兽药变更注册申请表》，报送有关资料和说明。涉及兽药产品权属变化的，应当提供有效证明文件。

进口兽药的变更注册，申请人还应当提交生产企业所在国家（地区）兽药管理机构批准变更的文件。

**第二十四条** 农业部对决定受理的不需进行技术审评的兽药变更注册申请，自收到申请之日起30个工作日内完成审查。审查合格的，批准变更注册。

需要进行技术审评的兽药变更注册申请，农业部将受理的材料送农业部兽药审评委员会评审，并通知申请人提交复核检验所需的连续3个生产批号的样品和有关资料，送指定的兽药检验机构进行复核检验。

**第二十五条** 兽药变更注册申请的评审、检验的程序、时限和要求适用本办法新兽药注册和进口兽药注册的规定。

申请修改兽药标准变更注册的，兽药检验机构应当进行标准复核。

**第二十六条** 农业部自收到技术评审和复核检验结论之日起30个工作日内完成审查，审查合格的，批准变更注册。审查不合格的，书面告知申请人。

# 第五章　进口兽药再注册

**第二十七条** 《进口兽药注册证书》和《兽药注册证书》的有效期为5年。有效期届满需要继续进口的，申请人应当在有效期届满6个月前向农业部提出再注册申请。

**第二十八条** 申请进口兽药再注册时，应当填写《兽药再注册申请表》，并按《兽药注册资料要求》提交相关资料。

**第二十九条** 农业部在受理进口兽药再注册申请后，应当在20个工作日内完成审查。符合规定的，予以再注册。不符合规定的，书面通知申请人。

**第三十条** 有下列情形之一的，不予再注册：

（一）未在有效期届满6个月前提出再注册申请的；

（二）未按规定提交兽药不良反应监测报告的；

（三）经农业部安全再评价被列为禁止使用品种的；

（四）经考查生产条件不符合规定的；

（五）经风险分析存在安全风险的；

（六）我国规定的一类疫病以及国内未发生疫病的活疫苗；

（七）来自疫区可能造成疫病在中国境内传播的兽用生物制品；

（八）其他依法不予再注册的。

**第三十一条** 不予再注册的，由农业部注销其《进口兽药注册证书》或《兽药注册证书》，并予以公告。

# 第六章　兽药复核检验

**第三十二条**　申请兽药注册应当进行兽药复核检验，包括样品检验和兽药质量标准复核。

**第三十三条**　从事兽药复核检验的兽药检验机构，应当符合兽药检验质量管理规范。

**第三十四条**　申请人应当向兽药检验机构提供兽药复核检验所需要的有关资料和样品，提供检验用标准物质和必需材料。

申请兽药注册所需的 3 批样品，应当在取得《兽药 GMP 证书》的车间生产。每批的样品应为拟上市销售的 3 个最小包装，并为检验用量的 3～5 倍。

**第三十五条**　兽药检验机构进行兽药质量标准复核时，除进行样品检验外，还应当根据该兽药的研究数据、国内外同类产品的兽药质量标准和国家有关要求，对该兽药的兽药质量标准、检验项目和方法等提出复核意见。

**第三十六条**　兽药检验机构在接到检验通知和样品后，应当在 90 个工作日内完成样品检验，出具检验报告书；需用特殊方法检验的兽药应当在 120 个工作日内完成。

需要进行样品检验和兽药质量标准复核的，兽药检验机构应当在 120 个工作日内完成；需用特殊方法检验的兽药应当在 150 个工作日内完成。

# 第七章　兽药标准物质的管理

**第三十七条**　中国兽医药品检验机构负责标定和供应国家兽药标准物质。

中国兽医药品检验机构可以组织相关的省、自治区、直辖市兽药检验机构、兽药研究机构或兽药生产企业协作标定国家兽药标准物质。

**第三十八条**　申请人在申请新兽药注册和进口兽药注册时，应当向中国兽医药品检验机构提供制备该兽药标准物质的原料，并报送有关标准物质的研究资料。

**第三十九条** 中国兽医药品检验机构对兽药标准物质的原料选择、制备方法、标定方法、标定结果、定值准确性、量值溯源、稳定性及分装与包装条件等资料进行全面技术审核；必要时，进行标定或组织进行标定，并做出可否作为国家兽药质量标准物质的推荐结论，报国家兽药典委员会审查。

**第四十条** 农业部根据国家兽药典委员会的审查意见批准国家兽药质量标准物质，并发布兽药标准物质清单及质量标准。

# 第八章 罚 则

**第四十一条** 申请人提供虚假的资料、样品或者采取其他欺骗手段申请注册的，农业部对该申请不予批准，对申请人给予警告，申请人在一年内不得再次申请该兽药的注册。

申请人提供虚假的资料、样品或者采取其他欺骗手段取得兽药注册证明文件的，按《兽药管理条例》第五十七条的规定给予处罚，申请人在三年内不得再次申请该兽药的注册。

**第四十二条** 其他违反本办法规定的行为，依照《兽药管理条例》的有关规定进行处罚。

# 第九章 附 则

**第四十三条** 属于兽用麻醉药品、兽用精神药品、兽医医疗用毒性药品、放射性药品的新兽药和进口兽药注册申请，除按照本办法办理外，还应当符合国家其他有关规定。

**第四十四条** 根据动物防疫需要，农业部对国家兽医参考实验室推荐的强制免疫用疫苗生产所用菌（毒）种的变更实行备案制，不需进行变更注册。

**第四十五条** 本办法自 2005 年 1 月 1 日起施行。

# 兽药产品批准文号管理办法

(2004 年 11 月 24 日农业部令第 45 号发布)

## 第一章　总　　则

**第一条**　为加强兽药产品批准文号的管理，根据《兽药管理条例》，制定本办法。

**第二条**　兽药产品批准文号的申请、核发和监督管理适用本办法。

**第三条**　兽药生产企业生产兽药，应当取得农业部核发的产品批准文号。

兽药产品批准文号是农业部根据兽药国家标准、生产工艺和生产条件批准特定兽药生产企业生产特定兽药产品时核发的兽药批准证明文件。

**第四条**　农业部负责全国兽药产品批准文号的核发和监督管理工作。

县级以上地方人民政府兽医行政管理部门负责本行政区域内的兽药产品批准文号的监督管理工作。

## 第二章　兽药产品批准文号的申请和核发

**第五条**　申请除生物制品以外的已有兽药国家标准的兽药产品批准文号的，申请人应当向所在地省级人民政府兽医行政管理部门提交自己生产的连续三个批次的样品和下列资料：

（一）《兽药产品批准文号申请表》一式二份；

（二）《兽药生产许可证》复印件一式二份；

（三）《兽药 GMP 证书》复印件一式二份；

（四）标签和说明书样本一式二份；

（五）所提交样品的自检报告一式二份。

省级人民政府兽医行政管理部门应当自受理之日起 5 个工作日内将样品送兽药检验机构进行检验，并自收到检验结论之日起 15 个工作日内完成审查，将审查意见和检验机构的检验报告及全部申报材料一式一份报送农业部。

农业部自收到省级人民政府兽医行政管理部门审查意见之日起 20 个工作日内完成审查。审查合格的，核发产品批准文号，公布标签和说明书；不合格的，书面通知申请人，并说明理由。

**第六条** 申请已有兽药国家标准的生物制品的产品批准文号的，申请人应当向农业部提交自己生产的连续三个批次的样品和下列资料：

（一）《兽药产品批准文号申请表》一式一份；

（二）《兽药生产许可证》复印件一式一份；

（三）《兽药 GMP 证书》复印件一式一份；

（四）标签和说明书样本一式一份；

（五）所提交样品的自检报告一式二份。

农业部自受理之日起 5 个工作日内将样品送兽药检验机构进行检验，并自收到检验结论之日起 15 个工作日内完成审查。审查合格的，核发产品批准文号，公布标签和说明书；不合格的，书面通知申请人，并说明理由。

**第七条** 申请自己研制的已获得《新兽药注册证书》的兽药产品批准文号，且该产品样品系申请人自己生产的，申请人应当向农业部提交下列资料：

（一）《兽药产品批准文号申请表》一式一份；

（二）《兽药生产许可证》复印件一式一份；

（三）《兽药 GMP 证书》复印件一式一份；

（四）《新兽药注册证书》复印件一式一份；

（五）标签和说明书样本一式一份。

农业部自受理之日起 20 个工作日内完成审查。审查合格的，核发产品批准文号，公布标签和说明书；不合格的，书面通知申请人，并说明理由。

申请自己研制的已获得《新兽药注册证书》的兽药产品批准文号，但该产品样品并非申请人自己生产的，按照本办法第八条的规定办理。

**第八条** 申请他人转让的已获得《新兽药注册证书》的兽药产品批准文号的，申请人应当向农业部提交自己生产的连续三个批次的样品和下列资料：

（一）《兽药产品批准文号申请表》一式一份；

（二）《兽药生产许可证》复印件一式一份；

（三）《兽药 GMP 证书》复印件一式一份；

（四）《新兽药注册证书》复印件一式一份；

（五）标签和说明书样本一式一份；

（六）所提交样品的自检报告一式二份；

（七）转让合同书原件一份。

农业部自受理之日起 5 个工作日内将样品送兽药检验机构进行检验，并自收到检验结论之日起 15 个工作日内完成审查。审查合格的，核发产品批准文号，公布标签和说明书；不合格的，书面通知申请人，并说明理由。

**第九条** 中外合资企业申请外方已获得《进口兽药注册证书》的兽药产品批准文号的，应当向农业部提交自己生产的连续三个批次的样品和下列资料：

（一）《兽药产品批准文号申请表》一式一份；

（二）《兽药生产许可证》复印件一式一份；

（三）《兽药 GMP 证书》复印件一式一份；

（四）《进口兽药注册证书》复印件一式一份；

（五）标签和说明书样本一式一份；

（六）所提交样品的自检报告一式二份；

（七）境外企业同意生产的授权书。

农业部自受理之日起 5 个工作日内将样品送兽药检验机构进行检验，并自收到检验结论之日起 15 个工作日内完成审查。审查合格的，核发产品批准文号，公布标签和说明书；不合格的，书面通知申请人，并说明理由。

**第十条** 申请产品批准文号时，申请人提交的样品数量应当保证检验工作的需要。初次提交的样品经检验不合格的，可以再送样复检一次。复检仍不合格的，不核发产品批准文号，在一年内不得再次提出申请。

**第十一条** 兽药检验机构应当在收到样品之日起 90 个工作日内完成检验，对样品应当根据规定留样观察。

送检样品属于生物制品的，检验期限不得超过 120 个工作日。

**第十二条** 农业部在核发新兽药的产品批准文号时，可以确定不超过 5 年的监测期。在监测期内，不批准其他企业生产或者进口该新兽药。

兽药监测期结束后，其他兽药生产企业可根据本办法第五、六条的规定申请产品批准文号，有知识产权保护的兽药在申请时还应提交转让合同书。

**第十三条** 兽药产品批准文号有效期届满后，需继续生产的，兽药生产企业应当在有效期届满 6 个月前按原批准程序向原审批机关提出产品批准文号的换发申请。申请换发生物制品批准文号的，可不再提供样品。

对已结束监测期的除生物制品以外的兽药，兽药生产企业可根据本办法第五条的规定申请换发产品批准文号。

# 第三章　监督检查

**第十四条** 县级以上地方人民政府兽医行政管理部门应当对辖区内兽药生产企业进行现场检查，但不应妨碍企业的正常生产活动，不得索取、收受财物或牟取其他利益。

现场检查中，发现兽药生产企业有下列情形之一的，县级以上地方人民政府兽医行政管理部门应当依法作出处理决定或者提出处理意见，向上级人民政府兽医行政管理部门报告：

（一）生产条件发生重大变化的；

（二）没有按照《兽药生产质量管理规范》的要求组织生产的；

（三）产品质量存在隐患的；

（四）其他违反《兽药管理条例》及本办法规定情形的。

**第十五条** 县级以上地方人民政府兽医行政管理部门应当对上

市兽药产品进行监督检查，发现有违反兽药产品批准文号管理规定情形的，应当及时依法作出处理决定或者提出处理意见，向上级人民政府兽医行政管理部门报告。

**第十六条** 兽药生产企业异地新建车间、改变生产场地生产兽药的，应当另行申请兽药产品批准文号。

**第十七条** 买卖、出租、出借兽药产品批准文号的，按照《兽药管理条例》第五十八条的规定处罚。

**第十八条** 有下列情形之一的，农业部收回、注销兽药产品批准文号，并予以公告：

（一）兽药产品批准文号有效期届满未申请延续的；

（二）兽药生产许可证有效期届满未申请延续或者申请后未获得批准的；

（三）企业情况发生变化不再具备相应生产条件的；

（四）兽药生产企业破产的；

（五）自行更改产品批准文号的；

（六）应当注销的其他情形。

**第十九条** 违反兽药产品批准文号规定，农业部依法作出撤销兽药产品批准文号决定的，予以公告。

**第二十条** 申请人隐瞒有关情况或者提供虚假材料、样品申请兽药产品批准文号的，农业部不予受理或者不予核发兽药产品批准文号，并给予警告；申请人在1年内不得再次申请该兽药产品批准文号。

**第二十一条** 申请人提供虚假资料、样品或者采取其他欺骗手段取得兽药产品批准文号的，根据《兽药管理条例》第五十七条的规定予以处罚，申请人在3年内不得再次申请该产品批准文号。

# 第四章　附　　则

**第二十二条** 兽药产品批准文号的编制格式为：兽药类别简称＋年号＋企业所在地省份（自治区、直辖市）序号＋企业序号＋兽药品种编号。

格式如下：（略）

（一）兽药类别简称。药物添加剂的类别简称为"兽药添字"；血清制品、疫苗、诊断制品、微生态制品等的类别简称为"兽药生字"；中药材、中成药、化学药品、抗生素、生化药品、放射性药品、外用杀虫剂和消毒剂等的类别简称为"兽药字"。

（二）年号用四位数字表示，即核发产品批准文号时的年份。

（三）企业所在地省份序号用 2 位阿拉伯数字表示，由农业部规定并公告。

（四）企业序号按省排序，用 3 位阿拉伯数字表示，由农业部公告。

（五）兽药品种编号用 4 位阿拉伯数字表示，由农业部规定并公告。

**第二十三条** 《兽药产品批准文号申请表》可以到所在地省级人民政府兽医行政管理部门免费领取或者从中国兽药信息网（网址：http：//zjs．gov．cn）下载。

**第二十四条** 本办法自 2005 年 1 月 1 日起施行，农业部 1998 年 3 月 10 日发布的《兽药批准文号管理规定》（农牧发〔1998〕4 号）同时废止。

# 新兽药研制管理办法

（2005 年 8 月 31 日农业部令第 55 号公布）

## 第一章　总　　则

**第一条**　为了保证兽药的安全、有效和质量，规范兽药研制活动，根据《兽药管理条例》和《病原微生物实验室生物安全管理条例》，制定本办法。

**第二条**　在中华人民共和国境内从事新兽药临床前研究、临床试验和监督管理，应当遵守本办法。

**第三条**　农业部负责全国新兽药研制管理工作，对研制新兽药使用一类病原微生物（含国内尚未发现的新病原微生物）、属于生物制品的新兽药临床试验进行审批。

省级人民政府兽医行政管理部门负责对其他新兽药临床试验审批。

县级以上地方人民政府兽医行政管理部门负责本辖区新兽药研制活动的监督管理工作。

## 第二章　临床前研究管理

**第四条**　新兽药临床前研究包括药学、药理学和毒理学研究，具体研究项目如下：

生物制品（包括疫苗、血清制品、诊断制品、微生态制品等）：菌毒种、细胞株、生物组织等起始材料的系统鉴定、保存条件、遗传稳定性、实验室安全和效力试验及免疫学研究等；

其他兽药（化学药品、抗生素、消毒剂、生化药品、放射性药品、外用杀虫剂）：生产工艺、结构确证、理化性质及纯度，剂型选择、处方筛选，检验方法、质量指标，稳定性，药理学、毒理学等；

中药制剂（中药材、中成药）：除具备其他兽药的研究项目外，还应当包括原药材的来源、加工及炮制等。

**第五条** 研制新兽药，应当进行安全性评价。新兽药的安全性评价系指在临床前研究阶段，通过毒理学研究等对一类新化学药品和抗生素对靶动物和人的健康影响进行风险评估的过程，包括急性毒性、亚慢性毒性、致突变、生殖毒性（含致畸）、慢性毒性（含致癌）试验以及用于食用动物时日允许摄入量（ADI）和最高残留限量（MRL）的确定。

承担新兽药安全性评价的单位应当具有农业部认定的资格，执行《兽药非临床研究质量管理规范》，并参照农业部发布的有关技术指导原则进行试验。采用指导原则以外的其他方法和技术进行试验的，应当提交能证明其科学性的资料。

**第六条** 研制新兽药需要使用一类病原微生物的，应当按照《病原微生物实验室生物安全管理条例》和《高致病性动物病原微生物实验室生物安全管理审批办法》等有关规定，在实验室阶段前取得实验活动批准文件，并在取得《高致病性动物病原微生物实验室资格证书》的实验室进行试验。

申请使用一类病原微生物时，除提交《高致病性动物病原微生物实验室生物安全管理审批办法》要求的申请资料外，还应当提交研制单位基本情况、研究目的和方案、生物安全防范措施等书面资料。必要时，农业部指定参考试验室对病原微生物菌（毒）种进行风险评估和适用性评价。

**第七条** 临床前药理学与毒理学研究所用化学药品、抗生素，应当经过结构确证确认为所需要的化合物，并经质量检验符合拟定质量标准。

# 第三章　临床试验审批

**第八条** 申请人进行临床试验，应当在试验前提出申请，并提交下列资料：

（一）《新兽药临床试验申请表》一份；

（二）申请报告一份，内容包括研制单位基本情况；新兽药名称、来源和特性；

（三）临床试验方案原件一份；

（四）委托试验合同书正本一份；

（五）试验承担单位资质证明复印件一份；

（六）本办法第四条规定的有关资料一份；

（七）试制产品生产工艺、质量标准（草案）、试制研究总结报告及检验报告；

（八）试制单位《兽药 GMP 证书》和《兽药生产许可证》复印件；

（九）使用一类病原微生物的，还应当提交农业部的批准文件复印件。

属于生物制品的新兽药临床试验，还应当提供生物安全防范基本条件、菌（毒、虫）种名称、来源和特性方面的资料。

属于其他新兽药临床试验，还应当提供农业部认定的兽药安全评价实验室出具的安全性评价试验报告原件一份，或者提供国内外相关药理学和毒理学文献资料。

第九条　属于生物制品的新兽药临床试验，应当向农业部提出申请；其他新兽药临床试验，应当向所在地省级人民政府兽医行政管理部门提出申请。

农业部或者省级人民政府兽医行政管理部门收到新兽药临床试验申请后，应当对临床前研究结果的真实性和完整性，以及临床试验方案进行审查。必要时，可以派至少 2 人对申请人临床前研究阶段的原始记录、试验条件、生产工艺以及试制情况进行现场核查，并形成书面核查报告。

第十条　农业部或者省级人民政府兽医行政管理部门应当自受理申请之日起 60 个工作日内做出是否批准的决定，确定试验区域和试验期限，并书面通知申请人。省级人民政府兽医行政管理部门做出批准决定后，应当及时报农业部备案。

# 第四章　监督管理

第十一条　临床试验批准后应当在 2 年内实施完毕。逾期未完成的，可以延期一年，但应当经原批准机关批准。

临床试验批准后变更申请人的，应当重新申请。

**第十二条** 承担兽药临床试验的单位应当具有农业部认定的相应试验资格。

兽药临床试验应当执行《兽药临床试验质量管理规范》。

**第十三条** 兽药临床试验应当参照农业部发布的兽药临床试验技术指导原则进行。采用指导原则以外的其他方法和技术进行试验的，应当提交能证明其科学性的资料。

**第十四条** 临床试验用兽药应当在取得《兽药 GMP 证书》的企业制备，制备过程应当执行《兽药生产质量管理规范》。

根据需要，农业部或者省级人民政府兽医行政管理部门可以对制备现场进行考察。

**第十五条** 申请人对临床试验用兽药和对照用兽药的质量负责。临床试验用兽药和对照用兽药应当经中国兽医药品检验机构或者农业部认定的其他兽药检验机构进行检验，检验合格的方可用于试验。

临床试验用兽药标签应当注明批准机关的批准文件号、兽药名称、含量、规格、试制日期、有效期、试制批号、试制企业名称等，并注明"供临床试验用"字样。

**第十六条** 临床试验用兽药仅供临床试验使用，不得销售，不得在未批准区域使用，不得超过批准期限使用。

**第十七条** 临床试验需要使用放射元素标记药物的，试验单位应当有严密的防辐射措施，使用放射元素标记药物的动物处理应当符合环保要求。

因试验死亡的临床试验用食用动物及其产品不得作为动物性食品供人消费，应当作无害化处理；临床试验用食用动物及其产品供人消费的，应当提供农业部认定的兽药安全性评价实验室出具的对人安全并超过休药期的证明。

**第十八条** 临床试验应当根据批准的临床试验方案进行。如需变更批准内容的，申请人应向原批准机关报告变更后的试验方案，并说明依据和理由。

**第十九条** 临床试验的受试动物数量应当根据临床试验的目

的，符合农业部规定的最低临床试验病例数要求或相关统计学的要求。

**第二十条** 因新兽药质量或其他原因导致临床试验过程中试验动物发生重大动物疫病的，试验单位和申请人应当立即停止试验，并按照国家有关动物疫情处理规定处理。

**第二十一条** 承担临床试验的单位和试验者应当密切注意临床试验用兽药不良反应事件的发生，并及时记录在案。

临床试验过程中发生严重不良反应事件的，试验者应当在24小时内报告所在地省级人民政府兽医行政管理部门和申请人，并报农业部。

**第二十二条** 临床试验期间发生下列情形之一的，原批准机关可以责令申请人修改试验方案、暂停或终止试验：

（一）未按照规定时限报告严重不良反应事件的；

（二）已有证据证明试验用兽药无效的；

（三）试验用兽药出现质量问题的；

（四）试验中出现大范围、非预期的不良反应或严重不良反应事件的；

（五）试验中弄虚作假的；

（六）违反《兽药临床试验质量管理规范》其他情形的。

**第二十三条** 对批准机关做出责令修改试验方案、暂停或终止试验的决定有异议的，申请人可以在5个工作日内向原批准机关提出书面意见并说明理由。原批准机关应当在10个工作日内做出最后决定，并书面通知申请人。

临床试验完成后，申请人应当向原批准机关提交批准的临床试验方案、试验结果及统计分析报告，并附原始记录复印件。

# 第五章 罚 则

**第二十四条** 违反本办法第十五条第一款规定，临床试验用兽药和对照用兽药未经检验，或者检验不合格用于试验的，试验结果不予认可。

**第二十五条** 违反本办法第十七条第二款规定，依照《兽药管理条例》第六十三条的规定予以处罚。

**第二十六条** 申请人申请新兽药临床试验时，提供虚假资料和样品的，批准机关不予受理或者对申报的新兽药临床试验不予批准，并对申请人给予警告，一年内不受理该申请人提出的该新兽药临床试验申请；已批准进行临床试验的，撤销该新兽药临床试验批准文件，终止试验，并处5万元以上10万元以下罚款，三年内不受理该申请人提出的该新兽药临床试验申请。

农业部对提供虚假资料和样品的申请人建立不良行为记录，并予以公布。

**第二十七条** 兽药安全性评价单位、临床试验单位未按照《兽药非临床研究质量管理规范》或《兽药临床试验质量管理规范》规定实施兽药研究试验的，依照《兽药管理条例》第五十九条的规定予以处罚。

农业部对提供虚假试验结果和对试验结果弄虚作假的试验单位和责任人，建立不良行为记录，予以公布，并撤销相应试验的资格。

**第二十八条** 违反本办法的其他行为，依照《兽药管理条例》和其他行政法规予以处罚。

# 第六章 附 则

**第二十九条** 境外企业不得在中国境内进行新兽药研制所需的临床试验和其他动物试验。

根据进口兽药注册审评的要求，需要进行临床试验的，由农业部指定的单位承担，并将临床试验方案和与受委托单位签订的试验合同报农业部备案。

**第三十条** 本办法自2005年11月1日起施行。

# 兽药进口管理办法

（2007 年 7 月 31 日农业部、海关总署令第 2 号公布）

## 第一章 总　　则

**第一条**　为了加强进口兽药的监督管理，规范兽药进口行为，保证进口兽药质量，根据《中华人民共和国海关法》和《兽药管理条例》，制定本办法。

**第二条**　在中华人民共和国境内从事兽药进口、进口兽药的经营和监督管理，应当遵守本办法。

进口兽药实行目录管理。《进口兽药管理目录》由农业部会同海关总署制定、调整并公布。

**第三条**　农业部负责全国进口兽药的监督管理工作。

县级以上地方人民政府兽医行政管理部门负责本行政区域内进口兽药的监督管理工作。

**第四条**　兽药应当从具备检验能力的兽药检验机构所在地口岸进口（以下简称兽药进口口岸）。兽药检验机构名单由农业部确定并公布。

## 第二章　兽药进口申请

**第五条**　兽药进口应当办理《进口兽药通关单》。《进口兽药通关单》由中国境内代理商向兽药进口口岸所在地省级人民政府兽医行政管理部门申请。申请时，应当提交下列材料：

（一）兽药进口申请表；

（二）代理合同（授权书）和购货合同复印件；

（三）《兽药经营许可证》、工商营业执照复印件；兽药生产企业申请进口本企业生产所需原料药的，提交《兽药生产许可证》、工商营业执照及其所生产产品的批准文号证明文件复印件；

（四）《进口兽药注册证书》复印件；生产企业为港、澳、台企业的，提交《兽药注册证书》复印件；

（五）产品出厂检验报告；

（六）装箱单、提运单和货运发票复印件；

（七）产品中文标签、说明书式样。

申请兽用生物制品《进口兽药通关单》的，还应当向兽药进口口岸所在地省级人民政府兽医行政管理部门提交下列材料：

（一）农业部依据本办法第七条核发的兽用生物制品进口许可证复印件；

（二）生产企业所在国家（地区）兽药管理部门出具的批签发证明。

**第六条**　兽药进口口岸所在地省级人民政府兽医行政管理部门应当自收到申请之日起 2 个工作日内完成审查。审查合格的，发给《进口兽药通关单》；不合格的，书面通知申请人，并说明理由。

《进口兽药通关单》主要载明代理商名称、有效期限、兽药进口口岸、海关商品编码、商品名称、生产企业名称、进口数量、包装规格等内容。

兽药进口口岸所在地省级人民政府兽医行政管理部门应当在每月上旬将上月核发的《进口兽药通关单》报农业部备案。

**第七条**　代理商申请兽用生物制品进口许可证，应当向农业部提交下列材料：

（一）兽用生物制品进口申请表；

（二）代理合同（授权书）复印件；

（三）《兽药经营许可证》、工商营业执照复印件；

（四）《进口兽药注册证书》或者《兽药注册证书》复印件。

农业部自收到申请之日起 20 个工作日内完成审查。审查合格的，发给兽用生物制品进口许可证；不合格的，书面通知申请人，并说明理由。

兽用生物制品进口许可证主要载明代理商名称、兽药进口口岸、海关商品编码、商品名称、生产企业名称、进口数量、包装规格等事项，有效期为一年。

**第八条** 进口少量科研用兽药，应当向农业部申请，并提交兽药进口申请表和科研项目的立项报告、试验方案等材料。

进口注册用兽药样品、对照品、标准品、菌（毒、虫）种、细胞的，应当向农业部申请，并提交兽药进口申请表。

农业部受理申请后组织风险评估，并自收到评估结论之日起 5 个工作日内完成审查。审查合格的，发给《进口兽药通关单》；不合格的，书面通知申请人，并说明理由。

**第九条** 国内急需的兽药，由农业部指定单位进口，并发给《进口兽药通关单》。

**第十条** 《进口兽药通关单》实行一单一关，在 30 日有效期内只能一次性使用，内容不得更改，过期应当重新办理。

## 第三章　进口兽药经营

**第十一条** 境外企业不得在中国境内直接销售兽药。

进口的兽用生物制品，由中国境内的兽药经营企业作为代理商销售，但外商独资、中外合资和合作经营企业不得销售进口的兽用生物制品。

兽用生物制品以外的其他进口兽药，由境外企业依法在中国境内设立的销售机构或者符合条件的中国境内兽药经营企业作为代理商销售。

**第十二条** 境外企业在中国境内设立的销售机构、委托的代理商及代理商确定的经销商，应当取得《兽药经营许可证》，并遵守农业部制定的兽药经营质量管理规范。

销售进口兽用生物制品的《兽药经营许可证》，应当载明委托的境外企业名称及委托销售的产品类别等内容。

**第十三条** 进口兽药销售代理商由境外企业确定、调整，并报农业部备案。

境外企业应当与代理商签订进口兽药销售代理合同，明确代理范围等事项。

**第十四条** 境外企业在中国境内确定两家以上代理商销售进口

兽用生物制品的，代理商只能将进口兽用生物制品直接销售给养殖户、养殖场、动物诊疗机构等使用者，不得再确定经销商进行销售。

境外企业在中国境内确定一家代理商销售进口兽用生物制品的，代理商可以将代理产品直接销售给使用者，也可以确定经销商销售代理的产品。但经销商只能将进口兽用生物制品直接销售给使用者，不得销售给其他兽药经营者。

代理商应当将经销商名单报农业部备案。

第十五条　进口兽用生物制品，除境外企业确定的代理商及代理商确定的经销商外，其他兽药经营企业不得经营。

第十六条　进口的兽药标签和说明书应当用中文标注。

第十七条　养殖户、养殖场、动物诊疗机构等使用者采购的进口兽药只限自用，不得转手销售。

# 第四章　监督管理

第十八条　进口列入《进口兽药管理目录》的兽药，进口单位进口时，需持《进口兽药通关单》向海关申报，海关按货物进口管理的相关规定办理通关手续。

进口单位办理报关手续时，因企业申报不实或者伪报用途所产生的后果，由进口单位承担相应的法律责任。

第十九条　经批准以加工贸易方式进口兽药的，海关按照有关规定实施监管。进口料件或加工制成品属于兽药且无法出口的，应当按照本办法规定办理《进口兽药通关单》，海关凭《进口兽药通关单》办理内销手续。未取得《进口兽药通关单》的，由加工贸易企业所在地省级人民政府兽医行政管理部门监督销毁，海关凭有关证明材料办理核销手续。销毁所需费用由加工贸易企业承担。

第二十条　以暂时进口方式进口的不在中国境内销售的兽药，不需要办理《进口兽药通关单》。暂时进口期满后应当全部复运出境，因特殊原因确需进口的，依照本办法和相关规定办理进口手续后方可在境内销售。无法复运出境又无法办理进口手续的，经进口单位所在地省级人民政府兽医行政管理部门批准，并商进境地直属海关同意，由所在地省级人民政府兽医行政管理部门监督销毁，海关凭有关证明材料办理核销手续。销毁所需费用由进口单位承担。

第二十一条　从境外进入保税区、出口加工区及其他海关特殊监管区域和保税监管场所的兽药及海关特殊监管区域、保税监管场所之间进出的兽药，免予办理《进口兽药通关单》，由海关按照有关规定实施监管。

从保税区、出口加工区及其他海关特殊监管区域和保税监管场所进入境内区外的兽药，应当办理《进口兽药通关单》。

第二十二条　兽用生物制品进口后，代理商应当向农业部指定的检验机构申请办理审查核对和抽查检验手续。未经审查核对或者抽查检验不合格的，不得销售。

其他兽药进口后，由兽药进口口岸所在地省级人民政府兽医行政管理部门通知兽药检验机构进行抽查检验。

第二十三条　县级以上地方人民政府兽医行政管理部门应当将进口兽药纳入兽药监督抽检计划，加强对进口兽药的监督检查，发现违反《兽药管理条例》和本办法规定情形的，应当依法作出处理决定。

第二十四条　禁止进口下列兽药：

（一）经风险评估可能对养殖业、人体健康造成危害或者存在潜在风险的；

（二）疗效不确定、不良反应大的；

（三）来自疫区可能造成疫病在中国境内传播的兽用生物制品；

（四）生产条件不符合规定的；

（五）标签和说明书不符合规定的；

（六）被撤销、吊销《进口兽药注册证书》的；

（七）《进口兽药注册证书》有效期届满的；

（八）未取得《进口兽药通关单》的；

（九）农业部禁止生产、经营和使用的。

第二十五条　提供虚假资料或者采取其他欺骗手段取得进口兽药证明文件的，按照《兽药管理条例》第五十七条的规定处罚。

伪造、涂改进口兽药证明文件进口兽药的，按照《兽药管理条例》第四十七条、第五十六条的规定处理。

第二十六条　买卖、出租、出借《进口兽药通关单》的，按照《兽药管理条例》第五十八条的规定处罚。

第二十七条　养殖户、养殖场、动物诊疗机构等使用者将采购的进口兽药转手销售的，或者代理商、经销商超出《兽药经营许可证》范围经营进口兽用生物制品的，属于无证经营，按照《兽药管理条例》第五十六条的规定处罚。

第二十八条　兽药进口构成走私或者违反海关监管规定的，由海关根据《中华人民共和国海关法》及其相关法律、法规的规定处理。

# 第五章　附　　则

第二十九条　兽用麻醉药品、精神药品、毒性药品和放射性药品等特殊药品的进口管理，除遵守本办法的规定外，还应当遵守国家关于麻醉药品、精神药品、毒性药品和放射性药品的管理规定。

第三十条　本办法所称进口兽药证明文件，是指《进口兽药注册证书》、《进口兽药通关单》、兽用生物制品进口许可证等。

第三十一条　兽药进口申请表、兽用生物制品进口申请表可以从中国兽药信息网下载。

第三十二条　本办法自 2008 年 1 月 1 日起施行。海关总署发布的《海关总署关于验放进口兽药的通知》（［88］署货字第 725 号）、《海关总署关于明确进口人畜共用兽药有关验放问题的通知》（署法发〔2001〕276 号）、中华人民共和国海关总署公告 2001 年第 7 号同时废止。

# 兽用生物制品经营管理办法

（2007 年 3 月 29 日农业部令第 3 号公布）

**第一条** 为了加强兽用生物制品经营管理，保证兽用生物制品质量，根据《兽药管理条例》，制定本办法。

**第二条** 在中华人民共和国境内从事兽用生物制品的分发、经营和监督管理，应当遵守本办法。

**第三条** 兽用生物制品分为国家强制免疫计划所需兽用生物制品（以下简称国家强制免疫用生物制品）和非国家强制免疫计划所需兽用生物制品（以下简称非国家强制免疫用生物制品）。

国家强制免疫用生物制品名单由农业部确定并公告。

**第四条** 农业部负责全国兽用生物制品的监督管理工作。

县级以上地方人民政府兽医行政管理部门负责本行政区域内兽用生物制品的监督管理工作。

**第五条** 国家强制免疫用生物制品由农业部指定的企业生产，依法实行政府采购，省级人民政府兽医行政管理部门组织分发。

发生重大动物疫情、灾情或者其他突发事件时，国家强制免疫用生物制品由农业部统一调用，生产企业不得自行销售。

农业部对定点生产企业实行动态管理。

**第六条** 省级人民政府兽医行政管理部门应当建立国家强制免疫用生物制品储存、运输等管理制度。

分发国家强制免疫用生物制品，应当建立真实、完整的分发记录。分发记录应当保存至制品有效期满后 2 年。

**第七条** 具备下列条件的养殖场可以向农业部指定的生产企业采购自用的国家强制免疫用生物制品，但应当将采购的品种、生产企业、数量向所在地县级以上地方人民政府兽医行政管理部门备案：

（一）具有相应的兽医技术人员；

（二）具有相应的运输、储藏条件；

（三）具有完善的购入验收、储藏保管、使用核对等管理制度。

养殖场应当建立真实、完整的采购、使用记录，并保存至制品有效期满后 2 年。

**第八条** 农业部指定的生产企业只能将国家强制免疫用生物制品销售给省级人民政府兽医行政管理部门和符合第七条规定的养殖场，不得向其他单位和个人销售。

兽用生物制品生产企业可以将本企业生产的非国家强制免疫用生物制品直接销售给使用者，也可以委托经销商销售。

**第九条** 兽用生物制品生产企业应当建立真实、完整的销售记录，应当向购买者提供批签发证明文件复印件。销售记录应当载明产品名称、产品批号、产品规格、产品数量、生产日期、有效期、收货单位和地址、发货日期等内容。

**第十条** 非国家强制免疫用生物制品经销商应当依法取得《兽药经营许可证》和工商营业执照。

前款规定的《兽药经营许可证》的经营范围应当载明委托的兽用生物制品生产企业名称及委托销售的产品类别等内容。经营范围发生变化的，经销商应当办理变更手续。

**第十一条** 兽用生物制品生产企业可以自主确定、调整经销商，并与经销商签订销售代理合同，明确代理范围等事项。

**第十二条** 经销商只能经营所代理兽用生物制品生产企业生产的兽用生物制品，不得经营未经委托的其他企业生产的兽用生物制品。

经销商只能将所代理的产品销售给使用者，不得销售给其他兽药经营企业。

未经兽用生物制品生产企业委托，兽药经营企业不得经营兽用生物制品。

**第十三条** 养殖户、养殖场、动物诊疗机构等使用者采购的或者经政府分发获得的兽用生物制品只限自用，不得转手销售。

**第十四条** 县级以上地方人民政府兽医行政管理部门应当依法加强对兽用生物制品生产、经营企业和使用者监督检查，发现有违反《兽药管理条例》和本办法规定情形的，应当依法做出处理决定或者报告上级兽医行政管理部门。

**第十五条** 各级兽医行政管理部门、兽药检验机构、动物卫生监督机构及其工作人员，不得参与兽用生物制品的生产、经营活动，不得以其名义推荐或者监制、监销兽用生物制品和进行广告宣传。

**第十六条** 养殖户、养殖场、动物诊疗机构等使用者转手销售兽用生物制品的，或者兽药经营者超出《兽药经营许可证》载明的经营范围经营兽用生物制品的，属于无证经营，按照《兽药管理条例》第五十六条的规定处罚。

**第十七条** 农业部指定的生产企业违反《兽药管理条例》和本办法规定的，取消其国家强制免疫用生物制品的生产资格，并按照《兽药管理条例》的规定处罚。

**第十八条** 本办法所称兽用生物制品是指以天然或者人工改造的微生物、寄生虫、生物毒素或者生物组织及代谢产物等为材料，采用生物学、分子生物学或者生物化学、生物工程等相应技术制成的，用于预防、治疗、诊断动物疫病或者改变动物生产性能的兽药。

本办法所称非国家强制免疫用生物制品是指农业部确定的强制免疫用生物制品以外的兽用生物制品。

**第十九条** 进口兽用生物制品的经营管理适用《兽药进口管理办法》。

**第二十条** 本办法自 2007 年 5 月 1 日起施行。

# 兽药标签和说明书管理办法

（2002 年 10 月 31 日农业部令第 22 号公布　2004 年 7 月 1 日农业部令第 38 号　2007 年 11 月 8 日农业部令第 6 号修订）

## 第一章　总　　则

**第一条**　为加强兽药监督管理，规范兽药标签和说明书的内容、印制、使用活动，保障兽药使用的安全有效，根据《兽药管理条例》，制定本办法。

**第二条**　农业部主管全国的兽药标签和说明书的管理工作，县级以上地方人民政府畜牧兽医行政管理部门主管所辖地区的兽药标签和说明书的管理工作。

**第三条**　凡在中国境内生产、经营、使用的兽药的标签和说明书必须符合本办法的规定。

## 第二章　兽药标签的基本要求

**第四条**　兽药产品（原料药除外）必须同时使用内包装标签和外包装标签。

**第五条**　内包装标签必须注明兽用标识、兽药名称、适应证（或功能与主治）、含量/包装规格、批准文号或《进口兽药登记许可证》证号、生产日期、生产批号、有效期、生产企业信息等内容。

安瓿、西林瓶等注射或内服产品由于包装尺寸的限制而无法注明上述全部内容的，可适当减少项目，但至少须标明兽药名称、含量规格、生产批号。

**第六条**　外包装标签必须注明兽用标识、兽药名称、主要成分、适应证（或功能与主治）、用法与用量、含量/包装规格、批准文号或《进口兽药登记许可证》证号、生产日期、生产批号、有效期、停药期、贮藏、包装数量、生产企业信息等内容。

**第七条** 兽用原料药的标签必须注明兽药名称、包装规格、生产批号、生产日期、有效期、贮藏、批准文号、运输注意事项或其他标记、生产企业信息等内容。

**第八条** 对贮藏有特殊要求的必须在标签的醒目位置标明。

**第九条** 兽药有效期按年月顺序标注。年份用四位数表示，月份用两位数表示，如"有效期至2002年09月"，或"有效期至2002.09"。

## 第三章　兽药说明书的基本要求

**第十条** 兽用化学药品、抗生素产品的单方、复方及中西复方制剂的说明书必须注明以下内容：兽用标识、兽药名称、主要成分、性状、药理作用、适应证（或功能与主治）、用法与用量、不良反应、注意事项、停药期、外用杀虫药及其他对人体或环境有毒有害的废弃包装的处理措施、有效期、含量/包装规格、贮藏、批准文号、生产企业信息等。

**第十一条** 中兽药说明书必须注明以下内容：兽用标识、兽药名称、主要成分、性状、功能与主治、用法与用量、不良反应、注意事项、有效期、规格、贮藏、批准文号、生产企业信息等。

**第十二条** 兽用生物制品说明书必须注明以下内容：兽用标识、兽药名称、主要成分及含量（型、株及活疫苗的最低活菌数或病毒滴度）、性状、接种对象、用法与用量（冻干疫苗须标明稀释方法）、注意事项（包括不良反应与急救措施）、有效期、规格（容量和头份）、包装、贮藏、废弃包装处理措施、批准文号、生产企业信息等。

## 第四章　兽药标签和说明书的管理

**第十三条** 兽药说明书必须按照兽药批准权限，经农业部或省级畜牧兽医行政管理部门审核批准后方可使用。内容变更时须按原申报程序履行审批手续。

**第十四条** 兽药标签和说明书必须按照本规定的统一要求印制，其文字及图案不得擅自加入任何未经批准的内容。

**第十五条** 兽药标签和说明书的内容必须真实、准确，不得虚假和夸大，也不得印有任何带有宣传、广告色彩的文字和标识。

**第十六条** 兽药标签和说明书的内容不得超出或删减规定的项目内容；不得印有未获批准的专利、兽药 GMP、商标等标识。

**第十七条** 兽药标签和说明书所用文字必须是中文，并使用国家语言文字工作委员会公布的现行规范化汉字。根据需要可有外文对照。

**第十八条** 兽药标签应当按照农业部的规定使用条形码；已获批准的专利产品，可标注专利标记和专利号，并标明专利许可种类；注册商标应印制在标签和说明书的左上角或右上角；已获兽药 GMP 合格证的，必须按照兽药 GMP 标识使用有关规定正确地使用兽药 GMP 标识。

**第十九条** 兽药标签和说明书的字迹必须清晰易辨，兽用标识及外用药标识应清楚醒目，不得有印字脱落或粘贴不牢等现象，并不得用粘贴、剪切的方式进行修改或补充。

**第二十条** 兽药标签和说明书内容对产品作用与用途项目的表述不得违反法定兽药标准的规定，并不得有扩大疗效和应用范围的内容；其用法与用量、停药期、有效期等项目内容必须与法定兽药标准一致，并使用符合兽药国家标准要求的规范性用语。

**第二十一条** 兽药标签和说明书上必须标识兽药通用名称，可同时标识商品名称。商品名称不得与通用名称连写，两者之间应有一定空隙并分行。通用名称与商品名称用字的比例不得小于 1：2（指面积），并不得小于注册商标用字。

**第二十二条** 兽药最小销售单元的包装必须印有或贴有符合外包装标签规定内容的标签并附有说明书。兽药外包装箱上必须印有或粘贴有外包装标签。

**第二十三条** 凡违反本办法规定的，按照《兽药管理条例》的有关规定进行处罚。

# 第五章 附　　则

**第二十四条**　本办法下列用语的含义是：

兽药通用名：国家标准、农业部行业标准、地方标准及进口兽药注册的正式品名。

兽药商品名：系指某一兽药产品的专有商品名称。

内包装标签：系指直接接触兽药的包装上的标签。

外包装标签：系指直接接触内包装的外包装上的标签。

兽药最小销售单元：系指直接供上市销售的兽药最小包装。

兽药说明书：系指包含兽药有效成分、疗效、使用以及注意事项等基本信息的技术资料。

生产企业信息：包括企业名称、邮编、地址、电话、传真、电子邮址、网址等。

**第二十五条**　本办法由农业部负责解释。

**第二十六条**　本办法自 2003 年 3 月 1 日起施行。

# 兽药质量监督抽样规定

（2001 年 12 月 10 日农业部令第 6 号公布　2007 年 11 月 8 日农业部令第 6 号修订）

**第一条**　为加强和规范兽药质量监督抽样工作，保证抽样工作的科学性和公正性，根据《兽药管理条例》的有关规定，制定本规定。

**第二条**　《兽药管理条例》第四十四条规定的兽药检验机构，根据省级以上农牧行政主管部门制定的抽样规划或者执法监督的需要，实施兽药质量监督抽样工作。

**第三条**　抽样人员应熟悉兽药管理法规，具有专业技术知识，掌握抽样工作程序和抽样操作技术。

**第四条**　兽药检验机构抽样时，抽样人员不得少于两人，并应当主动向被抽样单位或者个人出示抽样任务书。

兽药检验机构抽样时，被抽样的单位应当予以配合；抽样人员不能出示抽样任务书的，被抽样单位有权拒绝。

**第五条**　被抽样单位应根据抽样工作的需要出具以下资料：

（一）兽药生产企业提供《兽药生产许可证》及《营业执照》，被抽样兽药品种的批准证明文件、质量标准、生产记录、兽药检验报告书、批生产量、库存量、销售量和销售记录，以及主要原料进货证明（包括发票、合同、调拨单、检验报告书）等相关资料；有进口兽药原料药及用于分装的进口兽药的，还需提供《进口兽药许可证》、口岸兽药检验机构出具的检验报告或其复印件；

（二）兽药制剂室提供《兽药制剂许可证》、被抽样兽药制剂的批准证明文件、质量标准、生产记录、兽药检验报告书、批生产量、库存量和使用量，以及主要原料进货证明（包括发票、合同、调拨单、检验报告书）等相关资料；有进口兽药原料药的，还需提供《进口兽药许可证》、口岸兽药检验机构出具的检验报告或其复印件；

（三）兽药经营企业提供《兽药经营许可证》及《营业执照》，被抽样兽药品种的进货凭证（包括发票、合同、调拨单）、购销记录及库存量等相关资料；有进口兽药的，还需提供《进口兽药许可证》、口岸兽药检验机构出具的检验报告或其复印件。抽样人员应当核实前款规定的各项证明资料，并负有保密义务。

**第六条** 兽药抽样应在被抽样单位存放兽药产品的现场进行，包括兽药生产企业成品仓库和药用原、辅料仓库；兽药经营企业的仓库或营业场所；兽医医疗机构的药房或药库；以及其他需要抽样的场所。

抽样品种由下达抽样任务的单位确定。

**第七条** 抽样人员应当检查兽药贮存条件是否符合要求；兽药包装是否按照规定印有或者贴有标签并附有说明书，字样是否清晰；标签或者说明书的内容是否与兽药管理部门核准的内容相符，并核实被抽样兽药品种的库存量。

**第八条** 对同一企业相同品种抽取的样品不超过三个批号的产品。相同批号的产品，依其库存数量，确定抽样件数，具体规定如下：

（一）原料药及大包装预混剂：

兽药包装为25千克（含25千克）以上的，10件以内，抽样1件；11～50件抽2件；51～100件抽3件；101件以上每增加100件增抽1件（增加不足100件按100件计）。

兽药包装为2～24千克的，每200千克抽样1件，不足200千克者以200千克计。

兽药包装为2千克以下的，每20千克抽样1件，不足20千克者以20千克计。且以原包装抽取。

（二）注射剂：

2万支（瓶）以下，抽样1件。

2万～5万支（瓶），抽样2件。

5万～10万支（瓶），抽样3件。

10万支（瓶）以上，每增加10万支（瓶）加抽1件，不足10万支（瓶）以10万支（瓶）计。

（三）其他制剂：

每2万盒（瓶），抽样1件，不足2万盒（瓶）以2万盒（瓶）计。

**第九条　抽样数量**

（一）注射用针剂（粉针）　　　50瓶（支）

（二）注射液（水针）

1. 规格：1～5毫升　　　　　100支（瓶）

2. 规格：10～20毫升　　　　25支（瓶）

3. 规格：50～100毫升　　　6支（瓶）

4. 规格：250～500毫升　　3瓶

注：该抽样数量不包括澄明度检查，需做该项检查的按实际需要抽取样品。

（三）片剂

1. 片重0.5克、100片/瓶（袋、盒）以上（含100片）2瓶（袋、盒）

2. 片重0.5克以下、500片/瓶（袋、盒）以上（含500片）2瓶（袋、盒）

（四）原料药200克　　　　　　分装成2瓶

（五）预混剂

250克/袋（含250克以下）　　10袋

250克/袋以上　　　　　　　10袋

（六）兽用生物制品

灭活苗　　　　　　　　　　10支（瓶）

弱毒苗　　　　　　　　　　20支（瓶）

**第十条**　抽样人员应当根据随机抽样原则进行抽样，并遵循以下操作程序：

（一）启封兽药包装前应检查所抽样品的外观情况，确定品名、批号、批准文号、数量、包装状况等项无误后，方可进行下一步骤。发现异常情况时，包括如破损、受潮、受污染、混有其他品种、批号，或者有掺假、掺劣、假冒迹象等，应当作针对性抽样。

（二）用适当方法拆开抽样单元的包装，观察内容物的情况，确定无异常情况后，方可进行下一步骤。发现异常情况，应当作针对性抽样。

（三）将被拆包的抽样单元重新包封，贴上已被抽样的标记，注明品名、批号、生产单位、抽样数量、抽样日期及场所、抽样人姓名等。对有异常情况或做针对性抽检的产品可暂时封存以候检验结果的处理。

**第十一条** 抽样结束后，抽样人员应当用《兽药封签》（见附件一）将所抽样品签封，据实填写《兽药抽样记录及凭证》（见附件二）。《兽药封签》和《兽药抽样记录及凭证》应当由抽样人员和被抽样单位负责人签字，并加盖抽样单位和被抽样单位公章；被抽样对象为个人的，由该个人签字。

《兽药抽样记录及凭证》一式三份，一份交被抽样单位或者个人作抽样凭证，一份封存于样品包装内随检验单位检品卡流转，一份由抽样单位保存备查。

**第十二条** 抽样注意事项：

（一）抽样操作应当规范、注意安全，不影响所抽样品和被拆包装药品的质量。

（二）取样工具和盛样器具应当洁净、干燥，必要时作灭菌处理。盛样容器在使用及贮存运输过程中，应能防止受潮及异物混入。

（三）原料药取样应当迅速，样品和被拆包的抽样单元应当尽快密封，防止吸潮、风化或氧化。

（四）无菌原料药应当按照无菌操作法取样。

（五）需要在真空或者氮气条件下保存的兽药，抽取样品后，应当对样品和被拆包的抽样单元加以密封。

（六）液体样品应先摇匀后再取样。含有结晶者，应在不影响品质的情况下溶化后取样。

（七）对毒性、腐蚀性或者易燃易爆药品，抽样时应当穿戴防护用具，小心搬运，样品应当标注"危险品"的标志；易燃易爆药品应远离热源，并不得震动；腐蚀性药品还应当避免接触金属制品。

（八）遇光易变质的兽药应当避光取样，置于有色玻瓶中，必要时加套黑纸。

**第十三条** 抽样过程中发现有下列情形之一的，应当及时报告农牧行政管理机关：

（一）国家农牧行政管理机关明文规定禁止使用的；

（二）未经批准生产、配制、经营、进口，或者须经口岸兽药检验机构检验而未经检验即生产、销售的；

（三）未取得兽药批准文号或人畜共用原料药未取得兽药或药品批准文号的；

（四）用途或用法用量超出规定范围的；

（五）应标明而未标明有效期或者更改有效期、超过有效期的；

（六）未注明或者更改生产批号的；

（七）超越许可范围生产、配制、经营或进口兽药的；

（八）未经登记或者质量检验不合格仍进口、销售或者使用的。

**第十四条**　抽样人员应当采取措施保证样品不失效、不变质、不破损、不泄漏，并及时将抽取的样品送达承担检验任务的兽药检验机构。经核查，对抽样人员送检的样品与《兽药抽样记录及凭证》所记录的内容相符、《兽药封签》完整的，兽药检验机构予以签收。

**第十五条**　兽药监督员可以依照《兽药管理条例》和本规定，开展兽药监督抽样工作。

兽药监督员实施监督抽样时，应当向被抽查单位或者个人出示符合《兽药管理条例》规定的证件。

**第十六条**　进口兽药的报验程序，依照《进口兽药管理办法》的规定执行；进口兽药的抽样依照本规定执行。

**第十七条**　本规定自发布之日起施行。农业部发布的《进口兽药抽样规定》[（1991）农（牧）字第2号] 和《兽药监督检验抽样规定》[（1993）农（牧）函字第46号] 同时废止。

附件一：

## 兽药封签

品名及批号：

兽　生产单位：

药　抽样单位经手人：

封　被抽样单位经手人：

签　抽样签封日期：

注：大封条长 30cm，宽 10cm；

小封条长 20cm，宽 6cm。

附件二：

## 兽药抽样记录及凭证

抽样编号□□□□□□□□□□

抽样日期： 年 月 日

兽药名称：

生产、配制单位或产地：

规格：

批号：

抽样数量：

效期：

生产、配制或购进数量：

已销售或使用数量：

库存数量：

被抽样单位：

被抽样场所：

抽样单位（盖章）抽样人签名：

被抽样单位（盖章）有关负责人签名：

（注：本凭证一式三联，第一联存根，第二联交被抽样单位，第三联交兽药检验机构随检品卡流转）

# 兽药经营质量管理规范

(2010 年 1 月 15 日农业部令 2010 年第 3 号公布)

## 第一章 总 则

**第一条** 为加强兽药经营质量管理，保证兽药质量，根据《兽药管理条例》，制定本规范。

**第二条** 本规范适用于中华人民共和国境内的兽药经营企业。

## 第二章 场所与设施

**第三条** 兽药经营企业应当具有固定的经营场所和仓库，其面积应当符合省、自治区、直辖市人民政府兽医行政管理部门的规定。经营场所和仓库应当布局合理，相对独立。

经营场所的面积、设施和设备应当与经营的兽药品种、经营规模相适应。兽药经营区域与生活区域、动物诊疗区域应当分别独立设置，避免交叉污染。

**第四条** 兽药经营企业的经营地点应当与《兽药经营许可证》载明的地点一致。《兽药经营许可证》应当悬挂在经营场所的显著位置。

变更经营地点的，应当申请换发兽药经营许可证。

变更经营场所面积的，应当在变更后 30 个工作日内向发证机关备案。

**第五条** 兽药经营企业应当具有与经营的兽药品种、经营规模适应并能够保证兽药质量的常温库、阴凉库（柜）、冷库（柜）等仓库和相关设施、设备。

仓库面积和相关设施、设备应当满足合格兽药区、不合格兽药区、待验兽药区、退货兽药区等不同区域划分和不同兽药品种分区、分类保管、储存的要求。

变更仓库位置，增加、减少仓库数量、面积以及相关设施、设备的，应当在变更后 30 个工作日内向发证机关备案。

**第六条** 兽药直营连锁经营企业在同一县（市）内有多家经营门店的，可以统一配置仓储和相关设施、设备。

**第七条** 兽药经营企业的经营场所和仓库的地面、墙壁、顶棚等应当平整、光洁，门、窗应当严密、易清洁。

**第八条** 兽药经营企业的经营场所和仓库应当具有下列设施、设备：

（一）与经营兽药相适应的货架、柜台；

（二）避光、通风、照明的设施、设备；

（三）与储存兽药相适应的控制温度、湿度的设施、设备；

（四）防尘、防潮、防霉、防污染和防虫、防鼠、防鸟的设施、设备；

（五）进行卫生清洁的设施、设备等。

**第九条** 兽药经营企业经营场所和仓库的设施、设备应当齐备、整洁、完好，并根据兽药品种、类别、用途等设立醒目标志。

# 第三章　机构与人员

**第十条** 兽药经营企业直接负责的主管人员应当熟悉兽药管理法律、法规及政策规定，具备相应兽药专业知识。

**第十一条** 兽药经营企业应当配备与经营兽药相适应的质量管理人员。有条件的，可以建立质量管理机构。

**第十二条** 兽药经营企业主管质量的负责人和质量管理机构的负责人应当具备相应兽药专业知识，且其专业学历或技术职称应当符合省、自治区、直辖市人民政府兽医行政管理部门的规定。

兽药质量管理人员应当具有兽药、兽医等相关专业中专以上学历，或者具有兽药、兽医等相关专业初级以上专业技术职称。经营兽用生物制品的，兽药质量管理人员应当具有兽药、兽医等相关专业大专以上学历，或者具有兽药、兽医等相关专业中级以上专业技术职称，并具备兽用生物制品专业知识。

兽药质量管理人员不得在本企业以外的其他单位兼职。

主管质量的负责人、质量管理机构的负责人、质量管理人员发生变更的，应当在变更后 30 个工作日内向发证机关备案。

**第十三条** 兽药经营企业从事兽药采购、保管、销售、技术服务等工作的人员，应当具有高中以上学历，并具有相应兽药、兽医等专业知识，熟悉兽药管理法律、法规及政策规定。

**第十四条** 兽药经营企业应当制定培训计划，定期对员工进行兽药管理法律、法规、政策规定和相关专业知识、职业道德培训、考核，并建立培训、考核档案。

# 第四章 规章制度

**第十五条** 兽药经营企业应当建立质量管理体系，制定管理制度、操作程序等质量管理文件。

质量管理文件应当包括下列内容：

（一）企业质量管理目标；

（二）企业组织机构、岗位和人员职责；

（三）对供货单位和所购兽药的质量评估制度；

（四）兽药采购、验收、入库、陈列、储存、运输、销售、出库等环节的管理制度；

（五）环境卫生的管理制度；

（六）兽药不良反应报告制度；

（七）不合格兽药和退货兽药的管理制度；

（八）质量事故、质量查询和质量投诉的管理制度；

（九）企业记录、档案和凭证的管理制度；

（十）质量管理培训、考核制度。

**第十六条** 兽药经营企业应当建立下列记录：

（一）人员培训、考核记录；

（二）控制温度、湿度的设施、设备的维护、保养、清洁、运行状态记录；

（三）兽药质量评估记录；

（四）兽药采购、验收、入库、储存、销售、出库等记录；

（五）兽药清查记录；

（六）兽药质量投诉、质量纠纷、质量事故、不良反应等记录；

（七）不合格兽药和退货兽药的处理记录；

（八）兽医行政管理部门的监督检查情况记录。

记录应当真实、准确、完整、清晰，不得随意涂改、伪造和变造。确需修改的，应当签名、注明日期，原数据应当清晰可辨。

**第十七条** 兽药经营企业应当建立兽药质量管理档案，设置档案管理室或者档案柜，并由专人负责。

质量管理档案应当包括：

（一）人员档案、培训档案、设备设施档案、供应商质量评估档案、产品质量档案；

（二）开具的处方、进货及销售凭证；

（三）购销记录及本规范规定的其他记录。

质量管理档案不得涂改，保存期限不得少于 2 年；购销等记录和凭证应当保存至产品有效期后一年。

# 第五章　采购与入库

**第十八条** 兽药经营企业应当采购合法兽药产品。兽药经营企业应当对供货单位的资质、质量保证能力、质量信誉和产品批准证明文件进行审核，并与供货单位签订采购合同。

**第十九条** 兽药经营企业购进兽药时，应当依照国家兽药管理规定、兽药标准和合同约定，对每批兽药的包装、标签、说明书、质量合格证等内容进行检查，符合要求的方可购进。必要时，应当对购进兽药进行检验或者委托兽药检验机构进行检验，检验报告应当与产品质量档案一起保存。

兽药经营企业应当保存采购兽药的有效凭证，建立真实、完整的采购记录，做到有效凭证、账、货相符。采购记录应当载明兽药的通用名称、商品名称、批准文号、批号、剂型、规格、有效期、生产单位、供货单位、购入数量、购入日期、经手人或者负责人等内容。

**第二十条** 兽药入库时，应当进行检查验收，并做好记录。

有下列情形之一的兽药，不得入库：

（一）与进货单不符的；

（二）内、外包装破损可能影响产品质量的；

（三）没有标识或者标识模糊不清的；

（四）质量异常的；

（五）其他不符合规定的。

兽用生物制品入库，应当由两人以上进行检查验收。

# 第六章　陈列与储存

**第二十一条** 陈列、储存兽药应当符合下列要求：

（一）按照品种、类别、用途以及温度、湿度等储存要求，分类、分区或者专库存放；

（二）按照兽药外包装图示标志的要求搬运和存放；

（三）与仓库地面、墙、顶等之间保持一定间距；

（四）内用兽药与外用兽药分开存放，兽用处方药与非处方药分开存放；易串味兽药、危险药品等特殊兽药与其他兽药分库存放；

（五）待验兽药、合格兽药、不合格兽药、退货兽药分区存放；

（六）同一企业的同一批号的产品集中存放。

**第二十二条** 不同区域、不同类型的兽药应当具有明显的识别标识。标识应当放置准确、字迹清楚。

不合格兽药以红色字体标识；待验和退货兽药以黄色字体标识；合格兽药以绿色字体标识。

**第二十三条** 兽药经营企业应当定期对兽药及其陈列、储存的条件和设施、设备的运行状态进行检查，并做好记录。

**第二十四条** 兽药经营企业应当及时清查兽医行政管理部门公布的假劣兽药，并做好记录。

# 第七章　销售与运输

**第二十五条** 兽药经营企业销售兽药，应当遵循先产先出和按批号出库的原则。兽药出库时，应当进行检查、核对，建立出库记录。兽药出库记录应当包括兽药通用名称、商品名称、批号、剂型、规格、生产厂商、数量、日期、经手人或者负责人等内容。

有下列情形之一的兽药，不得出库销售：

（一）标识模糊不清或者脱落的；

（二）外包装出现破损、封口不牢、封条严重损坏的；

（三）超出有效期限的；

（四）其他不符合规定的。

**第二十六条** 兽药经营企业应当建立销售记录。销售记录应当载明兽药通用名称、商品名称、批准文号、批号、有效期、剂型、规格、生产厂商、购货单位、销售数量、销售日期、经手人或者负责人等内容。

**第二十七条** 兽药经营企业销售兽药，应当开具有效凭证，做到有效凭证、账、货、记录相符。

**第二十八条** 兽药经营企业销售兽用处方药的，应当遵守兽用处方药管理规定；销售兽用中药材、中药饮片的，应当注明产地。

**第二十九条** 兽药拆零销售时，不得拆开最小销售单元。

**第三十条** 兽药经营企业应当按照兽药外包装图示标志的要求运输兽药。有温度控制要求的兽药，在运输时应当采取必要的温度控制措施，并建立详细记录。

# 第八章 售后服务

**第三十一条** 兽药经营企业应当按照兽医行政管理部门批准的兽药标签、说明书及其他规定进行宣传，不得误导购买者。

**第三十二条** 兽药经营企业应当向购买者提供技术咨询服务，在经营场所明示服务公约和质量承诺，指导购买者科学、安全、合理使用兽药。

**第三十三条** 兽药经营企业应当注意收集兽药使用信息，发现假、劣兽药和质量可疑兽药以及严重兽药不良反应时，应当及时向所在地兽医行政管理部门报告，并根据规定做好相关工作。

# 第九章　附　　则

第三十四条　兽药经营企业经营兽用麻醉药品、精神药品、易制毒化学药品、毒性药品、放射性药品等特殊药品，还应当遵守国家其他有关规定。

第三十五条　动物防疫机构依法从事兽药经营活动的，应当遵守本规范。

第三十六条　各省、自治区、直辖市人民政府兽医行政管理部门可以根据本规范，结合本地实际，制定实施细则，并报农业部备案。

第三十七条　本规范自 2010 年 3 月 1 日起施行。

本规范施行前已开办的兽药经营企业，应当自本规范施行之日起 24 个月内达到本规范的要求，并依法申领兽药经营许可证。

# 兽用麻醉药品的供应、使用、管理办法

（1980 年 11 月 20 日 80 农业（牧）字第 34 号、80 卫药字 36 号、80 国药供字第 545 号公布）

## 一、麻醉药品的供应

1. 兽用麻醉药品的供应，由国家指定的中国医药公司的麻醉药品供应点统一供应，每季度限购一次。

2. 县级以上兽医医疗单位（包括动物园、牧场）和科研大专院校等部门，可向当地畜牧（农业）局办理申请手续，经地区（市、州）畜牧（农业）局批准，核定供应级别后，发给"麻醉药品购用印鉴卡"，购用时需填写与印鉴卡相符的"麻醉药品订购单"一式三份（印鉴卡、订购单可参照卫生部门的式样）。

教学、科研临时需用的麻醉药品，由需用单位填写"科研、教学单位申请购用麻醉药品审批单"，一式三份，报经地区以上畜牧（农业）局批准后，向麻醉药品供应点购用。

3. 每季购用麻醉药品的数量，按"兽用麻醉药品品种范围及每季购用限量表"的规定办理，每季的储存量，不得超过限量标准。

有特殊需要（如接羔等）者，应专项报请地区畜牧（农业）局，"说明原因和数量，经核实确属需要后，再行批准，由指定的麻醉药品供应点供应。购用单位在使用完了时，应向批准单位列表报销备查。

## 二、麻醉药品的使用

1. 兽用麻醉药品，只能用于畜、禽医疗、教学和科研上的正当需要，严禁以兽用名义，给人使用。

2. 使用麻醉药品的人员，必须是经本单位领导审查批准的有一定临床经验的兽医（大专院校毕业有 2 年以上临床经验的、中专毕业有 5 年以上；临床经验和相当学历的兽医）。必须直接使用于病畜，严禁交给畜主使用。

3. 麻醉药品的每张处方用量，不能超过 1 日量。麻醉药品必须用单独处方，并应书写完整，签全名，以资核查。

4. 兽医医疗队携带的麻醉药品，应由所在地的畜牧（农业）局指定兽医医疗单位供应。

## 三、麻醉药品的管理

1. 购用麻醉药品的单位，要指定专人负责（可兼任），加强质量管理，严格保管并建立领发制度。

2. 麻醉药品要有专柜加锁、专用账册、单独处方，专册登记。处方应保存 5 年。

3. 对霉变坏损的麻醉药品，使用单位每年报损一次，由本单位领导审核批准，报上级主管部门监督就地销毁，并向当地畜牧（农业）局报销备查。

4. 对违反条例和本办法者，应严肃处理，并根据情节轻重，进行行政处分，经济制裁或依法惩处。

附表　兽用麻醉药品品种范围及每季购用限量表

| 类别 | 品名 | 限量 | 二级限量［20～50 头（日平均住院、门诊数）］ | 三级限量［51 头以上（日平均住院、门诊数）］ |
|---|---|---|---|---|
| 阿片类 | 阿片粉<br>阿片酊 | 10 克 | 30 克 | 40 克 |
| 吗啡类 | 1%、10% 盐酸吗啡注射液 0.1 | 1 克 | 2 克 | 4 克 |
| 阿扑吗啡类 | 盐酸阿扑吗啡注射液 0.1 | 根据医疗需要购用 | | |
| 可待因类 | 磷酸可待因粉<br>磷酸可待因注射液 0.015 | 3 克 | 9 克 | 15 克 |

（续）

| 类别 | 品名 | 限量 | 二级限量〔20～50头（日平均住院、门诊数）〕 | 三级限量〔51头以上（日平均住院、门诊数）〕 |
|------|------|------|------|------|
| 合成药类 | 杜冷丁注射液0.05，0.1 | 6克 | 25克 | 40克 |
| | 安依痛注射液0.02 | 0.4克 | 1克 | 3克 |
| | 美散痛注射液0.0075 | 0.01克 | 0.05克 | 0.1克 |
| | 枸橼酸芬太尼注射液0.0001 | | | |

# 兽用安钠咖管理规定

（1999 年 3 月 22 日农牧发〔1999〕5 号公布，2007 年 11 月 8 日农业部令第 6 号修订）

一、安钠咖属国家严格控制管理的精神药品，同时也是治疗动物疫病的兽药产品，必须加强管理，防止滥用，保护人体健康。

二、兽用安钠咖由农业部指定的生产单位按计划生产，其他任何单位和个人不得从事生产活动。根据兽医临床需求，该产品仅限于生产注射液，其他剂型的产品及含有安钠咖成分的制剂产品一律不得生产。

三、农业部负责制修订兽用安钠咖生产、经营、使用管理规定和制订产销计划工作，负责与有关部门协调兽用安钠咖原料药供应及下达制剂生产、调拨工作，并负责核发产品批准文号及全国兽用安钠咖的监督管理工作。

四、各省、自治区、直辖市畜牧（农牧、农业）厅（局）负责本辖区兽用安钠咖的监督管理工作，并确定省级总经销单位和基层定点经销单位、定点使用单位，负责核发兽用安钠咖注射液经销、使用卡。并于每年十月底前将下年度需求计划上报农业部。

五、定点生产厂必须严格按农业部下达的生产和销售计划组织生产和销售，从指定的原料药生产厂按计划采购原料药。并于年底前向农业部上报实际生产数量、销售记录及库存情况，凡未按规定上报材料或擅自改变生产、销售计划的，将取消其生产资格。

六、各省畜牧（农牧、农业）厅（局）指定或变更省级兽用安钠咖总经销单位时，需报农业部备案。

七、省级总经销单位凭兽用安钠咖注射液经销、使用卡负责本辖区定点经销单位的产品供应，不得擅自扩大供应范围，严禁跨省、跨区域供应。各兽用安钠咖注射液定点经销单位需严格凭兽用安钠咖注射液经销、使用卡向本辖区兽医医疗单位供应产品，并建立相应账卡，凭当年销售记录于九月底前向省、自治区、直辖市畜牧厅（局）申报下年度需求计划。

八、兽用安钠咖注射液仅限量供应乡以上畜牧兽医站（个体兽医医疗站除外）、家畜饲养场兽医室以及农业科研教学单位所属的兽医院等兽医医疗单位临床使用，上述单位凭兽用安钠咖注射液经销、使用卡到本省指定的定点经销单位采购。各兽医医疗单位仅允许在临床医疗时使用该产品，必须建立相应的兽医处方制度和账目，并接受兽药管理部门的监督检查。

九、各生产厂、各级经销单位在经销该产品时不得搭配其他产品，不得零售或转售，并严格执行国家规定的价格，严禁乱涨价，严禁将兽用安钠咖注射液供人使用。

十、违反本规定的，按照《兽药管理条例》和《麻醉药品和精神药品管理条例》的有关规定处罚。

十一、本规定自发布之日起执行。

# 兽药广告审查办法

（1995 年 4 月 7 日中华人民共和国国家工商行政管理局、中华人民共和国农业部令第 29 号发布　根据 1998 年 12 月 22 日中华人民共和国国家工商行政管理局、农业部令第 88 号修正）

**第一条**　根据《中华人民共和国广告法》、《兽药管理条例》的有关规定，制定本办法。

**第二条**　凡利用各种媒介或者形式发布用于预防、治疗、诊断畜禽等动物疾病，有目的地调节其生理机能并规定作用、用途、用法、用量的物质（含饲料药物添加剂）的广告，包括企业产品介绍材料等，均应当按照本办法进行审查。

**第三条**　兽药广告审查的依据：

（一）《中华人民共和国广告法》；

（二）《兽药管理条例》、国家有关兽药管理的规定及兽药技术标准；

（三）国家有关广告管理的法规及广告监督管理机关制定的广告审查标准；

**第四条**　国务院农牧行政管理机关和省、自治区、直辖市农牧行政管理机关（以下简称省级农牧行政管理机关），在同级广告监督管理机关的监督指导下，对兽药广告进行审查。

**第五条**　利用重点媒介（见目录）发布的兽药广告，以及保护期内新兽药、境外生产的兽药的广告，需经国务院农牧行政管理机关审查，并取得广告审查批准文号后，方可发布。

其他兽药广告需经生产所在地的省级农牧行政管理机关审查，并取得广告审查批准文号后，方可发布。需在异地发布的兽药广告，须持所在地农牧行政管理机关审查的批准文件，经广告发布地的省级农牧行政管理机关换发广告发布地的兽药广告批准文号后，方可发布。

**第六条** 兽药广告审查的申请

（一）申请审查境内生产的兽药的广告，应当填写《兽药广告审查表》，并提交下列证明文件：

1. 生产者的营业执照副本以及其他生产、经营资格的证明文件；

2. 农牧行政管理机关核发的兽药产品批准文号文件；

3. 省级兽药检验机构近期（三个月内）出具的产品检验报告单。

4. 经农牧行政管理机关批准、发布的兽药质量标准，产品说明书。

5. 法律、法规规定的及其他确认广告内容真实性的证明文件。

（二）申请审查境外生产的兽药的广告，应当填写《兽药广告审查表》，并提交以下证明文件及相应的中文译本：

1. 申请人及生产者的营业执照副本或者其他生产、经营资格的证明文件；

2.《进口兽药登记许可证》；

3. 该兽药的产品说明书；

4. 境外兽药生产企业办理的兽药广告委托书；

5. 中国法律、法规规定的及其他确认广告内容真实性的证明文件。

提交本条规定的证明文件的复印件，应当由原出证机关签章或者出具所在国（地区）公证机构的公证文件。

**第七条** 申请兽药广告审查，可以委托中国的兽药经销者或者广告经营者代为办理。

**第八条** 兽药广告的审查

（一）初审

兽药广告审查机关对申请人提供的证明文件的真实性、有效性、合法性、完整性和广告制作前文稿的真实性、合法性进行审查，并于受理申请之日起十日内做出初审决定，发给《兽药广告初审决定通知书》。

（二）广告申请人凭初审合格决定，将制作的广告作品送交原广告审查机关，广告审查机关在受理之日起十日内做出终审决定。对终审合格者，签发《兽药广告审查表》及广告审查批准号；对终审不合格者，应当通知广告申请人，并说明理由。

（三）广告申请人可以直接申请终审，广告审查机关应当在受理审查之日起十五日内做出终审决定。

**第九条** 兽药广告审查机关发出的《兽药广告初审决定通知书》和带有广告审查批准号的《兽药广告审查表》，应当由广告审查机关负责人签字，并加盖兽药广告审批专用章。

兽药广告审查机关应当将带有广告审查批准号的《兽药广告审查表》寄送同级广告监督管理机关备查。

**第十条** 兽药广告审查批准号的有效期为一年。

《兽药生产许可证》、《兽药经营许可证》的有效期限不足一年的，兽药广告审查批准号的有效期以上述许可证有效期限为准。

**第十一条** 经审查批准的兽药广告，有下列情况之一的，广告审查机关可以调回复审：

（一）该兽药在使用中发生畜禽死亡，以及造成一定经济损失的；

（二）兽药广告审查依据发生变化的；

（三）兽药产品标准发生变化的；

（四）国务院农牧行政管理机关认为省级农牧行政管理机关的批准决定不妥的；

（五）广告监督管理机关或者发布地省级农牧行政管理机关提出复审建议的；

（六）广告审查机关认为应当调回复审的其他情况；

复审期间，广告停止发布。

**第十二条** 广告发布地的广告审查机关对生产者所在地的审查机关做出的终审决定持有异议的，应当提请上级广告审查机关进行裁定，并以裁定结论为准。

**第十三条** 经审查批准的兽药广告，有下列情况之一的，应重新申请审查：

（一）广告审查批准号有效期满的；

（二）广告内容需要改动的；

**第十四条** 经审查批准的兽药广告，有下列情况之一的，原广告审查机关应当收回《兽药广告审查表》，其广告审查批准号作废：

（一）兽药生产、经营者被吊销《兽药生产许可证》或《兽药经营许可证》的；

（二）兽药产品在使用中发生严重问题而被撤销生产批准文号的；

（三）被国家列为淘汰或者禁止生产、使用的兽药产品的；

（四）兽药广告审查批准号有效期内，经国务院农牧行政管理机关统计兽药抽检不合格次数累计达三批次以上的；

（五）广告复审不合格的；

（六）应当重新申请审查而未申请或者重新审查不合格的；

**第十五条** 广告审查批准号作废后，兽药广告审查机关应当将有关材料送同级广告监督管理机关备查。

**第十六条** 兽药广告经审查批准后，应当将广告审查批准号列为广告内容，同时发布。未注明广告审查批准号或者批准号已过期、被撤销的兽药广告，广告发布者不得发布。

**第十七条** 广告发布者发布兽药广告，应当查验《兽药广告审查表》原件或者经原审查机关签章的复印件，并保存一年。

**第十八条** 对违反本办法规定发布兽药广告的，按照《中华人民共和国广告法》第四十三条和《兽药管理条例》的规定予以处罚。

**第十九条** 广告审查机关对违反广告审查依据的广告做出审查批准决定，致使违法广告得以发布的，由国家广告监督管理机关向国务院农牧行政管理机关通报情况，按照《中华人民共和国广告法》第四十五条的规定予以处理。

**第二十条** 本办法自发布之日起施行。

# 生猪屠宰管理条例实施办法

（2008 年 7 月 28 日商务部令第 13 号公布）

## 第一章 总 则

**第一条** 为了加强生猪屠宰监督管理，规范生猪屠宰经营行为，保证生猪产品质量安全，保障人民身体健康，根据《生猪屠宰管理条例》（以下简称《条例》）和国家有关法律、行政法规，制定本办法。

**第二条** 商务部负责全国生猪屠宰的行业管理工作，组织制定屠宰行业发展规划，完善屠宰行业标准体系，指导省级商务主管部门制订生猪定点屠宰厂（场）设置规划。

县级以上商务主管部门负责本行政区域内生猪屠宰活动的监督管理。省级商务主管部门会同畜牧兽医主管部门、环境保护部门以及其他有关部门，按照合理布局、适当集中、有利流通、方便群众的原则，结合本地实际情况制订生猪定点屠宰厂（场）设置规划，报本级人民政府批准后实施。

**第三条** 国家扶持生猪定点屠宰厂（场）技术创新、新产品研发，鼓励向机械化、规模化、标准化方向发展，推广质量控制体系认证。

**第四条** 各级商务主管部门应对在生猪屠宰管理和屠宰技术研究、推广方面做出突出贡献的单位和个人给予表彰和奖励。

**第五条** 国家鼓励生猪定点屠宰厂（场）在自愿的基础上依法成立专业化行业协会、学会，发挥协调和自律作用，维护成员和行业利益。

## 第二章 生猪定点屠宰厂（场）的设立

**第六条** 生猪定点屠宰厂（场）的设立（包括新建、改建、扩建）应符合省级人民政府批准的生猪定点屠宰厂（场）设置规划。

**第七条** 生猪定点屠宰厂（场）的设立应符合《条例》第八条规定的条件。

（一）依照《条例》第八条第（一）项的规定，生猪定点屠宰厂（场）应当有与屠宰规模相适应的充足水源，水质符合国家规定的城乡生活饮用水卫生标准。

（二）依照《条例》第八条第（二）项的规定，生猪定点屠宰厂（场）应当设有待宰间、屠宰间、急宰间，其建筑和布局，应符合《猪屠宰与分割车间设计规范》的规定。生猪屠宰设备和运输工具应符合国家规定要求。

（三）依照《条例》第八条第（三）项的规定，生猪定点屠宰厂（场）必须配备与屠宰规模相适应的屠宰技术人员。屠宰技术人员必须持有县级以上医疗机构开具的健康证明。

（四）依照《条例》第八条第（四）项的规定，生猪定点屠宰厂（场）必须配备与屠宰规模相适应、经考核合格的肉品品质检验人员。

（五）依照《条例》第八条第（五）项的规定，生猪定点屠宰厂（场）应当配备符合屠宰工艺和《生猪屠宰产品品质检验规程》要求的检验设备，备有适用的消毒设施、消毒药品。

生猪定点屠宰厂（场）的污染物处理设施，应当达到排放的废水、废气、废物和噪声等符合国家环保规定的要求。

（六）依照《条例》第八条第（六）项的规定，生猪定点屠宰厂（场）应当配备符合病害生猪及生猪产品无害化处理标准的无害化处理设施。

（七）依照《条例》第八条第（七）项的规定，生猪定点屠宰厂（场）应依法取得动物防疫条件合格证。

**第八条** 申请设立生猪定点屠宰厂（场），应当向设区的市级人民政府提出书面申请，并提交符合《条例》第八条规定条件的有关技术资料、说明文件。设区的市级人民政府根据设置规划，组织商务主管部门、畜牧兽医主管部门、环境保护部门以及其他有关部门，依照《条例》规定的条件进行审查。

设区的市级人民政府应当就申请设立的生猪定点屠宰厂（场）

是否符合生猪定点屠宰厂（场）设置规划，书面征求省级商务主管部门意见。不符合生猪定点屠宰厂（场）设置规划的，不得予以批准。

申请人获得设区的市级人民政府做出的同意的书面决定后，方可开工建设屠宰厂（场）。

**第九条** 生猪定点屠宰厂（场）建成竣工后，设区的市级人民政府应当组织有关部门进行验收。符合《条例》规定的，颁发生猪定点屠宰证书和生猪定点屠宰标志牌。

申请人应持生猪定点屠宰证书向工商行政管理部门办理登记手续。

**第十条** 设区的市级商务主管部门和省级商务主管部门应当将本行政区域内生猪定点屠宰证书和标志牌发放情况及时报送上级商务主管部门。

商务部在政府网站定期公布全国生猪定点屠宰厂（场）名单。

# 第三章 屠宰与检验

**第十一条** 生猪定点屠宰厂（场）应当建立生猪进厂（场）检查登记制度。进厂（场）屠宰的生猪，应当持有生猪产地动物卫生监督机构出具的检疫合格证明。

**第十二条** 生猪定点屠宰厂（场）应当建立严格的生猪屠宰和肉品检验管理制度，并在屠宰车间显著位置明示生猪屠宰操作工艺流程图和肉品品质检验工序位置图。

**第十三条** 生猪定点屠宰厂（场）应当按照国家规定的操作规程和技术要求屠宰生猪，宰前停食静养不少于12小时，实施淋浴、致昏、放血、脱毛或者剥皮、开膛净腔（整理副产品）、劈半、整修等基本工艺流程。

鼓励生猪定点屠宰厂（场）按照国家有关标准规定，实施人道屠宰。

**第十四条** 生猪定点屠宰厂（场）应当按照国家规定的肉品品质检验规程进行检验。肉品品质检验包括宰前检验和宰后检验。检验内容包括健康状况、传染性疾病和寄生虫病以外的疾病、注水或者注入其他物质、有害物质、有害腺体、白肌肉（PSE 肉）或黑干肉（DFD 肉）、种猪及晚阉猪以及国家规定的其他检验项目。

**第十五条** 肉品品质检验应当与生猪屠宰同步进行。同步检验应当设置同步检验装置或者采用头、胴体与内脏统一编号对照方法进行。

肉品品质检验的具体部位和方法，按照《生猪屠宰产品品质检验规程》和其他相关标准规定执行。

**第十六条** 经肉品品质检验合格的猪胴体，应当加盖肉品品质检验合格验讫章，并附具《肉品品质检验合格证》后方可出厂（场）；检验合格的其他生猪产品（含分割肉品）应当附具《肉品品质检验合格证》。

**第十七条** 对检出的病害生猪及生猪产品，应当按照国家有关规定进行无害化处理。

**第十八条** 国家对肉品品质检验人员实行持证上岗制度。从事肉品品质检验的人员，必须具备中专以上或同等学力水平，并经考核合格。

# 第四章 经营管理

**第十九条** 生猪定点屠宰厂（场）应当建立质量追溯制度。如实记录活猪进厂（场）时间、数量、产地、供货者、屠宰与检验信息及出厂时间、品种、数量和流向。记录保存不得少于二年。

鼓励生猪定点屠宰厂（场）采用现代信息技术，建立产品质量追溯系统。

**第二十条** 生猪定点屠宰厂（场）应当建立缺陷产品召回制度。发现其生产的产品不安全时，应当立即停止生产，向社会公布有关信息，通知销售者停止销售，告知消费者停止使用，召回已经上市销售的产品，并向当地商务主管部门报告。

生猪定点屠宰厂（场）对召回的产品应当采取无害化处理措施，防止该产品再次流入市场。

**第二十一条** 生猪定点屠宰厂（场）应当建立信息报送制度。按照国家《生猪等畜禽屠宰统计报表制度》的要求，及时报送屠宰、销售等相关信息。

**第二十二条** 生猪定点屠宰厂（场）应当使用符合国家卫生标准的专用运载工具，并符合保证产品运输需要的温度等特殊要求。生猪和生猪产品应使用不同的运载工具运输；运送片猪肉，应使用防尘或者设有吊挂设施的专用车辆，不得敞运。

**第二十三条** 生猪定点屠宰厂（场）所有权或经营权发生变更的，应当及时向当地商务主管部门备案。

生猪定点屠宰厂（场）歇业、停业超过 30 天的，应当提前 10 天向当地商务主管部门报告；超过 180 天的，商务主管部门应报请设区的市级人民政府对定点屠宰厂（场）是否符合《条例》规定的条件进行审查。不再具备《条例》规定条件的，应当责令其限期整改；逾期仍达不到《条例》规定条件的，由设区的市级人民政府取消其生猪定点屠宰厂（场）资格。

**第二十四条** 生猪定点屠宰厂（场）屠宰的种猪和晚阉猪，应当在胴体和《肉品品质检验合格证》上标明相关信息。

# 第五章  证、章、标志牌管理

**第二十五条** 本办法所称的生猪屠宰证、章、标志牌包括：

（一）生猪定点屠宰标志牌、生猪定点屠宰证书；

（二）生猪定点屠宰厂（场）等级标志牌、生猪定点屠宰厂（场）等级证书、生猪定点屠宰厂（场）等级标识；

（三）肉品品质检验合格验讫章、肉品品质检验合格证；

（四）无害化处理印章；

（五）商务部规定设置的其他证、章、标志牌；

**第二十六条** 商务部统一规定证、章、标志牌的编码规则、格式和制作要求，建立全国生猪屠宰证、章、标志牌管理数据库。

**第二十七条** 省级商务主管部门负责本行政区域内生猪屠宰证、章和标志牌的管理工作，按照商务部规定的编码规则，对本行政区域内生猪屠宰证、章、标志牌进行统一编码；负责统一制作肉品品质检验合格验讫章、肉品品质检验合格证、无害化处理印章。

**第二十八条** 市、县商务主管部门负责监督本行政区域内生猪屠宰证、章和标志牌的使用；颁发本行政区域内肉品品质检验合格验讫章、肉品品质检验合格证、无害化处理印章。

设区的市级商务主管部门负责制作、管理生猪定点屠宰标志牌、生猪定点屠宰证书。

**第二十九条** 县级以上商务主管部门应当建立生猪屠宰证、章和标志牌管理制度，依据各自职责，严格制作、保管、发放程序。

**第三十条** 生猪定点屠宰厂（场）应当建立本企业生猪定点屠宰证、章、标志牌的保管和使用管理制度。

**第三十一条** 任何单位和个人不得冒用、使用伪造、出借、转让生猪屠宰证、章、标志牌。

**第三十二条** 发放生猪屠宰证、章、标志牌，可以依据国家有关法律法规规定收取工本费。

# 第六章 监督管理

**第三十三条** 各级商务主管部门应当根据实际工作需要建立屠宰管理机构，配备必要的管理人员和执法人员。

**第三十四条** 县级以上地方商务主管部门应当定期向本级政府报告生猪屠宰管理情况，争取当地政府及财政部门的支持，落实生猪屠宰管理、执法等所需经费，确保生猪屠宰管理和执法监督检查工作顺利进行。

发生大规模私屠滥宰、注水、暴力抗法等重大问题时，商务主管部门应当及时报请本级政府协调有关部门开展联合执法。

**第三十五条** 商务主管部门应当依据《条例》第二十一条规定的方式和要求，对生猪屠宰活动依法进行监督检查。

**第三十六条** 生猪屠宰监督检查的内容包括生猪定点屠宰厂（场）的日常生产经营活动和违反《条例》规定的各项制度和要求的私屠滥宰、注水、加工病害肉等违法活动。

**第三十七条** 生猪屠宰监督检查人员进行监督检查时，不得妨碍生猪定点屠宰厂（场）正常的生产经营活动，并不得收取任何费用。

# 第七章　法律责任

**第三十八条**　违反本办法第十二条、十三条、十四条、十五条、十六条、十九条规定，生猪定点屠宰厂（场）未建立并实施生猪屠宰、检验、质量追溯等制度的，由商务主管部门依照《条例》第二十五条的规定处罚。

**第三十九条**　违反本办法第二十条第一款规定，生猪定点屠宰厂（场）未建立缺陷产品召回制度的，由商务主管部门依照《国务院关于加强食品等产品安全监督管理的特别规定》第九条的规定处罚。

**第四十条**　生猪定点屠宰厂（场）有下列情形之一的，由商务主管部门责令改正，并可处 1 万元以上 3 万元以下罚款：

（一）从事肉品品质检验的人员未经考核合格的；

（二）运输肉品不符合本办法规定的。

**第四十一条**　生猪定点屠宰厂（场）有下列情形之一的，由商务主管部门责令改正，并可处 1 万元以下罚款：

（一）未按本办法要求及时报送屠宰、销售等相关信息的；

（二）所有权或经营权发生变更未及时向当地商务主管部门备案的。

**第四十二条**　违反本办法第三十一条规定，冒用、使用伪造、出借、转让生猪定点屠宰证书或者生猪定点屠宰标志牌的，由商务主管部门依照《条例》第二十四条的规定处罚。

冒用、使用伪造、出借、转让本办法规定的其他证、章、标志牌的，由商务主管部门责令改正，并可处 1 万元以上 3 万元以下罚款。

**第四十三条**　依照《条例》第三十一条规定，商务主管部门工作人员在生猪屠宰监督管理工作中滥用职权、玩忽职守、徇私舞弊、索贿受贿，构成犯罪的，依法追究刑事责任；尚不构成犯罪的，依法给予行政处分。

# 第八章　附　　则

**第四十四条**　为保证边远和交通不便的农村地区生猪产品供

应，确需设置小型生猪屠宰场点的，所在地省、自治区、直辖市应当依照《条例》第二条的规定，制定本行政区域的具体管理办法。

依照《条例》设置的生猪定点屠宰厂（场）能够保证供应的地区，不得设立小型生猪屠宰场点。小型生猪屠宰场点生产的生猪产品，仅限供应本地市场。

**第四十五条** 《条例》施行前设立的生猪定点屠宰厂（场），应当自《条例》施行之日起 180 日内，向设区的市级人民政府申请换发生猪定点屠宰标志牌和生猪定点屠宰证书。

生猪定点屠宰厂（场）不符合《条例》规定条件的，应当责令其限期整改；逾期仍达不到《条例》规定条件的，由设区的市级人民政府取消其生猪定点屠宰厂（场）资格。

**第四十六条** 本办法自 2008 年 8 月 1 日起施行。原国内贸易部发布的《生猪屠宰管理条例实施办法》《生猪屠宰技术、肉品品质检验人员上岗培训、考核管理办法》《生猪屠宰证、章、标志牌管理办法》同时废止。

# 生猪定点屠宰厂（场）病害猪无害化处理管理办法

（2008 年 7 月 9 日商务部　财政部令 2008 年第 9号公布）

## 第一章　总　　则

**第一条**　为加强生猪定点屠宰厂（场）病害猪无害化处理监督管理，防止病害生猪产品流入市场，保证上市生猪产品质量安全，保障人民身体健康，根据《生猪屠宰管理条例》和国家有关法律、行政法规，制定本办法。

**第二条**　国家对生猪定点屠宰厂（场）病害生猪及生猪产品（以下简称病害猪）实行无害化处理制度，国家财政对病害猪损失和无害化处理费用予以补贴。

**第三条**　生猪定点屠宰厂（场）发现下列情况的，应当进行无害化处理：

（一）屠宰前确认为国家规定的病害活猪、病死或死因不明的生猪；

（二）屠宰过程中经检疫或肉品品质检验确认为不可食用的生猪产品；

（三）国家规定的其他应当进行无害化处理的生猪及生猪产品。

无害化处理的方法和要求，按照国家有关标准规定执行。

**第四条**　生猪定点屠宰厂（场）病害猪无害化处理的补贴对象和标准，按照财政部有关规定执行。

屠宰过程中经检疫或肉品品质检验确认为不可食用的生猪产品按 90 千克折算一头的标准折算成相应头数，享受病害猪损失补贴和无害化处理费用补贴。

# 第二章　职责和要求

**第五条**　商务部负责全国生猪定点屠宰厂（场）病害猪无害化处理的监督管理和指导协调工作；负责全国生猪定点屠宰厂（场）病害猪无害化处理监管系统中央监管平台的建立和维护工作。

省、自治区、直辖市、计划单列市及新疆生产建设兵团（以下简称省级）商务主管部门负责监督本行政区域内市、县商务主管部门生猪定点屠宰厂（场）病害猪无害化处理监督管理和信息报送工作；建立并维护本行政区域生猪定点屠宰厂（场）病害猪无害化处理监管系统监管平台；配合地方财政管理部门落实病害猪损失补贴和无害化处理费用补贴资金。

市、县商务主管部门负责监督生猪定点屠宰厂（场）无害化处理过程，核实本行政区域内生猪定点屠宰厂（场）病害猪数量；负责本行政区域内生猪定点屠宰厂（场）病害猪无害化处理信息统计工作；负责建立本行政区域内生猪定点屠宰厂（场）病害猪无害化处理监管系统。

**第六条**　财政部负责全国生猪定点屠宰厂（场）病害猪无害化处理财政补贴资金的监督管理和中央财政补贴资金的预拨、审核、清算工作。

省级财政部门负责会同同级商务主管部门核定本地区生猪定点屠宰厂（场）病害猪数量及所需财政补贴资金；编制本地区生猪定点屠宰厂（场）病害猪无害化处理财政补贴资金预算，向财政部提出中央财政补贴资金的申请。

县级以上地方财政部门负责根据同级商务主管部门审核确认的生猪定点屠宰厂（场）病害猪数量，安排应负担的补贴资金，并将补贴资金直接支付给病害猪货主或生猪定点屠宰厂（场）。

**第七条**　生猪定点屠宰厂（场）应当按照《生猪屠宰管理条例》和本办法的要求对病害猪进行无害化处理，并如实上报相关处理情况和信息。

生猪定点屠宰厂（场）应当按照《生猪屠宰管理条例》的要

求，配备相应的生猪及生猪产品无害化处理设施，并按照国家相关标准要求建立无害化处理监控和信息报送系统。

# 第三章　工作程序

**第八条**　送至生猪定点屠宰厂（场）屠宰的生猪，应当依法经动物卫生监督机构检疫合格，并附有检疫证明。

**第九条**　生猪在待宰期间和屠宰过程中，应当按照《动物防疫法》和《生猪屠宰管理条例》的规定实施检疫和肉品品质检验。发现符合本办法第三条规定情形的，按照本办法第十条、十一条规定的程序处理。

**第十条**　病害活猪、送至待宰圈后病死或死因不明的生猪进行无害化处理，应当加盖无害化处理印章，并按照以下程序进行：

（一）检疫人员或肉品品质检验人员按照《病害猪无害化处理记录表》（附表1）的格式要求，填写货主名称、处理原因、处理头数、处理方式，并在记录表上签字确认。

（二）货主签字确认后，送至无害化处理车间由无害化处理人员按照规定程序进行处理。处理结束后，无害化处理人员应在记录表上签字确认。

（三）厂（场）主要负责人在记录表上签字、盖章确认。

**第十一条**　经检疫或肉品品质检验确认为不可食用的生猪产品进行无害化处理，应当加盖无害化处理印章，并按照以下程序进行：

（一）由检疫人员或肉品品质检验人员按照《病害猪产品无害化处理记录表》（附表2）的格式要求，填写货主名称、产品（部位）名称、处理原因、处理数量、处理方式，并在记录上签字。

（二）货主签字确认后送至无害化处理车间按照规定进行处理。处理结束后，无害化处理人员应在记录表上签字确认。

（三）生猪定点屠宰厂（场）主要负责人应在记录表上签字。

**第十二条**　送至生猪定点屠宰厂（场）时已死的生猪进行无害化处理，应当加盖无害化处理印章，并按照以下程序进行：

（一）检疫人员或肉品品质检验人员按照《待宰前死亡生猪无

害化处理记录表》（附表3）的格式要求，填写货主名称、处理原因、处理数量、处理方式，并在记录上签字。

（二）货主签字确认后，送至无害化处理车间由无害化处理人员按照规定程序进行处理。处理结束后，无害化处理人员应在记录表上签字确认。

（三）生猪定点屠宰厂（场）主要负责人应在记录表上签字、盖章确认。

第十三条　已建立无害化处理监控和信息报送系统的生猪定点屠宰厂（场），进行无害化处理之前，应通知当地商务主管部门，开启监控装置和摄录系统，记录无害化处理过程，并通过系统报送相关信息。未建立无害化处理监控和信息报送系统的生猪定点屠宰厂（场），进行无害化处理之前，应通知当地市、县商务主管部门派人现场监督无害化处理过程。

第十四条　市、县商务主管部门现场监督无害化处理过程时，应当在记录表上签字确认；通过系统报送无害化处理信息和处理过程时，应按照系统要求在系统中记录监控过程，并存档备查。

第十五条　每月5日前，生猪定点屠宰厂（场）应按照《病害猪无害化处理统计月报表》（附表4）的要求，填写上月病害猪无害化处理头数、病害猪产品无害化处理数量及折合头数以及病害猪无害化处理情况，并报市、县商务主管部门。

市、县商务主管部门应于每月10日前将《病害猪无害化处理统计月报表》报省级商务主管部门并抄送同级财政部门。

省级商务主管部门每季度第一个月20日前将上季度本行政区域内无害化处理情况报商务部，同时通报同级财政部门。

第十六条　每月10日前，生猪定点屠宰厂（场）或者提供病害猪的货主应填写《病害猪损失财政补贴申领表》（附表5），由市、县商务主管部门确认后转报同级财政部门。

每月15日前，负责无害化处理的生猪定点屠宰厂（场）应填写《病害猪无害化处理费用财政补贴申领表》（附表6），由市、县商务主管部门确认后转报同级财政部门。

第十七条　市、县财政部门根据同级商务部门确认情况及时审核拨付补贴资金，同时抄送同级商务主管部门。

# 第四章　监督管理

**第十八条**　地方各级商务主管部门应对生猪定点屠宰厂（场）病害猪无害化处理过程定期进行监督检查。

地方各级财政部门应对生猪定点屠宰厂（场）病害猪无害化处理财政补贴资金使用情况定期进行监督检查。

**第十九条**　各级商务主管部门应建立无害化处理举报投诉制度，公布举报电话，按照《国务院关于加强食品等产品安全监督管理的特别规定》的要求受理并处理举报投诉。

**第二十条**　对病害猪检出率连续三个月超过 0.5% 或低于 0.2% 的地区，省级商务主管部门应当会同同级财政主管部门加强对该地区的监督检查。必要时，商务部和财政部组成联合检查组对该地区进行检查。

**第二十一条**　生猪定点屠宰厂（场）应指定专门的肉品品质检验人员和无害化处理人员负责无害化处理工作，并经商务主管部门培训合格。

**第二十二条**　生猪定点屠宰厂（场）应当如实记录无害化处理过程的相关信息，妥善保存无害化处理记录表。记录表至少应保存五年。

# 第五章　罚　　则

**第二十三条**　生猪定点屠宰厂（场）不按规定配备病害猪及生猪产品无害化处理设施的，由商务主管部门按照《生猪屠宰管理条例》的规定责令限期改正；逾期仍不改正的，报请设区的市级人民政府取消其生猪定点屠宰资格。

**第二十四条**　生猪定点屠宰厂（场）未按本办法规定对病害猪进行无害化处理的，由商务主管部门按照《生猪屠宰管理条例》的规定责令限期改正，处 2 万元以上 5 万元以下的罚款；逾期不改正的，责令停业整顿，对其主要负责人处 5000 元以上 1 万元以下的罚款。

**第二十五条** 生猪定点屠宰厂（场）或者提供病害猪的货主虚报无害化处理数量的，由地方商务主管部门依法处以 3 万元以下的罚款；构成犯罪的，依法追究刑事责任。

**第二十六条** 生猪定点屠宰厂（场）肉品品质检验人员和无害化处理人员不按照操作规程操作、不履行职责、弄虚作假的，由商务主管部门处 500 元以上 5000 元以下罚款。

**第二十七条** 检疫人员不遵守国家有关规定、不履行职责、弄虚作假的，由商务主管部门通报相关管理部门依法处理。

**第二十八条** 商务主管部门和财政主管部门的工作人员在无害化处理监督管理工作中滥用职权、玩忽职守、徇私舞弊的，依法给予处分；构成犯罪的，依法追究刑事责任。

# 第六章 附 则

**第二十九条** 本办法由商务部、财政部负责解释。

**第三十条** 本办法自 2008 年 8 月 1 日起施行。

# 三、规范性文件

# 中华人民共和国农业部公告

## 第 1125 号

为贯彻执行《中华人民共和国动物防疫法》，我部对原《一、二、三类动物疫病病种名录》进行了修订，现予发布，自发布之日起施行。1999 年发布的农业部第 96 号公告同时废止。

特此公告

附件：一、二、三类动物疫病病种名录

二〇〇八年十二月十一日

**附件：**

## 一、二、三类动物疫病病种名录

### 一类动物疫病（17 种）

口蹄疫、猪水泡病、猪瘟、非洲猪瘟、高致病性猪蓝耳病、非洲马瘟、牛瘟、牛传染性胸膜肺炎、牛海绵状脑病、痒病、蓝舌病、小反刍兽疫、绵羊痘和山羊痘、高致病性禽流感、新城疫、鲤春病毒血症、白斑综合征

### 二类动物疫病（77 种）

多种动物共患病（9 种）：狂犬病、布鲁氏菌病、炭疽、伪狂犬病、魏氏梭菌病、副结核病、弓形虫病、棘球蚴病、钩端螺旋体病

牛病（8 种）：牛结核病、牛传染性鼻气管炎、牛恶性卡他热、牛白血病、牛出血性败血病、牛梨形虫病（牛焦虫病）、牛锥虫病、

日本血吸虫病

绵羊和山羊病（2种）：山羊关节炎脑炎、梅迪-维斯纳病

猪病（12种）：猪繁殖与呼吸综合征（经典猪蓝耳病）、猪乙型脑炎、猪细小病毒病、猪丹毒、猪肺疫、猪链球菌病、猪传染性萎缩性鼻炎、猪支原体肺炎、旋毛虫病、猪囊尾蚴病、猪圆环病毒病、副猪嗜血杆菌病

马病（5种）：马传染性贫血、马流行性淋巴管炎、马鼻疽、马巴贝斯虫病、伊氏锥虫病

禽病（18种）：鸡传染性喉气管炎、鸡传染性支气管炎、传染性法氏囊病、马立克氏病、产蛋下降综合征、禽白血病、禽痘、鸭瘟、鸭病毒性肝炎、鸭浆膜炎、小鹅瘟、禽霍乱、鸡白痢、禽伤寒、鸡败血支原体感染、鸡球虫病、低致病性禽流感、禽网状内皮组织增殖症

兔病（4种）：兔病毒性出血病、兔黏液瘤病、野兔热、兔球虫病

蜜蜂病（2种）：美洲幼虫腐臭病、欧洲幼虫腐臭病

鱼类病（11种）：草鱼出血病、传染性脾肾坏死病、锦鲤疱疹病毒病、刺激隐核虫病、淡水鱼细菌性败血症、病毒性神经坏死病、流行性造血器官坏死病、斑点叉尾鮰病毒病、传染性造血器官坏死病、病毒性出血性败血症、流行性溃疡综合征

甲壳类病（6种）：桃拉综合征、黄头病、罗氏沼虾白尾病、对虾杆状病毒病、传染性皮下和造血器官坏死病、传染性肌肉坏死病

## 三类动物疫病（63种）

多种动物共患病（8种）：大肠杆菌病、李氏杆菌病、类鼻疽、放线菌病、肝片吸虫病、丝虫病、附红细胞体病、Q热

牛病（5种）：牛流行热、牛病毒性腹泻/黏膜病、牛生殖道弯曲杆菌病、毛滴虫病、牛皮蝇蛆病

绵羊和山羊病（6种）：肺腺瘤病、传染性脓疱、羊肠毒血症、干酪性淋巴结炎、绵羊疥癣、绵羊地方性流产

马病（5种）：马流行性感冒、马腺疫、马鼻腔肺炎、溃疡性

淋巴管炎、马媾疫

猪病（4 种）：猪传染性胃肠炎、猪流行性感冒、猪副伤寒、猪密螺旋体痢疾

禽病（4 种）：鸡病毒性关节炎、禽传染性脑脊髓炎、传染性鼻炎、禽结核病

蚕、蜂病（7 种）：蚕型多角体病、蚕白僵病、蜂螨病、瓦螨病、亮热厉螨病、蜜蜂孢子虫病、白垩病

犬猫等动物病（7 种）：水貂阿留申病、水貂病毒性肠炎、犬瘟热、犬细小病毒病、犬传染性肝炎、猫泛白细胞减少症、利什曼病

鱼类病（7 种）：鮰类肠败血症、迟缓爱德华氏菌病、小瓜虫病、黏孢子虫病、三代虫病、指环虫病、链球菌病

甲壳类病（2 种）：河蟹颤抖病、斑节对虾杆状病毒病

贝类病（6 种）：鲍脓疱病、鲍立克次体病、鲍病毒性死亡病、包纳米虫病、折光马尔太虫病、奥尔森派琴虫病

两栖与爬行类病（2 种）：鳖腮腺炎病、蛙脑膜炎败血金黄杆菌病

# 中华人民共和国农业部公告

## 第 1149 号

根据《中华人民共和国动物防疫法》有关规定，我部会同卫生部组织制定了《人畜共患传染病名录》，现予发布，自发布之日起施行。

附件：人畜共患传染病名录

二〇〇九年一月十九日

附件：

## 人畜共患传染病名录

牛海绵状脑病、高致病性禽流感、狂犬病、炭疽、布鲁氏菌病、弓形虫病、棘球蚴病、钩端螺旋体病、沙门氏菌病、牛结核病、日本血吸虫病、猪乙型脑炎、猪Ⅱ型链球菌病、旋毛虫病、猪囊尾蚴病、马鼻疽、野兔热、大肠杆菌病（O 157：H7）、李氏杆菌病、类鼻疽、放线菌病、肝片吸虫病、丝虫病、Q 热、禽结核病、利什曼病

# 中华人民共和国农业部公告

## 第 1663 号

根据《中华人民共和国动物防疫法》和《重大动物疫情应急条例》有关规定，结合当前全国甲型 H1N1 流感防控实际，决定对国内猪感染甲型 H1N1 流感按三类动物疫病采取预防控制措施。2009 年下发的农业部第 1201 号公告、《农业部门人感染猪流感应急预案》（农办医〔2009〕26 号）、《猪感染甲型 H1N1 流感应急预案（试行）》（农办医〔2009〕29 号）自本公告发布之日起废止。

特此公告。

二〇一一年十月二十四日

# 中华人民共和国农业部公告

## 第 1246 号

依照《中华人民共和国动物防疫法》、《重大动物疫情应急条例》、《兽药管理条例》以及一类动物疫病防治技术规范规定，发生口蹄疫、高致病性禽流感等陆生动物疫病时，应当采取封锁、隔离、扑杀、销毁、消毒、无害化处理、紧急免疫接种等强制性措施，不得对发病动物采取治疗措施。兽药产品的质量标准、规程、标签和说明书不得标注对一类动物疫病具有治疗的功效。

特此公告

二〇〇九年八月三日

# 农业部 国家质量监督检验 检疫总局公告

## 第 1712 号

为防止动植物疫病及有害生物传入，保护我国农林牧渔业生产和公共卫生安全，根据《中华人民共和国进出境动植物检疫法》、《中华人民共和国动物防疫法》和《中华人民共和国种子法》规定，农业部和国家质量监督检验检疫总局组织修订了《中华人民共和国禁止携带、邮寄的动植物及其产品名录》，现予以发布。该名录自发布之日起生效，原发布名录《中华人民共和国禁止携带、邮寄进境的动物、动物产品和其他检疫物名录》（（1992）农（检疫）字第12号）同时废止。

附件：中华人民共和国禁止携带、邮寄的动植物及其产品名录

**附件：**

## 中华人民共和国禁止携带、邮寄进境的 动植物及其产品名录[1]

### 一、动物及动物产品类

（一）活动物（犬、猫除外[2]），包括所有的哺乳动物、鸟类、鱼类、两栖类、爬行类、昆虫类和其他无脊椎动物，动物遗传物质。

（二）（生或熟）肉类（含脏器类）及其制品；水生动物产品。

（三）动物源性奶及奶制品，包括生奶、鲜奶、酸奶，动物源性的奶油、黄油、奶酪等奶类产品。

（四）蛋及其制品，包括鲜蛋、皮蛋、咸蛋、蛋液、蛋壳、蛋

黄酱等蛋源产品。

（五）燕窝（罐头装燕窝除外）。

（六）油脂类，皮张、毛类，蹄、骨、角类及其制品。

（七）动物源性饲料（含肉粉、骨粉、鱼粉、乳清粉、血粉等单一饲料）、动物源性中药材、动物源性肥料。

## 二、植物及植物产品类

（八）新鲜水果、蔬菜。

（九）烟叶（不含烟丝）。

（十）种子（苗）、苗木及其他具有繁殖能力的植物材料。

（十一）有机栽培介质。

## 三、其他类

（十二）菌种、毒种等动植物病原体，害虫及其他有害生物，细胞、器官组织、血液及其制品等生物材料。

（十三）动物尸体、动物标本、动物源性废弃物。

（十四）土壤。

（十五）转基因生物材料。

（十六）国家禁止进境的其他动植物、动植物产品和其他检疫物。

注：1. 通过携带或邮寄方式进境的动植物及其产品和其他检疫物，经国家有关行政主管部门审批许可，并具有输出国家或地区官方机构出具的检疫证书，不受此名录的限制。

2. 具有输出国家或地区官方机构出具的动物检疫证书和疫苗接种证书的犬、猫等宠物，每人仅限一只。

# 农业部 国家质量监督检验检疫总局联合公告

## 第 2013 号

为防止动物传染病、寄生虫病传入，保护我国畜牧业和渔业生产和公共卫生安全，根据《中华人民共和国进出境动植物检疫法》和《中华人民共和国动物防疫法》规定，农业部和国家质量监督检验检疫总局组织制定了《中华人民共和国进境动物检疫疫病名录》（以下简称"名录"），现予发布。名录自发布之日起生效，1992 年 6 月 8 日农业部发布的《中华人民共和国进境动物一、二类传染病、寄生虫病名录》（（1992）农（检疫）字第 12 号）同时废止。

农业部和国家质量监督检验检疫总局将在风险评估的基础上对名录实施动态调整。

特此公告

农业部 国家质检总局

2013 年 11 月 28 日

## 中华人民共和国进境动物检疫疫病名录

## List of Quarantine Diseases for the Animals Imported to the People's Republic of China

### 一类传染病、寄生虫病（15 种）
### List A diseases

口蹄疫 Foot and mouth disease

猪水泡病 Swine vesicular disease
猪瘟 Classical swine fever
非洲猪瘟 African swine fever
尼帕病 Nipah virus encephalitis
非洲马瘟 African horse sickness
牛传染性胸膜肺炎 Contagious bovine pleuropneumonia
牛海绵状脑病 Bovine spongiform encephalopathy
牛结节性皮肤病 Lumpy skin disease
痒病 Scrapie
蓝舌病 Bluetongue
小反刍兽疫 Peste des petits ruminants
绵羊痘和山羊痘 Sheep pox and Goat pox
高致病性禽流感 Highly pathogenic avian influenza
新城疫 Newcastle disease

# 二类传染病、寄生虫病（147 种）
## List B diseases

### 共患病（28 种）Multiple species diseases

狂犬病 Rabies
布鲁氏菌病 Brucellosis
炭疽 Anthrax
伪狂犬病 Aujeszky's disease（Pseudorabies）
魏氏梭菌感染 Clostridium perfringens infections
副结核病 Paratuberculosis（Johne's disease）
弓形虫病 Toxoplasmosis
棘球蚴病 Echinococcosis
钩端螺旋体病 Leptospirosis
施马伦贝格病 Schmallenberg disease
梨形虫病 Piroplasmosis
日本脑炎 Japanese encephalitis

旋毛虫病 Trichinosis

土拉杆菌病 Tularemia

水泡性口炎 Vesicular stomatitis

西尼罗热 West Nile fever

裂谷热 Rift Valley fever

结核病 Tuberculosis

新大陆螺旋蝇蛆病（嗜人锥蝇）New world screwworm (*Cochliomyia hominivorax*)

旧大陆螺旋蝇蛆病（倍赞氏金蝇）Old world screwworm (*Chrysomya bezziana*)

Q 热 Q Fever

克里米亚刚果出血热 Crimean Congo hemorrhagic fever

伊氏锥虫感染（包括苏拉病）Trypanosoma Evansi infection (including Surra)

利什曼原虫病 Leishmaniasis

巴氏杆菌病 Pasteurellosis

鹿流行性出血病 Epizootic hemorrhagic disease of deer

心水病 Heartwater

类鼻疽 Malioidosis

## 牛病（8 种）Bovine diseases

牛传染性鼻气管炎/传染性脓疱性阴户阴道炎 Infectious bovine rhinotracheitis/Infectious pustular vulvovaginitis

牛恶性卡他热 Malignant catarrhal fever

牛白血病 Enzootic bovine leukosis

牛无浆体病 Bovine anaplasmosis

牛生殖道弯曲杆菌病 Bovine genital campylobacteriosis

牛病毒性腹泻/黏膜病 Bovine viral diarrhoea/Mucosal disease

赤羽病 Akabane disease

牛皮蝇蛆病 Cattle Hypodermosis

## 马病（10 种）Equine diseases

马传染性贫血 Equine infectious anaemia

马流行性淋巴管炎 Epizootic lymphangitis

马鼻疽 Glanders

马病毒性动脉炎 Equine viral arteritis

委内瑞拉马脑脊髓炎 Venezuelan equine encephalomyelitis

马脑脊髓炎（东部和西部）Equine encephalomyelitis（Eastern and Western）

马传染性子宫炎 Contagious equine metritis

亨德拉病 Hendra virus disease

马腺疫 Equine strangles

溃疡性淋巴管炎 Equine ulcerative lymphangitis

## 猪病（13 种）Swine diseases

猪繁殖与呼吸综合征 Porcine reproductive and respiratory syndrome

猪细小病毒感染 Porcine parvovirus infection

猪丹毒 Swine erysipelas

猪链球菌病 Swine streptococosis

猪萎缩性鼻炎 Atrophic rhinitis of swine

猪支原体肺炎 Mycoplasmal hyopneumonia

猪圆环病毒感染 Porcine circovirus infection

革拉泽氏病（副猪嗜血杆菌）Glaesser's disease（Haemophilus parasuis）

猪流行性感冒 Swine influenza

猪传染性胃肠炎 Transmissible gastroenteritis of swine

猪铁士古病毒性脑脊髓炎（原称猪肠病毒脑脊髓炎、捷申或塔尔凡病）Teschovirus encephalomyelitis（previously Enterovirus encephalomyelitis or Teschen/Talfan disease）

猪密螺旋体痢疾 Swine dysentery

猪传染性胸膜肺炎 Infectious pleuropneumonia of swine

## 禽病（20 种）Avian diseases

鸭病毒性肠炎（鸭瘟）Duck virus enteritis

鸡传染性喉气管炎 Avian infectious laryngotracheitis

鸡传染性支气管炎 Avian infectious bronchitis

传染性法氏囊病 Infectious bursal disease

马立克氏病 Marek's disease

鸡产蛋下降综合征 Avian egg drop syndrome

禽白血病 Avian leukosis

禽痘 Fowl pox

鸭病毒性肝炎 Duck virus hepatitis

鹅细小病毒感染（小鹅瘟）Goose parvovirus infection

鸡白痢 Pullorum disease

禽伤寒 Fowl typhoid

禽支原体病（鸡败血支原体、滑液囊支原体）Avian myco-plasmosis（*Mycoplasma Gallisepticum*，*M. synoviae*）

低致病性禽流感 Low pathogenic avian influenza

禽网状内皮组织增殖症 Reticuloendotheliosis

禽衣原体病（鹦鹉热）Avian chlamydiosis

鸡病毒性关节炎 Avian viral arthritis

禽螺旋体病 Avian spirochaetosis

住白细胞原虫病（急性白冠病）Leucocytozoonosis

禽副伤寒 Avian paratyphoid

## 羊病（4 种）Sheep and goat diseases

山羊关节炎/脑炎 Caprine arthritis/encephalitis

梅迪-维斯纳病 Maedi - visna

边界病 Border disease

羊传染性脓疱皮炎 Contagious pustular dermertitis（Contagious Echyma）

## 水生动物病（44 种）Aquatic animal diseases

鲤春病毒血症 Spring viraemia of carp

流行性造血器官坏死病 Epizootic haematopoietic necrosis

传染性造血器官坏死病 Infectious haematopoietic necrosis

病毒性出血性败血症 Viral haemorrhagic septicaemia

流行性溃疡综合征 Epizootic ulcerative syndrome

鲑三代虫感染 Infection with *Gyrodactylus Salaris*

真鲷虹彩病毒病 Red sea bream iridoviral disease

锦鲤疱疹病毒病 Koi herpesvirus disease

鲑传染性贫血 Infectious salmon anaemia

病毒性神经坏死病 Viral nervous necrosis

斑点叉尾鮰病毒病 Channel catfish virus disease

鲍疱疹样病毒感染 Infection with abalone herpes – like virus

牡蛎包拉米虫感染 Infection with *Bonamia Ostreae*

杀蛎包拉米虫感染 Infection with *Bonamia Exitiosa*

折光马尔太虫感染 Infection with *Marteilia Refringens*

奥尔森派琴虫感染 Infection with *Perkinsus Olseni*

海水派琴虫感染 Infection with *Perkinsus Marinus*

加州立克次体感染 Infection with *Xenohaliotis Californiensis*

白斑综合征 White spot disease

传染性皮下和造血器官坏死病 Infectious hypodermal and haematopoietic necrosis

传染性肌肉坏死病 Infectious myonecrosis

桃拉综合征 Taura syndrome

罗氏沼虾白尾病 White tail disease

黄头病 Yellow head disease

螯虾瘟 Crayfish plague（*Aphanomyces astaci*）

箭毒蛙壶菌感染 Infection with *Batrachochytrium Dendrobatidis*

蛙病毒感染 Infection with Ranavirus

异尖线虫病 Anisakiasis

坏死性肝胰腺炎 Necrotizing hepatopancreatitis

传染性脾肾坏死病 Infectious spleen and kidney necrosis

刺激隐核虫病 Cryptocaryoniasis

淡水鱼细菌性败血症 Freshwater fish bacteria septicemia

对虾杆状病毒病 Baculovirus penaei disease

鮰类肠败血症 Enteric septicaemia of catfish

迟缓爱德华氏菌病 Edwardsiellasis

小瓜虫病 Ichthyophthiriasis

黏孢子虫病 Myxosporidiosis

指环虫病 Dactylogyriasis

鱼链球菌病 Fish streptococcosis

河蟹颤抖病 Trembling disease of Chinese mitten crabs

斑节对虾杆状病毒病 Penaeus monodon baculovirus disease

鲍脓疱病 Pustule disease

鳖腮腺炎病 Abolone viral mortality

蛙脑膜炎败血金黄杆菌病 Chryseobacterium meningsepticum of frog（Rana spp. ）

## 蜂病（6 种）Bee diseases

蜜蜂盾螨病 Acarapisosis of honey bees

美洲蜂幼虫腐臭病 American foulbrood of honey bees

欧洲蜂幼虫腐臭病 European foulbrood of honey bees

蜜蜂瓦螨病 Varroosis of honey bees

蜂房小甲虫病（蜂窝甲虫）Small hive beetle infestation（Aethina tumida）

蜜蜂亮热厉螨病 Tropilaelaps infestation of honey bees

## 其他动物病（14 种）Diseases of other animals

鹿慢性消耗性疾病 Chronic wasting disease of deer

兔黏液瘤病 Myxomatosis

兔出血症 Rabbit haemorrhagic disease

猴痘 Monkey pox

猴疱疹病毒Ⅰ型（B病毒）感染症 Cercopithecine Herpesvirus Type Ⅰ（B virus）infectious diseases

猴病毒性免疫缺陷综合征 Simian virus immunodeficiency syndrome

埃博拉出血热 Ebola haemorrhagic fever

马尔堡出血热 Marburg haemorrhagic fever

犬瘟热 Canine distemper

犬传染性肝炎 Infectious canine hepatitis

犬细小病毒感染 Canine parvovirus infection

水貂阿留申病 Mink aleutian disease

水貂病毒性肠炎 Mink viral enteritis

猫泛白细胞减少症（猫传染性肠炎）Feline panleucopenia（Feline infectious enteritis）

# 其他传染病、寄生虫病（44 种）
# Other diseases

## 共患病（9 种）Multiple species diseases

大肠杆菌病 Colibacillosis

李斯特菌病 Listeriosis

放线菌病 Actinomycosis

肝片吸虫病 Fasciolasis

丝虫病 Filariasis

附红细胞体病 Eperythrozoonosis

葡萄球菌病 Staphylococcosis

血吸虫病 Schistosomiasis

疥癣 Mange

## 牛病（5 种）Bovine diseases

牛流行热 Bovine ephemeral fever

毛滴虫病 Trichomonosis

中山病 Chuzan disease

茨城病 Ibaraki disease

嗜皮菌病 Dermatophilosis

## 马病（4 种）Equine diseases

马流行性感冒 Equine influenza

马鼻腔肺炎 Equine rhinopneumonitis

马媾疫 Dourine

马副伤寒（马流产沙门氏菌）Equine paratyphoid（*Salmonella Abortus Equi.*）

## 猪病（3 种）Swine diseases

猪副伤寒 Swine salmonellosis

猪流行性腹泻 Porcine epizootic diarrhea

猪囊尾蚴病 Porcine cysticercosis

## 禽病（6 种）Avian diseases

禽传染性脑脊髓炎 Avian infectious encephalomyelitis

传染性鼻炎 Infectious coryza

禽肾炎 Avian nephritis

鸡球虫病 Avian coccidiosis

火鸡鼻气管炎 Turkey rhinotracheitis

鸭疫里默氏杆菌感染（鸭浆膜炎）Riemerella anatipestifer infection

## 绵羊和山羊病（7 种）Sheep and goat diseases

羊肺腺瘤病 Ovine pulmonary adenocarcinoma

干酪性淋巴结炎 Caseous lymphadenitis

绵羊地方性流产（绵羊衣原体病）Enzootic abortion of ewes（Ovine chlamydiosis）

传染性无乳症 Contagious agalactia

山羊传染性胸膜肺炎 Contagious caprine pleuropneumonia

羊沙门氏菌病（流产沙门氏菌）Salmonellosis（*S. abortusovis*）
内罗毕羊病 Nairobi sheep disease

## 蜂病（2 种）Bee diseases

蜜蜂孢子虫病 Nosemosis of honey bees
蜜蜂白垩病 Chalkbrood of honey bees

## 其他动物病（8 种）Diseases of other animals

兔球虫病 Rabbit coccidiosis
骆驼痘 Camel pox
家蚕微粒子病 Pebrine disease of Chinese silkworm
蚕白僵病 Bombyx mori white muscardine
淋巴细胞性脉络丛脑膜炎 Lymphocytic choriomeningitis
鼠痘 Mouse pox
鼠仙台病毒感染症 Sendai virus infectious disease
小鼠肝炎 Mouse hepatitis

# 活禽经营市场高致病性禽流感防控管理办法

(2006 年 12 月 18 日农业部　卫生部　国家工商行政管理总局农医发〔2006〕11 号)

**第一条**　为了加强活禽经营市场管理，规范活禽经营行为，预防和控制高致病性禽流感等重大动物疫病，保护人体健康和公共卫生安全，根据《国务院办公厅关于整顿和规范活禽经营市场秩序加强高致病性禽流感防控工作的意见》〔国办发〔2006〕89 号〕，制定本办法。

**第二条**　活禽经营市场以及在市场内从事活禽经营的单位和个人应当遵守本办法。

**第三条**　本办法所称活禽是指鸡、鸭、鹅及其他禽类。

本办法所称活禽经营是指市场中活禽交易与宰杀加工等行为。

本办法所称活禽经营市场是指活禽专业批发市场、有活禽经营的城市农贸市场和农村集贸市场等。

**第四条**　法律、法规对活禽经营行为另有规定的，从其规定。

**第五条**　兽医行政管理部门负责活禽经营市场的动物卫生监督管理。

卫生行政管理部门负责活禽经营市场从业人员公共卫生管理。

工商行政管理部门负责活禽经营市场活禽经营行为监管。

**第六条**　活禽经营市场应符合以下要求：

（一）市场建设应当统筹规划，合理布局；

（二）经营场所应当符合动物防疫等要求。

**第七条**　活禽专业批发市场应具备以下条件：

（一）选址应远离水源保护区和饮用水取水口，避开居民住宅区、公共场所等人口密集区，距离养殖场 3 千米以上；

（二）水禽经营区域与其他活禽经营区域应相对隔离，活禽宰杀区域相对封闭，活禽销售区、宰杀加工区与消费者之间应实施物理隔离；

（三）设有排风及照明装置，地面设下水明沟，墙面铺设瓷砖，配备与经营规模相适应的冲水龙头和消毒设施；

（四）活禽宰杀加工区域设置专用盛血桶、热水器、流动水浸烫池、加盖的废弃物盛放桶等设施设备。

**第八条** 有活禽经营的城市农贸市场活禽经营区域应具备以下条件：

（一）活禽经营区域要与其他产品的经营区域分开，有独立的出入口；

（二）水禽经营区域与其他活禽经营区域应相对隔离，活禽宰杀区域相对封闭，活禽销售区、宰杀加工区与消费者之间应实施物理隔离；

（三）设有排风及照明装置，地面设下水明沟，墙面铺设瓷砖，配备与经营规模相适应的冲水龙头和消毒设施；

（四）配备固定禽笼，禽笼底部应距离地面15厘米以上；

（五）活禽宰杀加工区域设置专用盛血桶、热水器、流动水浸烫池、加盖的废弃物盛放桶等设施设备。

**第九条** 农村集贸市场应具备以下条件：

（一）活禽经营区域要与其他产品的经营区域分开；

（二）水禽经营区域与其他活禽经营区域应当相对隔离。

**第十条** 市场主办者应当遵守相关法律法规，建立健全市场内部管理制度，并承担下列责任：

（一）市场主办者作为经营活动的相应责任人，应当建立市场经营管理制度，指导、督促禽类及禽类产品经营者建立进货检查验收、索证索票、购销台账、质量安全承诺等制度；制定活禽经营市场高致病性禽流感防控应急预案。

（二）向市场经营者宣传有关法律法规，督促经营者执行相关制度，并对其经营活动进行日常管理；引导经营者加强自律，倡导诚信经营。

（三）建立经营者档案，记载经营者基本情况、进货渠道、信用状况等；设专人每天对活禽经营情况进行巡查。

（四）建立消毒、无害化处理等制度，配备相应设施设备。对禽类及禽类产品的运载工具进行消毒，每天收市后对禽类经营场所及设备、设施进行清洗、消毒，对废弃物和物理性原因致死的禽类集中收集并进行无害化处理。

（五）从事批发经营的市场，应当加强对禽类的入市检查，核对检疫证明，防止不合格禽类进入市场。

（六）设置禽类及禽类产品安全信息公示栏，及时向消费者公示相关信息，进行消费警示和提示，接受社会监督；建立专门的投诉受理点，处理消费者投诉，解决经营纠纷。

（七）为动物卫生监督机构执法人员提供必要的监督场所和工作条件。

**第十一条** 市场内活禽经营者应承担以下责任：

（一）经营的活禽应当有检疫证明。

（二）应根据销量购进活禽，避免在市场内大量积压、滞留活禽。

（三）应建立购销台账。如实记录进货时间、来源、名称、数量等内容；从事批发业务的，还应记录销售的禽类及禽类产品名称、流向、时间、数量等内容。

（四）应在经营地点公示活禽产地和检疫证明等。检疫证明应保存六个月以上。

（五）每天收市后对禽类存放、宰杀、销售摊位等场所和笼具、宰杀器具等用具进行清洗，并配合市场主办方实施消毒和废弃物的无害化处理。

**第十二条** 从业人员应当掌握基本防护知识。

从业人员在进行活禽经营和宰杀过程中，应当按照卫生部《人感染高致病性禽流感应急预案》相关要求采取个人防护。

**第十三条** 活禽经营市场实行休市消毒或市场区域轮休消毒制度。

活禽经营市场应按照当地政府的统一部署，轮流休市或安排市场内区域轮休。在休市或轮休期间，对活禽经营场所、活禽笼具、宰杀器具等进行彻底的清洗消毒。

**第十四条** 兽医行政管理部门组织对辖区内活禽经营市场的家

禽进行高致病性禽流感疫情监测。

卫生行政管理部门组织对辖区内活禽经营市场中从业人员进行高致病性禽流感疫情监测。

兽医行政管理部门应和卫生行政管理部门建立情况通报机制。

**第十五条** 活禽经营市场出现禽只异常死亡或有高致病性禽流感可疑临床症状，市场主办者和经营者应立即向当地兽医行政管理部门报告。

对家禽病原学监测结果呈阳性的，市场主办者应立即启动活禽经营市场高致病性禽流感防控应急预案，配合兽医部门做好有关应急处置工作。

活禽经营市场发生禽只感染高致病性禽流感时，兽医行政管理部门应当立即启动应急预案，按国家规定处置疫情。

活禽经营市场从业人员出现发热伴咳嗽、呼吸困难等呼吸道症状时，市场主办者和经营者应当立即将病人送医疗机构就诊，并说明其从业情况。医疗机构根据卫生部门相关规定进行诊治、排查和报告。

**第十六条** 禁止生产、加工、销售和购入病、死禽只以及无检疫证明的活禽和禽肉。禁止在活禽经营市场经营野生禽鸟，禁止在市场外经营活禽。

**第十七条** 工商行政管理部门依职权对活禽经营市场主办者和经营者的经营行为实施日常监督管理，检查督促市场主办者和经营者履行国家关于禽类和禽类产品经营管理各项规定，指导、监督市场主办者建立健全经营管理自律制度。

**第十八条** 动物卫生监督机构应当做好活禽经营市场禽类产品安全监管工作，对运离市场的活禽实施有效检疫监管。要加强对活禽经营市场的监督检查，对不符合动物防疫要求的市场，责令市场主办者和经营者按期改正。拒不改正的，由工商行政管理部门予以查处。

兽医行政管理部门应组织做好对活禽经营市场消毒、无害化处理的技术指导工作。

**第十九条** 违反本办法规定的，按照国家有关法律法规的规定进行处理和处罚。

**第二十条** 本办法自发布之日起施行。

# 农业部办公厅关于加强动物耳标识读器招标管理工作的通知

（2007 年 11 月 1 日农办医〔2007〕41 号）

各省、自治区、直辖市及计划单列市畜牧兽医（农业、农牧）厅（局、委、办），新疆生产建设兵团农业局：

为贯彻落实中央一号文件精神和《中华人民共和国畜牧法》、《中华人民共和国动物防疫法》等法律法规和国家有关规定，进一步推进动物标识及疫病可追溯体系建设，现就动物耳标移动智能识读器（以下简称耳标识读器）招标管理工作通知如下：

一、高度重视耳标识读器招标管理工作。随着各地牲畜耳标招标和佩戴工作全面开展，及时配置和使用耳标识读器成为进一步推进动物标识及疫病可追溯体系建设，加强执法监管的一项重要工作。2004 年以来，我部根据《全国动物防疫体系建设规划（2004—2008）》，先后向各省（区、市）下达了耳标识读器投资计划。一些省份启动了招标工作，北京、上海、广东等省（市）还自筹资金购置耳标识读器。从前段时间一些省份试点情况看，耳标识读器还存在质量不稳定、技术指标不一致、投标产品与实际供应产品有质量差异等问题。严格耳标识读器招标管理，既是加强农业基本建设项目监管，尽快完成国家投资计划的紧迫任务，又是确保耳标识读器质量，保证动物标识及疫病可追溯体系正常运行的根本要求，各地和有关单位务必予以高度重视。

二、依法开展耳标识读器招标工作。耳标识读器招标工作涉及面广，责任大。各地要严格依照《中华人民共和国招标投标法》和我部《农业基本建设项目招标投标管理规定》（农计发〔2004〕10号）等规定及时组织开展耳标识读器招标工作，确保招到合法合格的产品。要坚持公开、公平、公正的原则，规范招投标活动，保证招标工作质量。严禁任何单位和个人特别是各级领导干部非法干预招标活动，影响评标过程和结果，保证招标工作顺利进行。

三、严格控制耳标识读器质量标准要求。对耳标识读器在试点过程中存在的质量和技术等问题，在下一步招标和生产过程中应及时加以改进和完善。针对耳标识读器在牲畜养殖、流通、监管等环节使用的特点和特殊环境要求，为保证产品质量稳定可靠，降低维护成本，保证追溯体系有效运行，各地要严格按照国家有关规定和《移动智能识读器技术规格及要求（试行）》（附件1），对投标产品规定明确的技术要求。要严格按照《招投标法》有关规定，认真审查投标企业应提供的各项检测技术报告。中标企业应免费提供耳标识读器使用培训。

四、及时完善耳标识读器有关管理制度。耳标识读器由省级兽医主管部门负责统一组织招标采购，根据工作需要分配到各有关业务部门使用。在组织开展耳标识读器招标工作的同时，各地要根据推进动物标识及疫病可追溯体系建设的总体部署和要求，抓紧制定和完善耳标识读器使用和管理制度，认真总结耳标识读器使用过程中出现的新问题，及时提出改进措施和建议。省级兽医主管部门要指导动物疫病预防控制机构加快省级畜禽标识信息管理系统建设，保证标识信息传送和执法监管工作的顺利开展。

五、切实加强耳标识读器招标工作的组织领导。各省（自治区、直辖市）兽医主管部门要切实加强对耳标识读器招标各项工作的组织协调，健全制度，明确责任，强化监督，保证招标工作有序开展。要严格执行2004年以来我部和国家发改委下达的投资计划，严禁挤占和挪用项目资金。招标工作结束后应及时将有关情况报我部。部内有关主管局司和单位要加强对各地耳标识读器招标工作的监督和指导。各地对耳标识读器招标工作中出现的有关问题和相关建议，请及时反馈我部兽医局和发展计划司，并抄送农业部动物标识及疫病可追溯体系建设工作领导小组办公室。

请各地及时组织开展招标工作，有关要求以此为准。业务票据打印机的招标工作（技术规格及要求见附件2、3）可按照本通知要求与耳标识读器招标同时进行。农办医〔2007〕38号同时废止。

特此通知

附件：1. 移动智能识读器技术规格及要求（试行）

2. 便携式票据打印机技术规格及要求（试行）

3. 台式票据打印机技术规格及要求（试行）

## 附件1：

# 移动智能识读器技术规格及要求（试行）

## 一、主机硬件系统

中国移动公司是本项目的网络服务商，货物必须按照满足中国移动运营服务相关硬件技术规格要求进行设计。

样机：样机是由掌上电脑（含 2.8 吋 * 以上液晶触摸屏）、摄像头、IC 卡读写设备、符合中国移动公司认可的无线通信模块构成的一体机；并包含充电器、备用电池、PC 连接电缆、挂带、护套等附件。设备要求整体能单手操作。

### 1. 主机系统

1）CPU 主频不低于 200MHz；

2）用户可用存储空间不小于 32MB；

3）至少有一个 Client USB 接口；

4）有一个 IC 卡插槽；

5）有一个 RS232 串口；

6）主机操作系统必须使用非定制的通用系统（如 Windows CE、开放式 Linux 嵌入系统等）；

7）产品需具有防掉电数据安全保护措施；

8）可选功能：

①红外短距离无线传输模块；

②SD 接口。

### 2. 显示屏

1）分辨率不低于 240×320；

2）支持不低于 16 位真彩色；

---

\* 吋为非法定计量单位。1 吋＝2.54cm。

3）对比度不低于 150：1；亮度不低于 170cd/m²；

4）支持触摸屏功能；

5）背光照明。

### 3. 摄像头

1）有效光学像素不低于 30 万；

2）感光器件为 CCD 或 CMOS；

3）图像刷新帧速率为每秒 25 帧以上；

4）扫描距离：15±10cm；

5）识别亮度：无补光时不低于 13lx，有补光时不低于 0.3lx；

6）有光学定位指示和补光功能。

### 4. 智能 IC 卡读写设备

1）符合《中国金融集成电路 IC 卡规范及应用规范》及《中国金融 PSAM 卡应用规范》；

2）支持读写接触式智能 IC 卡；

3）读写器与设备集成为一体；

4）提供智能 IC 读写器在设备所用操作系统上的完整开发包。

### 5. 通讯模块

1）能在全国范围内有中国移动 GPRS 信号覆盖的无线网络中进行通讯。

2）GPRS 要求支持多时隙（class 10，GPRS class B）。支持 GPRS 编码方式 CS-1，CS-2，CS-3，CS-4。

### 6. 充电器

1）旅行和线式充电器两种，电源为 AC 220V；

2）有过电保护功能。

## 二、整机性能

1. 设备总重量小于 400g；

2. 电池电量　在电池充满之后，连续识读（每 5s 识读 1 次）不低于 2h，待机时间不低于 120h；

3. 充电时间　小于 4h；

4. 电池寿命　充放电 500 次以上；

5. 产品的抗扰度限值　应符合 GB/T 17618—1998 的要求；

6. 产品的无线电骚扰限值　应符合 GB/T 9254—1998 信息技术设备的无线电骚扰限值和测试方法（B级）；

7. 产品的外壳防护　应符合 GB/T 4208—1993 要求（IP54），特别是对全机密封要求，以达到防水防尘效果；

8. 产品的安全　应符合 GB/T 18220—2000 手持式个人信息处理设备通用规范的规定。

## 三、外观及结构要求

1. 按键、开关操作灵活可靠，零部件应紧固无松动；

2. 外观无腐蚀，无涂覆层脱落，无明显划伤、裂痕、毛刺等机械损伤，标志清晰；

3. 外壳：承受 60N 力时，表面不应产生永久性变形和损坏。应符合 GB/T 4208 规定的 IP54 防护等级。

4. 底层软件及基本功能要求

1）支持手写输入；

2）支持中文拼音输入；

3）中文字符集：支持 GB 18030。

5. 产品适应性

1）正常使用环境条件

环境温度：－10～＋50℃；

相对湿度：最大 90%；

大气压力：86～106kPa。

2）气候环境适应性要求

移动智能识读器应能耐受下列规定气候条件的各项试验，每项试验后检查基本功能应符合本招标文件规定的要求。

GB 2423.1—89 电工电子产品基本环境试验规程 试验 A：低温试验方法；

GB 2423.2—89 电工电子产品基本环境试验规程 试验 A：高温试验方法；

GB/T 2423.3—93 电工电子产品基本环境试验规程 试验 Ca：恒定温热试验方法。

3）机械环境适应性要求

移动智能识读器应能耐受下列规定条件的各项试验，每项试验后检查基本功能应符合本招标文件规定的要求。

GB/T 2423.6—1995 电工电子产品环境试验 第 2 部分：试验方法 试验 Eb 和导则：碰撞；

GB/T 2423.6—1995 电工电子产品环境试验 试验 Ea - 冲击试验方法。

## 附件 2：

# 便携式票据打印机技术规格及要求（试行）

**1. 版式要求**　宽 80mm

**2. 打印介质**　长效热敏

**3. 接口标准**

支持标准 RS232 串行通信端口（PS2 或 DB9）；

支持 IrDA 或原始红外等短距离无线传输协议。

支持中文字符集：支持 GB 2312、GB 18030

支持点阵图像打印

**4. 充电器**

1）普通充电器电源为 220V

2）充电时间小于 4h

**5. 整体性能**

设备总重量小于 400g

**6. 电池电量**

在电池充满之后，能在 8h 工作时间内打印 500 份以上票据，充电时间小于 4h

**7. 其他要求**

7.1　产品的抗扰度限值　应符合 GB/T 17618 的要求

7.2　安全　产品的安全要求应符合 GB 4943 的规定

7.3　其他　产品要有良好的防雨

7.4　外观及结构要求

7.4.1　按键、开关操作灵活可靠，零部件应紧固无松动；

7.4.2　外观无腐蚀，无涂覆层脱落，无明显划伤、裂痕、毛刺等机械损伤，标志清晰；

7.4.3 外壳应有足够的机械强度和刚度。外壳：承受 60N 力时，表面不应产生永久性变形和损坏。应符合 GB/T 4208 规定的 IP54 防护等级。外壳承受 60N 力时，表面不应产生永久性变形和损坏。

## 8. 产品适应性

### 8.1 正常使用环境条件

环境温度：−10～+50℃

相对湿度：10%～90%

大气压力：86～106kPa

### 8.2 气候环境适应性要求

便携式票据打印机应能耐受表 1 规定的气候条件的各项试验，每项试验后检查基本功能，应符合 2.1 规定的要求。

**表 1　环境适应性要求**

| 高温试验 | 温度 | +50℃ | 工作状态 |
|---|---|---|---|
| | 持续时间 | 2h | |
| 低温试验 | 温度 | −5℃ | 工作状态 |
| | 持续时间 | 2h | |
| 恒定湿热试验 | 相对湿度 | 90% | 非工作状态 |
| | 温度 | +40℃ | |
| | 持续时间 | 48h | |
| 低温贮存 | 温度 | −20℃ | 非工作状态 |
| | 持续时间 | 16h | |

### 8.3 机械环境适应性

机械环境适应性见表 2、表 3、表 4。

### 表2 振动适应性

| 试验项目 | 试验内容 | 指 标 |
|---|---|---|
| 初始和最后振动响应检查 | 频率范围 Hz | 5～35 |
| | 扫频速度 oct/min | ≤1 |
| | 驱动振幅或加速度 | 0.15mm |
| 定频耐久试验 | 驱动振幅或加速度 | 0.15mm |
| | 持续时间 min | 10±0.5 |
| 扫频耐久试验 | 频率范围 Hz | 5～35～5 |
| | 驱动振幅或加速度 | 0.15mm |
| | 扫频速度 oct/min | ≤1 |
| | 循环次数 | 2 |

注：表中驱动振幅为峰值。

### 表3 冲击适应性

| 峰值加速度 m/s² | 脉冲持续时间 ms | 冲击波形 |
|---|---|---|
| 150 | 11 | 半正弦波或后峰锯齿波或梯形波 |

注：产品标准中应规定具体的冲击波形。

### 表4 碰撞适应性

| 峰值加速度 m/s² | 脉冲持续时间 m/s² | 碰撞次数 | 碰撞波形 |
|---|---|---|---|
| 100 | 16 | 500 | 半正弦波 |

8.4 投标方应提供产品符合上述要求的有效证明或检测报告

### 9. 售后服务

9.1 验收合格后免费保修期一年，保修范围包括硬件和软件的完善；

9.2 中标方在产品保修期内免费提供所购产品总数 2% 的备机；

9.3 在免费保修期内产品在 7 日内无法修复的，中标方应予以免费更换；

9.4 中标方应在各省（自治区、直辖市）设立常驻维修机构。

附件 3：

# 台式票据打印机技术规格及要求（试行）

**1. 版式要求** 4 吋

**2. 接口标准**

1）支持标准 RS232 串行通信端口（PS2 或 DB9）；

2）支持中文字符集：支持 GB 2312、GB 18030；

3）支持点阵图像打印。

**3. 整体性能**

1）产品抗扰度限值应符合 GB/T 17618 要求；

2）产品的安全应符合 GB 4943 的规定；

3）产品要有良好的防摔性；

4）打印头寿命：脉冲次数 1 000 万次。

**4. 外观及结构要求**

4.1 按键、开关操作灵活可靠，零部件应紧固无松动；

4.2 外观无腐蚀，无涂覆层脱落，无明显划伤、裂痕、毛刺等机械损伤，标志清晰；

4.3 外壳应有足够的机械强度和刚度。外壳：承受 60N 力时，表面不应产生永久性变形和损坏。应符合 GB/T 4208 规定的 IP54 防护等级。外壳承受 60N 力时，表面不应产生永久性变形和损坏。

**5. 产品适应性**

5.1 正常使用环境条件

环境温度：$-10\sim+50℃$

相对湿度：$10\%\sim90\%$

大气压力：$86\sim106kPa$

5.2 气候环境适应性要求

台式票据打印机应能耐受下列规定的气候条件的各项试验。每项试验后检查基本功能应符合本技术规格和要求。

5.2.1 GB 2423.1—1989 电工电子产品基本环境试验规程 试验 A：低温试验方法。

5.2.2 GB 2423.2—1989 电工电子产品基本环境试验规程 试

验 A：高温试验方法。

5.2.3　GB/T 2423.3—1993 电工电子产品基本环境试验规程
试验 Ca：恒温湿热试验方法。

5.3　机械环境适应性要求

便携式票据打印机应能耐受下列规定条件的各项试验，每项试
验后检查基本功能应符合 8.1.2 规定的要求。

5.3.1　GB/T 2423.6—1995 电工电子产品环境试验 第 2 部
分：实验方法 试验 Eb 和导则：碰撞。

5.3.2　GB/T 2423.6—1995 电工电子产品环境试验 第 2 部
分：实验方法 试验 Ea-冲击试验方法。

投标人产品应符合上述要求，并出具国家相关法定检测机构的
检测报告。

### 6. 售后服务

6.1　验收合格后免费保修期一年，保修范围包括硬件和软件
的完善，不包括易损件。

6.2　中标方在产品保修期内免费提供所购产品总数 2% 的
备机。

6.3　免费保修期内产品在交修之日起 7 日内无法修复的，中
标方应予以免费更换。

6.4　中标方应在各省（自治区、直辖市）设立常驻维修机构。

# 国家兽医参考实验室管理办法

（2005 年 2 月 25 日农医发〔2005〕5 号）

**第一条** 为了规范国家兽医参考实验室（以下称参考实验室）的管理，制定本办法。

**第二条** 参考实验室由农业部指定，并对外公布。

**第三条** 参考试验室的职责是：

（一）承担国家动物疫病防治基础研究与应用研究，解决动物疫病防治工作中的重大和关键性技术难题。

（二）研究动物疫病诊断、预防、控制和扑灭等方面的技术。

（三）负责对规定动物疫病作出最终诊断结论，并将诊断结论报告农业部兽医局。

（四）负责提供规定动物疫病诊断试剂标样。

（五）负责筛选、推荐国家强制免疫疫苗生产所用菌（毒）种、株，按要求及时向农业部指定的菌（毒）种保藏机构无偿提供。

（六）收集、整理、分析规定动物疫病的流行病学信息，及时向农业部兽医局报告。

（七）负责对兽医实验室规定动物疫病的诊断、监测进行技术指导、培训。

（八）受农业部兽医局的委托对兽医实验室规定动物疫病的诊断、监测进行校准。

**第四条** 各级兽医行政管理部门所属的兽医实验室有义务向参考实验室提供规定动物疫病的相关资料。

**第五条** 参考实验室实行所在单位领导下的主任负责制。参考实验室主任应当在全国同一专业领域具有较高的影响。

参考实验室主任由所在单位聘任，并报农业部兽医局备案。

**第六条** 参考实验室应当设立专家委员会。

专家委员会对参考实验室的发展方向、重大科研计划、年度工作和参考实验室的管理提出建议。

专家委员会由相关领域的知名专家组成，其中本参考实验室和所在单位的专家委员不超过总人数的二分之一。专家委员会每年至少召开一次会议。

**第七条** 参考实验室应当建立健全质量保证体系，加强质量管理，并应当依法取得相应的资质证书。

**第八条** 参考实验室及其工作人员应当严格遵守国家有关疫情监测和信息发布等方面的法律、法规和规章。

参考实验室提交有关国际国内学术会议的学术报告，以及向外提供与相关实验室开展研究和技术交流合作等活动取得的研究成果中涉及动物疫情的，应当符合国家有关法律、行政法规和规章的规定。

**第九条** 参考实验室未经送样单位和个人同意，不得书面或口头发表任何与接收样本有关的信息，不得擅自将样本用于产品开发和转让。

**第十条** 每年一月底前，参考实验室应当将上年度工作情况报农业部兽医局。

**第十一条** 农业部兽医局定期对参考实验室进行评估。对评估达不到要求的，提出限期整改意见，经整改不合格的，取消参考实验室资格。

**第十二条** 参考实验室命名为"国家×××参考实验室"，英文名称为："National ××× Reference Laboratory"。

**第十三条** 本办法自发布之日起施行。

# 高致病性动物病原微生物菌（毒）种或者样本运输包装规范

（2005 年 5 月 24 日农业部公告第 503 号）

运输高致病性动物病原微生物菌（毒）种或者样本的，其包装应当符合以下要求：

## 一、内包装

（一）必须是不透水、防泄漏的主容器，保证完全密封；

（二）必须是结实、不透水和防泄漏的辅助包装；

（三）必须在主容器和辅助包装之间填充吸附材料。吸附材料必须充足，能够吸收所有的内装物。多个主容器装入一个辅助包装时，必须将它们分别包装。

（四）主容器的表面贴上标签，表明菌（毒）种或样本类别、编号、名称、数量等信息。

（五）相关文件，例如菌（毒）种或样本数量表格、危险性声明、信件、菌（毒）种或样本鉴定资料、发送者和接收者的信息等应当放入一个防水的袋中，并贴在辅助包装的外面。

## 二、外包装

（一）外包装的强度应当充分满足对于其容器、重量及预期使用方式的要求；

（二）外包装应当印上生物危险标识并标注"高致病性动物病原微生物，非专业人员严禁拆开！"的警告语。

注：生物危险标识如下图：

### 三、包装要求

**（一）冻干样本**

主容器必须是火焰封口的玻璃安瓿或者是用金属封口的胶塞玻璃瓶。

**（二）液体或者固体样本**

1. 在环境温度或者较高温度下运输的样本：只能用玻璃、金属或者塑料容器作为主容器，向容器中罐装液体时须保留足够的剩余空间，同时采用可靠的防漏封口，如热封、带缘的塞子或者金属卷边封口。如果使用旋盖，必须用胶带加固。

2. 在制冷或者冷冻条件下运输的样本：冰、干冰或者其他冷冻剂必须放在辅助包装周围，或者按照规定放在由一个或者多个完整包装件组成的合成包装件中。内部要有支撑物，当冰或者干冰消耗掉以后，仍可以把辅助包装固定在原位置上。如果使用冰，包装必须不透水；如果使用干冰，外包装必须能排出二氧化碳气体；如果使用冷冻剂，主容器和辅助包装必须保持良好的性能，在冷冻剂消耗完以后，应仍能承受运输中的温度和压力。

## 四、民用航空运输特殊要求

通过民用航空运输的，应当符合《中国民用航空危险品运输管理规定》（CCAR276）和国际民航组织文件 Doc9284《危险物品航空安全运输技术细则》中的有关包装要求。

# 中华人民共和国农业部公告

## 第 898 号

根据《兽药管理条例》规定和兽药生产许可证审批要求，经审核，现核发齐齐哈尔市双富兽药有限公司等 8 家企业《兽药生产许可证》（附件 1），有效期为 5 年；同意罗定市皇家动物药业有限公司等 12 家企业生产许可证内容变更（附件 2）和临沂市乐邦兽药饲料科技发展有限公司等 5 家兽药生产企业名称变更（附件 3）。特此公告

附件：1. 兽药生产许可证目录
2. 兽药生产许可证内容变更目录
3. 兽药生产许可证企业名称变更目录

二〇〇七年七月三十一日

**附件 1：**

### 兽药生产许可证目录

| 序号 | 许可证号 | 企业名称 | 有效期 | 备注 |
|---|---|---|---|---|
| 1 | （2007）兽药生产证字 08034 号 | 齐齐哈尔市双富兽药有限公司 | 5 年 | 新建企业 |
| 2 | （2007）兽药生产证字 03117 号 | 河北皓海生物科技有限公司 | 5 年 | 新建企业 |
| 3 | （2007）兽药生产证字 11061 号 | 浙江来益生物技术有限公司 | 5 年 | 新建企业 |
| 4 | （2007）兽药生产证字 05019 号 | 内蒙古天使动物保健品有限责任公司 | 5 年 | 新建企业 |

（续）

| 序号 | 许可证号 | 企业名称 | 有效期 | 备注 |
|---|---|---|---|---|
| 5 | （2007）兽药生产证字 30006 号 | 宁夏金牧动物药业有限公司 | 5 年 | 新建企业 |
| 6 | （2007）兽药生产证字 30007 号 | 宁夏大北农科技实业有限公司 | 5 年 | 新建企业 |
| 7 | （2007）兽药生产证字 06048 号 | 丹东岳华动物药品有限公司 | 5 年 | 新建企业 |
| 8 | （2007）兽药生产证字 19095 号 | 杜邦中国集团有限公司 | 5 年 | 新建企业 |

## 附件 2：

### 兽药生产许可证内容变更目录

| 序号 | 许可证号 | 企业名 | 有效期 | 内容变更 |
|---|---|---|---|---|
| 1 | （2007）兽药生产证字 19060 号 | 罗定市皇家动物药业有限公司 | 5 年 | 增加范围 |
| 2 | （2007）兽药生产证字 22075 号 | 四川永久畜牧药业有限公司 | 5 年 | 增加范围 |
| 3 | （2007）兽药生产证字 10001 号 | 中牧南京实业公司动物药品厂 | 5 年 | 增加范围 |
| 4 | （2007）兽药生产证字 09018 号 | 上海申亚动物保健品有限公司 | 5 年 | 增加范围 |
| 5 | （2007）药生产证字 17009 号 | 武汉农大生物科技有限公司 | 5 年 | 增加范围 |
| 6 | （2007）兽药生产证字 01032 号 | 北京市兽医生物药品厂 | 5 年 | 增加范围 |
| 7 | （2006）兽药生产证字 03098 号 | 河北利华药业有限公司 | 5 年 | 变更法人 |
| 8 | （2006）兽药生产证字 03068 号 | 河北京科动物药业有限公司 | 5 年 | 变更法人 |

（续）

| 序号 | 许可证号 | 企业名 | 有效期 | 内容变更 |
|---|---|---|---|---|
| 9 | （2005）兽药生产证字16001号 | 濮阳泓天威药业有限公司 | 5年 | 变更法人 |
| 10 | （2006）兽药生产证字19045号 | 丽珠集团新北江制药股份有限公司 | 5年 | 变更法人 |
| 11 | （2006）兽药生产证字15153号 | 潍坊益康原药业有限公司 | 5年 | 变更企业生产地址 |
| 12 | （2005）兽药生产证字20009号 | 广西中和元华药业有限公司 | 5年 | 变更企业注册地址 |

## 附件3：

## 兽药生产许可证内容变更目录

| 许可证号 | 企业名称 | 有效期 | 原企业名称 |
|---|---|---|---|
| （2006）兽药生产证字15159号 | 临沂市乐邦兽药饲料科技发展有限公司 | 5年 | 临沂市丝绸公司蚕药厂 |
| （2005）兽药生产证字18004号 | 岳阳市九鼎科技有限公司兽药分公司 | 5年 | 岳阳市九鼎科技有限公司 |
| （2005）兽药生产证字28006号 | 甘肃武威新天马制药有限责任公司 | 5年 | 甘肃武威天马药业有限责任公司 |
| （2006）兽药生产证字19004号 | 广东燕唐生物科技有限公司 | 5年 | 广东燕塘兽药有限公司 |
| （2006）兽药生产证字16085号 | 天一诺法维它（商丘）生物科技有限公司 | 5年 | 中加合资天一诺维他（商丘）生物科技有限公司 |

# 农业部关于进一步规范高致病性动物病原微生物实验活动审批工作的通知

（2008 年 12 月 12 日农医发〔2008〕27 号）

各省、自治区、直辖市畜牧兽医（农业、农牧）厅（局、办、委），新疆生产建设兵团农业局：

为进一步规范高致病性动物病原微生物实验活动审批行为，加强动物病原微生物实验室生物安全管理，现就有关事项通知如下。

## 一、严格掌握高致病动物病原微生物实验活动审批条件

高致病性动物病原微生物实验活动，事关重大动物疫病防控，事关实验室工作人员及广大人民群众身体健康和生命安全。省级以上兽医主管部门要高度重视高致病性动物病原微生物实验活动管理，认真贯彻实施《病原微生物实验室生物安全管理条例》，按照《高致病性动物病原微生物实验室生物安全管理审批办法》规定的条件，严格高致病性动物病原微生物实验活动审批。

（一）高致病性动物病原微生物实验活动所需实验室生物安全级别。按照《病原微生物实验室生物安全管理条例》和《高致病性动物病原微生物实验室生物安全管理审批办法》规定，一级、二级实验室不得从事高致病性动物病原微生物实验活动；三级、四级实验室需要从事某种高致病性动物病原微生物或者疑似高致病性动物病原微生物实验活动的，应当经农业部或者省、自治区、直辖市人民政府兽医行政管理部门批准。经省级以上兽医主管部门批准的高致病性动物病原微生物实验活动，必须按照《动物病原微生物实验活动生物安全要求细则》（附后）的要求，在相应生物安全级别的

实验室内开展有关实验活动。

（二）高致病性动物病原微生物实验活动审批条件。三级、四级实验室从事高致病性动物病原微生物或者疑似高致病性动物病原微生物实验活动的，应当具备下列条件：一是必须取得农业部颁发的《高致病性动物病原微生物实验室资格证书》，并在有效期内；二是实验活动仅限于与动物病原微生物菌（毒）种或者样本有关的研究、检测、诊断和菌（毒）种保藏等；三是科研项目立项前必须经农业部批准。

## 二、严格规范高致病性动物病原微生物实验活动审批程序

省级以上兽医主管部门应当按照《高致病性动物病原微生物实验室生物安全管理审批办法》和农业部第 898 号公告规定的审批主体、审批程序，做好高致病性动物病原微生物实验活动审批工作。

（一）审批主体。从事下列高致病性动物病原微生物实验活动的，应当报农业部审批：一是猪水泡病病毒、非洲猪瘟病毒、非洲马瘟病毒、牛海绵状脑病病原和痒病病原等我国尚未发现的动物病原微生物；二是牛瘟病毒、牛传染性胸膜肺炎丝状支原体等我国已经宣布消灭的动物病原微生物；三是高致病性禽流感病毒、口蹄疫病毒、小反刍兽疫病毒等烈性动物传染病病毒。从事其他高致病性动物病原微生物实验活动的，由省、自治区、直辖市人民政府兽医主管部门审批。

（二）审批程序。实验室申请从事高致病性动物病原微生物实验活动的，应当向所在地省、自治区、直辖市人民政府兽医主管部门提出申请，并提交下列材料：一是高致病性动物病原微生物实验活动申请表一式两份；二是高致病性动物病原微生物实验室资格证书复印件；三是从事与高致病性动物病原微生物有关的科研项目，还应当提供科研项目立项证明材料。省级以上兽医主管部门按照职责分工，应当在收到申请材料之日起 15 日内做出是否审批的决定。

## 三、切实加强高致病性动物病原微生物实验活动监督管理

高致病性动物病原微生物实验活动管理是实验室生物安全监管的重点内容。各级兽医主管部门一定要认真贯彻实施《病原微生物

实验室生物安全管理条例》的各项规定，采取切实有效措施，对高致病性动物病原微生物实验活动实行全程监管，确保实验室生物安全，确保实验室工作人员和广大人民群众身体健康。

（一）严肃查处违法从事实验活动的行为。各级兽医主管部门要严格执行高致病性动物病原微生物实验活动事前审批制度。对未经批准从事高致病性动物病原微生物实验活动的，要依法严肃查处，三年内不再批准该实验室从事任何高致病性动物病原微生物实验活动。

（二）加强实验活动监督检查。各级兽医主管部门要定期组织实验活动监督检查。重点检查实验室是否按照有关国家标准、技术规范和操作规程从事实验活动，及时纠正违规操作行为。要督促实验室加强内部管理，制定并落实安全管理、安全防护、感染控制和生物安全事故应急预案等规章制度。

（三）严格执行实验活动报告制度。经批准的实验活动，实验室应当每半年将实验活动情况报原批准机关。实验活动结束后，应当及时将实验结果以及工作总结报原批准机关。未及时报告的，兽医主管部门要责令改正，并给予警告处罚。

附件：动物病原微生物实验活动生物安全要求细则

## 附件：

# 动物病原微生物实验活动生物安全要求细则

| 序号 | 动物病原微生物名称 | 危害程度分类 | 实验活动所需实验室生物安全级别 | | | | f 运输包装要求 | 备 注 |
| --- | --- | --- | --- | --- | --- | --- | --- | --- |
| | | | a 病原分离培养 | b 动物感染实验 | c 未经培养的感染性材料实验 | d 灭活材料实验 | | |
| 1 | 口蹄疫病毒 | 第一类 | BSL-3 | ABSL-3 | BSL-2 | BSL-2 | UN2900（仅培养物） | C实验的感染性材料的处理要在II级生物安全柜中进行 |
| 2 | 高致病性禽流感病毒 | 第一类 | BSL-3 | ABSL-3 | BSL-2 | BSL-2 | UN2814（仅培养物） | C实验的感染性材料的处理要在II级生物安全柜中进行 |

（续）

| 序号 | 动物病原微生物名称 | 危害程度分类 | 实验活动所需实验室生物安全级别 | | | | f运输包装要求 | 备 注 |
|---|---|---|---|---|---|---|---|---|
| | | | a病原分离培养 | b动物感染实验 | c未经培养的感染性材料实验 | d灭活材料实验 | | |
| 3 | 猪水泡病病毒 | 第一类 | BSL－3 | ABSL－3 | BSL－2 | BSL－2 | UN2900（仅培养物） | C实验的感染性材料的处理要在Ⅱ级生物安全柜中进行 |
| 4 | 非洲猪瘟病毒 | 第一类 | BSL－3 | ABSL－3 | BSL－3 | BSL－3 | UN2900 | |
| 5 | 非洲马瘟病毒 | 第一类 | BSL－3 | ABSL－3 | BSL－3 | BSL－3 | UN2900 | |
| 6 | 牛瘟病毒 | 第一类 | BSL－3 | ABSL－3 | BSL－3 | BSL－3 | UN2900 | |
| 7 | 小反刍兽疫病毒 | 第一类 | BSL－3 | ABSL－3 | BSL－3 | BSL－3 | UN2900 | |
| 8 | 牛传染性胸膜肺炎丝状支原体 | 第一类 | BSL－3 | ABSL－3 | BSL－3 | BSL－3 | UN2900 | |
| 9 | 牛海绵状脑病病原 | 第一类 | BSL－3 | ABSL－3 | BSL－3 | BSL－3 | UN3373 | |
| 10 | 痒病病原 | 第一类 | BSL－3 | ABSL－3 | BSL－3 | BSL－3 | UN3373 | |
| 11 | 猪瘟病毒 | 第二类 | BSL－3 | ABSL－3 | BSL－2 | BSL－2 | UN2900（仅培养物） | |
| 12 | 鸡新城疫病毒 | 第二类 | BSL－3 | ABSL－3 | BSL－2 | BSL－2 | UN2900（仅培养物） | |
| 13 | 狂犬病病毒 | 第二类 | BSL－3 | ABSL－3 | BSL－2 | BSL－2 | UN2814（仅培养物） | |
| 14 | 绵羊痘/山羊痘病毒 | 第二类 | BSL－3 | ABSL－3 | BSL－2 | BSL－2 | UN2900（仅培养物） | |
| 15 | 蓝舌病病毒 | 第二类 | BSL－3 | ABSL－3 | BSL－2 | BSL－2 | UN2900（仅培养物） | |
| 16 | 兔病毒性出血症病毒 | 第二类 | BSL－3 | ABSL－3 | BSL－2 | BSL－2 | UN2900（仅培养物） | |
| 17 | 炭疽芽孢杆菌 | 第二类 | BSL－3 | ABSL－3 | BSL－3 | BSL－2 | UN2814（仅培养物） | |
| 18 | 布氏杆菌 | 第二类 | BSL－3 | ABSL－3 | BSL－2 | BSL－2 | UN2814（仅培养物） | |

（续）

| 序号 | 动物病原微生物名称 | 危害程度分类 | 实验活动所需实验室生物安全级别 | | | | f 运输包装要求 | 备注 |
|---|---|---|---|---|---|---|---|---|
| | | | a 病原分离培养 | b 动物感染实验 | c 未经培养的感染性材料实验 | d 灭活材料实验 | | |
| 19 | 低致病性流感病毒 | 第三类 | BSL-2 | ABSL-2 | BSL-2 | BSL-1 | UN3373 | |
| 20 | 伪狂犬病病毒 | 第三类 | BSL-2 | ABSL-2 | BSL-2 | BSL-1 | UN3373 | |
| 21 | 破伤风梭菌 | 第三类 | BSL-2 | ABSL-2 | BSL-2 | BSL-1 | UN3373（仅培养物） | |
| 22 | 气肿疽梭菌 | 第三类 | BSL-2 | ABSL-2 | BSL-2 | BSL-1 | UN2900（仅培养物） | |
| 23 | 结核分支杆菌 | 第三类 | BSL-3 | ABSL-3 | BSL-2 | BSL-1 | UN2814（仅培养物） | C 实验的感染性材料处理要在Ⅱ级生物安全柜中进行 |
| 24 | 副结核分支杆菌 | 第三类 | BSL-2 | ABSL-2 | BSL-1 | BSL-1 | UN3373 | |
| 25 | 致病性大肠杆菌 | 第三类 | BSL-2 | ABSL-2 | BSL-1 | BSL-1 | UN2814（仅培养物） | |
| 26 | 沙门氏菌 | 第三类 | BSL-2 | ABSL-2 | BSL-1 | BSL-1 | UN3373（仅培养物） | |
| 27 | 巴氏杆菌 | 第三类 | BSL-2 | ABSL-2 | BSL-1 | BSL-1 | UN3373 | |
| 28 | 致病性链球菌 | 第三类 | BSL-2 | ABSL-2 | BSL-2 | BSL-1 | UN2814（仅培养物） | |
| 29 | 李氏杆菌 | 第三类 | BSL-2 | ABSL-2 | BSL-1 | BSL-1 | UN2814（仅培养物） | |
| 30 | 产气荚膜梭菌 | 第三类 | BSL-2 | ABSL-2 | BSL-1 | BSL-1 | UN3373 | |
| 31 | 嗜水气单胞菌 | 第三类 | BSL-2 | ABSL-2 | BSL-1 | BSL-1 | UN3373 | |
| 32 | 肉毒梭状芽孢杆菌 | 第三类 | BSL-2 | ABSL-2 | BSL-2 | BSL-1 | UN2814（仅培养物） | |
| 33 | 腐败梭菌和其他致病性梭菌 | 第三类 | BSL-2 | ABSL-2 | BSL-2 | BSL-1 | UN3373 | |
| 34 | 鹦鹉热衣原体 | 第三类 | BSL-2 | ABSL-2 | BSL-2 | BSL-1 | UN2814 | |
| 35 | 放线菌 | 第三类 | BSL-2 | ABSL-2 | BSL-1 | BSL-1 | UN3373 | |
| 36 | 钩端螺旋体 | 第三类 | BSL-2 | ABSL-2 | BSL-1 | BSL-1 | UN3373（仅培养物） | |

（续）

| 序号 | 动物病原微生物名称 | 危害程度分类 | 实验活动所需实验室生物安全级别 | | | | f运输包装要求 | 备注 |
|---|---|---|---|---|---|---|---|---|
| | | | a病原分离培养 | b动物感染实验 | c未经培养的感染性材料实验 | d灭活材料实验 | | |
| 37 | 牛恶性卡他热病毒 | 第三类 | BSL-2 | ABSL-2 | BSL-2 | BSL-1 | UN3373 | |
| 38 | 牛白血病病毒 | 第三类 | BSL-2 | ABSL-2 | BSL-2 | BSL-1 | UN3373 | |
| 39 | 牛流行热病毒 | 第三类 | BSL-2 | ABSL-2 | BSL-2 | BSL-1 | UN3373 | |
| 40 | 牛传染性鼻气管炎病毒 | 第三类 | BSL-2 | ABSL-2 | BSL-2 | BSL-1 | UN3373 | |
| 41 | 牛病毒腹泻/黏膜病病毒 | 第三类 | BSL-2 | ABSL-2 | BSL-2 | BSL-1 | UN3373 | |
| 42 | 牛生殖器弯曲杆菌 | 第三类 | BSL-2 | ABSL-2 | BSL-2 | BSL-1 | UN3373 | |
| 43 | 日本血吸虫 | 第三类 | BSL-2 | ABSL-2 | BSL-1 | BSL-1 | UN3373 | |
| 44 | 山羊关节炎/脑脊髓炎病毒 | 第三类 | BSL-2 | ABSL-2 | BSL-2 | BSL-1 | UN3373 | |
| 45 | 梅迪/维斯纳病病毒 | 第三类 | BSL-2 | ABSL-2 | BSL-2 | BSL-1 | UN3373 | |
| 46 | 传染性脓疱皮炎病毒 | 第三类 | BSL-2 | ABSL-2 | BSL-2 | BSL-1 | UN3373 | |
| 47 | 日本脑炎病毒 | 第三类 | BSL-2 | ABSL-2 | BSL-2 | BSL-1 | UN2814（仅培养物） | |
| 48 | 猪繁殖与呼吸综合征病毒 | 第三类 | BSL-2 | ABSL-2 | BSL-2 | BSL-1 | UN3373 | |
| 49 | 猪细小病毒 | 第三类 | BSL-2 | ABSL-2 | BSL-2 | BSL-1 | UN3373 | |
| 50 | 猪圆环病毒 | 第三类 | BSL-2 | ABSL-2 | BSL-2 | BSL-1 | UN3373 | |
| 51 | 猪流行性腹泻病毒 | 第三类 | BSL-2 | ABSL-2 | BSL-2 | BSL-1 | UN3373 | |
| 52 | 猪传染性胃肠炎病毒 | 第三类 | BSL-2 | ABSL-2 | BSL-2 | BSL-1 | UN3373 | |
| 53 | 猪丹毒杆菌 | 第三类 | BSL-2 | ABSL-2 | BSL-1 | BSL-1 | UN3373 | |
| 54 | 猪支气管败血波氏杆菌 | 第三类 | BSL-2 | ABSL-2 | BSL-1 | BSL-1 | UN3373 | |

（续）

| 序号 | 动物病原微生物名称 | 危害程度分类 | 实验活动所需实验室生物安全级别 | | | | f运输包装要求 | 备注 |
|---|---|---|---|---|---|---|---|---|
| | | | a病原分离培养 | b动物感染实验 | c未经培养的感染性材料实验 | d灭活材料实验 | | |
| 55 | 猪胸膜肺炎放线杆菌 | 第三类 | BSL-2 | ABSL-2 | BSL-1 | BSL-1 | UN3373 | |
| 56 | 副猪嗜血杆菌 | 第三类 | BSL-2 | ABSL-2 | BSL-1 | BSL-1 | UN3373 | |
| 57 | 猪肺炎支原体 | 第三类 | BSL-2 | ABSL-2 | BSL-1 | BSL-1 | UN3373 | |
| 58 | 猪密螺旋体 | 第三类 | BSL-2 | ABSL-2 | BSL-1 | BSL-1 | UN3373 | |
| 59 | 马传染性贫血病毒 | 第三类 | BSL-2 | ABSL-2 | BSL-2 | BSL-1 | UN3373 | |
| 60 | 马动脉炎病毒 | 第三类 | BSL-2 | ABSL-2 | BSL-2 | BSL-1 | UN3373 | |
| 61 | 马病毒性流产病毒 | 第三类 | BSL-2 | ABSL-2 | BSL-2 | BSL-1 | UN3373 | |
| 62 | 马鼻炎病毒 | 第三类 | BSL-2 | ABSL-2 | BSL-2 | BSL-1 | UN3373 | |
| 63 | 鼻疽假单胞菌 | 第三类 | BSL-2 | ABSL-2 | BSL-2 | BSL-1 | UN2814（仅培养物） | |
| 64 | 类鼻疽假单胞菌 | 第三类 | BSL-2 | ABSL-2 | BSL-2 | BSL-1 | UN2814（仅培养物） | |
| 65 | 假皮疽组织胞浆菌 | 第三类 | BSL-2 | ABSL-2 | BSL-1 | BSL-1 | UN3373 | |
| 66 | 溃疡性淋巴管炎假结核棒状杆菌 | 第三类 | BSL-2 | ABSL-2 | BSL-1 | BSL-1 | UN3373 | |
| 67 | 鸭瘟病毒 | 第三类 | BSL-2 | ABSL-2 | BSL-2 | BSL-1 | UN3373 | |
| 68 | 鸭病毒性肝炎病毒 | 第三类 | BSL-2 | ABSL-2 | BSL-2 | BSL-1 | UN3373 | |
| 69 | 小鹅瘟病毒 | 第三类 | BSL-2 | ABSL-2 | BSL-2 | BSL-1 | UN3373 | |
| 70 | 鸡传染性法氏囊病病毒 | 第三类 | BSL-2 | ABSL-2 | BSL-2 | BSL-1 | UN3373 | |
| 71 | 鸡马立克氏病病毒 | 第三类 | BSL-2 | ABSL-2 | BSL-1 | BSL-1 | UN3373 | |
| 72 | 禽白血病/肉瘤病毒 | 第三类 | BSL-2 | ABSL-2 | BSL-1 | BSL-1 | UN3373 | |

（续）

| 序号 | 动物病原微生物名称 | 危害程度分类 | 实验活动所需实验室生物安全级别 | | | | f 运输包装要求 | 备注 |
|---|---|---|---|---|---|---|---|---|
| | | | a 病原分离培养 | b 动物感染实验 | c 未经培养的感染性材料实验 | d 灭活材料实验 | | |
| 73 | 禽网状内皮组织增殖病病毒 | 第三类 | BSL－2 | ABSL－2 | BSL－1 | BSL－1 | UN3373 | |
| 74 | 鸡传染性贫血病毒 | 第三类 | BSL－2 | ABSL－2 | BSL－2 | BSL－1 | UN3373 | |
| 75 | 鸡传染性喉气管炎病毒 | 第三类 | BSL－2 | ABSL－2 | BSL－2 | BSL－1 | UN3373 | |
| 76 | 鸡传染性支气管炎病毒 | 第三类 | BSL－2 | ABSL－2 | BSL－2 | BSL－1 | UN3373 | |
| 77 | 鸡减蛋综合征病毒 | 第三类 | BSL－2 | ABSL－2 | BSL－2 | BSL－1 | UN3373 | |
| 78 | 禽痘病毒 | 第三类 | BSL－2 | ABSL－2 | BSL－1 | BSL－1 | UN3373 | |
| 79 | 鸡病毒性关节炎病毒 | 第三类 | BSL－2 | ABSL－2 | BSL－2 | BSL－1 | UN3373 | |
| 80 | 禽传染性脑脊髓炎病毒 | 第三类 | BSL－2 | ABSL－2 | BSL－2 | BSL－1 | UN3373 | |
| 81 | 副鸡嗜血杆菌 | 第三类 | BSL－2 | ABSL－2 | BSL－1 | BSL－1 | UN3373 | |
| 82 | 鸡毒支原体 | 第三类 | BSL－2 | ABSL－2 | BSL－1 | BSL－1 | UN3373 | |
| 83 | 鸡球虫 | 第三类 | BSL－2 | ABSL－2 | BSL－1 | BSL－1 | UN3373 | |
| 84 | 兔黏液瘤病病毒 | 第三类 | BSL－2 | ABSL－2 | BSL－2 | BSL－1 | UN3373 | |
| 85 | 野兔热土拉杆菌 | 第三类 | BSL－2 | ABSL－2 | BSL－2 | BSL－1 | UN3373 | |
| 86 | 兔支气管败血波氏杆菌 | 第三类 | BSL－2 | ABSL－2 | BSL－1 | BSL－1 | UN3373 | |
| 87 | 兔球虫 | 第三类 | BSL－2 | ABSL－2 | BSL－1 | BSL－1 | UN3373 | |

（续）

| 序号 | 动物病原微生物名称 | 危害程度分类 | 实验活动所需实验室生物安全级别 | | | | f运输包装要求 | 备注 |
|---|---|---|---|---|---|---|---|---|
| | | | a病原分离培养 | b动物感染实验 | c未经培养的感染性材料实验 | d灭活材料实验 | | |
| 水生动物病原微生物 | | | | | | | | |
| 88 | 流行性造血器官坏死病毒 | 第三类 | BSL-2 | ABSL-2 | BSL-1 | BSL-1 | UN3373 | |
| 89 | 传染性造血器官坏死病毒 | 第三类 | BSL-2 | ABSL-2 | BSL-1 | BSL-1 | UN3373 | |
| 90 | 马苏大马哈鱼病毒 | 第三类 | BSL-2 | ABSL-2 | BSL-1 | BSL-1 | UN3373 | |
| 91 | 病毒性出血性败血症病毒 | 第三类 | BSL-2 | ABSL-2 | BSL-1 | BSL-1 | UN3373 | |
| 92 | 锦鲤疱疹病毒 | 第三类 | BSL-2 | ABSL-2 | BSL-1 | BSL-1 | UN3373 | |
| 93 | 斑点叉尾鮰病毒 | 第三类 | BSL-2 | ABSL-2 | BSL-1 | BSL-1 | UN3373 | |
| 94 | 病毒性脑病和视网膜病毒 | 第三类 | BSL-2 | ABSL-2 | BSL-1 | BSL-1 | UN3373 | |
| 95 | 传染性胰脏坏死病毒 | 第三类 | BSL-2 | ABSL-2 | BSL-1 | BSL-1 | UN3373 | |
| 96 | 真鲷虹彩病毒 | 第三类 | BSL-2 | ABSL-2 | BSL-1 | BSL-1 | UN3373 | |
| 97 | 白鲟虹彩病毒 | 第三类 | BSL-2 | ABSL-2 | BSL-1 | BSL-1 | UN3373 | |
| 98 | 中肠腺坏死杆状病毒 | 第三类 | BSL-2 | ABSL-2 | BSL-1 | BSL-1 | UN3373 | |
| 99 | 传染性皮下和造血器官坏死病毒 | 第三类 | BSL-2 | ABSL-2 | BSL-1 | BSL-1 | UN3373 | |
| 100 | 核多角体杆状病毒 | 第三类 | BSL-2 | ABSL-2 | BSL-1 | BSL-1 | UN3373 | |
| 101 | 虾产卵死亡综合征病毒 | 第三类 | BSL-2 | ABSL-2 | BSL-1 | BSL-1 | UN3373 | |

（续）

| 序号 | 动物病原微生物名称 | 危害程度分类 | 实验活动所需实验室生物安全级别 | | | | f运输包装要求 | 备注 |
|---|---|---|---|---|---|---|---|---|
| | | | a病原分离培养 | b动物感染实验 | c未经培养的感染性材料实验 | d灭活材料实验 | | |
| 102 | 鳖鳃腺炎病毒 | 第三类 | BSL-2 | ABSL-2 | BSL-1 | BSL-1 | UN3373 | |
| 103 | Taura综合征病毒 | 第三类 | BSL-2 | ABSL-2 | BSL-1 | BSL-1 | UN3373 | |
| 104 | 对虾白斑综合征病毒 | 第三类 | BSL-2 | ABSL-2 | BSL-1 | BSL-1 | UN3373 | |
| 105 | 黄头病病毒 | 第三类 | BSL-2 | ABSL-2 | BSL-1 | BSL-1 | UN3373 | |
| 106 | 草鱼出血病毒 | 第三类 | BSL-2 | ABSL-2 | BSL-1 | BSL-1 | UN3373 | |
| 107 | 鲤春病毒血症病毒 | 第三类 | BSL-2 | ABSL-2 | BSL-1 | BSL-1 | UN3373 | |
| 108 | 鲍球形病毒 | 第三类 | BSL-2 | ABSL-2 | BSL-1 | BSL-1 | UN3373 | |
| 109 | 鲑传染性贫血病毒 | 第三类 | BSL-2 | ABSL-2 | BSL-1 | BSL-1 | UN3373 | |
| 蜜蜂病病原微生物 | | | | | | | | |
| 110 | 美洲幼虫腐臭病幼虫杆菌 | 第三类 | BSL-2 | ABSL-2 | BSL-1 | BSL-1 | UN3373 | |
| 111 | 欧洲幼虫腐臭病蜂房蜜蜂球菌 | 第三类 | BSL-2 | ABSL-2 | BSL-1 | BSL-1 | UN3373 | |
| 112 | 白垩病蜂球囊菌 | 第三类 | BSL-2 | ABSL-2 | BSL-1 | BSL-1 | UN3373 | |
| 113 | 蜜蜂微孢子虫 | 第三类 | BSL-2 | ABSL-2 | BSL-1 | BSL-1 | UN3373 | |
| 114 | 跗腺螨 | 第三类 | BSL-2 | ABSL-2 | BSL-1 | BSL-1 | UN3373 | |
| 115 | 雅氏大蜂螨 | 第三类 | BSL-2 | ABSL-2 | BSL-1 | BSL-1 | UN3373 | |

（续）

| 序号 | 动物病原微生物名称 | 危害程度分类 | 实验活动所需实验室生物安全级别 | | | | f运输包装要求 | 备注 |
|---|---|---|---|---|---|---|---|---|
| | | | a病原分离培养 | b动物感染实验 | c未经培养的感染性材料实验 | d灭活材料实验 | | |
| 其他动物病原微生物 | | | | | | | | |
| 116 | 犬瘟热病毒 | 第三类 | BSL-2 | ABSL-2 | BSL-2 | BSL-1 | UN3373 | |
| 117 | 犬细小病毒 | 第三类 | BSL-2 | ABSL-2 | BSL-2 | BSL-1 | UN3373 | |
| 118 | 犬腺病毒 | 第三类 | BSL-2 | ABSL-2 | BSL-2 | BSL-1 | UN3373 | |
| 119 | 犬冠状病毒 | 第三类 | BSL-2 | ABSL-2 | BSL-2 | BSL-1 | UN3373 | |
| 120 | 犬副流感病毒 | 第三类 | BSL-2 | ABSL-2 | BSL-2 | BSL-1 | UN3373 | |
| 121 | 猫泛白细胞减少综合征病毒 | 第三类 | BSL-2 | ABSL-2 | BSL-2 | BSL-1 | UN3373 | |
| 122 | 水貂阿留申病病毒 | 第三类 | BSL-2 | ABSL-2 | BSL-2 | BSL-1 | UN3373 | |
| 123 | 水貂病毒性肠炎病毒 | 第三类 | BSL-2 | ABSL-2 | BSL-2 | BSL-1 | UN3373 | |
| 124 | 动物病原微生物 | 第四类 | BSL-1 | BSL-1 | BSL-1 | BSL-1 | UN3373 | |

备注：

　　a. 病原分离培养：是指实验材料中未知病原微生物的选择性培养增殖，以及用培养物进行的相关实验活动。

　　b. 动物感染实验：是指用活的病原微生物或感染性材料感染动物的实验活动。

　　c. 未经培养的感染性材料的实验：是指用未经培养增殖的感染性材料进行的抗原检测、核酸检测、血清学检测和理化分析等实验活动。

　　d. 灭活材料的实验：是指活的病原微生物或感染性材料在采用可靠的方法灭活后进行的病原微生物的抗原检测、核酸检测、血清学检测和理化分析等实验活动。

　　f. 运输包装分类：通过民航运输动物病原微生物和病料的，按国际民航组织文件 Doc9284《危险品航空安全运输技术细则》要求分类包装，联合国编号分别为 UN2814、UN2900 和 UN3373。若表中未注明"仅培养物"，则包括涉及该病原的所有材料；对于注明"仅培养物"的感染性物质，则病原培养物按表中规定的要求包装，其他标本按 UN3373 要求进行包装；未确诊的动物病料按 UN3373 要求进行包装。通过其他交通工具运输的动物病原微生物和病料的，按照《高致病性病原微生物菌（毒）种或者样本运输包装规范》（农业部公告第 503 号）进行包装。

# 中华人民共和国农业部公告

## 第 1167 号

根据《高致病性动物病原微生物实验室生物安全管理审批办法》第十条第二款的规定，现公布可以从事高致病性禽流感实验活动的实验室（名单附后）。实验室从事高致病性禽流感实验活动的，应当按照《病原微生物实验室生物安全管理条例》第二十二条第一款的规定，报我部批准。

特此公告

附件：可以从事高致病性禽流感实验活动的实验室名单

二○○九年二月十八日

**附件：**

## 可以从事高致病性禽流感
## 实验活动的实验室名单

1. 中国农业科学院哈尔滨兽医研究所生物安全三级实验室

2. 中国动物卫生与流行病学中心国家外来动物疫病诊断中心ABSL－3实验室

3. 华南农业大学农业部养禽与禽病防治重点开放实验室生物安全三级实验室

4. 扬州大学农业部畜禽传染病学重点开放实验室动物生物安全三级实验室

# 中华人民共和国农业部公告

## 第 1145 号

为做好执业兽医资格考试工作，规范执业兽医资格考试行为，按照《动物防疫法》和《执业兽医管理办法》的规定，我部制定了《执业兽医资格考试管理暂行办法》。

特此公告

附件：执业兽医资格考试管理暂行办法

二〇〇九年一月九日

附件：

# 执业兽医资格考试管理暂行办法

## 第一章  总  则

**第一条**  为加强执业兽医资格考试管理，根据《中华人民共和国动物防疫法》和《执业兽医管理办法》，制定本办法。

**第二条**  本办法所称执业兽医资格考试，是指评价申请执业兽医资格的人员是否具备执业所必需的兽医知识的考试。

**第三条**  执业兽医资格考试包括兽医综合知识与临床技能两部分。

执业兽医资格考试的具体内容和实施方案由全国执业兽医资格考试委员会确定。

**第四条**  执业兽医资格考试由农业部组织，全国统一大纲、统一命题、统一考试。

执业兽医资格考试原则上每年举行一次。具体考试时间由全国执业兽医资格考试委员会确定，并提前 3 个月向社会公布。

# 第二章  考试组织

**第五条**  农业部组织成立全国执业兽医资格考试委员会。考试委员会负责审定考试科目、考试大纲、考试试题，对考试工作进行监督、指导和确定合格标准。

农业部执业兽医管理办公室承担考试委员会的日常工作，负责拟订考试科目、编写考试大纲、建立考试题库、组织考试命题，并提出考试合格标准建议等。

**第六条**  中国动物疫病预防控制中心在全国执业兽医资格考试委员会的领导下，具体负责执业兽医资格考试技术性工作。具体职责是：

（一）组织拟订考试大纲、命题和组卷；

（二）组织拟订考务管理规定；

（三）承担考生报名信息处理、制卷、发送试卷、回收答题卡等；

（四）组织评定、提供考试成绩；

（五）组织开展考试统计分析；

（六）向全国执业兽医资格考试委员会和农业部执业兽医管理办公室报告考试工作；

（七）指导考区办公室和考点办公室的考务工作；

（八）承担考试大纲、命题等专家的培训；

（九）承担执业兽医资格证书信息核对、打印及发放；

（十）农业部委托的其他工作。

**第七条**  各省、自治区、直辖市为考区，考区成立执业兽医资格考试领导小组，负责本行政区域内执业兽医资格考试工作。领导小组组长由各省、自治区、直辖市兽医主管部门负责人担任。

考区设办公室，具体职责是：

（一）制定本考区执业兽医资格考试考务管理具体措施；

（二）负责本考区执业兽医资格考试考务管理；

（三）指导考点办公室工作；

（四）负责接收或者转发报名信息、试卷、答卷、答题卡、成绩单、执业兽医资格证书等；

（五）负责复核考生报名资格；

（六）负责处理考试期间本考区发生的突发重大事件和违纪违规行为；

（七）其他有关事宜。

**第八条**　考区按考点设置标准设立考点，报全国执业兽医资格考试委员会备案。考点应当设在设区的市（地区、州、盟）人民政府（行政公署）所在地。考点应当成立执业兽医资格考试领导小组，领导小组组长由设区的市（地区、州、盟）兽医主管部门负责人兼任。

考点设办公室，其职责是：

（一）负责本考点执业兽医资格考试考务工作；

（二）负责受理考生报名，核实考生提供的报名材料，审核考生报名资格；

（三）负责指导考生填写报名信息表，按照统一要求处理考生信息；

（四）负责收取考试费用；

（五）负责核发《准考证》；

（六）负责安排考场，组织培训监考人员；

（七）负责接收本考点的试卷、答题卡，负责考试前的机要存放；

（八）负责组织实施考试；

（九）考试结束后，负责清点、销毁试卷，清点、寄送答卷、答题卡；

（十）负责分发成绩单并受理成绩查询，转发执业兽医资格证书；

（十一）负责处理考试期间本考点发生的突发事件和违纪违规行为；

（十二）其他有关事宜。

# 第三章　考务人员

**第九条**　考务人员是指各级考试管理机构的管理人员和参与考

试考务工作的人员。

**第十条** 全国执业兽医资格考试委员会应当向每个考区派出两名考试巡视员，负责巡视考区执业兽医资格考试考务工作。

**第十一条** 考区应当向每个考点派出两名考试监督员，负责监督考点执业兽医资格考试考务工作。

**第十二条** 每个考点应当根据考生人数设立巡考员，负责在考试过程中巡察考场和考生考试情况。

**第十三条** 每个综合知识考试考场应当至少配备两名监考员，监考员由非兽医系统工作人员担任，由考点办公室聘任，报考区办公室备案。

**第十四条** 中国动物疫病预防控制中心、考区办公室、考点办公室应当有计划地逐级培训考务工作人员。

# 第四章 报考程序

**第十五条** 具有国务院教育行政部门认可的兽医、畜牧兽医、中兽医（民族兽医）和水产养殖专业大学专科以上学历的人员，可以参加执业兽医资格考试。

2009年1月1日前不具有前款规定大学专科以上学历，但具有兽医师以上专业技术职称，经县级以上地方人民政府兽医主管部门考核合格的，可以参加执业兽医资格考试。

**第十六条** 申请参加执业兽医资格考试的人员，应当在规定期限内按要求报名，并到考试所在地考点办公室或其指定地点提交下列材料：

（一）身份证明原件及复印件；

（二）毕业证书原件及复印件；本办法第十五条第二款规定人员申请参加执业兽医资格考试的，提供专业技术职称资格证书原件及复印件和县级以上人民政府兽医主管部门考核合格证明；

（三）小2寸＊正面免冠半身彩色照片两张；

（四）农业部规定的其他材料。

---

＊ 寸是非法定计量单位。1寸＝3.33厘米。

执业兽医资格考试报名可以采取网上报名的方式。

第十七条 经审查，符合报考条件的，由考点发给《准考证》。考生凭《准考证》和有效身份证明参加考试。

# 第五章 兽医综合知识考试

第十八条 中国动物疫病预防控制中心组织兽医综合知识考试命题和组卷，报全国执业兽医资格考试委员会审定。

第十九条 兽医综合知识考试试卷（包括备用卷）和标准答案，启用前应当保密、封存保管，使用后的试卷应当按规定销毁。

第二十条 中国动物疫病预防控制中心应当向各考区办公室提供兽医综合知识考试试卷和答题卡，考区办公室应当向考点办公室提供兽医综合知识考试试卷和答题卡，考点办公室应当按规定组织实施考试。

第二十一条 兽医综合知识考试结束后，考点办公室负责回收本考点的答卷和答题卡，并立即按照要求报送到考区办公室。考区办公室应当按照要求及时将答卷和答题卡送到中国动物疫病预防控制中心。

兽医综合知识考试结束后，考区办公室应当将考试情况及时报农业部执业兽医管理办公室。

# 第六章 临床技能考试

第二十二条 中国动物疫病预防控制中心组织临床技能考试命题和组卷，报全国执业兽医资格考试委员会审定。

第二十三条 临床技能考试的试卷（包括备用卷）和评分手册，启用前应当保密、封存保管，使用后的试卷应当按规定销毁。

第二十四条 中国动物疫病预防控制中心应当向各考区办公室提供临床技能考试试卷和评分手册，考区办公室应当向考点提供临床技能考试试卷和评分手册，考点办公室应当按照规定组织实施考试。

第二十五条 经中国动物疫病预防控制中心技术审核，农业部执业兽医管理办公室批准的机构或者组织，可以按照规定具体承担临床技能考试工作。

**第二十六条** 承担临床技能考试的机构或者组织设考试小组，每个考试小组由三人以上单数考官组成，其中一名为主考官。

**第二十七条** 承担临床技能考试的考官应当具备下列条件：

（一）取得兽医师专业技术职务资格任职满三年；

（二）具有二年以上兽医临床工作经验；

（三）经考区办公室培训合格。

承担临床技能考试的考官，由考区办公室按照规定聘用。主考官应当具有高级兽医师以上专业技术职务资格。

**第二十八条** 考试小组进行测评时由考试小组的全体考官记录测评笔录，测评结束后，由主考官签署考试结果。

**第二十九条** 省、自治区、直辖市执业兽医资格考试领导小组及考区办公室应当加强对承担临床技能考试工作机构或者组织的检查、指导、评价和监督。

**第三十条** 临床技能考试结束后，承担临床技能考试的机构或者组织应当将考试结果及有关资料考点办公室。考点办公室应当立即将考试结果及有关资料按照要求报送到考区办公室。考区办公室应当按照要求及时将考试结果及有关资料送到中国动物疫病预防控制中心。

临床技能考试结束后，考区办公室应当将考试情况报告农业部执业兽医管理办公室。

# 第七章　成绩发布

**第三十一条** 中国动物疫病预防控制中心应当向农业部执业兽医管理办公室报送考生成绩及考试统计分析结果。

**第三十二条** 执业兽医资格考试合格线由全国执业兽医资格考试委员会确定，并向社会公告。

**第三十三条** 考试成绩单由考点办公室发给考生。考生成绩在未正式公布之前，应当保密。

# 第八章　违规违纪处理

**第三十四条**　考生有违反考试纪律行为的，由兽医主管部门按照农业部的规定，视其情节、后果，分别给予口头警告、责令离开考场并取消本场考试成绩、确认当年考试成绩无效、二年内或者终身不得报名参加执业兽医资格考试的处理；有违反治安管理行为的，移交公安机关处理；构成犯罪的，依法追究其刑事责任。

**第三十五条**　考务人员有违反工作纪律行为的，由兽医主管部门按照农业部的规定，视其情节、后果给予相应的处分；构成犯罪的，依法追究其刑事责任。

# 第九章　附　　则

**第三十六条**　本办法自 2009 年 3 月 1 日起施行。

# 中华人民共和国农业部公告

## 第 1174 号

为加强执业兽医资格考试管理，严肃考试纪律，保证考试顺利实施，根据《执业兽医管理办法》和《执业兽医资格考试管理暂行办法》，我部制定了《执业兽医资格考试违纪行为处理暂行办法》。

特此公告

附件：执业兽医资格考试违纪行为处理暂行办法

二〇〇九年三月六日

附件：

## 执业兽医资格考试违纪行为处理暂行办法

**第一条** 为加强执业兽医资格考试管理，严肃考试纪律，保证考试顺利实施，根据《执业兽医管理办法》和《执业兽医资格考试管理暂行办法》，制定本办法。

**第二条** 本办法适用于执业兽医资格考试应试人员和考务人员。

**第三条** 兽医主管部门依据本办法对执业兽医资格考试应试人员、考务人员的违纪行为进行处理。

监考员依据兽医主管部门的委托和本办法的规定对应试人员违纪行为进行处理的，应当接受兽医主管部门的监督。

**第四条** 处理违纪行为，应当事实清楚，证据确凿，程序规范，适用规定准确。

**第五条** 应试人员有下列情形之一，由所在考场监考员给予其口头警告，并责令其改正；经警告仍不改正的，监考员应当立即报告考点兽医主管部门，由考点兽医主管部门决定给予其终止本场考试并责令离开考场的处理：

（一）违反规定随身携带书籍、资料、笔记、报纸等与考试内容有关的文字材料、纸张或者具有通信、存储、录放等功能的电子产品进入考场的；

（二）在考试开始信号发出前答题或者在考试结束信号发出后继续答题的；

（三）考试期间与其他应试人员相互交谈、随意站立或者随意走动的；

（四）在考场内喧哗、吸烟或者有其他影响考场秩序行为的；

（五）未在本人应坐位置答题的；

（六）有其他违纪行为的。

应试人员有前款第（一）项情形的，监考员应当责令其将有关物品交由监考员统一保管。

**第六条**　应试人员在考试期间有下列情形之一，所在考场的监考员应当立即报告考点兽医主管部门，由考点兽医主管部门决定给予其责令离开考场以及本场考试成绩无效的处理：

（一）夹带或者查看与考试有关资料的；

（二）使用具有通信、存储、录放等功能的电子产品的；

（三）抄袭他人答案或者同意、默许他人抄袭的；

（四）以口头、书面或者肢体语言等方式传递答题信息的；

（五）交换试卷、答题卡的；

（六）在试卷、答题卡非署名处署名或者作标记的；

（七）故意损毁试卷、答题卡或者将试卷、答题卡带出考场的；

（八）有其他作弊行为的。

**第七条**　应试人员有下列情形之一，所在考场的监考员应当立即报告考点兽医主管部门，由考点兽医主管部门决定给予其责令离开考场的处理，并报考区兽医主管部门决定给予其当年考试成绩无效、两年内不得报名参加执业兽医资格考试的处理：

（一）由他人冒名代替或者代替他人参加考试的；

（二）与其他考场应试人员或者考场外人员串通作弊的；

（三）以打架斗殴等方式严重扰乱考场秩序的；

（四）以威胁、侮辱、殴打等方式妨碍考试工作人员履行职责的；

（五）有其他违纪行为的。

应试人员有前款第（三）项、第（四）项所列行为，违反《治安管理处罚法》的，移交公安机关处理。

**第八条** 应试人员有下列情形之一，由考区兽医主管部门决定给予其当年考试成绩无效、三年不得报名参加执业兽医资格考试的处理：

（一）参与有组织作弊的；

（二）有其他特别严重违纪作弊行为的。

当场发现前款所列行为的，由所在考点兽医主管部门决定给予其责令离开考场的处理，并报农业部决定给予前款规定的处理。

**第九条** 通过提供虚假证明材料或者以其他违法手段获得准考证并参加考试的，由考区兽医主管部门决定给予其当年考试成绩无效的处理；已经取得执业兽医资格证的，由农业部给予确认资格证无效的处理。

**第十条** 考务人员有下列情形之一的，农业部、考区兽医主管部门或者考点兽医主管部门应当停止其继续参与考务工作，视情况给予处分或者建议其所在单位给予相应处理；构成犯罪的，依法追究刑事责任：

（一）违反相关规定擅自参加考试的；

（二）命题人员从事与当年执业兽医资格考试有关的授课、答疑、辅导等活动的；

（三）发现报考人员有提供虚假证明或者证件等行为而隐瞒不报的；

（四）擅自为应试人员调换座位及考场的；

（五）考试期间擅自将试卷、答题卡带出或者传出考场的；

（六）纵容、包庇应试人员作弊的；

（七）提示或者暗示应试人员试题答案的；

（八）在接送、保管试卷和答题卡，巡考、监考、阅卷等环节丢失、严重损毁试卷或者答题卡的；

（九）外传、截留、窃取、擅自开拆未开试卷或者已密封答题卡的；

（十）泄露试题内容的；

（十一）偷换、涂改答题卡或者私自变更考试成绩的；

（十二）组织或者参与考试作弊的；

（十三）利用考试工作便利索贿、受贿或者谋取其他私利的；

（十四）对应试人员进行挟私报复或者故意诬陷的；

（十五）未按规定履行职责或者有其他违纪行为的。

**第十一条** 因考点管理混乱或者考务人员玩忽职守，造成考点或者考场秩序混乱，作弊现象严重的，由农业部宣布相应范围考试成绩无效，并由考区兽医主管部门取消该考点承办执业兽医资格考试的资格。

考点、考场出现大规模作弊的，由有关部门对考点及所属考区负责人依法给予相应的处分；构成犯罪的，依法追究刑事责任。

**第十二条** 考务人员在考试过程中发现应试人员有本办法所列违纪行为的，应当在考场记录单中写明违纪行为的具体情况和采取的处理措施，由两名以上（含两名）监考员、考点办公室负责人和考点兽医主管部门负责人签字。

对应试人员用于作弊的材料、工具等，考点办公室应当及时采取必要措施保全证据，并填写清单。

**第十三条** 考点兽医主管部门、考区兽医主管部门或者农业部根据本办法对应试人员给予本场考试成绩无效、当年考试成绩无效、不得报名参加执业兽医资格考试、确认执业兽医资格证无效的处理或者对考务人员违纪行为进行处理的，应当以书面方式作出违纪处理决定，并将有关证据材料存档备查。

**第十四条** 对于应试人员或者考务人员因违纪行为受到处理的有关情况，农业部或者考区兽医主管部门认为必要时可以通报其所在单位。

**第十五条** 应试人员对违纪处理决定不服的，可以依法申请行政复议或者提起行政诉讼。

**第十六条** 本办法自 2009 年 4 月 1 日起施行。

# 中华人民共和国农业部公告

## 第 1221 号

为加强执业兽医资格考试命题管理，规范专家命题行为，提高命题工作质量，按照《执业兽医管理办法》和《执业兽医资格考试管理暂行办法》规定，我部制定了《执业兽医资格考试命题专家管理办法（试行）》。

特此公告

附件：执业兽医资格考试命题专家管理办法（试行）

二〇〇九年六月十一日

附件：

# 执业兽医资格考试命题专家
# 管理办法（试行）

## 第一章　　总　　则

**第一条**　为加强执业兽医资格考试命题管理，规范专家命题行为，提高命题工作质量，按照《执业兽医管理办法》和《执业兽医资格考试管理暂行办法》规定，制定本办法。

**第二条**　本办法所称执业兽医资格考试命题专家（以下简称"命题专家"），是指符合本办法规定条件和要求，以独立身份从事和参加执业兽医资格考试命题工作的人员。

## 第二章　　命题专家遴选

**第三条**　命题专家应当具备以下条件：

（一）具有良好的职业道德和较高的业务素质；

（二）具有本科（含本科）以上学历，在本学科或专业领域工作 10 年以上，取得高级专业技术职称或者具有同等专业水平；

（三）身体健康，有精力和时间承担命题工作；

（四）经所在单位同意；

（五）没有违法违纪等不良记录；

（六）农业部要求的其他条件。

**第四条** 命题专家候选人采取单位推荐的方式产生，由中国动物疫病控制中心负责受理命题专家候选人申报工作。

**第五条** 中国动物疫病预防控制中心对命题专家候选人进行资格初审，将初审合格人员报全国执业兽医资格考试委员会审核。经审核合格的命题专家，由全国执业兽医资格考试委员会发放聘用资格证书。聘用资格证书有效期 3 年。

**第六条** 中国动物疫病预防控制中心根据全国执业兽医资格考试委员会审核结果，建立全国执业兽医资格考试命题专家库（以下简称"专家库"）。

# 第三章　命题专家权利与义务

**第七条** 命题专家在命题活动中享有以下权利：

（一）对执业兽医资格考试制度及相关情况的知情权；

（二）在试题命制过程中不受任何单位或者个人的干预，独立完成命题、审题工作；

（三）获得相应的劳务报酬；

（四）法律法规和规章规定的其他权利。

**第八条** 命题专家在命题活动中应当履行以下义务：

（一）参加执业兽医资格考试命题活动，并按要求完成各项命题任务；

（二）遵守命题工作保密规定，不得向外界泄露任何与命题活动有关的内容，不得以任何形式向其所在单位汇报命题工作情况；

（三）遵守命题入闱工作纪律，命题期间不得私自外出或者擅自离会；

（四）本年度不得参加与执业兽医资格考试有关培训、辅导或者讲座，不得编写相关复习资料，不得发表与执业兽医资格考试有关的文章；

（五）无配偶或者直系亲属参加当年执业兽医资格考试；

（六）在命题活动中发现任何违纪违规行为，及时向中国动物疫病预防控制中心反映；

（七）命题期间应当接受农业部执业兽医管理办公室和中国动物疫病预防控制中心的监督和管理；

（八）法律法规和规章规定的其他义务。

# 第四章　　命题专家管理

**第九条**　中国动物疫病预防控制中心根据工作需要从专家库中选择命题专家参加当年命题工作。

**第十条**　中国动物疫病预防控制中心对命题活动中的以下情况进行监督和协调：

（一）命题专家从事和参加命题活动时遵守本办法情况；

（二）命题活动中发现的问题；

（三）命题专家工作质量、工作态度和义务履行情况；

（四）对命题专家管理工作提出改进意见和建议。

**第十一条**　命题专家违反本办法规定的，由农业部依照有关规定予以处理。

# 第五章　　附　　则

**第十二条**　本办法自发布之日起试行。

# 执业兽医资格考试保密管理规定

(2011 年 5 月 16 日农医发〔2011〕14 号)

## 第一章 总 则

**第一条** 为加强执业兽医资格考试保密工作，根据《中华人民共和国保守国家秘密法》、《执业兽医管理办法》和《农业工作国家秘密范围的规定》，制定本规定。

**第二条** 执业兽医资格考试保密工作，由各级执业兽医资格考试考务机构负责，接受同级兽医主管部门的指导、监督和检查。

**第三条** 执业兽医资格考试保密工作，应当坚持积极防范、突出重点、既做好保密又方便考试开展的原则。

**第四条** 执业兽医资格考试启用前的试题试卷（含副题）、试题双向细目表、标准答案和评分标准，属于秘密级国家秘密。

执业兽医资格考试命题工作及参与人员的有关情况、试题试卷命制工作方案、题型题量分布表和尚未公布的考试合格标准，属于工作秘密，未经农业部批准不得公开。

**第五条** 农业部成立全国执业兽医资格考试保密领导小组，负责指导、监督和检查全国执业兽医资格考试保密工作。全国执业兽医资格考试保密领导小组下设办公室，承担全国执业兽医资格考试保密领导小组日常事务。

各级执业兽医资格考试考务机构应当成立执业兽医资格考试保密领导小组，负责职责范围内的保密工作。

**第六条** 中国动物疫病预防控制中心承担执业兽医资格考试保密日常事务，负责命题，试卷的印刷、保管、运送和交接，答题卡的回收和保管，以及阅卷评分、考试结果公布过程中的保密工作。

中国动物疫病预防控制中心应当对参与命题，试卷的印刷、保管、运送和交接，答题卡的回收和保管，以及阅卷评分等涉密岗位的人员进行保密资格审查。

**第七条** 考区、考点兽医主管部门应当会同有关部门制定本辖区的执业兽医资格考试保密管理办法，监督检查保密制度执行情况，对参与考务工作的涉密人员进行教育和管理。

考区办公室、考点办公室负责试卷、答题卡的运送、交接和保管，试卷的启用，以及答题卡的回收和保管等环节的保密工作。

**第八条** 各级执业兽医资格考试考务机构的人员及其他参与考试工作的人员，本人或者近亲属参加当年执业兽医资格考试的，不得参加当年考试命题、试卷监印、试卷保管、监考、评卷及考试保密管理工作。

各级执业兽医资格考试考务机构的人员及其他参与考试工作的人员应当回避而没有主动申请回避的，一经发现，应当立即停止其承担的考试工作。

# 第二章 命题及试卷印制

**第九条** 中国动物疫病预防控制中心应当在符合保密规定的场所，组织专家命题，并对命题工作实行全过程保密管理。

全国执业兽医资格考试保密领导小组办公室应当对命题工作进行全程监督。

**第十条** 命题用的计算机、移动存储等设备，以及命题过程中形成的试题试卷、标准答案、评分标准等所有纸质材料和电子文档的存放和运送应当符合保密要求。

**第十一条** 参与命题工作的人员应当遵守下列保密纪律：

（一）不得向任何人透露、暗示有关试题试卷、标准答案的内容及其他命题工作信息；

（二）未经批准，不得相互了解、交换、接触各自负责命制的试题试卷、标准答案及其他命题工作信息；

（三）不得对外擅自泄露本人参与当年命题的信息及其他命题人员名单及身份；

（四）不得参与当年任何单位举办的执业兽医资格考试培训或

者培训教材编写活动；

（五）有近亲属参加当年考试的，应当主动申请回避。

参与命题工作的人员应当签订《执业兽医资格考试保密承诺书》。

**第十二条**　中国动物疫病预防控制中心负责监印执业兽医资格考试试卷。试卷应当在国家保密局批准的国家统一考试试卷定点印制单位印制。

中国动物疫病预防控制中心应当与试卷定点印制单位签订《试卷印制保密协议》。

**第十三条**　中国动物疫病预防控制中心应当与试卷印制单位履行试卷交印手续，并向试卷定点印制单位派驻人员全程监督印制。

**第十四条**　试卷的包装封面应当标明密级标识。包装应当使用专用密封签密封。

# 第三章　试卷运送

**第十五条**　试卷通过机要或者直接押运等方式由中国动物疫病预防控制中心组织发送至考区，再由考区发送至考点。

各级执业兽医资格考试考务机构应当事先审查试卷运送单位制定的试卷运送计划、运送人员名单、安全保密措施、应急处置预案，明确试卷运送保密责任，并与试卷运送单位签订《试卷运送保密协议》。

**第十六条**　试卷采用直接押运方式运送的，应当符合以下要求：

（一）专车运送；火车运送试卷的，应当乘坐软卧独立包厢，两人以上押运；

（二）指定专人负责运送全程监控；单车运送时三人以上押运，两辆车以上运送时每车不得少于两人押运；

（三）严禁搭乘与试卷运送无关的人员，严禁搭载与运送工作无关的物品；

（四）押运过程中做到人不离卷、卷不离人，随时报告运送途中情况；发生异常情况时，及时向同级兽医主管部门、公安和保密部门报告，并立即上报中国动物疫病预防控制中心；

（五）原则上不得航空运送。紧急、特殊情况下必须使用航空运送的，考区办公室应当报中国动物疫病预防控制中心，经批准后方可实施，并做到两人以上随身押运，不得托运。

**第十七条** 试卷运抵目的地后，运送单位和接收单位应当在符合保密规定的场所，由双方派员对试卷数量、密封情况清点查验无误后，履行交接登记手续。

试卷接收单位的机要员应当对试卷交接过程实行现场监督。在交接过程现场的试卷接收单位工作人员不得少于两人（不含机要员）。

**第十八条** 考区办公室接收试卷清点无误后，应当立即将试卷接收单传真报告中国动物疫病预防控制中心。考点办公室接收试卷清点无误后，应当立即将试卷接收单传真报告考区办公室。

# 第四章　试卷保管

**第十九条** 考区办公室、考点办公室在接收试卷后至每场考试开考前，应当将试卷统一存放在符合国家保密规定的场所保管，并确定一名负责人专门负责试卷保管期间的安全保密工作。

**第二十条** 试卷保管应当实行二十四小时双人轮换守卫值班制度。保管人员应严格执行以下规定：

（一）禁止在试卷保密室会客、吸烟、饮酒、文娱活动、睡觉及从事其他与保管职责无关的活动；

（二）禁止无关人员进入试卷保密室；

（三）不得以任何理由开启试卷密封包装；

（四）不得将试卷保密室钥匙转交他人或者相互代管，不得泄露保密室、保密柜密码；

（五）值班交接时，应当履行交接登记手续。

（六）试卷保管期间，值班人员应当在每天 18 时向考区办公室、考点办公室负责人报告试卷保管情况。

**第二十一条** 考点办公室在考试前保管试卷原则上不得超过两天，确需延长保管期限的，应当报中国动物疫病预防控制中心批准。

第二十二条 试卷保管期间发生试卷被盗、损毁等的，应当立即向同级兽医主管部门、公安、保密部门和上级考务管理机构报告，启动相应级别应急预案，并立即采取措施，保护现场，防止扩散。

# 第五章 试卷的领取、分发、使用和销毁

第二十三条 每场考试开始前，考点办公室应当指派两名以上工作人员和机要员共同到试卷存放场所领取试卷，检查试卷袋密封无损后领出。

考点办公室应当按试卷运送保密规定将试卷从存放场所运送到考场保管室。

第二十四条 分发试卷时，考点办公室应当指派两名以上工作人员负责试卷的点验、分发，并与监考员履行分发登记手续。

考点办公室机要员应当对试卷分发过程实行现场监督，并负责对试卷袋密封情况进行查验。

第二十五条 试卷在正式拆封启用并向考生分发前，考场监考员应当向考生展示试卷袋密封情况，并当众拆封；发现试卷袋破损或者已被拆封的，应当立即报告。

在每场考试进行期间，监考员及其他能接触到试卷的工作人员不得以任何方式、向任何人泄露试卷的内容；缺考的试卷，不得拿出考场或者由监考员自行做题。

第二十六条 执业兽医资格考试考场的设置及其周边环境，应当符合考试保密工作要求。考场应当配备必要的安全检查设施和防止利用无线电设备泄露试题试卷的监控设施。

考点办公室应当与提供考场的单位签订《考场保密工作协议》，并监督其实施情况。

第二十七条 每场考试结束后，监考员应当回收试卷和答题卡，清点无误后，由两名监考员将答题卡放回规定包装袋，共同送到考场封卷室密封并签字。

考点办公室应当安排专门人员，在考场封卷室对考生的试卷、

答题卡统一进行清点、封装，并移交符合国家保密规定的场所保管。考点办公室机要员应当对答题卡的清点、封装和移交过程实行现场监督。

第二十八条　考点办公室应当在当年考试结束后 2 日内，通过机要或者直接押运等方式将本考点的答题卡送交考区办公室。

考区办公室应当在收到答题卡后 2 日内，通过机要或者直接押运等方式将本考区的答题卡送交中国动物疫病预防控制中心。

第二十九条　考试结束后，农业部应当及时公布当年试题。未经农业部批准，任何单位和个人不得留存和公开考试试卷。

试卷应当在考点办公室主任和考点机要员的监督下，在考试结束后 1 个月内按照国家保密规定全部销毁，填写销毁记录。

备用试卷应当全部回收到中国动物疫病预防控制中心审核、清点后，按照国家保密规定统一销毁，填写销毁记录。

# 第六章　　阅卷评分

第三十条　试卷标准答案、评分标准正式拆封启用前，任何单位和个人不得以任何理由启封。

第三十一条　中国动物疫病预防控制中心应当在相对封闭的场所进行阅卷。用于阅卷评分的计算机应当符合国家保密要求。

在考试阅卷结果未正式公布前，任何人不得对外泄露考生的考试成绩及其他有关评卷信息。

第三十二条　在全国执业兽医资格考试委员会正式公布当年考试合格标准之前，任何人不得对外泄露当年考试合格标准及相关信息。

# 第七章　　保密责任

第三十三条　执业兽医考试考务机构工作人员有违反国家保密法律、法规及本规定行为的，应当立即停止其承担的相关工作，根据其性质、情节依法给予相应处分；涉嫌犯罪的，移送司法机关处理。

**第三十四条** 参与考试命题、印制、运送、监考、评卷等环节工作的非考务机构工作人员，有违反国家保密法律、法规及本规定行为的，相关考务机构应当立即停止其承担的相关工作，并视其性质、情节向其所在单位提出处理建议；涉嫌犯罪的，移送司法机关处理。

# 第八章 附 则

**第三十五条** 本规定自印发之日起施行。2009 年 6 月 26 日《农业部关于印发〈执业兽医资格考试保密管理规定（试行）〉的通知》（农医发〔2009〕14 号）同时废止。

# 执业兽医资格考试突发事件应急预案（试行）

（2009 年 5 月 27 日农办医〔2009〕35 号）

## 一、总则

### （一）编制目的

为有效预防、及时控制和消除执业兽医资格考试突发事件及其造成的影响，指导和规范执业兽医资格考试突发事件应急处置工作，保障广大考生利益，提高执业兽医资格考试应急处置能力，特制定本预案。

### （二）编制依据

《中华人民共和国动物防疫法》、《中华人民共和国突发事件应对法》、《国家突发公共事件总体应急预案》、《执业兽医管理办法》、《执业兽医资格考试保密管理试行办法》和《执业兽医资格考试管理暂行办法》等有关法律法规和规章规定。

### （三）适用范围

本预案适用于执业兽医资格考试过程中涉及试卷命题、组卷、审卷、印制、运送、保管，考试实施，以及答题卡回收、管理等环节发生的可能影响考试正常进行的各类突发性事件的预防和应急处置工作。

### （四）工作原则

**1. 预防为主、依法监管。** 各级兽医主管部门和执业兽医资格考试考务机构应坚持预防为主的方针，依法加强考试各环节的监督和管理，防止考试突发事件的发生，确保执业兽医资格考试安全保密、万无一失。

**2. 统一领导、分级负责。** 全国执业兽医资格考试委员会统一领导和组织协调全国执业兽医资格考试突发事件的应对工作。考区、考点分别成立执业兽医资格考试突发事件应急处理工作组（以下简称考区、考点应急处理组），负责统一领导和组织协调本辖区内考试突发事件应对工作。考区、考点应急处理组应当协调公安、保密、卫生、通信等部门参加。

**3. 分级控制、快速反应。**根据考试突发事件的严重程度及波及范围，及时启动相应级别的应急预案。一旦发生考试突发事件，做到早发现、早报告、早处置，并按照"高级别、小范围、快速度"的要求及时处置，将其负面影响降到最低程度。

## 二、突发事件分级

根据执业兽医资格考试突发事件的性质、危害程度和波及范围，考试突发事件分为特别重大（Ⅰ级）、重大（Ⅱ级）、较大（Ⅲ级）和预警（Ⅳ级）四个等级。

### （一）特别重大考试突发事件（Ⅰ级）

有下列情形之一的为特别重大考试突发事件（Ⅰ级）。

**1. 失、泄密事件。**执业兽医资格考试前发生试题（包括副题）和标准答案失、泄密，其扩散范围达 2 个以上考区，或者在互联网等公共传媒上发现其内容的。

**2. 其他突发事件。**发生自然灾害、事故灾难、公共卫生事件和社会安全等突发事件或者考区所在地人民政府启动有关应急预案，导致 2 个以上考区范围内的考试不能正常进行的。

**3. 试卷、答题卡毁损或者丢失事件。**执业兽医资格考试前发生 1 个以上考点的试卷毁损或者丢失的；执业兽医资格考试后发生 2 个以上考点的答题卡毁损或者丢失的。

**4.** 全国执业兽医资格考试委员会认定的其他考试突发事件。

### （二）重大考试突发事件（Ⅱ级）

有下列情形之一的为重大考试突发事件（Ⅱ级）。

**1. 失、泄密事件。**执业兽医资格考试前发生试题（包括副题）和标准答案失、泄密，其扩散范围在 1 个考区内 2 个以上考点，但没有在互联网等公共传媒上发现其内容的。

**2. 其他突发事件。**发生自然灾害、事故灾难、公共卫生事件和社会安全等突发事件或者考区所在地人民政府启动有关应急预案，导致 1 个考区内 2 个以上考点范围内的考试不能正常进行的。

**3. 答题卡毁损或者丢失事件。**执业兽医资格考试后发生 1 个考点内 2 个以上考场的答题卡毁损或者丢失的。

**4.** 考区应急处理小组认定的其他考试突发事件。

### （三）较大考试突发事件（Ⅲ级）

有下列情形之一的为较大考试突发事件（Ⅲ级）。

**1. 失、泄密事件。**执业兽医资格考试前发生试题（包括副题）和标准答案失、泄密，其扩散范围在 1 个考点内，但没有在互联网等公共传媒上发现其内容的。

**2. 其他突发事件。**发生自然灾害、事故灾难、公共卫生事件和社会安全等突发事件或者考区所在地人民政府启动有关应急预案，导致 1 个考点范围内的考试不能正常进行的。

**3. 答题卡毁损或者丢失事件。**执业兽医资格考试后发生 1 个考场答题卡毁损或者丢失的。

**4.** 考点应急处理小组认定的其他考试突发事件。

### （四）考试预警事件（Ⅳ级）

有下列情形之一的为考试预警事件（Ⅳ级）。

**1. 失、泄密事件。**执业兽医资格考试前监测到试题（包括副题）和标准答案存在失、泄密可疑迹象，需进一步核实的。

**2. 其他突发事件。**发生自然灾害、事故灾难、公共卫生事件和社会安全等突发事件或考点所在地人民政府启动有关应急预案，可能导致 1 个考点范围内的考试难以正常进行的。

**3.** 考点应急处理小组认定的其他考试预警事件。

## 三、应急处理机构及职责

### （一）国家应急处理领导机构

全国执业兽医资格考试委员会是全国执业兽医资格考试突发事件应急处理的领导机构，组长由全国执业兽医资格考试委员会主任委员担任。主要职责是：确定Ⅰ级考试突发事件；负责组织、协调考区和有关部门对Ⅰ级考试突发事件实施应急处理和善后处理；指导考区对Ⅱ级及以下考试突发事件的应对工作。

农业部兽医局是考试突发事件应急处理的具体执行机构。主要职责是：负责收集整理考试突发事件相关信息，提出对考试突发事件应急处理建议；执行全国执业兽医资格考试委员会作出的关于考试突发事件应急处理各项决策；协调考区和相关部门开展应急处理工作；及时向全国执业兽医资格考试委员会报告考试突发事件应急处理工作进展。

### （二）地方应急处理领导机构

**1. 考区**：考区应急处理小组是负责本辖区内考试突发事件应急处理工作的领导机构。考区应急处理小组组长由考区执业兽医资格考试领导小组组长担任。主要职责是：建立健全本考区考试突发事件应急管理体系，制订本考区考试突发事件应急预案；负责Ⅱ级考试突发事件的确定，实施预案规定的应急处理措施和善后处理；指导考点对Ⅲ级及以下考试突发事件的应对工作；及时向全国执业兽医资格考试委员会报告考试突发事件应急处理工作进展。

**2. 考点**：考点应急处理小组是负责本辖区内考试突发事件应急处理工作的领导机构。考点应急处理小组组长由考点执业兽医资格考试领导小组组长担任。主要职责是：建立健全本考点考试突发事件应急管理体系，制定本考点考试突发事件应急预案；负责Ⅲ级和Ⅳ级考试突发事件的确定，实施预案规定的应急处理措施和善后处理；向考区应急处理小组报告考试突发事件应急处理工作进展报告工作，必要时可同时直接向农业部兽医局报告。

**3. 考区办公室、考点办公室**：考区办公室、考点办公室是负责考区、考点应急处理的日常工作机构。主要职责是：负责收集整理考试突发事件相关信息，提出对考试突发事件处理方案建议；执行考区、考点应急处理小组作出的关于考试突发事件处理的各项决策，协调考区内各有关部门开展应急处理工作；及时向考区、考点应急处理小组报告考试突发事件应急处理工作进展。

## 四、应急准备

### （一）监测

从考试前 30 日起，各级执业兽医资格考试考务机构应指派人员对互联网等公共传媒进行监测，及时发现、报告可疑情况。

## （二）重点环节管理

严格按照《执业兽医资格考试保密管理暂行办法》的规定，做好试卷（含副题）命题、组卷、审卷、印刷、运送、保管和答题卡回收等环节安全保密监管，严格执行各项工作程序和规范，确保考试各重点环节的安全保密。

# 五、应急响应和终止

## （一）事件报告

发生考试突发事件后，事发地的考点应急处理小组应在 6 小时内逐级报告至全国执业兽医资格考试委员会，必要时可以越级上报。报告内容包括事件原因、事件性质、波及范围、对事件等级的初步判断、应急处理方案和已采取的处理措施等。

## （二）应急响应

考点应急处理小组在报告考试突发事件的同时，应协调当地公安和保密等部门，立即控制知悉人员范围，判断和确定事件级别，按照预案迅速启动相应的应急响应措施，及时、果断、有效地处置，控制事态发展。上一级考试应急处理领导机构可根据事件实际严重程度，对事件的等级进行调整并启动相应级别的应急处理措施。

### 1. Ⅰ级响应

发生Ⅰ级考试突发事件后，全国执业兽医资格考试委员会应当采取以下应急处理措施：

（1）对登载考试涉密信息的互联网等公共传媒，在第一时间内协调有关部门采取果断措施，阻止考试涉密信息的进一步扩散。

（2）指定专门机构负责发布有关信息，及时做好对考生及社会的解释、宣传、安抚和善后等工作。

（3）组织有关单位组成调查组赴事发地协助、督导案件查处和应急处理工作。

（4）依法追究对失、泄密事件的发生负有责任的单位或个人的法律责任。

### 2. Ⅱ级响应

发生Ⅱ级考试突发事件后，考区应急处理小组应当采取以下应急处理措施：

（1）指定专门机构负责发布有关信息，及时做好对考生及社会的解释、宣传、安抚和善后等工作。

（2）组织有关单位组成调查组赴事发地协助、督导案件查处和应急处理工作。

（3）依法追究对失、泄密事件的发生负有责任的单位或个人的法律责任。

（4）及时向全国执业兽医资格考试管理委员会报告事件调查处理进展情况。

**3. Ⅲ级响应**

发生Ⅲ级考试突发事件后，考点应急处理小组应当采取以下应急处理措施：

（1）指定专门机构负责发布有关信息，及时做好对考生及社会的解释、宣传、安抚和善后等工作。

（2）组织有关单位组成调查组开展案件查处和应急处理工作。

（3）依法追究对失、泄密事件的发生负有责任的单位或个人的法律责任。

（4）及时向考区应急处理小组报告事件调查处理进展情况。

**4. Ⅳ级响应**

各级执业兽医资格考试考务机构一旦监测到考试突发事件可疑信息的，应立即报告所在地考试应急处理小组。可疑信息一经确认达到预警级别的，以适当方式在相应范围内发布预警信息，启动相关应急响应，将事件可能造成的不利影响降到最小。

**（三）副题启用**

有下列考试突发事件的，由全国执业兽医资格考试委员会决定启用副题进行考试或者延期考试的。

1. 因自然灾害造成试卷毁损或者其他考试突发事件导致一定范围内不能如期考试，在相应范围内启用副题延期考试。

2. 执业兽医资格考试前发生失、泄密事件，波及范围有限，没有在网络上传播，经调查评估后，在一定范围内启用副题考试。

3. 执业兽医资格考试考前发生失、泄密事件并在网络上传播的，或者试卷在运送过程中丢失的，在全国范围内启用副题延期考试。

4. 执业兽医资格考试结束后发生答题卡毁损或者丢失事件的，在相应范围内启用副题延期考试。

### （四）应急终止

应急响应结束后，由确定考试突发事件级别的应急处理领导机构对考试突发事件进行分析论证，判定考试突发事件的影响或者后果得到消除或补救的，可以决定响应终止。

### （五）善后处理

考区办公室、考点办公室组织对考试突发事件的原因、社会影响和处理效果进行评估，查找薄弱环节，提出整改措施。

## 六、应急保障

各级兽医主管部门要建立健全考试突发事件应急保障机制，按照职责分工和本级应急预案做好突发事件的应对工作。同时，根据《国家突发公共事件总体应急预案》的总体要求，积极争取有关部门对考试突发事件应急工作的支持，保证应急工作的顺利进行。

### （一）交通运输与通信保障

考区、考点要积极协调有关部门，制定考试突发事件应急交通运输和通信保障方案，建立考区、考点相关部门组织联络表，安排应急值守车辆，保证联络和应急处理交通运输通畅。

### （二）队伍和技术保障

考区、考点要针对可能发生的考试突发事件类型，建立与考试突发事件应急处理相适应的应急处理队伍和专家队伍，为应急处理工作提供技术支持。

### （三）物资和经费保障

考区、考点要设立考试突发事件应急处置专项经费，列入年度预算，用于组建应急队伍，开展应急宣传、培训、演练，配置必要的设备、交通工具，保障考试突发事件的应急处置。

### （四）培训和演练

考区、考点要结合本地实际制定应急培训、演练方案，有重点的组织开展考试突发事件处置队伍和相关人员的应急培训和演练，提高人员综合素质和考试突发事件应对能力。

# 七、附则

（一）各考区、考点根据本预案，结合本地实际情况，制定本预案实施方案。

（二）本预案由农业部负责解释。

（三）本预案自发布之日起施行。

# 执业兽医资格考试巡视工作
# 管理规定（试行）

（2010 年 9 月 1 日农医发〔2010〕38 号）

**第一条**  为建立健全执业兽医资格考试工作监督机制，维护考试工作公正性、严肃性，保证考试顺利实施，根据《执业兽医管理办法》和《执业兽医资格考试管理暂行办法》，特制定本规定。

**第二条**  本规定适用于执业兽医资格考试监督、检查、巡考等工作。

**第三条**  执业兽医资格考试实行国家巡视组、考区督查组和考点巡考组三级巡视制。

国家巡视组由全国执业兽医资格考试委员会派出，每个考区不得少于 2 人，由农业部兽医局、中国动物疫病预防控制中心、中国兽医药品监察所、中国动物卫生与流行病学中心和各省（自治区、直辖市）兽医部门工作人员组成。

考区督查组由执业兽医资格考试考区领导小组派出，每个考点不得少于 2 人，由各省（自治区、直辖市）兽医、保密、纪检等有关单位工作人员组成。

考点巡考组由执业兽医资格考试考点领导小组派出，每个考试地点不得少于 2 人，由考点所属地市兽医、保密、纪检等有关单位工作人员组成。

**第四条**  巡视人员应当具备下列条件：

（一）坚持原则，秉公办事；

（二）熟悉考试相关政策；

（三）熟悉考务管理有关规定。

**第五条**  巡视人员主要职责：

（一）检查考试规章制度贯彻落实情况；

（二）检查考试工作组织实施情况，包括考试组织领导、考试宣传发动、考务培训等；

（三）检查试卷保密和保管情况，包括试卷保密制度、试卷保密室安全状况、试卷保管人员值班情况、试卷（答题卡）分发回收情况等；

（四）检查考试实施情况，包括考场设置、考点环境布置、考点考场屏蔽、考点服务、考风考纪等情况；

（五）指导做好试卷泄密等突发事件和违纪违规等行为的处理。

**第六条** 各级考试管理机构应当加强巡视人员培训，使其熟悉和掌握考试的有关政策和规定。

**第七条** 巡视人员在巡视考场过程中，应当佩戴胸牌，不得携带手机等通信设备。

**第八条** 巡视人员对于巡视过程中发现的问题，应当及时提请并督促当地考试管理机构以及考点主考予以纠正；对于发现的重大问题，应当及时向其派出机构报告。

**第九条** 巡视人员对于考生、监考人员以及考试工作人员的违规违纪行为应当依照有关规定予以制止。

**第十条** 巡视人员在巡视工作结束后，应当如实向其派出机构报告有关巡视情况。

**第十一条** 巡视人员在巡视期间应当自觉遵守廉政建设有关规定。

**第十二条** 本规定自发布之日起开始实施。

# 执业兽医资格考试档案管理规定

(2011 年 5 月 16 日农医发〔2011〕12 号)

**第一条** 为规范执业兽医资格考试档案管理，依据《中华人民共和国档案法》和《执业兽医管理办法》，制定本规定。

**第二条** 本规定所称档案，是指在组织和开展执业兽医资格考试工作中形成的对国家和社会具体保存价值的各种文字、图表、声像等不同形式的原始记录。

**第三条** 执业兽医资格考试档案工作实行统一领导、分级管理的原则，维护档案完整与安全，便于查阅和利用。

**第四条** 中国动物疫病预防控制中心应当对试题库、历次考试试卷（含备用卷）、答题卡、命题专家库、考试成绩分析统计结果、考务人员资料、试卷印刷运送情况、考场设置、违纪行为处理情况、成绩汇总表、合格人员汇总表等考务管理工作过程中形成的全部资料进行建档管理。

**第五条** 考区办公室应当对本考区有关规章制度、考务人员资料、报名考生审核资料、考点设置情况、试卷销毁记录、备用卷使用情况、漏损试卷处理情况、违纪处理情况、试卷运送保管记录、考场记录表等在考务管理工作形成的相关资料进行建档管理。

**第六条** 考点办公室应当对本考点有关规章制度、考务人员资料、报名考生审核资料、考场设置情况、考试现场录像、备用卷使用情况、漏损试卷处理情况、考生签到表、试卷领用情况、试卷销毁记录、违纪处理情况、试卷运送保管记录、考场记录表等在考务管理工作形成的相关资料进行建档管理。

**第七条** 各有关单位每年进行机关文件材料归档时，应当将执业兽医考试相关资料单独成卷存档，保管期限按照《机关文件材料归档范围和文书档案保管期限规定》确定。

**第八条** 每次考试工作结束后，各级考务管理机构应当安排专人负责对立卷归档的资料进行收集、整理、编目，建档保管。

**第九条** 各有关单位应当安排工作责任心强的人员负责执业兽医资格考试档案管理工作。

**第十条** 各有关单位应当配置必要的设施设备，确保档案安全，提高档案管理现代化、信息化水平。

**第十一条** 本规定自颁布之日起实施。

# 中华人民共和国农业部公告

## 第 2257 号

为落实《〈内地与香港（澳门）关于建立更紧密经贸关系的安排〉关于在广东省与香港（澳门）基本实现服务贸易自由化的协议》，依据《中华人民共和国动物防疫法》《执业兽医管理办法》和《执业兽医资格考试管理暂行办法》有关规定，我部制定了《香港和澳门特别行政区居民参加全国执业兽医资格考试实施细则（试行）》，现予公告。

附件：香港和澳门特别行政区居民参加全国执业兽医资格考试实施细则（试行）

农业部

2015 年 5 月 14 日

**附件：**

## 香港和澳门特别行政区居民参加全国
## 执业兽医资格考试实施细则（试行）

**第一条**　为落实国务院批准的《〈内地与香港（澳门）关于建立更紧密经贸关系的安排〉关于在广东省与香港（澳门）基本实现服务贸易自由化的协议》（以下简称《协议》），规范香港和澳门特别行政区居民中的中国公民（以下简称港澳居民）参加全国执业兽医资格考试，根据《中华人民共和国动物防疫法》《执业兽医管理办法》和《执业兽医资格考试管理暂行办法》等规定，制定本细则。

**第二条** 港澳居民参加全国执业兽医资格考试的报考地点为广东省。

**第三条** 港澳居民参加全国执业兽医资格考试，其报名时间报考程序、考试科目、考试内容、考试方式、考试时间、考试纪律、合格标准和资格授予，适用《执业兽医管理办法》和有关全国执业兽医资格考试的统一规定。

**第四条** 具有完全民事行为能力，且符合下列条件的港澳居民，可以申请参加全国执业兽医资格考试：

（一）具有国务院教育行政部门认可的大学专科以上学历；

（二）所学专业符合《执业兽医管理办法》规定。

**第五条** 港澳居民考试缴费标准、缴费方式与报考地的内地考生一致。

**第六条** 港澳居民参加全国执业兽医资格考试成绩合格的，应按照广东省考试公告要求，在规定时间内提出执业兽医资格授予申请，提交有效身份证件、学历证书等证明材料。经审核合格的，由广东省人民政府兽医主管部门颁发执业兽医资格证书。

**第七条** 港澳居民提交的有效身份证件，应当符合下列条件之一：

（一）香港、澳门永久性居民提交香港、澳门永久性居民身份证和特别行政区护照或港澳居民来往内地通行证（回乡证）。

（二）香港、澳门非永久性居民提交香港、澳门居民身份证和港澳居民来往内地通行证（回乡证）。

不能提交港澳特别行政区护照、来往内地通行证（回乡证）的，应当提交由港澳特别行政区身份证明机关出具的未放弃中国国籍的相关证明。香港居民也可以提交根据香港法例第十一章《宣誓及声明条例》作出的证明其未申请放弃中国国籍的法定声明。

**第八条** 港澳居民提交的有效学历证书，应当符合下列条件之一：

（一）取得内地高等院校学历证书的，可以直接提交。

（二）取得香港、澳门、台湾地区或国外高等院校学历证书的，须同时提交由教育部留学服务中心出具的国外学历学位认证书。

**第九条** 港澳居民在领取执业兽医资格证书时，应当提交本规定第七条所列有效身份证件原件或者经内地认可的公证人公证的身份证件复印件。

**第十条** 本规定自公布之日起施行。

# 农业部办公厅关于执业兽医资格
# 人员资质认定的复函

（2010 年 2 月 23 日农办医函〔2010〕2 号）

辽宁省动物卫生监督管理局、吉林省畜牧业管理局、江苏省农业委员会：

　　你们关于对取得省里颁发执业兽医资格证书人员在国家执业兽医资格考试中给予认可的函收悉。新修订的《动物防疫法》颁布施行前，你省组织开展了执业兽医资格考试，对推行新型兽医制度、规范动物诊疗机构管理等方面进行了积极探索。为维护取得执业兽医资格证书人员的权利，全面推进全国执业兽医资格考试工作，经研究，你省已取得执业兽医资格证书的兽医从业人员，在 2013 年 1 月 1 日前允许在你省内执业。2013 年 1 月 1 日后，撤销省里颁发的执业兽医资格证书。

　　请你们按照《动物防疫法》的规定，做好相关解释工作，积极发动已取得省里颁发执业兽医资格证书的兽医人员参加全国执业兽医资格考试，切实加强执业兽医管理，全面推进新型兽医队伍建设。

二〇一〇年二月二十三日

# 农业部关于《执业兽医管理办法》第三十九条有关问题的批复

（2012 年 12 月 20 日农政发〔2012〕5 号）

江苏省农业委员会：

《关于对〈执业兽医管理办法〉第三十九条考核办法和标准进行明确的请示》（苏农牧〔2012〕37 号）收悉。经研究，现就《执业兽医管理办法》第三十九条有关问题答复如下：

一、"具有兽医、水产养殖本科以上学历"，是指具有国务院教育行政主管部门认可的兽医、水产养殖专业本科以上学历。

二、"从事兽医临床教学"，是指从事临床诊断、内科、外科、产科、中兽医、寄生虫、传染病以及水产动物疾病（病害）等兽医临床学科教学。

三、"从事动物诊疗活动"，是指从事经营性动物诊疗活动。

农业部

2012 年 12 月 20 日

# 农业部办公厅关于执业兽医
# 注册等有关问题的函

（2014 年 4 月 10 日农办医函〔2014〕19 号）

广东省畜牧兽医局：

你局《关于兽药经营企业聘用 执业兽医师注册问题的请示》（粤牧〔2014〕15 号）收悉。经研究，现就有关问题答复如下。

一、关于执业兽医注册。根据《执业兽医管理办法》第四十条的规定，执业兽医不得依托兽药经营企业注册或者备案。

二、关于执业助理兽医师权限。根据《执业兽医管理办法》第二十三条的规定，执业助理兽医师可以在执业兽医师的指导下协助开展动物颅腔、胸腔和腹腔手术等活动。

三、关于动物诊疗机构开办条件。根据《动物诊疗机构管理办法》第五条第六项和第六条第二项的规定，开办动物诊疗机构必须具备相应数量的执业兽医师。

农业部办公厅

2014 年 4 月 10 日

# 农业部关于发布
# 《饲料药物添加剂使用规范》的通知

(2001 年 7 月 3 日农牧发〔2001〕20 号)

各省、自治区、直辖市畜牧（农牧、农业）厅（局、办）、饲料工作（工业）办公室：

为加强兽药的使用管理，进一步规范和指导饲料药物添加剂的合理使用，防止滥用饲料药物添加剂，根据《兽药管理条例》的规定，现发布《饲料药物添加剂使用规范》（以下简称《规范》），并就有关事项通知如下，请各地遵照执行。

一、凡农业部批准的具有预防动物疾病、促进动物生长作用，可在饲料中长时间添加使用的饲料药物添加剂（品种收载于附录一），其产品批准文号须用"药添字"。生产含有"附录一"所列品种成分的饲料，必须在产品标签中标明所含兽药成分的名称、含量、适用范围、停药期规定及注意事项等。

二、凡农业部批准的用于防治动物疾病，并规定疗程，仅是通过混饲给药的饲料药物添加剂（包括预混剂或散剂，品种收载于附录二），其产品批准文号须用"兽药字"，各畜禽养殖场及养殖户须凭兽医处方购买、使用，所有商品饲料中不得添加"附录二"中所列的兽药成分。

三、除本《规范》收载品种及农业部今后批准允许添加到饲料中使用的饲料药物添加剂外，任何其他兽药产品一律不得添加到饲料中使用。

四、兽用原料药不得直接加入饲料中使用，必须制成预混剂后方可添加到饲料中。

五、各地兽药管理部门要对照本《规范》于 10 月底前完成本辖区饲料药物添加剂产品批准文号的清理整顿工作，印有原批准文号的产品标签、包装可使用至 2001 年 12 月底。

六、凡从事饲料药物添加剂生产、经营活动的，必须履行有关的兽药报批手续，并接受各级兽药管理部门的管理和质量监督，违者按照兽药管理法规进行处理。

七、本《规范》自发布之日起执行。原我部《关于发布〈允许作饲料药物添加剂的兽药品种及使用规定〉的通知》（农牧发〔1997〕8 号）和《关于发布饲料添加剂允许使用品种目录的通知》（农牧发〔1994〕7 号）同时废止。

## 饲料药物添加剂附录一

| 序号 | 名　称 |
|------|--------|
| 1 | 二硝托胺预混剂 |
| 2 | 马杜霉素铵预混剂 |
| 3 | 尼卡巴嗪预混剂 |
| 4 | 尼卡巴嗪、乙氧酰胺苯甲酯预混剂 |
| 5 | 甲基盐霉素、尼卡巴嗪预混剂 |
| 6 | 甲基盐霉素、预混剂 |
| 7 | 拉沙诺西钠预混剂 |
| 8 | 氢溴酸常山酮预混剂 |
| 9 | 盐酸氯苯胍预混剂 |
| 10 | 盐酸氨丙啉、乙氧酰胺苯甲酯预混剂 |
| 11 | 盐酸氨丙啉、乙氧酰胺苯甲酯、磺胺喹噁啉预混剂 |
| 12 | 氯羟吡啶预混剂 |
| 13 | 海南霉素钠预混剂 |
| 14 | 赛杜霉素钠预混剂 |
| 15 | 地克珠利预混剂 |
| 16 | 复方硝基酚钠预混剂 |
| 17 | 氨苯胂酸预混剂 |
| 18 | 洛克沙胂预混剂 |
| 19 | 莫能菌素钠预混剂 |
| 20 | 杆菌肽锌预混剂 |

（续）

| 序号 | 名　　称 |
|------|---------|
| 21 | 黄霉素预混剂 |
| 22 | 维吉尼亚霉素预混剂 |
| 23 | 喹乙醇预混剂 |
| 24 | 那西肽预混剂 |
| 25 | 阿美拉霉素预混剂 |
| 26 | 盐霉素钠预混剂 |
| 27 | 硫酸黏杆菌素预混剂 |
| 28 | 牛至油预混剂 |
| 29 | 杆菌肽锌、硫酸黏杆菌素预混剂 |
| 30 | 吉它霉素预混剂 |
| 31 | 土霉素钙预混剂 |
| 32 | 金霉素预混剂 |
| 33 | 恩拉霉素预混剂 |

## 饲料药物添加剂附录二

| 序号 | 名　　称 |
|------|---------|
| 1 | 磺胺喹噁啉、二甲氧苄啶预混剂 |
| 2 | 越霉素 A 预混剂 |
| 3 | 潮霉素 B 预混剂 |
| 4 | 地美硝唑预混剂 |
| 5 | 磷酸泰乐菌素预混剂 |
| 6 | 硫酸安普霉素预混剂 |
| 7 | 盐酸林可霉素预混剂 |
| 8 | 赛地卡霉素预混剂 |
| 9 | 伊维菌素预混剂 |
| 10 | 呋喃苯烯酸钠粉 |
| 11 | 延胡索酸泰妙菌素预混剂 |
| 12 | 环丙氨嗪预混剂 |

（续）

| 序号 | 名　　称 |
|------|----------|
| 13 | 氟苯咪唑预混剂 |
| 14 | 复方磺胺嘧啶预混剂 |
| 15 | 盐酸林可霉素、硫酸大观霉素预混剂 |
| 16 | 硫酸新霉素预混剂 |
| 17 | 磷酸替米考星预混剂 |
| 18 | 磷酸泰乐菌素、磺胺二甲嘧啶预混剂 |
| 19 | 甲砜霉素散 |
| 20 | 诺氟沙星、盐酸小檗碱预混剂 |
| 21 | 维生素 C 磷酸酯镁、盐酸环丙沙星预混剂 |
| 22 | 盐酸环丙沙星、盐酸小檗碱预混剂 |
| 23 | 噁喹酸散 |
| 24 | 磺胺氯吡嗪钠可溶性粉 |

# 农业部　卫生部　国家药品监督管理局公告

## 第 176 号

为加强饲料、兽药和人用药品管理，防止在饲料生产、经营、使用和动物饮用水中超范围、超剂量使用兽药和饲料添加剂，杜绝滥用违禁药品的行为，根据《饲料和饲料添加剂管理条例》、《兽药管理条例》、《药品管理法》的有关规定，现公布《禁止在饲料和动物饮用水中使用的药物品种目录》，并就有关事项公告如下：

一、凡生产、经营和使用的营养性饲料添加剂和一般饲料添加剂，均应属于《允许使用的饲料添加剂品种目录》（农业部第105号公告）中规定的品种及经审批公布的新饲料添加剂，生产饲料添加剂的企业需办理生产许可证和产品批准文号，新饲料添加剂需办理新饲料添加剂证书，经营企业必须按照《饲料和饲料添加剂管理条例》第十六条、第十七条、第十八条的规定从事经营活动，不得经营和使用未经批准生产的饲料添加剂。

二、凡生产含有药物饲料添加剂的饲料产品，必须严格执行《饲料药物添加剂使用规范》（农业部168号公告，以下简称《规范》）的规定，不得添加《规范》附录二中的饲料药物添加剂。凡生产含有《规范》附录一中的饲料药物添加剂的饲料产品，必须执行《饲料标签》标准的规定。

三、凡在饲养过程中使用药物饲料添加剂，需按照《规范》规定执行，不得超范围、超剂量使用药物饲料添加剂。使用药物饲料添加剂必须遵守休药期、配伍禁忌等有关规定。

四、人用药品的生产、销售必须遵守《药品管理法》及相关法规的规定。未办理兽药、饲料添加剂审批手续的人用药品，不得直接用于饲料生产和饲养过程。

五、生产、销售《禁止在饲料和动物饮用水中使用的药物品种目录》所列品种的医药企业或个人，违反《药品管理法》第四十八条规定，向饲料企业和养殖企业（或个人）销售的，由药品监督管理部门按照《药品管理法》第七十四条的规定给予处罚；生产、销售《禁止在饲料和动物饮用水中使用的药物品种目录》所列品种的兽药企业或个人，向饲料企业销售的，由兽药行政管理部门按照《兽药管理条例》第四十二条的规定给予处罚；违反《饲料和饲料添加剂管理条例》第十七条、第十八条、第十九条规定，生产、经营、使用《禁止在饲料和动物饮用水中使用的药物品种目录》所列品种的饲料和饲料添加剂生产企业或个人，由饲料管理部门按照《饲料和饲料添加剂管理条例》第二十五条、第二十八条、第二十九条的规定给予处罚。其他单位和个人生产、经营、使用《禁止在饲料和动物饮用水中使用的药物品种目录》所列品种，用于饲料生产和饲养过程中的，上述有关部门按照谁发现谁查处的原则，依据各自法律法规予以处罚；构成犯罪的，要移送司法机关，依法追究刑事责任。

六、各级饲料、兽药、食品和药品监督管理部门要密切配合，协同行动，加大对饲料生产、经营、使用和动物饮用水中非法使用违禁药物违法行为的打击力度。要加快制定并完善饲料安全标准及检测方法、动物产品有毒有害物质残留标准及检测方法，为行政执法提供技术依据。

七、各级饲料、兽药和药品监督管理部门要进一步加强新闻宣传和科普教育。要将查处饲料和饲养过程中非法使用违禁药物列为宣传工作重点，充分利用各种新闻媒体宣传饲料、兽药和人用药品的管理法规，追踪大案要案，普及饲料、饲养和安全使用兽药知识，努力提高社会各方面对兽药使用管理重要性的认识，为降低药物残留危害，保证动物性食品安全创造良好的外部环境。

中华人民共和国农业部
中华人民共和国卫生部
国家药品监督管理局
二〇〇二年二月九日

附件：

## 禁止在饲料和动物饮用水中使用的药物品种目录

### 一、肾上腺素受体激动剂

1. 盐酸克仑特罗（Clenbuterol Hydrochloride）：中华人民共和国药典（以下简称药典）2000 年二部 P605。$\beta_2$ 肾上腺素受体激动药。

2. 沙丁胺醇（Salbutamol）：药典 2000 年二部 P316。$\beta_2$ 肾上腺素受体激动药。

3. 硫酸沙丁胺醇（Salbutamol Sulfate）：药典 2000 年二部 P870。$\beta2$ 肾上腺素受体激动药。

4. 莱克多巴胺（Ractopamine）：一种 $\beta$ 兴奋剂，美国食品和药物管理局（FDA）已批准，中国未批准。

5. 盐酸多巴胺（Dopamine Hydrochloride）：药典 2000 年二部 P591。多巴胺受体激动药。

6. 西马特罗（Cimaterol）：美国氰胺公司开发的产品，一种 $\beta$ 兴奋剂，FDA 未批准。

7. 硫酸特布他林（Terbutaline Sulfate）：药典 2000 年二部 P890。$\beta_2$ 肾上腺受体激动药。

### 二、性激素

8. 己烯雌酚（Diethylstilbestrol）：药典 2000 年二部 P42。雌激素类药。

9. 雌二醇（Estradiol）：药典 2000 年二部 P1005。雌激素类药。

10. 戊酸雌二醇（Estradiol Valerate）：药典 2000 年二部 P124。雌激素类药。

11. 苯甲酸雌二醇（Estradiol Benzoate）：药典 2000 年二部 P369。雌激素类药。中华人民共和国兽药典（以下简称兽药典）2000 年版一部 P109。雌激素类药。用于发情不明显动物的催情及胎衣滞留、死胎的排除。

12. 氯烯雌醚（Chlorotrianisene）药典 2000 年二部 P919。

13. 炔诺醇（Ethinylestradiol）药典 2000 年二部 P422。

14. 炔诺醚（Quinestrol）药典 2000 年二部 P424。

15. 醋酸氯地孕酮（Chlormadinone Acetate）药典 2000 年二部 P1037。

16. 左炔诺孕酮（Levonorgestrel）药典 2000 年二部 P107。

17. 炔诺酮（Norethisterone）药典 2000 年二部 P420。

18. 绒毛膜促性腺激素（绒促性素）（Chorionic Gonadotrophin）：药典 2000 年二部 P534。促性腺激素药。兽药典 2000 年版一部 P146。激素类药。用于性功能障碍、习惯性流产及卵巢囊肿等。

19. 促卵泡生长激素（尿促性素主要含卵泡刺激素 FSH 和黄体生成素 LH）（Menotropins）：药典 2000 年二部 P321。促性腺激素类药。

## 三、蛋白同化激素

20. 碘化酪蛋白（Iodinated Casein）：蛋白同化激素类，为甲状腺素的前驱物质，具有类似甲状腺素的生理作用。

21. 苯丙酸诺龙及苯丙酸诺龙注射液（Nandrolone phenylpropionate）药典 2000 年二部 P365。

## 四、精神药品

22. （盐酸）氯丙嗪（Chlorpromazine Hydrochloride）：药典 2000 年二部 P676。抗精神病药。兽药典 2000 年版一部 P177。镇静药。用于强化麻醉以及使动物安静等。

23. 盐酸异丙嗪（Promethazine Hydrochloride）：药典 2000 年二部 P602。抗组胺药。兽药典 2000 年版一部 P164。抗组胺药。用于变态反应性疾病，如荨麻疹、血清病等。

24. 安定（地西泮）（Diazepam）：药典 2000 年二部 P214。抗焦虑药、抗惊厥药。兽药典 2000 年版一部 P61。镇静药、抗惊厥药。

25. 苯巴比妥（Phenobarbital）：药典 2000 年二部 P362。镇静

催眠药、抗惊厥药。兽药典 2000 年版一部 P103。巴比妥类药。缓解脑炎、破伤风、士的宁中毒所致的惊厥。

26. 苯巴比妥钠（Phenobarbital Sodium）。兽药典 2000 年版一部 P105。巴比妥类药。缓解脑炎、破伤风、士的宁中毒所致的惊厥。

27. 巴比妥（Barbital）：兽药典 2000 年版一部 P27。中枢抑制和增强解热镇痛。

28. 异戊巴比妥（Amobarbital）：药典 2000 年二部 P252。催眠药、抗惊厥药。

29. 异戊巴比妥钠（Amobarbital Sodium）：兽药典 2000 年版一部 P82。巴比妥类药。用于小动物的镇静、抗惊厥和麻醉。

30. 利血平（Reserpine）：药典 2000 年二部 P304。抗高血压药。

31. 艾司唑仑（Estazolam）。

32. 甲丙氨脂（Meprobamate）。

33. 咪达唑仑（Midazolam）。

34. 硝西泮（Nitrazepam）。

35. 奥沙西泮（Oxazepam）。

36. 匹莫林（Pemoline）。

37. 三唑仑（Triazolam）。

38. 唑吡旦（Zolpidem）。

39. 其他国家管制的精神药品。

## 五、各种抗生素滤渣

40. 抗生素滤渣：该类物质是抗生素类产品生产过程中产生的工业三废，因含有微量抗生素成分，在饲料和饲养过程中使用后对动物有一定的促生长作用。但对养殖业的危害很大，一是容易引起耐药性，二是由于未做安全性试验，存在各种安全隐患。

# 中华人民共和国农业部公告

## 第 193 号

为保证动物源性食品安全，维护人民身体健康，根据《兽药管理条例》的规定，我部制定了《食品动物禁用的兽药及其他化合物清单》（以下简称《禁用清单》），现公告如下：

一、《禁用清单》序号 1 至 18 所列品种的原料药及其单方、复方制剂产品停止生产，已在兽药国家标准、农业部专业标准及兽药地方标准中收载的品种，废止其质量标准，撤销其产品批准文号；已在我国注册登记的进口兽药，废止其进口兽药质量标准，注销其《进口兽药登记许可证》。

二、截至 2002 年 5 月 15 日，《禁用清单》序号 1 至 18 所列品种的原料药及其单方、复方制剂产品停止经营和使用。

三、《禁用清单》序号 19 至 21 所列品种的原料药及其单方、复方制剂产品不准以抗应激、提高饲料报酬、促进动物生长为目的在食品动物饲养过程中使用。

### 食品动物禁用的兽药及其他化合物清单

| 序号 | 兽药及其他化合物名称 | 禁止用途 | 禁用动物 |
|---|---|---|---|
| 1 | β-兴奋剂类：克仑特罗 Clenbuterol、沙丁胺醇 Salbutamol、西马特罗 Cimaterol 及其盐、酯及制剂 | 所有用途 | 所有食品动物 |
| 2 | 性激素类：己烯雌酚 Diethylstilbestrol 及其盐、酯及制剂 | 所有用途 | 所有食品动物 |
| 3 | 具有雌激素样作用的物质：玉米赤霉醇 Zeranol、去甲雄三烯醇酮 Trenbolone、醋酸甲孕酮 Megestrol Acetate 及制剂 | 所有用途 | 所有食品动物 |

（续）

| 序号 | 兽药及其他化合物名称 | 禁止用途 | 禁用动物 |
|---|---|---|---|
| 4 | 氯霉素 Chloramphenicol 及其盐、酯（包括琥珀氯霉素 Chloramphenicol Succinate）及制剂 | 所有用途 | 所有食品动物 |
| 5 | 氨苯砜 Dapsone 及制剂 | 所有用途 | 所有食品动物 |
| 6 | 硝基呋喃类：呋喃唑酮 Furazolidone、呋喃它酮 Furaltadone、呋喃苯烯酸钠 Nifurstyrenate Sodium 及制剂 | 所有用途 | 所有食品动物 |
| 7 | 硝基化合物：硝基酚钠 Sodium Nitrophenolate、硝呋烯腙 Nitrovin 及制剂 | 所有用途 | 所有食品动物 |
| 8 | 催眠、镇静类：安眠酮 Methaqualone 及制剂 | 所有用途 | 所有食品动物 |
| 9 | 林丹（丙体六六六）Lindane | 杀虫剂 | 所有食品动物 |
| 10 | 毒杀芬（氯化烯）Camahechlor | 杀虫剂、清塘剂 | 所有食品动物 |
| 11 | 呋喃丹（克百威）Carbofuran | 杀虫剂 | 所有食品动物 |
| 12 | 杀虫脒（克死螨）Chlordimeform | 杀虫剂 | 所有食品动物 |
| 13 | 双甲脒 Amitraz | 杀虫剂 | 水生食品动物 |
| 14 | 酒石酸锑钾 Antimonypotassiumtartrate | 杀虫剂 | 所有食品动物 |
| 15 | 锥虫胂胺 Tryparsamide | 杀虫剂 | 所有食品动物 |
| 16 | 孔雀石绿 Malachitegreen | 抗菌、杀虫剂 | 所有食品动物 |
| 17 | 五氯酚酸钠 Pentachlorophenol Sodium | 杀螺剂 | 所有食品动物 |
| 18 | 各种汞制剂包括：氯化亚汞（甘汞）Calomel，硝酸亚汞 Mercurous Nitrate、醋酸汞 Mercurous Acetate、吡啶基醋酸汞 Pyridyl Mercurous Acetate | 杀虫剂 | 所有食品动物 |

（续）

| 序号 | 兽药及其他化合物名称 | 禁止用途 | 禁用动物 |
|---|---|---|---|
| 19 | **性激素类**：甲基睾丸酮 Methyltestoster-one、丙酸睾酮 Testosterone Propionate、苯丙酸诺龙 Nandrolone Phenylpropionate、苯甲酸雌二醇 Estradiol Benzoate 及其盐、酯及制剂 | 促生长 | 所有食品动物 |
| 20 | **催眠、镇静类**：氯丙嗪 Chlorpromazine、地西泮（安定）Diazepam 及其盐、酯及制剂 | 促生长 | 所有食品动物 |
| 21 | **硝基咪唑类**：甲硝唑 Metronidazole、地美硝唑 Dimetronidazole 及其盐、酯及制剂 | 促生长 | 所有食品动物 |

注：食品动物是指各种供人食用或其产品供人食用的动物。

二〇〇二年四月九日

# 中华人民共和国农业部公告

## 第 1519 号

为加强饲料及养殖环节质量安全监管，保障饲料及畜产品质量安全，根据《饲料和饲料添加剂管理条例》有关规定，禁止在饲料和动物饮水中使用苯乙醇胺 A 等物质（见附件）。各级畜牧饲料管理部门要加强日常监管和监督检测，严肃查处在饲料生产、经营、使用和动物饮水中违禁添加苯乙醇胺 A 等物质的违法行为。

特此公告。

附件：禁止在饲料和动物饮水中使用的物质

二○一○年十二月二十七日

**附件：**

## 禁止在饲料和动物饮水中使用的物质

1. 苯乙醇胺 A（Phenylethanolamine A）：$\beta$-肾上腺素受体激动剂。

2. 班布特罗（Bambuterol）：$\beta$-肾上腺素受体激动剂。

3. 盐酸齐帕特罗（Zilpaterol Hydrochloride）：$\beta$-肾上腺素受体激动剂。

4. 盐酸氯丙那林（Clorprenaline Hydrochloride）：药典 2010版二部 P783。$\beta$-肾上腺素受体激动剂。

5. 马布特罗（Mabuterol）：$\beta$-肾上腺素受体激动剂。

6. 西布特罗（Cimbuterol）：$\beta$-肾上腺素受体激动剂。

7. 溴布特罗（Brombuterol）：$\beta$-肾上腺素受体激动剂。

8. 酒石酸阿福特罗（Arformoterol Tartrate）：长效型 $\beta$-肾上腺素受体激动剂。

9. 富马酸福莫特罗（Formoterol Fumarate）：长效型 $\beta$-肾上腺素受体激动剂。

10. 盐酸可乐定（Clonidine Hydrochloride）：药典 2010 版二部 P645。抗高血压药。

11. 盐酸赛庚啶（Cyproheptadine Hydrochloride）：药典 2010 版二部 P803。抗组胺药。

二〇一〇年十二月二十七日

# 中华人民共和国农业部公告

## 第 242 号

为贯彻落实《兽药标签和说明书管理办法》（农业部第 22 号令，以下简称 22 号令），保证清理整顿兽药标签和说明书工作的质量与进度，针对近期各地普遍反映的问题，我部组织制定了《兽药标签和说明书编写细则》（见附件），现予发布，请各地遵照执行，并就有关事项通知如下：

一、严格兽药标签和说明书管理是保证安全合理用药，保证动物性食品安全的重要举措，各地要高度重视，积极组织实施农业部第 22 号令和第 233 号公告，认真做好兽药标签和说明书的规范化管理工作，按我部安排的时间进度认真做好违规标签和说明书的清理工作。

二、各地不得以任何借口曲解、变更《兽药标签和说明书编写细则》标准规定要求，不得通过兽药名称夸大疗效、误导消费；不得擅自增加适应征和减少不良反应内容；不得在标签或包装上印制不健康、误导消费的背景图案和成分；不得印制未经批准的文字、图案；一个产品仅限使用一种标签和说明书。

三、凡生产省级兽药管理部门批准生产的产品，生产企业应按照《兽药标签和说明书编写细则》的要求将草拟的产品标签和说明书草案报所在省兽药管理机关审查批准。凡生产我部批准生产的兽药产品，生产企业应按照《兽药标签和说明书编写细则》的要求将草拟的产品标签和说明书草案，报送农业部兽药审评委员会办公室（传真：010 - 68977536，E - mail：CVP@ivdc.gov.cn），由该办公室组织进行审查，审查合格后报我部畜牧兽医局批准。

二〇〇三年一月二十二日

**附件:**

# 兽药标签和说明书编写细则

## 一、有关标识

1. 兽用标识　所有兽药(包括蚕用、水产用、蜂用等)必须标识汉字"兽用",其字体应与兽药通用名相仿。

2. 外用药标识　所有外用兽药(包括消毒防腐剂、杀虫剂等)必须标识汉字"外用药",字体应与兽药通用名相仿。

3. 专利标识　已获专利的,可标识专利标记、专利号、专利许可种类,其字体不得大于兽药通用名。

4. 兽药 GMP 标识　已取得《兽药 GMP 合格证》的,可在产品标签或说明书上标识"兽药 GMP 验收通过企业"或"兽药 GMP 验收通过车间"字样,并标注合格证证号,其字体不得大于兽药通用名。

## 二、兽药名称

1. 兽药通用名

兽药通用名必须采用法定兽药质量标准(兽药国家标准、专业标准、地方标准)名称,剂型名称应与现行《兽药典》一致。

2. 商品名

系指兽药管理部门批准的某一兽药产品的专有商品名称,其命名原则按照《关于加强兽药名称管理的通知》(农牧发〔1998〕3号)执行。商品名实行企业自愿原则,一个产品仅准予使用一个商品名,不得同时使用两个或两个以上商品名。

## 三、性状

性状是记载兽药产品的色泽和外表的感观描述,所有产品性状的描述方式必须严格按照兽药国家标准、专业标准、地方标准的有关规定执行。

## 四、药理作用

包括药效学和药动学等。

药效学：包括药理作用和主要作用机制。

药动学：包括吸收、分布、蛋白结合率、代谢、作用开始时间、血药峰值、达峰时间、峰值持续时间、时效、T1/2（半衰期）及排泄（包括透析时的排泄概况）等。重点写血药浓度变化、峰浓度、峰时及有效浓度维持时间。如有药动学参数资料，可列出靶动物的消除半衰期（T1/2）、表观分布容积（Vd）、生物利用度（F）等。

药物相互作用：列出具有兽医临床意义的药物相互作用，包括药剂学、药效学和药动学方面的药物相互作用。应以相互作用的重要性依次排列（1）、（2）、（3）。

注：目前本项目尚不明确的，可暂不标注。

## 五、适应证或功能与主治

依照法定兽药质量标准或兽药管理部门批准的适应证（或功能与主治）书写，不得擅自扩大应用范围。含有同一有效成分的地方兽药标准产品，以兽药国家标准和专业标准有关内容为准，编制时要注意其疾病、病理学、症状的文字规范化，并注意区分治疗××疾病、缓解××疾病或作为××疾病的辅助治疗的不同。

注：对于症状的描述必须与病因学（纯中药制剂产品除外）结合进行，不得将疾病临床症状作为唯一表述方式。

## 六、用法与用量

必须依照法定兽药质量标准编写，含有同一有效成分的地方兽药标准产品，以兽药国家标准和专业标准有关内容为准，须明确、详细地列出该药的给药方法及给药剂量。

常用给药方法：方法排序为：内服、混饲、混饮、皮下注射、肌内注射、静脉滴注、外用、喷雾吸入等。

动物排列顺序为：马、牛、羊、猪、犬、猫、兔、禽（鸡、鸭、鹅等）、野生动物、水生动物、蚕、蜂等。

幼畜表述方式：驹、犊、羔羊、仔猪、雏鸡（鸭、鹅等）。

用药剂量：应准确地列出用药的剂量、计量方法、用药次数以及疗程期限，并特别注意与制剂规格的关系。

用量在 0.1g 以上的，用"g"表示，用量在"0.1g"以下的，用'mg'表示，溶液以"L"、"ml"表示。同一品种项下，不宜出现两种计量单位。

按体重计算给药剂量时，以"××动物（或其他动物）每 1kg 体重××g（或 mg）"表示。

通过混饲、混饮给药时，以"每 1000kg 饲料（或 1L 水）××g（或 mg）表示"。必要时，用法与用量除单位含量外，还应使用"一次×片"；"一次×支"；"一日×次"等表示方式。

## 七、不良反应

系指靶动物在常规剂量下出现的与治疗无关的副作用、毒性和过敏反应，可按其严重程度、发生的频率或症状的系统性列出。如明确无影响，应注明"无"。

注：目前本项目尚不明确的，可暂不标注。

## 八、注意

系指使用该兽药时必须注意的问题，如影响兽药疗效的因素；需要慎用的情况；用药对于临床检验指标的影响等。

以 1，2，3，——表示排列次序。内容及排列次序依此为：使用兽药前，需特殊处理的事项；禁忌证；禁用、慎用畜种；中毒与解救；使用者注意事项；外用杀虫剂及其他对人体或环境有毒有害的废弃包装的处理措施等。

## 九、停药期

以法定兽药质量标准规定的停药期为准，法定兽药质量标准未规定的，食品动物的肉、脂肪和内脏执行 28 天停药期；奶执行 7 天停药期；蛋执行 7 天停药期；水产品执行 500 度日（水温×天数＝500）停药期。

## 十、有效期

指该兽药被批准的使用期限，以法定兽药质量标准规定的有效期为准。法定兽药质量标准未规定的品种，企业可根据产品稳定性试验结果确定临时有效期，但最长时间不得超过 2 年。

注：凡法定兽药质量标准未明确有效期的，各生产企业应在 2003 年底前按照《兽药稳定性试验技术规范》完成有关试验，提出有效期申请，报省级兽药管理部门核准，并报农业部兽药审评委员会办公室备案。

## 十一、规格

列出经批准生产的本产品的含量规格。制剂的含量规格是指每片（针剂为每支、预混剂为每个包装）含主药的量，液体制剂应注明每支的容量。

注：主要成分标注要求

1. 化学药品及抗生素制剂产品，必须标注所有有效成分及含量；

2. 纯中兽药制剂产品，必须标注成方中前五味（五味以下的全部标注）主药成分，含量表示方法按照现行《兽药典》执行。

3. 中西复方制剂产品，必须标注成方中前五味主药成分和西药成分、含量。

## 十二、包装

包装是指每个包装内所含产品的片数、支数、千克数或包数、盒数等。

## 十三、贮藏

系指产品的保存条件（如温度、干湿、明暗），其表示方法按现行《兽药典》要求摘抄。对有特殊要求的，须在醒目位置上标明。

注：1. 由于包装材料或尺寸的原因，致使产品最小销售单元的包装不宜分别标识标签和说明书内容的，可以将外包装标签和说

明书内容进行合并，但项目及内容不得少于合并前的所有项目内容。

2. 标签和说明书中同一项目的表述内容须一致。

# 中华人民共和国农业部公告

## 第 278 号

为加强兽药使用管理，保证动物性产品质量安全，根据《兽药管理条例》规定，我部组织制订了兽药国家标准和专业标准中部分品种的停药期规定（附件1），并确定了部分不需制订停药期规定的品种（附件2），现予公告。

本公告自发布之日起执行。以前发布过的与本公告同品种兽药停药期不一致的，以本公告为准。

附件：1. 兽药停药期规定

2. 不需制订停药期的兽药品种

二〇〇三年五月二十二日

## 附件1：

### 停药期规定

| | 兽药名称 | 执行标准 | 停药期 |
|---|---|---|---|
| 1 | 乙酰甲喹片 | 兽药规范 92 版 | 牛、猪 35 日 |
| 2 | 二氢吡啶 | 部颁标准 | 牛、肉鸡 7 日，弃奶期 7 日 |
| 3 | 二硝托胺预混剂 | 兽药典 2000 版 | 鸡 3 日，产蛋期禁用 |
| 4 | 土霉素片 | 兽药典 2000 版 | 牛、羊、猪 7 日，禽 5 日，弃蛋期 2 日，弃奶期 3 日 |
| 5 | 土霉素注射液 | 部颁标准 | 牛、羊、猪 28 日，弃奶期 7 日 |
| 6 | 马杜霉素预混剂 | 部颁标准 | 鸡 5 日，产蛋期禁用 |
| 7 | 双甲脒溶液 | 兽药典 2000 版 | 牛、羊 21 日，猪 8 日，弃奶期 48 小时，禁用于产奶羊 |
| 8 | 巴胺磷溶液 | 部颁标准 | 羊 14 日 |

（续）

| | 兽药名称 | 执行标准 | 停药期 |
|---|---|---|---|
| 9 | 水杨酸钠注射液 | 兽药规范 65 版 | 牛 0 日，弃奶期 48 小时 |
| 10 | 四环素片 | 兽药典 90 版 | 牛 12 日、猪 10 日、鸡 4 日，产蛋期禁用，产奶期禁用 |
| 11 | 甲砜霉素片 | 部颁标准 | 28 日，弃奶期 7 日 |
| 12 | 甲砜霉素散 | 部颁标准 | 28 日，弃奶期 7 日，鱼 500 度日 |
| 13 | 甲基前列腺素 F2α 注射液 | 部颁标准 | 牛 1 日，猪 1 日，羊 1 日 |
| 14 | 甲硝唑片 | 兽药典 2000 版 | 牛 28 日 |
| 15 | 甲磺酸达氟沙星注射液 | 部颁标准 | 猪 25 日 |
| 16 | 甲磺酸达氟沙星粉 | 部颁标准 | 鸡 5 日，产蛋鸡禁用 |
| 17 | 甲磺酸达氟沙星溶液 | 部颁标准 | 鸡 5 日，产蛋鸡禁用 |
| 18 | 甲磺酸培氟沙星可溶性粉 | 部颁标准 | 28 日，产蛋鸡禁用 |
| 19 | 甲磺酸培氟沙星注射液 | 部颁标准 | 28 日，产蛋鸡禁用 |
| 20 | 甲磺酸培氟沙星颗粒 | 部颁标准 | 28 日，产蛋鸡禁用 |
| 21 | 亚硒酸钠维生素 E 注射液 | 兽药典 2000 版 | 牛、羊、猪 28 日 |
| 22 | 亚硒酸钠维生素 E 预混剂 | 兽药典 2000 版 | 牛、羊、猪 28 日 |
| 23 | 亚硫酸氢钠甲萘醌注射液 | 兽药典 2000 版 | 0 日 |
| 24 | 伊维菌素注射液 | 兽药典 2000 版 | 牛、羊 35 日，猪 28 日，泌乳期禁用 |
| 25 | 吉他霉素片 | 兽药典 2000 版 | 猪、鸡 7 日，产蛋期禁用 |
| 26 | 吉他霉素预混剂 | 部颁标准 | 猪、鸡 7 日，产蛋期禁用 |
| 27 | 地西泮注射液 | 兽药典 2000 版 | 28 日 |
| 28 | 地克珠利预混剂 | 部颁标准 | 鸡 5 日，产蛋期禁用 |
| 29 | 地克珠利溶液 | 部颁标准 | 鸡 5 日，产蛋期禁用 |
| 30 | 地美硝唑预混剂 | 兽药典 2000 版 | 猪、鸡 28 日，产蛋期禁用 |
| 31 | 地塞米松磷酸钠注射液 | 兽药典 2000 版 | 牛、羊、猪 21 日，弃奶期 3 日 |
| 32 | 安乃近片 | 兽药典 2000 版 | 牛、羊、猪 28 日，弃奶期 7 日 |
| 33 | 安乃近注射液 | 兽药典 2000 版 | 牛、羊、猪 28 日，弃奶期 7 日 |
| 34 | 安钠咖注射液 | 兽药典 2000 版 | 牛、羊、猪 28 日，弃奶期 7 日 |
| 35 | 那西肽预混剂 | 部颁标准 | 鸡 7 日，产蛋期禁用 |

（续）

| | 兽药名称 | 执行标准 | 停药期 |
|---|---|---|---|
| 36 | 吡喹酮片 | 兽药典 2000 版 | 28 日，弃奶期 7 日 |
| 37 | 芬苯哒唑片 | 兽药典 2000 版 | 牛、羊 21 日，猪 3 日，弃奶期 7 日 |
| 38 | 芬苯哒唑粉（苯硫苯咪唑粉剂） | 兽药典 2000 版 | 牛、羊 14 日，猪 3 日，弃奶期 5 日 |
| 39 | 苄星邻氯青霉素注射液 | 部颁标准 | 牛 28 日，产犊后 4 天禁用，泌乳期禁用 |
| 40 | 阿司匹林片 | 兽药典 2000 版 | 0 日 |
| 41 | 阿苯达唑片 | 兽药典 2000 版 | 牛 14 日，羊 4 日，猪 7 日，禽 4 日，弃奶期 60 小时 |
| 42 | 阿莫西林可溶性粉 | 部颁标准 | 鸡 7 日，产蛋鸡禁用 |
| 43 | 阿维菌素片 | 部颁标准 | 羊 35 日，猪 28 日，泌乳期禁用 |
| 44 | 阿维菌素注射液 | 部颁标准 | 羊 35 日，猪 28 日，泌乳期禁用 |
| 45 | 阿维菌素粉 | 部颁标准 | 羊 35 日，猪 28 日，泌乳期禁用 |
| 46 | 阿维菌素胶囊 | 部颁标准 | 羊 35 日，猪 28 日，泌乳期禁用 |
| 47 | 阿维菌素透皮溶液 | 部颁标准 | 牛、猪 42 日，泌乳期禁用 |
| 48 | 乳酸环丙沙星可溶性粉 | 部颁标准 | 禽 8 日，产蛋鸡禁用 |
| 49 | 乳酸环丙沙星注射液 | 部颁标准 | 牛 14 日，猪 10 日，禽 28 日，弃奶期 84 小时 |
| 50 | 乳酸诺氟沙星可溶性粉 | 部颁标准 | 禽 8 日，产蛋鸡禁用 |
| 51 | 注射用三氮脒 | 兽药典 2000 版 | 28 日，弃奶期 7 日 |
| 52 | 注射用苄星青霉素（注射用苄星青霉素 G） | 兽药规范 78 版 | 牛、羊 4 日，猪 5 日，弃奶期 3 日 |
| 53 | 注射用乳糖酸红霉素 | 兽药典 2000 版 | 牛 14 日，羊 3 日，猪 7 日，弃奶期 3 日 |
| 54 | 注射用苯巴比妥钠 | 兽药典 2000 版 | 28 日，弃奶期 7 日 |
| 55 | 注射用苯唑西林钠 | 兽药典 2000 版 | 牛、羊 14 日，猪 5 日，弃奶期 3 日 |
| 56 | 注射用青霉素钠 | 兽药典 2000 版 | 0 日，弃奶期 3 日 |
| 57 | 注射用青霉素钾 | 兽药典 2000 版 | 0 日，弃奶期 3 日 |
| 58 | 注射用氨苄青霉素钠 | 兽药典 2000 版 | 牛 6 日，猪 15 日，弃奶期 48 小时 |

（续）

| | 兽药名称 | 执行标准 | 停药期 |
|---|---|---|---|
| 59 | 注射用盐酸土霉素 | 兽药典2000版 | 牛、羊、猪8日，弃奶期48小时 |
| 60 | 注射用盐酸四环素 | 兽药典2000版 | 牛、羊、猪8日，弃奶期48小时 |
| 61 | 注射用酒石酸泰乐菌素 | 部颁标准 | 牛28日，猪21日，弃奶期96小时 |
| 62 | 注射用喹嘧胺 | 兽药典2000版 | 28日，弃奶期7日 |
| 63 | 注射用氯唑西林钠 | 兽药典2000版 | 牛10日，弃奶期2日 |
| 64 | 注射用硫酸双氢链霉素 | 兽药典90版 | 牛、羊、猪18日，弃奶期72小时 |
| 65 | 注射用硫酸卡那霉素 | 兽药典2000版 | 28日，弃奶期7日 |
| 66 | 注射用硫酸链霉素 | 兽药典2000版 | 牛、羊、猪18日，弃奶期72小时 |
| 67 | 环丙氨嗪预混剂（1%） | 部颁标准 | 鸡3日 |
| 68 | 苯丙酸诺龙注射液 | 兽药典2000版 | 28日，弃奶期7日 |
| 69 | 苯甲酸雌二醇注射液 | 兽药典2000版 | 28日，弃奶期7日 |
| 70 | 复方水杨酸钠注射液 | 兽药规范78版 | 28日，弃奶期7日 |
| 71 | 复方甲苯咪唑粉 | 部颁标准 | 鳗150度日 |
| 72 | 复方阿莫西林粉 | 部颁标准 | 鸡7日，产蛋期禁用 |
| 73 | 复方氨苄西林片 | 部颁标准 | 鸡7日，产蛋期禁用 |
| 74 | 复方氨苄西林粉 | 部颁标准 | 鸡7日，产蛋期禁用 |
| 75 | 复方氨基比林注射液 | 兽药典2000版 | 28日，弃奶期7日 |
| 76 | 复方磺胺对甲氧嘧啶片 | 兽药典2000版 | 28日，弃奶期7日 |
| 77 | 复方磺胺对甲氧嘧啶钠注射液 | 兽药典2000版 | 28日，弃奶期7日 |
| 78 | 复方磺胺甲噁唑片 | 兽药典2000版 | 28日，弃奶期7日 |
| 79 | 复方磺胺氯哒嗪钠粉 | 部颁标准 | 猪4日，鸡2日，产蛋期禁用 |
| 80 | 复方磺胺嘧啶钠注射液 | 兽药典2000版 | 牛、羊12日，猪20日，弃奶期48小时 |
| 81 | 枸橼酸乙胺嗪片 | 兽药典2000版 | 28日，弃奶期7日 |
| 82 | 枸橼酸哌嗪片 | 兽药典2000版 | 牛、羊28日，猪21日，禽14日 |
| 83 | 氟苯尼考注射液 | 部颁标准 | 猪14日，鸡28日，鱼375度日 |
| 84 | 氟苯尼考粉 | 部颁标准 | 猪20日，鸡5日，鱼375度日 |
| 85 | 氟苯尼考溶液 | 部颁标准 | 鸡5日，产蛋期禁用 |

（续）

| | 兽药名称 | 执行标准 | 停药期 |
|---|---|---|---|
| 86 | 氟胺氰菊酯条 | 部颁标准 | 流蜜期禁用 |
| 87 | 氢化可的松注射液 | 兽药典 2000 版 | 0 日 |
| 88 | 氢溴酸东莨菪碱注射液 | 兽药典 2000 版 | 28 日，弃奶期 7 日 |
| 89 | 洛克沙肿预混剂 | 部颁标准 | 5 日，产蛋期禁用 |
| 90 | 恩诺沙星片 | 兽药典 2000 版 | 鸡 8 日，产蛋鸡禁用 |
| 91 | 恩诺沙星可溶性粉 | 部颁标准 | 鸡 8 日，产蛋鸡禁用 |
| 92 | 恩诺沙星注射液 | 兽药典 2000 版 | 牛、羊 14 日，猪 10 日，兔 14 日 |
| 93 | 恩诺沙星溶液 | 兽药典 2000 版 | 禽 8 日，产蛋鸡禁用 |
| 94 | 氧阿苯达唑片 | 部颁标准 | 羊 4 日 |
| 95 | 氧氟沙星片 58 | 部颁标准 | 28 日，产蛋鸡禁用 |
| 96 | 氧氟沙星可溶性粉 | 部颁标准 | 28 日，产蛋鸡禁用 |
| 97 | 氧氟沙星注射液 | 部颁标准 | 28 日，弃奶期 7 日，产蛋鸡禁用 |
| 98 | 氧氟沙星溶液（碱性） | 部颁标准 | 28 日，产蛋鸡禁用 |
| 99 | 氧氟沙星溶液（酸性） | 部颁标准 | 28 日，产蛋鸡禁用 |
| 100 | 氨苯胂酸预混剂 | 部颁标准 | 5 日，产蛋鸡禁用 |
| 101 | 氨茶碱注射液 | 兽药典 2000 版 | 28 日，弃奶期 7 日 |
| 102 | 海南霉素钠预混剂 | 部颁标准 | 鸡 7 日，产蛋期禁用 |
| 103 | 烟酸诺氟沙星可溶性粉 | 部颁标准 | 28 日，产蛋鸡禁用 |
| 104 | 烟酸诺氟沙星注射液 | 部颁标准 | 28 日 |
| 105 | 烟酸诺氟沙星溶液 | 部颁标准 | 28 日，产蛋鸡禁用 |
| 106 | 盐酸二氟沙星片 | 部颁标准 | 鸡 1 日 |
| 107 | 盐酸二氟沙星注射液 | 部颁标准 | 猪 45 日 |
| 108 | 盐酸二氟沙星粉 | 部颁标准 | 鸡 1 日 |
| 109 | 盐酸二氟沙星溶液 | 部颁标准 | 鸡 1 日 |
| 110 | 盐酸大观霉素可溶性粉 | 兽药典 2000 版 | 鸡 5 日，产蛋期禁用 |
| 111 | 盐酸左旋咪唑 | 兽药典 2000 版 | 牛 2 日，羊 3 日，猪 3 日，禽 28 日，泌乳期禁用 |
| 112 | 盐酸左旋咪唑注射液 | 兽药典 2000 版 | 牛 14 日，羊 28 日，猪 28 日，泌乳期禁用 |

（续）

| | 兽药名称 | 执行标准 | 停药期 |
|---|---|---|---|
| 113 | 盐酸多西环素片 | 兽药典 2000 版 | 28 日 |
| 114 | 盐酸异丙嗪片 | 兽药典 2000 版 | 28 日 |
| 115 | 盐酸异丙嗪注射液 | 兽药典 2000 版 | 28 日，弃奶期 7 日 |
| 116 | 盐酸沙拉沙星可溶性粉 | 部颁标准 | 鸡 0 日，产蛋期禁用 |
| 117 | 盐酸沙拉沙星注射液 | 部颁标准 | 猪 0 日，鸡 0 日，产蛋期禁用 |
| 118 | 盐酸沙拉沙星溶液 | 部颁标准 | 鸡 0 日，产蛋期禁用 |
| 119 | 盐酸沙拉沙星片 | 部颁标准 | 鸡 0 日，产蛋期禁用 |
| 120 | 盐酸林可霉素片 | 兽药典 2000 版 | 猪 6 日 |
| 121 | 盐酸林可霉素注射液 | 兽药典 2000 版 | 猪 2 日 |
| 122 | 盐酸环丙沙星、盐酸小檗碱预混剂 | 部颁标准 | 500 度日 |
| 123 | 盐酸环丙沙星可溶性粉 | 部颁标准 | 28 日，产蛋鸡禁用 |
| 124 | 盐酸环丙沙星注射液 | 部颁标准 | 28 日，产蛋鸡禁用 |
| 125 | 盐酸苯海拉明注射液 | 兽药典 2000 版 | 28 日，弃奶期 7 日 |
| 126 | 盐酸洛美沙星片 | 部颁标准 | 28 日，弃奶期 7 日，产蛋鸡禁用 |
| 127 | 盐酸洛美沙星可溶性粉 | 部颁标准 | 28 日，产蛋鸡禁用 |
| 128 | 盐酸洛美沙星注射液 | 部颁标准 | 28 日，弃奶期 7 日 |
| 129 | 盐酸氨丙啉、乙氧酰胺苯甲酯、磺胺喹噁啉预混剂 | 兽药典 2000 版 | 鸡 10 日，产蛋鸡禁用 |
| 130 | 盐酸氨丙啉、乙氧酰胺苯甲酯预混剂 | 兽药典 2000 版 | 鸡 3 日，产蛋期禁用 |
| 131 | 盐酸氯丙嗪片 | 兽药典 2000 版 | 28 日，弃奶期 7 日 |
| 132 | 盐酸氯丙嗪注射液 | 兽药典 2000 版 | 28 日，弃奶期 7 日 |
| 133 | 盐酸氯苯胍片 | 兽药典 2000 版 | 鸡 5 日，兔 7 日，产蛋期禁用 |
| 134 | 盐酸氯苯胍预混剂 | 兽药典 2000 版 | 鸡 5 日，兔 7 日，产蛋期禁用 |
| 135 | 盐酸氯胺酮注射液 | 兽药典 2000 版 | 28 日，弃奶期 7 日 |
| 136 | 盐酸赛拉唑注射液 | 兽药典 2000 版 | 28 日，弃奶期 7 日 |
| 137 | 盐酸赛拉嗪注射液 | 兽药典 2000 版 | 牛、羊 14 日，鹿 15 日 |
| 138 | 盐霉素钠预混剂 | 兽药典 2000 版 | 鸡 5 日，产蛋期禁用 |

（续）

| | 兽药名称 | 执行标准 | 停药期 |
|---|---|---|---|
| 139 | 诺氟沙星、盐酸小檗碱预混剂 | 部颁标准 | 500 度日 |
| 140 | 酒石酸吉他霉素可溶性粉 | 兽药典 2000 版 | 鸡 7 日，产蛋期禁用 |
| 141 | 酒石酸泰乐菌素可溶性粉 | 兽药典 2000 版 | 鸡 1 日，产蛋期禁用 |
| 142 | 维生素 $B_{12}$ 注射液 | 兽药典 2000 版 | 0 日 |
| 143 | 维生素 $B_1$ 片 | 兽药典 2000 版 | 0 日 |
| 144 | 维生素 $B_1$ 注射液 | 兽药典 2000 版 | 0 日 |
| 145 | 维生素 $B_2$ 片 | 兽药典 2000 版 | 0 日 |
| 146 | 维生素 $B_2$ 注射液 | 兽药典 2000 版 | 0 日 |
| 147 | 维生素 $B_6$ 片 | 兽药典 2000 版 | 0 日 |
| 148 | 维生素 $B_6$ 注射液 | 兽药典 2000 版 | 0 日 |
| 149 | 维生素 C 片 | 兽药典 2000 版 | 0 日 |
| 150 | 维生素 C 注射液 | 兽药典 2000 版 | 0 日 |
| 151 | 维生素 C 磷酸酯镁、盐酸环丙沙星预混剂 | 部颁标准 | 500 度日 |
| 152 | 维生素 $D_3$ 注射液 | 兽药典 2000 版 | 28 日，弃奶期 7 日 |
| 153 | 维生素 E 注射液 | 兽药典 2000 版 | 牛、羊、猪 28 日 |
| 154 | 维生素 $K_1$ 注射液 | 兽药典 2000 版 | 0 日 |
| 155 | 喹乙醇预混剂 | 兽药典 2000 版 | 猪 35 日，禁用于禽、鱼、35kg 以上的猪 |
| 156 | 奥芬达唑片（苯亚砜哒唑） | 兽药典 2000 版 | 牛、羊、猪 7 日，产奶期禁用 |
| 157 | 普鲁卡因青霉素注射液 | 兽药典 2000 版 | 牛 10 日，羊 9 日，猪 7 日，弃奶期 48 小时 |
| 158 | 氯羟吡啶预混剂 | 兽药典 2000 版 | 鸡 5 日，兔 5 日，产蛋期禁用 |
| 159 | 氯氰碘柳胺钠注射液 | 部颁标准 | 28 日，弃奶期 28 日 |
| 160 | 氯硝柳胺片 | 兽药典 2000 版 | 牛、羊 28 日 |
| 161 | 氰戊菊酯溶液 | 部颁标准 | 28 日 |
| 162 | 硝氯酚片 | 兽药典 2000 版 | 28 日 |
| 163 | 硝碘酚腈注射液（克虫清） | 部颁标准 | 羊 30 日，弃奶期 5 日 |

（续）

| | 兽药名称 | 执行标准 | 停药期 |
|---|---|---|---|
| 164 | 硫氰酸红霉素可溶性粉 | 兽药典2000版 | 鸡3日，产蛋期禁用 |
| 165 | 硫酸卡那霉素注射液（单硫酸盐） | 兽药典2000版 | 28日 |
| 166 | 硫酸安普霉素可溶性粉 | 部颁标准 | 猪21日，鸡7日，产蛋期禁用 |
| 167 | 硫酸安普霉素预混剂 | 部颁标准 | 猪21日 |
| 168 | 硫酸庆大—小诺霉素注射液 | 部颁标准 | 猪、鸡40日 |
| 169 | 硫酸庆大霉素注射液 | 兽药典2000版 | 猪40日 |
| 170 | 硫酸黏菌素可溶性粉 | 部颁标准 | 7日，产蛋期禁用 |
| 171 | 硫酸黏菌素预混剂 | 部颁标准 | 7日，产蛋期禁用 |
| 172 | 硫酸新霉素可溶性粉 | 兽药典2000版 | 鸡5日，火鸡14日，产蛋期禁用 |
| 173 | 越霉素A预混剂 | 部颁标准 | 猪15日，鸡3日，产蛋期禁用 |
| 174 | 碘硝酚注射液 | 部颁标准 | 羊90日，弃奶期90日 |
| 175 | 碘醚柳胺混悬液 | 兽药典2000版 | 牛、羊60日，泌乳期禁用 |
| 176 | 精制马拉硫磷溶液 | 部颁标准 | 28日 |
| 177 | 精制敌百虫片 | 兽药规范92版 | 28日 |
| 178 | 蝇毒磷溶液 | 部颁标准 | 28日 |
| 179 | 醋酸地塞米松片 | 兽药典2000版 | 马、牛0日 |
| 180 | 醋酸泼尼松片 | 兽药典2000版 | 0日 |
| 181 | 醋酸氟孕酮阴道海绵 | 部颁标准 | 羊30日，泌乳期禁用 |
| 182 | 醋酸氢化可的松注射液 | 兽药典2000版 | 0日 |
| 183 | 磺胺二甲嘧啶片 | 兽药典2000版 | 牛10日，猪15日，禽10日 |
| 184 | 磺胺二甲嘧啶钠注射液 | 兽药典2000版 | 28日 |
| 185 | 磺胺对甲氧嘧啶，二甲氧苄氨嘧啶片 | 兽药规范92版 | 28日 |
| 186 | 磺胺对甲氧嘧啶、二甲氧苄氨嘧啶预混剂 | 兽药典90版 | 28日，产蛋期禁用 |
| 187 | 磺胺对甲氧嘧啶片 | 兽药典2000版 | 28日 |
| 188 | 磺胺甲噁唑片 | 兽药典2000版 | 28日 |

（续）

| | 兽药名称 | 执行标准 | 停药期 |
|---|---|---|---|
| 189 | 磺胺间甲氧嘧啶片 | 兽药典 2000 版 | 28 日 |
| 190 | 磺胺间甲氧嘧啶钠注射液 | 兽药典 2000 版 | 28 日 |
| 191 | 磺胺脒片 | 兽药典 2000 版 | 28 日 |
| 192 | 磺胺喹噁啉、二甲氧苄氨嘧啶预混剂 | 兽药典 2000 版 | 鸡 10 日，产蛋期禁用 |
| 193 | 磺胺喹噁啉钠可溶性粉 | 兽药典 2000 版 | 鸡 10 日，产蛋期禁用 |
| 194 | 磺胺氯吡嗪钠可溶性粉 | 部颁标准 | 火鸡 4 日、肉鸡 1 日，产蛋期禁用 |
| 195 | 磺胺嘧啶片 | 兽药典 2000 版 | 牛 28 日 |
| 196 | 磺胺嘧啶钠注射液 | 兽药典 2000 版 | 牛 10 日，羊 18 日，猪 10 日，弃奶期 3 日 |
| 197 | 磺胺噻唑片 | 兽药典 2000 版 | 28 日 |
| 198 | 磺胺噻唑钠注射液 | 兽药典 2000 版 | 28 日 |
| 199 | 磷酸左旋咪唑片 | 兽药典 90 版 | 牛 2 日，羊 3 日，猪 3 日，禽 28 日，泌乳期禁用 |
| 200 | 磷酸左旋咪唑注射液 | 兽药典 90 版 | 牛 14 日，羊 28 日，猪 28 日，泌乳期禁用 |
| 201 | 磷酸哌嗪片（驱蛔灵片） | 兽药典 2000 版 | 牛、羊 28 日、猪 21 日，禽 14 日 |
| 202 | 磷酸泰乐菌素预混剂 | 部颁标准 | 鸡、猪 5 日 |

## 附件 2：

## 不需要制订停药期的兽药品种

| | 兽药名称 | 标准来源 |
|---|---|---|
| 1 | 乙酰胺注射液 | 兽药典 2000 版 |
| 2 | 二甲硅油 | 兽药典 2000 版 |
| 3 | 二巯丙磺钠注射液 | 兽药典 2000 版 |
| 4 | 三氯异氰脲酸粉 | 部颁标准 |
| 5 | 大黄碳酸氢钠片 | 兽药规范 92 版 |

（续）

| | 兽药名称 | 标准来源 |
|---|---|---|
| 6 | 山梨醇注射液 | 兽药典 2000 版 |
| 7 | 马来酸麦角新碱注射液 | 兽药典 2000 版 |
| 8 | 马来酸氯苯那敏片 | 兽药典 2000 版 |
| 9 | 马来酸氯苯那敏注射液 | 兽药典 2000 版 |
| 10 | 双氢氯噻嗪片 | 兽药规范 78 版 |
| 11 | 月苄三甲氯铵溶液 | 部颁标准 |
| 12 | 止血敏注射液 | 兽药规范 78 版 |
| 13 | 水杨酸软膏 | 兽药规范 65 版 |
| 14 | 丙酸睾酮注射液 | 兽药规范 78 版 |
| 15 | 右旋糖酐铁钴注射液（铁钴针注射液） | 兽药规范 78 版 |
| 16 | 右旋糖酐 40 氯化钠注射液 | 兽药典 2000 版 |
| 17 | 右旋糖酐 40 葡萄糖注射液 | 兽药典 2000 版 |
| 18 | 右旋糖酐 70 氯化钠注射液 | 兽药典 2000 版 |
| 19 | 叶酸片 | 兽药典 2000 版 |
| 20 | 四环素醋酸可的松眼膏 | 兽药规范 78 版 |
| 21 | 对乙酰氨基酚片 | 兽药典 2000 版 |
| 22 | 对乙酰氨基酚注射液 | 兽药典 2000 版 |
| 23 | 尼可刹米注射液 | 兽药典 2000 版 |
| 24 | 甘露醇注射液 | 兽药典 2000 版 |
| 25 | 甲基硫酸新斯的明注射液 | 兽药规范 65 版 |
| 26 | 亚硝酸钠注射液 | 兽药典 2000 版 |
| 28 | 安络血注射液 | 兽药规范 92 版 |
| 29 | 次硝酸铋（碱式硝酸铋） | 兽药典 2000 版 |
| 30 | 次碳酸铋（碱式碳酸铋） | 兽药典 2000 版 |
| 31 | 呋塞米片 | 兽药典 2000 版 |
| 32 | 呋塞米注射液 | 兽药典 2000 版 |
| 33 | 辛氨乙甘酸溶液 | 部颁标准 |
| 34 | 乳酸钠注射液 | 兽药典 2000 版 |
| 35 | 注射用异戊巴比妥钠 | 兽药典 2000 版 |

（续）

| | 兽药名称 | 标准来源 |
|---|---|---|
| 36 | 注射用血促性素 | 兽药规范 92 版 |
| 37 | 注射用抗血促性素血清 | 部颁标准 |
| 38 | 注射用垂体促黄体素 | 兽药规范 78 版 |
| 39 | 注射用促黄体素释放激素 A$_2$ | 部颁标准 |
| 40 | 注射用促黄体素释放激素 A$_3$ | 部颁标准 |
| 41 | 注射用绒促性素 | 兽药典 2000 版 |
| 42 | 注射用硫代硫酸钠 | 兽药规范 65 版 |
| 43 | 注射用解磷定 | 兽药规范 65 版 |
| 44 | 苯扎溴铵溶液 | 兽药典 2000 版 |
| 45 | 青蒿琥酯片 | 部颁标准 |
| 46 | 鱼石脂软膏 | 兽药规范 78 版 |
| 47 | 复方氯化钠注射液 | 兽药典 2000 版 |
| 48 | 复方氯胺酮注射液 | 部颁标准 |
| 49 | 复方磺胺噻唑软膏 | 兽药规范 78 版 |
| 50 | 复合维生素 B 注射液 | 兽药规范 78 版 |
| 51 | 宫炎清溶液 | 部颁标准 |
| 52 | 枸橼酸钠注射液 | 兽药规范 92 版 |
| 53 | 毒毛花苷 K 注射液 | 兽药典 2000 版 |
| 54 | 氢氯噻嗪片 | 兽药典 2000 版 |
| 55 | 洋地黄毒苷注射液 | 兽药规范 78 版 |
| 56 | 浓氯化钠注射液 | 兽药典 2000 版 |
| 57 | 重酒石酸去甲肾上腺素注射液 | 兽药典 2000 版 |
| 58 | 烟酰胺片 | 兽药典 2000 版 |
| 59 | 烟酰胺注射液 | 兽药典 2000 版 |
| 60 | 烟酸片 | 兽药典 2000 版 |
| 61 | 盐酸大观霉素、盐酸林可霉素可溶性粉 | 兽药典 2000 版 |
| 62 | 盐酸利多卡因注射液 | 兽药典 2000 版 |
| 63 | 盐酸肾上腺素注射液 | 兽药规范 78 版 |
| 64 | 盐酸甜菜碱预混剂 | 部颁标准 |

（续）

| | 兽药名称 | 标准来源 |
|---|---|---|
| 65 | 盐酸麻黄碱注射液 | 兽药规范 78 版 |
| 66 | 萘普生注射液 | 兽药典 2000 版 |
| 67 | 酚磺乙胺注射液 | 兽药典 2000 版 |
| 68 | 黄体酮注射液 | 兽药典 2000 版 |
| 69 | 氯化胆碱溶液 | 部颁标准 |
| 70 | 氯化钙注射液 | 兽药典 2000 版 |
| 71 | 氯化钙葡萄糖注射液 | 兽药典 2000 版 |
| 72 | 氯化氨甲酰甲胆碱注射液 | 兽药典 2000 版 |
| 73 | 氯化钾注射液 | 兽药典 2000 版 |
| 74 | 氯化琥珀胆碱注射液 | 兽药典 2000 版 |
| 75 | 氯甲酚溶液 | 部颁标准 |
| 76 | 硫代硫酸钠注射液 | 兽药典 2000 版 |
| 77 | 硫酸新霉素软膏 | 兽药规范 78 版 |
| 78 | 硫酸镁注射液 | 兽药典 2000 版 |
| 79 | 葡萄糖酸钙注射液 | 兽药典 2000 版 |
| 80 | 溴化钙注射液 | 兽药规范 78 版 |
| 81 | 碘化钾片 | 兽药典 2000 版 |
| 82 | 碱式碳酸铋片 | 兽药典 2000 版 |
| 83 | 碳酸氢钠片 | 兽药典 2000 版 |
| 84 | 碳酸氢钠注射液 | 兽药典 2000 版 |
| 85 | 醋酸泼尼松眼膏 | 兽药典 2000 版 |
| 86 | 醋酸氟轻松软膏 | 兽药典 2000 版 |
| 87 | 硼葡萄糖酸钙注射液 | 部颁标准 |
| 88 | 输血用枸橼酸钠注射液 | 兽药规范 78 版 |
| 89 | 硝酸士的宁注射液 | 兽药典 2000 版 |
| 90 | 醋酸可的松注射液 | 兽药典 2000 版 |
| 91 | 碘解磷定注射液 | 兽药典 2000 版 |
| 92 | 中药及中药成分制剂、维生素类、微量元素类、兽用消毒剂、生物制品类等五类产品（产品质量标准中有除外） | |

# 中华人民共和国农业部公告

## 第 442 号

根据《兽药管理条例》和《兽药注册办法》的规定，我部制定了《兽用生物制品注册分类及注册资料要求》、《化学药品注册分类及注册资料要求》、《中兽药、天然药物分类及注册资料要求》、《兽医诊断制品注册分类及注册资料要求》、《兽用消毒剂分类及注册资料要求》、《兽药变更注册事项及申报资料要求》和《进口兽药再注册申报资料项目》，现予以发布，自 2005 年 1 月 1 日起施行。

二〇〇四年十二月二十二日

附件：《兽用生物制品注册分类及注册资料要求》
   《中兽药、天然药物分类及注册资料要求》
   《化学药品注册分类及注册资料要求》
   《兽医诊断制品注册分类及注册资料要求》
   《兽用消毒剂分类及注册资料要求》
   《兽药变更注册事项及申报资料要求》
   《进口兽药再注册申报资料项目》

## 兽用生物制品注册分类及注册资料要求

### 第一部分　预防用兽用生物制品

### 一、新制品注册分类

第一类　未在国内外上市销售的制品。

第二类　已在国外上市销售但未在国内上市销售的制品。

第三类 对已在国内上市销售的制品使用的菌（毒、虫）株、抗原、主要原材料或生产工艺等有根本改变的制品。

1. 已在国内上市销售但采用新的菌（毒、虫）株生产的制品；

2. 已在国内上市销售但保护性抗原谱、DNA、多肽序列等不同的制品；

3. 已在国内上市销售但表达体系或细胞基质不同的制品；

4. 由已在国内上市销售的非纯化或全细胞（细菌、病毒等）疫苗改为纯化或组分疫苗；

5. 采用国内已上市销售的疫苗制备的联苗；

6. 已在国内上市销售但改变靶动物、给药途径、剂型、免疫剂量的疫苗；

7. 已在国内上市销售但改变佐剂、保护剂或其他重要生产工艺的疫苗。

## 二、新制品注册资料项目

### （一）一般资料

1. 生物制品的名称。

2. 证明性文件。

3. 制造及检验试行规程（草案）、质量标准及其起草说明，附各项主要检验的标准操作程序。

4. 说明书、标签和包装设计样稿。

### （二）生产与检验用菌（毒、虫）种的研究资料

5. 生产用菌（毒、虫）种来源和特性。

6. 生产用菌（毒、虫）种种子批建立的有关资料。

7. 生产用菌（毒、虫）种基础种子的全面鉴定报告。

8. 生产用菌（毒、虫）种最高代次范围及其依据。

9. 检验用强毒株代号和来源。

10. 检验用强毒株纯净、毒力、含量测定、血清学鉴定等试验的详细方法和结果。

### （三）生产用细胞的研究资料

11. 来源和特性：生产用细胞的代号、来源、历史（包括细胞系的建立、鉴定和传代等）、主要生物学特性、核型分析等研究资料。

12. 细胞库：生产用细胞原始细胞库、基础细胞库建库的有关资料，包括各细胞库的代次、制备、保存及生物学特性、核型分析、外源因子检验、致癌/致肿瘤试验等。

13. 代次范围及其依据。

**（四）主要原辅材料选择的研究资料**

14. 来源、检验方法和标准、检验报告等。

**（五）生产工艺的研究资料**

15. 主要制造用材料、组分、配方、工艺流程等。

16. 制造用动物或细胞的主要标准。

17. 构建的病毒或载体的主要性能指标（稳定性、生物安全）。

18. 疫苗原液生产工艺的研究。

**（六）产品的质量研究资料**

19. 成品检验方法的研究及其验证资料。

20. 与同类制品的比较研究报告。

21. 用于实验室试验的产品检验报告。

22. 实验室产品的安全性研究报告。

23. 实验室产品的效力研究报告。

24. 至少 3 批产品的稳定性（保存期）试验报告。

**（七）中间试制研究资料**

25. 由中间试制单位出具的中间试制报告。

**（八）临床试验研究资料**

26. 临床试验研究资料。

27. 临床试验期间进行的有关改进工艺、完善质量标准等方面的工作总结及试验研究资料。

## 三、新制品注册资料的说明

### （一）一般资料

1. 新制品的名称包括通用名、英文名、汉语拼音和商品名。通用名应符合"兽用生物制品命名原则"的规定。必要时，应提出命名依据。

2. 证明性文件包括：

（1）申请人合法登记的证明文件、中间试制单位的《兽药生产许可证》、《兽药 GMP 合格证》、基因工程产品的安全审批书、实验动物合格证、实验动物使用许可证、临床试验批准文件等证件的复印件；

（2）申请的新制品或使用的配方、工艺等专利情况及其权属状态的说明，以及对他人的专利不构成侵权的保证书；

（3）研究中使用了一类病原微生物的，应当提供批准进行有关实验室试验的批准性文件复印件；

（4）直接接触制品的包装材料和容器合格证明的复印件。

3. 制造及检验试行规程（草案）、质量标准，应参照有关要求进行书写。起草说明中应详细阐述各项主要标准的制定依据和国内外生产使用情况。各项检验的标准操作程序应详细并具有可操作性。

4. 说明书、标签和包装设计样稿，应按照国家有关规定进行书写和制作。

### （二）生产与检验用菌（毒、虫）种的研究资料

1. 生产用菌（毒、虫）种来源和特性：原种的代号、来源、历史（包括分离、鉴定、选育或构建过程等），感染滴度，血清学特性或特异性，细菌的形态、培养特性、生化特性，病毒对细胞的适应性等研究资料。

2. 生产用菌（毒、虫）种种子批：生产用菌（毒、虫）种原始种子批、基础种子批建立的有关资料，包括各种子批的传代方法、数量、代次、制备、保存方法。

3. 生产用菌（毒、虫）种基础种子的全面鉴定报告（附各项检验的详细方法），包括：外源因子检测、鉴别检验、感染滴度、免疫原性、血清学特性或特异性、纯粹或纯净性、毒力稳定性、安全性、免疫抑制特性等。

4. 检验用强毒株包括试行规程（草案）中规定的强毒株以及研制过程中使用的各个强毒株。对已有国家标准强毒株的，应使用国家标准强毒株。

### （三）生产用菌（毒、虫）种和生产用细胞研究资料的免报

细菌类疫苗一般可免报资料项目 11、12、13。DNA 疫苗和合成肽疫苗一般可免报资料项目 5、6、7、8 和 11、12、13。

### （四）主要原辅材料选择的研究资料

对生产中使用的原辅材料，如国家标准中已经收载，则应采用相应的国家标准，如国家标准中尚未收载，则建议采用相应的国际标准。牛源材料符合国家有关规定的资料。

### （五）生产工艺的研究资料

资料项目 18 中应包括优化生产工艺的主要技术参数：

1. 细菌（病毒或寄生虫等）的接种量、培养或发酵条件、灭活或裂解工艺的条件（可能不适用）；

2. 活性物质的提取和纯化；

3. 对动物体有潜在毒性物质的去除（可能不适用）；

4. 联苗中各活性组分的配比和抗原相容性研究资料；

5. 乳化工艺研究（可能不适用）；

6. 灭活剂、灭活方法、灭活时间和灭活检验方法的研究（可能不适用）。

### （六）产品的质量研究资料

1. 资料项目 20 仅适用于第三类制品。根据（毒、虫）株、抗原、主要原材料或生产工艺改变的不同情况，可能包括下列各项中的一项或数项中部分或全部内容：

（1）与原制品的安全性、效力、免疫期、保存期比较研究报告；

（2）与已上市销售的其他同类疫苗的安全性、效力、免疫期、保存期比较研究报告；

（3）联苗与各单苗的效力、保存期比较研究报告。

2. 资料项目 22 应包括：

（1）用于实验室安全试验的实验室产品的批数、批号、批量，试验负责人和执行人，试验时间和地点，主要试验内容和结果；

（2）对非靶动物、非使用日龄动物的安全试验（可能不适用）；

（3）疫苗的水平传播试验（可能不适用）；

（4）对最小使用日龄靶动物、各种接种途径的一次单剂量接种的安全试验；

（5）对靶动物单剂量重复接种的安全性；

（6）至少 3 批制品对靶动物一次超剂量接种的安全性；

（7）对怀孕动物的安全性（可能不适用）；

（8）疫苗接种对靶动物免疫学功能的影响（可能不适用）；

（9）对靶动物生产性能的影响（可能不适用）；

（10）根据疫苗的使用动物种群、疫苗特点、免疫剂量、免疫程序等，提供有关的制品毒性试验研究资料。必要时提供休药期的试验报告。

3. 资料项目 23 应包括：

（1）用于实验室效力试验的实验室产品的批数、批号、批量，试验负责人和执行人，试验时间和地点，主要试验内容和结果；

（2）至少 3 批制品通过每种接种途径对每种靶动物接种的效力试验；

（3）抗原含量与靶动物免疫攻毒保护结果相关性的研究（可能不适用）；

（4）血清学效力检验与靶动物免疫攻毒保护结果相关性的研究（可能不适用）；

（5）实验动物效力检验与靶动物效力检验结果相关性的研究（可能不适用）；

（6）不同血清型或亚型间的交叉保护试验研究（可能不适用）；

（7）免疫持续期试验；

（8）子代通过母源抗体获得被动免疫力的效力和免疫期试验（可能不适用）；

（9）接种后动物体内抗体消长规律的研究；

（10）免疫接种程序的研究资料。

### （七）中间试制报告

中间试制报告应由中间试制单位出具，应包括以下内容：

1. 中间试制的生产负责人和质量负责人、试制时间和地点；

2. 生产产品的批数（连续 5～10 批）、批号、批量；

3. 每批中间试制产品的详细生产和检验报告；

4. 中间试制中发现的问题等。

### （八）临床试验研究资料

1. 应按照有关技术指导原则的要求提出拟进行的临床试验的详细方案，并报告已经进行的临床试验的详细情况。

2. 临床试验中应使用至少 3 批经检验合格的中间试制产品进行较大范围、不同品种的使用对象动物试验，进一步观察制品的安全性和效力。

3. 临床试验中每种靶动物的数量应符合下列要求：

| 大动物 | 1000 头 |
|---|---|
| 中小动物 | 10000 头（只） |
| 禽类 | 20000 羽（只） |
| 鱼 | 20000 尾 |

注：（1）第一类制品的临床试验动物数量应加倍；

（2）数量较少、饲养分散的特殊动物的数量可酌情减少；

（3）大动物系指牛、马、骡、驴、骆驼等；

（4）中小动物系指猪、羊、犬、狐、鹿、麝、兔、猪、貂、獭等；

（5）禽类系指鸡、鸭、鹅、鸽等。

## 四、新制品注册资料项目表

| 资料分类 | 资料项目 | 注册分类及资料项目要求 | | |
|---|---|---|---|---|
| | | 第一类 | 第二类 | 第三类 |
| 一般资料 | 1 | + | + | + |
| | 2 | + | + | + |
| | 3 | + | + | + |
| | 4 | + | + | + |
| 生产与检验用菌（毒、虫）种的研究资料 | 5 | + | + | + |
| | 6 | + | + | + |
| | 7 | + | + | + |
| | 8 | + | + | + |
| | 9 | + | + | + |
| | 10 | + | + | + |
| 生产用细胞的研究资料 | 11 | + | + | + |
| | 12 | + | + | + |
| | 13 | + | + | + |

（续）

| 资料分类 | 资料项目 | 注册分类及资料项目要求 | | |
|---|---|---|---|---|
| | | 第一类 | 第二类 | 第三类 |
| 主要原辅材料选择的研究资料 | 14 | + | + | + |
| 生产工艺的研究资料 | 15 | + | + | + |
| | 16 | + | + | + |
| | 17 | + | + | + |
| | 18 | + | + | + |
| 产品的质量研究资料 | 19 | + | + | + |
| | 20 | + | + | + |
| | 21 | + | + | + |
| | 22 | + | + | + |
| | 23 | + | + | + |
| | 24 | + | + | + |
| 中间试制研究资料 | 25 | + | + | + |
| 临床试验研究资料 | 27 | + | + | + |
| | 28 | + | + | + |

注："＋"：指必须报送的资料。

## 五、进口注册资料的项目及其说明

### （一）进口注册的申报资料项目

1. 一般资料。

（1）生物制品名称；

（2）证明性文件；

（3）生产纲要、质量标准，附各项主要检验的标准操作程序；

（4）说明书、标签和包装设计样稿。

2. 生产用菌（毒、虫）种的研究资料。

3. 检验用强毒株的研究资料。

4. 生产用细胞的研究资料。

5. 主要原辅材料的来源、检验方法和标准、检验报告等。牛源材料符合有关规定的资料。

6. 生产工艺的研究资料。

7. 产品的质量研究资料。

8. 至少3批产品的生产和检验报告。

9. 临床试验报告。

**（二）进口注册资料的说明**

1. 申请进口注册时，应报送资料项目1～9。

2. 证明性文件包括：

（1）生产企业所在国家（地区）政府和有关机构签发的企业注册证、产品许可证、GMP合格证复印件和产品自由销售证明。上述文件必须经公证或认证后，再经中国使领馆确认；

（2）由境外企业驻中国代表机构办理注册事务的，应当提供《外国企业常驻中国代表机构登记证》复印件；

（3）由境外企业委托中国代理机构代理注册事务的，应当提供委托文书及其公证文件，中国代理机构的《营业执照》复印件；

（4）申请的制品或使用的处方、工艺等专利情况及其权属状态说明，以及对他人的专利不构成侵权的保证书；

（5）该制品在其他国家注册情况的说明，并提供证明性文件或注册编号。

3. 用于申请进口注册的试验数据，应为申报单位在中国境外获得的试验数据。未经许可，不得为进口注册在中国境内进行试验。

4. 全部申报资料应当使用中文并附原文，原文非英文的资料应翻译成英文，原文和英文附后作为参考。中、英文译文应当与原文内容一致。

5. 进口注册资料的其他要求与国内新制品注册资料的相应要求一致。

# 第二部分　治疗用兽用生物制品

## 一、新制品注册分类

第一类　未在国内外上市销售的制品。

第二类　已在国外上市销售但未在国内上市销售的制品。

第三类　对已在国内上市销售的制品使用的菌（毒、虫）株、抗原、主要原材料或生产工艺等有根本改变的制品。

1. 已在国内上市销售但采用新的菌（毒、虫）株、抗原或工艺生产的血清或抗体；

2. 已在国内上市销售但采用新的杂交瘤细胞株生产的单克隆抗体；

3. 已在国内上市销售但采用新的方法生产的干扰素；

4. 已在国内上市销售但使用新的菌株生产的微生态制剂；

5. 已在国内上市销售但改变靶动物、给药途径、剂型的制品。

注：通过免疫学方法有目的地调节动物生理机能的制品，亦作为治疗用兽用生物制品管理。

## 二、新制品注册资料项目

### （一）一般资料

1. 生物制品的名称。

2. 证明性文件。

3. 制造及检验试行规程（草案）、质量标准及其起草说明，附各项主要检验的标准操作程序。

4. 说明书、标签和包装设计样稿。

### （二）生产用原材料研究资料

5. 生产用动物、生物组织或细胞、原料血浆的来源、收集及质量控制等研究资料。

6. 生产用细胞的来源、构建（或筛选）过程及鉴定等研究资料。

7. 菌（毒、虫）种、细胞种子库的建立、检验、保存及传代稳定性资料。

8. 生产用其他原材料的来源及质量标准。

### （三）检验用强毒株的研究资料

9. 代号和来源。

10. 纯净、毒力、含量测定、血清学鉴定等试验的详细方法和结果。

### （四）生产工艺研究资料

11. 原液或原料生产工艺的研究资料。

12. 制品配方及工艺的研究资料。

13. 辅料的来源和质量标准。

### （五）制品质量研究资料

14. 成品检验方法的研究及其验证资料。

15. 与同类制品的比较研究报告。

16. 用于实验室试验的产品检验报告。

17. 至少3批实验室产品的安全性研究报告。

18. 至少3批实验室产品的疗效研究报告。

19. 至少3批产品的稳定性（保存期）试验报告。

### （六）中间试制报告

20. 由中间试制单位出具的中间试制报告。

### （七）临床试验研究资料

21. 临床试验研究资料。

22. 临床试验期间进行的有关改进工艺、完善质量标准等方面的工作总结及试验研究资料。

## 三、新制品注册资料的说明

### （一）一般资料

1. 新制品的名称包括通用名、英文名、汉语拼音和商品名。通用名应符合"兽用生物制品命名原则"的规定。必要时，应提出命名依据。

2. 证明性文件包括：

（1）申请人合法登记的证明文件、中间试制单位的《兽药生产许可证》、《兽药 GMP 证书》、基因工程产品的安全审批书、实验动物合格证、实验动物使用许可证等证件的复印件；

（2）申请的新制品或使用的配方、工艺等专利情况及其权属状态的说明，以及对他人的专利不构成侵权的保证书；

（3）研究中使用了一类病原微生物的，应当提供批准进行有关实验室试验的批准性文件复印件；

（4）直接接触制品的包装材料和容器合格证明的复印件。

3．制造及检验试行规程（草案）、质量标准，应参照有关要求进行书写。起草说明中应详细阐述各项主要标准的制定依据和国内外生产使用情况。各项检验的标准操作程序应详细并具有可操作性。

4．说明书、标签和包装设计样稿，应按照国家有关规定进行书写和制作。

### （二）生产用原材料研究资料

制品的生产中涉及菌（毒、虫）种或细胞株时，则应按照"预防用兽用生物制品"申报资料中的有关要求提交生产用菌（毒、虫）种或生产用细胞的研究资料。

### （三）检验用强毒株的研究资料

检验用强毒株包括试行规程（草案）中规定的强毒株以及研制过程中使用的各个强毒株。对已有国家标准强毒株的，应使用国家标准强毒株。

### （四）原液或原料生产工艺的研究资料

1．细菌（病毒或寄生虫等）的接种量、培养或发酵条件、灭活或裂解工艺的条件（可能不适用）。

2．活性物质的提取和纯化。

3．制品中可能存在对动物有潜在毒性的物质时，应提供生产工艺去除效果的验证资料，制定产品中的限量标准并提供依据。

4．各活性组分的配比和相容性研究资料。

### （五）辅料的来源和质量标准

对生产中使用的辅料，如国家标准中已经收载，则应采用相应的国家标准，如国家标准中尚未收载，则建议采用相应的国际标准。

### （六）制品质量研究资料

1．资料项目15仅适用于第三类制品。根据（毒、虫）株、抗原、细胞、主要原材料或生产工艺改变的不同情况，可能包括下列各项中的一项或数项中部分或全部内容：

（1）与原制品的安全性、疗效等的比较研究报告；

（2）与已上市销售的其他同类制品的安全性、疗效等的比较研究报告。

2. 资料项目 17 应包括：

（1）用于实验室安全试验的实验室产品的批数、批号、批量，试验负责人和执行人，试验时间和地点，主要试验内容和结果；

（2）对最小使用日龄靶动物、各种使用途径的一次单剂量使用的安全试验；

（3）对靶动物单剂量重复使用的安全性；

（4）至少 3 批产品对靶动物一次超剂量使用的安全性；

（5）对怀孕动物的安全性（可能不适用）；

（6）根据制品的使用动物种群、制品特点、使用剂量、使用程序等，提供有关的毒性试验研究资料。

3. 资料项目 18 应包括：

（1）用于实验室疗效试验的实验室产品的批数、批号、批量，试验负责人和执行人，试验时间和地点，主要试验内容和结果；

（2）至少 3 批产品通过每种使用途径对每种靶动物使用的疗效试验；

（3）使用程序的研究资料。

### （七）中间试制报告

中间试制报告应由中间试制单位出具，应包括以下内容：

1. 中间试制的生产负责人和质量负责人、试制时间和地点；

2. 生产产品的批数（连续 5～10 批）、批号、批量；

3. 每批中间试制产品的详细生产和检验报告；

4. 中间试制中发现的问题等。

### （八）临床试验研究资料

1. 应按照有关技术指导原则的要求提出拟进行的临床试验的详细方案，并报告已经进行的临床试验的详细情况；

2. 临床试验中应使用至少 3 批经检验合格的中间试制产品进行较大范围、不同品种的使用对象动物试验，进一步观察制品的安全性和效力；

3. 临床试验中每种靶动物的数量应符合下列要求：

| 大动物 | 1000 头 |
| --- | --- |
| 中小动物 | 10000 头（只） |
| 禽类 | 20000 羽（只） |
| 鱼 | 20000 尾 |

注：（1）第一类制品的临床试验动物数量应加倍；

（2）数量较少、饲养分散的特殊动物的数量可酌情减少；

（3）大动物系指牛、马、骡、驴、骆驼等；

（4）中小动物系指猪、羊、犬、狐、鹿、麝、兔、猪、貂、獭等；

（5）禽类系指鸡、鸭、鹅、鸽等。

# 四、新制品注册资料项目表

| 资料分类 | 资料项目 | 注册分类及资料项目要求 | | |
| --- | --- | --- | --- | --- |
| | | 第一类 | 第二类 | 第三类 |
| 一般资料 | 1 | + | + | + |
| | 2 | + | + | + |
| | 3 | + | + | + |
| | 4 | + | + | + |
| 生产用原材料研究资料 | 5 | + | + | + |
| | 6 | + | + | + |
| | 7 | + | + | + |
| | 8 | + | + | + |
| 检验用强毒株研究资料 | 9 | + | | + |
| | 10 | + | + | + |
| 生产工艺研究资料 | 11 | + | + | + |
| | 12 | + | + | + |
| | 13 | + | | + |
| 制品质量研究资料 | 14 | + | + | + |
| | 15 | + | + | + |
| | 16 | + | + | + |
| | 17 | + | + | + |
| | 18 | + | | + |
| | 19 | + | + | + |

（续）

| 资料分类 | 资料项目 | 注册分类及资料项目要求 | | |
|---|---|---|---|---|
| | | 第一类 | 第二类 | 第三类 |
| 中间试制研究资料 | 20 | ＋ | ＋ | ＋ |
| 临床试验 | 21 | ＋ | ＋ | ＋ |
| 研究资料 | 22 | ＋ | ＋ | ＋ |

注："＋"：指必须报送的资料。

## 五、进口注册资料项目及其说明

### （一）进口注册的申报资料项目

1. 一般资料。

（1）生物制品的名称；

（2）证明性文件；

（3）生产纲要、质量标准，附各项主要检验的标准操作程序；

（4）说明书、标签和包装设计样稿。

2. 生产用原材料研究资料。

3. 检验用强毒株的研究资料。

4. 原液或原料生产工艺的研究资料。

5. 制品配方及工艺的研究资料，辅料的来源和质量标准。

6. 制品质量研究资料。

7. 至少 3 批产品的生产和检验报告。

8. 临床试验报告。

### （二）进口注册资料的说明

1. 申请进口注册时，应报送资料项目 1～8。

2. 证明性文件包括：

（1）生产企业所在国家（地区）政府和有关机构签发的企业注册证、产品许可证、GMP 合格证复印件和产品自由销售证明。上述文件必须经公证或认证后，再经中国使领馆确认；

（2）由境外企业驻中国代表机构办理注册事务的，应当提供《外国企业常驻中国代表机构登记证》复印件；

（3）由境外企业委托中国代理机构代理注册事务的，应当提供委托文书及其公证文件，中国代理机构的《营业执照》复印件；

（4）申请的制品或使用的处方、工艺等专利情况及其权属状态说明，以及对他人的专利不构成侵权的保证书；

（5）该制品在其他国家注册情况的说明，并提供证明性文件或注册编号。

3. 用于申请进口注册的试验数据，应为申报单位在中国境外获得的试验数据。未经许可，不得为进口注册在中国境内进行试验。

4. 全部申报资料应当使用中文并附原文，原文非英文的资料应翻译成英文，原文和英文附后作为参考。中、英文译文应当与原文内容一致。

5. 进口注册资料的其他要求与国内制品申报资料的相应要求一致。

# 中兽药、天然药物分类及注册资料要求

## 一、注册分类及说明

### （一）注册分类

第一类　未在国内上市销售的原药及其制剂。

1. 从中药、天然药物中提取的有效成分及其制剂；

2. 来源于植物、动物、矿物等药用物质及其制剂；

3. 中药材代用品。

第二类　未在国内上市销售的部位及其制剂。

1. 中药材新的药用部位制成的制剂；

2. 从中药、天然药物中提取的有效部位制成的制剂。

第三类　未在国内上市销售的制剂。

1. 传统中兽药复方制剂；

2. 现代中兽药复方制剂，包括以中药为主的中西兽药复方制剂；

3. 兽用天然药物复方制剂；

4. 由中药、天然药物制成的注射剂。

第四类　改变国内已上市销售产品的制剂。

1. 改变剂型的制剂；

2. 改变工艺的制剂。

## （二）说明

1. 第一类 1 是指兽药国家标准中未收载的从中药、天然药物中得到的未经过化学修饰的单一成分及其制剂。

2. 第一类 2 是指未被兽药国家标准收载的中药材及天然药物制成的兽用制剂。

3. 第一类 3 是指用来代替中药材某些功能的药用物质，包括：

（1）已被兽药国家标准收载的中药材；

（2）未被兽药国家标准收载的药用物质。

4. 第二类 1 是指具有兽药国家标准的中药材原动、植物新的药用部位制成的制剂。

5. 第二类 2 是指从中药、天然药物中提取的一类或数类成分制成的制剂。

6. 第三类 1 传统中兽药复方制剂是指中兽医理论下组方，功能主治用传统的中医理论表述，传统工艺制成的复方制剂。

7. 第三类 2 现代中兽药复方制剂是指中兽医理论下组方，包括中兽医理论下使用非传统药材，功能主治与中兽医理论相关，工艺不做要求。

8. 第三类 3 兽用天然药物复方制剂传统中兽药复方制剂是指不按中兽医理论组方制成的制剂。

9. 第三类 4 包括水针、粉针之间的相互改变及其他剂型改成的注射剂。

10. 第四类 1 是指在给药途径不变的情况下改变剂型的制剂。

11. 第四类 2 包括：

（1）工艺有质的改变的制剂；

（2）工艺无质的改变的制剂。

工艺有质的改变主要是指在生产过程中改变提取溶媒、纯化工艺或其他制备工艺条件等，使提取物的成分发生较大变化。

# 二、注册资料项目

## （一）综述资料

1. 兽药名称。

2. 证明性文件。

3. 立题目的与依据。

4. 对主要研究结果的总结及评价。

5. 兽药说明书样稿、起草说明及最新参考文献。

6. 包装、标签设计样稿。

## （二）药学研究资料

7. 药学研究资料综述。

8. 药材来源及鉴定依据。

9. 药材生态环境、生长特征、形态描述、栽培或培植（培育）技术、产地加工和炮制方法等。

10. 药材性状、组织特征、理化鉴别等研究资料（方法、数据、图片和结论）及文献资料。

11. 提供植、矿物标本，植物标本应当包括花、果实、种子等。

12. 生产工艺的研究资料及文献资料，辅料来源及质量标准。

13. 确证化学结构或组分的试验资料及文献资料。

14. 质量研究工作的试验资料及文献资料。

15. 兽药质量标准草案及起草说明，并提供兽药标准物质的有关资料。

16. 样品及检验报告书。

17. 药物稳定性研究的试验资料及文献资料。

18. 直接接触兽药的包装材料和容器的选择依据及质量标准。

## （三）药理毒理研究资料

19. 药理毒理研究资料综述。

20. 主要药效学试验资料及文献资料。

21. 安全药理研究的试验资料及文献资料。

22. 急性毒性试验资料及文献资料。

23. 长期毒性试验资料及文献资料。

24. 致突变试验资料及文献资料。

25. 生殖毒性试验资料及文献资料。

26. 致癌试验资料及文献资料。

27. 过敏性（局部、全身和光敏毒性）、溶血性和局部（血管、皮肤、黏膜、肌肉等）刺激性等主要与局部、全身给药相关的特殊安全性试验资料和文献资料。

### （四）临床研究资料

28. 临床研究资料综述。

29. 临床研究计划与研究方案。

30. 临床研究及试验报告。

31. 靶动物药代动力学和残留试验资料及文献资料。

## 三、注册资料项目说明

1. 资料项目1兽药名称包括：兽药的中文名、汉语拼音、英文名及命名依据。

2. 资料项目2证明性文件包括：

（1）申请人合法登记证明文件、《兽药生产许可证》、《兽药GMP证书》复印件。申请新兽药注册时应当提供样品制备车间的《兽药GMP证书》复印件；

（2）申请的兽药或者使用的处方、工艺等专利情况及其权属状态情况说明，以及对他人的已有专利不构成侵权的保证书；

（3）兽用麻醉药品、精神药品、毒性药品研制立项批复文件复印件；

（4）直接接触兽药的包装材料（或容器）应符合药用包装材料的有关规定。

如为进口申请，还应提供：

（1）生产国家（地区）兽药管理机构出具的允许申请的该兽药上市销售及该兽药生产企业符合兽药生产质量管理规范的证明文件、公证文书；出口国物种主管当局同意出口的证明；

（2）由境外生产企业常驻中国代表机构办理注册事务的，应当提供《外国企业常驻中国代表机构登记证》复印件；

境外生产企业委托中国代理机构代理申报的，应当提供委托文书、公证文书以及中国代理机构的《营业执照》复印件；

（3）安全性试验资料应当提供相应的药物非临床研究质量管理规范（GLP）证明文件；临床及其他试验用样品应当提供相应的药品或兽药生产质量管理规范（GMP）证明文件。

3. 资料项目3立题目的与依据：中药材、天然药物应当提供有关古、现代文献资料综述。

中兽药、天然药物制剂应当提供处方来源和选题依据,有关传统中兽医或中医理论、古籍文献资料、国内外研究现状或生产、使用情况的综述,以及对该品种创新性、可行性等的分析,包括和已有兽药国家标准的同类品种的比较(具体要求另行制定)。

4. 资料项目 4 对研究结果的总结及评价:包括申请人对主要研究结果进行的总结,及从安全性、有效性、质量可控性等方面对所申报品种进行的综合评价。

5. 资料项目 5 兽药说明书样稿、起草说明及最新参考文献:包括按有关规定起草的兽药说明书样稿、说明书各项内容的起草说明、有关安全性和有效性等方面的最新文献。

6. 资料项目 16 样品的检验报告是指对申报样品的自检报告。报送资料时应提供连续 3 批样品的自检报告及样品。

7. 进口申请提供的生产国家(地区)政府证明文件及全部技术资料应当是中文本并附原文;其中质量标准的中文本必须按《中国兽药典》标准规定的格式整理报送。

8. 由于新兽药品种的多样性和复杂性,在申报时,应当结合具体品种的特点进行必要的相应研究。如果申请减免试验,应当充分说明理由。

## 四、注册资料项目表及说明

### (一)中兽药、天然药物注册资料项目表

| 资料分类 | 资料项目 | 注册分类及资料项目要求 | | | | | | | | | |
|---|---|---|---|---|---|---|---|---|---|---|---|
| | | 第一类 | | | 第二类 | | 第三类 | | | | 第四类 |
| | | (1) | (2) | (3) | (1) | (2) | (1) | (2) | (3) | (4) | |
| 综述资料 | 1 | + | + | + | + | + | + | + | + | + | + |
| | 2 | + | + | + | + | + | + | + | + | + | + |
| | 3 | + | + | + | + | + | + | + | + | + | + |
| | 4 | + | + | + | + | + | + | + | + | + | + |
| | 5 | + | + | + | + | + | + | + | + | + | + |
| | 6 | + | + | + | + | + | + | + | + | + | + |

（续）

| 资料分类 | 资料项目 | 注册分类及资料项目要求 | | | | | | | | |
|---|---|---|---|---|---|---|---|---|---|---|
| | | 第一类 | | | 第二类 | | 第三类 | | | 第四类 |
| | | （1） | （2） | （3） | （1） | （2） | （1） | （2） | （3） | （4） | |
| 药学资料 | 7 | ＋ | ＋ | ＋ | ＋ | ＋ | ＋ | ＋ | ＋ | ＋ | ＋ |
| | 8 | ＋ | ＋ | ＋ | ＋ | ＋ | ＋ | ＋ | ＋ | ＋ | ＋ |
| | 9 | － | ＋ | ▲ | － | ▲ | － | ▲ | ▲ | ▲ | － |
| | 10 | － | ＋ | ▲ | ＋ | ▲ | － | ▲ | ▲ | ▲ | － |
| | 11 | － | ＋ | ▲ | － | ▲ | － | ▲ | ▲ | ▲ | － |
| | 12 | ＋ | ＋ | ▲ | ＋ | ＋ | ＋ | ＋ | ＋ | ＋ | ＋ |
| | 13 | ＋ | ＋ | | | | － | ＊6 | ＊7 | | － |
| | 14 | ＋ | ＋ | | | | | | | | |
| | 15 | ＋ | ＋ | ▲ | ＋ | ＋ | ＋ | ＋ | ＋ | ＋ | ＋ |
| | 16 | ＋ | ＋ | ＋ | ＋ | ＋ | ＋ | ＋ | ＋ | ＋ | ＋ |
| | 17 | ＋ | ＋ | ▲ | ＋ | ＋ | ＋ | ＋ | ＋ | ＋ | ＋ |
| | 18 | ＋ | ＋ | ＋ | ＋ | ＋ | ＋ | ＋ | ＋ | ＋ | ＋ |
| 药理毒理资料 | 19 | ＋ | ＋ | .2 | ＋ | ＋ | ＊5 | ＋ | ＋ | ＋ | .11 |
| | 20 | ＋ | ＋ | .2 | ＋ | ＋ | － | ＋ | ＋ | ＋ | .11 |
| | 21 | ＋ | ＋ | .2 | ＋ | ＋ | － | ＊6 | ＊7 | ＋ | － |
| | 22 | ＋ | ＋ | .2 | ＋ | ＋ | ＊5 | ＋ | ＋ | ＋ | .11 |
| | 23 | ＋ | ＋ | .2 | ＋ | ＋ | ＊5 | ＋ | ＋ | ＋ | .11 |
| | 24 | ＋ | ＋ | ▲ | ＋ | ▲ | － | ＊6 | ＊7 | ▲ | － |
| | 25 | ＋ | ＋ | ▲ | ＋ | ▲ | － | ＊6 | ＊7 | ▲ | － |
| | 26＃ | ＋ | ＋ | ▲ | ＋ | ▲ | － | ＊6 | ＊7 | ▲ | － |
| | 27 | .9 | .9 | .9 | .9 | .9 | ＊9 | .9 | .9 | ＋ | .9 |

（续）

| 资料分类 | 资料项目 | 注册分类及资料项目要求 | | | | | | | | |
|---|---|---|---|---|---|---|---|---|---|---|
| | | 第一类 | | | 第二类 | | 第三类 | | | | 第四类 |
| | | (1) | (2) | (3) | (1) | (2) | (1) | (2) | (3) | (4) | |
| 临床资料 | 28 | ＋ | ＋ | ＋ | ＋ | ＋ | ＋ | ＋ | ＋ | ＋ | ＋ |
| | 29 | ＋ | ＋ | ＋ | ＋ | ＋ | ＋ | ＋ | ＋ | ＋ | .11 |
| | 30 | ＋ | ＋ | ＋ | ＋ | ＋ | ＋ | ＋ | ＋ | ＋ | .11 |
| | 31 | ＋ | － | .2 | － | － | － | ＊6 | ＊7 | － | － |

注："＋"：指必须报送的资料；

"±"：指可以用文献综述代替试验研究的资料；

"－"：指可以免报的资料；

"."：按照说明的要求报送的资料，如 .7，指见说明之第 7 条；

"26♯"：与已知致癌物质有关、代谢产物与已知致癌物质相似的新兽药，在长期毒性试验中发现有细胞毒作用或对某些脏器、组织细胞有异常显著促进作用的新兽药，致突变试验阳性的新兽药，均需报送致癌试验资料；

"▲"：具有兽药国家标准的中药材、天然药物（除"♯"所标示的情况外）可以不提供，否则必须提供资料。

## （二）说明

1. 申请新兽药注册，按照《注册资料项目表》的要求报送资料项目 1～31 的资料。

2. 中药材的代用品如果未被兽药国家标准收载，除按注册分类第一类 2 的要求提供申报资料外，还应当与被替代药材进行药效、毒理的对比试验，并通过相关制剂进行临床等效性研究；中药材的代用品如果已被兽药国家标准收载，应当通过相关制剂进行临床等效性研究。中药材的代用品获得批准后，申请使用该代用品的制剂应当按补充申请办理，但应严格限定在被批准的可替代的功能范围内。如果代用品为单一成分，应当提供动物药代动力学试验资料及文献资料，用于食品动物时应当提供残留试验资料，并制定休药期。

3. 未在国内上市销售的中药、天然药物中提取的有效成分及制剂，其单一成分的含量应当占总提取物的 90% 以上，固体制剂同时还需提供溶出度的试验资料。

4．未在国内上市销售的中药、天然药物中提取的有效部位制成的制剂，其有效部位的含量应占总提取物的 50％以上。有效部位的制剂除按要求提供申报资料外，尚需提供以下资料：

（1）申报资料项目第 12 项中需提供有效部位筛选的研究资料或文献资料；申报资料项目第 13 项中需提供有效部位主要化学成分研究资料及文献资料（包括与含量测定有关的对照品的相关资料）；

（2）由数类成分组成的有效部位，应当测定每类成分的含量，并对每类成分中的代表成分进行含量测定且规定下限（对有毒性的成分增加上限控制）。

申请由同类成分组成的有效部位制成的制剂，如其中含有已上市销售的从中药、天然药物中提取的有效成分，且功能主治相同，则应当与该有效成分进行药效学及其他方面的比较，以证明其优势和特点。

5．传统中兽药复方制剂，处方中药材必须具有兽药国家标准，并且该制剂的主治病证在国家中成药标准中没有收载，可免做药效、毒理研究。但是，如果有下列情况之一者需要做毒理试验：① 含有兽药国家标准中标示有毒性（剧毒或有毒）及现代毒理学证明有毒性的药材；②含有十八反、十九畏的配伍禁忌。

6．现代中兽药复方制剂，处方中使用的药用物质应当具有兽药国家标准，如果处方中含有无兽药国家标准的药用物质，应当参照注册分类中第一类 2 的要求提供临床前的相应申报资料；如果处方中含有天然药物、有效成分或化学药品，则应当对上述药用物质在药理、毒理方面的相互作用（增效、减毒或互补作用）进行相应的研究；如处方中含有化学药品并用于食品动物时应当提供残留试验资料，并制定休药期。

7．兽用天然药物复方制剂应当提供多组分药效、毒理相互影响的试验资料及文献资料，处方中如果含有无兽药国家标准的药用物质，还应当参照注册分类中第一类 2 的要求提供临床前的相应申报资料。

8．进口中兽药、天然药物制剂按注册分类中的相应要求提供申报资料。

9. 局部用药的制剂尚须报送局部用药毒性研究的试验资料及文献资料。

10. 中兽药、天然药物注射剂的主要成分应当基本清楚。鉴于对中兽药、天然药物注射剂安全性和质量控制复杂性的考虑，对其技术要求另行制定。

11. 改变剂型应当说明新制剂的优势和特点。新制剂的适应证原则上应当同原制剂。其中某些适应证疗效不明显或无法通过药效或临床试验证实的，应当提供相应的研究资料。

改变剂型或改变生产工艺时，如果生产工艺有质的改变，申报资料应当提供新制剂与原制剂在制备工艺、剂型、质量标准、稳定性、药效学、临床等方面的对比试验及毒理学的研究资料。

改变剂型或改变生产工艺时，如果生产工艺无质的改变，可减免药理、毒理和临床的申报资料。

改变工艺的制剂，仅限于有该品种批准文号的生产企业申报，其中工艺无质的改变，按照补充申请办理。

12. 按新兽药申请的药物应当按照兽药临床试验指导原则的要求进行临床试验。

13. 中药材代用品的功能替代研究应当从兽药国家标准中选取能够充分反映被代用药材功效特征的中兽药制剂作为对照药进行比较研究，每个功效或适应证需经过两种以上中药制剂进行验证。

14. 改变给药途径、改变剂型或者工艺有质的改变的制剂。

（1）应当根据兽药的特点，设计不同目的的临床试验；

（2）进行生物等效性试验的兽药，可以免临床试验；

（3）缓释、控释制剂，应当进行动物药代动力学研究和临床试验。临床前研究工作应当包括缓释、控释制剂与其普通制剂在药学和生物学方面的比较研究，以提示此类制剂特殊释放的特点。

# 化学药品注册分类及注册资料要求

## 一、注册分类

第一类　国内外未上市销售的原料及其制剂。

1. 通过合成或者半合成的方法制得的原料及其制剂；

2. 天然物质中提取或者通过发酵提取的新的有效单体及其制剂；

3. 用拆分或者合成等方法制得的已知药物中的光学异构体及其制剂；

4. 由已上市销售的多组分药物制备为较少组分的原料及其制剂；

5. 其他。

第二类　国外已上市销售但在国内未上市销售的原料及其制剂。

第三类　改变国内外已上市销售的原料及其制剂。

1. 改变药物的酸根、碱基（或者金属元素）；

2. 改变药物的成盐、成酯；

3. 人用药物转为兽药。

第四类　国内外未上市销售的制剂。

1. 复方制剂，包括以西药为主的中、西兽药复方制剂；

2. 单方制剂。

第五类 国外已上市销售但在国内未上市销售的制剂。

1. 复方制剂，包括以西药为主的中、西兽药复方制剂；

2. 单方制剂。

## 二、注册资料项目

### （一）综述资料

1. 兽药名称。

2. 证明性文件。

3. 立题目的与依据。

4. 对主要研究结果的总结及评价。

5. 兽药说明书样稿、起草说明及最新参考文献。

6. 包装、标签设计样稿。

### （二）药学研究资料

7. 药学研究资料综述。

8. 确证化学结构或者组分的试验资料及文献资料。

9. 原料药生产工艺的研究资料及文献资料。

10. 制剂处方及工艺的研究资料及文献资料；辅料的来源及质量标准。

11. 质量研究工作的试验资料及文献资料。

12. 兽药标准草案及起草说明。

13. 兽药标准品或对照物质的制备及考核材料。

14. 药物稳定性研究的试验资料及文献资料。

15. 直接接触兽药的包装材料和容器的选择依据及质量标准。

16. 样品的检验报告书。

**（三）药理毒理研究资料**

17. 药理毒理研究资料综述。

18. 主要药效学试验资料。（药理研究试验资料及文献资料）

19. 安全药理学研究的试验资料及文献资料。

20. 微生物敏感性试验资料及文献资料。

21. 药代动力学试验资料及文献资料。

22. 急性毒性试验资料及文献资料。

23. 亚慢性毒性试验资料及文献资料。

24. 致突变试验资料及文献资料。

25. 生殖毒性试验（含致畸试验）资料及文献资料。

26. 慢性毒性（含致癌试验）资料及文献资料。

27. 过敏性（局部、全身和光敏毒性）、溶血性和局部（血管、皮肤、黏膜、肌肉等）刺激性等主要与局部、全身给药相关的特殊安全性试验资料。

**（四）临床试验资料**

28. 国内外相关的临床试验资料综述。

29. 临床试验批准文件，试验方案、临床试验资料。

30. 靶动物安全性试验资料。

**（五）残留试验资料**

31. 国内外残留试验资料综述。

32. 残留检测方法及文献资料。

33. 残留消除试验研究资料，包括试验方案。

**（六）生态毒性试验资料**

34. 生态毒性试验资料及文献资料。

### 三、注册资料项目说明

1. 资料项目 1 兽药名称：包括通用名、化学名、英文名、汉语拼音，并注明其化学结构式、分子量、分子式等。新制定的名称，应当说明命名依据。

2. 资料项目 2 证明性文件：

（1）申请人合法登记证明文件、《兽药生产许可证》复印件。提交申请新兽药注册的样品时应当提供样品制备车间的《兽药 GMP 证书》复印件；

（2）申请的兽药或者使用的处方、工艺等专利情况及其权属状态说明，以及对他人的专利不构成侵权的保证书；

（3）《兽药临床试验批准文件》；

（4）直接接触兽药的包装材料和容器符合药用要求的证明性文件。

3. 资料项目 3 立题目的与依据：包括国内外有关该兽药研发、上市销售现状及相关文献资料或者生产、使用情况的综述，复方制剂的组方依据等。

4. 资料项目 4 对研究结果的总结及评价：包括申请人对主要研究结果进行的总结，并从安全性、有效性、质量可控性等方面对所申报品种进行综合评价。

5. 资料项目 5 兽药说明书样稿、起草说明及最新参考文献：包括按农业部有关规定起草的说明书样稿、说明书各项内容的起草说明，相关最新文献或原发厂商最新版的正式说明书原文及中文译文。

6. 资料项目 7 药学研究资料综述：是指所申请兽药的药学研究（合成工艺、结构确证、剂型选择、处方筛选、质量研究和质量标准制定、稳定性研究等）的试验和国内外文献资料的综述。

7. 资料项目 9 原料药生产工艺的研究资料：包括工艺流程和化学反应式、起始原料和有机溶媒、反应条件（温度、压力、时间、催化剂等）和操作步骤、精制方法及主要理化常数，并注明投料量和收率以及工艺过程中可能产生或夹杂的杂质或其他中间产物。

8. 资料项目 11 质量研究工作的试验资料及文献资料：包括理化性质、纯度检查、溶出度、含量测定及方法学研究和验证等。

9. 资料项目 12 兽药标准草案及起草说明：质量标准应当符合《中国兽药典》现行版的格式，并使用其术语和计量单位。所用试药、试液、缓冲液、滴定液等，应当采用《中国兽药典》现行版收载的品种及浓度，有不同的，应详细说明。兽药标准起草说明应当包括标准中控制项目的选定、方法选择、检查及纯度和限度范围等的制定依据。

10. 资料项目 13 兽药标准物品或对照物质的制备及考核资料：提供标准物质或对照物质，并说明其来源、理化常数、纯度、含量及其测定方法和数据。

11. 资料项目 14 药物稳定性研究的试验资料：包括直接接触药物的包装材料和容器共同进行的稳定性试验。

12. 资料项目 16 样品的检验报告书：指申报样品的自检报告，应提供连续 3 批样品的自检报告。

13. 资料项目 17 药理毒理研究资料综述：是指所申请兽药的药理毒理研究（包括药效学、作用机制、安全药理、毒理等）的试验和国内外文献资料的综述。

14. 资料项目 20 微生物敏感性试验资料及文献资料：是指所申请的兽药为抗感染药物或抗球虫药物时，必须提供抗微生物或抗寄生虫药物对历史和现行临床分离的细菌和寄生虫的敏感性比较研究。

15. 资料项目 28 国内外相关的临床试验资料综述：是指国内外有关该品种临床研究的文献、摘要及近期追踪报道的综述。

16. 资料项目 31 国内外残留试验资料综述：是指研究申请的兽药或代谢物在给药动物组织是否产生残留，残留的程度和残留时间。该资料应说明兽药的残留标识物，残留靶组织，每日允许摄入量，最高残留限量，残留检测方法和休药期等。

17. 资料项目 33 残留消除试验研究资料：是指通过研究申请的兽药在靶动物的体内消除过程，以确定是否在推荐的使用条件下在给药的动物组织中是否产生残留，并确定需要遵守的休药期。用于动物微生物或寄生虫感染的药物还应提供残留物对人肠道菌群丛的潜在作用，评价对食品加工业的影响。

18. 资料项目34生态毒性试验资料：是指通过研究申请的兽药在靶动物体内的代谢和排泄情况，研究排出体外的兽药及代谢物在环境中的各种降解途径，对环境潜在的影响，并提出为减少这种影响而需要采取的必要预防措施。同时还需要提供盛装药物的容器、未使用完的药物或废弃物对环境、水生生物、植物和其他非靶动物的影响和有效的处理方法。

## 四、注册资料项目表及说明

### （一）注册资料项目表

| 资料分类 | 资料项目 | 注册分类及资料项目要求 | | | | |
|---|---|---|---|---|---|---|
| | | 第一类 | 第二类 | 第三类 | 第四类 | 第五类 |
| 综述资料 | 1 | + | + | + | + | + |
| | 2 | + | + | + | + | + |
| | 3 | + | + | + | + | + |
| | 4 | + | + | + | + | + |
| | 5 | + | + | + | + | + |
| | 6 | + | + | + | + | + |
| 药学研究资料 | 7 | + | + | + | + | + |
| | 8 | + | + | + | − | − |
| | 9 | + | + | + | − | − |
| | 10 | + | + | + | + | + |
| | 11 | + | + | + | + | + |
| | 12 | + | + | + | + | + |
| | 13 | + | + | + | + | + |
| | 14 | + | + | + | + | + |
| | 15 | + | + | + | + | + |
| | 16 | + | + | + | + | + |

（续）

| 资料分类 | 资料项目 | 注册分类及资料项目要求 | | | | |
|---|---|---|---|---|---|---|
| | | 第一类 | 第二类 | 第三类 | 第四类 | 第五类 |
| 药理毒理研究资料 | 17 | ＋ | ＋ | ＋ | ＋ | ＋ |
| | 18 | ＋ | ± | ＊8 | ＊9 | ＊9 |
| | 19 | ＋ | ± | ＊8 | ＊9 | ＊9 |
| | 20 | ＋ | ± | ＊8 | ＊9 | ＊9 |
| | 21 | ＋ | ± | ＋ | ＊11 | ＊11 |
| | 22 | ＋ | ± | ＊8 | － | － |
| | 23 | ＋ | ± | ± | － | － |
| | 24 | ＋ | ± | ± | － | － |
| | 25 | ＋ | ± | ± | － | － |
| | 26 | ＊5 | ＊5 | ＊5 | － | － |
| | 27 | ＊10 | ＊10 | ＊10 | ＊10 | ＊10 |
| 临床试验资料 | 28 | ＋ | ＋ | ＋ | ＋ | ＋ |
| | 29 | ＋ | 5－3 | 5－3 | 5－4 | 5－4 |
| | 30 | ＋ | 5－3 | 5－3 | 5－4 | 5－4 |
| 残留试验资料 | 31 | ＋ | ＋ | ＋ | ＋ | ＋ |
| | 32 | ＋ | ＋ | ＊12 | ＊13 | ＊13 |
| | 33 | ＋ | ＋ | ＊12 | ＊13 | ＊13 |
| 生态毒性试验资料 | 34 | ＋ | ＋ | ± | ± | ± |

注：（1）"＋"：指必须报送的资料；

（2）"±"：指可以用文献综述代替试验资料；

（3）"－"：指可以免报的资料；

（4）"＊"：按照说明的要求报送资料，如＊4，指见说明之第4条。

## （二）说明

1. 申请用于食品动物的新兽药注册，按照《注册资料项目表》的要求报送资料项目，并按申报资料项目顺序排列；申请用于非食品动物的新兽药注册，可以免报资料项目 31～33，资料项目 34 仅需提供盛装药物的容器、未使用完的药物或废弃物对环境、水生生物、植物和其他非靶动物的影响和有效的处理方法。

2. 单独申请药物制剂，必须提供原料药的合法来源证明文件，包括原料药生产企业的《营业执照》、《兽药生产许可证》、《兽药GMP证书》、销售发票、检验报告书、兽药标准等资料复印件。使用进口原料药的，应当提供《进口兽药注册证书》或者《兽药注册证书》、检验报告书、兽药标准等复印件。所用原料药不具有兽药批准文号、《进口兽药注册证书》或者《兽药注册证书》的，必须经农业部批准。

3. 同一活性成分制成的小水针、粉针剂、大输液之间互相改变的兽药注册申请，应当由具备相应剂型生产范围的兽药生产企业申报。

4. 下列新兽药应当报送致癌试验资料：

（1）新兽药或其代谢产物的结构与已知致癌物质的结构相似的；

（2）在长期毒性试验中发现有细胞毒作用或者对某些脏器、组织细胞生长有异常促进作用的；

（3）致突变试验结果为阳性的。

5. 属于注册分类一类的新药，可以在重复给药毒性试验过程中进行毒代动力学研究。

6. 属于注册分类一类中 3 的兽药，应当报送消旋体与单一异构体比较的药效学、药代动力学和毒理学（一般为急性毒性）研究资料或者相关文献资料。在其消旋体安全范围较小、已有相关资料可能提示单一异构体的非预期毒性（与药理作用无关）明显增加时，还应当根据其临床疗程和剂量、适应证等因素综合考虑，提供单一异构体的重复给药毒性（一般为 3 个月以内）或者其他毒理研究资料（如生殖毒性）。

7. 属于注册分类一类中 4 的兽药，如其组分中不含有本说明 4 所述物质，可以免报资料项目 23～25。

8. 属于注册分类三类的新兽药，应当提供与已上市销售药物比较的靶动物药代动力学、主要药效学、安全药理学和急性毒性试验资料，以反映改变前后的差异，必要时还应当提供重复给药毒性和其他药理毒理研究资料。如果改变后的此类药物已在国外上市销售，则按注册分类 2 的申报资料要求办理。

9. 属于注册分类四～五类中的复方制剂，应当提供复方制剂的主要药效学试验资料或者文献资料、安全药理研究的试验资料或者文献资料，复方抗微生物药物的敏感性试验资料或者文献资料，靶动物药代动力学试验资料或者文献资料。

属于注册分类四～五类中的单方制剂，只需提供靶动物药代动力学试验资料或者文献资料。

10. 局部用药除按所属注册分类及项目报送相应资料外，应当报送资料项目 27，必要时应当进行局部吸收试验。

11. 速释、缓释、控释制剂应当同时提供与普通制剂比较的单次或者多次给药的靶动物药代动力学研究资料。

12. 注册分类三类中 3 人用药物转兽用的，用于食品动物，需要提供残留检测方法、残留消除试验。

13. 注册分类四、五用于食用动物的制剂，如果能进行生物等效试验，仅需制订残留检测方法，不需要进行残留消除试验；否则需要制订残留检测方法，并进行残留消除试验；复方制剂则应当建立复方中各有效成分残留的检测方法，并进行复方制剂残留消除试验。注册分类四、五中新的复方制剂，复方制剂中的多种成分药效、毒性、药代动力学相互影响的试验资料及文献资料本附件未作要求。

## 五、临床试验要求

1. 申请新兽药注册，应当进行临床试验。新兽药的临床试验包括Ⅰ、Ⅱ和Ⅲ期临床试验。

Ⅰ期临床试验：其目的是观察靶动物对于新药的耐受程度和药代动力学，测定可以耐受的剂量范围，明确按照推荐的给药途径给药时适宜的安全范围和不能耐受的临床症状，为制定给药方案提供依据。

Ⅱ期临床试验：其目的是初步评价兽药对靶动物目标适应证的防治作用和安全性，确定合理的给药剂量方案。此阶段的研究设计可以根据具体的研究目的，采用人工发病模型或自然病例，进行随机对照临床试验。

Ⅲ期临床试验：其目的是进一步验证兽药对靶动物目标适应证的防治作用和安全性，评价利益与风险关系，最终为兽药注册申请获得批准提供充分的依据。试验应为具有足够样本量的随机盲法对照试验。

2. 临床试验的动物数应当符合统计学要求和最低动物数要求。各种临床试验的最低动物数（每个试验组）要求见具体试验指导原则。

3. 属于注册分类二～三类的新兽药，应当进行靶动物药代动力学试验和临床试验。

4. 属于注册分类四～五类的新兽药，临床试验按照下列原则进行：

（1）改变给药途径的新单方制剂，须进行靶动物的药代动力学和临床试验。

（2）仅改变已上市销售的兽药，但不改变给药途径的新单方制剂，按以下原则进行：

口服制剂可仅进行血药生物等效性试验；

难以进行血药生物等效性试验的口服制剂，可进行临床生物等效性试验；

速释、缓释、控释制剂应当进行单次和多次给药的临床试验；

同一活性成分制成的小水针、粉针剂、大输液之间互相改变的兽药注册申请，给药途径和方法、剂量等与原剂型药物一致的，一般可以免临床试验。

（3）其他，应进行需进行靶动物的药代动力学和临床试验。

5. 临床试验对照用兽药应当是已在国内上市销售的兽药。

## 六、残留试验要求

1. 申请注册用于食用动物的兽药，应当进行残留试验。残留试验包括建立残留检测方法和确定休药期的残留消除试验。

2. 在进行残留试验前，应根据实验动物的毒理学研究结果，确定最大无作用剂量，根据国际通行的规则制定出人每日允许摄入量，再分别计算出各种可食组织中的最高残留限量。

3. 根据拟定的最高残留限量，研究建立相应的残留定性和定量检测方法。

4. 根据临床试验确定的有效使用剂量，研究推荐剂量下兽药在靶动物组织中的代谢，以确定残留标示物和残留检测靶组织；研究在靶动物组织中的残留消除，以确定休药期。

5. 残留消除试验的动物数应当符合统计学要求和最低动物数要求，残留消除试验的最低动物数（每个试验组）要求见具体试验指导原则。

## 七、进口注册资料和要求

### （一）注册资料项目要求

1. 申报资料按照化学药品《申报资料项目》要求报送。申请未在国内外获准上市销售的兽药，按照注册分类一类的规定报送资料；其他品种按照注册分类二类的规定报送资料。

2. 资料项目 5 兽药说明书样稿、起草说明及最新参考文献，尚需提供生产企业所在国家（地区）兽药管理部门核准的原文说明书，在生产企业所在国家或者地区上市使用的说明书实样，并附中文译本。资料项目 6 尚需提供该兽药在生产企业所在国家或者地区上市使用的包装、标签实样。

3. 资料项目 28 应当报送该兽药在生产企业所在国家或者地区为申请上市销售而进行的全部临床研究的资料。

4. 资料项目 31 应当报送该兽药在生产企业所在国家或者地区为申请上市销售而进行的全部残留研究的资料。

5. 资料项目 34 应当报送该兽药在生产企业所在国家或者地区为申请上市销售而进行的全部生态毒性研究的资料。

6. 全部申报资料应当使用中文并附原文，原文非英文的资料应翻译成英文，原文和英文附后作为参考。中、英文译文应当与原文内容一致。

7. 兽药标准的中文本，必须符合中国兽药标准的格式。

### （二）资料项目 2 证明性文件的要求和说明

1. 资料项目 2 证明性文件包括以下资料：

（1）生产企业所在国家（地区）兽药管理部门出具的允许兽药上市销售及该兽药生产企业符合兽药生产质量管理规范的证明文

件、公证文书及其中文译本。

申请未在国内外获准上市销售的药物，本证明文件可于完成在中国进行的临床研究后，与临床研究报告一并报送。

（2）由境外兽药生产企业常驻中国代表机构办理注册事务的，应当提供《外国企业常驻中国代表机构登记证》复印件。

境外兽药生产企业委托中国代理机构代理申报的，应当提供委托文书、公证文书及其中文译本，以及中国代理机构的《营业执照》复印件。

（3）申请的药物或者使用的处方、工艺等专利情况及其权属状态说明，以及对他人的专利不构成侵权的保证书。

2. 说明：

（1）生产企业所在国家（地区）兽药管理部门出具的允许兽药上市销售及该兽药生产企业符合兽药生产质量管理规范的证明文件应当符合世界卫生组织推荐的统一格式。其他格式的文件，必须经所在国公证机关公证及驻所在国中国使领馆认证。

（2）在一地完成制剂生产由另一地完成包装的，应当提供制剂厂和包装厂所在国家（地区）兽药管理部门出具的该兽药生产企业符合兽药生产质量管理规范的证明文件。

（3）未在生产企业所在国家或者地区获准上市销售的，可以提供在其他国家或者地区获准上市销售的证明文件，并须经农业部兽医行政管理机关认可。但该兽药生产企业符合兽药生产质量管理规范的证明文件须由生产企业所在国家（地区）兽药管理部门出具。

（4）原料药可提供生产企业所在国家（地区）兽药管理部门出具的允许兽药上市销售及该兽药生产企业符合兽药生产质量管理规范的证明文件。

**（三）在中国进行临床药效试验的要求**

1. 申请未在国内外获准上市销售的药物，应当按照注册分类1的规定进行临床试验。所申请的药物，应当是在国外已完成临床试验的兽药。

2. 其他申请，应当按照注册分类二类的规定进行临床药效试验。

3. 单独申请进口尚无中国兽药标准的原料药，应当使用其制剂进行临床药效试验。

### （四）在中国进行残留试验的要求

1. 申请未在国内外获准上市销售的兽药，应当按照注册分类一类的规定进行残留消除试验。所申请的兽药，应当是在国外已完成残留消除试验的兽药。

2. 其他申请，应当按注册分类二类的规定进行残留消除试验。

3. 单独申请进口尚无中国兽药标准的原料药，应当使用其制剂进行靶动物药代动力学和残留消除试验。

# 兽医诊断制品注册分类及注册资料要求

## 一、注册分类

**第一类**　未在国内外上市销售的诊断制品。

**第二类**　已在国外上市销售但未在国内上市销售的诊断制品。

**第三类**　与我国已批准上市销售的同类诊断制品相比，在敏感性、特异性等方面有根本改进的诊断制品。

## 二、注册资料项目

### （一）一般资料

1. 诊断制品的名称。

2. 证明性文件。

3. 制造及检验试行规程（草案）、质量标准及其起草说明，附各项主要检验的标准操作程序。

4. 说明书、标签和包装设计样稿。

### （二）生产用菌（毒、虫）种的研究资料

5. 来源和特性。

6. 种子批。

### （三）生产用细胞的研究资料

7. 来源和特性。

8. 细胞库。

（四）主要原辅材料的来源、检验方法和标准、检验报告等

**（五）生产工艺研究资料**

9. 主要制造用材料、组分、配方、工艺流程等资料。

10. 诊断制品生产工艺的研究资料。

**（六）对照品（抗原、血清等）的制备、检验等研究资料**

**（七）制品的质量研究资料**

11. 成品检验方法的研究和验证资料。

12. 诊断方法的建立和最适条件确定的研究资料。

13. 用于实验室试验的制品生产和检验报告。

14. 敏感性研究报告。

15. 特异性研究报告。

16. 至少 3 批诊断制品的批间和批内可重复性试验报告。

17. 至少 3 批诊断制品的保存期试验报告。

18. 符合率（与其他诊断方法的比较）试验报告。

19. 人工接种动物的抗体（或抗原）消长规律的研究。

20. 与已批准上市销售的同类诊断制品进行比较的研究。

21. 用国际标准诊断试剂标化的研究。

**（八）中间试制前的研究工作总结报告**

**（九）中间试制报告**

**（十）临床试验报告**

**（十一）临床试验期间进行的有关改进工艺、完善质量标准等方面的工作总结及试验研究资料**

### 三、注册资料说明

**（一）一般资料**

1. 诊断制品的名称包括通用名、英文名、汉语拼音和商品名。通用名应符合"兽用生物制品命名原则"的规定。必要时，应提出命名依据。

2. 证明性文件包括：

（1）申请人合法登记的证明文件、实验动物合格证、实验动物使用许可证等证件的复印件；

（2）申请的诊断制品或使用的配方、工艺等专利情况及其权属

状态的说明，以及对他人的专利不构成侵权的保证书；

（3）研究中使用了一类病原微生物的，应当提供批准进行有关实验室试验的批准性文件复印件；

3. 制造及检验试行规程（草案）、质量标准，应参照有关要求进行书写。起草说明中应详细阐述各项主要标准的制定依据和国内外生产使用情况。各项检验的标准操作程序应详细并具有可操作性。

4. 说明书、标签和包装设计样稿，应按照国家有关规定进行书写和制作。

## （二）生产用菌（毒、虫）种的研究资料

1. 来源和特性：原种的代号、来源、历史，含量，血清学特性或特异性，纯粹或纯净性，毒力或安全性，细菌的形态、培养特性、生化特性等研究资料；

2. 种子批：基础种子批建立的有关资料，包括传代方法、代次范围、制备、保存条件和时间、外源因子检测、鉴别检验、含量、血清学特性或特异性、纯粹或纯净性等。

## （三）生产用细胞的研究资料

1. 来源和特性：生产用细胞的代号、来源、历史（包括杂交瘤细胞株的建立、鉴定和传代等），主要生物学特性、外源因子检验等研究资料；

2. 细胞库：主细胞库建库的有关资料，包括代次、制备、保存及生物学特性、外源因子检验等研究资料。

## （四）主要原辅材料的来源、检验方法和标准、检验报告等

对生产中使用的原辅材料，如国家标准中已经收载，则应采用相应的国家标准，如国家标准中尚未收载，则建议采用相应的国际标准。

## （五）生产工艺研究资料

1. 细菌（病毒或寄生虫等）的接种量、培养或发酵条件、灭活或裂解工艺的条件（可能不适用）；

2. 活性物质的提取和纯化；

3. 某些特殊原材料的制备（可能不适用）；

4. 灭活剂、灭活方法、灭活时间和灭活检验方法的研究（可

能不适用）；

5. 制品的制备流程；

6. 试剂盒的组装。

### （六）对照品（抗原、血清等）的制备、检验等研究资料

应包括制品检验和制品使用过程中必须使用的对照品、参比品等的研究、制备和检验等资料。

### （七）制品的质量研究资料

应包括用于各项实验室试验的制品批数、批号、批量，试验负责人和执行人，试验时间和地点，详细试验内容和结果。

### （八）中间试制前的研究工作总结报告

应对中间试制前的各项试验内容进行简要而系统的总结。

### （九）中间试制报告

中间试制报告应由中间试制单位出具，应包括：

1. 中间试制的生产负责人和质量负责人、试制时间和地点；

2. 生产产品的批数（连续 5～10 批）、批号、批量；

3. 每批中间试制产品的详细生产和检验报告；

4. 中间试制中发现的问题等。

### （十）临床试验报告

应按照有关技术指导原则的要求详细报告已经进行的临床试验的详细情况。临床试验中使用的制品数量应不少于 1000 头（只、羽、尾）份。

## 四、进口注册资料项目及其说明

### （一）进口注册资料项目

1. 一般资料。

（1）证明性文件；

（2）生产纲要、质量标准，附各项主要检验的标准操作程序；

（3）说明书、标签和包装设计样稿。

2. 生产用菌（毒、虫）种的研究资料。

3. 生产用细胞的研究资料。

4. 主要原辅材料的来源、检验方法和标准、检验报告等。

5. 生产工艺研究资料。

6．对照品（抗原、血清等）的制备、检验等研究资料。

7．制品的质量研究资料。

8．至少 3 批产品的生产和检验报告。

9．临床试验报告。

### （二）进口注册资料的说明

1．申请进口注册时，应报送资料项目 1～9。

2．证明性文件包括：

（1）生产企业所在国家（地区）政府和有关机构签发的企业注册证、产品许可证、GMP 合格证复印件和产品自由销售证明。上述文件必须经公证或认证后，再经中国使领馆确认；

（2）由境外企业驻中国代表机构办理注册事务的，应当提供《外国企业常驻中国代表机构登记证》复印件；

（3）由境外企业委托中国代理机构代理注册事务的，应当提供委托文书及其公证文件，中国代理机构的《营业执照》复印件；

（4）申请的制品或使用的处方、工艺等专利情况及其权属状态说明，以及对他人的专利不构成侵权的保证书；

（5）该制品在其他国家注册情况的说明，并提供证明性文件或注册编号。

3．用于申请进口注册的试验数据，应为申报单位在中国境外获得的试验数据。未经许可，不得为进口注册在中国境内进行试验。

4．全部申报资料应当使用中文并附原文，原文非英文的资料应翻译成英文，原文和英文附后作为参考。中、英文译文应当与原文内容一致。

5．进口注册申报资料的其他要求与国内新制品申报资料的相应要求一致。

# 兽用消毒剂分类及注册资料要求

## 一、注册分类

**第一类**　未在国内外上市销售的兽用消毒剂。

1. 通过合成或者半合成的方法制得的原料药及其制剂；

2. 天然物质中提取的新的有效单体及其制剂；

3. 新的复方消毒剂。

**第二类** 已在国外上市销售但尚未在国内上市销售的兽用消毒剂。

1. 通过合成或者半合成的方法制得的原料药及其制剂；

2. 天然物质中提取的新的有效单体及其制剂；

3. 新的复方消毒剂。

**第三类** 改变已在国内外上市销售的处方、剂型等的消毒剂。

## 二、注册资料项目

### （一）综述资料

1. 消毒剂名称。

2. 证明性文件。

3. 立题目的与依据。

4. 对主要研究结果的总结及评价。

5. 消毒剂说明书样稿、起草说明及最新参考文献。

6. 包装、标签设计样稿。

### （二）药学研究资料

7. 消毒剂生产工艺的研究资料及文献资料。

8. 确证化学结构或者组分的试验资料及文献资料。

9. 质量研究工作的试验资料及文献资料。

10. 兽药标准草案及起草说明，并提供兽药标准品或对照物质。

11. 辅料的来源及质量标准。

12. 样品的理化指标检验报告书。

13. 药物稳定性研究的试验资料及文献资料。

14. 直接接触兽药的包装材料和容器的选择依据。

### （三）毒理研究资料

15. 毒理研究综述资料及文献资料。

16. 急性毒性研究的试验资料及文献资料。

17. 长期毒性试验资料及文献资料。

18. 致突变试验资料及文献资料。

19. 生殖毒性试验资料及文献资料。

20. 致癌试验资料及文献资料。

21. 过敏性（局部和全身）和局部（皮肤、黏膜等）刺激性等主要与局部消毒相关的特殊安全性试验研究及文献资料。

22. 复方消毒剂中多种成分消毒效果、毒性相互影响的试验资料及文献资料。

### （四）消毒试验和残留研究资料

23. 样品杀灭微生物效果试验资料。

24. 环境毒性试验资料及文献资料。

25. 残留研究资料。

## 三、注册资料项目说明

1. 消毒剂分为环境消毒剂和带畜消毒剂。环境消毒剂不需要提供资料项目25。

2. 资料项目1兽用消毒剂名称：包括通用名、化学名、英文名、汉语拼音，并注明其化学结构式、分子量、分子式等。新制定的名称，应当说明命名依据。

3. 资料项目2证明性文件：

（1）申请人合法登记证明文件、《兽药生产许可证》、《兽药GMP证书》复印件；

（2）申请的消毒剂或者使用的处方、工艺等专利情况及其权属状态说明，以及对他人的专利不构成侵权的保证书；

4. 资料项目3立题目的与依据：包括国内外有关该消毒剂研发、使用及相关文献资料或者生产、使用情况的综述。

5. 资料项目4对研究结果的总结及评价：包括申请人对主要研究结果进行的总结，并从安全性、有效性、质量可控性等方面对所申报品种进行综合评价。

6. 资料项目5消毒剂说明书样稿、起草说明及最新参考文献：包括按农业部有关规定起草的说明书样稿、说明书各项内容的起草说明，相关最新文献或原发明厂商最新版的正式说明书原文及中文译文。

7. 资料项目 7 原料药生产工艺的研究资料及文献资料：包括工艺流程和化学反应式、起始原料和有机溶媒、反应条件（温度、压力、时间、催化剂等）和操作步骤、精制方法及主要理化常数，并注明投料量和收率以及工艺过程中可能产生或夹杂的杂质或其他中间产物。制剂应提供消毒剂的配方和依据。

8. 资料项目 9 质量研究工作的试验资料及文献资料：包括理化性质、纯度检查、含量测定及方法学研究和验证等。

9. 资料项目 10 兽药标准草案及起草说明，并提供标准物质或对照物质：质量标准应当符合《中国兽药典》现行版的格式，并使用其术语和计量单位。所用试药、试液、缓冲液、滴定液等，应当采用《中国兽药典》现行版收载的品种及浓度，有不同的，应详细说明。提供的标准品或对照品应另附资料，说明其来源、理化常数、纯度、含量及其测定方法和数据。兽药标准起草说明应当包括标准中控制项目的选定、方法选择、检查及纯度和限度范围等的制定依据。

10. 资料项目 12 样品理化的指标检验报告书：指申报样品的检验报告，包括有效成分含量测定结果，pH 测定结果，化学稳定性检测结果，金属腐蚀性检测结果。

11. 资料项目 13 药物稳定性研究的试验资料：包括采用直接接触药物的包装材料和容器共同进行的定性试验。

12. 资料项目 15～20 消毒剂毒理学安全性试验资料：参照《消毒剂鉴定技术指导原则》。包括①急性经口毒性试验，②急性吸入毒性试验，③急性皮肤刺激试验，④急性眼刺激试验，⑤皮肤变态反应试验，⑥亚急性毒性试验资料，⑦致突变试验，⑧亚慢性毒性试验，⑨致畸试验，⑩慢性毒性试验，⑪致癌试验。

13. 资料项目 23 样品杀灭微生物效果试验资料：包括①实验室微生物杀灭效果试验资料，②各种因素（如温度、pH、有机物等）对微生物杀灭效果影响试验资料，③生物稳定性试验资料，④现场试验资料和模拟现场试验资料，⑤能量试验资料。

14. 资料项目 24 环境毒性试验资料及文献资料：是指申请药物对环境、水生生物、植物和其他非靶动物的影响。

15. 资料项目 25 残留研究资料；是指用于食品动物或带畜消毒的消毒剂在给药动物组织中是否产生残留，残留的程度和残留时间。应说明兽药的残留标识物，残留靶组织，每日允许摄入量，最高残留限量。同时应注明在推荐的使用条件下在给药的动物组织中是否产生残留，并确定需要遵守的休药期，及残留检测方法。

## 四、注册资料项目表及说明

### （一）注册资料项目表

| 资料分类 | 资料项目 | 环境消毒剂注册分类及资料项目要求 | | | 食品动物体表或带畜消毒剂注册分类及资料项目要求 | | |
|---|---|---|---|---|---|---|---|
| | | 1 | 2 | 3 | 1 | 2 | 3 |
| 综述资料 | 1 | + | + | + | + | + | + |
| | 2 | + | + | + | + | + | + |
| | 3 | + | + | + | + | + | + |
| | 4 | + | + | + | + | + | + |
| | 5 | + | + | + | + | + | + |
| | 6 | + | + | + | + | + | + |
| 药学研究资料 | 7 | + | + | + | + | + | + |
| | 8 | + | + | + | + | + | + |
| | 9 | + | + | + | + | + | + |
| | 10 | + | + | + | + | + | + |
| | 11 | + | + | + | + | + | + |
| | 12 | + | + | + | + | + | + |
| | 13 | + | + | + | + | + | + |
| | 14 | + | + | + | + | + | + |
| 毒理研究资料 | 15 | + | + | + | + | + | + |
| | 16 | + | ± | — | + | ± | — |
| | 17 | + | ± | — | + | ± | — |
| | 18 | + | ± | — | + | ± | — |
| | 19 | + | ± | — | + | ± | — |
| | 20 | + | ± | — | + | ± | — |
| | 21 | — | — | — | ＊5 | ＊5 | ＊5 |
| | 22 | ＊4 | ＊4 | — | ＊4 | ＊4 | — |

（续）

| 资料分类 | 资料项目 | 环境消毒剂注册分类及资料项目要求 | | | 食品动物体表或带畜消毒剂注册分类及资料项目要求 | | |
|---|---|---|---|---|---|---|---|
| | | 1 | 2 | 3 | 1 | 2 | 3 |
| 消毒试验和残留研究资料 | 23 | ＋ | ＋ | ＋ | ＋ | ＋ | ＋ |
| | 24 | ＋ | ± | － | ＋ | ± | － |
| | 25 | － | － | － | ＋ | ± | － |

注：（1）"＋"：指必须报送的资料；

（2）"±"：指可以用文献综述代替试验资料；

（3）"－"：指可以免报的资料；

（4）"＊"：按照说明的要求报送资料，如＊5，指见说明之第5条。

## （二）说明

1. 消毒剂分环境消毒剂和食品动物体表或带畜消毒剂，它们的注册分类相同。

2. 按申报资料项目顺序排列，申请注册环境用新消毒剂，按照《申报资料项目表》的要求报送资料项目1～20、22～24；申请注册用于食品动物体表消毒或带畜消毒的消毒剂，应提供资料项目1～25。

3. 单独申请制剂，必须提供消毒剂原料药的合法来源证明文件，包括原料药生产企业的《营业执照》、《兽药生产许可证》、《兽药GMP证书》、销售发票、检验报告书、兽药标准等资料复印件。使用进口原料药的，应当提供《进口兽药注册证书》或者《兽药注册证书》、检验报告、兽药标准等复印件。

4. 属注册分类1、2中"新的复方消毒剂"，应当报送资料项目22。

5. 局部用药除按所属注册分类及项目报送相应资料外，应当报送资料项目21，同时应提供局部刺激性试验。

## 五、进口注册资料的要求

### （一）注册项目资料要求

1. 申报资料按照消毒剂《申报资料项目》要求报送。不受理未在国外获准上市销售的消毒剂的申请；其他品种的申请按照注册分类2的规定报送资料。

2. 资料项目 5 消毒剂说明书样稿、起草说明及最新参考文献，尚需提供生产企业所在国家（地区）兽药管理机构核准的原文说明书，在生产企业所在国家（地区）上市使用的说明书实样，并附中文译本。资料项目 6 尚需提供该消毒剂在生产企业所在国家（地区）上市使用的包装、标签实样。

3. 资料项目 24 应当报送该兽药在生产企业所在国家（地区）为申请上市销售而进行的全部环境毒性研究的资料。

4. 全部申报资料应当使用中文并附原文，原文非英文的资料应翻译成英文，原文和英文附后作为参考。中、英文译文应当与原文内容一致。

5. 兽药质量标准的中文版，必须符合中国兽药标准的格式。

**（二）资料项目 2 证明性文件的要求和说明**

1. 资料项目 2 证明性文件包括以下资料：

（1）生产企业所在国家（地区）兽药管理机构出具的允许消毒剂上市销售及该兽药生产企业符合兽药生产质量管理规范的证明文件、公证文书及其中文译本；

（2）由境外生产企业常驻中国代表机构办理注册事务的，应当提供《外国企业常驻中国代表机构登记证》复印件。

境外生产企业委托中国代理机构代理申报的，应当提供委托文书、公证文书及其中文译本，以及中国代理机构的《营业执照》复印件；

（3）申请的消毒剂或者使用的处方、工艺等专利情况及其权属状态说明，以及对他人的专利不构成侵权的保证书。

2. 说明：

（1）生产企业所在国家（地区）兽药管理机构出具的允许消毒剂上市销售及该兽药生产企业符合兽药生产质量管理规范的证明文件应当符合世界卫生组织推荐的统一格式。其他格式的文件，必须经生产企业所在国家（地区）公证机关公证及驻生产企业所在国家（地区）中国使领馆认证；

（2）在一地完成制剂生产由另一地完成包装的，应当提供制剂厂和包装厂所在国家（地区）兽药管理机构出具的该兽药生产企业符合兽药生产质量管理规范的证明文件；

（3）未在生产企业所在国家（地区）获准上市销售的，可以提供在其他国家（地区）获准上市销售的证明文件，但须经农业部认可。但该兽药生产企业符合兽药生产质量管理规范的证明文件由生产企业所在国家（地区）兽药管理机构出具；

（4）原料药可提供生产企业所在国家（地区）兽药管理机构出具的允许消毒剂上市销售及该兽药生产企业符合兽药生产质量管理规范的证明文件。

# 兽药变更注册事项及申报资料要求

## 一、注册事项

### （一）不需要进行审评的变更注册事项

1. 变更进口兽药批准证明文件的登记项目。
2. 变更国内兽药生产企业名称。
3. 变更进口兽药注册代理机构。
4. 变更兽药商品名称。
5. 变更兽药的包装规格。
6. 修改兽药包装标签式样。
7. 补充完善兽药说明书的安全性内容。
8. 改变兽药外观，但不改变兽药标准的。
9. 兽药生产企业内部变更兽药生产场地。
10. 根据国家兽药质量标准或者农业部的要求修改兽药说明书。

### （二）需要进行审评的变更注册事项

11. 增加靶动物。
12. 增加兽药新的适应证或者功能主治。
13. 变更兽药含量规格。
14. 改变兽药生产工艺。
15. 变更兽药处方中已有药用要求的辅料。
16. 变更兽药制剂的原料药产地。
17. 修改兽药注册标准。

18. 改变进口兽药制剂的原料药产地。

19. 变更兽药有效期。

20. 变更直接接触兽药的包装材料或者容器。

21. 改变进口兽药的产地。

## 二、申报资料项目

1. 兽药批准证明文件及其附件的复印件。

2. 证明性文件：

（1）申请人是兽药生产企业的，应当提供《兽药生产许可证》、《营业执照》、《兽药 GMP 证书》复印件。申请人不是兽药生产企业的，应当提供其机构合法登记证明文件的复印件。

由境外制药厂商常驻中国代表机构办理注册事务的，应当提供外国企业常驻中国代表机构登记证复印件。

境外制药厂商委托中国代理机构代理申报的，应当提供委托文书、公证文书及其中文译本，以及中国代理机构的营业执照复印件；

（2）对于不同申请事项，应当按照"申报资料项目表"要求分别提供有关证明文件；

（3）对于进口兽药，应当提交其生产国家或者地区兽药管理机构出具的允许兽药变更的证明文件、公证文书及其中文译本。其格式应当符合中药、天然药物、化学兽药、生物制品申报资料项目中对有关证明性文件的要求。

3. 修订的兽药说明书样稿，并附详细修订说明。

4. 修订的兽药包装标签样稿，并附详细修订说明。

5. 药学研究资料。

6. 药理毒理研究资料。

7. 临床研究资料：需要进行临床研究的，应当按照中药、天然药物、化学兽药、生物制品申报资料项目中的要求，在临床研究前后分别提交所需项目资料。要求提供临床研究资料，但不需要进行临床研究的，可提供有关的临床研究文献。

8. 残留研究资料。

9. 兽药实样。

## 三、申报资料项目表

| 注册事项 | 申报资料项目 | | | | | | | | | | |
|---|---|---|---|---|---|---|---|---|---|---|---|
| | 1 | 2 | | | 3 | 4 | 5 | 6 | 7 | 8 | 9 |
| | | ① | ② | ③ | | | | | | | |
| 1. 变更进口兽药批准文件的登记项目，如兽药名称、制药厂商名称、注册地址、兽药包装规格等 | + | + | − | + | + | + | − | − | − | − | + |
| 2. 变更国内兽药生产企业名称 | + | + | *8 | − | + | + | − | − | − | − | + |
| 3. 改变进口兽药注册代理机构 | + | + | *14 | − | + | + | − | − | − | − | + |
| 4. 变更兽药商品名称 | + | + | *2 | + | + | + | − | − | − | − | + |
| 5. 变更兽药包装规格 | + | + | − | − | + | + | − | − | − | − | + |
| 6. 修改药品包装标签式样 | + | + | − | | | | | | | | |
| 7. 补充完善兽药说明书的安全性内容 | + | + | − | + | + | + | − | *11 | *12 | − | |
| 8. 改变兽药外观，但不改变兽药标准的 | + | + | − | + | + | *3 | + | − | − | − | + |
| 9. 国内兽药生产企业内部变更兽药生产场地 | + | + | *9 | − | *3 | *3 | *1 | − | − | − | + |
| 10. 根据国家兽药标准或者农业部的要求修改兽药说明书 | + | + | *10 | − | + | + | | | | | |
| 11. 增加靶动物 | + | + | − | + | + | + | − | | *15 | *16 | − |
| 12. 增加兽药新的适应证或者功能主治 | + | + | − | + | + | + | − | #4 | #4 | #5 | − |
| 13. 变更兽药含量规格 | + | + | − | + | + | + | + | − | − | − | + |
| 14. 改变兽药生产工艺 | + | + | − | + | *3 | *3 | + | #7 | #7 | − | + |
| 15. 变更兽药处方中已有药用要求的辅料 | + | + | − | + | *3 | *3 | + | − | − | − | + |
| 16. 改变兽药制剂的原料药产地 | + | + | − | − | *3 | *13 | − | − | − | − | + |
| 17. 改变进口兽药制剂的原料药产地 | + | + | − | + | − | − | + | − | − | − | + |

（续）

| 注册事项 | 申报资料项目 | | | | | | | | | | |
|---|---|---|---|---|---|---|---|---|---|---|---|
| | 1 | 2 | | | 3 | 4 | 5 | 6 | 7 | 8 | 9 |
| | | ① | ② | ③ | | | | | | | |
| 18. 修改兽药注册标准 | ＋ | ＋ | － | ＋ | ＊3 | ＊3 | ＊4 | － | － | － | － |
| 19. 变更兽药有效期 | ＋ | ＋ | － | ＋ | ＋ | ＋ | ＊5 | － | － | － | － |
| 20. 变更直接接触药品的包装材料或者容器 | ＋ | ＋ | － | ＋ | ＊3 | ＊3 | ＊6 | － | － | － | ＋ |
| 21. 改变进口兽药的产地 | ＋ | ＋ | － | ＋ | ＋ | ＋ | ＋ | － | － | － | ＋ |

注：＊1. 仅提供连续3个批号的样品检验报告书。

＊2. 提供商标查询、受理或注册证明。

＊3. 如有修改的应当提供。

＊4. 仅提供质量研究工作的试验资料及文献资料、兽药标准草案及起草说明、连续3个批号的样品检验报告书。

＊5. 仅提供兽药稳定性研究的试验资料和连续3个批号的样品检验报告书。

＊6. 仅提供连续3个批号的样品检验报告书、药物稳定性研究的试验资料、直接接触兽药的包装材料和容器的选择依据及质量标准。

＊7. 同时提供经审评通过的原新药申报资料综述和药学研究部分及其有关审查意见。

＊8. 提供有关管理机构同意更名的文件，兽药权属证明文件，更名前与更名后的营业执照、兽药生产许可证、兽药生产质量管理规范认证证书。

＊9. 提供有关管理机构同意兽药生产企业的生产车间异地建设的证明文件。

＊10. 提供新的国家兽药标准或者国务院畜牧兽医行政管理部门要求修改兽药说明书的文件。

＊11. 可提供毒理研究的试验资料或者文献资料。

＊12. 可提供文献资料。

＊13. 仅提供原料药的批准证明文件及其合法来源证明、制剂1个批号的检验报告书。

＊14. 提供境外制药厂商委托新的中国代理机构代理申报的委托文书、公证文书及其中文译本，中国代理机构的营业执照复印件，原代理机构同意放弃代理的文件或者有效证明文件。

＊15. 提供临床研究资料包括国内外相关的临床试验资料综述，临床试验批准文件、试验方案和临床试验资料以及靶动物安全性试验资料。

＊16. 提供残留研究资料包括国内外残留试验资料综述，残留检测方法及文献资料和残留消除试验研究资料以及试验方案。

"＃"：见"注册事项、申报资料项目说明及有关要求"中对应编号。

# 四、注册事项、申报资料项目说明及有关要求

1. 注册事项2，变更国内兽药生产企业名称，是指国内的兽药

生产企业经批准变更企业名称以后，申请将其已注册的兽药生产企业名称做相应变更。

2.注册事项4，兽药商品名称仅适用于新化学兽药、新生物制品。

3.注册事项11，增加靶动物，仅适用于已批准生产该品种企业的补充申请。

4.注册事项12，增加兽药新的适应证或者功能主治，其药理毒理研究和临床研究应当按照下列进行：

（1）增加新的适应证或者功能主治，需延长用药周期或者增加剂量者，应当提供主要药效学试验资料及文献资料、一般药理研究的试验资料或者文献资料、急性毒性试验资料或者文献资料、长期毒性试验资料或者文献资料，局部用药应当提供有关试验资料。并须进行临床试验；

（2）增加新的适应证，国外已有同品种获准使用此适应证者，应当提供主要药效学试验资料或者文献资料，并须进行临床试验；

（3）增加新的适应证或者功能主治，国内已有同品种获准使用此适应证者，须进行临床试验，或者进行以获准使用此适应证的同品种为对照的生物等效性试验。

5.注册事项12，增加兽药新的适应证或者功能主治，如果增加剂量，须进行残留研究。

6.注册事项13，变更兽药含量规格，如果改变用法用量或者适用人群，应当提供相应依据，必要时须进行临床研究。

7.注册事项14，改变兽药生产工艺的，其生产工艺的改变不应导致药用物质基础的改变，中药、生物制品必要时应当提供药效、急性毒性试验的对比试验资料，根据需要也可以要求进行临床试验。

8.注册事项16，改变国内生产兽药制剂的原料药产地，是指国内兽药生产企业改换其生产兽药制剂所用原料药的生产厂，该原料药必须具有《兽药产品批准文号》或者《进口兽药注册证书》，并提供获得该原料药的合法性资料。

# 进口兽药再注册申报资料项目

一、证明性文件：

1.《进口兽药注册证书》或者《兽药注册证书》原件及农业部批准有关变更注册批件的复印件；

2. 兽药生产国或地区兽药管理机构出具的允许该兽药上市销售及该兽药生产企业符合《兽药生产质量管理规范》的证明文件、公证文书及其中文译本；

3. 兽药生产国或地区兽药管理机构允许兽药进行变更的证明文件、公证文书及其中文译本；

4. 由境外制药厂商常驻中国代表机构办理注册事务的，应当提供《外国企业常驻中国代表机构登记证》复印件；

5. 境外制药厂商委托中国代理机构代理申报的，应当提供委托文书、公证文书及其中文译本，以及中国代理机构的《营业执照》复印件。

二、5 年内在中国进口、销售情况的总结报告，对于不合格情况应当作出说明。

三、兽药进口销售 5 年来临床使用及不良反应情况的总结报告。

四、再注册兽药有下列情形的，应当提供相应资料或者说明：

1. 需要进行 IV 期临床试验的，应当提供 IV 期临床试验总结报告；

2. 兽药批准证明文件或者再注册批准文件中要求继续完成工作的，应当提供工作总结报告，并附相应资料。

五、提供兽药处方、生产工艺、兽药标准和检验方法。凡兽药处方、生产工艺、兽药标准和检验方法与上次注册内容有改变的，应当指出具体改变内容，并提供批准证明文件。并按照兽药变更注册事项中的相关要求提供资料，进行变更注册申请。

六、生产兽药制剂所用原料药的来源。改变原料药来源的，应当提供批准证明文件，并按照兽药变更注册事项中的相关要求提供资料，进行变更注册申请。

七、在中国市场销售兽药最小销售单元的包装、标签和说明书实样。

八、兽药生产国或地区兽药管理机构批准的现行说明书原文及其中文译本。如改变已批准的标签说明书中安全性内容或样式，应进行变更注册申请，并提供相应资料。

# 中华人民共和国农业部公告

## 第 449 号

　　根据《兽药管理条例》的规定，经研究，我部确定了不同类别新兽药的监测期期限（见附件），现予发布，自 2005 年 1 月 15 日起施行。2004 年 11 月 1 日至 2005 年 1 月 14 日批准的新兽药的监测期，我部将根据本公告的规定确定，并予公布。

　　附件：新兽药监测期期限表

二○○五年一月七日

**附件：**

## 新兽药监测期期限表

| 监测期期限 | 预防用兽用生物制品 | 治疗用兽用生物制品 | 兽医诊断制品 | 化学药品（抗生素） | 中兽药、天然药物 | 兽用消毒剂 |
|---|---|---|---|---|---|---|
| 5年 | 1. 未在国内外上市销售的制品。 | 1. 未在国内外上市销售的制品。 | 1. 未在国内外上市销售的诊断制品。 | 1. 国内外未上市销售的原料药及其制剂。<br>1.1. 通过合成或者半合成方法制得的原料药及其制剂；<br>1.2. 天然物质中提取或者通过发酵制得的新的有效单体及其制剂；<br>1.3. 用拆分或者合成等方法制得的已知药物中的光学异构体及其制剂； | 1. 未在国内上市销售的原药及其制剂。<br>1.1. 从中药、天然药物中提取的有效成分及其制剂；<br>1.2. 未源于植物、动物、矿物等药用物质及其制剂；<br>1.3. 中药材代用品。 | 1. 未在国内外上市销售的兽用消毒剂。<br>1.1. 通过合成或者半合成方法制得的原料药及其制剂；<br>1.2. 天然物质中提取的新的有效单体及其复方消毒剂。<br>1.3. 新的复方消毒剂。 |
| 4年 | 2. 已在国外上市销售但未在国内上市销售的制品。 | 2. 已在国外上市销售但未在国内上市销售的制品。 | 2. 已在国外上市销售但未在国内上市销售的诊断制品。 | 1.4. 由已上市销售的多组分药物制备为较少组分的原料药及其制剂； | 2. 未在国内上市销售及其药用的部位及其制剂；<br>2.1. 中药材新的药用部位制成的制剂； | 2. 已在国内外上市销售的兽用消毒剂。<br>2.1. 通过合成或者半合成方法制得的原料药及其制剂； |

（续）

| 监测期期限 | 预防用兽用生物制品 | 治疗用兽用生物制品 | 兽医诊断制品 | 化学药品（抗生素） | 中兽药、天然药物 | 兽用消毒剂 |
|---|---|---|---|---|---|---|
| | | | | | 2.2. 以中药、天然药物中提取的有效部位制成的制剂。 | 2.2. 天然物质中提取的有效单体及其制剂；<br>2.3. 新的复方消毒剂。 |
| 3 年 | 3. 对已在国内上市销售的制品使用的菌（毒、虫）株、主要原材料抗原、DNA、多肽序列等有根本改变的制品。<br>3.1. 已在国内上市销售但采用新的菌（毒、虫）株生产的制品；<br>3.2. 已在国内上市销售但采用保护性抗原谱、DNA、多肽序列等不同的制品；<br>3.3. 已在国内上市销售但表达体系或细胞基质不同的制品； | 3 对已在国内上市销售的制品使用的菌（毒、虫）株、主要原材料抗原或生产工艺等有根本改变的制品。<br>3.1. 已在国内上市销售但采用新的菌（毒、虫）株生产的原或工艺生产的血清或抗体；<br>3.2. 已在国内上市销售但采用新的杂交瘤细胞株生产的单克隆抗体； | 3. 与我国已批准上市销售的同类制品相比，在敏感性、特异性等方面有根本改进的诊断制品。 | 2. 国外已上市销售但在国内未上市销售的原料及其制剂。<br>3. 改变国内外已上市销售的原料及其制剂。<br>3.1. 改变药物的酸根、碱基（或者金属元素）；<br>3.2. 改变药物的成盐、成酯；<br>3.3. 人用药物转为兽药。<br>4. 国内外未上市销售的制剂。 | 3. 未在国内上市销售的制剂。<br>3.1. 传统中兽药复方制剂；<br>3.2. 现代中兽药复方制剂、包括以中药为主的中西兽药复方制剂；<br>3.3. 兽用天然药物复方制剂；<br>3.4. 由中药、天然药物制成的注射剂。 | 3. 改变已在国内外上市销售的消毒剂的处方的。 |

（续）

| 监测期限 | 预防用兽用生物制品 | 治疗用兽用生物制品 | 兽医诊断制品 | 化学药品（抗生素） | 中兽药、天然药物 | 兽用消毒剂 |
|---|---|---|---|---|---|---|
| | 3.4. 由已在国内上市销售的非纯化或纯化全细胞（细菌、病毒等）疫苗改为纯化或组分疫苗；<br>3.5. 采用已上市销售的疫苗制备的微生态制剂；<br>3.6. 已在国内上市销售但改变靶动物、给药途径的疫苗；<br>3.7. 已在国内上市销售但改变佐剂，保护剂或其他重要生产工艺的疫苗。 | 3.3. 已在国内上市销售但采用新的方法生产的干扰素；<br>3.4. 已在国内上市销售但使用新的菌株生产的微生态制剂；<br>3.5. 已在国内上市销售但改变靶动物、给药途径的制品。 | | 4.1. 复方制剂，包括以西药为主的中、西兽药复方制剂；<br>4.2. 单方制剂。<br>5. 国外已上市销售但在国内未上市销售的制剂。<br>5.1. 复方制剂，包括以西药为主的中、西兽药复方制剂；<br>5.2. 单方制剂。 | | |
| 不设 | 4. 已在国内上市销售但改变剂型、免疫剂量的疫苗。 | 4. 已在国内上市销售但改变剂型的制品。 | | 2. 已在国外上市销售但尚未在国内上市销售的原料药（其制剂已在国内上市销售）的制剂。 | 4. 改变国内已上市销售产品的制剂的。<br>4.1. 改变剂型的制剂。<br>4.2. 改变工艺的制剂。 | 4. 改变已在国内外上市销售的消毒剂的剂型。 |

# 中华人民共和国农业部公告

## 第 1899 号

为加强兽药管理，保证兽药安全有效，根据《兽药管理条例》规定，现就新兽药监测期等有关问题公告如下。

一、新兽药监测期自新兽药批准生产之日起计算。

二、监测期内的新兽药，每个品种，包括同一品种的不同规格，只能由新兽药注册企业生产，但最多不超过 3 家（必要时，按注册排序确定）；新兽药注册单位中无相应生产条件的，可以转让 1 家其他企业生产。

三、在产品监测期内，生产企业应当收集该新兽药的疗效、不良反应等资料，每满 1 年向农业部兽药评审中心报送一次监测情况总结报告，直至监测期结束。报告内容应当真实、完整、准确。

四、农业部兽药评审中心对收到的监测情况总结报告进行评价，并及时提出评价意见报农业部。农业部根据评价意见，可以要求企业开展药品安全性、有效性相关研究，提供相关材料；对发现药效不确定、不良反应大以及可能对养殖业、人体健康造成危害的兽药，依法撤销产品批准文号。

五、国内动物疫病防控急需兽药，依照现有法规规定执行。

六、生产企业违反监测期管理规定的，依据《兽药管理条例》有关规定实施处罚。

本公告自公布之日起执行。此前已获新兽药证书的，监测期内企业文号的申领仍按原有规定执行。

农业部

2013 年 2 月 16 日

# 中华人民共和国农业部公告

## 第 1997 号

根据《兽药管理条例》和《兽用处方药和非处方药管理办法》规定，我部组织制定了《兽用处方药品种目录（第一批)》，现予发布，自 2014 年 3 月 1 日起施行。

特此公告

附件：《兽用处方药品种目录（第一批)》

农业部

2013 年 9 月 30 日

附件：

## 兽用处方药品种目录（第一批）

**一、抗微生物药**（150 个）

**（一）抗生素类**（79 个）

1. β-内酰胺类（16 个）：注射用青霉素钠、注射用青霉素钾、氨苄西林混悬注射液、氨苄西林可溶性粉、注射用氨苄西林钠、注射用氯唑西林钠、阿莫西林注射液、注射用阿莫西林钠、阿莫西林片、阿莫西林可溶性粉、阿莫西林克拉维酸钾注射液、阿莫西林硫酸黏菌素注射液、注射用苯唑西林钠、注射用普鲁卡因青霉素、普鲁卡因青霉素注射液、注射用苄星青霉素。

2. 头孢菌素类（5 个）：注射用头孢噻呋、盐酸头孢噻呋注射液、注射用头孢噻呋钠、头孢氨苄注射液、硫酸头孢喹肟注射液。

3. 氨基糖苷类（15 个）：注射用硫酸链霉素、注射用硫酸双氢链霉素、硫酸双氢链霉素注射液、硫酸卡那霉素注射液、注射用硫酸卡那霉素、硫酸庆大霉素注射液、硫酸安普霉素注射液、硫酸安普霉素可溶性粉、硫酸安普霉素预混剂、硫酸新霉素溶液、硫酸新霉素粉（水产用）、硫酸新霉素预混剂、硫酸新霉素可溶性粉、盐酸大观霉素可溶性粉、盐酸大观霉素盐酸林可霉素可溶性粉。

4. 四环素类（11 个）：土霉素注射液、长效土霉素注射液、盐酸土霉素注射液、注射用盐酸土霉素、长效盐酸土霉素注射液、四环素片、注射用盐酸四环素、盐酸多西环素粉（水产用）、盐酸多西环素可溶性粉、盐酸多西环素片、盐酸多西环素注射液。

5. 大环内酯类（14 个）：红霉素片、注射用乳糖酸红霉素、硫氰酸红霉素可溶性粉、泰乐菌素注射液、注射用酒石酸泰乐菌素、酒石酸泰乐菌素可溶性粉、酒石酸泰乐菌素磺胺二甲嘧啶可溶性粉、磷酸泰乐菌素磺胺二甲嘧啶预混剂、替米考星注射液、替米考星可溶性粉、替米考星预混剂、替米考星溶液、磷酸替米考星预混剂、酒石酸吉他霉素可溶性粉。

6. 酰胺醇类（12 个）：氟苯尼考粉、氟苯尼考粉（水产用）、氟苯尼考注射液、氟苯尼考可溶性粉、氟苯尼考预混剂、氟苯尼考预混剂（50％）、甲砜霉素注射液、甲砜霉素粉、甲砜霉素粉（水产用）、甲砜霉素可溶性粉、甲砜霉素片、甲砜霉素颗粒。

7. 林可胺类（5 个）：盐酸林可霉素注射液、盐酸林可霉素片、盐酸林可霉素可溶性粉、盐酸林可霉素预混剂、盐酸林可霉素硫酸大观霉素预混剂。

8. 其他（1 个）：延胡索酸泰妙菌素可溶性粉。

### （二）合成抗菌药（71 个）

1. 磺胺类药（21 个）：复方磺胺嘧啶预混剂、复方磺胺嘧啶粉（水产用）、磺胺对甲氧嘧啶二甲氧苄啶预混剂、复方磺胺对甲氧嘧啶粉、磺胺间甲氧嘧啶粉、磺胺间甲氧嘧啶预混剂、复方磺胺间甲氧嘧啶可溶性粉、复方磺胺间甲氧嘧啶预混剂、磺胺间甲氧嘧啶钠粉（水产用）、磺胺间甲氧嘧啶钠可溶性粉、复方磺胺间甲氧嘧啶钠粉、复方磺胺间甲氧嘧啶钠可溶性粉、复方磺胺二甲嘧啶粉（水产用）、复方磺胺二甲嘧啶可溶性粉、复方磺胺甲噁唑粉、复方磺胺甲噁唑粉（水产用）、复方磺胺氯达嗪钠粉、磺胺氯吡嗪钠可溶性粉、复方磺胺氯吡嗪钠预混剂、磺胺喹噁啉二甲氧苄啶预混剂、磺胺喹啉钠可溶性粉。

2. 喹诺酮类药（48 个）：恩诺沙星注射液、恩诺沙星粉（水产用）、恩诺沙星片、恩诺沙星溶液、恩诺沙星可溶性粉、恩诺沙星混悬液、盐酸恩诺沙星可溶性粉、乳酸环丙沙星可溶性粉、乳酸环丙沙星注射液、盐酸环丙沙星注射液、盐酸环丙沙星可溶性粉、盐酸环丙沙星盐酸小檗碱预混剂、维生素 C 磷酸酯镁盐酸环丙沙星预混剂、盐酸沙拉沙星注射液、盐酸沙拉沙星片、盐酸沙拉沙星可溶性粉、盐酸沙拉沙星溶液、甲磺酸达氟沙星注射液、甲磺酸达氟沙星溶液、甲磺酸达氟沙星粉、甲磺酸培氟沙星可溶性粉、甲磺酸培氟沙星注射液、甲磺酸培氟沙星颗粒、盐酸二氟沙星片、盐酸二氟沙星注射液、盐酸二氟沙星粉、盐酸二氟沙星溶液、诺氟沙星粉（水产用）、诺氟沙星盐酸小檗碱预混剂（水产用）、乳酸诺氟沙星可溶性粉（水产用）、乳酸诺氟沙星注射液、烟酸诺氟沙星注射液、烟酸诺氟沙星可溶性粉、烟酸诺氟沙星溶液、烟酸诺氟沙星预混剂（水产用）、噁喹酸散、噁喹酸混悬液、噁喹酸溶液、氟甲喹可溶性粉、氟甲喹粉、盐酸洛美沙星片、盐酸洛美沙星可溶性粉、盐酸洛美沙星注射液、氧氟沙星片、氧氟沙星可溶性粉、氧氟沙星注射液、氧氟沙星溶液（酸性）、氧氟沙星溶液（碱性）。

3. 其他（2 个）：乙酰甲喹片、乙酰甲喹注射液。

## 二、抗寄生虫药（15 个）

（一）抗蠕虫药（7 个）：阿苯达唑硝氯酚片、甲苯咪唑溶液（水产用）、硝氯酚伊维菌素片、阿维菌素注射液、碘硝酚注射液、精制敌百虫片、精制敌百虫粉（水产用）。

（二）抗原虫药（5 个）：注射用三氮脒、注射用喹嘧胺、盐酸吖啶黄注射液、甲硝唑片、地美硝唑预混剂。

（三）杀虫药（3 个）：辛硫磷溶液（水产用）、氯氰菊酯溶液（水产用）、溴氰菊酯溶液（水产用）。

### 三、中枢神经系统药物（20 个）

（一）中枢兴奋药（5 个）：安钠咖注射液、尼可刹米注射液、樟脑磺酸钠注射液、硝酸士的宁注射液、盐酸苯噁唑注射液。

（二）镇静药与抗惊厥药（6 个）：盐酸氯丙嗪片、盐酸氯丙嗪注射液、地西泮片、地西泮注射液、苯巴比妥片、注射用苯巴比妥钠。

（三）麻醉性镇痛药（2 个）：盐酸吗啡注射液、盐酸哌替啶注射液。

（四）全身麻醉药与化学保定药（7 个）：注射用硫喷妥钠、注射用异戊巴比妥钠、盐酸氯胺酮注射液、复方氯胺酮注射液、盐酸赛拉嗪注射液、盐酸赛拉唑注射液、氯化琥珀胆碱注射液。

### 四、外周神经系统药物（9 个）

（一）拟胆碱药：氯化氨甲酰甲胆碱注射液、甲硫酸新斯的明注射液。

（二）抗胆碱药：硫酸阿托品片、硫酸阿托品注射液、氢溴酸东莨菪碱注射液。

（三）拟肾上腺素药：重酒石酸去甲肾上腺素注射液、盐酸肾上腺素注射液。

（四）局部麻醉药：盐酸普鲁卡因注射液、盐酸利多卡因注射液。

### 五、抗炎药（7 个）

氢化可的松注射液、醋酸可的松注射液、醋酸氢化可的松注射液、醋酸泼尼松片、地塞米松磷酸钠注射液、醋酸地塞米松片、倍他米松片。

### 六、泌尿生殖系统药物（9 个）

丙酸睾酮注射液、苯丙酸诺龙注射液、苯甲酸雌二醇注射液、黄体酮注射液、注射用促黄体释放激素 $A_2$、注射用促黄体释放激素 A₃、注射用复方鲑促性腺激素释放激素类似物、注射用复方绒促性素 A 型、注射用复方绒促性素 B 型。

### 七、抗过敏药（3 个）

盐酸苯海拉明注射液、盐酸异丙嗪注射液、马来酸氯苯那敏注射液。

### 八、局部用药物（8 个）

注射用氯唑西林钠、头孢氨苄乳剂、苄星氯唑西林注射液、氯唑西林钠氨苄西林钠乳剂（泌乳期）、氨苄西林氯唑西林钠乳房注入液（泌乳期）、盐酸林可霉素硫酸新霉素乳房注入剂（泌乳期）、盐酸林可霉素乳房注入剂、盐酸吡利霉素乳房注入剂。

### 九、解毒药（6 个）

（一）金属络合剂：二巯丙醇注射液、二巯丙磺钠注射液。

（二）胆碱酯酶复活剂：碘解磷定注射液。

（三）高铁血红蛋白还原剂：亚甲蓝注射液。

（四）氰化物解毒剂：亚硝酸钠注射液。

（五）其他解毒剂：乙酰胺注射液。

# 中华人民共和国农业部公告

## 第 2069 号

为规范乡村兽医用药活动，根据《兽用处方药和非处方药管理办法》有关规定，我部组织制定了《乡村兽医基本用药目录》（以下简称《目录》），现予发布，自 2014 年 3 月 1 日起施行。

从事动物诊疗服务活动的乡村兽医，凭乡村兽医登记证购买《目录》第二项所列兽药。兽药经营者向乡村兽医销售《目录》第二项所列兽药的，应当单独建立销售记录，并载明兽药通用名称、规格、数量、乡村兽医的姓名及登记证号，以资核查。

特此公告

附件：乡村兽医基本用药目录

农业部

2014 年 2 月 28 日

附件：

## 乡村兽医基本用药目录

一、兽用非处方药所有品种

二、兽用处方药品种目录（第一批）中有关品种（156 个）

### （一）抗微生物药（104 个）

**1. 抗生素类**（66 个）

（1）$\beta$-内酰胺类（16 个）：注射用青霉素钠、注射用青霉素钾、氨苄西林混悬注射液、氨苄西林可溶性粉、注射用氨苄西林钠、注射用氯唑西林钠、阿莫西林注射液、注射用阿莫西林钠、阿莫西林片、阿莫西林可溶性粉、阿莫西林克拉维酸钾注射液、阿莫西林硫酸黏菌素注射液、注射用苯唑西林钠、注射用普鲁卡因青霉素、普鲁卡因青霉素注射液、注射用苄星青霉素。

（2）头孢菌素类（3个）：注射用头孢噻呋、盐酸头孢噻呋注射液、注射用头孢噻呋钠。

（3）氨基糖苷类（13个）：注射用硫酸链霉素、注射用硫酸双氢链霉素、硫酸双氢链霉素注射液、硫酸卡那霉素注射液、注射用硫酸卡那霉素、硫酸庆大霉素注射液、硫酸安普霉素注射液、硫酸安普霉素可溶性粉、硫酸新霉素溶液、硫酸新霉素粉（水产用）、硫酸新霉素可溶性粉、盐酸大观霉素可溶性粉、盐酸大观霉素盐酸林可霉素可溶性粉。

（4）四环素类（9个）：土霉素注射液、盐酸土霉素注射液、注射用盐酸土霉素、四环素片、注射用盐酸四环素、盐酸多西环素粉（水产用）、盐酸多西环素可溶性粉、盐酸多西环素片、盐酸多西环素注射液。

（5）大环内酯类（11个）：红霉素片、注射用乳糖酸红霉素、硫氰酸红霉素可溶性粉、泰乐菌素注射液、注射用酒石酸泰乐菌素、酒石酸泰乐菌素可溶性粉、酒石酸泰乐菌素磺胺二甲嘧啶可溶性粉、替米考星注射液、替米考星可溶性粉、替米考星溶液、酒石酸吉他霉素可溶性粉。

（6）酰胺醇类（10个）：氟苯尼考粉、氟苯尼考粉（水产用）、氟苯尼考注射液、氟苯尼考可溶性粉、甲砜霉素注射液、甲砜霉素粉、甲砜霉素粉（水产用）、甲砜霉素可溶性粉、甲砜霉素片、甲砜霉素颗粒。

（7）林可胺类（3个）：盐酸林可霉素注射液、盐酸林可霉素片、盐酸林可霉素可溶性粉。

（8）其他（1个）：延胡索酸泰妙菌素可溶性粉。

**2. 合成抗菌药**（38个）

（1）磺胺类药（13个）：复方磺胺嘧啶粉（水产用）、复方磺胺对甲氧嘧啶粉、磺胺间甲氧嘧啶粉、复方磺胺间甲氧嘧啶可溶性粉、磺胺间甲氧嘧啶钠粉（水产用）、磺胺间甲氧嘧啶钠可溶性粉、复方磺胺间甲氧嘧啶钠粉、复方磺胺间甲氧嘧啶钠可溶性粉、复方磺胺二甲嘧啶粉（水产用）、复方磺胺二甲嘧啶可溶性粉、复方磺胺氯达嗪钠粉、磺胺氯吡嗪钠可溶性粉、磺胺喹噁啉钠可溶性粉。

（2）喹诺酮类药（23 个）：恩诺沙星注射液、恩诺沙星粉（水产用）、恩诺沙星片、恩诺沙星溶液、恩诺沙星可溶性粉、恩诺沙星混悬液、盐酸恩诺沙星可溶性粉、盐酸沙拉沙星注射液、盐酸沙拉沙星片、盐酸沙拉沙星可溶性粉、盐酸沙拉沙星溶液、甲磺酸达氟沙星注射液、甲磺酸达氟沙星溶液、甲磺酸达氟沙星粉、盐酸二氟沙星片、盐酸二氟沙星注射液、盐酸二氟沙星粉、盐酸二氟沙星溶液、噁喹酸散、噁喹酸混悬液、噁喹酸溶液、氟甲喹可溶性粉、氟甲喹粉。

（3）其他（2 个）：乙酰甲喹片、乙酰甲喹注射液。

**（二）抗寄生虫药（12 个）**

1. 抗蠕虫药（7 个）：阿苯达唑硝氯酚片、甲苯咪唑溶液（水产用）、硝氯酚伊维菌素片、阿维菌素注射液、碘硝酚注射液、精制敌百虫片、精制敌百虫粉（水产用）

2. 抗原虫药（4 个）：注射用三氮脒、注射用喹嘧胺、盐酸吖啶黄注射液、甲硝唑片

3. 杀虫药（1 个）：辛硫磷溶液（水产用）。

**（三）中枢神经系统药物（5 个）**

1. 中枢兴奋药（3 个）：尼可刹米注射液、樟脑磺酸钠注射液、盐酸苯噁唑注射液。

2. 全身麻醉药与化学保定药（2 个）：注射用硫喷妥钠、注射用异戊巴比妥钠。

**（四）外周神经系统药物（9 个）**

1. 拟胆碱药（2 个）：氯化氨甲酰甲胆碱注射液、甲硫酸新斯的明注射液。

2. 抗胆碱药（3 个）：硫酸阿托品片、硫酸阿托品注射液、氢溴酸东莨菪碱注射液。

3. 拟肾上腺素药（2 个）：重酒石酸去甲肾上腺素注射液、盐酸肾上腺素注射液。

4. 局部麻醉药（2 个）：盐酸普鲁卡因注射液、盐酸利多卡因注射液。

### （五）抗炎药（7个）

氢化可的松注射液、醋酸可的松注射液、醋酸氢化可的松注射液、醋酸泼尼松片、地塞米松磷酸钠注射液、醋酸地赛塞米松片、倍他米松片。

### （六）生殖系统药物（6个）

黄体酮注射液、注射用促黄体素释放激素 $A_2$、注射用促黄体素释放激素 $A_3$、注射用复方鲑促性腺激素释放激素类似物、注射用复方绒促性素 A 型、注射用复方绒促性素 B 型。

### （七）抗过敏药（3个）

盐酸苯海拉明注射液、盐酸异丙嗪注射液、马来酸氯苯那敏注射液。

### （八）局部用药物（4个）

苄星氯唑西林注射液、氨苄西林钠氯唑西林钠乳房注入剂（泌乳期）、盐酸林可霉素硫酸新霉素乳房注入剂（泌乳期）、盐酸林可霉素乳房注入剂（泌乳期）、盐酸吡利霉素乳房注入剂（泌乳期）。

### （九）解毒药（6个）

1. 金属络合剂：二巯丙醇注射液、二巯丙磺钠注射液。

2. 胆碱酯酶复活剂：碘解磷定注射液。

3. 高铁血红蛋白还原剂：亚甲蓝注射液。

4. 氰化物解毒剂：亚硝酸钠注射液。

5. 其他解毒剂：乙酰胺注射液。

# 中华人民共和国农业部公告

## 第 2002 号

　　为加强兽药产品说明书管理，保障安全用药，我部组织编制了《中国兽药典》（2010 年版）收载品种的说明书范本，并编纂为《兽药产品说明书范本（第一册）》、《兽药产品说明书范本（第二册）》和《兽药产品说明书范本（第三册）》（以下简称《范本》），现予发布，并就有关事宜公告如下。

　　一、《范本》是兽药产品标签和说明书编制、审批和监督执法的依据，自本公告发布之日起执行。

　　二、兽药产品的标签按照《兽药标签和说明书管理办法》及《兽药标签和说明书编写细则》有关规定和要求编制，有关项目内容应当以说明书内容为依据，标签内容不得超出说明书规定内容范围。

　　三、自本公告发布之日起，兽药生产企业申请核发兽药产品批准文号，应当按照《范本》内容编制相应产品的标签和说明书。

　　四、本公告发布前已获批准的兽药产品标签和说明书，其内容不符合《范本》要求的，兽药生产企业应当按照《范本》内容自行修改，印制新的标签和说明书。原标签和说明书，兽药生产企业可继续使用至 2014 年 2 月 28 日，此前使用原标签和说明书生产的兽药产品，在产品有效期内可继续销售使用。

农业部

2013 年 10 月 14 日

# 中华人民共和国农业部公告

## 第 2071 号

为加强兽药管理，严厉打击兽药违法行为，保障动物产品质量安全，根据《兽药管理条例》有关规定，现就兽药严重违法行为从重处罚情形，公告如下。

一、无兽药生产许可证生产兽药，有下列情形之一的，按照《兽药管理条例》第五十六条"情节严重的"规定处理，按上限罚款，并没收生产设备：

（一）生产的兽药添加国家禁止使用的药品和其他化合物，或添加人用药品等农业部未批准使用的其他成分的；

（二）生产的兽药累计 2 个品种以上或 5 批次以上，或货值金额 2 万元以上的；

（三）生产兽用疫苗的；

（四）其他情节严重的情形。

二、持有兽药生产、经营许可证的兽药生产、经营者有下列情形之一的，按照《兽药管理条例》第五十六条"情节严重的"规定处理，按上限罚款，并吊销兽药生产、经营许可证：

（一）生产的兽药添加国家禁止使用的药品和其他化合物，或添加人用药品等农业部未批准使用的其他成分的；

（二）生产的兽药擅自改变组方添加其他兽药成分累计 2 批次以上的；

（三）生产未取得兽药产品批准文号的兽用疫苗，或生产未取得兽药产品批准文号的其他兽药产品累计 2 个品种以上或 5 批次以上的；

（四）生产假兽药货值金额 5 万元以上的；

（五）兽药经营者未审核并保存兽药批准证明文件材料，经营假兽药货值金额 2 万元以上的；

（六）其他情节严重的情形。

三、兽药生产者未在批准的兽药 GMP 车间生产兽药，经限期整改而逾期不改正的，按照《兽药管理条例》第五十九条"情节严重的"规定处理，按上限罚款，并吊销兽药生产许可证。

兽药生产者未在批准的兽药 GMP 车间生产兽药，经责令限期改正后再犯的，属于前款"逾期不改正"的情形。

四、兽药生产、经营者将原料药销售给养殖场（户）的，按照《兽药管理条例》第六十七条"情节严重的"规定处理，没收违法所得，按上限罚款，并吊销兽药生产、经营许可证。

五、生产或进口的兽药有下列情形之一的，按照《兽药管理条例》第六十九条规定处理，撤销兽药产品批准文号或者吊销进口兽药注册证书：

（一）抽查检验连续 2 次不合格的；

（二）改变组方添加其他兽药成分的；

（三）主要成分含量在兽药国家标准 150％以上或 50％以下的；

（四）主要成分含量在兽药国家标准 120％以上或 80％以下，累计 2 批次以上的；

（五）其他情节严重的情形。

六、兽药产品标签和说明书未经批准擅自修改，限期改正后再犯的，属于《兽药管理条例》第六十条"逾期不改正"的情形，按生产、经营假兽药处罚。

七、有本公告第一、二、三项规定违法情形的，对生产、经营者主要负责人和直接负责的主管人员按照《兽药管理条例》第五十六条规定处理，终身不得从事兽药的生产、经营活动。

八、兽药违法行为涉嫌犯罪的，移送司法机关追究刑事责任。

九、本公告自公布之日起施行。

农业部

2014 年 3 月 3 日

# 中华人民共和国农业部公告

## 第 2066 号

为做好《兽用处方药和非处方药管理办法》贯彻实施工作，有效规范兽药产品标签和说明书，现就有关问题公告如下。

一、兽药生产企业应按照《兽药产品说明书范本》要求印制标签和说明书，《兽药产品说明书范本》未收载的产品按照批准的标签和说明书样稿印制。在不改变批准内容、符合《兽药标签和说明书管理办法》有关要求的前提下，企业可根据实际需要对产品标签和说明书项目顺序和背景颜色（不包括图案）自行进行调整，也可根据实际需要将说明书印制在包装袋或包装盒上。

二、属于兽用处方药的品种，应在产品标签和说明书的右上角以宋体红色标注"兽用处方药"，不再标注"兽用"；属于外用药的，还应按照规定标注"外用药"。对附加在包装盒内的说明书，"兽用处方药"标识的颜色可与说明书文字颜色一致。不得通过粘贴或盖章方式对产品的标签和说明书增加"兽用处方药"标识。"兽用处方药"标识可以按照《兽药产品说明书范本》式样设置外框。

三、兽用原料药不属于制剂，标签只需标注"兽用"标识。最小包装为安瓿、西林瓶等产品的，如受包装尺寸限制，瓶身标签可以不标注"兽用处方药"标识。

四、鉴于兽用处方药目录仍在完善过程中，兽用处方药品种目录外的兽药品种目前可不标注"兽用非处方药"标识。标注"兽用非处方药"的，不再标注"兽用"。

五、按照要求需增加"兽用处方药"标识或按照《兽药产品说明书范本》要求修改标签说明书内容的，企业可自行修改，无需备案。进口兽药的标签和说明书应按照农业部公告批准内容印制，属于兽用处方药的品种，应增加"兽用处方药"标识。

六、兽药产品标签标注的〔有效期〕可具体到"月",也可具体到"日"。说明书中的〔有效期〕项可标注为固定期限,如 2 年或 24 个月,但标注的期限应与兽药国家标准等规定的有效期一致。

七、标签和说明书〔性状〕项内容应严格按照兽药国家标准的有关规定编写。

八、标签和说明书规定项无批准内容的,除〔商品名称〕项外,其他应保留项目名称,内容空白不填。

九、可根据实际使用情况在说明书〔不良反应〕、〔注意事项〕中自行增加安全性内容的警示语,如在兽用生物制品中增加"仅在兽医指导下使用"。

十、对"羊梭菌病多联干粉灭活疫苗"进行拆分组合的,企业应按《兽药产品说明书范本》中"羊快疫、猝狙、羔羊痢疾、肠毒血症、羊黑疫、肉毒梭菌(C 型)中毒症、破伤风七联干粉灭活疫苗"的备注规定编制相应的说明书,并根据实际成分调整疫苗名称(通用名称、英文名称和汉语拼音名称)、主要成分、作用与用途等项目内容。

十一、布氏杆菌病活疫苗(S2 株),可按照《中华人民共和国兽药典》(2010 版)或农业部兽医局农医药便函〔2012〕193 号的规定编制相应的产品标签和说明书。

十二、《兽药产品说明书范本》发布后变更产品规格的,其标签和说明书内容按照变更注册公告批准的内容编写。

农业部

2014 年 2 月 18 日

# 农业部办公厅关于新兽药临床
# 试验有关问题的复函

(2010 年 8 月 16 日农办医函〔2010〕16 号)

福建省农业厅：

你厅《福建省农业厅关于征询新兽药临床试验有关问题处置意见的函》（闽农函〔2010〕295 号）收悉。经研究，现函复如下：

一、根据《新兽药研制管理办法》规定，新兽药（兽用生物制品除外）临床试验审批应当由新兽药研制单位所在地省级兽医主管部门受理并审批。需跨省进行新兽药临床试验的，审批机构应将审批件抄送临床试验所在地省级兽医主管部门。

二、新兽药临床试验前，新兽药研制单位应持审批件向临床试验所在地省级兽医主管部门履行备案手续，并严格按照审批件载明的地点、范围和时限进行有关试验。试验期间，试验所在地兽医主管部门要加强临床试验活动的监督管理，对违法违规行为应当依法查处。新兽药临床试验结束，新兽药研制单位应将试验情况报试验所在地兽医主管部门和审批地兽医主管部门。

二〇一〇年八月十六日

# 农业部办公厅关于兽药生产企业办理《兽药经营许可证》有关问题的函

(2011年3月11日农办医函〔2011〕12号)

北京市农业局：

你局《关于商请对兽药生产企业申请办理兽药经营许可证工作中有关问题予以解决的函》（京农函〔2010〕470号）收悉。经研究，现函复如下：

根据《兽药管理条例》规定，兽药生产企业以自己的名义销售本企业生产的产品，不需办理《兽药经营许可证》。

二〇一一年三月十一日

# 农业部办公厅关于兽药产品
# 专利有关问题的函

(2012 年 3 月 20 日农办医函〔2012〕12 号)

中国兽医药品监察所:

你所《关于江西中成中 药原料有限公司申报兽药产品批准文号有关问题的请示》(中监所（质监）〔2012〕11 号）收悉。经研究，现答复如下。

一、在国内 拥有专利且需兽医管理部门履行保护的兽药，专利权属人应当向你所提供其已获专利权的证明性文件及相关说明，并在中国兽药信息网发布专利声明。

二、其他兽药生产企业申请生产监测期届满但有知识产权保护的兽药产品时，应当提交与专利权属人签订的转让合同或对他人的专利不构成侵权的声明。

三、兽药产品发生专利权纠纷的，由当事人按照有关专利法律法规解决。专利管理部门或人民法院最终依法认定侵权行为成立的，兽医管理部门依法注销已核发的产品批准文号。

二〇一二年三月二十日

# 农业部办公厅关于兽药执法
# 有关问题的复函

(2012年3月21日农办政函〔2012〕24号)

山东省畜牧兽医局：

你局关于《〈兽药管理条例〉施行中两个问题的请示》（鲁牧药便函〔2011〕150号）收悉。经研究，现函复如下：

一、关于个人无证经营兽药的法律适用问题。依据《兽药管理条例》第二条的规定，凡从事兽药经营活动的，均属于《兽药管理条例》调整的范围。未取得兽药经营许可证经营兽药的，依照《兽药管理条例》第五十六条的规定予以处罚。

二、关于宠物诊疗机构使用假劣兽药的法律适用问题。依据《兽药管理条例》第三十九条的规定，禁止使用假、劣兽药以及国务院兽医行政管理部门规定禁止使用的药品和其他化合物。宠物诊疗机构使用假、劣兽药的，依照《兽药管理条例》第六十二条的规定予以处罚。

二〇一二年三月二十一日

# 农业部办公厅关于兽药认定有关问题的函

（2012 年 9 月 29 日农办医函〔2012〕40 号）

广东省畜牧兽医局：

《关于确认涉嫌物品的紧急请示》（粤牧〔2012〕57 号）收悉。经研究，我部认为，克伦特罗速测卡、莱克多巴胺速测卡和克伦特罗-莱克多巴胺联检卡主要用于检测动物产品中的药物残留，非预防、治疗、诊断动物疾病或者有目的地调节动物生理机能的物质，依据《兽药管理条例》第七十二条第一项的规定，不属于《兽药管理条例》调整的范围。猪乙型脑炎抗体检测试剂盒和抗体速测卡为诊断动物疾病的物质，依据《兽药管理条例》第七十二条第一项的规定，属于《兽药管理条例》所称的兽药，其生产、经营和使用行为应当遵守《兽药管理条例》，发生违法行为的，应当依照《兽药管理条例》的有关规定处理。

此复。

农业部办公厅
2012 年 9 月 29 日

# 中华人民共和国农业部公告

## 第 1845 号

为保证兽药安全有效和动物产品安全，根据《兽药管理条例》规定，我部组织开展了部分兽药品种的安全评价工作。经研究决定，现将质量不可控、毒副作用大、制剂产品生产无原料药合法来源、长期未生产、兽医临床使用量小且已有替代产品、国家重点保护动物药材及可归属饲料添加剂管理的 109 个品种列入《废止兽药质量标准目录》（见附件），予以公布，并就有关事项公告如下。

一、自本公告发布之日起，列入《废止兽药质量标准目录》的兽药质量标准废止，并停止受理审批该类产品批准文号。

二、自本公告发布之日起 30 个工作日内，列入《废止兽药质量标准目录》的兽药产品应停止生产，涉及的相关企业的兽药产品批准文号自动注销。已生产的兽药产品可按原标准进行检验，并在产品有效期内流通使用。

农业部

2012 年 10 月 12 日

## 附件：

### 废止兽药质量标准目录

| 序号 | 名称 | 标准归属 |
|------|------|----------|
| 1 | 水杨酸软膏 | |
| 2 | 注射用促皮质素 | |
| 3 | 乙醚 | |
| 4 | 麻醉乙醚 | |
| 5 | 干燥明矾 | |
| 6 | 硝酸银 | |
| 7 | 硝酸银棒 | |
| 8 | 炉甘石 | |
| 9 | 炉甘石洗剂 | |
| 10 | 干燥硫酸钙 | |
| 11 | 氯胺 T | |
| 12 | 三氯化铁 | |
| 13 | 注射用盐酸二氯苯脲 | |
| 14 | 己烷雌酚 | |
| 15 | 催产素注射液 | 《兽药规范》1967 年版 |
| 16 | 异烟肼 | |
| 17 | 醋酸钾 | |
| 18 | 溴化钾 | |
| 19 | 碳酸镁 | |
| 20 | 疏锑钠 | |
| 21 | 注射用疏锑钠 | |
| 22 | 注射用硫代硫酸钠 | |
| 23 | 薄荷油 | |
| 24 | 磺胺 | |
| 25 | 合霉素 | |
| 26 | 合霉素片 | |
| 27 | 醋酸维生素 E | |
| 28 | 硼酸软膏 | |

（续）

| 序号 | 名称 | 标准归属 |
|------|------|----------|
| 29 | 仙鹤草色素注射液 | |
| 30 | 右旋糖酐铁钴注射液 | |
| 31 | 芳香氨醑 | |
| 32 | 鱼肝油 | |
| 33 | 盐酸噻咪唑注射液（驱虫净注射液） | |
| 34 | 氨甲酰胆碱 | |
| 35 | 氨甲酰胆碱注射液 | |
| 36 | 氯磷定 | |
| 37 | 氯磷定注射液 | |
| 38 | 乳酸钙 | |
| 39 | 硝酸毛果芸香碱注射液 | |
| 40 | 六氯酚 | |
| 41 | 石蜡 | |
| 42 | 戊四氮 | |
| 43 | 戊四氮注射液 | 《兽药规范》1978 年版一部 |
| 44 | 台盼蓝 | |
| 45 | 吩噻嗪 | |
| 46 | 注射用台盼蓝 | |
| 47 | 杏仁水 | |
| 48 | 注射用新胂凡纳明 | |
| 49 | 单软膏 | |
| 50 | 浓氨溶液（浓氨水） | |
| 51 | 稀氨溶液（稀氨水） | |
| 52 | 洋地黄毒苷注射液 | |
| 53 | 盐酸士的宁 | |
| 54 | 盐酸士的宁注射液 | |
| 55 | 桂皮酊 | |
| 56 | 倍硫磷 | |
| 57 | 硫酸喹啉脲（阿卡普林） | |
| 58 | 硫酸喹啉脲注射液（阿卡普林注射液） | |

（续）

| 序号 | 名称 | 标准归属 |
|------|------|----------|
| 59 | 氯仿 | 《兽药规范》1978 年版一部 |
| 60 | 碳酸钠 | |
| 61 | 碳酸铵 | |
| 62 | 稀醋酸 | |
| 63 | 樟脑醑 | |
| 64 | 复方樟脑搽剂 | |
| 65 | 橙皮酊 | |
| 66 | 溴化钙 | |
| 67 | 溴化钙注射液 | |
| 68 | 羟萘酸苄酚宁 | |
| 69 | 水银 | 《兽药规范》1978 年版二部 |
| 70 | 信石 | |
| 71 | 十枣汤 | |
| 72 | 石膏知母汤 | |
| 73 | 防风汤 | |
| 74 | 参附汤 | |
| 75 | 黄土汤 | |
| 76 | 白降丹 | |
| 77 | 七味诃子散 | |
| 78 | 氢溴酸槟榔碱 | 《兽药规范》1992 年版一部 |
| 79 | 氢溴酸槟榔碱片 | |
| 80 | 盐酸噻咪唑 | |
| 81 | 盐酸噻咪唑片 | |
| 82 | 敌敌畏溶液 | |
| 83 | 硫双二氯酚 | |
| 84 | 硫双二氯酚片 | |
| 85 | 硝硫氰醚 | |
| 86 | 硝酸二甲硫胺 | |
| 87 | 氯硝柳胺哌嗪 | |

（续）

| 序号 | 名称 | 标准归属 |
|---|---|---|
| 88 | 碘仿 | 《兽药规范》1992 年版一部 |
| 89 | 鞣酸 | |
| 90 | 鞣酸蛋白 | |
| 91 | 吩噻嗪 | 农牧发（1993）7 号 |
| 92 | 吩噻嗪烟剂 | |
| 93 | 复方吩噻嗪烟剂 | |
| 94 | 乙胺嘧啶 | 《中国兽药典》1990 年版一部 |
| 95 | 萘啶酸 | |
| 96 | 萘啶酸片 | |
| 97 | 磷酸左旋咪唑 | |
| 98 | 磷酸左旋咪唑片 | |
| 99 | 磷酸左旋咪唑注射液 | |
| 100 | 穿山甲 | 《中国兽药典》1990 年版二部 |
| 101 | 洋地黄酊 | 《中国兽药典》2000 年版二部 |
| 102 | 桔梗流浸膏 | |
| 103 | 注射用抗血促性素血清 | 《兽药质量标准》2003 年版 |
| 104 | 盐酸甜菜碱 | |
| 105 | 盐酸甜菜碱预混剂 | |
| 106 | 氯化胆碱 | |
| 107 | 氯化胆碱溶液 | |
| 108 | 新保灵 | |
| 109 | 金荞麦散 | |

# 农业部办公厅关于兽用
# 处方药有关问题的函

（2014 年 3 月 14 日农办医函〔2014〕11 号）

浙江省畜牧兽医局：

你局《关于〈兽用处方药和非处方药管理办法〉贯彻实施具体问题的请示》收悉。经研究，现函告如下。

一、关于畜禽专业合作社等执业兽医处方权问题。畜禽专业合作社或者产业化畜牧龙头企业聘用的取得执业兽医资格证书的兽医人员，依照《执业兽医管理办法》注册后，可以对其注册地的合作社成员 养殖场或者产业化龙头企业基地（户）开具兽医处方，但不得对外开展兽医执业活动。

二、关于乡村兽医购买兽医处方药问题。根据农业部公告第 2069 号规定，从事动物诊疗服务活动的乡村兽医，凭乡村兽医登记证购买《乡村兽医基本用药目录》第二项所列兽药。

三、关于兽用非处方药标示问题。根据农业部公告第 2066 号第四项规定，兽医处方药品种目录外的兽药品种目前可不标注"兽用非处方药"标识。

农业部办公厅

2014 年 3 月 14 日

# 关于销售含有违禁药物的食用
# 动物产品行为处罚问题的函

（2006 年 2 月 27 日农办政函〔2006〕16 号）

天津市畜牧局：

你局《关于在查处"瘦肉精"中，屠宰加工、销售环节是否适用〈兽药管理条例〉问题的请示》（津牧（办）〔2006〕17 号）首席。经研究，现答复如下：

《兽药管理条例》第四十三条明确禁止销售含有违禁药物或者兽药残留量超过标准的食用动物产品。根据《兽药管理条例》第六十三条、第七十条的规定，县级以上人民政府兽医行政管理部门可以对销售含有"瘦肉精"等违禁药物的食用动物产品行为予以处罚。

# 关于加强兽药残留检测试剂（盒）管理的通知

（2005 年 1 月 21 日农办医〔2005〕3 号）

各省、自治区、直辖市、计划单列市畜牧兽医（农牧、农业）厅（局、办），新疆生产建设兵团农业局：

动物性产品中兽药残留检测试剂（盒）是开展兽药残留检测工作，实施国家兽药残留监控计划，保证动物性产品安全的特殊产品，其质量优劣直接关系到残留检测结论的科学、准确和残留监控效果。自 1999 年我部实施兽药残留监控计划以来，兽药残留检测试剂（盒）的市场需求量激增。但据了解，由于兽药残留检测试剂（盒）未纳入规范化管理，市场上流通的产品均未经严格审查，导致残留检测试剂（盒）市场混乱、产品质量良莠不齐。为加强兽药残留检测试剂（盒）管理，根据《兽药管理条例》第四十二条规定，现就有关事项通知如下：

一、兽药残留检测试剂（盒）实行备案制，必要时做比对实验。自发文之日起，进口试剂（盒）和国产试剂（盒）均须向我部兽医局申报，至 2005 年年底前履行并完成备案手续。

二、申报兽药残留检测试剂（盒）需提交以下技术资料：

（一）申请报告；

（二）产品研制概况；

（三）产品生产工艺；

（四）产品质量标准；

（五）产品稳定性试验；

（六）产品技术参数，包括标准曲线、检测限、准确率、回收率等；

三、农业部兽药残留专家委员会负责兽药残留检测试剂（盒）的技术审查工作，在收到申报资料的 30 个工作日内提出审查意见，并上报我部兽医局。

四、我部根据审查意见作出是否批准的决定，定期发布允许进口或允许生产目录，未列入目录的，不得进口、生产和使用。

# 农业部兽药审评专家管理办法

(2005 年 3 月 8 日农医发〔2005〕3 号)

## 第一章 总 则

**第一条** 为保证兽药审评工作的科学、公正，公开、公平，提高兽药审评工作的质量，根据《兽药管理条例》的规定，设立农业部兽药审评委员会，下设农业部兽药审评委员会办公室（以下简称审评办）。

**第二条** 农业部兽药评审委员会以农业部兽药审评专家库（以下简称审评专家库）形式进行管理，由兽医临床、科研、检验、教学等方面的专家组成。

**第三条** 农业部兽医局负责审评专家库的管理，审评办负责承办具体事务。

## 第二章 基本条件和遴选程序

**第四条** 审评专家应具备以下基本条件：

（一）坚持原则，作风正派，认真负责，廉洁公正；

（二）在本专业有较深造诣、熟悉本专业国内外情况，具有一定的知名度和权威性，一般应具有高级专业技术职称；

（三）熟悉兽药管理有关法规，并对兽药评价工作有一定经验；

（四）能保证按要求承担和完成兽药审评工作，按时参加兽药审评会议；

（五）在担任兽药审评专家期间，除在本单位任职外，不能在兽药生产、经营企业任职（含顾问）或从事新兽药研究开发有偿咨询事务；

（六）原则上不属于政府公务员系列的人员；

（七）身体健康，年龄一般不超过 65 周岁，并在职工作。

**第五条** 审评专家遴选入库程序：

（一）根据工作需要，农业部向省级畜牧兽医行政管理部门下发推荐审评专家通知；省级畜牧兽医行政管理部门负责组织辖区内专家的推荐和申报工作；向国务院相关部委、机构和军队的直属单位直接发送推荐审评专家通知，由这些单位负责本单位专家的推荐和申报工作。

（二）凡被推荐选入审评专家库的专家需填写"农业部兽药审评专家推荐表"。

（三）专家所在单位须根据专家基本条件填写推荐意见后报所在地省级畜牧兽医行政管理部门。

（四）省级畜牧兽医行政管理部门审核后报审评办，经农业部遴选批准后选入审评专家库。

（五）。凡选入审评专家库的专家由农业部发给入选通知。

**第六条** 选入审评专家库的专家任期 3 年，任期满后自行出库。出库专家符合条件的可按入库遴选程序重新申请选入审评专家库。

**第七条** 有下列情况之一者，经农业部批准，取消其审评专家资格。

（一）不符合审评专家应具备的基本条件的；

（二）违反审评规定和纪律的；

（三）被通知参加审评会议无故不出席或连续两次不能出席审评会议的；

（四）在为企业或企业产品进行商业性宣传、鉴定、评价以及其他活动中，违反兽药管理法规或科学规律，给兽药监督管理造成不良影响的；

（五）因其他原因不适合参加审评工作的。

# 第三章　权利、义务和纪律

**第八条** 审评专家在被选定作为主审人时，负责对兽药注册申请资料的技术审评，并就兽药的安全性、有效性、质量可控性提出审评意见。

**第九条** 审评专家在被选定参加兽药审评会议时，在会议期间经批准有权通过审评办调阅履行职责所必需的有关申报资料；有权独立发表审评意见，就有关问题进行表决，不受任何单位和个人的干涉；有权对兽药审评过程进行监督，直接向农业部反映情况，提出意见和建议。

**第十条** 审评专家在被选定参加兽药审评会议时，应按时参加会议，并本着认真负责的精神和科学公正的态度，对被审评兽药的安全性、有效性及质量可控性做出科学的评价。对需要提出书面评审意见的，应在规定期限内完成。

**第十一条** 审评专家应对已批准上市使用的兽药，进行新的药效、安全性、残留和不良反应等资料的收集，向农业部提出再评价建议。

审评专家应结合自己的专业特长，提出我国新兽药研制开发方向和相关政策，参加拟定新兽药技术审查标准、研制技术要求和农业部兽医交议的其他有关事宜。

**第十二条** 审评专家应遵守国家保密要求，保守申报单位的商业机密，对送审的资料不得摘录、引用和外传；不得在每次审评会议前公开本人参加会议的身份或透露其他参加审评会议的专家名单以及审评品种、会议日程等；对审评中讨论的情况及审评意见及其他有关情况予以保密。

**第十三条** 审评专家若系被审评兽药的研制参与者、指导者或为研制单位的领导或参与了相同品种的研制开发等，应主动向审评办申明并在审评中回避；若与被审评兽药的申报单位、个人有任何其他利害关系，以及存在可能影响到科学、公正审评的其他情况时，也应在审评中回避。审评办应将每次审评会议中专家回避情况书面报告农业部。

**第十四条** 审评专家不得接受申报单位、与申报单位有关的中介机构或有关人员的馈赠，不得私下与上述单位或人员进行可能影响到公正审评的接触，并有义务向农业部举报任何上述单位或个人试图给予馈赠或者与之进行接触的情况。

**第十五条**　由于健康及其他原因预期不能参与兽药审评工作和参加审评会议的，应及时向兽药审评办书面报告，并说明不能参加审评工作的理由和时限。被通知参加审评会议但因故不能出席的，应书面向审评办请假并获得批准。

**第十六条**　农业部定期对审评专家进行必要的考核和监督，对在兽药审评工作中做出突出成绩的可给以表彰或奖励；对违反纪律的予以解聘出库，并终身不再聘用。

# 第四章　附　　则

**第十七条**　本办法由农业部负责解释。

**第十八条**　本办法自 2005 年 1 月 1 日起实施。

# 农业部办公厅关于实施兽药标签和说明书备案公布制度的通知

(2005 年 5 月 9 日农办医〔2005〕16 号)

各省、自治区、直辖市兽医（畜牧、农牧、农业）厅（局、办）：

根据《兽药管理条例》和《兽药标签和说明书管理办法》规定，自 2005 年 5 月起实行兽药标签和说明书备案、公布制度，现将有关事项通知如下：

一、我部对核发了全国统一兽药产品批准文号的兽药标签和说明书纳入备案范围，定期在中国兽药信息网和中国农业信息网上公布已备案的兽药标签和说明书。

二、我部行政审批综合办公大厅向企业同时发放《兽药产品文号批件》及经审定的兽药标签和说明书修订稿。企业按照我部审定的内容印制标签和说明书，并在取得《兽药产品文号批件》后一个月内将兽药标签和说明书印刷件（市场销售产品上粘贴的）一式三份报我部备案。逾期未报的，注销其产品批准文号。

三、2005 年 5 月前已取得《兽药产品文号批件》并需要更改兽药标签和说明书的，企业应自我部发出兽药标签和说明书修订意见后一个月内将兽药标签和说明书印刷件一式三份报我部备案，并在 3 个月内完成标签和说明书的更换工作。3 个月后生产的兽药不得使用原标签和说明书。此前已进入流通领域的，可在其有效期内流通、使用。

四、兽药标签和说明书的格式、内容应严格按照《兽药标签和说明书管理办法》的规定印制，除生产企业信息之外，不得出现"××监制"、"××研制"、"××经销"、"××合作"、"××委托"、"××推荐"等非生产企业的信息。

五、各地兽医行政管理部门应按照公布的兽药标签和说明书实施兽药监督检查，凡与公布内容不符的，依照《兽药管理条例》有关规定进行处罚。

# 农业部办公厅关于兽药商品
# 名称有关问题的通知

（2006 年 10 月 10 日农办医〔2006〕48 号）

各省、自治区、直辖市畜牧兽医（农牧、农业、动物卫生监督）厅（局、办），新疆生产建设兵团农业局：

为规范兽药商品名称命名和审批工作，现就有关事项通知如下。

一、我部组织制定了《兽药商品名称命名原则》（以下简称《命名原则》，见附件），自本通知发布之日起施行，原《关于加强兽药名称管理的通知》（农牧发〔1998〕3 号）中"兽药专用商品名命名原则"同时废止。兽药生产企业要按照《命名原则》命名兽药商品名称兽医行政管理部门 要按照此《命名原则》审查和审批兽药商品名称。

二、为维护行政审批工作的严肃性，经研究，现调整兽药商品名称审批有关规定。自 2006 年 11 月 15 日起，产品批准文号申请表中"商品名称"一栏，每种兽药可同时填写三个商品名称，供审批过程中备选；三个商品名称均不符合命名原则的同时，产品批准文号有效期内不再受理增加兽药商品名称等变更申请。2006 年 11 月 15 日前受理的申请，如需要增加兽药商品名称，申请人应于 2006 年 12 月 31 日前按有关规定将申请材料报我部，逾期不再受理此项申请。

三、请各省（自治区、直辖市）兽医行政管理部门及时将本通知内容通知辖区内兽药生产企业。

**附件：**

# 兽药商品名称命名原则

一、由汉字组成，不得使用图形、字母、数字、符号等标志。

二、不得使用同中华人民共和国国家名称相同或者近似的，以及同中央国家机关所在地特定地点名称或者标志性建筑物名称相同的文字。

三、不得使用同外国国家名称相同或者近似的文字，但该国政府同意的除外。

四、不得使用同政府间国际组织名称相同或者近似的文字，但经该组织同意或者不易误导公众的除外。

五、不得使用带有民族歧视性的文字。

六、不得使用夸大宣传或带有欺骗性的文字。

七、不得使用有害于社会主义道德风尚或者有其他不良影响的文字。

八、不得使用国际非专利药名（INN）中文译名及其主要字词的文字。

九、不得使用不科学地表示功效、扩大或者夸大产品疗效的文字。

十、不得使用明示或暗示适应所有病症的文字。

十一、不得使用直接表示产品剂型、原料的文字。

十二、不得使用与兽药通用名称音似或者形似的文字。

十三、不得使用兽药习用名称或者曾用名称。

十四、不得使用人名、地名或者其他有特定含义的文字。

十五、不同品种兽药不得使用同一商品名称。

十六、同一兽药生产企业生产的同一种兽药，成分相同但剂型或规格不同的，应当使用同一商品名称。

# 农业部关于加强兽用生物制品生产检验原料监督管理的通知

（2006 年 11 月 22 日农医发〔2006〕10 号）

各省、自治区、直辖市畜牧兽医（农牧、农业、动物卫生监督）厅（局、办）：

根据《兽药管理条例》、《中华人民共和国兽药典》、《兽药生产质量管理规范（GMP)》等规定，为切实加强兽用生物制品生产、检验原材料管理，保证兽用生物制品质量，经研究决定，2008 年 1 月 1 日起，我部将对 GMP 疫苗生产企业疫苗菌（毒）种制备与鉴定、活疫苗生产，以及疫苗检验使用无特定病原体（SPF 级）鸡、鸡胚情况进行全面监督检查。对达不到标准要求的，将根据《兽药管理条例》规定进行处理。

自本通知发布之日起，用 SPF 鸡胚生产的活疫苗，经我部批准，可在其标签、说明书上标注"SPF 鸡胚生产"等相关字样。请各地兽医行政主管部门尽快将本通知内容传达到辖区内 SPF 鸡胚生产企业、疫苗生产企业及疫苗使用单位。

# 兽药 GMP 检查员管理办法

(2007 年 3 月 28 日农办医〔2007〕8 号)

## 第一章 总 则

**第一条** 为加强兽药 GMP 检查员（以下简称检查员）管理，规范有关活动，根据《兽药管理条例》和《兽药生产质量管理规范检查验收办法》规定，制定本办法。

**第二条** 农业部兽医局负责检查员的遴选、培训和监督管理，农业部兽药 GMP 工作委员会办公室（以下简称 GMP 办公室）承办具体事务。

**第三条** 本办法所称的检查员，是指根据本办法聘任并委派，对申请兽药 GMP 检查验收的企业进行现场检查的人员。

## 第二章 检查员的聘任和解聘

**第四条** 检查员应具备以下条件：

（一）具有国家承认的大专以上（含大专）学历；

（二）具有与兽药监督管理或兽药生产和检验相关的 5 年以上工作经历；

（三）具有相应专业技术领域的基本理论知识和实践经验；

（四）掌握有关兽药管理的法律法规、技术规范；

（五）熟悉兽药产品质量标准、检验方法；

（六）熟悉兽药质量管理基本理论，掌握有关产品质量控制的关键环节；

（七）掌握检查验收方法和评定标准，能够结合产品特点对生产企业质量控制能力进行检查；

（八）身体健康，年龄不超过 60 周岁，在职；担任组长的检查员需具备 2 年以上检查员资格，且原则上参加不少于 12 个兽药生产企业的 GMP 检查验收工作；

（九）服从安排，能胜任并积极参加现场检查工作；

（十）遵纪守法、廉洁奉公、坚持原则、实事求是、公平公正。

**第五条** 检查员遴选入库程序：

（一）根据工作需要，兽医局向省级兽医行政管理部门下发推荐检查员通知；各部门负责推荐候选人；

（二）候选人如实填写《农业部兽药 GMP 检查员候选人基本情况表》，并附有关证明文件；

（三）候选人所在单位填写推荐意见后报所在地省级兽医行政管理部门审核，审核合格的，报 GMP 办公室；

（四）GMP 办公室对候选人基本情况进行审核，并组织专家对审核符合条件的候选人进行培训、考核，考核合格的报农业部兽医局审批；

（五）农业部兽医局批准候选人入选检查员库，并向其颁发证书。

**第六条** 检查员的聘任期限为 5 年，期满后自动解聘。

**第七条** 有下列情况之一者，取消检查员资格：

（一）违反检查验收纪律和本办法有关规定的；

（二）在兽药 GMP 检查验收中，违反兽药管理法规或科学规律，造成严重失误或给兽药监督管理造成不良影响的；

（三）验收质量不符合要求或考核不合格的；

（四）违反廉洁自律有关规定的；

（五）因其他原因不适合参加检查验收工作的。

# 第三章　　检查员的权利与义务

**第八条** 根据要求，参加兽药 GMP 现场检查验收及兽药 GMP 飞行检查工作。

**第九条** 在现场检查验收工作中，不受任何单位和个人干涉，有权独立发表意见，对现场检查验收直接提出意见，也可以直接向主管部门反映情况，提出意见和建议。

**第十条** 参加有关兽药 GMP 会议和有关培训。

**第十一条** 积极收集有关兽药 GMP 方面的信息、资料，并及时提交农业部和 GMP 办公室。

## 第四章 检查员工作纪律

**第十二条** 应按照农业部和 GMP 办公室的要求参加有关工作，不得无故推辞；在被安排参加可能不胜任的检查活动时，应预先提出建议。

**第十三条** 应严格按照《兽药 GMP 检查验收纪律》要求开展工作。

**第十四条** 应客观公正地开展工作，不受任何单位和个人影响出具公正结论。

**第十五条** 与被验收企业有利害关系，或存在可能影响检查验收工作公正性的其他情况时，应主动提请回避。

**第十六条** 不得私下与被验收企业或与其有关中介机构、人员进行接触，并有义务向农业部举报试图给予检查员馈赠或与其进行接触的企业或个人。

**第十七条** 由于健康及其他原因不能参加已经安排的检查验收任务时，应及时向 GMP 办公室报告，并说明理由。

**第十八条** 不得以检查员的名义从事任何商业活动。

## 第五章 附 则

**第十九条** 本办法自发布之日起实施。

# 中华人民共和国农业部公告

## 第 839 号

为加强兽药标准管理，保证兽药安全有效和动物性食品安全，根据《兽药管理条例》规定，中国兽药典委员会对历版《中华人民共和国兽药典》、《兽药规范》中的 71 种兽药品种进行了风险评估和安全评价，并形成评审意见。鉴于甘汞等 48 种产品不同程度存在毒性大、疗效不确切、环境污染、质量不可控等问题，目前已有替代品种提供临床应用，淘汰使用该类产品时机成熟。经审核，现公布《淘汰兽药品种目录》（附件 1，以下简称《目录》），并就有关事项公告如下：

一、自本公告发布之日起，列入淘汰《目录》的兽药品种，废止其质量标准，并停止生产、经营、使用，违者按经营、使用假兽药处理。

二、自本公告发布之日起，农业部 472 号公告中与《目录》同品种的兽药品种编号同时废止。

三、本公告所称淘汰品种，仅指列入《目录》的产品和剂型，不涉及与此相关的其他产品。

四、为加强兽药安全评价工作，我部制定了《兽药安全评价品种目录》（附件 2）。按照工作计划，2010 年前组织完成风险评估和安全评价工作，并根据评价结果公布淘汰品种。未公布前，不限制《兽药安全评价品种目录》所列品种的生产、经营和使用。

附件：1. 淘汰兽药品种目录
2. 兽药安全评价品种目录

二〇〇七年四月四日

## 附件 1:

### 淘汰兽药品种目录

| 序号 | 品名 | 标准归属 |
|------|------|----------|
| 1 | 阿拉伯胶 | 1965GF |
| 2 | 白陶土敷剂 | 1965GF |
| 3 | 滴滴涕 | 1965GF |
| 4 | 滴滴涕粉剂 | 1965GF |
| 5 | 二硫化碳 | 1965GF |
| 6 | 甘氨酸钠注射液 | 1965GF |
| 7 | 甘汞 | 1965GF |
| 8 | 汞溴红 | 1965GF |
| 9 | 汞溴红溶液 | 1965GF |
| 10 | 哈拉宗 | 1965GF |
| 11 | 哈拉宗片 | 1965GF |
| 12 | 含醇樟脑注射液 | 1965GF |
| 13 | 氯仿醑 | 1965GF |
| 14 | 凝血质 | 1965GF |
| 15 | 凝血质注射液 | 1965GF |
| 16 | 氰乙酰肼 | 1965GF |
| 17 | 三磺片 | 1965GF |
| 18 | 四氯化碳 | 1965GF |
| 19 | 四氯化碳胶丸 | 1965GF |
| 20 | 四氯化碳注射液 | 1965GF |
| 21 | 四氯乙烯 | 1965GF |
| 22 | 四氯乙烯胶丸 | 1965GF |
| 23 | 亚砷酸钾溶液 | 1965GF |
| 24 | 乙酰苯胺 | 1965GF |
| 25 | 注射用盐酸二氯苯胂 | 1965GF |
| 26 | 注射用盐酸金霉素 | 1965GF |

（续）

| 序号 | 品名 | 标准归属 |
|------|------|----------|
| 27 | 安溴注射液 | 1978GF |
| 28 | 复方醋酸铅散剂 | 1978GF |
| 29 | 黄氧化汞眼膏（黄降汞眼膏） | 1978GF |
| 30 | 火棉胶 | 1978GF |
| 31 | 硫柳汞 | 1978GF |
| 32 | 硫溴酚 | 1978GF |
| 33 | 六氯对二甲苯 | 1978GF |
| 34 | 六氯对二甲苯片 | 1978GF |
| 35 | 六氯乙烷 | 1978GF |
| 36 | 煤焦油皂溶液（臭药水） | 1978GF |
| 37 | 升汞（二氯化汞） | 1978GF |
| 38 | 升汞毒片 | 1978GF |
| 39 | 水合氯醛硫酸镁注射液 | 1978GF |
| 40 | 水合氯醛乙醇注射液 | 1978GF |
| 41 | 水杨酸钠可可碱（利尿素） | 1978GF |
| 42 | 乌拉坦 | 1978GF |
| 43 | 液化苯酚 | 1978GF |
| 44 | 樟脑注射液 | 1978GF |
| 45 | 阿片酊 | 1990CVP |
| 46 | 阿片粉 | 1990CVP |
| 47 | 复方樟脑酊 | 1992GF |
| 48 | 注射用土霉素 f 粉 | 部文保留 |

注：GF 代表《兽药规范》，CVP 代表《中国兽药典》，ZB 代表《兽药质量标准》。

## 附件 2：

### 兽药安全评价品种目录

| 序号 | 品名 | 标准归属 | 淘汰理由 |
|------|------|----------|----------|
| 1 | 升华硫 | 1990CVP | |
| 2 | 维生素 AD 注射液 | 1990CVP | 工艺不稳定 |
| 3 | 维生素 $D_2$ 胶性钙注射液 | 1990CVP | 工艺不稳定 |
| 4 | 复方甘草合剂 | 1992GF | 含阿片酊，有用作毒品的危险。 |
| 5 | 结晶磺胺 | 1992GF | 外用磺胺药已不用，有更好的代替。 |
| 6 | 灭菌结晶磺胺 | 1992GF | 外用作创伤撒布，现已不用，有更好的代替。 |
| 7 | 盐酸噻咪唑 | 1992GF | 为左旋咪唑混旋体，作用弱，毒性大、已为左旋咪唑取代。 |
| 8 | 盐酸噻咪唑片 | 1992GF | 为左旋咪唑混旋体，作用弱，毒性大、已为左旋咪唑取代。 |
| 9 | 盐酸噻咪唑注射液（驱虫净注射液） | 1978GF | 为左旋咪唑混旋体，作用弱，毒性大、已为左旋咪唑取代。 |
| 10 | 地美硝唑预混剂 | 2000CVP | 建议为粉剂 |
| 11 | 巴胺磷 | 2003ZB | 毒性大，有替代品种。 |
| 12 | 巴胺磷溶液 | 2003ZB | 毒性大，有替代品种。 |
| 13 | 甲磺酸培氟沙星 | 2003ZB | 人用重要抗菌药、兽用产生耐药性可能导致人类疾病治疗失败。 |
| 14 | 甲磺酸培氟沙星颗粒 | 2003ZB | 人用重要抗菌药、兽用产生耐药性可能导致人类疾病治疗失败。 |
| 15 | 甲磺酸培氟沙星可溶性粉 | 2003ZB | 人用重要抗菌药、兽用产生耐药性可能导致人类疾病治疗失败。 |
| 16 | 甲磺酸培氟沙星注射液 | 2003ZB | 人用重要抗菌药、兽用产生耐药性可能导致人类疾病治疗失败。 |
| 17 | 盐酸洛美沙星可溶性粉 | 2003ZB | 人用重要抗菌药、兽用产生耐药性可能导致人类疾病治疗失败。 |

（续）

| 序号 | 品名 | 标准归属 | 淘汰理由 |
|---|---|---|---|
| 18 | 盐酸洛美沙星片 | 2003ZB | 人用重要抗菌药、兽用产生耐药性可能导致人类疾病治疗失败。 |
| 19 | 盐酸洛美沙星注射液 | 2003ZB | 人用重要抗菌药、兽用产生耐药性可能导致人类疾病治疗失败。 |
| 20 | 氧氟沙星可溶性粉 | 2003ZB | 人用重要抗菌药、兽用产生耐药性可能导致人类疾病治疗失败。 |
| 21 | 氧氟沙星片 | 2003ZB | 人用重要抗菌药、兽用产生耐药性可能导致人类疾病治疗失败。 |
| 22 | 氧氟沙星溶液（碱性） | 2003ZB | 人用重要抗菌药、兽用产生耐药性可能导致人类疾病治疗失败。 |
| 23 | 氧氟沙星溶液（酸性） | 2003ZB | 人用重要抗菌药、兽用产生耐药性可能导致人类疾病治疗失败。 |
| 24 | 氧氟沙星注射液 | 2003ZB | 人用重要抗菌药、兽用产生耐药性可能导致人类疾病治疗失败。 |
| 25 | 乙酰甲喹注射液（0.5%） | 老部标准 | 浓度低，稳定性不良，待完善标准。 |

注：GF 代表《兽药规范》，CVP 代表《中国兽药典》，ZB 代表《兽药质量标准》。

# 中华人民共和国农业部公告

## 第 954 号

根据《兽药管理条例》和相关配套规章规定，经研究，现就中兽药制剂生产有关问题公告如下：

一、兽药 GMP 证书载明中药提取工艺并取得中兽药制剂产品批准文号的企业，应按现行工艺组织生产，并组织制定中药提取物企业内控质量标准，建立中药提取物批生产、批检验记录及相关管理制度。

二、兽药 GMP 证书未载明中药提取工艺但具备中药提取条件的中兽药制剂生产企业，应由省兽医行政管理部门按 GMP 规范要求组织现场核查，对已具备中药提取条件的企业出具证明材料。企业自取得证明材料的 30 个工作日内向我部履行 GMP 证书和《兽药生产许可证》变更手续。

三、经核查不具备中药提取工艺的中兽药制剂生产企业，可采取委托加工中药提取物方式，解决中兽药制剂产品生产问题，但必须遵守以下规定：

（一）中药提取物委托加工企业必须依据加工范围，从列入农业部发布的《具备中兽药提取物加工资质企业名录》中选择被委托加工企业。

（二）中药提取物委托加工企业和被委托加工企业均必须取得《兽药 GMP 证书》和《兽药生产许可证》，签订委托加工合同（协议），合同需明确处方、制法、检验方法和质量责任。中药提取物制法须与兽药法定标准收载的制剂的制法（未稀释前）一致。

（三）为保证中药提取物和中药制剂质量，一是中药提取物被委托加工企业的生产设施和产能应具有被委托加工中药提取物的生产和质量保证能力。二是与中药提取物直接接触的包装材料和容器应符合药用要求，并符合 GMP 规范相关规定。三是中药提取物委托加工企业和被委托生产企业须同时具备低温保存和运输设施，并采取就近委托原则。

（四）被委托加工企业应制定中药提取物内控质量标准。中药提取物委托加工企业应按照被委托加工企业提供的中药提取物内控质量标准，建立中药提取物批生产、批检验记录及储存、运输、使用等相关质量保证制度和操作规程。

（五）变质、污染、未达到内控质量标准、不符合制剂生产质量要求的中药提取物不得用于中兽药制剂生产。中药提取物委托加工企业和被委托加工企业的生产活动，纳入兽药监管范畴。委托加工企业所在地兽医行政管理部门应加强对该类企业的监督检查，掌握委托加工和中兽药制剂生产情况，发现问题及时处理。

（六）采取委托加工中药提取物方式生产中兽药制剂的企业，在申报产品批准文号时，应提供委托加工合同副本、中药提取物内控质量标准、工艺、制法及制剂稳定性等相关材料。委托关系发生变更的，应提前向农业部和省级兽医行政管理部门提交申请变更报告，并按上述要求提供相关材料，经农业部核准后，方可组织生产。未履行变更手续的，将注销相关产品批准文号。

四、以委托加工中药提取物方式生产中兽药制剂生产活动截止到 2009 年 12 月 31 日，此期间生产的产品在有效期内允许继续销售使用。自 2010 年 1 月 1 日起，停止委托加工中药提取物活动。凡不具备中药提取条件的中兽药制剂生产企业拟继续生产相关产品，必须采购已有国家标准和产品批准文号、保证中兽药制剂质量及药效的中药原料。

五、为实现资源有效利用，在确保质量的前提下，兽药集团公司内其中一家企业已具备中药提取设施并通过 GMP 检查验收的，可采取内部调剂方式为集团内其他企业提供中药提取物，暂不设截止期限。属于该类情况的，应遵守第三条有关规定，并于 2008 年 1 月 31 日前，经省级兽医行政管理部门上报企业概况、拟生产品种和证明性文件及相关资质批件复印件，我部将公布该类企业名录。

六、国家鼓励中兽药原料和制剂研发工作。各有关单位要积极推进中兽药原料和相应制剂国家标准制定、注册申报工作，保证中兽药制剂生产和质量控制需要，促进中兽药事业健康发展。

七、各省（自治区、直辖市）兽医行政管理部门应尽快组织中兽药生产企业生产条件核查工作，于 2008 年 1 月 31 日前按统一格式（见附件）向我部上报具备接受中药提取物委托加工条件的企业名单，我部将公布该类企业名录。

八、本公告所称中兽药制剂包括口服液、注射液、灌注剂等剂型，不包括其他制剂。中药提取物系指直接用于加工生产制剂产品，不需再进行提纯、精制的提取物质．

附件：中药提取物被委托加工企业申报表

二〇〇七年十二月十八日

**附件：**

## 中药提取物被委托加工企业申报表

| 序号 | 企业名称 | 加工范围 | 提取方法 | 产能（千克） | 备注 |
|------|---------|---------|---------|-----------|------|
|      |         |         |         |           |      |
|      |         |         |         |           |      |

省（自治区、直辖市）兽医行政管理部门签

日期：

# 国家兽药残留基准实验室管理规定

（2008 年 1 月 2 日农医发〔2008〕1 号）

## 第一章　总　　则

**第一条**　为加强兽药残留监控工作，规范国家兽药残留基准实验室（以下简称基准实验室）活动，根据《兽药管理条例》规定。制定本办法。

**第二条**　基准实验室是承担兽药残留技术标准研究、检验、监测、培训的国家级主要技术支撑机构。

**第三条**　农业部兽医局负责基准实验室资格认定及监督管理工作。全国兽药残留专家委员会办公室（简称残留办）承担基准实验室的技术协调工作。

## 第二章　基准实验室职能

**第四条**　基准实验室主要职能是：

（一）起草相关兽药（药物）品种残留检测方法；

（二）参与制定国家兽药残留监控计划；

（三）负责兽药（药物）残留检测最终仲裁检验；

（四）提供兽药（药物）残留检测基准物质；

（五）对省级残留检测实验室进行技术指导；

（六）定期有针对性地组织比对试验；

（七）承担相应残留检测技术培训工作；

（八）负责收集、整理、分析和报告所承担品种的国内外残留监控信息；

（九）参与农业部组织的相关国际标准制定工作；

（十）为主管部门提供相关的技术咨询意见和建议；

（十一）完成主管部门交办的其他任务。

## 第三章　基准实验室条件

**第五条**　基准实验室除应通过国家认可委员会的实验室资格认定外，还必须通过农业部组织的检查验收。

**第六条**　基准实验室应建立完善的行政组织结构，具有较高水平的学科带头人，配备足够的、具有相应专业资格和工作经验、能胜任残留分析工作的专职工作人员。

专职人员应当接受相关培训，熟练掌握实验操作技能，数量不得少于 15 人。

**第七条**　基准实验室应具备相应的实验场所，配备相应的仪器设备和设施，建立配套的基础保障条件。

**第八条**　基准实验室应建立并执行健全的规章制度，严格遵守相关技术规范和标准，保证兽药残留检测方法的可靠性和可操作性，保证检测结果的客观公正。基准实验室应建立员工工作经历和技术培训档案。

## 第四章　基准实验室工作规则

**第九条**　基准实验室应当保证兽药残留检测工作科学、客观、公正，不受任何部门、经济利益等的影响，应对出具的检测结果和意见负责。

**第十条**　基准实验室主任由基准实验室依托单位聘任，每届任期五年，并报农业部兽医局备案。根据工作需要，主任可以提名并报请依托单位聘任副主任 1～2 人。基准实验室实行主任负责制，主任在依托单位领导下全面负责实验室的人员、财务、行政和业务等管理工作。

**第十一条**　基准实验室应当指定专人（专职/兼职）负责检验质量和实验室安全管理。

**第十二条**　基准实验室应建立和完善质量保证体系，制定相应的质量体系建设规范。

**第十三条** 应保证其员工对涉密问题和信息交流保守机密。

# 第五章　基准实验室管理

**第十四条** 农业部兽医局负责制定、发布基准实验室检查验收办法和评定标准，并组织实施基准实验室检查验收工作。检查验收活动每五年一次。

**第十五条** 基准实验室承担的兽药（药物）品种范围，由农业部兽医局确定并公布。

**第十六条** 对不能履行工作职责的基准实验室，农业部兽医局视情况作出通报批评或提出变更基准实验室主任的意见。

**第十七条** 农业部兽医局定期对基准实验室进行绩效评估，对成绩突出的单位和个人，给予表彰和奖励。

**第十八条** 基准实验室应于每年十二月底前向农业部兽医局和残留办提交年度工作报告、存在问题和下年度工作计划和建议。

# 第六章　附　　则

**第十九条** 基准实验室统一命名为"国家兽药残留基准实验室（依托单位全称）"。

**第二十条** 基准实验室英文名称：National Reference Laboratory of Veterinary Drug Residues（IVDC，etc）。

**第二十一条** 本办法自发布之日起施行。

# 农业部　国家食品药品监督管理局
# 关于加强麻黄碱监管工作的紧急通知

（2008 年 11 月 24 日农医发〔2008〕24 号）

各省、自治区、直辖市畜牧兽医厅（局、办）、食品药品监督管理局（药品监督管理局）：

麻黄碱为人畜共用药品，列入易制毒化学品管理。为加强麻黄碱原料药供应和兽用盐酸麻黄碱制剂生产、经营和使用管理，保证动物疫病防治需要，防止相关产品流入非法渠道，根据《药品管理法》、《兽药管理条例》和《易制毒化学品管理条例》有关规定，现通知如下：

一、兽用盐酸麻黄碱注射液纳入国家管制品种。兽用盐酸麻黄碱注射液生产、经营、使用等活动参照兽用氯胺酮和兽用安钠咖的管理模式，实行定点供应生产、统一协调调拨、专营专供专用管理。具体要求按《兽用安钠咖管理规定》（农牧发〔1999〕5 号）执行。

二、自 2009 年起，农业部会同国家食品药品监督管理局根据兽用盐酸麻黄碱注射液需求，下达年度兽用盐酸麻黄碱注射液生产计划（简称国家年度计划）。

三、兽用麻黄碱原料药实行购买许可制度。兽药生产企业根据国家年度计划向企业所在地省级食品药品监督管理局申请办理麻黄碱原料药购买许可证。国家年度计划下达前，兽药生产企业麻黄碱原料药购买申请不予受理。

四、农业部停止受理兽用盐酸麻黄碱注射液产品批准文号申报，并于近期组织开展兽用盐酸麻黄碱注射液生产、使用状况及库存药品调查活动。已取得兽用盐酸麻黄碱注射液产品批准文号的企业应积极配合，真实报告和反映相关信息。对瞒报、漏报的，要追究有关企业责任。

　　五、农业部和各级畜牧兽医行政管理负责兽用盐酸麻黄碱注射液生产、经营、使用的监督管理工作。国家食品药品监督管理局和各级食品药品监督管理部门负责麻黄碱原料药生产经营的监督管理。

　　六、2009年1月1日起，兽用盐酸麻黄碱注射液生产企业不得向非定点经销单位销售；非定点经营单位不得经营；定点兽药经营单位不得向非兽医医疗机构和非动物养殖场销售。生产、经营和使用单位必须建立相应管理制度，指定专人做好相应购销、使用记录和台账，接受兽医行政管理部门的监督检查。

　　七、目前，农业部未批准其他含有麻黄碱类物质的兽药制剂。各地兽医行政管理部门、食品药品监督管理部门要按照药品、兽药管理有关法律法规的规定，切实做好麻黄碱原料药和兽用盐酸麻黄碱注射液的供应、生产、经营和使用的监督管理工作，对违反规定的要依法严厉查处；构成犯罪的，移交司法机关依法追究其刑事责任。

二〇〇八年十一月二十四日

# 农业部　海关总署公告

## 第 1129 号

根据《兽药管理条例》和《兽药进口管理办法》规定，农业部会同海关总署制定了《进口兽药管理目录（1 期)》，现予发布，自 2009 年 1 月 1 日起施行。

自 2009 年 1 月 1 日起，兽药进口单位在进口《进口兽药管理目录（1 期)》所列兽药时，要按照海关商品编号向农业部及省级人民政府兽医行政管理部门申请《进口兽药通关单》。进口单位持《进口兽药通关单》向海关办理进口手续。2009 年 1 月 1 日前办理的《进口兽药通关单》在有效期内可继续使用。

非兽用药品进口单位进口列入《进口兽药管理目录（1 期)》的药品时，进口单位应按照药品进口的有关规定，持《进口药品通关单》向海关办理进口手续。

特此公告

二〇〇八年十二月二十二日

**附件：**

### 进口兽药管理目录（1 期）

| 海关商品编号 | 商品名称 | 计量单位 |
| --- | --- | --- |
| 2912190040 | 戊二醛 | 千克 |
| 2923900020 | 癸甲溴铵 | 千克 |
| 2926909040 | 氯氰碘柳胺钠 | 千克 |
| 2932290020 | 伊维菌素 | 千克 |
| 2933199020 | 替泊沙林 | 千克 |
| 2933599020 | 二嗪农、尼卡巴嗪、氢溴酸常山酮 | 千克 |
| 2933699020 | 地克珠利，妥曲珠利，环丙氨嗪 | 千克 |

（续）

| 海关商品编号 | 商品名称 | 计量单位 |
|---|---|---|
| 2933990080 | 三氯苯达唑，氟苯达唑 | 千克 |
| 2934999050 | 甲基吡啶磷 | 千克 |
| 2935001000 | 磺胺嘧啶 | 千克 |
| 2935009020 | 磺胺氯达嗪钠，磺胺间甲氧嘧啶 | 千克 |
| 2941109100 | 羟氨苄青霉素 | 千克 |
| 2941302010 | 土霉素 | 千克 |
| 2941400010 | 氟苯尼考 | 千克 |
| 2941905210 | 头孢氨苄 | 千克 |
| 2941905910 | 头孢噻呋钠，硫酸头孢喹肟 | 千克 |
| 2941909011 | 盐霉素，吉他霉素，盐酸林可霉素，拉沙洛西钠 | 千克 |
| 2941909012 | 杆菌肽亚甲基二水杨酸，杆菌肽锌，延胡索酸泰妙菌素 | 千克 |
| 2941909013 | 硫酸大观霉素，磷酸泰乐霉素，泰拉霉素 | 千克 |
| 3913900010 | 右旋糖酐铁 | 千克 |

# 中华人民共和国农业部公告

## 第 1427 号

为进一步规范兽药 GMP 检查验收工作，根据《兽药管理条例》和《兽药生产质量管理规范》（以下简称兽药 GMP），我部组织修订了《兽药生产质量管理规范检查验收办法》，现予公布，自 2010 年 9 月 1 日起施行。

二〇一〇年七月二十三日

附件：

## 兽药生产质量管理规范检查验收办法

## 第一章　总　　则

**第一条**　为规范兽药 GMP 检查验收活动，根据《兽药管理条例》和《兽药生产质量管理规范》（简称"兽药 GMP"）的规定，制定本办法。

**第二条**　农业部主管全国兽药 GMP 检查验收工作。

农业部兽药 GMP 工作委员会办公室（简称"兽药 GMP 办公室"）承担兽药 GMP 申报资料的受理和审查、组织现场检查验收、兽药 GMP 检查员培训与管理及农业部交办的其他工作。

**第三条**　省级人民政府兽医主管部门负责本辖区兽药 GMP 检查验收申报资料审核及企业兽药 GMP 日常监管工作。

# 第二章 申报与审查

**第四条** 新建、改扩建和复验企业应当提出兽药 GMP 检查验收申请。复验应当在《兽药 GMP 证书》有效期满 6 个月前提交申请。

**第五条** 申请验收企业应当填报《兽药 GMP 检查验收申请表》（表 1），并按以下要求报送书面及电子文档的申报资料各一份（电子文档应当包含以下所有资料；书面材料仅需提供《兽药 GMP 检查验收申请表》及以下第 4、5、8、12 目资料）：

**（一）新建企业**

1. 企业概况；

2. 企业组织机构图（须注明各部门名称、负责人、职能及相互关系）；

3. 企业负责人、部门负责人简历；专业技术人员及生产、检验、仓储等工作人员登记表（包括文化程度、学历、职称等），并标明所在部门及岗位；高、中、初级技术人员占全体员工的比例情况表；

4. 企业周边环境图、总平面布置图、仓储平面布置图、质量检验场所（含检验动物房）平面布置图及仪器设备布置图；

5. 生产车间（含生产动物房）概况及工艺布局平面图（包括更衣室、盥洗间、人流和物流通道、气闸等，人流、物流流向及空气洁净级别）；空气净化系统的送风、回风、排风平面布置图；工艺设备平面布置图；

6. 生产的关键工序、主要设备、制水系统、空气净化系统及产品工艺验证情况；

7. 检验用计量器具（包括仪器仪表、量具、衡器等）校验情况；

8. 申请验收前 6 个月内由空气净化检测资质单位出具的洁净室（区）检测报告；

9. 生产设备设施、检验仪器设备目录（需注明规格、型号、主要技术参数）；

10. 所有兽药 GMP 文件目录、具体内容及与文件相对应的空白记录、凭证样张；

11. 兽药 GMP 运行情况报告；

12. 拟生产兽药类别、剂型及产品目录（每条生产线应当至少选择具有剂型代表性的 2 个品种作为试生产产品；少于 2 个品种或者属于特殊产品及原料药品的，可选择 1 个品种试生产，每个品种至少试生产 3 批）；

13. 试生产兽药国家标准产品的工艺流程图、主要过程控制点和控制项目；

### （二）改扩建和复验企业

除按要求提供上述第 1 目至第 13 目资料外，改扩建企业须提供第 14 目的书面材料；复验企业须提供资料第 14 目的书面材料以及第 15 至第 17 目的电子材料：

14.《兽药生产许可证》、《兽药 GMP 证书》、《企业法人营业执照》或《营业执照》复印件和法定代表人授权书；

15. 企业自查情况和 GMP 实施情况；

16. 企业近 3 年产品质量情况，包括被抽检产品的品种与批次，不合格产品的品种与批次，被列为重点监控企业的情况或接受行政处罚的情况，以及整改实施情况与整改结果；

17. 已获批准生产的产品目录和产品生产、质量管理文件目录（包括产品批准文号批件、质量标准目录等）；所生产品种的工艺流程图、主要过程控制点和控制项目；

第六条 省级人民政府兽医主管部门应当自受理之日起 20 个工作日内完成对企业申报资料的审核，并签署审核意见，报兽药 GMP 办公室。对申请复验的，还应当填写《兽药 GMP 申请资料审核表》（表 2）。

第七条 兽药 GMP 办公室对申报资料进行审查，通过审查的，20 个工作日内组织现场检查验收。

申请资料存在实质缺陷的，书面通知申请企业在 20 个工作日内补充有关资料；逾期未补充的，驳回申请。

申请资料存在弄虚作假问题的，驳回申请并在一年内不受理其验收申请。

**第八条**　对涉嫌或存在违法行为的企业，在行政处罚立案调查期间或消除不良影响前，不受理其兽药 GMP 检查验收申请。

# 第三章　现场检查验收

**第九条**　申请资料通过审查的，兽药 GMP 办公室向申请企业发出《现场检查验收通知书》，同时通知企业所在地省级人民政府兽医主管部门和检查组成员。

**第十条**　检查组成员从农业部兽药 GMP 检查员库中遴选，必要时，可以特邀有关专家参加。检查组由 3～7 名检查员组成，设组长 1 名，实行组长负责制。

申请验收企业所在地省级人民政府兽医主管部门可以派 1 名观察员参加验收活动，但不参加评议工作。

**第十一条**　现场检查验收开始前，检查组组长应当主持召开首次会议，明确《现场检查验收工作方案》（表 3），确认检查验收范围，宣布检查验收纪律和注意事项，告知检查验收依据，公布举报电话。申请验收企业应当提供相关资料，如实介绍兽药 GMP 实施情况。

现场检查验收结束前，检查组组长应当主持召开末次会议，宣布综合评定结论和缺陷项目。企业对综合评定结论和缺陷项目有异议的，可以向兽药 GMP 办公室反映或上报相关材料。验收工作结束后，企业应当填写《检查验收组工作情况评价表》（表 4），直接寄送兽药 GMP 办公室。

必要时，检查组组长可以召集临时会议，对检查发现的缺陷项目及问题进行充分讨论，并听取企业的陈述及申辩。

**第十二条**　检查组应当按照本办法和《兽药 GMP 检查验收评定标准》开展现场检查验收工作，并对企业主要岗位工作人员进行现场操作技能、理论基础和兽药管理法规、兽药 GMP 主要内容、企业规章制度的考核。

**第十三条**　检查组发现企业存在违法违规问题、隐瞒有关情况或提供虚假材料、不如实反映兽药 GMP 运行情况的，应当调查取证并暂停验收活动，及时向兽药 GMP 办公室报告，由兽药 GMP

办公室报农业部作出相应处理决定。

**第十四条** 现场检查验收时，所有生产线应当处于生产状态。

由于正当原因生产线不能全部处于生产状态的，应启动检查组指定的生产线。其中，注射剂生产线应当全部处于生产状态；无注射剂生产线的，最高洁净级别的生产线应当处于生产状态。

**第十五条** 检查员应当如实记录检查情况和存在问题。组长应当组织综合评定，填写《兽药 GMP 现场检查验收缺陷项目表》（表5），撰写《兽药 GMP 现场检查验收报告》（表6），作出"推荐"或"不推荐"的综合评定结论。

《兽药 GMP 现场检查验收缺陷项目表》应当明确存在的问题。《兽药 GMP 现场检查验收报告》应当客观、真实、准确地描述企业实施兽药 GMP 的概况以及需要说明的问题。

《兽药 GMP 现场检查验收报告》和《兽药 GMP 现场检查验收缺陷项目表》应当经检查组成员和企业负责人签字。企业负责人拒绝签字的，检查组应当注明。

**第十六条** 检查组长应当在现场检查验收后 10 个工作日内将《现场检查验收工作方案》、《兽药 GMP 现场检查验收报告》和《兽药 GMP 现场检查验收缺陷项目表》一式两份、《兽药 GMP 检查验收评定标准》、《检查员自查表》（表7）及其他有关资料各一份报兽药 GMP 办公室。

《兽药 GMP 现场检查验收报告》和《兽药 GMP 现场检查验收缺陷项目表》等资料分别由农业部 GMP 办公室、被检查验收企业和省级人民政府兽医主管部门留存。

**第十七条** 对作出"推荐"评定结论，但存在缺陷项目须整改的，企业应当提出整改方案并组织落实。企业整改完成后向所在地省级人民政府兽医主管部门上报整改报告，省级人民政府兽医主管部门应当对整改情况进行核查，填写《兽药 GMP 整改情况核查表》（表8），并在收到企业整改报告的 10 个工作日内，将整改报告及《兽药 GMP 整改情况核查表》寄送检查组组长。

检查组组长负责审核整改报告，填写《兽药 GMP 整改情况审核表》（表9），并在 5 个工作日内将整改报告、《兽药 GMP 整改情况核查表》及《兽药 GMP 整改情况审核表》交兽药 GMP 办公室。

**第十八条** 对作出"不推荐"评定结论的，兽药 GMP 办公室向申报企业发出检查不合格通知书。收到检查不合格通知书 3个月后，企业可以再次提出验收申请。连续两次做出"不推荐"评定结论的，一年内不受理企业兽药 GMP 检查验收申请。

## 第四章 审批与管理

**第十九条** 兽药 GMP 办公室收到所有兽药 GMP 现场检查验收报告并经审核符合要求后，应当将验收结果在中国兽药信息网（zjs. gov. cn）进行公示，公示期为 10 个工作日。公示期满无异议或异议不成立的，兽药 GMP 办公室应当将验收结果及有关材料上报农业部。

**第二十条** 农业部根据检查验收结果核发《兽药 GMP 证书》和《兽药生产许可证》，并予公告。

**第二十一条** 《兽药 GMP 证书》有效期内变更企业名称、法定代表人的，应当按《兽药管理条例》第十三条规定办理《兽药生产许可证》和《兽药 GMP 证书》变更手续。

**第二十二条** 企业停产 6 个月以上或关闭、转产的，由农业部依法收回、注销《兽药 GMP 证书》、《兽药生产许可证》和兽药产品批准文号。

## 第五章 附 则

**第二十三条** 兽药生产企业申请验收（包括复验和改扩建）时，可以同时将所有生产线（包括不同时期通过验收且有效期未满的生产线）一并申请验收。

**第二十四条** 对已取得《兽药 GMP 证书》后新增生产线并通过验收的，换发的《兽药 GMP 证书》与此前已取得证书（指最早核发并在有效期内）的有效期一致。

**第二十五条** 在申请验收过程中试生产的产品经申报取得兽药产品批准文号的，可以在产品有效期内销售、使用。

**第二十六条** 新建兽用生物制品企业，首先申请静态验收。符合规定要求的，申请企业凭《现场检查验收通知书》组织相关产品试生产。其中，每条生产线应当至少生产 1 个品种，每个品种至少生产 3 批。试生产结束后，企业应当及时申请动态验收，农业部根据动态验收结果核发或换发《兽药 GMP 证书》和《兽药生产许可证》，并予公告。

**第二十七条** 本办法自 2010 年 9 月 1 日起施行。2005 年 4 月 27 日农业部发布的《兽药生产质量管理规范检查验收办法》（农业部公告第 496 号）同时废止。

### 表 1 兽药 GMP 检查验收申请表

| 申请单位： | | （公章） |
|---|---|---|
| 所在地： | | 省、自治区、直辖市 |
| 填报日期： | | |
| | | |

填报说明

1. 申报企业兽药 GMP 证书上如需英文信息（企业名称、生产地址等），请在申请表上自行填写。

2. 企业类型：按《企业法人营业执照》标明内容填写。外资企业请注明投资外方的国别或港、澳、台地区。

3. 建设性质：填写新建（指新开办的兽药生产企业）、改扩建（指兽药生产企业新增生产线）、复验。

4. 申请验收范围：注射剂应注明小容量或大容量、静脉或非静脉、最终灭菌或非最终灭菌、粉针剂等；口服固体制剂应注明粉剂、散剂、预混剂、片剂、胶囊剂、颗粒剂等；口服溶液剂应注明最终灭菌或非最终灭菌、酊剂等；青霉素类、$\beta$-内酰胺类、激素类应在括号中注明；中药提取车间应在括号中注明；原料药应在括号中注明品种名称；生物制品应注明生产线名称，需要注明剂型的应在括号中注明；消毒剂和杀虫剂应注明固体或液体，在括号中注明剂型如：粉剂、片剂等。

5.（拟）生产剂型和品种表应填写已获得批准文号的全部产品及拟生产的全部产品，兽药名称按通用名填写；年最大生产能力计算单位：万瓶、万支、万片、万粒、万袋、万毫升、万头（羽）份、吨等。

6. 联系电话号码前标明所在地区长途电话区号。

7. 本申请表填写应内容准确完整，字迹清晰，用 A4 纸打印，申请表格式不得擅自调整。

| 企业名称 | 中文 | |
| --- | --- | --- |
| | 英文 | |
| 注册地址 | 中文 | |
| 生产地址 | 中文 | |
| | 英文 | |
| 申请验收范围 | | |
| 本次验收是企业 [ ] 新建　　[ ] 改扩建　　[ ] 复验　第 [ ] 次验收 | | |
| 注册地址邮政编码 | | 生产地址邮政编码 |
| 企业类型 | | 兽药生产许可证编号 |
| 企业始建时间 | | 三资企业外方国别或地区 |
| 曾用名 | | 最近更名时间 |
| 职工人数 | | 技术人员比例 |
| 法定代表人 | 学历/职称 | 所学专业 |
| 企业负责人 | 学历/职称 | 所学专业 |
| 质量负责人 | 学历/职称 | 所学专业 |

（续）

| 生产负责人 | | 学历/职称 | | 所学专业 | |
|---|---|---|---|---|---|
| 联 系 人 | | 电 话 | | 手 机 | |
| 传 真 | | e-mail | | | |
| 固定资产原值（万元） | | | 固定资产净值（万元） | | |
| 厂区占地面积（米²） | | | 建筑面积（米²） | | |
| 原料药生产品种（个） | | 制剂生产品种（个） | | 常年生产品种（个） | |

| 省级兽医行政管理部门<br><br>审核意见 | <br><br><br>年　月　日 |
|---|---|
| 备注 | |

（拟）生产剂型和品种表

| 兽药名称 | 年最大生产能力 | 规格 | 执行标准 | 兽药批准文号或报批情况 |
|---|---|---|---|---|
| | | | | |
| | | | | |
| | | | | |
| | | | | |
| | | | | |
| | | | | |
| | | | | |
| | | | | |

（如填写空间不够，可另加附页）

### 表 2    兽药 GMP 申请资料审核表

| | |
|---|---|
| 企业名称 | |
| 验收范围 | |
| 被抽检产品批次<br>（近 3 年） | |
| 不合格产品批次<br>（近 3 年） | |
| 被列为重点监控企业<br>次数及整改情况（近 3 年） | |
| 被农业部和省立案<br>次数（近 3 年） | |
| 审核意见<br>（包括对企业质量的评价<br>及是否同意验收） | |

| 审核人 | （签名）<br><br>年　月　日 | 审核单位（公章）<br><br>年　月　日 |
|---|---|---|

（如填写空间不够，可另加附页）

### 表 3    兽药 GMP 现场检查验收工作方案

根据《兽药生产质量管理规范》、《兽药生产质量管理规范检查验收办法》和《兽药生产质量管理规范检查验收评定标准》，现对×××实施现场检查。检查方案如下：

## 一、企业概况和检查范围

×××经×××省兽药管理部门批准并在×××市改扩建的企业，公司于　年　月正式投产，设有　生产线。该次申请的验收属于　次验收。

检查验收范围：

## 二、检查验收时间和检查程序：

检查时间：　　年　月　日　至　年　月　日
检查程序：

**第一阶段**

首次会议，双方见面

公司简要汇报兽药 GMP 实施情况

检查组宣读检查验收纪律、确认检查范围

检查组介绍检查验收要求和注意事项

**第二阶段**

硬件和设施及硬件和设施的管理

检查厂区周围环境、总体布局

检查生产厂房（车间）的设施、设备情况

生产车间的生产管理与质量控制

仓储设施、设备及物料的配置、流转与质量控制

工艺用水的制备与质量控制

空调系统的使用、维护与管理

质量检测实验室设施与管理

**第三阶段**

查看文件和现场考核

检查机构与人员配备、培训情况

兽药生产和质量管理文件

生产设备、检测仪器的管理、验证或校验

与有关人员面谈

**第四阶段**

检查组综合评定，撰写检查报告

末次会议

检查组宣读现场检查报告及结论

## 三、检查组成员

组长：×××

组员：×××、×××、×××

×××、×××——主要负责

×××、×××——主要负责

### 表4 检查验收组工作情况评价表

| 企业名称 | | | | |
|---|---|---|---|---|
| 验收受理号 | | 检查验收日期 | | |
| 检查验收组<br>人员姓名 | GMP标准掌握熟练<br>程度（优/良/差） | 工作能力水平<br>（优/良/差） | 公平公正性<br>（优/良/差） | 遵守廉政纪律<br>（优/良/差） |
| | | | | |
| | | | | |
| | | | | |
| | | | | |
| | | | | |
| 工作建议 | | | | |
| 廉洁廉政 | | | | |
| 建议 | | | | |
| 备注 | | | | |

注：

1. 本表必须填写。

2. 评价项目中如有"差"的，建议在备注中说明具体情况，可附页。

3. 本表由企业填写后直接寄到农业部GMP办公室，地址：北京市中关村南大街8号中国兽医药品监察所 质量监督处 邮编：100081

企业法人签名： 企业公章：

日 期： 年 月 日

### 表5 兽药GMP现场检查验收不符合项目表

| 企业名称 | |
|---|---|
| 检查验收范围 | |
| 检查验收类型<br>（新建/改扩建、复验） | |

（续）

| 关键项目不符合项目：<br>一般项目不符合项目： | |
|---|---|
| 检查组成员签字： | 年　月　日 |
| 企业负责人签字： | 年　月　日 |

注：1. 表中空间不够可附页　　2. 此表签字复印件无效。

## 表 6　兽药 GMP 现场检查验收报告

| 企业名称 | |
|---|---|
| 检查验收范围 | |
| 检查验收类型 | [ ] 新建　　[ ] 改扩建　　[ ] 复验<br>第 [ ] 次验收 |
| 检查时间 | 年　月　日 |
| 检查依据 | 《兽药生产质量管理规范》《兽药生产质量管理规范检查验收办法》《兽药 GMP 检查验收评定标准》 |

综合评定：

　　受农业部兽医局委派，检查组按照预定的检查方案，对该厂实施兽药 GMP 的管理情况进行了检查。涉及检查项目共　项，其中关键条款　条，一般条款　条。总体情况如下：

　　该企业是　年　月经　　兽药管理部门批准，于　年　月正式投产，目前生产　　等产品。有　条生产线。

　　该公司组织机构是否健全，职能是否明确，人员结构、素质和培训情况是否符合要求；厂区、车间的环境、卫生是否符合规定标准；厂区和生产厂房布局是否合理，其面积与空间是否与生产工艺、生产规模相适应；实验室环境及设施、检测仪器是否符合要求；生产设备是否能满足生产要求；主要设备是否进行了验证，生产管理和物料管理是否符合要求，生产管理和质量管理等文件是否符合要求。

　　现场检查未发现关键项不符合项，但有　项基本符合项；发现　项一般检查项目不符合项，不符合率为　。经检查组讨论，综合评定如下：推荐（不推荐）该企业×××生产线为兽药 GMP 合格生产线。

（续）

| 检查组成员<br>签　　名 | |
|---|---|
| | 年　月　日 |
| 企业负责人<br>签　　名 | |
| | 年　月　日 |
| 备注 | |

## 表7　检查员自查表

| 企业名称 | | | |
|---|---|---|---|
| 验收受理号 | | 检查验收日期 | |
| 自查项目（选择请打钩） | | | |
| 是否按规定住宿 | 是 | | 否 |
| 是否参加经营权<br><br>娱乐活动 | | 是 | 否 |
| 是否收受现金 | 是 | | 否 |
| 是否收受有价<br><br>证券和礼品 | | 是 | 否 |
| 其他需要说明的问题 | | | |

备注：

1. 此表必须填写。

2. 本表由每位检查员填写后请直接寄至农业部 GMP 办公室。地址：北京中关村南大街 8 号中国兽医药品监察所 质量监督处　邮编：100081

检查员签名：

日　　期：

## 表 8　兽药 GMP 整改情况核查表

| 受理号 | | 企业名称 | |
|---|---|---|---|
| 检查验收范围 | | 检查验收类型<br>（新建/改扩建、复验） | |
| 检查验<br>收日期 | | 整改材料<br>受理日期 | |
| 缺陷项目 | | 整改结果 | |
| | | | |
| 整改情况<br><br>核查人 | （签名）<br><br>　年　月　　日 | 审核单位（公章）<br><br>　年　　月　　日 | |
| 备注 | | | |

## 表 9　兽药 GMP 整改情况审核表

| 受理号 | | 企业名称 | | |
|---|---|---|---|---|
| 检查验收范围 | | 检查验收类型<br>（新建/改扩建、复验） | | |
| 检查验收<br>日　　期 | | 整改材料<br>受理日期 | | |
| 审<br>核<br>意<br>见 | | | | |
| 审核结论 | | | | |
| 审　核　人<br><br>备　　注 | | | | |

# 兽医系统实验室考核管理办法

各省、自治区、直辖市畜牧兽医（农业、农牧）厅（局、委、办），新疆生产建设兵团农业局：

为加强兽医系统实验室管理，提高兽医实验室技术水平和工作能力，我部制定了《兽医系统实验室考核管理办法》。现印发你们，请遵照执行。

附件：兽医系统实验室考核管理办法

二〇〇九年八月十一日

**附件：**

## 兽医系统实验室考核管理办法

**第一条**　为加强兽医实验室管理，提高兽医实验室技术水平和工作能力，制定本办法。

**第二条**　本办法所称兽医实验室是指隶属于各级兽医主管部门，并承担动物疫病诊断、监测和检测等任务的国家级区域兽医实验室、省级兽医实验室、地（市）级兽医实验室和县（市）级兽医实验室。

**第三条**　国家实行兽医实验室考核制度。兽医实验室经考核合格并取得兽医实验室考核合格证的，方可承担动物疫病诊断、监测和检测等任务。

兽医实验室考核不合格、未取得兽医实验室考核合格证的，该行政区域内动物疫病诊断、监测和检测等任务应当委托取得兽医实验室考核合格证的兽医实验室承担。

**第四条**　农业部负责国家级区域兽医实验室和省级兽医实验室

考核，具体工作由中国动物疫病预防控制中心承担。

省、自治区、直辖市兽医主管部门负责本辖区内地（市）级兽医实验室和县（市）级兽医实验室考核工作。

**第五条** 兽医实验室应当具备下列条件：

（一）有能力承担本行政区域及授权范围内的动物疫病诊断、监测、检测、流行病学调查以及其他与动物防疫相关的技术工作，为动物防疫工作提供技术支持；

（二）实验室建设符合兽医实验室建设标准，具有与所承担任务相适应的实验场所、仪器设备，且仪器设备配备率和完好率达到 100％；

（三）具有与所承担任务相适应的专业技术人员和熟悉实验室管理法律法规标准的管理人员，专业技术人员比例不得少于 80％；

（四）从事动物疫病诊断、监测和检测活动的人员参加省级以上兽医主管部门组织的技术培训，并培训合格；

（五）建立与所承担任务相适应的质量管理体系和生物安全管理制度，并运行正常；

（六）近两年内完成上级兽医主管部门规定的诊断、监测和检测任务；

（七）建立科学、合理的实验室程序文件，严格按照技术标准、实验室操作规程和有关规定开展检测工作，实验室记录和检测报告统一规范；

（八）建立健全实验活动原始记录，实验档案管理规范，整理成卷，统一归档。

**第六条** 具备本办法第五条规定条件的兽医实验室，可以向农业部或者省、自治区、直辖市人民政府兽医主管部门申请兽医实验室考核。

**第七条** 申请兽医实验室考核应当提交以下材料：

（一）兽医实验室考核申请表一式两份；

（二）近两年年度业务工作总结；

（三）现行实验室质量管理手册；

（四）保存或者使用的动物病原微生物菌（毒）种名录；

（五）实验室平面布局图；

（六）实验室仪器设备清单和实验室人员情况表；

（七）其他有关资料。

**第八条** 农业部或者省、自治区、直辖市人民政府兽医主管部门应当在收到申请材料之日起15日内进行审查。经审查，材料齐全、符合要求的，农业部或者省、自治区、直辖市人民政府兽医主管部门应当组织进行现场考核；材料不齐全或者不符合要求的，应当通知申请单位在5日内补齐。

**第九条** 现场考核由中国动物疫病预防控制中心或者省、自治区、直辖市兽医主管部门从兽医实验室管理专家库中抽取的专家考核组负责。

专家考核组由3～5人组成。专家考核组应当制订考核方案，报中国动物疫病预防控制中心或者省、自治区、直辖市兽医主管部门备案。

中国动物疫病预防控制中心或者省、自治区、直辖市兽医主管部门应当提前3日将考核时间、内容和日程等通知申请单位。

**第十条** 现场考核实行组长负责制。组长由中国动物疫病预防控制中心或者省、自治区、直辖市兽医主管部门指定。

**第十一条** 现场考核采取以下方式进行：

（一）听取申请单位的工作汇报；

（二）现场检查有关实验室情况；

（三）查阅相关资料、档案等；

（四）对实验室人员进行理论考试和技术考核；

（五）随机抽取所检项目进行现场操作考核，可采用盲样检测或者比对的方式进行，考查检测流程、操作技能和检测结果的可靠性；

（六）按照实验室考核标准逐项考核。

**第十二条** 在现场考核过程中，考核专家组应当详细记录考核中发现的问题和不符合项，并进行评议汇总，全面、公正、客观地撰写考核报告，提出评审意见。评审意见应当由专家考核组全体成员签字确认；有不同意见的，应当予以注明。

评审意见分为"合格"、"整改"和"不合格"三类。

**第十三条** 专家考核组应当在现场考核结束后10日内将评审

意见和考核记录报中国动物疫病预防控制中心或者省、自治区、直辖市兽医主管部门。

**第十四条** 中国动物疫病预防控制中心应当在收到专家考核组评审意见之日起 20 日内提出考核建议，并报农业部审查。农业部应当在收到考核建议 15 日内作出考核结论。

省、自治区、直辖市兽医主管部门应当在收到专家考核组评审意见之日起 15 日内作出考核结论。

**第十五条** 对考核"合格"的兽医实验室，由农业部或者省、自治区、直辖市兽医主管部门颁发由农业部统一印制的兽医实验室考核合格证。

对需要"整改"的兽医实验室，申请单位应当在 3 个月内完成整改工作，并将整改报告报农业部或者省、自治区、直辖市兽医主管部门，经再审查或者现场考核合格的，颁发兽医实验室考核合格证。

对考核"不合格"的兽医实验室，应当在 6 个月后按照本办法的规定重新提出考核申请。

**第十六条** 申请单位对考核结果有异议的，可向农业部或者省、自治区、直辖市兽医主管部门提出复评申请。

农业部或省、自治区、直辖市兽医主管部门原则上实行材料复评，必要时进行实地复核，提出最终考核意见。

**第十七条** 省、自治区、直辖市兽医主管部门应当将考核合格的地（市）级和县（市）级兽医实验室情况报农业部备案。

**第十八条** 兽医实验室考核合格证有效期五年。有效期届满，兽医实验室需要继续承担动物疫病诊断、监测、检测等任务的，应当在有效期届满前 6 个月内申请续展。

**第十九条** 取得兽医实验室考核合格证的兽医实验室，应当于每年 1 月 31 日前将上年实验室工作情况报农业部或者省、自治区、直辖市人民政府兽医主管部门。

**第二十条** 取得兽医实验室考核合格证的兽医实验室，实验室条件和实验能力发生改变，不再符合本办法规定的，由原发证部门责令限期整改。整改期满后仍不符合要求的，撤销其兽医实验室考核合格证。

以欺骗等不正当手段取得兽医实验室考核合格证的，由原发证部门撤销兽医实验室考核合格证。

撤销兽医实验室考核合格证的，应当予以通报。

**第二十一条** 县级以上兽医主管部门应当加强兽医实验室管理，对兽医实验室执行国家法律、法规、标准和规范等情况进行监督检查。

**第二十二条** 对工作出色或有突出贡献的兽医实验室，由农业部或者省、自治区、直辖市兽医主管部门给予表彰。

**第二十三条** 本办法自 2010 年 1 月 1 日起施行。

本办法施行前设立的兽医实验室，应当自本办法施行之日起12 个月内，依照本办法的规定，办理兽医实验室考核合格证。

# 中国民用航空局关于运输
# 动物菌毒种、样本、病料
# 等有关事宜的通知

## （局发明电〔2008〕4487 号）

民航各地区管理局，各运输航空公司，各机场集团，西藏区局：

为做好重大动物疫病的检测诊断和菌（毒）种保藏工作，各地兽医部门需要通过航空运输方式将动物病原微生物菌（毒）种或者样本以及动物病料（以下简称"菌毒种和样本及动物病料"）送至有关实验室检测。为做好菌毒种和样本及动物病料的运输工作，确保航空运输安全，按照《动物防疫法》和《病原微生物实验室生物安全管理条例》的规定，经研究，制定以下运输方案：

一、菌毒种和样本及动物病料必须作为货物进行航空运输，禁止随身携带或作为托运行李或邮件进行运输。菌毒种和样本及动物病料的航空运输需符合《中国民用航空危险品运输管理规定》（CCAR－276 部，以下简称"CCAR－276 部"）和国际民航组织《危险品安全航空运输技术细则》（ICAO Doc9284 AN/905，以下简称《技术细则》）的要求。

二、菌毒种和样本及动物病料的托运人或其代理人必须接受符合 CCAR－276 部和《技术细则》要求的危险品航空运输训练，并持有有效证书。目前，农业部及各省兽医部门已派员完成危险品航空运输训练，具体人员名单及联系电话见附件 3。

三、菌毒种和样本及动物病料的托运手续必须符合国务院《病原微生物实验室生物安全管理条例》、

（国务院第 424 号令）农业部《高致病性动物病原微生物实验室生物安全管理审批办法》（农业部第 52 号令）以及《动物病原微

生物分类名录》（农业部第 53 号令）的规定。跨省、自治区、直辖市或向境外运输动物病原微生物菌（毒）种或者样本时，托运人需持有农业部颁发的《动物病原微生物菌（毒）种或样本及动物病料准运证书》（样本见附件 1）。运输动物病料或在省、自治区、直辖市人民政府行政区域内运输动物病原微生物菌（毒）种或者样本时，托运人需持有出发地省、自治区、直辖市人民政府兽医行政管理部门（名单见附件 4）颁发的《动物病原微生物菌（毒）种或样本及动物病料准运证书》。对于出入境菌毒种和样本及动物病料的运输，需由出入境检验检疫机构进行检疫。

四、菌毒种和样本及动物病料必须由已获得局方颁发的《危险品航空运输许可》的航空公司进行运输。对于运输航空公司尚未获得危险品运输许可的航点，运输航空公司可向地区管理局申请《危险品航空运输临时许可》，通过特殊安排或派有资质的人员赴始发站办理收运等方法，在托运方满足上述第二、第三条的基础上进行航空运输，其间产生的费用由货物托运方承担。

五、菌毒种和样本及动物病料的包装需符合国际民航组织《技术细则》以及农业部《高致病性病原微生物菌（毒）种或者样本运输包装规范》（农业部公告第 503 号）的要求，同时必须符合国家质量监督检验检疫部门的要求或附有进口包装材料符合国际标准的有关证明文件。

六、民航各单位应制定航空运输感染性物质的应急处置程序。菌毒种和样本及动物病料如在运输过程中出现紧急情况，应及时与运输申请单位及机场所在地的省、自治区、直辖市人民政府兽医行政管理部门联系，机场应急部门、航空公司危险品运输管理部门和民航各地区管理局（含各监管办）危险品空运主管部门应积极提供相关协助。

请各有关单位按照此通知要求，严格做好菌毒种和样本及动物病料航空运输的保障工作。

# 农业部办公厅关于饲养场等场所动物防疫条件审查有关问题答复意见的函

(2011 年 7 月 8 日农办医函〔2011〕20 号)

浙江省农业厅：

你厅《关于动物饲养场动物防疫条件审查有关问题的请示》（浙农〔2011〕13 号）收悉。经研究，现就有关问题答复如下：

## 一、关于相关场所选址距离要求问题

2010 年 5 月 1 日起施行的《动物防疫条件审查办法》（农业部令〔2010〕第 7 号）（以下简称《办法》）明确规定了饲养场（养殖小区）、屠宰加工场所、隔离场所、无害化处理场所等相关场所的选址距离要求。按照法不溯及继往的原则，对 2010 年 5 月 1 日前已兴建的相关场所，可根据本地区实际情况，对有自然屏障（如河流、山丘）、人工屏障（如绿化带隔离、物理隔离）隔离的场所，适当放宽选址距离要求。对 2010 年 5 月 1 日后兴建的相关场所，应当严格执行《办法》规定的选址距离要求，对不符合要求的，不得颁发《动物防疫条件合格证》。在动物防疫条件审查过程中，要严格依法办事，加强服务指导，妥善处理已建相关场所选址距离问题，促进养殖业健康稳定发展。

## 二、关于饲养场（养殖小区）规模标准界定问题

《办法》第四十条规定："本办法所称动物饲养场、养殖小区是指《中华人民共和国畜牧法》第三十九条规定的畜禽养殖场、养殖小区"。《中华人民共和国畜牧法》第三十九条规定：由"省级人民政府根据本行政区域畜牧业发展状况制定畜禽养殖场、养殖小区的

规模标准和备案程序"。由于各省级人民政府对养殖场、养殖小区规模标准界定不一，各地需要审查发（换）证的养殖场、养殖小区规模差别较大。要积极向省级人民政府汇报请示，根据本地实际情况，依法合理确定需要纳入动物防疫条件审查发证范围的养殖场、养殖小区规模标准。

二〇一一年七月八日

# 农业部关于水生动物防疫条件
# 合格证审查有关问题的函

(2011 年 7 月 12 日农政函〔2011〕11 号)

江苏省海洋与渔业局：

《关于水生动物防疫条件合格证审查事项的紧急请示》（苏海法〔2011〕6 号）收悉。经研究，现答复如下：

根据《中华人民共和国动物防疫法》和《动物防疫条件审查办法》（中华人民共和国农业部令 2010 年第 7 号）的规定，需取得动物防疫条件合格证的动物饲养场（养殖小区），是指《中华人民共和国畜牧法》第三十九条规定的畜禽养殖场、养殖小区，从事水产养殖不需要取得动物防疫条件合格证。

二〇一一年七月十二日

# 农业部办公厅关于办理
# 《动物防疫条件合格证》
# 有关问题答复意见的函

（2012 年 4 月 28 日农办医函〔2012〕25 号）

安徽省畜牧兽医局：

你局《关于办理动物防疫条件合格证的请示》（皖牧综函〔2012〕26 号）收悉。经研究，现函复如下。

一、根据《动物防疫法》和《动物防疫条件审查办法》规定，在动物饲养场内建动物产品加工厂的，动物饲养场应当取得《动物防疫条件合格证》，动物产品加工厂不需单独申领《动物防疫条件合格证》。

二、应按照《动物防疫条件审查办法》的规定，将动物产品加工厂作为动物饲养场的组成部分进行动物防疫条件审查，并根据审查结果决定是否对动物饲养场发放《动物防疫条件合格证》。

二〇一二年四月二十八月

# 农业部办公厅关于动物检疫合格证明有效期限和文字有关事宜意见的函

(2011 年 2 月 12 日农办医函〔2011〕8 号)

新疆维吾尔自治区畜牧厅:

你厅《关于申请变更动物检疫合格证明有效期限和文字的请示》(牧医字〔2010〕47 号)收悉。经研究,我部意见如下。

一、关于动物检疫合格证明有效期限问题

《动物检疫合格证明》(动物 B)和《动物检疫合格证明》(产品 B)在省(自治区、直辖市)范围内使用。考虑到你区地域面积较大,存在部分动物和动物产品在自治区内运输时间较长的情况,你区动物检疫合格证明有效期限原则上为 1 日,特殊情况下可延长到 3 日。

二、关于动物检疫合格证明文字问题经咨询国家民族事务委员会,你区可在《动物检疫合格证明》(动物 B)和《动物检疫合格证明》(产品 B)上同时印刷汉字和维文两种文字,但证明的填写必须使用汉字一种文字。

特此函复。

二〇一一年二月十二日

# 农业部办公厅关于水产苗种产地检疫委托有关事宜答复意见的函

（2011 年 7 月 11 日农办医函〔2011〕21 号）

甘肃省动物卫生监督所：

你所《关于水产苗种产地检疫委托有关事宜的请示》（甘动卫监〔2011〕57 号）收悉。经研究，现答复如下。

一、关于动物卫生监督机构委托渔业主管部门实施产地检疫问题。动物卫生监督机构应当按照《行政许可法》第二十四条和《动物检疫管理办法》第五十二条相关要求，委托同级渔业主管部门实施水产苗种产地检疫及其监督工作。

二、关于水生动物产地检疫范围问题。《动物检疫管理办法》第五章规定，对水产苗种实施产地检疫，第十章第五十二条规定，水产苗种以外的其他水生动物及其产品不实施检疫。

三、关于水生动物的检疫合格证明订购发放问题。根据《农业部关于贯彻实施〈动物检疫管理办法〉的通知》（农医发〔2010〕11 号）规定，水产苗种检疫所需的动物检疫合格证明由省级动物卫生监督机构商省级渔业主管部门按有关规定统一管理。

二○一一年七月十一日

# 农业部办公厅关于动物
# 检疫有关事项的函

(2012 年 11 月 14 日农办医函〔2012〕43 号)

浙江省畜牧兽医局：

你局《关于请求对〈畜禽屠宰卫生检疫规范〉等有关技术规范适用进行说明的函》（浙牧发函〔2012〕56 号）收悉。经研究，现函复如下：

一、关于动物卫生监督机构的职责与动物检疫对象按照《动物防疫法》的规定，动物卫生监督机构依法负责动物、动物产品的检疫工作和其他有关动物防疫的监督管理执法工作；动物检疫的对象为动物疫病，即动物传染病和寄生虫病。在生猪屠宰检疫环节，动物卫生监督机构的法定职责为：依法对生猪实施屠宰检疫，并对检疫合格的肉品出具检疫合格证明，加施检疫标志；对检疫不合格的生猪及其产品，监督货主进行无害化处理。

二、关于畜禽屠宰卫生检疫规范与生猪屠宰检疫操作规程2001 年，我部制定发布了《畜禽屠宰卫生检疫规范》（NY 467—2001）。该标准的适用范围为所有从事畜禽屠宰加工的单位和个人。动物卫生监督机构开展生猪屠宰检疫工作时，在《动物防疫法》调整范围内执行该标准。该标准中 8.6b 所涉及的"创伤、化脓、炎症……"等内容，如经动物卫生监督机构实施屠宰检疫时确认为由动物传染病、寄生虫病引起的，应当在动物卫生监督机构监督下进行无害化处理；如由非传染病和寄生虫病引起的，应由屠宰场（厂、点）按《生猪屠宰管理条例》等规定进行无害化处理。2010年 5 月 31 日，我部依照《动物防疫法》和《动物检疫管理办法》有关规定，发布了《生猪屠宰检疫规程》（农医发〔2010〕27 号）。

自该规程发布之日起，动物卫生监督机构开展生猪屠宰检疫时不再执行《畜禽屠宰卫生检疫规范》。

农业部办公厅

2012 年 11 月 14 日

# 农业部办公厅关于贯彻落实
# 《动物检疫管理办法》
# 有关问题答复意见的函

（2012 年 4 月 17 日农办医函〔2012〕13 号）

山东省畜牧兽医局：

你局《关于贯彻落实〈动物检疫管理办法〉有关问题的紧急请示》（鲁牧防字〔2012〕1 号）收悉。根据国家现行有关法律规定和兽医管理体制分工，现将有关问题答复如下：

一、根据《动物防疫法》有关规定，进出境动物、动物产品的检疫，适用《进出境动植物检疫法》。按照《国务院办公厅关于印发国家质量监督检验检疫总局主要职责内设机构和人员编制规定的通知》（国办发〔2008〕69 号）规定，出入境检验检疫机构负责进出境卫生检疫、出入境动植物及其产品检验检疫，具体包括出入境动植物及其产品的检验检疫、注册登记、监督管理等。鉴此，《动物防疫法》及《动物检疫管理办法》（农业部令 2010 年第 6 号）等配套规章规定不适用于进出境动物、动物产品的检疫。

二、对于获得欧盟注册的畜禽屠宰加工企业内销部分的动物产品，畜牧兽医主管部门和动物卫生监督机构应按照《动物防疫法》、《动物检疫管理办法》等法律法规规定，严格实施宰前宰后检疫及相关监管工作。动物卫生监督机构应当派驻官方兽医依法实施检疫，对符合要求的内销动物产品出具《动物检疫合格证明》，并对检疫结果负责。

三、在实际操作过程中，动物卫生监督机构在依法对内销动物品严格检疫把关的同时，要及时向出入境检验检疫机构通报有情况，做好相关配合工作。

特此函复。

二〇一二年四月十七日

# 农业部办公厅关于动物检疫
# 有关事项的函

(2013年8月1日农办医函〔2013〕38号)

福建省晋江市农业局:

你局《福建省晋江市农业局关于请求协调解决动物检疫案件的请示》(晋农〔2013〕218号)收悉。经研究,现函复如下:

一、违反国家规定,未取得《动物防疫条件合格证》私自设立生猪屠宰厂(场)进行私屠滥宰活动的,动物卫生监督机构不得派员为其检疫,不得出具动物检疫证明。

二、按照《动物防疫法》规定,符合动物防疫条件并取得《动物防疫条件合格证》的畜禽屠宰厂(场),货主按规定申报检疫的,动物卫生监督机构应派员对动物、动物产品实施现场检疫,检疫合格的,出具检疫证明、加施检疫标志。

农业部办公厅
2013年8月1日

# 农业部办公厅关于
# 《生猪屠宰检疫规程》
# 有关条款说明的函

(2012 年 5 月 15 日农办医函〔2012〕21 号)

浙江省畜牧兽医局：

　　你局《关于恳请对〈生猪屠宰检疫规程〉7.6.3 操作条款进行解释的紧急请示》（浙牧医发〔2012〕31 号）收悉。经研究，现函复如下：

　　根据《动物检疫管理办法》和《生猪屠宰检疫规程》（以下简称《规程》）规定，《规程》7.6.3 条款中的"废弃物"，是指动物卫生监督机构依照《规程》实施同步检疫时检疫出的病变的头、蹄、内脏、胴体、淋巴结等。

# 农业部办公厅关于水产苗种产地检疫委托有关事宜答复意见的函

(2011 年 7 月 19 日农办医函〔2011〕21 号)

甘肃省动物卫生监督所：

你所《关于水产苗种产地检疫委托有关事宜的请示》收悉，经研究，现答复如下。

一、关于动物卫生监督机构委托渔业主管部门实施产地检疫问题。动物卫生监督机构可以按照《行政许可法》第二十四条和《动物检疫管理办法》第五十二条相关要求，将水产苗种产地检疫及其监督工作委托同级渔业主管部门实施。

二、关于《鱼类产地检疫规程》等 3 个规程执行问题。根据《动物检疫管理办法》第五章及第十章第五十二条规定，对水产苗种实施产地检疫，水产苗种以外的其他水生动物及其产品不实施检疫。

三、关于水生动物的检疫合格证明订购发放问题。根据《农业部关于贯彻实施〈动物检疫管理办法〉的通知》（农医发〔2010〕11 号）文件规定，水产苗种检疫所需的动物检疫合格证明由省级动物卫生监督机构按有关规定统一管理。

# 农业部办公厅关于动物无害化
# 处理场选址有关问题的意见

(2014 年 6 月 26 日农办医函〔2014〕37 号)

浙江省畜牧兽医局：

你局《浙江省畜牧兽医局关于动物无害化处理场所选选址动物防疫条件审查有关问题的请示》（浙牧〔2014〕1 号）收悉。经研究，现答复如下。

## 一、关于相关场所的概念界定问题

（一）关于"生活饮用水源地"。生活饮用水源地是指《中华人民共和国水污染防治法》及其配套制度规定的饮用水水源一级保护区、二级保护区以及准保护区，其范围确定按照《中华人民共和国水污染防治法》规定执行。

（二）关于"城镇居民区"。《动物防疫条件审查办法》中的"城镇居民区"应与《城市规划基本术语标准》（GB/T 50280—1998）中居民点和城市（城镇）的定义一致。

（三）关于"公路、铁路等主要交通干线"。《动物防疫条件审查办法》中的公路主要交通干线是指《中华人民共和国公路管理条例》中规定的国家干线公路和省、自治区、直辖市干线公路；铁路主要交通干线是指《铁路工程术语标准》（GB/T 50262—1997）中的路网铁路。

## 二、关于基于风险评估确定选址问题

对无害化处理场进行动物防疫条件审查时，可根据不同的无害化处理工艺，以及所选场址与周边场所的地理和人工屏障等情况，对《动物防疫条件审查办法》规定的无害化处理场与周边相关场所等的距离要求作适当的技术性调整，调整应由省级兽医主管部门组织开展风险评估，且评估合格。

# 农业部办公厅关于动物检疫
# 验讫印章有关事宜的函

(2012 年 11 月 26 日农办医函〔2012〕44 号)

辽宁省畜牧兽医局：

你局《省畜牧局关于沈阳福润肉类加工有限公司拟使用针刺式检疫验讫章事宜的请示》（辽牧〔2012〕113 号）收悉。经研究，我部意见如下：

按照《农业部关于印发动物检疫合格证明样式及填写应用规范》（农医发〔2010〕44 号）规定，动物检疫标志分为检疫滚筒印章和检疫粘贴标志类两种。用在带皮肉上的标志，沿用农业部 1997 年规定的原有的滚筒验讫章规格样式。关于动物检疫标志的使用，请严格按照我部文件要求执行。

特此函复。

# 农业部办公厅关于动物检疫验讫印章有关事项的函

（2013 年 4 月 7 日农办医函〔2013〕12 号）

北京市农业局：

你局《关于申请批准使用激光灼刻检疫验讫印章的函》（京农函〔2012〕256 号）收悉。经研究，函复如下：

同意你市在屠宰检疫环节采用激光灼刻式印章作为检疫验讫印章。激光灼刻式检疫验讫印章印迹应与现行国家规定的检疫验讫印章印迹的尺寸、规格、内容一致，不能对动物产品产生污染。使用激光灼刻式检疫验讫印章的动物产品可在全国范围流通。

特此函复。

# 关于对《动物防疫法》部分条款
# 运用问题请示的复函

（农医检便函〔2008〕154 号 2008 年 5 月 13 日）

河南省畜牧局：

你局《关于〈中华人民共和国动物防疫法〉部分法律条款运用有关问题的请示》（豫牧医〔2008〕16 号）收悉。经研究，现就有关问题答复如下：

一、根据《中华人民共和国动物防疫法》第四十二条、四十三条、四十六条规定，依法应当检疫而未经检疫动物产品的法律情形包括：

（一）未向动物卫生监督机构申报检疫的，因此未经检疫的动物产品；

（二）未取得检疫证明的动物产品；

（三）检疫证明中标注的动物产品数量、品种与实际情况不符且无法区分的。

二、根据《中华人民共和国动物防疫法》第五十九条有关规定，动物产品实施补检的条件为：

（一）能够提供证明动物产品来自非疫区的材料；

（二）能够提供动物饲养过程中的相关档案和其他动物疫病可追溯条件的相关资料；

（三）能够提供屠宰检疫记录的；

（四）能够满足检验采样条件的。

以上意见，供参考。

二〇〇八年五月十三日

# 农业部办公厅关于《中华人民共和国动物防疫法》违法所得问题的函

（农办政函〔2010〕9 号　2010 年 1 月 25 日）

深圳市农业和渔业局：

　　你局《关于明确非法动物诊疗违法所得范围的请示》（深农〔2010〕8 号）收悉。经研究，我部认为，《中华人民共和国动物防疫法》（以下简称《动物防疫法》）第八十一、八十二条所规定的"违法所得"，是指违反《动物防疫法》规定从事动物诊疗活动所取得的全部收入。

　　　　　　　　　　　　　　　　　　二〇一〇年一月二十五日

# 农业部办公厅关于如何认定
# 违法所得问题的函

（农办政函〔2014〕34 号　2014 年 4 月 15 日）

广东省畜牧兽医局：

你局《关于对〈兽药管理条例〉"违法所得"予以释义的紧急请示》（粤牧〔2014〕27 号）收悉。经研究，我部认为，《兽药管理条例》第五十六条、第六十一条、第六十六条、第六十七条所规定的"违法所得"，是指违反《兽药管理条例》的规定，从事兽药生产、经营活动所取得的销售收入。

农业部办公厅

2014 年 4 月 15 日

# 四、地方性法规和规章

# 北京市动物防疫条例

（2014 年 5 月 23 日北京市第十四届人民代表大会常务委员会第十一次会议通过）

## 目　　录

## 第一章　总　　则

**第一条**　为了加强对动物防疫活动的管理，预防、控制和扑灭动物疫病，促进养殖业发展，保护人体健康，维护公共卫生安全，根据《中华人民共和国动物防疫法》等有关法律、法规的规定，结合本市实际，制定本条例。

**第二条**　本条例适用于本市行政区域内的动物防疫及其监督管理活动。

进出境动物、动物产品的检疫以及实验动物的预防免疫，适用其他有关法律、法规的规定。

**第三条**　本市动物防疫工作坚持预防为主、综合防治、全程监管、重点控制的原则，建立政府监管与服务、企业主责、行业自律和社会参与的共同治理工作机制。

**第四条** 市和区、县人民政府应当加强对动物防疫工作的统一领导，将动物防疫工作纳入国民经济和社会发展规划和计划，建立健全动物防疫体系，按照职责将动物疫病的预防、监测、控制、检疫、监督管理以及动物疫情应急处理所需经费纳入本级财政预算。

乡镇人民政府、街道办事处应当建立动物防疫责任制度，明确专门人员，协助做好本辖区内的动物防疫知识宣传、动物饲养情况调查、动物疫病监测、重大动物疫情控制和扑灭等工作。

村民委员会、居民委员会应当配合做好本辖区内的动物防疫工作，督促和引导村民、居民依法履行动物防疫义务。

**第五条** 市和区、县兽医行政主管部门主管本行政区域内的动物防疫工作。

区、县兽医行政主管部门根据动物防疫工作需要，在乡镇或者特定区域派驻基层兽医机构，在村、社区可以设置村级动物防疫员、社区动物防疫协管员。村级动物防疫员、社区动物防疫协管员应当协助做好动物防疫知识宣传、强制免疫接种、动物饲养情况调查、疫情观察报告和调查处置、违法行为报告和制止等动物防疫工作。

卫生、园林绿化、水务、环境保护、市政市容、食品药品监督、工商行政管理、公安等行政部门和出入境检验检疫机构，按照各自职责做好动物防疫相关工作。与动物防疫相关、一时难以定性且涉及多部门的事项，由兽医行政主管部门先行处理并负责协调。

**第六条** 市和区、县人民政府设立的动物卫生监督机构负责动物、动物产品的检疫工作和其他有关动物防疫的监督管理执法工作。

**第七条** 市和区、县人民政府设立的动物疫病预防控制机构，承担动物疫病的监测、检测、诊断、流行病学调查、疫情报告、动物防疫知识宣传以及其他预防、控制等技术工作。未设立动物疫病预防控制机构的区、县，区、县兽医行政主管部门可以委托其他专业机构承担动物疫病预防、控制等技术工作。

**第八条** 从事动物饲养、屠宰、经营、隔离、运输、诊疗以及动物产品生产、经营、加工、贮藏等活动的单位和个人，应当遵守动物防疫法律、法规、规章和标准的规定，做好动物疫病的预防、报告、控制等工作，降低动物疫病发生风险，防止疫情扩散。

第九条　市和区、县人民政府有关部门应当加强对动物防疫相关行业协会的支持、指导和服务，并可以委托符合条件的行业协会承担部分动物防疫相关事项。

动物防疫相关行业协会应当承担行业自律责任，根据章程指导、规范和监督会员依法从事动物、动物产品生产经营等活动，推进行业诚信建设；为会员提供信息、技术、营销、培训等服务，参与制定、修订生产和服务标准，向兽医行政主管部门提出改进工作的意见和建议，维护会员合法权益；开展动物防疫知识宣传。

第十条　市和区、县人民政府应当采取措施支持保险机构开发动物疫病保险产品，逐步扩大承保的动物疫病种类和范围，鼓励动物养殖者参加动物疫病保险。

第十一条　市和区、县人民政府对在动物防疫工作、动物防疫科学研究中作出突出成绩和贡献的单位和个人按照规定给予表彰和奖励。

# 第二章　动物疫病的预防和控制

第十二条　市和区、县人民政府应当组织兽医、卫生、园林绿化、水务等行政部门和出入境检验检疫机构建立健全统一的动物疫情监测网络，加强动物疫情监测，及时互相通报信息。

市和区、县兽医行政主管部门应当会同卫生、园林绿化等行政部门和出入境检验检疫机构建立健全协调机制，加强人畜共患传染病防治、野生动物疫源疫病监测、外来动物疫病防范等方面的合作。

第十三条　市兽医行政主管部门应当制定动物疫病监测计划，组织动物疫病预防控制机构开展动物疫病监测和流行病学调查。

因开展动物疫病监测和流行病学调查需要采集样品的，应当按照规定标准给予动物养殖者动物应激损失补偿。

第十四条　本市建立动物疫病状况风险评估制度。

市和区、县兽医行政主管部门应当组织有关部门和专家，根据国内外动物疫病发生规律、流行趋势和动物疫病监测结果，开展动物疫病状况风险评估。评估结果应当及时向有关部门通报。

**第十五条** 动物疫病状况风险评估结果表明具有较高程度动物疫病发生风险的，市兽医行政主管部门应当及时发出动物疫病风险警示，制定相应的预防、控制措施，并及时向社会公布。

动物疫病状况风险评估结果表明情况紧急、可能引发重大动物疫情的，市兽医行政主管部门应当根据需要实施隔离、紧急免疫接种等临时控制措施。必要时，经市人民政府批准，可以实施责令暂停销售和购进相关动物及动物产品、限制相关动物及动物产品移动等临时控制措施。重大动物疫情风险消除后，应当及时解除临时控制措施。

**第十六条** 市和区、县人民政府应当制定本行政区域的重大动物疫情应急预案，按照规定分别报国务院兽医行政主管部门和市兽医行政主管部门备案。

市和区、县兽医行政主管部门应当按照不同动物疫病病种及其流行特点和危害程度，分别制定重大动物疫情应急预案的实施方案。

市和区、县人民政府应当根据重大动物疫情防控需要，适时启动重大动物疫情应急预案。

**第十七条** 市和区、县人民政府应当制定并组织实施动物疫病防治规划，分级分类、有计划地控制和净化严重危害养殖业生产和人体健康的重点动物疫病和人畜共患传染病。

市兽医行政主管部门根据动物疫病防治规划制定本市动物疫病净化计划，建立动物免疫退出和动物疫病传播阻断制度，支持企业通过开展生物安全隔离区、无特定动物病原场群建设，实施对动物疫病的区域化管理，控制和净化重点动物疫病和人畜共患传染病。

动物饲养者应当遵守本市动物免疫退出和动物疫病传播阻断制度的有关规定。

**第十八条** 市和区、县兽医行政主管部门应当加强对动物养殖场、养殖小区以外的养殖场所动物防疫的指导服务和监督管理。动物养殖场、养殖小区以外的养殖场所应当在基层兽医机构指导下做好动物防疫相关工作。

**第十九条** 市兽医行政主管部门制定本市动物疫病强制免疫计

划，区、县兽医行政主管部门根据本市动物疫病强制免疫计划，制定并组织实施本行政区域的动物疫病强制免疫实施方案。

乡镇人民政府、街道办事处应当组织本辖区内的动物饲养者做好动物疫病强制免疫工作。

**第二十条** 动物饲养者应当依法履行动物疫病强制免疫义务。

动物养殖场、养殖小区应当配备动物防疫技术人员，实施免疫接种，做好免疫记录，建立免疫档案；不具备自行实施免疫接种条件的单位和个人，应当向区、县兽医行政主管部门设立的基层兽医机构申请强制免疫接种服务。

**第二十一条** 市和区、县兽医行政主管部门应当加强对强制免疫和动物疫病净化相关疫苗采购、储存、分发和使用的监督管理，开展免疫效果监测和免疫质量评估。

**第二十二条** 本市对犬只实施狂犬病强制免疫。

犬只养殖场配备的动物防疫技术人员应当为饲养的犬只实施免疫接种。其他犬只饲养者应当到区、县兽医行政主管部门认定的狂犬病免疫点对犬只进行免疫接种，并支付免疫费用，本市地方性法规另有规定的除外。

犬只接受狂犬病强制免疫接种的，取得狂犬病免疫证明、标识。狂犬病免疫标识由市兽医行政主管部门监制。

犬只饲养者携带犬只在户外活动，应当为犬只佩戴狂犬病免疫标识；犬只饲养者不得携带未佩戴狂犬病免疫标识的犬只在户外活动。

**第二十三条** 禁止在有形市场现场销售活畜禽。

禁止携带活畜禽乘坐公共电汽车、轨道交通车辆、道路客运车辆等公共交通工具，法律、法规另有规定的除外。

携带训练合格的导盲犬等工作犬乘坐公共交通工具不受本条第二款规定的限制。

**第二十四条** 下列动物、动物产品应当按照规定进行无害化处理，任何单位和个人不得随意处置：

（一）动物饲养活动中死亡的动物；

（二）动物诊疗、教学科研活动中死亡的动物和产生的病理组织；

（三）染疫的动物和动物产品；

（四）经检验对人体健康有危害的动物和动物产品；

（五）其他可能造成动物疫病传播的动物和动物产品。

**第二十五条** 动物、动物产品无害化处理公共设施是公益性城市基础设施。

市兽医行政主管部门会同发展改革、财政、规划、环境保护等行政部门编制动物、动物产品无害化处理公共设施建设实施方案，报市人民政府同意后组织实施。区、县人民政府应当按照实施方案的要求建设动物、动物产品无害化处理公共设施。

本市鼓励和支持单位和个人投资建设动物、动物产品无害化处理设施，向社会提供无害化处理服务。

**第二十六条** 对本条例第二十四条所列举的动物、动物产品的收集、运输、处理以及无害化处理公共设施的运行维护、财政支持等办法，由市兽医行政主管部门会同财政、市政市容、环境保护、水务、园林绿化等行政部门制定，并向社会公布。

**第二十七条** 动物屠宰加工场所、动物养殖场、养殖小区、动物隔离场所应当具备符合规定的无害化处理设施设备，并保证无害化处理设施设备正常运转。已经委托他人进行无害化处理的，可以不自行建设无害化处理设施设备。

本条第一款规定以外的动物饲养者不能实施无害化处理的，应当将需要进行无害化处理的动物、动物产品及时送交无害化处理设施运营单位实施无害化处理，或者及时告知兽医行政主管部门指定的收集单位，由收集单位送交无害化处理设施运营单位实施无害化处理。

区、县兽医行政主管部门应当会同有关部门根据需要在交通不便的农村地区设置小型无害化处理设施设备。

**第二十八条** 动物、动物产品无害化处理设施的选址，应当避让饮用水水源保护地、风景名胜区、居住区等区域。

**第二十九条** 市和区、县兽医行政主管部门应当会同科技、环保部门制定政策措施，支持和鼓励无害化处理先进技术、设施设备的研究开发和成果示范推广。

市兽医行政主管部门应当组织制定动物、动物产品无害化处理技术通则，为动物、动物产品的无害化处理提供技术指导。

**第三十条**　动物饲养者应当遵守下列规定：

（一）为动物提供适宜的环境；

（二）保证动物达到国家规定的健康标准；

（三）对患病动物进行必要的治疗；

（四）不遗弃、虐待饲养的动物。

市公安机关依法设立犬类留检所，负责收容处理犬只饲养者放弃饲养的犬只、被没收的犬只和无主犬只。动物卫生监督机构根据需要自行设立或者委托有条件的社会组织设立犬只以外的动物收容场所或者暂存场所，实施犬只以外动物的收容。

**第三十一条**　因依法实施强制免疫造成动物应激死亡，以及在动物疫病预防和控制、扑灭过程中强制扑杀的动物、销毁的动物产品和相关物品，市和区、县人民政府应当依据国家规定给予补偿。

# 第三章　动物和动物产品的检疫

**第三十二条**　动物卫生监督机构可以根据工作需要，在特定区域或者场所设立官方兽医室，派驻官方兽医。

动物卫生监督机构可以根据工作需要，指定兽医专业人员，或者聘用兽医专业人员作为签约兽医，协助官方兽医实施动物检疫技术工作。

官方兽医出具检疫证明，并对检疫结论负责。

**第三十三条**　本市对猪、牛、羊、鸡、鸭实行定点屠宰，集中检疫，农村地区自宰自食的除外。

猪、牛、羊、鸡、鸭定点屠宰加工场所应当符合行业发展规划和动物防疫条件；牛、羊、鸡、鸭的定点屠宰场所应当取得市兽医行政主管部门核发的定点屠宰证，生猪定点屠宰证的核发按照生猪屠宰管理条例执行。

本条第一款规定以外的动物的屠宰加工场所，应当符合动物防疫条件，并在屠宰前向区、县动物卫生监督机构申报检疫。

屠宰加工场所的经营管理者应当如实记录动物来源、动物产品流向、检疫证明编号等可追溯信息，记录应当至少保存2年。

**第三十四条** 动物屠宰加工场所应当按照规定进行致病性微生物、兽药残留、违禁药物和非法添加物检测，并如实记录检测结果。检测结果记录应当至少保存 2 年。

**第三十五条** 从事动物收购、销售、运输的单位和个人，应当向所在区、县动物卫生监督机构备案。

从事动物产品经营的单位和个人，应当记录动物产品的产地、生产者、检疫证明编号、购入日期和数量等事项。记录应当至少保存 2 年。

**第三十六条** 集中交易市场或者庙会、游园会、展销会等场所内有动物、动物产品经营的，或者提供出租柜台供经营者从事动物、动物产品经营的，市场开办者、活动主办者或者柜台出租者应当遵守下列规定：

（一）配备专职人员，指导并督促入场经营者落实动物防疫责任；

（二）建立场内动物、动物产品经营者档案，记录经营者的基本情况、主要进货渠道、经营品种、品牌和供货商等信息；

（三）对入场销售的动物、动物产品实施查证、验章、验物；

（四）根据需要配备动物产品检验、冷藏冷冻等设施设备。

动物、动物产品经营者应当公示动物、动物产品的检疫信息、产地信息。

**第三十七条** 冷库经营者在动物产品入库时应当查验、留存检疫证明，记录动物产品的产地、生产者、检疫证明编号、入库日期和数量等信息。

动物产品出库时，动物产品经营者应当向动物卫生监督机构申请换发检疫证明；动物产品出库后，冷库经营者应当保存原检疫证明和相关记录至少 2 年。

**第三十八条** 动物产品销售者应当为消费者提供动物产品可追溯信息凭据。

餐饮经营者和单位食堂购买动物产品，应当保存检疫证明或者可追溯信息凭据，并至少保存 2 年。

**第三十九条** 动物展览、演出和比赛等活动的主办者，应当在活动举办 60 日前向活动举办地的区、县动物卫生监督机构报告。

区、县动物卫生监督机构给予防疫指导，实施监督检查。

# 第四章　动物诊疗

**第四十条**　动物诊疗机构应当遵守下列规定：

（一）公示动物诊疗许可证和执业兽医资格证书、监督电话；

（二）建立符合规定的病历、处方、药品、手术、住院等诊疗管理制度；

（三）保存动物诊疗病历、处方、检验报告、手术及麻醉记录等资料至少3年；

（四）执行有关防止动物疫病医源性感染或者扩散的技术规范和操作规程；

（五）按照规定对动物诊疗活动中产生的医疗废物进行处理；

（六）聘用注册或者备案的执业兽医从事动物诊疗活动。

动物诊疗机构兼营动物用品、动物美容等项目的区域与诊疗区域应当经过物理分隔、独立设置。

**第四十一条**　动物诊疗机构应当确定专门部门或者人员承担诊疗活动中与动物疫病医源性感染有关的危险因素的监测、安全防护、消毒、隔离、动物疫情报告和医疗废物处置等工作。

**第四十二条**　动物诊疗机构不得在动物诊疗场所从事动物交易、寄养活动。

**第四十三条**　从事动物寄养活动应当符合下列条件：

（一）有兽医专业技术人员；

（二）有相应的消毒、废物处理或者暂存设施设备；

（三）有与其服务规模相适应的隔离饲养器具和动物活动空间；

（四）有完善的动物防疫管理制度。

**第四十四条**　执业兽医从事动物诊疗活动，应当佩戴载有本人姓名、照片、执业地点、执业等级等内容的标牌。

**第四十五条**　市兽医行政主管部门应当制定执业兽医考核和培训计划，对执业兽医的业务水平、工作成绩和职业道德状况进行定期考核，为执业兽医接受继续教育提供条件。

市兽医行政主管部门可以委托相关机构或者组织承担执业兽医

考核、培训和继续教育等工作。

聘用执业兽医的单位和个人应当保证所聘用的执业兽医接受培训和继续教育的时间。

# 第五章　监督管理

**第四十六条**　市和区、县人民政府应当采取有效措施，建立健全动物防疫队伍，加强动物防疫基础设施建设，提高动物防疫和监督管理水平。

**第四十七条**　动物卫生监督机构的官方兽医开展动物防疫监督执法，应当统一着装、佩戴统一标志，出示行政执法证件。

**第四十八条**　市兽医行政主管部门应当与其他省、自治区、直辖市的兽医行政主管部门建立协作机制，开展信息共享、全程追溯、技术协作等合作，并根据需要对进京动物、动物产品的外埠供应基地提供动物防疫方面的技术支持和服务。

**第四十九条**　市和区、县人民政府鼓励和支持本市食品和食用农产品批发市场、超市等企业在外埠建立稳定的动物、动物产品供应基地，保障输入本市的动物、动物产品安全。

**第五十条**　经公路运输动物、动物产品进入本市的，承运人应当在市人民政府确定并公布的检疫通道向动物卫生监督机构报验；经铁路、航空运输动物、动物产品进入本市的，承运人应当提前向动物卫生监督机构报告。

动物卫生监督机构按照规定实施查证、验物和车辆消毒，在动物检疫合格证明上加盖监督检查专用章。任何单位、个人不得接收未取得动物卫生监督机构监督检查专用章的动物、动物产品。

市兽医行政主管部门在本市检疫通道以外的乡级以上公路的市界道口设立动物、动物产品运输禁行标志的，按照本市公路管理有关规定执行。

**第五十一条**　有下列情形之一的，动物卫生监督机构应当监督货主对动物、动物产品进行无害化处理：

（一）发现检疫不合格的动物、动物产品；

（二）发现运输过程中病死或者死因不明的动物。

情况紧急，需要对前款规定的动物、动物产品立即处理的，由动物卫生监督机构组织进行无害化处理，所需费用由货主承担。

第五十二条 本市建立动物防疫信息平台，统一归集、公布从事动物饲养、屠宰、经营、隔离、运输、诊疗，以及动物产品生产、经营、加工、运输、贮藏等活动的单位和个人的信用信息；涉及食品安全的，纳入本市统一的食品安全追溯信息系统。

第五十三条 禁止转让、伪造或者变造检疫证、章、标志或者畜禽标识。

禁止持有、使用伪造或者变造的检疫证、章、标志或者畜禽标识；使用伪造或者变造的检疫证、章、标志或者畜禽标识的，视同未经检疫。

第五十四条 本市鼓励组织或者个人举报动物防疫违法行为；市和区、县人民政府对为查处动物防疫重大违法案件提供关键线索或者证据的举报人给予奖励。

动物卫生监督机构应当将举报方式向社会公布，对接到的举报应当及时处理。

# 第六章 法律责任

第五十五条 市和区、县人民政府及其有关部门、动物卫生监督机构、动物疫病预防控制机构和工作人员违反本条例规定，违法履行、不履行或者不当履行行政职责的，按照国家和本市有关规定对直接负责的主管人员和其他直接负责人员给予行政问责和行政处分；构成犯罪的，依法追究刑事责任。

第五十六条 违反本条例第十五条第二款规定，不执行隔离、紧急免疫接种、暂停销售和购进相关动物及动物产品、限制相关动物及动物产品移动等临时控制措施的，由动物卫生监督机构责令限期改正，给予警告；逾期不改的，由动物卫生监督机构代作处理，所需处理费用由违法行为人承担，并处 1 000 元以上 1 万元以下罚款。

第五十七条 违反本条例第十七条第三款规定，不遵守动物免疫退出和动物疫病传播阻断制度的，由动物卫生监督机构给予警告，对单位处 5 000 元以上 5 万元以下罚款，对个人处 1 000 元以上 1 万元以下罚款。

**第五十八条**　违反本条例第二十二条第二款规定，未对犬只进行免疫接种的，由动物卫生监督机构责令限期改正，给予警告；逾期不改的，由动物卫生监督机构代作处理，所需费用由违法行为人承担，并处 1 000 元以下罚款；犬只给他人造成人身伤害、财产损失的，饲养者依法承担相应的民事责任。

**第五十九条**　违反本条例第二十三条第一款规定，在有形市场现场销售活畜禽的，由食品药品监督管理部门责令改正，没收经营的活畜禽和器具，对销售者可以处 1 000 元以上 1 万元以下罚款，对市场开办者处 5 000 元以上 5 万元以下罚款。

**第六十条**　违反本条例第二十四条规定，未对动物、动物产品进行无害化处理的，由动物卫生监督机构责令限期改正，给予警告；逾期不改的，由动物卫生监督机构代作处理，所需处理费用由违法行为人承担，并处 3 000 元以下罚款。

**第六十一条**　违反本条例第二十七条第一款规定，未按规定建设无害化处理设施设备或者自行建设的设施设备不符合规定，也未委托他人进行无害化处理的，由动物卫生监督机构或者环境保护主管部门责令停止生产、使用，可以处 1 万元以上 10 万元以下罚款。

**第六十二条**　违反本条例第三十三条第二款规定，未取得定点屠宰证擅自屠宰猪、牛、羊、鸡、鸭的，由动物卫生监督机构予以取缔，没收动物、动物产品、屠宰工具和设备以及违法所得，并处货值金额 3 倍以上 5 倍以下罚款；货值金额难以确定的，对单位处 10 万元以上 20 万元以下罚款，对个人处 5 000 元以上 1 万元以下罚款。

违反本条例第三十三条第三款规定，未在屠宰前申报检疫的，由动物卫生监督机构给予警告，处 3 000 元以上 3 万元以下罚款。

**第六十三条**　有下列情形之一的，由动物卫生监督机构责令限期改正，给予警告；逾期不改的，可以处 1 000 元以上 1 万元以下罚款；造成严重后果的，责令停产停业：

（一）动物屠宰加工场所未按照本条例第三十四条规定进行致病性微生物、兽药残留、违禁药物和非法添加物检测的；

（二）不具备本条例第四十三条规定的条件，从事动物寄养活动的。

**第六十四条** 违反本条例第三十五条第一款规定，从事动物收购、销售、运输的单位和个人未备案的，由动物卫生监督机构责令限期改正，给予警告，可以处 1 000 元以上 1 万元以下罚款。

**第六十五条** 有下列情形之一的，由动物卫生监督机构责令限期改正，给予警告；逾期不改的，处 3 000 元以上 3 万元以下罚款；涉及食品安全监督管理的，由食品药品监督管理部门依法处理：

（一）违反本条例第三十三条第四款规定，屠宰加工场所的经营管理者未记录、保存相关可追溯信息的；

（二）违反本条例第三十五条第二款规定，从事动物产品经营的单位和个人未记录、保存相关事项的；

（三）违反本条例第三十七条规定，冷库经营者未查验、留存、保存相关证明和记录的；

（四）违反本条例第三十八条第一款规定，动物产品销售者未提供动物产品可追溯信息凭据的；

（五）违反本条例第三十八条第二款规定，餐饮经营者和单位食堂未保存动物检疫证明或者可追溯信息凭据的。

**第六十六条** 市场开办者、活动主办者或者柜台出租者违反本条例第三十六条规定的，由动物卫生监督机构责令限期改正，给予警告；逾期不改的，处 5 000 元以上 5 万元以下罚款；涉及食品安全监督管理的，由食品药品监督管理部门依法处理。

**第六十七条** 违反本条例第三十九条规定，举办动物展览、演出和比赛等活动的主办者，未按规定报告并接受防疫指导和监督检查的，由动物卫生监督机构责令限期改正，给予警告；逾期不改的，责令停止举办活动；活动已经结束的，处 1 000 元以上 1 万元以下罚款。

**第六十八条** 违反本条例第四十条规定的，由动物卫生监督机构责令限期改正，给予警告；逾期不改的，责令停业，处 5 000 元以上 5 万元以下罚款；情节严重的，由发证机关吊销动物诊疗许可证；给当事人造成损失的，由该动物诊疗机构承担赔偿责任。

**第六十九条** 违反本条例第四十二条规定，动物诊疗机构在动物诊疗场所从事动物交易、寄养活动的，由动物卫生监督机构责令限期改正，给予警告，没收违法所得，并处 5 000 元以上 5 万元以下罚款；逾期不改的，责令停业；情节严重的，由发证机关吊销动物诊疗许可证。

**第七十条** 违反本条例第四十四条规定，执业兽医从事动物诊疗活动未佩戴标牌的，由动物卫生监督机构责令改正，给予警告；拒不改正的，处 1 000 元以下罚款。

**第七十一条** 违反本条例第五十条第一款、第二款规定，未经检疫通道运输动物、动物产品进入本市，或者接收未取得动物卫生监督机构监督检查专用章的动物、动物产品的，由动物卫生监督机构对承运人、接收人处 1 000 元以上 1 万元以下罚款。

**第七十二条** 违反本条例第五十三条第一款规定，转让、伪造或者变造检疫证、章、标志或者畜禽标识的，由动物卫生监督机构没收违法所得，收缴检疫证、章、标志或者畜禽标识，处 3 000 元以上 3 万元以下罚款。

**第七十三条** 违反本条例规定，其他法律、法规规定有法律责任的，按照其他法律、法规规定执行。

# 第七章 附 则

**第七十四条** 本条例自 2014 年 10 月 1 日起施行。2004 年 10 月 22 日北京市第十二届人民代表大会常务委员会第十五次会议通过的《北京市实施〈中华人民共和国动物防疫法〉办法》同时废止。

# 天津市动物防疫条例

（2001 年 12 月 28 日天津市第十三届人民代表大会常务委员会第二十九次会议通过 根据 2004 年 12 月 21 日天津市第十四届人民代表大会常务委员会第十六次会议《关于修改〈天津市动物防疫条例〉的决定》第一次修正 根据 2010 年 9 月 25 日天津市第十五届人民代表大会常务委员会第十九次会议《关于修改部分地方性法规的决定》第二次修正）

## 目　　录

## 第一章　总　　则

**第一条**　为了加强动物防疫工作的管理，预防、控制和扑灭动物疫病，促进养殖业发展，保护人民身体健康，根据《中华人民共和国动物防疫法》和有关法律、行政法规，结合本市实际情况，制定本条例。

**第二条**　本条例适用于本市行政区域内对饲养、经营的动物和生产、经营的动物产品进行防疫的活动，以及与动物防疫相关的活动。

**第三条** 本条例所称动物，是指人工饲养、合法捕获的各类动物。包括：家畜家禽、野生动物、水生动物、观赏动物、演艺动物、实验动物、伴侣动物。

本条例所称动物产品，是指动物的生皮、原毛、原绒、精液、胚胎以及未经熟制加工的蛋类、肉、脂、脏器、血液、头、乳、蹄、骨、角等。

**第四条** 市畜牧兽医管理部门主管本市的动物防疫工作。

区、县畜牧兽医管理部门主管本行政区域内的动物防疫工作。

畜牧兽医管理部门所属的动物防疫监督机构，具体实施本行政区域内的动物防疫工作。

卫生、工商、公安、交通、水产、园林、药品监督等有关部门根据各自职责做好动物防疫相关工作。

**第五条** 各级人民政府应当加强对动物防疫和动物防疫监督工作的领导，提高预防、控制和扑灭动物疫病的能力。

对在动物防疫和动物防疫执法监督、科学研究和技术推广工作中做出显著成绩，或者检举违反动物防疫法律、法规行为有功的单位和个人，各级人民政府应当给予表彰和奖励。

## 第二章 动物疫病的预防、控制和扑灭

**第六条** 市畜牧兽医管理部门根据国家对动物疫病的管理规定和本市的实际情况，制定本市的动物疫病预防规划、计划和重大动物疫病的防治预案，报市人民政府批准后实施。

**第七条** 市和区、县人民政府应当采取措施，预防、控制和扑灭严重危害养殖业生产和人民身体健康的动物疫病。

畜牧兽医管理部门应当适量储备预防、控制和扑灭动物疫病所需的药品、生物制品和有关物资，所需经费由同级财政列支。

**第八条** 对严重危害养殖业生产和人民身体健康的动物疫病，实行计划免疫制度。免疫所需疫苗，由市畜牧兽医管理部门专门渠道供应。

**第九条** 对列入国家和本市实行强制免疫的动物疫病病种名录的动物，必须实施强制免疫。已经实施强制免疫的动物，由畜牧兽医管理部门出具免疫证明，加施免疫标志。

动物所有人应当对没有按照规定进行强制免疫或者免疫不合格的动物，进行免疫。

**第十条** 饲养、经营动物的单位和个人，应当按照国家规定的防疫标准，制定本单位动物疫病预防制度、措施和办法，做好动物疫病的免疫、疫病净化、消毒和驱虫等工作，接受畜牧兽医管理部门的监督和防疫质量的监测。

**第十一条** 饲养种用、乳用动物的单位和个人，应当使种用、乳用动物达到国家规定的健康合格标准，并为动物建立健康档案，取得市畜牧兽医管理部门发给的种用、乳用动物健康合格证。

未达到健康合格标准的种用或者乳用动物，不得作为种用或者乳用。

**第十二条** 运输动物和动物产品的车辆、船舶、飞机和其他装载工具，货主或者承运人在装前卸后，应当进行清洗、消毒。清出的粪便、垫料、污染物品，应当进行无害化处理。

任何单位和个人不得运输或者在运输途中出售、丢弃染疫、病死、死因不明的动物和动物产品；粪便、垫料、污染物品不得沿途卸下或者丢弃，必须在指定地点或者到达地的车站、港口、机场卸下，进行无害化处理。

运输动物的车辆、船舶、飞机不得在疫区的车站、港口、机场装添草料、饮水和其他有可能传播动物疫病的物品。

**第十三条** 从事科学研究、教学、疫病诊治的单位和个人，保存、使用动物源性致病微生物的场所应当符合动物防疫条件，防止病原微生物扩散。

将实验动物用于生物制品生产和动物疫病科学研究的单位和个人，应当建立防疫制度，防止动物疫病扩散。对使用后的动物应当进行无害化处理，对有关物品和场所应当进行消毒。

**第十四条** 畜牧兽医管理部门应当对本行政区域内的动物疫情进行监测，掌握疫情动态，及时向本级人民政府和上级主管部门报告。

任何单位和个人发现动物疫病，应当及时向畜牧兽医管理部门或者乡、镇动物防疫组织报告，不得瞒报、谎报或者阻碍他人报告动物疫病。

**第十五条** 发生动物疫病时，畜牧兽医管理部门应当迅速组织有关人员到达现场，采集病料，诊断定性，调查疫源，划定疫点、疫区和受威胁区。需要对疫点、疫区采取封锁措施的，应当及时报请同级人民政府决定发布封锁令。

**第十六条** 对疫点实施封锁的，应当采取下列措施：

（一）禁止动物和动物产品进出疫点；

（二）对染疫、疑似染疫、病死的动物和同群动物进行扑杀和无害化处理；

（三）在疫点出入口设置警示标志和消毒设施，对出入疫点的人员、运载工具、污染物品，采取消毒和其他限制性措施；

（四）对疫点内的动物圈舍、粪便、垫料、污水和其他受污染的物品、场地，在动物防疫人员监督指导下进行消毒和无害化处理。

**第十七条** 对疫区实施封锁的，应当采取下列措施：

（一）禁止易感染动物出入和动物产品运出；

（二）疫区周围应当设置警示标志，疫区出入口设立监督检查消毒站，对出入人员、运载工具和污染物品进行消毒；

（三）停止疫区内易感染动物和动物产品的经营活动；

（四）对易感染动物进行检疫，未检出疫病的动物实施紧急免疫，并在指定地点圈养、放养或者使役；检出疫病的动物应当扑杀和无害化处理；

（五）易感染动物的饲养场所、粪便、垫料、污水和其他受污染的物品、场地，在动物防疫人员监督指导下进行消毒和无害化处理。

**第十八条** 在受威胁区内，应当采取下列措施：

（一）当地人民政府组织有关单位、个人，采取预防措施，防止疫病传入；

（二）畜牧兽医管理部门随时监测动物疫情，注意疫情动态；

（三）饲养、经营动物的单位和个人，对易感染动物进行紧急免疫。

第十九条　在封锁的疫点、疫区内，染疫动物全部扑杀和无害化处理后，经过一个潜伏期的监测，未出现新病例的，畜牧兽医管理部门应当及时报原发布封锁令的机关决定解除封锁。

第二十条　发生重大动物疫情或者人畜共患传染病的，畜牧兽医管理部门应当将疫情及时通报卫生、公安、工商等部门。同级人民政府根据需要可以成立动物防疫临时指挥机构，统一组织、协调、指挥疫情控制和扑灭工作。

第二十一条　扑杀染疫、疑似染疫的动物和同群动物造成的损失，由动物所有人承担，人民政府给予适当补贴。

# 第三章　动物和动物产品的检疫

第二十二条　畜牧兽医管理部门对离开产地的动物和动物产品，必须进行产地检疫；对屠宰的动物，必须进行屠宰检疫。

第二十三条　种用、乳用和役用的动物在离开产地十五日前，其他动物和动物产品在离开产地三日前，动物和动物产品所有人应当向区、县畜牧兽医管理部门申报检疫。畜牧兽医管理部门应当及时进行检疫。

第二十四条　从外省市引进种用、乳用动物及其精液、胚胎和种蛋的，应当在到达接受地三日内，凭有效检疫证明到所在地区、县畜牧兽医管理部门备案。

从境外引进动物及其精液、胚胎和种蛋的，在到达接受地三日内，凭出入境动植物检验检疫机关的有效证明，到所在地区、县畜牧兽医管理部门备案。

畜牧兽医管理部门应当对引进的种用、乳用动物进行疫病跟踪监测。

第二十五条　合法捕获可能传播动物疫病的野生动物，捕获人应当到捕获地区、县畜牧兽医管理部门申报检疫，经检疫合格后，方可出售、饲养。

在外地合法捕获可能传播动物疫病的野生动物，在本市出售、饲养的，未经检疫的，货主应当到所在地畜牧兽医管理部门申报检疫；已经检疫的，应当凭检疫合格证明到所在地畜牧兽医管理部门备案。

**第二十六条** 在本市参展、参赛和演出的动物，组织者应当持动物检疫合格证明到所在地畜牧兽医管理部门备案。

**第二十七条** 屠宰厂（场、点）的待宰动物，经畜牧兽医管理部门检疫合格后，方可屠宰；其动物产品经检疫合格后，准予出厂（场、点）销售。

屠宰厂（场、点）不得收购和屠宰无产地检疫合格证明的动物。

**第二十八条** 个人自宰自食的生猪、羊、牛及其他大牲畜，在屠宰前应当到所在地畜牧兽医管理部门申报检疫。畜牧兽医管理部门应当及时派员现场检疫。

**第二十九条** 祖代以上种用动物饲养场、有出口业务的大型屠宰加工厂的动物和动物产品的检疫，由市畜牧兽医管理部门负责。

**第三十条** 经检疫合格的动物和动物产品，畜牧兽医管理部门应当出具检疫合格证明，对动物产品应当加盖检疫验讫印章或者加封检疫标志，对运输动物和动物产品的运载工具应当出具消毒证明。

对没有检疫合格证明的动物和没有检疫合格证明或者检疫标志的动物产品，应当进行补检；对检疫合格证明超过有效期的，应当进行重检。

经检疫不合格的动物和动物产品，畜牧兽医管理部门应当监督所有人进行无害化处理。

**第三十一条** 从事动物产品批发的单位和个人，在批发时，应当将大额检疫合格证明换成小额检疫合格证明。

经营动物产品的单位和个人，出售动物产品时，应当将有效的动物产品检疫合格证明悬挂在显著位置；分割包装销售的动物产品应当有检疫合格标识。

**第三十二条** 宾馆、饭店以及从事肉类加工的单位和个人，应当使用经过检疫合格的动物和动物产品；存放动物和动物产品的场地和设施，应当符合动物防疫条件。

**第三十三条** 禁止经营下列动物和动物产品：

（一）封锁疫区内与所发生动物疫病有关的；

（二）疫区内易感染的；

（三）依法应当检疫而未检疫或者检疫不合格的；

（四）染疫或者疑似染疫的、有病理变化的；

（五）病死或者死因不明的；

（六）其他不符合国家有关动物防疫规定的。

# 第四章　动物防疫监督

**第三十四条**　畜牧兽医管理部门在执行监测、监督任务时，可以向与动物防疫活动有关的单位和个人查询情况，索验相关资料、记录、证件，按照抽样标准无偿采样，有关单位和个人不得拒绝。

**第三十五条**　经营动物饲养场的单位和个人，应当将饲养、出售动物的数量、计划免疫情况以及饲养期间病、死动物处理情况进行记录，定期向畜牧兽医管理部门报告。畜牧兽医管理部门应当定期进行检查。

**第三十六条**　经铁路、公路、水路、航空运出本市的动物和动物产品，货主或者承运人应当持检疫合格证明到所在地畜牧兽医管理部门办理验证手续后，方可承运；运进本市的动物和动物产品，承运人应当向所在地畜牧兽医管理部门报告，经查验合格后，方可交付。

畜牧兽医管理部门派驻铁路、港口、机场的机构或者人员，进行动物防疫监督检查时，有关单位应当提供必要的工作条件。

**第三十七条**　新建、改建和扩建动物的饲养场、孵化场、中转场、屠宰厂（场、点），动物和动物产品交易市场、动物产品冷藏场所、保存使用动物源性致病微生物场所、动物诊疗所以及与动物防疫有关的其他场所，应当符合动物防疫条件。

**第三十八条**　从事饲养、经营动物和生产、经营动物产品，以及保存使用动物源性致病微生物、动物诊疗等活动的经营者，应当取得畜牧兽医管理部门发放的动物防疫合格证。

**第三十九条**　从事动物诊疗的人员，应当具备专业知识和技术，并在一个动物诊疗机构执业。

第四十条　从事动物诊疗的机构，应当取得畜牧兽医管理部门发放的动物诊疗许可证，方可从事动物诊疗活动。

动物诊疗机构发现动物疫情时，应当及时向所在地畜牧兽医管理部门报告。在发生紧急动物疫情时，应当服从畜牧兽医管理部门统一指挥，参加动物疫病防治工作。

第四十一条　畜牧兽医管理部门在行政执法中，对染疫、疑似染疫的动物和动物产品及其运载工具，可以采取隔离、封存、扣押等措施。对封存、扣押的动物和动物产品及其运载工具不得超过三日。

# 第五章　法律责任

第四十二条　违反本条例第八条规定，擅自购买、销售和使用动物预防疫苗的，畜牧兽医管理部门责令停止违法行为，没收违法所得和疫苗，并处以一万元以下罚款。

第四十三条　违反本条例第十一条第一款规定，种用、乳用动物无健康合格证的，畜牧兽医管理部门强制检疫，责令改正；拒不改正的，处以一千元以下罚款。

第四十四条　违反本条例第十二条第二款规定，运输或者运输途中出售、丢弃染疫、病死和死因不明动物和动物产品的，畜牧兽医管理部门责令停止违法行为，消除影响，没收违法物品和违法所得，并处以五千元以上五万元以下罚款。

第四十五条　违反本条例第二十七条规定，收购和屠宰未经检疫动物的，畜牧兽医管理部门处以二千元以上一万元以下罚款。

第四十六条　违反本条例第三十一条第二款规定，未将有效检疫合格证明悬挂显著位置的，畜牧兽医管理部门责令改正；拒不改正的，处以一千元以下罚款。

第四十七条　违反本条例第三十五条规定，经营动物饲养场的单位和个人，不按照规定记录或者报告的，畜牧兽医管理部门责令改正；拒不改正的，处以一千元以下罚款。

第四十八条　违反本条例第三十八条规定，未取得动物防疫合格证的，畜牧兽医管理部门责令改正；拒不改正的，处以一千元以下罚款。

**第四十九条** 违反本条例第四十条第一款规定，未取得动物诊疗许可证从事动物诊疗活动的，畜牧兽医管理部门没收违法所得和医疗器械及药品，并处以一万元以下罚款。

违反本条例第四十条第二款规定，不履行动物防疫义务的，畜牧兽医管理部门可以吊销动物诊疗许可证。

**第五十条** 违反本条例第二十三条、第二十四条、第二十五条、第二十六条、第三十六条第一款规定，不申报检疫、备案或者不办理验证手续的，畜牧兽医管理部门责令改正；拒不改正的，处以一千元以下罚款。

**第五十一条** 拒绝、阻碍动物防疫、检疫工作人员依法进行防疫、检疫、疫病监测、无害化处理的，由公安机关依照《中华人民共和国治安管理处罚法》予以处罚；构成犯罪的，依法追究刑事责任。

**第五十二条** 动物防疫、检疫工作人员违反本条例规定，有下列行为之一的，由其所在单位或者上级主管部门给予行政处分；构成犯罪的，依法追究刑事责任：

（一）为未经检疫或者检疫不合格的动物和动物产品出具检疫证明、加盖验讫印章、加封检疫标志的；

（二）隐瞒或者延误报告疫情的；

（三）伪造检疫结果的；

（四）买卖检疫证明、验讫印章和检疫标志的；

（五）违法封存、扣押动物和动物产品及其运载工具的；

（六）违反规定收取费用的；

（七）玩忽职守给当事人造成经济损失的；

（八）其他不依法履行职责的。

# 第六章 附 则

**第五十三条** 畜牧兽医管理部门及其防疫监督机构，不得从事与动物防疫有关的经营活动；进行免疫、检疫、消毒、无害化处理所需费用，按照国家和本市的有关规定执行。

  **第五十四条** 本条例自 2002 年 2 月 1 日起施行。1996 年 1 月 10 日天津市第十二届人民代表大会常务委员会第二十一次会议通过的《天津市家畜家禽检疫条例》同时废止。

# 内蒙古自治区动物防疫条例

（2014 年 9 月 27 日内蒙古自治区第十二届人民代表大会常务委员会第十二次会议通过）

## 目　　录

## 第一章　总　　则

**第一条**　为了加强对动物防疫活动的管理，预防、控制和扑灭动物疫病，促进养殖业发展，保护人体健康，维护公共卫生安全，根据《中华人民共和国动物防疫法》、《重大动物疫情应急条例》和国家有关法律、法规，结合自治区实际，制定本条例。

**第二条**　自治区行政区域内从事动物防疫及其监督管理活动，适用本条例。

进出境动物、动物产品的检疫，依照国家有关法律、法规的规定执行。

第三条　旗县级以上人民政府应当加强对动物防疫工作的统一领导，将动物防疫工作纳入国民经济和社会发展规划及年度计划，加强基层动物防疫队伍和动物防疫基础设施建设，建立健全动物防疫体系，制定并组织实施动物疫病防治规划。

苏木乡镇人民政府、街道办事处应当组织群众协助做好本辖区的动物疫病预防与控制工作。

嘎查村民委员会、居民委员会应当督促和引导嘎查村民、居民依法履行动物防疫义务。

第四条　旗县级以上人民政府兽医主管部门负责本行政区域的动物防疫及其监督管理工作。

旗县级以上人民政府发展和改革、财政、公安、交通运输、卫生、环境保护、林业、食品药品监督管理、工商行政管理、质量技术监督等部门，按照各自职责做好动物防疫相关工作。

第五条　旗县级以上人民政府设立的动物卫生监督机构，负责动物、动物产品的检疫工作以及其他有关动物防疫的监督管理执法工作。

旗县级以上人民政府设立的动物疫病预防控制机构，负责动物疫病的监测、检测、诊断、流行病学调查、疫情报告以及其他预防、控制和培训等技术工作。

第六条　苏木乡镇畜牧兽医站（动物卫生监督分所）是旗县级人民政府兽医主管部门的派出机构，具体承担本辖区的动物防疫和动物卫生监督管理工作。

第七条　旗县级人民政府应当根据动物防疫工作需要，在嘎查村设立动物防疫室，聘用嘎查村级动物防疫员，承担动物防疫工作。

第八条　各级人民政府及其有关部门、新闻媒体应当加强动物防疫法律、法规和动物防疫知识的宣传，提高公众的动物防疫意识和能力。

# 第二章　动物疫病的预防

第九条　自治区人民政府兽医主管部门根据国家动物疫病强制

免疫计划，制定自治区动物疫病强制免疫计划；并根据自治区行政区域内动物疫病流行情况增加实施强制免疫的动物疫病病种和区域，报自治区人民政府批准后执行，并报国务院兽医主管部门备案。

**第十条**　盟行政公署、设区的市和旗县级人民政府兽医主管部门组织实施动物疫病强制免疫计划。苏木乡镇人民政府、街道办事处应当组织本辖区饲养动物的单位和个人做好强制免疫工作。

饲养、经营动物的单位和个人应当依法履行动物疫病强制免疫义务。

**第十一条**　自治区人民政府兽医主管部门应当制定自治区动物疫病监测和流行病学调查计划。盟行政公署、设区的市和旗县级人民政府兽医主管部门应当根据自治区动物疫病监测和流行病学调查计划，制定本行政区域的动物疫病监测和流行病学调查方案。

旗县级以上动物疫病预防控制机构应当按照动物疫病监测和流行病学调查计划对动物疫病的发生、流行以及免疫效果等情况进行监测，并逐级上报监测信息，同时报告同级兽医主管部门。

**第十二条**　旗县级以上人民政府应当组织有关部门建立人畜共患传染病防控合作机制，制定人畜共患传染病防控方案，对易感染动物和相关人群进行人畜共患传染病的监测，及时通报相关信息，并按照各自职责采取防控措施。

**第十三条**　动物饲养场（养殖小区）、养殖专业合作组织等饲养动物的单位应当配备相应的设施和兽医专业技术人员，按照国家和本条例的规定做好动物疫病预防免疫、消毒、隔离、无害化处理、采样、疫情巡查、报告、免疫记录等工作。

农村牧区饲养动物的个人应当配合嘎查村级动物防疫员做好动物的免疫、采样、疫情巡查、报告等工作，并做好动物保定工作。

**第十四条**　旗县级人民政府兽医主管部门应当按照合理布局、方便免疫接种的原则设置狂犬病免疫点。

犬类动物饲养者应当对其饲养的犬类动物实施免疫接种、驱虫、排泄物处置等疫病预防措施。

**第十五条**　旗县级以上人民政府兽医主管部门应当建立动物疫病免疫密度和免疫质量评估制度。

免疫密度和免疫质量未达到规定标准的，相关旗县人民政府及其兽医主管部门和苏木乡镇人民政府、街道办事处应当按照职责组织制定整改措施，要求饲养动物的单位和个人重新免疫或者补免。

**第十六条** 旗县级以上人民政府兽医主管部门应当加强畜禽标识以及养殖档案信息管理，完善信息采集传输、数据分析处理等相关设施，实施动物、动物产品可追溯管理。

从事动物饲养的单位和个人应当按照国家有关规定建立规范的养殖档案，并对其饲养的动物加施畜禽标识。

**第十七条** 任何单位和个人不得销售、收购、运输、屠宰应当加施畜禽标识而没有加施畜禽标识的动物；不得经营、运输没有粘贴检疫合格标志的动物产品。

**第十八条** 自治区对动物疫病实施区域化管理。旗县级以上人民政府应当制定本行政区域的动物疫病区域化管理规划和建设方案，逐步建立生物安全隔离区、无规定动物疫病区。

# 第三章 重大动物疫情的处理

**第十九条** 旗县级以上人民政府应当设立动物疫情应急指挥部，统一领导、指挥动物疫情应急处理工作。

应急指挥部的办事机构设在本级人民政府兽医主管部门，负责动物疫情应急处理的日常工作。

**第二十条** 旗县级以上人民政府应当制定本行政区域的重大动物疫情应急预案，并报上一级人民政府兽医主管部门备案。旗县级以上人民政府兽医主管部门，应当按照不同动物疫病病种及其流行特点和危害程度，分别制定实施方案。

重大动物疫情应急预案及其实施方案应当根据疫情的发展变化和实施情况，及时修改、完善。

**第二十一条** 旗县级以上人民政府应当根据重大动物疫情应急需要，按照国家规定成立重大动物疫情专家组和应急预备队。苏木乡镇人民政府、街道办事处应当确定重大动物疫情应急处置预备人员。

应急预备队和应急处置预备人员应当定期进行技术培训和应急

演练。

**第二十二条** 旗县级以上人民政府以及有关部门应当建立健全重大动物疫情应急物资储备制度，根据重大动物疫情应急预案的要求，确保应急处理所需物资的储备。

**第二十三条** 动物饲养场（养殖小区）、动物隔离场所、动物屠宰加工厂（场）、动物和动物产品集贸市场应当按照重大动物疫情应急预案的要求，制定本单位重大动物疫情应急工作方案，确定重大动物疫情应急处置预备人员，储备必要的应急处理所需物资。

**第二十四条** 自治区人民政府兽医主管部门根据授权公布动物疫情，其他单位和个人不得发布动物疫情。

从事动物疫情监测、检验检疫、疫病研究与诊疗以及动物饲养、屠宰、经营、隔离、运输等活动的单位和个人，发现动物染疫或者疑似染疫的，应当立即向所在地人民政府兽医主管部门、动物卫生监督机构或者动物疫病预防控制机构报告，并采取隔离等控制措施，防止动物疫情扩散。兽医主管部门、动物卫生监督机构和动物疫病预防控制机构应当将联系地址和联系方式向社会公布。

接到动物疫情报告的单位，应当及时采取必要的控制处理措施，并按照国家规定程序逐级上报。

出入境检验检疫机构、林业等部门发现动物疫情，应当及时向所在地人民政府兽医主管部门通报。

**第二十五条** 旗县级以上动物疫病预防控制机构接到动物疫情报告后，立即派人进行现场调查。疑似重大动物疫情的，应当及时采集病料送自治区动物疫病预防控制机构进行诊断。

**第二十六条** 在重大动物疫情报告期间，旗县级以上人民政府兽医主管部门应当立即采取临时隔离控制等相关措施。必要时，旗县级以上人民政府可以作出封锁决定，并采取扑杀、销毁等措施。

**第二十七条** 重大动物疫情由自治区人民政府兽医主管部门认定；必要时，报国务院兽医主管部门认定。

**第二十八条** 重大动物疫情确认后，旗县级以上人民政府应当启动应急预案，采取封锁、隔离、扑杀、无害化处理、消毒、紧急免疫、疫情监测、流行病学调查等措施，并组织有关部门做好重大动物疫情应急所需的物资紧急调度和运输、应急经费安排、疫区群众救济、人的疫病防治、肉食品供应以及动物和动物产品市场监管等工作；公安部门负责疫区封锁、社会治安和安全保卫，并协助、参与动物扑杀；工商行政管理部门负责关闭相关动物和动物产品交易市场；卫生部门负责做好相关人群的疫情监测；其他行政管理部门依据各自职责，协同做好相关工作。

# 第四章　动物和动物产品检疫

**第二十九条**　动物卫生监督机构依法对动物、动物产品实施检疫，签发检疫合格证明，加施检疫标志。

**第三十条**　动物检疫实行申报制度。

屠宰、出售或者运输动物以及出售或者运输动物产品前，货主应当向所在地动物卫生监督机构申报检疫。

**第三十一条**　旗县级以上人民政府兽医主管部门应当加强动物检疫申报点的建设和管理。

动物卫生监督机构应当根据动物养殖规模、分布和地域环境合理设置动物检疫申报点，并向社会公布动物检疫申报点、检疫范围和检疫对象。

**第三十二条**　下列动物、动物产品在离开产地前，货主应当按照规定时限向所在地动物卫生监督机构申报检疫：

（一）出售、运输动物产品和供屠宰、继续饲养的动物，应当提前三日申报检疫；

（二）出售、运输乳用动物、种用动物及其精液、卵、胚胎、种蛋，以及参加展览、演出和比赛的动物，应当提前十五日申报检疫。

**第三十三条**　合法捕获野生动物的，应当在捕获之日起三日内向捕获地旗县级动物卫生监督机构申报检疫。

**第三十四条**　申报检疫的，应当提交检疫申报单。跨省、自治区、直辖市调运乳用动物、种用动物及其精液、胚胎、种蛋的，还应当提交输入地省、自治区、直辖市动物卫生监督机构批准的跨省引进乳用、种用动物检疫审批表。

申报检疫采取申报点填报、传真、电话等方式申报。采用电话申报的，应当在现场补填检疫申报单。

第三十五条　动物卫生监督机构受理检疫申报后，应当派出官方兽医到现场或者指定地点实施检疫，检疫合格的，出具检疫合格证明，加施检疫标志；检疫不合格的，监督货主按照国家有关技术规范进行处理；不予受理的，应当书面说明理由。

出售或者运输的动物、动物产品取得动物检疫合格证明后，方可离开产地。

第三十六条　自治区对猪、牛、羊、禽等动物实行定点屠宰，但农村牧区自宰自食的除外。

旗县级动物卫生监督机构应当向定点屠宰加工厂（场）派驻官方兽医，实施集中检疫。

第三十七条　经检疫合格的食用动物产品进入到批发、零售市场或者生产加工企业后，需要直接在当地分销或者贮藏后需继续调运、分销的，货主应当为购买者出具检疫信息追溯凭证。

# 第五章　动物诊疗

第三十八条　自治区实行动物诊疗许可制度。

从事动物诊疗活动的机构，应当具备法定条件，取得旗县级以上人民政府兽医主管部门核发的动物诊疗许可证，并在规定的诊疗活动范围内开展动物诊疗活动。

第三十九条　经注册的执业兽医，方可从事动物诊疗、开具兽药处方等活动。

乡村兽医在苏木乡镇、嘎查村从事动物诊疗活动的，应当按照国家有关规定进行登记。

第四十条　动物诊疗机构应当严格执行有关动物诊疗操作技术规范，使用符合国家规定的兽药和兽医器械，做好诊疗活动中的卫生安全防护、消毒、隔离、诊疗废弃物处置以及诊疗记录等工作。

第四十一条　动物诊疗机构不得有下列行为：

（一）聘用未取得执业兽医资格证书或者未办理注册备案手续的人员从事动物诊疗活动；

（二）随意抛弃病死动物、动物病理组织或者医疗废弃物等；

（三）排放未经无害化处理或者处理不达标的诊疗废水；

（四）使用假、劣兽药和国家禁用的药品以及其他化合物；

（五）经营或者违反国家规定使用兽用生物制品；

（六）无诊疗和用药记录；

（七）其他违反法律、法规、规章的行为。

**第四十二条** 动物诊疗机构和乡村兽医发现动物染疫或者疑似染疫的，应当立即向所在地人民政府兽医主管部门、动物卫生监督机构或者动物疫病预防控制机构报告，并采取隔离等控制措施，防止动物疫情扩散。

动物诊疗机构和乡村兽医发现动物患有或者疑似患有国家规定应当扑杀的疫病时，不得擅自进行治疗。

# 第六章　动物和动物产品调运的防疫监督

**第四十三条** 自治区人民政府根据动物防疫和检疫的需要，指定动物、动物产品运输通道及道口，设立动物卫生监督检查站，并向社会公布。

旗县级以上人民政府应当按照国家有关规定，规范建设指定通道的公路、铁路、水路、航空动物卫生监督检查站。

**第四十四条** 旗县级以上人民政府应当在自治区指定运输通道以外的乡级以上公路自治区界道口，设立动物、动物产品运输禁行标志。

**第四十五条** 从事动物和动物产品经营、运输活动的单位和个人，应当书面告知所在地旗县级动物卫生监督机构。

**第四十六条** 输入自治区境内的动物、动物产品，应当到指定通道动物卫生监督检查站接受查证、验物、签章和车辆消毒等。未经检查和消毒的，不得进入。

任何单位和个人不得接收未经指定通道动物卫生监督检查站检查输入自治区境内的动物、动物产品。

**第四十七条** 从自治区外引进乳用动物、种用动物及其精液、胚胎、种蛋的，应当经自治区动物卫生监督机构批准。引进的种用、乳用动物到达输入地后，货主应当按照国家有关规定进行隔离观察，隔离观察期满经检疫合格后方可混群饲养；检疫不合格的，按照国家有关规定进行处理。

**第四十八条** 从自治区外或者跨盟市引进用于饲养的非乳用动物、非种用动物的，应当到达输入地后二十四小时内向所在地旗县级动物卫生监督机构报告。引进动物应当按照国家有关规定进行隔离观察，隔离观察期满经检疫合格后方可混群饲养；检疫不合格的，按照国家有关规定进行处理。

# 第七章 病死动物无害化处理

**第四十九条** 动物饲养者、货主、承运人应当对病死动物按照国家有关规定进行无害化处理。

禁止任何单位和个人随意丢弃、处置以及出售、收购、加工病死、死因不明、非正常死亡或者检疫不合格的动物。

**第五十条** 旗县级人民政府应当按照统筹规划、合理布局的原则，组织建设病死动物无害化处理公共设施，确定运营单位及其相应责任，落实运营经费。

旗县级以上人民政府兽医主管部门应当加强对病死动物无害化处理公共设施运营的监督管理，并将运营单位的责任区域和位置、联系方式向社会公布。

自治区鼓励社会投资建设病死动物无害化处理公共设施。

**第五十一条** 动物饲养场（养殖小区）、动物隔离场所、动物屠宰加工厂（场）应当具有符合国务院兽医主管部门规定要求的病死动物无害化处理设施，对其病死动物进行无害化处理。

不具有病死动物无害化处理设施的科研教学单位、动物诊疗机构等，应当将其病死动物委托无害化处理公共设施运营单位处理。处理费用由委托人承担。

**第五十二条** 城镇和农村牧区饲养动物的个人应当将其病死动物运送至无害化处理公共设施运营单位，或者向无害化处理公共设施运营单位报告。

不具备集中无害化处理条件的农村牧区饲养动物的个人应当在指定区域通过深埋等方式对其病死动物进行无害化处理。

第五十三条　无害化处理公共设施运营单位接到报告后应当及时收运病死动物，并进行无害化处理。

收运病死动物和无害化处理不得向城镇、农村牧区饲养动物的个人收取费用。

第五十四条　弃置在公共场所的病死动物，由所在地市容环境卫生主管部门、苏木乡镇人民政府组织清理，并将病死动物交由无害化处理公共设施运营单位进行无害化处理。

第五十五条　旗县级人民政府应当制定病死动物无害化处理管理办法，建立病死动物无害化处理监督管理责任制度、重点场所巡查制度和举报奖励制度，督促有关部门履行无害化处理的监督管理职责。

# 第八章　保障措施

第五十六条　旗县级以上人民政府应当将动物疫病的预防、控制、扑灭、检疫和监督管理所需经费列入本级财政预算。

第五十七条　旗县级以上人民政府兽医主管部门应当加强动物疫病预防控制生物制品冷链建设和使用管理，适量储备预防、控制和扑灭动物疫病所需的药品、生物制品和其他有关物资。

第五十八条　对在动物疫病预防、控制、扑灭过程中强制扑杀的动物、销毁的动物产品和相关物品或者因依法实施强制免疫造成动物应激死亡的，旗县级以上人民政府应当区别不同情况给予补偿。具体补偿办法和标准按照国家和自治区有关规定执行。

第五十九条　旗县级以上人民政府应当加强嘎查村级动物防疫员队伍建设，采取有效措施，保障嘎查村级动物防疫员履行动物防疫职责。嘎查村级动物防疫员的工作补贴、养老保险、医疗保险等待遇和监督管理的具体办法由自治区人民政府制定。

第六十条　对从事动物疫病免疫、检疫、监测、检测、诊断、监督检查、现场处理疫情以及在工作中接触动物疫病病原体的人员，有关单位应当按照国家和自治区有关规定采取卫生防护和医疗保健措施。

第六十一条　发生动物疫情时，航空、铁路、公路、水路等运输部门应当优先组织运送控制、扑灭疫病的人员和有关物资，为动物疫病预防、控制、扑灭工作提供便利条件。

# 第九章　法律责任

**第六十二条**　违反本条例规定的行为，《中华人民共和国动物防疫法》、《重大动物疫情应急条例》等国家有关法律、法规已经作出具体处罚规定的，从其规定。

**第六十三条**　违反本条例第十条第二款、第十四条第二款规定，对饲养的动物不按照动物疫病强制免疫计划进行免疫接种的，由动物卫生监督机构给予警告，责令改正；拒不改正的，可以处1 000元以下罚款。

**第六十四条**　违反本条例第四十一条第一、二、三项规定，聘用未取得执业兽医资格证书或者未办理注册备案手续的人员从事动物诊疗活动，随意抛弃病死动物、动物病理组织或者医疗废弃物，排放未经无害化处理或者处理不达标诊疗废水的，由动物卫生监督机构责令改正，没收违法所得，并可以处3 000元以下罚款；情节严重的，责令停止诊疗活动。

违反本条例第四十一条第四、五、六项规定，使用假、劣兽药和国家禁用的药品以及其他化合物，经营或者违反国家规定使用兽用生物制品，无用药记录的，由动物卫生监督机构责令改正，并处1万元以上5万元以下罚款。

**第六十五条**　违反本条例第四十六条规定，未经指定检查站检查、消毒或者接收未经指定检查站检查输入自治区境内的动物、动物产品的，由动物卫生监督机构处1 000元以上1万元以下罚款。引发动物疫情的，处1万元以上5万元以下罚款。

**第六十六条**　违反本条例第四十八条规定，未向所在地旗县级动物卫生监督机构报告的，由动物卫生监督机构责令改正，并处500元以上2 000元以下罚款。引发动物疫情的，处1万元以上5万元以下罚款。

**第六十七条**　违反本条例第四十九条第二款规定，随意丢弃、处置病死、死因不明、非正常死亡或者检疫不合格动物的，由动卫生监督机构责令改正，并可以处 3 000 元以下罚款；造成动物疫病扩散的，处 1 万元以上 5 万元以下罚款。

第六十八条 旗县级以上人民政府兽医主管部门及其工作人员违反本条例规定，有下列行为之一的，由本级人民政府责令改正，通报批评；对直接负责的主管人员和其他直接责任人员依法给予处分：

（一）未及时采取预防、控制、扑灭等措施的；

（二）对不符合条件的颁发动物防疫条件合格证、动物诊疗许可证，或者对符合条件的拒不颁发动物防疫条件合格证、动物诊疗许可证的；

（三）其他未依照本条例规定履行职责的行为。

第六十九条 动物卫生监督机构及其工作人员违反本条例规定，有下列行为之一的，由本级人民政府或者本级兽医主管部门责令改正，通报批评；对直接负责的主管人员和其他直接责任人员依法给予处分：

（一）对未经现场检疫或者检疫不合格的动物、动物产品出具检疫证明、加施检疫标志，或者对检疫合格的动物、动物产品拒不出具检疫证明、加施检疫标志的；

（二）对附有检疫证明、检疫标志的动物、动物产品重复检疫的；

（三）从事与动物防疫有关的经营性活动的；

（四）其他未依照本条例规定履行职责的行为。

第七十条 动物疫病预防控制机构及其工作人员违反本条例规定，有下列行为之一的，由本级人民政府或者本级兽医主管部门责令改正，通报批评；对直接负责的主管人员和其他直接责任人员依法给予处分：

（一）未履行动物疫病监测、检测职责或者伪造监测、检测结果的；

（二）发生动物疫情时未及时进行诊断、调查的；

（三）其他未依照本条例规定履行职责的行为。

# 第十章　附　　则

**第七十一条**　本条例中下列用语的含义：

（一）"动物保定"，是指应用人力、器械或者药物来控制动物的活动，以便于采样、诊断、治疗、免疫等。

（二）"生物安全隔离区"，是指处于同一生物安全管理体系中，包含一种或者多种规定动物疫病卫生状况清楚的特定动物群体，并对规定动物疫病采取了必要的监测、控制和生物安全措施的一个或者多个动物养殖、屠宰加工等生产单元。

（三）"无规定动物疫病区"，是指在规定期限内，没有发生过某种或者几种动物疫病，同时在该区域及其边界和外围一定范围内，对动物和动物产品、动物源性饲料、动物遗传材料、动物病料、兽药（包括生物制品）的流通实施官方有效控制并获得国家认可的特定地域。

（四）"官方兽医"，是指具备规定的资格条件并经兽医主管部门任命的，负责出具检疫等证明的国家兽医工作人员。

（五）"执业兽医"，是指具备兽医相关技能，依照国家相关规定取得兽医执业资格，依法从事动物诊疗和动物保健等经营活动的兽医。

（六）"乡村兽医"，是指尚未取得执业兽医资格，经登记在乡村从事动物诊疗服务活动的人员。

（七）"动物应激死亡"，是指动物在外界环境突发改变情况下，受刺激而死亡的现象，如免疫注射疫苗引起的动物应激反应死亡。

**第七十二条**　本条例自 2014 年 12 月 1 日起施行。2002 年 9 月 27 日内蒙古自治区第九届人民代表大会常务委员会第三十二次会议通过的《内蒙古自治区动物防疫条例》同时废止。

# 上海市动物防疫条例

（2005 年 12 月 29 日上海市第十二届人民代表大会常务委员会第二十五次会议通过 根据 2010 年 5 月 27 日上海市第十三届人民代表大会常务委员会第十九次会议《关于修改〈上海市动物防疫条例〉的决定》修正）

## 目 录

## 第一章 总 则

**第一条** 为了加强对动物防疫工作的管理，预防、控制和扑灭动物疫病，保障养殖业生产安全，保护公众身体健康与生命安全，维护正常的社会秩序，依据《中华人民共和国动物防疫法》、《重大动物疫情应急条例》等法律、行政法规，结合本市实际，制定本条例。

**第二条** 本条例适用于本市行政区域内动物疫病的预防、控制、扑灭，动物、动物产品的检疫，动物防疫监督及其他与动物防疫有关的活动。

第三条　本市对动物疫病实行预防为主的方针，坚持综合防治、严格检疫、重点控制、全程监管的原则。

第四条　市和区、县人民政府应当加强对动物防疫工作的统一领导，加强乡、镇等基层动物疫病预防组织和村动物防疫员队伍建设，建立健全动物防疫体系，制定并组织实施动物疫病防治规划。

市和区、县兽医主管部门主管本行政区域内的动物防疫工作。

乡、镇人民政府和街道办事处根据区、县人民政府的要求开展本区域内动物疫病预防工作。

政府有关行政管理部门按照各自职责，协同做好动物防疫的相关工作。

第五条　市和区、县动物卫生监督机构负责动物、动物产品的检疫工作和其他有关动物防疫的监督管理执法工作；市和区、县动物疫病预防控制机构承担动物疫病的监测、检测、诊断、流行病学调查、疫情报告以及其他预防、控制等技术工作。

乡、镇等基层动物疫病预防组织承担本区域内动物防疫的日常工作。

第六条　各级人民政府应当将动物防疫工作纳入国民经济和社会发展规划及年度计划，并保障开展动物防疫工作所需经费。

第七条　本市支持保险机构开展动物疫病保险业务，鼓励动物养殖场和养殖农户参加动物疫病保险。

保险机构应当依据本市农业保险政策，落实动物养殖业保险措施，并依据保险合同及时为动物养殖场和养殖农户提供承保范围内的损失赔偿。

# 第二章　动物疫病的预防

第八条　市和区、县兽医主管部门应当根据本市动物疫病预防计划，制定本行政区域内的动物疫病预防实施方案。

第九条　对尚未列入国家规定的强制免疫病种名录，但严重危害养殖业和人体健康的动物疫病，本市可以实施强制免疫。有关强制免疫的病种和区域，由市兽医主管部门提出，报市人民政府批准后组织实施。

强制免疫工作由动物疫病预防控制机构具体实施，由动物卫生监督机构负责监督。

**第十条**　市动物疫病预防控制机构根据动物疫病预防计划，负责统一订购与组织供应实施强制免疫所需生物制品，适量储备预防、控制和扑灭动物疫病所需药品、生物制品等有关物资，并建立相应的管理制度，保障动物防疫物资的及时供应。

**第十一条**　动物养殖场应当按照动物疫病预防控制的有关规定实施强制免疫接种；散养动物的单位和个人应当接受和配合动物疫病预防控制机构实施强制免疫接种。

动物养殖场应当建立本单位的动物防疫制度，建立动物疫病防治档案，配备兽医专业技术人员；散养动物疫病防治档案由乡、镇等基层动物疫病预防组织负责建立。

**第十二条**　本市对饲养的犬只实施狂犬病强制免疫。市和区、县兽医主管部门应当按照合理布局、方便接种的原则设置狂犬病免疫点。动物疫病预防控制机构应当建立犬只狂犬病防治档案。

饲养犬只的单位和个人应当依法履行狂犬病强制免疫义务，并取得饲养犬只的狂犬病免疫证明。

狂犬病免疫点实施免疫接种后，应当出具狂犬病免疫证明，并作相应的信息记录。

**第十三条**　染疫动物及其排泄物、染疫动物产品，病死或者死因不明的动物尸体，运载工具中的动物排泄物以及垫料、包装物、容器等污染物，应当按照规定处理，不得随意处置。

**第十四条**　禁止销售无检疫证明、检疫证明与实际物品不符、检疫证明与有关的验讫印章或者检疫标识不符的动物、动物产品。

禁止屠宰、销售未按照国家规定佩挂免疫标识的猪、牛、羊、犬等动物。

**第十五条**　屠宰加工场所应当具备无害化处理能力，设置相应的无害化处理设施。

动物养殖场（户）、动物隔离场所的病死动物由动物卫生监督机构负责组织统一收集，并送交指定的无害化处理场所集中处理。

前款以外的不具备无害化处理能力的生产经营、科研教学、动物诊疗等单位，应当将需要无害化处理的动物、动物产品及其相关物品送交指定的无害化处理场所，委托其进行处理。

本市的无害化处理场所由市人民政府统一规划。

# 第三章　动物疫病的控制和扑灭

**第十六条**　市兽医主管部门应当根据国家动物疫情管理制度，统一管理本市的动物疫情信息，并根据国务院兽医主管部门的授权，公布本市动物疫情。

**第十七条**　市和区、县人民政府应当根据本地区的实际情况制定重大动物疫情应急预案，报上一级兽医主管部门备案，并成立动物防疫应急预备队。动物防疫应急预备队由兽医、卫生、公安等行政管理部门的人员和有关专家组成，定期进行突发重大动物疫情紧急控制技术培训和演练。

市和区、县兽医主管部门应当根据本级人民政府制定的重大动物疫情应急预案，按照不同动物疫病病种及其流行特点和危害程度，分别制定实施方案。

**第十八条**　从事动物、动物产品生产经营，动物诊疗和科研教学等活动的单位，应当建立疫情登记、统计制度，并定期向所在地的市或者区、县动物疫病预防控制机构报告；发现动物群体发病或者死亡，染疫或者疑似染疫的动物、动物产品的，应当及时向所在地的市或者区、县动物疫病预防控制机构报告。其他单位和个人发现染疫或者疑似染疫动物、动物产品的，应当向市或者区、县动物疫病预防控制机构报告。

动物疫病预防控制机构依法对动物疫情进行监测。饲养、经营动物和生产、经营动物产品的单位和个人应当配合，不得拒绝和阻碍。

**第十九条**　重大动物疫情发生后，市和区、县人民政府设立的重大动物疫情应急指挥部，统一领导、指挥本行政区域内的重大动物疫情应急工作。市和区、县兽医主管部门应当依法划定疫点、疫区和受威胁区，及时向本级人民政府提出启动重大动物疫情应急指挥系统、应急预案和对疫区实行封锁的建议，并通报毗邻地区。

发生重大动物疫情，需要实行封锁的疫区仅限于本区、县的，由所在地的区、县人民政府组织实施疫区封锁；需要跨区、县实行疫区封锁的，由市人民政府决定并组织实施疫区封锁。

**第二十条**  对划定的疫点，市或者区、县人民政府应当立即组织兽医、卫生、公安等行政管理部门和有关单位采取下列措施：

（一）在疫点周围设立警示标识；

（二）禁止疫点内动物、动物产品运出及疫点外动物进入；

（三）对疫点内染疫、疑似染疫和易感染的动物及动物产品进行扑杀并销毁；

（四）对疫点内病死的动物、动物排泄物、受污染的垫料等物品进行无害化处理；

（五）对疫点进行全面消毒，并根据扑灭动物疫病的需要对出入疫点的人员、运输工具及其他物品采取消毒和其他限制性措施。

**第二十一条**  对划定的疫区，市或者区、县人民政府应当立即组织兽医、卫生、公安、工商等行政管理部门和有关单位采取下列措施：

（一）在疫区周围设立警示标识；

（二）禁止易感染动物、动物产品运出及疫区外动物进入；

（三）在出入疫区的交通路口设立临时消毒检查站，对进出人员、运输工具进行消毒；

（四）对疫区内易感染动物实行圈养或者在指定地点饲养，实施紧急免疫接种，或者根据扑灭动物疫病的需要进行扑杀，并对有关场所进行全面消毒

（五）关闭疫区内的动物、动物产品交易市场。

**第二十二条**  对划定的受威胁区，市或者区、县兽医主管部门应当立即组织有关单位采取下列措施：

（一）对受威胁区内的易感染动物根据需要进行紧急免疫接种；

（二）对受威胁区内的动物运输工具等相关物品采取消毒等预防性措施。

**第二十三条**  重大动物疫情应急指挥部根据重大动物疫情防控的需要，可以采取扑杀、销毁等措施；给当事人造成损失的，政府应当给予合理补偿。

**第二十四条**  发生重大动物疫情后，根据市或者区、县人民政

府的统一部署，公安部门负责做好疫区封锁、社会治安和安全保卫，并协助、参与动物扑杀；工商部门负责关闭动物、动物产品交易市场；卫生部门负责做好相关人群的疫情监测；其他行政管理部门依据各自职责，协同做好相关工作。

第二十五条 解除疫区封锁应当符合下列条件：

（一）在疫区内所有染疫动物、动物产品按规定处理后，经过所发疫病一个潜伏期以上的监测，未出现新发病例；

（二）对被染疫动物污染的场所、用具、车辆、衣物等进行清洗消毒。

符合前款所列条件，并经上一级兽医主管部门验收合格后，由原发布封锁令的人民政府宣布解除封锁，并通报毗邻地区。

# 第四章　动物和动物产品的检疫

第二十六条 动物卫生监督机构应当按照国家有关规定，配备具有相应资格条件的人员，具体实施动物、动物产品的检疫工作。

第二十七条 在出售、运输动物、动物产品前，货主应当向所在地的区、县动物卫生监督机构报检，经检疫合格并取得检疫证明后，方可出售、运输。

第二十八条 跨省引进乳用、种用动物及其精液、胚胎、种蛋的，应当事先向市动物卫生监督机构办理国家规定的有关检疫审批手续。引进的乳用、种用动物到达本市后，货主应当按照有关规定对引进的乳用、种用动物进行隔离观察。

第二十九条 本市对生猪实行定点屠宰、集中检疫。其他需要实行定点屠宰、集中检疫的动物种类，由市兽医主管部门会同有关部门提出，报市人民政府批准，并向社会公布。

屠宰场应当凭产地检疫证明接收动物。动物卫生监督机构应当对屠宰动物实施检疫，出具动物产品检疫证明，加盖验讫印章或者加封规定的检疫标识。

第三十条 经营动物、动物产品的单位和个人在购进动物、动物产品时，应当查验检疫证明、相应的验讫印章或者检疫标识。

第三十一条 经检疫合格的动物产品到达目的地后，货主可以按照国家有关规定，凭原始有效的动物检疫证明向动物卫生监督机构申请办理转运、分销动物产品所需的相关证明。动物卫生监督机构在办理相关证明时应当记载动物产品可追溯的有关信息，并不得收费。

# 第五章　动物防疫监督

**第三十二条**　动物卫生监督机构应当按照国家有关规定，配备具有相应资格条件的人员，具体实施动物防疫监督工作。

**第三十三条**　从事动物饲养、经营和动物产品生产、经营等与动物防疫有关的活动及其场所，应当符合国家规定的动物防疫条件，并接受动物卫生监督机构监督检查和现场指导。

举办动物交易会或者其他涉及动物的临时性展览、展销活动及其场所，适用前款规定。

**第三十四条**　动物卫生监督机构在进行监督检查时，应当按照规定的范围、条件和程序对动物、动物产品采样、留验和抽检，不得擅自扩大采样、留验和抽检的种类和数量。

**第三十五条**　在动物防疫监督检查中，发现未取得检疫证明的动物的，动物卫生监督机构可以要求货主或者承运人将其送至本市指定的场所进行留验、检测，并补办检疫手续。

在动物防疫监督检查中，发现检疫证明与实际物品不符、检疫证明与有关的验讫印章或者检疫标识不符、检疫证明逾期、检疫证明涂改的，动物卫生监督机构可以要求货主或者承运人将有关动物送至本市指定的场所进行留验、检测，重新办理检疫手续。

经补检或者重检，对检疫合格的动物，由动物卫生监督机构出具检疫证明；对检疫不合格的动物，由动物卫生监督机构按照有关规定进行处理。

留验、检测期间发生的相关费用，由货主或者承运人承担。

**第三十六条**　动物卫生监督机构发现疑似染疫的动物、动物产品的，应当按照国家有关规定进行检疫。经检疫确定为染疫的，以及病死或者死因不明的动物尸体，依照国家有关规定进行处理；确定为未染疫的，应当及时予以返还或者解除封存。

对来自疫区的染疫动物、动物产品和检疫不合格的动物、动物产品，货主或者承运人应当在动物卫生监督机构的监督下，送至本市指定的无害化处理场所销毁处理。无害化处理的费用，由货主或者承运人承担

**第三十七条** 运载动物、动物产品进入本市，应当凭检疫证明及相应的验讫印章、检疫标识、运载工具消毒证明，经市人民政府指定的道口，接受动物卫生监督机构查证、验物和消毒。运载的动物、动物产品在取得道口检查签章后，方可进入本市。非经市人民政府指定的道口，禁止运载动物、动物产品进入本市。

未经指定道口检查并取得道口检查签章，非法运入本市的动物、动物产品，任何单位和个人不得接收。

**第三十八条** 从事动物诊疗活动应当依法取得市兽医主管部门核发的《动物诊疗许可证》。

从事宠物诊疗活动的，应当具备下列条件：

（一）有符合动物防疫条件的场所；

（二）有与动物诊疗业务相适应的执业人员；

（三）有必要的动物诊疗器械、设备；

（四）有相应的管理制度；

（五）法律、法规规定的其他条件。

从事动物诊疗活动的兽医专业技术人员应当依法经过培训、考核，并取得执业兽医资格。

动物诊疗机构应当按照批准的执业项目和范围开展诊疗活动，并严格遵守专业技术规范。

任何单位和个人不得为非法从事动物诊疗活动提供诊疗场所和其他条件。

**第三十九条** 动物科研教学和诊疗机构应当及时收集本单位产生的科研教学和诊疗废弃物，分类置于防渗漏、防锐器穿透的专用包装物或者密闭容器内临时存放。科研教学和诊疗废弃物的包装物和容器，应当有明显的警示标识和警示说明。

不具备废弃物处理能力的动物科研教学和诊疗机构应当及时将产生的科研教学和诊疗废弃物送交指定的医疗废物集中处置单位，委托其进行处理；其中需要进行无害化处理的病死动物及其相关物

品送交指定的无害化处理场所，委托其进行处理。

# 第六章　法律责任

**第四十条**　违反本条例规定的行为，法律、法规有处罚规定的，按照其规定予以处罚。

**第四十一条**　违反本条例第十一条第一款、第十二条第二款规定，对饲养的动物不按照动物疫病强制免疫要求进行免疫接种的，由动物卫生监督机构责令改正，给予警告；拒不改正的，由动物卫生监督机构代作处理，所需处理费用由违法行为人承担，可以处一千元以下罚款。

**第四十二条**　违反本条例第十一条第二款规定，动物养殖场未建立动物疫病防治档案的，由动物卫生监督机构责令改正；拒不改正的，处一千元以上五千元以下的罚款。

**第四十三条**　违反本条例第十三条规定，不按规定处置染疫动物及其排泄物，染疫动物产品，病死或者死因不明的动物尸体，运载工具中的动物排泄物以及垫料、包装物、容器等污染物以及其他经检疫不合格的动物、动物产品的，由动物卫生监督机构责令无害化处理，所需处理费用由违法行为人承担，可以处三千元以下罚款。

**第四十四条**　违反本条例第十五条第三款规定，未将需要无害化处理的动物、动物产品及其相关物品送交指定的无害化处理场所进行处理的，由动物卫生监督机构责令无害化处理；拒不进行无害化处理的，由动物卫生监督机构代作处理，所需处理费用由违法行为人承担，可以处三千元以下罚款。

**第四十五条**　违反本条例第三十七条规定，未经本市指定的道口运载动物、动物产品进入本市的，由动物卫生监督机构对承运人处一千元以上一万元以下的罚款。

违反本条例第三十七条规定，接收未经指定道口检查签章运入本市的动物、动物产品的，由动物卫生监督机构对接收单位或者个人予以警告，并处一万元以上十万元以下的罚款。

**第四十六条**　违反本条例第三十八条规定，未取得动物诊疗许可证从事动物诊疗活动的，由动物卫生监督机构责令停止诊疗活动，没收违法所得；违法所得在三万元以上的，并处违法所得一倍以上三倍以下罚款；违法所得一万元以上不足三万元的，并处一万元以上三万元以下罚款；没有违法所得或者违法所得不足一万元的，并处三千元以上一万元以下罚款。

**第四十七条** 违反本条例第三十九条第一款规定，动物科研教学和诊疗机构未按照规定分类收集和临时存放废弃物，或者废弃物的包装物和容器没有明显的警示标识和警示说明的，由动物卫生监督机构责令改正，给予警告；拒不改正的，处一千元以上一万元以下罚款。

违反本条例第三十九条第二款规定，动物科研教学和诊疗机构未将废弃物送交指定的医疗废物集中处置单位进行处理的，由动物卫生监督机构责令改正，给予警告；拒不改正的，由动物卫生监督机构代作处理，所需处理费用由违法行为人承担，处一千元以上一万元以下罚款。

**第四十八条** 动物防疫工作人员有下列行为之一的，由所在单位或者上级主管部门给予行政处分；构成犯罪的，依法追究刑事责任：

（一）违反检疫操作规程造成后果的；

（二）出具虚假检疫证明、验讫印章或者检疫标识；

（三）出售检疫证明、验讫印章或者检疫标识；

（四）违反国家和本市有关收费规定；

（五）其他玩忽职守、滥用职权、徇私舞弊的行为。

# 第七章　附　　则

**第四十九条** 本条例自 2006 年 3 月 1 日起施行。

# 江苏省动物防疫条例

（2002 年 8 月 20 日江苏省第九届人民代表大会常务委员会第三十一次会议通过 根据 2004 年 4 月 16 日江苏省第十届人民代表大会常务委员会第九次会议《关于修改〈江苏省动物防疫条例〉的决定》修正 2012 年 11 月 29 日江苏省第十一届人民代表大会常务委员会第三十一次会议修订）

## 目 录

## 第一章 总 则

**第一条** 为了预防、控制和扑灭动物疫病，促进养殖业发展，保护人体健康，维护公共卫生安全，根据《中华人民共和国动物防疫法》、国务院《重大动物疫情应急条例》等法律、行政法规，结合本省实际，制定本条例。

**第二条** 本条例适用于在本省行政区域内的动物疫病的预防、控制、扑灭，动物、动物产品的检疫，动物防疫监督以及其他与动物防疫有关的活动。

第三条　县级以上地方人民政府应当加强动物防疫工作，将动物防疫工作纳入国民经济和社会发展规划以及年度计划，制定并组织实施动物疫病防治规划，建立动物防疫责任制度。加强动物防疫队伍建设，建立健全动物防疫体系，做好动物防疫物资储备，组织、协调有关部门、乡（镇）人民政府、街道办事处及时控制和扑灭疫情。

县级以上地方人民政府应当将动物疫病预防、控制、扑灭、监测、检疫、监督、基层动物防疫工作补助以及动物防疫基础设施建设等所需经费纳入本级财政预算。

第四条　县级以上地方人民政府兽医主管部门主管本行政区域内的动物防疫工作；渔业主管部门负责本行政区域内的水生动物防疫工作；发展改革、公安、财政、交通运输、商务、卫生、环保、工商、质监、林业、检验检疫等部门按照各自职责，协同做好动物防疫相关工作。

县级以上地方人民政府设立的动物卫生监督机构，负责动物、动物产品的检疫工作和动物防疫的监督管理执法工作；设立的动物疫病预防控制机构，负责重大动物疫病强制免疫计划的实施，承担动物疫病的监测、检测、诊断、流行病学调查、疫情报告以及其他预防、控制等技术工作。

县级以上地方人民政府设立的水生动物卫生监督机构，负责水产苗种产地检疫工作和水生动物防疫的监督管理执法工作；设立的水生动物疫病预防控制机构，承担水生动物疫病的监测、检测、诊断、流行病学调查、疫情报告以及其他预防、控制等技术工作。

县级人民政府兽医主管部门按照乡镇（街道）或者区域设立的畜牧兽医站，承担动物防疫、公益性技术推广服务职能。按照规定设立的乡镇水产技术推广服务机构，承担水生动物防疫、公益性水产技术推广服务职能。

乡（镇）人民政府、街道办事处负责组织本辖区内动物疫病的预防、控制和扑灭工作，根据动物疫病防控工作需要，加强村动物防疫员队伍建设。

第五条　地方各级人民政府及其有关部门应当加强动物防疫知识和法律法规宣传普及，对在动物防疫工作、动物防疫科学研究中做出突出成绩和贡献的单位和个人给予奖励。

**第六条** 支持保险机构开展动物疫病保险业务，鼓励动物饲养场和农村散养户参加动物疫病保险。

保险机构应当依据本省农业保险政策，落实动物养殖业保险措施，并依据保险合同及时赔偿动物饲养场和农村散养户承保范围内的损失。

# 第二章 动物疫病的预防

**第七条** 省人民政府兽医主管部门根据国家动物疫病强制免疫计划，制订本行政区域的强制免疫计划；并根据本行政区域内动物疫病流行情况增加实施强制免疫的动物疫病病种和区域，报本级人民政府批准后执行，并报国务院兽医主管部门备案。

省人民政府兽医主管部门应当根据动物疫病强制免疫计划，按照规定做好强制免疫兽用生物制品以及畜禽标识的采购、调拨和使用管理。

设区的市、县（市、区）人民政府兽医主管部门应当根据国家和省动物疫病强制免疫计划，制定本行政区域动物疫病强制免疫实施方案并组织实施。

乡（镇）人民政府、街道办事处应当按照动物疫病强制免疫实施方案，组织本辖区内饲养动物的单位和个人做好动物疫病强制免疫工作。

**第八条** 县级以上地方人民政府兽医主管部门应当根据本行政区域内动物饲养情况，建立动物疫病强制免疫病种的免疫密度和免疫质量评估制度。

县级以上地方人民政府兽医主管部门应当建立畜禽标识以及动物产品的可追溯制度，实施动物和动物产品质量安全可追溯管理。

**第九条** 饲养动物的单位和个人应当依法履行动物疫病强制免疫义务，按照兽医主管部门的规定做好动物疫病强制免疫工作。

饲养动物的单位和个人应当按照国务院和省人民政府兽医主管部门的规定建立养殖档案，对其饲养的动物加施畜禽标识，建立免疫档案，并按照规定归档。

动物饲养场（养殖小区）应当按照国家规定配备执业兽医或者聘用乡村兽医，建立健全动物防疫制度，落实动物疫病强制免疫、消毒等措施，并按照规定向当地动物疫病预防控制机构或者乡镇（街道）畜牧兽医站报告动物防疫相关信息。

**第十条** 县级以上地方人民政府应当建立健全动物疫情监测网络，加强动物疫情监测。

省人民政府兽医主管部门、渔业主管部门应当根据国家动物疫病监测计划，制定本行政区域的动物疫病监测计划并组织实施。

设区的市、县（市、区）人民政府兽医主管部门、渔业主管部门应当根据省动物疫病监测计划，制定本行政区域的动物疫病监测方案并组织实施。

从事动物饲养、屠宰、经营、隔离、运输以及动物产品生产、经营、加工、储藏等活动的单位和个人对动物疫病监测工作应当予以配合，不得拒绝或者阻碍。

**第十一条** 动物饲养场（养殖小区）和隔离场所，动物屠宰加工厂（场），以及动物和动物产品无害化处理场所，应当符合《中华人民共和国动物防疫法》规定的动物防疫条件，取得动物防疫条件合格证。

经营动物、动物产品的集贸市场应当具备国务院兽医主管部门规定的动物防疫条件，并接受动物卫生监督机构的监督检查。

**第十二条** 县级以上地方人民政府应当推进动物疫病的区域化管理，逐步建立无规定动物疫病区或者无规定动物疫病生物安全隔离区，加强和完善动物防疫基础设施建设，提高动物疫病的预防、控制和扑灭水平，推进畜禽原种场、种畜（禽）场和大型饲养场实行动物疫病区域化管理。

**第十三条** 动物、动物产品的运载工具、垫料、包装物、容器等应当符合国务院兽医主管部门规定的动物防疫要求，在装前和卸后应当进行清扫、洗刷、消毒。

染疫动物及其排泄物、染疫动物产品、病死或者死因不明的动物尸体、运载工具中的动物排泄物以及垫料、包装物、容器等污染物，应当按照国务院兽医主管部门的规定处理，禁止在运输途中抛弃染疫、病死动物、染疫动物产品、粪便、垫料和污物等。清洗后的废污水应当进行消毒和无害化处理，严禁擅自排入水体。

**第十四条** 犬只饲养者应当对犬只进行兽用狂犬病疫苗的免疫接种，并取得兽医主管部门印发的动物狂犬病免疫证明。

# 第三章 动物疫病的控制和扑灭

**第十五条** 县级以上地方人民政府应当制定本行政区域的重大动物疫情应急预案，并报上一级人民政府兽医主管部门备案。重大动物疫情应急预案应当适时修改、完善。

县级以上地方人民政府根据重大动物疫情应急需要，可以成立应急预备队。乡（镇）人民政府、街道办事处应当确定重大动物疫情应急处置预备人员。应急预备队和应急处置预备人员应当进行培训和演练。

县级以上地方人民政府及其有关部门应当建立健全重大动物疫情应急物资储备制度，建立重大动物疫情应急处理预备金制度，根据重大动物疫情应急预案的要求，确保应急处理所需物资以及资金的储备。

乡（镇）人民政府、街道办事处应当建立防控重大动物疫病协调机制，负责本辖区重大动物疫情应急处置工作。

**第十六条** 动物饲养场（养殖小区）、动物隔离场所、动物屠宰加工厂（场）、经营动物的集贸市场应当按照重大动物疫情应急预案的要求，制定重大动物疫情应急工作方案，确定重大动物疫情应急预备人员，储备必要的应急处理所需物资。

**第十七条** 重大动物疫情的报告、认定、通报和公布，依照国家法律、法规执行。

**第十八条** 重大动物疫情确认期间，县级以上地方人民政府兽医主管部门、渔业主管部门应当立即采取临时隔离控制措施；必要时，县级以上地方人民政府可以作出封锁决定，并采取扑杀、销毁等措施。

重大动物疫情确认后，县级以上地方人民政府兽医主管部门、渔业主管部门应当依法划定疫点、疫区和受威胁区，立即向本级人民政府提出启动重大动物疫情应急指挥系统、应急预案和对疫区实行封锁的建议，并通报毗邻地区。县级以上地方人民政府应当启动相应等级的应急预案，采取封锁、隔离、扑杀、无害化处理、消毒、紧急免疫、疫情监测、流行病学调查等措施，并做好社会治安维护、人的疫病防治、肉食品供应以及动物、动物产品市场监管等工作。

**第十九条** 重大动物疫情发生后，根据县级以上地方人民政府的统一部署，公安部门负责疫区封锁、社会治安和安全保卫，并协助、参与动物扑杀；工商部门负责关闭相关动物、动物产品交易市场；卫生部门负责做好相关人群的疫情监测；其他行政管理部门依据各自职责，协同做好相关工作。

**第二十条** 对封锁的疫点、疫区，应当采取下列措施：

（一）对染疫、病死动物以及易感染的同群动物，进行扑杀、销毁或者作无害化处理；

（二）禁止易感染的动物、动物产品运出疫区以及易感染的动物进入疫区；

（三）对易感染的动物进行疫病普查、监测，并按照规定实施紧急免疫注射；

（四）疫点出入口和出入疫区的交通要道应当设置明显标志，配备消毒设施。对出入疫点、疫区的人员、运载工具和有关物品进行消毒；

（五）疫点、疫区内的动物运载工具、用具、圈舍、场地以及动物粪便、垫料、受污染的物品，应当作消毒等无害化处理；

（六）停止与疫情有关的动物屠宰和动物、动物产品的交易。

封锁疫点、疫区所采取的措施应当符合环境保护的要求。

**第二十一条** 受威胁区的当地人民政府应当组织有关单位和个人采取免疫接种、消毒等紧急预防措施。

**第二十二条** 疫点、疫区、受威胁区的撤销和疫区封锁的解除，按照国务院兽医主管部门规定的标准和程序评估后，由原决定机关决定并宣布。

**第二十三条** 省人民政府批准设立的临时性动物卫生监督检查站作为省外动物、动物产品进入本省境内的指定通道。运载动物、动物产品进入本省，应当凭有效检疫证明以及检疫标识，经指定通道接受动物卫生监督检查站查证、验物和消毒。运载的动物、动物产品在取得通道检查签章后，方可进入本省。检查站所需经费纳入财政预算。

未经指定通道检查、消毒、签章的动物、动物产品，不得运入本省。任何单位和个人不得接收未经指定通道检查签章运入本省的动物、动物产品。

**第二十四条** 对在动物疫病预防和控制、扑灭过程中强制扑杀的动物、销毁的动物产品和相关物品，以及因依法实施强制免疫造成动物应激死亡的，应当按照国家规定给予补偿。因饲养单位和个人未按照规定实施强制免疫而发生疫情的，动物被扑杀的损失以及处理费用，由饲养单位和个人承担。

**第二十五条** 发生动物疫病，尚未构成重大动物疫情的，应当依照国家法律、行政法规采取控制和扑灭措施。

# 第四章 动物和动物产品检疫

**第二十六条** 经营、屠宰、运输、参加展览、演出和比赛的动物，应当附有检疫证明。经营、加工、运输和贮藏动物产品，应当附有检疫证明、检疫标志。

对依法应当检疫的动物、动物产品，畜（货）主应当按照国家规定向当地动物卫生监督机构申报检疫。

动物卫生监督机构受理检疫申报后，应当按照国家规定指派官方兽医到现场或者指定地点实施检疫；不予受理的，应当说明理由。

**第二十七条** 经检疫不合格的动物、动物产品，畜（货）主应当在动物卫生监督机构监督下按照国务院兽医主管部门的规定处理，处理费用由畜（货）主承担。

检疫过程中发现动物、动物产品属于重大动物疫病的，按照国家有关规定处理。

**第二十八条** 从省外引进乳用、种用动物及其精液、胚胎、种蛋的，应当事先向省动物卫生监督机构办理有关检疫审批手续。引进的乳用、种用动物到达输入地后，货主应当按照国家规定对引进的乳用、种用动物进行隔离观察。

从省外引进水产苗种到达目的地后，货主或承运人应当按照国家规定报告，并接受当地水生动物卫生监督机构的监督检查。

第二十九条　禁止出售或者收购未经结核、布鲁氏菌监测或者监测不合格的乳用动物及其产品。

# 第五章　监督管理

第三十条　动物卫生监督机构、水生动物卫生监督机构在执行监督检查任务，履行下列相关职责时，有关单位和个人应当予以支持、配合，不得阻挠、拒绝。

（一）对动物饲养、经营、隔离场所和动物产品生产、运输、贮藏、经营场所进行检查；

（二）对动物、动物产品采样、留验、抽检；

（三）对染疫、疑似染疫的动物和染疫的动物产品以及相关物品进行隔离、查封、扣押和处理；

（四）对与动物防疫活动有关的证明、合同、发票、账册等资料进行查阅、复制、拍摄、登记保存；

（五）法律、行政法规规定的其他职权。

第三十一条　建立对省外调入动物、动物产品的动物防疫风险评估和备案制度，具体办法由省人民政府兽医主管部门、渔业主管部门制定。

第三十二条　禁止将屠宰动物运达目的地后再分销；禁止将动物屠宰加工场所内的动物外运出场。

第三十三条　畜禽标识和检疫证、章、标志的格式和管理，按照国家规定执行。

任何单位和个人不得转让、出借、涂改、伪造或者变造畜禽标识和检疫证、章、标志，不得使用伪造、复制的畜禽标识和检疫证、章、标志。

第三十四条　动物诊疗机构应当符合《动物诊疗机构管理办法》规定，执行有关动物诊疗操作技术规范，使用符合国家规定的兽药和兽医器械，做好诊疗活动中的卫生安全防护、消毒、隔离和诊疗废弃物处置等工作。

**第三十五条** 从事动物诊疗和动物保健活动的人员应当按照国家规定取得执业兽医资格，并经注册，方可从事动物诊疗活动。

乡村兽医应当在县级人民政府兽医主管部门进行登记后，方可在乡村从事动物诊疗活动。

从事水生动物疫病防治的乡村兽医由县级人民政府渔业主管部门按照规定进行登记和监管。县级人民政府渔业主管部门应当将登记的从事水生动物疫病防治的乡村兽医信息汇总通报同级兽医主管部门。

**第三十六条** 禁止出售、收购、运输、加工、弃置染疫、病死以及死因不明动物和病害动物产品。

**第三十七条** 动物饲养场（养殖小区）、动物隔离场所、动物屠宰加工厂（场）、经营动物的集贸市场等，应当具有符合国家规定的无害化处理设施、设备，对病死以及死因不明动物和病害动物产品进行无害化处理。

农村散养户应当按照国家规定对其病死以及死因不明动物和病害动物产品进行无害化处理。

**第三十八条** 县级以上地方人民政府应当按照统筹规划、合理布局的原则组织建设病死以及死因不明动物和病害动物产品无害化处理公共设施。

# 第六章　法律责任

**第三十九条** 违反本条例第九条第三款规定，未向当地动物疫病预防控制机构或者乡镇（街道）畜牧兽医站报告动物防疫信息的，由动物卫生监督机构责令改正，处二百元以上一千元以下罚款。

**第四十条** 违反本条例第十一条第二款规定，经营动物、动物产品的集贸市场不具备规定的动物防疫条件的，由动物卫生监督机构责令改正；拒不改正的，由动物卫生监督机构处五千元以上两万元以下罚款。

第四十一条 违反本条例第十四条规定，犬只饲养者未对犬只进行兽用狂犬病疫苗的免疫接种的，由动物卫生监督机构责令改正；拒不改正的，由动物卫生监督机构处五百元以上一千元以下罚款。

第四十二条 违反本条例第二十三条第一款规定，省外动物、动物产品未经指定通道进入本省的，由动物卫生监督机构对承运人处二千元以上一万元以下罚款。

违反本条例第二十三条第二款规定，接收未经指定通道检查签章运入本省的动物、动物产品的，由动物卫生监督机构对接收单位或者个人予以警告，并处二千元以上一万元以下的罚款。

第四十三条 违反本条例第二十八条第二款规定，未按照国家规定报告的，由水生动物卫生监督机构责令改正，处一千元以上三千元以下罚款。

第四十四条 违反本条例第二十九条规定，出售或者收购未经结核、布鲁氏菌监测或者监测不合格的乳用动物及其产品的，由动物卫生监督机构责令改正，没收其产品进行无害化处理，所需处理费用由货主承担，并处一千元以上一万元以下罚款；情节严重的，处一万元以上五万元以下罚款。

第四十五条 违反本条例第三十二条规定，将屠宰动物运达目的地后再分销的，或者擅自将动物屠宰加工场所内的动物外运出场的，由动物卫生监督机构责令改正，处二千元以上二万元以下罚款。

第四十六条 违反本条例第三十三条第二款规定，转让、出借、涂改、伪造、变造畜禽标识和检疫证、章、标志的，或者使用伪造、复制的畜禽标识和检疫证、章、标志的，由动物卫生监督机构没收违法所得，收缴检疫证明、检疫标志或者畜禽标识，并处三千元以上三万元以下罚款。

第四十七条 违反本条例第三十五条规定，未经乡村兽医登记从事诊疗活动的，由动物卫生监督机构责令改正，处五百元以上一千元以下罚款。

第四十八条 违反本条例第三十六条规定，弃置染疫、病死以及死因不明动物和病害动物产品的，由动物卫生监督机构责令改正，采取补救措施，进行无害化处理，所需处理费用由违法行为人承担，并处一千元以上三千元以下罚款。

第四十九条　违反本条例第三十七条第一款规定，未配备国家规定的病死动物和病害动物产品无害化处理设施、设备的，由动物卫生监督机构责令改正，处一千元以上一万元以下罚款。

违反本条例第三十七条第二款规定，农村散养户未按照国家规定对其病死以及死因不明动物和病害动物产品进行无害化处理的，由动物卫生监督机构责令改正，处二百元以上五百元以下罚款。

第五十条　兽医主管部门、渔业主管部门以及有关部门的工作人员，玩忽职守、滥用职权、徇私舞弊，情节轻微的，由其所在单位给予处分；情节严重构成犯罪的，依法追究刑事责任。

# 第七章　附　　则

第五十一条　本条例自 2013 年 3 月 1 日起施行。

# 浙江省动物防疫条例

（2010年11月25日浙江省第十一届人民代表大会
常务委员会第二十一次会议通过）

## 目　　录

## 第一章　总　　则

**第一条**　为了加强对动物防疫活动的管理，预防、控制和扑灭
动物疫病，促进养殖业发展，保护人体健康，维护公共卫生安全，
根据《中华人民共和国动物防疫法》（以下简称动物防疫法）、《重
大动物疫情应急条例》和其他有关法律、行政法规的规定，结合本
省实际，制定本条例。

**第二条**　本省行政区域内的动物防疫及其监督管理，应当遵守
本条例。

进出境动物、动物产品的检疫，依照有关进出境动物检疫法
律、行政法规的规定执行。

**第三条** 本条例所称动物，是指家畜家禽和人工饲养、合法捕获的其他动物。

本条例所称动物产品，是指动物的肉、生皮、原毛、绒、脏器、脂、血液、精液、卵、胚胎、骨、蹄、头、角、筋以及可能传播动物疫病的奶、蛋等。

本条例所称动物疫病，是指动物传染病、寄生虫病。

本条例所称动物防疫，是指动物疫病的预防、控制、扑灭和动物、动物产品的检疫。

**第四条** 省、设区的市、县（市、区）人民政府（以下简称县级以上人民政府）统一领导本行政区域内的动物防疫工作。

县级以上人民政府应当将动物防疫工作纳入国民经济和社会发展规划及年度计划，加强动物防疫队伍和动物防疫基础设施建设，建立健全动物防疫体系。

各级人民政府应当建立动物疫病防控责任制度。

**第五条** 县级以上人民政府兽医主管部门主管本行政区域内的动物防疫工作。

县级以上人民政府应当按照动物防疫法和国务院规定设立动物卫生监督机构和动物疫病预防控制机构。动物卫生监督机构负责动物、动物产品的检疫工作和其他有关动物防疫的监督管理执法工作。动物疫病预防控制机构承担动物疫病的监测、检测、诊断、流行病学调查、疫情报告以及其他预防、控制等技术工作。

本条例规定的动物疫病预防控制机构的职责，在动物疫病预防控制机构设立前，由动物卫生监督机构行使。

县级以上人民政府发展和改革、财政、商务、卫生、环境保护、水利、林业、渔业、城乡规划、质量技术监督、工商、公安、交通运输等部门，按照各自职责做好动物防疫相关工作。

**第六条** 乡（镇）人民政府、街道办事处应当根据动物疫病防控需要，建立健全动物疫病防控公共服务机构，配备动物防疫管理人员，加强村级防疫员队伍建设，并按照规定职责组织做好本辖区的动物疫病防控工作。

村（居）民委员会应当督促村（居）民依法履行动物防疫义务，配合做好动物防疫工作。

**第七条** 县级以上人民政府应当按照本级人民政府的职责，将动物疫病预防、控制、扑灭、检疫、监督管理和动物防疫基础设施建设，以及动物防疫知识培训等所需经费纳入本级财政预算。

**第八条** 对在动物疫病预防、控制、扑灭过程中强制扑杀的动物、销毁的动物产品和相关物品，以及因依法实施强制免疫造成动物应激死亡的，县级以上人民政府应当按照国家、省有关规定予以补偿。具体补偿办法由省人民政府财政主管部门会同兽医主管部门按照国家有关规定另行制定。

**第九条** 各级人民政府及有关部门应当加强动物防疫知识和法律法规宣传普及。

对在动物防疫工作、动物防疫科学研究和技术推广中做出显著成绩和贡献的单位和个人，各级人民政府及有关部门应当给予表彰和奖励。

# 第二章　动物疫病的预防

**第十条** 动物疫病的监测、预警、免疫、消毒等预防措施，法律、行政法规已有规定的，从其规定。

**第十一条** 设区的市、县（市、区）人民政府兽医主管部门应当根据国家和省动物疫病强制免疫计划，制定本行政区域动物疫病强制免疫实施方案并组织实施。

乡（镇）人民政府、街道办事处应当按照动物疫病强制免疫实施方案，组织本辖区内饲养动物的单位和个人做好动物疫病强制免疫工作。

饲养动物的单位和个人应当依法履行动物疫病强制免疫义务，按照兽医主管部门的要求做好动物疫病强制免疫工作。

**第十二条** 县级以上人民政府兽医主管部门应当根据本行政区域内动物饲养情况，建立动物疫病强制免疫病种的免疫密度和免疫质量评估制度。

免疫密度和免疫质量未达到规定要求的，设区的市、县（市、区）人民政府及其兽医主管部门和乡（镇）人民政府、街道办事处应当按照职责采取相应的整改措施，饲养动物的单位和个人应当按规定进行整改。

**第十三条** 省人民政府兽医主管部门应当根据动物疫病强制免疫计划，按规定做好强制免疫兽用生物制品的采购、调拨和使用管理。

强制免疫兽用生物制品的储存、运输和分发由动物疫病预防控制机构具体负责。

**第十四条** 县级以上人民政府应当建立健全动物疫情监测网络，加强动物疫情监测。

省人民政府兽医主管部门应当制定动物疫病监测计划，设区的市、县（市、区）人民政府兽医主管部门应当根据省动物疫病监测计划，制定本行政区域的动物疫病监测方案。

动物疫病预防控制机构应当按照国务院兽医主管部门和省人民政府兽医主管部门的规定，对动物疫病的发生、流行等情况进行监测，并做好动物疫病的流行病学调查。

**第十五条** 县级以上人民政府兽医主管部门和卫生主管部门应当建立人畜共患传染病防控合作机制，共同制定人畜共患传染病防控方案，组织对易感动物和相关职业人群进行人畜共患传染病的监测，及时通报相关信息，按照职责采取防控措施。

**第十六条** 重大动物疫病动物病料应当由动物疫病预防控制机构采集。未经国务院兽医主管部门或者省人民政府兽医主管部门批准，其他单位和个人不得擅自采集。

科研项目涉及重大动物疫病动物病料保存和病原分离活动的，项目审批部门应当在项目批准前征得省人民政府兽医主管部门同意。

**第十七条** 动物饲养场（养殖小区）应当按规定配备执业兽医或者乡村兽医，建立健全动物防疫制度，落实动物疫病强制免疫、消毒等措施，并做好记录和归档。

动物饲养场（养殖小区）应当按规定向所在地动物卫生监督机构报告动物疫病强制免疫病种的免疫程序、密度和质量等情况，并按规定对引入动物采取隔离措施。

**第十八条** 兴办动物饲养场（养殖小区）、动物隔离场所、动物屠宰加工场所、动物和动物产品无害化处理场所，应当符合动物防疫法规定的动物防疫条件，取得动物防疫条件合格证。

经营动物和动物产品的集贸市场，应当符合国务院兽医主管部门规定的动物防疫条件。

前两款规定场所的兴办者可以在建设前就场所的选址、布局等是否符合动物防疫条件，向县级以上人民政府兽医主管部门书面征询意见，县级以上人民政府兽医主管部门应当在七个工作日内将意见书面告知兴办者。

**第十九条** 动物饲养场（养殖小区）、动物隔离场所、动物屠宰加工场所、动物和动物产品无害化处理场所应当按照国务院兽医主管部门的规定，向动物防疫条件合格证的发证机关报告动物防疫条件情况和防疫制度执行情况。

**第二十条** 禁止动物屠宰加工场所内的动物外运出场。因特殊情况确需外运出场的，应当经所在地动物卫生监督机构同意。

**第二十一条** 动物诊疗机构应当遵守国务院兽医主管部门的规定，执行有关动物诊疗操作技术规范，使用符合国家规定的兽药和兽医器械，做好诊疗活动中的卫生安全防护、消毒、隔离和诊疗废弃物处置等工作。

乡村兽医服务人员在乡村从事动物诊疗活动的，应当按照国务院兽医主管部门的规定进行登记。

**第二十二条** 犬类等动物的饲养者，应当按照县级以上人民政府的规定对犬类等动物进行兽用狂犬病疫苗的免疫接种，办理动物狂犬病免疫证明。

办理犬类等动物准养登记手续的，饲养者应当提供动物狂犬病免疫证明。

**第二十三条** 县级以上人民政府兽医主管部门及有关部门应当加强对动物饲养场（养殖小区）、动物隔离场所、动物屠宰加工厂（场）、动物诊疗机构等的动物防疫知识培训，但不得收取培训费。

## 第三章 重大动物疫情的应急处理

**第二十四条** 重大动物疫情的报告、认定、通报和公布，依照《重大动物疫情应急条例》等相关法律、行政法规执行。

第二十五条 县级以上人民政府应当按照国务院和省人民政府规定，制定本行政区域的重大动物疫情应急预案，并报上一级人民政府兽医主管部门备案。重大动物疫情应急预案应当适时修改、完善。

第二十六条 县级以上人民政府应当设立防治重大动物疫病应急指挥部，统一领导、指挥重大动物疫情应急处理工作。

应急指挥部的办事机构设在同级人民政府兽医主管部门，负责重大动物疫情应急处理的日常工作。

第二十七条 县级以上人民政府根据重大动物疫情应急需要，按照国家规定成立重大动物疫情应急预备队。

乡（镇）人民政府、街道办事处应当确定重大动物疫情应急处置预备人员。

应急预备队和应急处置预备人员应当定期进行培训和演练。

第二十八条 县级以上人民政府及有关部门应当建立健全重大动物疫情应急物资储备制度，根据重大动物疫情应急预案的要求，确保应急处理所需物资的储备。

第二十九条 动物饲养场（养殖小区）、动物隔离场所、动物屠宰加工厂（场）、动物和动物产品集贸市场应当按照重大动物疫情应急预案的要求，制定重大动物疫情应急工作方案，确定重大动物疫情应急预备人员，储备必要的应急处理所需物资。

第三十条 重大动物疫情确认期间，县级以上人民政府兽医主管部门应当立即采取临时隔离控制措施；必要时，县级以上人民政府可以作出封锁决定，并采取扑杀、销毁等措施。

重大动物疫情确认后，县级以上人民政府应当启动相应等级的应急预案，采取封锁、隔离、扑杀、无害化处理、消毒、紧急免疫、疫情监测、流行病学调查等措施，并做好社会治安维护、人的疫病防治、肉食品供应以及动物、动物产品市场监管等工作。

第三十一条 发生动物疫病，尚未构成重大动物疫情的，应当依照动物防疫法等相关法律、行政法规规定，采取控制和扑灭措施。

# 第四章　动物和动物产品的检疫

**第三十二条**　动物卫生监督机构应当依照动物防疫法和国务院兽医主管部门的规定对动物、动物产品实施检疫。

县（市、区）人民政府兽医主管部门可以根据动物防疫工作需要，向乡（镇）或者特定区域派驻兽医机构。

**第三十三条**　动物卫生监督机构的官方兽医具体实施动物、动物产品检疫。

县级以上人民政府应当按照国务院及其有关部门的规定，配备与当地动物检疫监管工作相适应的官方兽医。

动物卫生监督机构可以根据动物检疫工作需要，指定兽医专业人员协助官方兽医实施动物、动物产品检疫，所需经费由同级财政承担；指定的兽医专业人员应当符合省人民政府兽医主管部门规定的条件。

官方兽医在实施检疫和执行监督检查任务时，应当着装整齐、佩戴标志、持证上岗。

**第三十四条**　屠宰、出售、运输动物以及出售、运输动物产品前，货主应当按照国务院兽医主管部门、省人民政府兽医主管部门的规定向所在地动物卫生监督机构申报检疫。

货主申报动物检疫时，应当申明动物品种、来源、免疫、畜禽标识、健康状况以及拟接收单位和调运时间等情况；货主申报动物产品检疫时，应当申明动物产品种类、来源、检验检测以及拟接收单位和调运时间等情况。

货主应当在申报单上签字，并对申报内容的真实性负责。

**第三十五条**　动物屠宰加工厂（场）应当配合做好动物检疫工作，履行下列义务：

（一）为动物检疫提供必要的场所和条件；

（二）其分割的动物产品须具备可以加施检疫标志的包装；

（三）对检疫不合格的动物、动物产品按照国务院兽医主管部门的规定处理；

（四）法律、行政法规规定的其他义务。

第三十六条　有下列情形之一的动物、动物产品，动物卫生监督机构不得核发《动物检疫合格证明》：

（一）染疫或者疑似染疫的；

（二）病死或者死因不明的；

（三）国家规定需要进行实验室疫病检测而未检测或者实验室疫病检测结果不符合要求的；

（四）未按规定实施强制免疫或者未按规定加施畜禽标识的；

（五）分割的动物产品不具备可以加施检疫标志的包装的；

（六）国务院兽医主管部门规定的其他情形。

第三十七条　禁止转让、伪造、变造或者冒用《动物检疫合格证明》或者检疫标志。

# 第五章　动物疫病的可追溯管理

第三十八条　县级以上人民政府兽医主管部门应当加强畜禽标识管理，完善信息采集传输、数据分析处理相关设施，实施动物疫病可追溯管理。

从事动物饲养的单位和个人应当按照国务院兽医主管部门的要求建立养殖档案，对其饲养的动物加施畜禽标识。

第三十九条　从事动物和动物产品经营的单位和个人，应当依法向工商行政管理部门登记。

第四十条　经检疫合格的动物、动物产品到达目的地后，需要在城市、县内分销的，货主应当按规定向购买的经营者开具检疫信息追溯凭证。追溯凭证应当载明原始有效的《动物检疫合格证明》号码等信息，并保证内容真实。

禁止分销下列动物、动物产品：

（一）染疫、疑似染疫或者病死、死因不明的动物；

（二）已超过保质期或者已腐败变质的动物产品；

（三）法律、法规规定的其他不符合质量安全要求的动物、动物产品。

本条第一款规定的购买动物、动物产品的经营者，在城市、县内屠宰、经营和运输动物、动物产品的，应当附有检疫信息追溯凭证。

动物、动物产品检疫信息追溯凭证的具体管理办法由设区的市人民政府组织兽医、商务、卫生、工商、质量技术监督等部门制定。

**第四十一条** 经检疫合格的动物到达目的地后，需要跨城市、县调运的，货主应当在调运前向所在地动物卫生监督机构重新申报检疫。

对符合下列条件的动物，动物卫生监督机构应当及时核发《动物检疫合格证明》：

（一）具有原始有效《动物检疫合格证明》，且证物相符；

（二）畜禽标识符合国家规定；

（三）临床检查健康；

（四）国家规定需要进行实验室疫病检测的，检测结果符合要求。

**第四十二条** 经检疫合格的动物产品到达目的地后，需要跨城市、县调运的，货主应当在调运前向所在地动物卫生监督机构申请换发《动物检疫合格证明》。换发《动物检疫合格证明》不得收取费用。

对符合下列条件的动物产品，动物卫生监督机构应当及时换发《动物检疫合格证明》：

（一）具有原始有效《动物检疫合格证明》，检疫标志完整，且证物相符；

（二）调运的动物产品在国家标准规定的保质期内，无腐败变质。

**第四十三条** 从事动物和动物产品经营的单位和个人，应当按规定建立台账，分别记录动物的产地和饲养场（户）名称、购入日期和数量、畜禽标识等事项，动物产品的产地和生产单位、购入日期和数量、产品保质期等事项。

动物、动物产品经营台账应当真实、完整，保存期限不得少于二年。

# 第六章　动物和动物产品调运的防疫监督

**第四十四条** 对动物疫病实行区域化管理，逐步建立无规定动物疫病区或者无规定动物疫病生物安全隔离区。

第四十五条　对省外调入动物、动物产品实行动物防疫风险评估管理制度。

省人民政府兽医主管部门负责组织对调入动物、动物产品进行动物防疫风险评估。具体办法由省人民政府兽医主管部门制定，报省人民政府批准后实施。

第四十六条　经动物防疫风险评估，调入动物、动物产品具有疫病易发生、传播风险的，设区的市、县（市、区）人民政府兽医主管部门应当采取相应防控措施，通知辖区内经营者暂停调入相关动物、动物产品。经营者应当停止调入，配合兽医主管部门做好防控工作。

第四十七条　从省外调入动物、动物产品的经营者应当在调入动物、动物产品前三个工作日内，向调入地动物卫生监督机构申报备案。申报备案内容包括调入动物、动物产品的品种、数量、产地、目的地、用途、调入时间、入省路线、接收单位等。

经公路从省外调入动物、动物产品的，经营者申报备案的入省路线应当从省人民政府兽医主管部门事先向社会公布的允许通过的入省路线中选择。

从省外调入乳用动物、种用动物及其精液、胚胎、种蛋的，应当在调入前依法到省动物卫生监督机构办理检疫审批手续。

第四十八条　经公路从省外调入动物、动物产品的，应当按照申报备案的入省路线进入本省，并向省人民政府批准设立的公路动物卫生监督检查站报验。公路动物卫生监督检查站应当查验调入动物、动物产品以及《动物检疫合格证明》、检疫标志等有关证章标志，对运输工具、包装物等进行消毒。查验不得收取费用。

经公路、铁路、水路、航空从省外调入动物、动物产品的，或者跨县（市）引进动物用于饲养的，应当在到达目的地后二十四小时内向所在地动物卫生监督机构报告。

# 第七章　病死动物和病死动物产品无害化处理

第四十九条　病死动物和病死动物产品应当按规定进行无害化

处理。

禁止随意弃置病死动物和病死动物产品。

**第五十条** 城市、县人民政府应当按照统筹规划、合理布局的原则组织建设病死动物和病死动物产品无害化处理公共设施，确定运营单位及其相应责任，落实运营经费。

城市、县人民政府应当加强对病死动物和病死动物产品无害化处理公共设施运营的监督管理，并将运营单位的责任区域和位置、联系方式向社会公布。

鼓励社会投资建设病死动物和病死动物产品无害化处理公共设施。

**第五十一条** 动物饲养场（养殖小区）、动物隔离场所、动物屠宰加工厂（场）、专门经营动物的集贸市场等，应当具有符合国务院兽医主管部门规定要求的病死动物和病死动物产品无害化处理设施，对其病死动物和病死动物产品进行无害化处理。

不具有病死动物和病死动物产品无害化处理设施的科研教学单位、动物诊疗机构、小型屠宰场点等，应当将其病死动物和病死动物产品委托无害化处理公共设施运营单位处理。处理费用由委托人按照规定标准承担。

**第五十二条** 农村散养户和城镇居民应当将其病死动物和病死动物产品运送至无害化处理公共设施运营单位，或者向无害化处理公共设施运营单位报告。农村散养户也可以通过深埋等方式对其病死动物和病死动物产品进行无害化处理。

无害化处理公共设施运营单位接到报告后应当及时收运，并进行无害化处理。收运及无害化处理不得向农村散养户和城镇居民收取费用。

**第五十三条** 违法弃置在江河、湖泊、水库等场所的病死动物和病死动物产品，由负责水域环境卫生的管理部门组织打捞，并运送至无害化处理公共设施运营单位，由无害化处理公共设施运营单位进行无害化处理。

违法弃置在其他公共场所的病死动物和病死动物产品，由所在地市容环境卫生主管部门、乡（镇）人民政府组织清理，并运送至无害化处理公共设施运营单位，由无害化处理公共设施运营单位进行无害化处理。

**第五十四条** 城市、县人民政府应当制定病死动物和病死动物产品无害化处理管理办法，建立病死动物和病死动物产品无害化处理监管工作责任制度、重点场所巡查制度和举报奖励制度，督促有关部门履行无害化处理的监督管理职责。

环境保护、兽医、市容环境卫生、商务等部门应当按照各自职责做好病死动物和病死动物产品无害化处理的监督管理工作。

**第五十五条** 县级以上人民政府应当通过财政补贴等方式鼓励动物饲养单位和个人参加政策性农业保险。享受政府保费补贴的保险合同发生保险理赔的，保险机构应当依据保险合同以及病死动物无害化处理凭据予以理赔。

# 第八章　法律责任

**第五十六条** 违反本条例规定的行为，法律、法规已有处罚规定的，从其规定。

**第五十七条** 违反本条例第十七条第二款规定，动物饲养场（养殖小区）未按规定向所在地动物卫生监督机构报告动物疫病强制免疫病种的免疫程序、密度和质量等情况的，由动物卫生监督机构给予警告，可处一千元以上三千元以下罚款；未按规定对引入动物采取隔离措施的，由动物卫生监督机构责令改正，可处一千元以上一万元以下罚款。

**第五十八条** 违反本条例第十九条规定，取得动物防疫条件合格证的场所未按规定报告动物防疫条件情况和防疫制度执行情况的，由动物卫生监督机构责令限期改正；逾期不改正的，处一千元以上五千元以下罚款。

**第五十九条** 违反本条例第二十条规定，擅自将动物屠宰加工场所内的动物外运出场的，由动物卫生监督机构责令改正，处二千元以上二万元以下罚款。

**第六十条** 违反本条例第二十一条第二款规定，乡村兽医服务人员未经登记从事动物诊疗活动的，由动物卫生监督机构责令停止诊疗活动，没收违法所得，处五百元以上三千元以下罚款。

第六十一条　违反本条例第二十二条第一款规定，犬类等动物的饲养者，未按县级以上人民政府的规定对犬类等动物进行兽用狂犬病疫苗免疫接种的，由动物卫生监督机构责令改正，给予警告；拒不改正的，由动物卫生监督机构代为处理，所需处理费用由违法行为人承担，可处一千元以下罚款。

第六十二条　违反本条例第三十七条规定，冒用《动物检疫合格证明》或者检疫标志的，由动物卫生监督机构责令改正，收缴《动物检疫合格证明》或者检疫标志，没收违法所得，处三千元以上三万元以下罚款。

第六十三条　违反本条例第四十条第一款规定，货主开具虚假检疫信息追溯凭证的，由动物卫生监督机构责令改正，没收违法所得，处二千元以上二万元以下罚款。

第六十四条　违反本条例第四十六条规定，经营者未按规定停止调入动物、动物产品的，由动物卫生监督机构责令停止调入，处二千元以上二万元以下罚款。

第六十五条　违反本条例第四十七条第一款规定，经营者未按规定向调入地动物卫生监督机构申报备案的，由动物卫生监督机构责令改正，可处五百元以上二千元以下罚款。

第六十六条　违反本条例第四十八条第一款规定，未向省人民政府批准设立的公路动物卫生监督检查站报验的，由动物卫生监督机构责令改正，可处二千元以上二万元以下罚款。

违反本条例第四十八条第二款规定，未按规定向所在地动物卫生监督机构报告的，由动物卫生监督机构责令改正，可处五百元以上二千元以下罚款。

第六十七条　各级人民政府、兽医主管部门、有关部门和动物卫生监督机构、动物疫病预防控制机构及其工作人员，未按动物防疫法和本条例规定履行职责的，依法追究责任。

# 第九章　附　　则

第六十八条　水生动物防疫工作由县级以上人民政府渔业主管部门按照国家有关规定执行。

**第六十九条** 本条例所称动物饲养场（养殖小区），是指省人民政府根据《中华人民共和国畜牧法》规定所界定的畜禽养殖场、养殖小区。

**第七十条** 本条例自 2011 年 3 月 1 日起施行。2005 年 11 月 16 日浙江省人民政府发布的《浙江省实施〈中华人民共和国动物防疫法〉办法》同时废止。

# 江西省动物防疫条例

（2003 年 9 月 26 日江西省第十届人民代表大会常务委员会第 5 次会议通过 2013 年 3 月 29 日江西省第十二届人民代表大会常务委员会第 1 次会议修订 自2013 年 5 月 1 日起施行）

## 目　　录

## 第一章　总　　则

**第一条**　为了加强对动物防疫活动的管理，预防、控制和扑灭动物疫病，促进养殖业发展，保护人体健康，维护公共卫生安全，根据《中华人民共和国动物防疫法》和其他有关法律、行政法规的规定，结合本省实际，制定本条例。

**第二条**　本省行政区域内的动物防疫及其监督管理活动适用本条例。

**第三条**　本条例所称动物，是指家畜家禽和人工饲养、合法捕获的其他动物。

本条例所称动物产品，是指动物的肉、生皮、原毛、绒、脏器、脂、血液、精液、卵、胚胎、骨、蹄、头、角、筋以及可能传播动物疫病的奶、蛋等。

本条例所称动物疫病，是指动物传染病、寄生虫病。

本条例所称动物防疫，是指动物疫病的预防、控制、扑灭和动物、动物产品的检疫。

**第四条** 县级以上人民政府应当加强对动物防疫工作的统一领导，将动物防疫纳入本级国民经济和社会发展规划及年度计划，加强基层动物防疫队伍建设，建立健全动物防疫体系，制定并组织实施动物疫病防治规划和应急预案。

县级以上人民政府应当将动物疫病预防、控制、扑灭、检疫和监督管理所需经费纳入本级财政预算，并储备动物疫情应急处理工作所需的防疫物资。

乡镇人民政府、街道办事处应当组织群众协助做好本管辖区域内的动物疫病预防与控制工作。

**第五条** 县级以上人民政府畜牧兽医主管部门主管本行政区域内的动物防疫工作。

县级以上人民政府发展改革、财政、卫生、工商、质量技术监督、商务、公安、交通运输、林业、出入境检验检疫、环保等部门应当按照各自的职责，做好动物防疫工作。

**第六条** 县级以上人民政府设立的动物卫生监督机构负责动物、动物产品的检疫工作和其他有关动物防疫的监督管理执法工作。

县级以上人民政府按照国务院规定设立的动物疫病预防控制机构，承担动物疫病的监测、检测、诊断、流行病学调查、疫情报告以及其他预防、控制等技术工作。

县级人民政府畜牧兽医主管部门根据动物防疫工作需要向乡镇或者特定区域派驻的畜牧兽医机构，承担动物防疫、检疫和公益性技术推广服务工作。

**第七条** 各级人民政府及有关部门、新闻媒体应当加强动物防疫知识和法律、法规的宣传与普及，提高社会公众的动物防疫意识。

**第八条** 对在动物防疫工作、动物防疫科学研究中做出成绩和贡献的单位和个人，各级人民政府及有关部门应当给予表彰、奖励。

## 第二章　动物疫病的预防

**第九条**　省人民政府畜牧兽医主管部门应当根据国家规定制订全省动物疫病强制免疫计划；并可以根据全省动物疫病流行情况增加实施强制免疫的动物疫病病种和区域，报省人民政府批准后执行，并报国务院兽医主管部门备案。

设区的市、县（市、区）人民政府畜牧兽医主管部门应当根据国家和省动物疫病强制免疫计划，制订本行政区域动物疫病强制免疫实施方案并组织实施。

动物疫病强制免疫密度和质量经检查、检测未达到国家规定要求的，各级人民政府及其畜牧兽医主管部门应当按照职责采取相应的整改措施，饲养动物的单位和个人应当按照规定进行整改。

**第十条**　动物疫病预防控制机构应当按照国家和省有关规定，对动物疫病的发生、流行等情况进行监测，及时上报本管辖区域内的动物疫情。省人民政府畜牧兽医主管部门应当根据对动物疫病发生、流行趋势的预测，及时发出动物疫情预警。

**第十一条**　对实施强制免疫后的动物，应当按照国家畜禽标识管理规定建立免疫档案，加施畜禽标识，实施可追溯管理。

按照国家规定应当加施畜禽标识而没有畜禽标识的动物，不得销售和收购。

**第十二条**　从事动物饲养、屠宰、经营、隔离、运输和动物产品生产、经营、加工、贮藏以及动物教学科研等活动的单位和个人，应当按照国家及省有关规定，做好免疫、消毒等动物疫病预防工作。

动物饲养场应当将引进、出售和饲养的动物数量，免疫、兽药使用和病死动物处理等防疫情况做好记录，定期向当地动物卫生监督机构报告，并接受监督检查。

乳用、种用动物饲养场应当开展动物疫病净化工作。

**第十三条**　经铁路、公路、水路、航空运输动物和动物产品的，托运人应当提供检疫证明，承运人凭证运输。运载工具在装载前和卸载后应当及时清洗、消毒。

动物交易市场应当实行休市消毒或者市场区域轮休消毒制度。动物定点屠宰场所、动物产品加工场所应当及时清空活体动物及其排泄物，并做好消毒和消毒登记。

染疫动物及其排泄物、染疫动物产品，病死或者死因不明的动物尸体，运载工具中的动物排泄物以及垫料、包装物、容器等污染物，应当按照国家有关规定处理，不得随意处置。

任何单位和个人不得藏匿、转移、盗掘已被依法隔离、封存、处理的动物和动物产品。

**第十四条** 禁止屠宰、经营、运输下列动物和生产、经营、加工、贮藏、运输下列动物产品：

（一）封锁疫区内与所发生动物疫病有关的；

（二）疫区内易感染的；

（三）依法应当检疫而未经检疫或者检疫不合格的；

（四）染疫或者疑似染疫的；

（五）病死或者死因不明的；

（六）其他不符合国家和省有关动物防疫规定的。

**第十五条** 县级以上人民政府应当按照统筹规划、合理布局的原则，组织建设动物、动物产品无害化处理场所。

大中型动物饲养场应当建设动物无害化处理设施。

**第十六条** 犬类饲养者应当对其饲养的犬只进行兽用狂犬病疫苗的免疫接种，并取得动物狂犬病免疫证明。

# 第三章　动物疫病的控制和扑灭

**第十七条** 县级以上人民政府畜牧兽医主管部门负责本行政区域的动物疫情报告工作。

从事动物疫情监测、检验检疫、疫病研究与诊疗以及动物饲养、屠宰、经营、隔离、运输等活动的单位和个人，发现动物染疫或者疑似染疫的，应当立即向当地人民政府畜牧兽医主管部门、动物卫生监督机构或者动物疫病预防控制机构报告。

省人民政府畜牧兽医主管部门根据授权公布本省动物疫情。

**第十八条** 县级以上人民政府应当按照国务院和省人民政府规定，制定本行政区域的重大动物疫情应急预案，并报上一级人民政府畜牧兽医主管部门备案。

**第十九条** 发生一类动物疫病，或者二类、三类动物疫病呈暴发性流行时，当地县级以上人民政府畜牧兽医主管部门应当立即派人到现场，划定疫点、疫区、受威胁区，调查疫源，及时报请本级人民政府对疫区实行封锁，并将疫情按照国家规定逐级上报，同时通报毗邻地区。

对封锁的疫点、疫区和划定的受威胁区，县级以上人民政府应当组织畜牧兽医、公安、卫生、交通运输、工商、质量技术监督、环保等部门和乡镇人民政府、街道办事处采取相应措施，控制和扑灭动物疫病。

**第二十条** 对封锁的疫点，应当采取下列措施：

（一）按照国家规定，扑杀并销毁染疫动物和易感染的动物及其产品；

（二）对病死的动物尸体、动物排泄物、被污染饲料、垫料、污水进行无害化处理；

（三）对被污染的物品、交通工具、用具、动物圈舍、场地进行严格消毒。

**第二十一条** 对封锁的疫区，应当采取下列措施：

（一）在疫区周围设置警示标志，并在出入疫区的交通路口临时设置动物检疫消毒站，对出入人员、运载工具和有关物品进行消毒；

（二）按照国家规定，扑杀并销毁染疫、疑似染疫及其同群动物，销毁染疫和疑似染疫的动物产品，对其他易感染的动物实行圈养或者指定地点放养，役用动物限制在指定区域内使役；

（三）及时监测易感染的动物，按照国家规定实施紧急免疫接种，必要时对易感染的动物进行扑杀；

（四）关闭与疫病有关的动物、动物产品交易市场，禁止与疫病有关的动物进出疫区和动物产品运出疫区；

（五）对动物的运载工具、用具、圈舍、排泄物、垫料、污水和其他可能受污染的物品和场地，进行消毒或者无害化处理。

第二十二条　疫区内有关单位和个人，应当遵守县级以上人民政府及其畜牧兽医主管部门依法作出的有关控制、扑灭动物疫病的规定。

第二十三条　对划定的受威胁区，应当采取紧急预防措施，对易感染的动物进行监测，根据需要对易感染的动物实施紧急免疫接种，建立免疫带。

第二十四条　自疫区内最后一头（只）发病动物及其同群动物处理完毕起，经动物疫病预防控制机构通过对所发疫病一个潜伏期以上的监测，未再出现新的病例的，彻底消毒后，经上级人民政府畜牧兽医主管部门组织验收合格，由原决定封锁的人民政府解除封锁，撤销疫区，并通报毗邻地区和有关部门，同时报上一级人民政府备案。

第二十五条　发生人畜共患传染病时，县级以上人民政府畜牧兽医、卫生主管部门及有关单位，应当及时互相通报情况，并按照各自的职责及时采取预防、控制措施。

第二十六条　为了控制、扑灭动物疫病，经省人民政府批准设立的动物卫生监督检查站，依法对出入省境的动物、动物产品实施验证查物，对运载工具实施消毒。

用于动物防疫和动物卫生监督的车辆，应当使用国务院兽医主管部门统一规定的标志。

# 第四章　动物和动物产品的检疫

第二十七条　动物卫生监督机构应当按照国家动物检疫管理规定对动物、动物产品实施检疫。

动物卫生监督机构的官方兽医，具体实施动物、动物产品检疫。官方兽医应当具备国家规定的资格条件并经畜牧兽医主管部门任命。

动物卫生监督机构根据动物检疫工作需要，可以指定兽医专业人员协助官方兽医实施动物、动物产品检疫。

官方兽医在实施检疫和执行监督检查任务时，应当着装整齐，佩戴标志，持证上岗。

**第二十八条** 动物、动物产品的检疫，实行检疫申报制度。

动物、动物产品在离开饲养地、产地之前，货主应当按照下列时限规定向当地动物卫生监督机构申报检疫：

（一）出售、运输动物产品和供屠宰、继续饲养的动物提前三个工作日；

（二）出售、运输乳用动物、种用动物及其精液、卵、胚胎、种蛋，以及参加展览、演出和比赛的动物提前十五个工作日。

因生产、生活特殊需要，出售、调运和携带动物或者动物产品的，随报随检。

**第二十九条** 出售或者运输的动物，经检疫符合下列条件的，由动物卫生监督机构出具检疫证明：

（一）来自非封锁区或者未发生相关动物疫情的饲养场（户）；

（二）按照国家和省有关规定进行了强制免疫，并在有效保护期内；

（三）临床检查健康；

（四）国家规定需要进行实验室疫病检测的，检测结果符合要求；

（五）养殖档案相关记录和畜禽标识符合国家规定。

乳用、种用动物和宠物，还应当符合国家规定的健康标准。

**第三十条** 出售或者运输的种用动物精液、卵、胚胎、种蛋，经检疫符合下列条件的，由动物卫生监督机构出具检疫证明：

（一）来自非封锁区或者未发生相关动物疫情的种用动物饲养场；

（二）供体动物按照国家和省有关规定进行了强制免疫，并在有效保护期内；

（三）供体动物符合动物健康标准；

（四）国家规定需要进行实验室疫病检测的，检测结果符合要求；

（五）供体动物养殖档案相关记录和畜禽标识符合国家规定。

**第三十一条** 出售或者运输的生皮、原毛、绒、骨、角等产品，经检疫符合下列条件的，由动物卫生监督机构出具检疫证明：

（一）来自非封锁区或者未发生相关动物疫情的饲养场（户）；

（二）按照有关规定消毒合格；

（三）国家规定需要进行实验室疫病检测的，检测结果符合要求。

**第三十二条** 屠宰场（厂、点）应当为动物卫生监督机构提供开展检疫工作必要的条件。

**第三十三条** 屠宰前，货主应当按照国务院兽医主管部门的规定向当地动物卫生监督机构申报检疫。

动物卫生监督机构的官方兽医应当到屠宰场现场实施健康检查，查验畜禽标识和检疫证明。经查验合格的动物，方可进入待宰间备宰。畜禽标识和检疫证明由官方兽医回收并保存一年备查。

**第三十四条** 动物卫生监督机构的官方兽医应当在动物屠宰过程中实施同步检疫。胴体及分割、包装的动物产品，经检疫符合下列条件的，由动物卫生监督机构出具检疫证明、加施检疫标志：

（一）无规定的传染病和寄生虫病；

（二）符合国家规定的相关屠宰检疫规程要求；

（三）国家规定需要进行实验室疫病检测的，检测结果符合要求。

生皮、原毛、绒、骨、角的检疫还应当符合本条例第三十一条有关规定。

**第三十五条** 对检疫不合格的动物、动物产品，货主应当在动物卫生监督机构监督下作防疫消毒和无害化处理，或者予以销毁，其费用和损失由货主承担。

**第三十六条** 从省外引进乳用、种用动物及其精液、胚胎、种蛋的货主，应当向省动物卫生监督机构申请办理审批手续，并依法取得检疫证明。引进的乳用、种用动物，应当按照国家有关规定隔离观察，合格后方可投入使用。

从省外引进用于饲养的非乳用、种用动物，货主应当向输入地县级动物卫生监督机构报告，并接受监督检查。

# 第五章　动物防疫监督

**第三十七条**　动物卫生监督机构执行监督检查任务，可以采取下列措施，有关单位和个人不得拒绝或者阻碍：

（一）对动物、动物产品按照国家规定采样、留验、抽验；

（二）对染疫或者疑似染疫的动物、动物产品及相关物品进行隔离、查封、扣押和处理；

（三）对依法应当检疫而未经检疫的动物实施补检；

（四）对依法应当检疫而未经检疫的动物产品，具备补检条件的实施补检，不具备补检条件的予以没收销毁；

（五）查验检疫证明、检疫标志和畜禽标识；

（六）进入有关场所调查取证，查阅、复制与动物防疫有关的资料。

**第三十八条**　畜禽标识和检疫证明、检疫标志的格式和管理，按照国务院兽医主管部门的规定执行。

任何单位和个人不得转让、伪造、变造畜禽标识和检疫证明、检疫标志。

**第三十九条**　兴办动物饲养场（养殖小区）和隔离场所，动物屠宰加工场所，以及动物和动物产品无害化处理场所，应当依法取得县级以上人民政府畜牧兽医主管部门颁发的动物防疫条件合格证，并遵守有关动物防疫规定，接受动物卫生监督机构的监督检查。

经营动物、动物产品的集贸市场应当具备国家规定的动物防疫条件，并接受动物卫生监督机构的监督检查。

**第四十条**　设立从事动物诊疗活动的机构，应当具有相应的专业技术人员和诊疗设备，经县级以上人民政府畜牧兽医主管部门审查合格，取得动物诊疗许可证，并遵守有关动物防疫规定。

# 第六章　法律责任

**第四十一条**　违反本条例第十一条第一款规定，饲养单位和个人拒绝、不按照规定执行国家畜禽标识制度的，由畜牧兽医主管部门责令改正。

违反本条例第十一条第二款规定，销售、收购依法应当具有畜禽标识而没有畜禽标识的动物的，由畜牧兽医主管部门责令改正，可以处五百元以上二千元以下罚款。

**第四十二条** 违反本条例第十三条第一款规定，动物、动物产品的运载工具在装载前和卸载后没有及时清洗、消毒的，由动物卫生监督机构责令限期改正，给予警告；拒不改正的，由动物卫生监督机构代作处理，所需处理费用由违法行为人承担，可以处五百元以上一千元以下罚款。

违反本条例第十三条第三款规定，不按照国家规定处置染疫动物及其排泄物、染疫动物产品，病死或者死因不明的动物尸体，运载工具中的动物排泄物以及垫料、包装物、容器等污染物的，由动物卫生监督机构责令无害化处理，所需处理费用由违法行为人承担，可以处一千元以上三千元以下罚款。

违反本条例第十三条第四款规定，藏匿、转移、盗掘已被依法隔离、封存、处理的动物和动物产品的，由动物卫生监督机构责令改正，处一千元以上三千元以下罚款；情节严重的，处三千元以上一万元以下罚款。

**第四十三条** 违反本条例第二十二条规定，不遵守县级以上人民政府及其畜牧兽医主管部门依法作出的有关控制、扑灭动物疫病规定的，由动物卫生监督机构责令改正，处一千元以上三千元以下罚款；情节严重的，处三千元以上一万元以下罚款。

**第四十四条** 违反本条例第三十六条规定，未办理审批手续，从省外引进乳用、种用动物及其精液、胚胎、种蛋的，由动物卫生监督机构责令改正，处二千元以上一万元以下罚款；发生动物疫病的，处一万元以上三万元以下罚款；情节严重的，处三万元以上十万元以下罚款。

**第四十五条** 违反本条例第三十八条第二款规定，转让、伪造、变造畜禽标识或者检疫证明、检疫标志的，由动物卫生监督机构没收违法所得，收缴畜禽标识或者检疫证明、检疫标志，处三千元以上一万元以下罚款；情节严重的，处一万元以上三万元以下罚款。

**第四十六条** 违反本条例第四十条规定，未取得动物诊疗许可证从事动物诊疗活动的，由动物卫生监督机构责令停止诊疗活动，没收违法所得；违法所得在三万元以上的，并处违法所得一倍以上三倍以下罚款；没有违法所得或者违法所得不足三万元的，并处五千元以上三万元以下罚款。

动物诊疗机构违反本条例规定，造成动物疫病扩散的，由动物卫生监督机构责令改正，处一万元以上五万元以下罚款；情节严重的，由发证机关吊销动物诊疗许可证。

**第四十七条** 县级以上人民政府畜牧兽医主管部门及其工作人员有下列行为之一的，由本级人民政府责令改正，通报批评；对直接负责的主管人员和其他直接责任人员依法给予处分：

（一）未及时采取预防、控制、扑灭等措施的；

（二）对不符合条件的颁发动物防疫条件合格证、动物诊疗许可证，或者对符合条件的拒不颁发动物防疫条件合格证、动物诊疗许可证的；

（三）其他未依照本条例规定履行职责的行为。

**第四十八条** 动物卫生监督机构及其工作人员有下列行为之一的，由本级人民政府或者畜牧兽医主管部门责令改正，通报批评；对直接负责的主管人员和其他直接责任人员依法给予处分：

（一）对未经现场检疫或者检疫不合格的动物、动物产品出具检疫证明、加施检疫标志，或者对检疫合格的动物、动物产品拒不出具检疫证明、加施检疫标志的；

（二）对附有检疫证明、检疫标志的动物、动物产品重复检疫的；

（三）从事与动物防疫有关的经营性活动，或者在国务院和省财政部门、物价主管部门规定外加收费用、重复收费的；

（四）其他未依照本条例规定履行职责的行为。

**第四十九条** 动物疫病预防控制机构及其工作人员有下列行为之一的，由本级人民政府或者畜牧兽医主管部门责令改正，通报批评；对直接负责的主管人员和其他直接责任人员依法给予处分：

（一）未履行动物疫病监测、检测职责或者伪造监测、检测结果的；

（二）发生动物疫情时未及时进行诊断、调查的；

（三）其他未依照本条例规定履行职责的行为。

**第五十条** 违反本条例规定，依法应当给予治安管理处罚的，由公安机关依法给予处罚；构成犯罪的，依法追究刑事责任。

# 第七章 附 则

**第五十一条** 本条例自 2013 年 5 月 1 日起施行。

# 湖北省动物防疫条例

（2011 年 8 月 3 日湖北省第十一届人民代表大会常务委员会第 25 次会议通过）

## 目 录

## 第一章 总 则

**第一条** 为了加强动物防疫管理，预防、控制和扑灭动物疫病，促进养殖业发展，保护人体健康，维护公共卫生安全，根据《中华人民共和国动物防疫法》等法律、行政法规的规定，结合本省实际，制定本条例。

**第二条** 本条例适用于本省行政区域内的动物防疫及其监督管理活动。

本条例所称动物，是指家畜家禽和人工饲养、合法捕获的其他动物。

进出境动物、动物产品的检疫，依照国家相关法律、行政法规的规定执行。

**第三条** 对动物疫病实行预防为主的方针，坚持免疫为主、综合防控、突出重点、全程监管、确保安全。

**第四条** 各级人民政府应当将动物防疫纳入国民经济和社会发展规划及年度计划，制定并组织实施动物疫病防治规划，建立完善动物防疫体系，实行目标管理责任制。

县级以上人民政府应当加强动物防疫基础工作，完善基层动物防疫组织及队伍建设，指导、帮助其开展动物防疫工作。

乡镇人民政府、街道办事处应当根据动物疫病防控需要，建立健全动物疫病防控公共服务体系，配备动物防疫公益性服务人员，开展动物防疫工作。

社区、村（居）民委员会应当协助当地人民政府开展动物防疫工作，督促、引导村（居）民依法履行动物防疫义务。

**第五条** 县级以上人民政府应当将动物疫病预防、控制、扑灭、监测、可追溯体系建设，动物卫生监督管理，动物和动物产品违禁物监测，基层防疫队伍培训等所需经费纳入本级财政预算。

省人民政府组织制定和落实基层动物防疫人才引进、培养及生活待遇保障等制度，对长期在基层服务的动物防疫人员在聘用及职称评审、晋升中予以政策倾斜；每年安排资金用于乡、镇、村动物防疫人员的实用技术培训。

**第六条** 县级以上人民政府兽医行政主管部门负责本行政区域内的动物防疫工作，组织实施动物疫病防控、检疫监督、突发重大疫情应急管理以及基层防疫队伍培训等工作。

县级以上人民政府其他相关部门在各自职责范围内做好动物防疫工作。

县级人民政府兽医行政主管部门依法派驻乡镇或者特定区域的兽医工作机构，在规定的职责范围内做好动物防疫监督管理工作。

**第七条** 县级以上人民政府动物卫生监督机构依法具体负责动物、动物产品的检疫，动物产品安全和兽药等投入品监管以及其他有关动物防疫的监督管理工作。

县级以上人民政府动物疫病预防控制机构承担动物疫病的监测、检测、诊断、流行病学调查、疫情报告以及其他预防、控制、培训等相关技术工作。

第八条　县级以上人民政府及有关部门应当鼓励、支持动物防疫技术与产品的研究、开发，推广先进适用的科学研究成果，重点支持高新技术的应用研究，提高动物疫病防治的科学技术水平。

各级人民政府及有关部门、各新闻媒体应当加强动物防疫知识和法律法规的宣传，提高社会公众的动物防疫意识，增强动物疫病防控能力。

对在动物防疫工作中做出显著成绩的单位和个人，给予表彰和奖励。

# 第二章　动物疫病的预防

第九条　省人民政府兽医行政主管部门按照国家动物疫病分类管理制度，结合本省动物疫病流行情况，确定并公布全省重点管理的动物疫病病种。

县级以上人民政府兽医行政主管部门根据上级人民政府兽医行政主管部门制定的强制免疫计划和本行政区域动物疫病流行情况，提出强制免疫计划，报同级人民政府批准后组织实施。

第十条　乡镇人民政府、街道办事处应当按照动物疫病强制免疫计划，组织、督促饲养动物的单位和个人做好强制免疫工作。

动物饲养场（养殖小区）应当配备执业兽医或者乡村兽医，落实动物疫病强制免疫、消毒等措施，并向当地人民政府动物卫生监督机构报告动物疫病强制免疫病种的免疫程序、密度和质量等情况。

散养动物的单位和个人应当接受、配合兽医行政主管部门实施强制免疫工作。

第十一条　省人民政府兽医行政主管部门应当根据动物强制免疫计划，做好相关疫苗的采购、储运、调拨和使用管理，开展疫苗质量和免疫效果监控。

第十二条　对动物疫病实施区域化管理，逐步建立无规定动物疫病区或者无规定动物疫病生物安全隔离区，并由县级以上人民政府兽医行政主管部门制定相关区域建设方案，报同级人民政府批准后组织实施。

**第十三条** 兽医行政主管部门应当加强畜禽标识管理，建立动物疫病可追溯制度。动物饲养场（养殖小区）应当在当地人民政府动物卫生监督机构的监督下，对强制免疫的动物加施畜禽标识，建立免疫档案；强制免疫的散养动物，由动物防疫员加施畜禽标识，建立免疫档案。

**第十四条** 省人民政府兽医行政主管部门负责组织对全省动物疫病状况进行风险评估，根据对动物疫病发生、流行趋势的预测，制定相应的动物疫病预防、控制措施，及时发布动物疫情预警。各级人民政府接到动物疫情预警后，应当采取相应的预防、控制措施。

**第十五条** 动物疫病预防控制机构根据全省动物疫情监测计划，具体实施本行政区域的动物疫病监测，对动物强制免疫病种的免疫密度和免疫质量进行评价。免疫密度和免疫质量未达到规定要求的，由当地县级人民政府兽医行政主管部门监督整改。

从事动物饲养、屠宰、经营、隔离、运输以及动物产品生产、经营、加工、贮藏等活动的单位和个人，应当配合做好动物疫病监测相关工作，不得拒绝或者阻碍。

**第十六条** 兽医行政主管部门和卫生行政主管部门应当建立人畜共患病防控合作机制，及时通报相关信息，按照各自职责采取综合防控措施。

**第十七条** 重大动物疫病动物病料必须由动物疫病预防控制机构采集。未经省级以上人民政府兽医行政主管部门批准，其他任何单位和个人不得擅自采集。

**第十八条** 动物饲养场（养殖小区）、动物隔离场所、动物屠宰加工场所、动物和动物产品无害化处理场所应当依法办理动物防疫条件合格证。

动物卫生监督机构对动物饲养场（养殖小区）、动物隔离场所、动物屠宰加工场所、动物和动物产品无害化处理场所的动物防疫条件进行监督检查，发现不符合动物防疫条件的，应当及时责令其限期整改。

**第十九条** 从事动物饲养、屠宰、经营、隔离、运输、演出、比赛、展览、教学、研究、实验以及动物产品生产、经营、加工、贮藏、运输等活动的单位和个人，应当依法做好免疫、消毒等动物疫病预防工作。

第二十条 活禽经营市场应当建立健全活禽摆放、宰杀和销售相分离，定期休市、消毒，废弃物无害化处理等制度。

在活禽经营市场从事活禽经营的，应当建立购销台账，并在经营点公示动物检疫合格证明。

第二十一条 加强和完善犬类免疫接种工作。市州、县人民政府可以根据本地实际情况对犬类狂犬病免疫接种制定具体管理办法，犬类饲养者应当按照规定对其饲养犬进行狂犬病免疫接种。

县级以上人民政府价格主管部门应当加强对兽用狂犬病疫苗价格的监管。

第二十二条 染疫和疑似染疫动物及其产品和排泄物，病死和因病扑杀的动物，死因不明的动物尸体，运载工具中的动物排泄物、垫料、包装物、容器、污水等，应当按照规定进行无害化处理。

# 第三章 动物疫情的报告与处置

第二十三条 县级以上人民政府兽医行政主管部门负责本行政区域的动物疫情报告工作。

从事动物疫情监测、检验检疫、疫病研究与诊疗以及动物饲养、屠宰、经营、隔离、运输等活动的单位和个人，发现动物染疫或者疑似染疫的，应当立即向当地人民政府兽医行政主管部门、动物卫生监督机构或者动物疫病预防控制机构报告。

第二十四条 出入境检验检疫机构发现动物疫情，应当及时向当地人民政府兽医行政主管部门通报。

第二十五条 省人民政府兽医行政主管部门根据授权公布动物疫情，其他单位和个人不得发布动物疫情。

第二十六条 县级以上人民政府应当加强动物疫情的应急管理，完善应急预案，组建应急队伍，开展培训演练，建立健全重大动物疫情应急物资储备制度。

第二十七条 县级以上人民政府兽医行政主管部门接到动物疫

病报告后，应当立即派人进行现场调查，怀疑为重大动物疫情的，应当及时采集病料送省动物疫病预防控制机构进行诊断。

重大动物疫情确认期间，县级以上人民政府兽医行政主管部门应当立即采取临时隔离控制等相关措施。

经省动物疫病预防控制机构诊断，省兽医行政主管部门认定为重大或者疑似重大动物疫情的，当地人民政府兽医行政主管部门应当划定疫点、疫区、受威胁区，调查疫源，及时报请同级人民政府对疫区实行封锁。当地人民政府应当立即启动相应的应急预案，组织相关部门依法进行处置。

**第二十八条** 对在动物疫病预防和控制、扑灭过程中强制扑杀的动物、销毁的动物产品和相关物品，或者因依法实施强制免疫造成动物应激死亡的，县级人民政府应当先期按照国家和省规定的补偿标准及时给予补偿，并按照规定程序上报。

鼓励动物饲养单位和个人参加政策性农业保险和商业保险，降低养殖业风险，减少动物饲养单位和个人的损失。

# 第四章　动物和动物产品的检疫

**第二十九条** 动物卫生监督机构的官方兽医具体实施动物、动物产品检疫，并对检疫结论负责。

县级人民政府动物卫生监督机构根据检疫工作的需要，可以委托符合国家、省规定条件的兽医专业人员协助官方兽医在乡村开展动物检疫工作。

官方兽医在实施检疫时，应当出示行政执法证件，佩戴统一标志。

**第三十条** 屠宰、出售或者运输动物以及出售或者运输动物产品前，货主应当按照规定向当地人民政府动物卫生监督机构申报检疫。

动物卫生监督机构接到检疫申报后，应当及时指派官方兽医对动物、动物产品实施现场检疫；检疫合格的，出具检疫证明、加施检疫标志。

**第三十一条** 省人民政府兽医行政主管部门确定的规模动物饲

养场（养殖小区）应当对所饲养的动物及其动物产品开展违禁物自检，动物卫生监督机构应当进行监督检查和抽检。

第三十二条　在动物交易市场从事动物经营活动的，货主应当提供有效的动物检疫合格证明。无有效检疫合格证明的，应当向驻场动物卫生监督机构的官方兽医申报检疫。

第三十三条　对生猪等动物定点屠宰的，实行集中检疫，屠宰检疫由动物卫生监督机构实施。屠宰企业应当开展违禁物检测，并接受驻场官方兽医的监督，检疫检测合格的动物产品，凭官方兽医出具的检疫合格证明及检疫标志出场（厂、点）。

农民个人自宰自食家畜应当提前向所在地官方兽医或者受委托的兽医专业人员申报检疫，官方兽医或者兽医专业人员应当及时检疫，屠工凭动物检疫合格证明屠宰。

第三十四条　对检疫合格未经熟制的动物产品进行分割、分装后，以包装形式销售的，经营者应当在官方兽医的监督下加施检疫标志。

第三十五条　跨市、州引进乳用、种用动物，货主应当向输入地动物卫生监督机构报告，按照有关规定隔离观察后方可混群饲养。

第三十六条　从事动物收购、贩卖、运输的企业（合作社、经纪人），应当在当地县级人民政府动物卫生监督机构备案。

第三十七条　餐饮服务经营者、集体伙食单位以及从事肉食品加工的单位和个人，应当使用经检疫合格的动物和动物产品，并接受动物卫生监督机构的监督检查。

# 第五章　动物诊疗

第三十八条　动物诊疗实行许可制度。

从事动物诊疗活动的机构，应当具备法定的条件，取得县级以上人民政府兽医行政主管部门核发的动物诊疗许可证，并在规定的诊疗活动范围内开展动物诊疗活动。

禁止伪造、变造、转让、出租、出借动物诊疗许可证。

第三十九条　动物诊疗机构应当严格执行有关动物诊疗操作技

术规范，使用符合国家规定的兽药和兽医器械，做好诊疗活动中的卫生安全防护、消毒、隔离、诊疗废弃物处置以及诊疗记录等工作。

乡村兽医在乡村从事动物诊疗活动的，应当按照规定进行登记。

**第四十条** 动物诊疗机构不得有下列行为：

（一）聘用未取得执业兽医资格证书或者未办理注册手续的人员从事动物诊疗活动；

（二）随意抛弃病死动物、动物病理组织或者医疗废弃物；

（三）排放未经无害化处理或者处理不达标的诊疗废水；

（四）使用假、劣兽药；

（五）从事兽用生物制品的经营活动；

（六）无诊疗记录；

（七）其他违反国家有关规定的行为。

# 第六章  动物卫生监督管理

**第四十一条** 动物卫生监督机构依法对动物饲养、屠宰、经营、隔离、运输以及动物产品生产、经营、加工、贮藏、运输等活动中的动物防疫实施监督管理，其经费实行全额预算管理。

**第四十二条** 动物卫生监督机构执行监督检查任务，可以采取下列措施，有关单位和个人不得拒绝或者阻碍：

（一）对动物、动物产品按照规定采样、留验、抽检；

（二）对染疫或者疑似染疫的动物、动物产品及相关物品进行隔离、查封、扣押和处理；

（三）对依法应当检疫而未经检疫的动物实施补检；

（四）对依法应当检疫而未经检疫的动物产品，具备补检条件的实施补检，不具备补检条件的予以没收销毁；

（五）查验检疫证明、检疫标志和畜禽标识；

（六）进入有关场所调查取证，查阅、调取与动物防疫有关的档案、资料。

动物卫生监督机构根据动物疫病预防、控制需要，经当地县级以上人民政府批准，可以在车站、港口、机场等相关场所派驻官方兽医。

**第四十三条** 为控制动物疫病的传播，必要时经省人民政府批准可以在省际主要公路、高速公路、港口等出入口设立临时性动物防疫监督检查站，实施动物及动物产品查证、验物、消毒等动物防疫工作。

# 第七章 法律责任

**第四十四条** 违反本条例规定，法律、行政法规有处罚规定的，从其规定。

**第四十五条** 跨市、州引进乳用、种用动物，货主未按规定隔离观察的，由县级以上人民政府动物卫生监督机构给予警告、责令改正；拒不改正的，处 500 元以上 2 000 元以下罚款；直接混群饲养引发动物疫病的，处 2000 元以上 1 万元以下罚款。

**第四十六条** 违反本条例规定，有下列行为之一，由县级以上人民政府动物卫生监督机构给予警告、责令改正；拒不改正的，处 500 元以上 2 000 元以下罚款；情节严重的，处 2 000 元以上 5 000 元以下罚款：

（一）活禽经营市场未建立或者未执行活禽摆放、宰杀和销售相分离，定期休市、消毒，废弃物无害化处理等制度的；

（二）活禽经营市场内的活禽经营者未按规定建立购销台账或者未在经营点公示动物检疫合格证明的；

（三）屠工未查验动物检疫合格证明为农民屠宰自食家畜的；

（四）对检疫合格未经熟制的动物产品进行分割、分装后，以包装形式销售，未加施检疫标志的；

（五）企业（合作社、经纪人）从事动物收购、贩卖、运输，未依法在当地县级人民政府动物卫生监督机构备案的。

**第四十七条** 餐饮服务经营者、集体伙食单位以及从事肉食品加工的单位和个人使用未经检疫或者经检疫不合格的动物和动物产品的，由县级以上人民政府动物卫生监督机构、质量技术监督部门、工商行政管理部门、卫生部门依据各自职责，没收相关动物、动物产品和违法所得，并处同类检疫合格动物、动物产品货值金额3 倍以上 5 倍以下罚款；货值金额难以确定的，对单位处 5 万元以上 10 万元以下罚款，对个人处 5 000 元以上 2 万元以下罚款；情节严重的，由原发证（照）机关依法吊销有关证照。

**第四十八条** 违反本条例第四十条规定，由县级以上人民政府动物卫生监督机构责令改正，没收违法所得，可并处 1 000 元以上 1 万元以下罚款；情节严重的，责令停产停业或者由发证机关依法吊销动物诊疗许可证。

**第四十九条** 国家工作人员违反本条例规定，在动物防疫工作中滥用职权、玩忽职守、徇私舞弊的，由其所在单位或者上级主管部门给予行政处分；构成犯罪的，依法追究刑事责任。

# 第八章 附 则

**第五十条** 本条例自 2011 年 10 月 1 日起施行。1999 年 11 月27 日湖北省第九届人民代表大会常务委员会第十三次会议审议通过的《湖北省实施〈中华人民共和国动物防疫法〉办法》同时废止。

# 广东省动物防疫条例

（2001年12月3日广东省第九届人民代表大会常务委员会第二十九次会议通过　2001年12月11日广东省第九届人民代表大会常务委员会公告第120号公布　根据2010年7月23日广东省第十一届人民代表大会常务委员会第二十次会议通过　2010年7月23日广东省第十一届人民代表大会常务委员会公告第44号公布　自公布之日起施行的《广东省人民代表大会常务委员会关于修改部分地方性法规的决定》修正）

**第一条**　为了加强对动物防疫工作的管理，预防、控制和扑灭动物疫病，促进养殖业发展，保护人体健康，根据《中华人民共和国动物防疫法》和国家有关规定，结合本省实际，制定本条例。

**第二条**　本条例适用于本省行政区域内动物疫病的预防、控制、扑灭和动物、动物产品的检疫等动物防疫活动。

进出境动物、动物产品的检疫，依照《中华人民共和国进出境动植物检疫法》的规定办理。

经检疫合格作为食品的动物、动物产品，其卫生检验、监督，依照《中华人民共和国食品卫生法》的规定办理。

**第三条**　省人民政府兽医主管部门门主管全省的动物防疫工作。

市、县（区）人民政府兽医主管部门门主管本行政区域内的动物防疫工作。

**第四条**　县级以上人民政府兽医主管部门门所属的动物卫生监督机构，依法实施本行政区域内的动物防疫和动物防疫监督。

县级以上动物卫生监督机构可以根据实际需要向乡镇派驻动物防疫监督工作人员实施动物防疫和动物防疫监督。

**第五条**　国家对严重危害养殖业生产和人体健康的动物疫病实

行计划免疫制度。按照国务院兽医主管部门门公布的动物疫病病种名录实施强制免疫的,强制免疫内容应当记入动物免疫证明,并对猪、牛、羊等动物加封免疫标志。畜主凭免疫证明申报产地检疫。畜主未能提供动物免疫证明或者应当加封免疫标志的动物没有免疫标志的,动物卫生监督机构不得出具检疫合格证明。

实施强制免疫以外的动物疫病预防,由县级以上人民政府兽医主管部门门制定计划,报同级人民政府批准后实施。

**第六条** 发现疑似一类动物疫病时,当地县级以上人民政府兽医主管部门门应当立即派人到现场,划定疫点、疫区、受威胁区,采集病料,调查疫源。在作出诊断结论前,禁止疫区内的动物、动物产品及其相关的物品流出疫区。

诊断为动物疫病的,按照《中华人民共和国动物防疫法》有关规定执行;诊断为非动物疫病的,应当立即解除疫点、疫区、受威胁区。

**第七条** 对发生动物疫病并被封锁的疫点、疫区,在所有患病动物及其同栏、同群动物被扑杀、销毁后,经对该病一个潜伏期以上的监测,未再发现染疫动物的,由县级以上人民政府兽医主管部门门确认,报原决定封锁的人民政府解除封锁。

**第八条** 各级人民政府应当安排专项经费,用于补助强制免疫、强制扑杀患病动物、强制消毒、紧急疫情处理和重要疫情监测等防疫工作。

**第九条** 从事动物检疫的人员应当符合国务院兽医主管部门门规定的资格条件,并经省人民政府兽医主管部门门审查合格,领取动物检疫员资格证书。

动物检疫员应当按照检疫规程实施检疫,并对检疫结果负责。

**第十条** 批量出售或者运输动物、动物产品的,货主必须提前一至二日向动物卫生监督机构申报检疫。动物卫生监督机构应当派动物检疫员在动物、动物产品出售或者运输前两小时进行现场检疫。

非批量出售或者运输动物、动物产品的,货主必须把动物或者动物产品送到动物卫生监督机构设置的检疫点检疫。检疫点应当有动物检疫员每天二十四小时值班。

检疫点的设置应当合理，方便群众，有利流通，便于检疫。

**第十一条** 屠宰厂（场、点）、肉类联合加工厂屠宰的动物，必须经动物卫生监督机构检疫合格。

**第十二条** 动物卫生监督机构按照检疫规程对屠宰厂（场、点）、肉类联合加工厂等单位屠宰的动物实施现场同步检疫。对检疫合格的，必须出具动物产品检疫合格证明，并加盖检疫验讫印章或者加封标志。

农民个人自宰自用生猪、牛、羊等动物的，应当向当地动物卫生监督机构申报检疫。

**第十三条** 对染疫动物及其排泄物、染疫动物的产品、病死或者死因不明的动物尸体，应当按照国家有关规定处理，不得随意处置。

**第十四条** 对动物、动物产品的运载工具以及垫料、包装物等与动物、动物产品直接接触的物品，承运人必须在装前和卸后按照国家有关规定进行消毒，并取得动物卫生监督机构出具的消毒证明。

动物交易场所、加工场所应当按照省人民政府兽医主管部门的规定进行消毒。

**第十五条** 检疫证明不得转让、涂改、伪造。

对检疫证明不符合规定的动物、动物产品，动物卫生监督机构应当进行补检、重检。

**第十六条** 从省外调入本省的动物、动物产品，抵达目的地后，货主应当及时向当地动物卫生监督机构报验，缴验检疫证明和消毒证明。经核对无误的方可进仓、屠宰或者调拨、出售、使用。

**第十七条** 动物饲养场、屠宰厂（场、点）、肉类联合加工厂、动物和动物产品贮存场等单位，从事动物、动物产品生产、经营活动，应当向县级以上人民政府兽医主管部门申领动物防疫合格证。

兽医主管部门应当自收到申请之日起三十日内进行审查，对符合国家规定的动物防疫条件的，发给动物防疫合格证。

**第十八条** 种畜、种禽必须达到国家和省规定的健康合格标准。

第十九条 从事动物诊疗活动，应当取得县级以上人民政府兽医主管部门门发放的动物诊疗许可证。申请人领取动物诊疗许可证后，应当向工商行政管理部门申请注册登记，领取营业执照，方可从事动物诊疗活动。

第二十条 申请领取动物诊疗许可证，必须具备下列条件：

（一）具有相应的专业技术人员。技术负责人必须具有兽医大专以上学历或者兽医师以上职称，并有二年以上兽医临床工作经验，其他从事诊疗的人员必须具有兽医中专以上学历或者助理兽医师以上职称，或者本条例施行前已从事兽医诊疗活动三年以上的。

（二）具有国家和省规定的动物诊疗的营业场所和设备设施。

（三）有执行有关动物防疫、动物诊疗法律、法规和规章的管理制度。

第二十一条 申请领取动物诊疗许可证，应当提交下列资料：

（一）申请书；

（二）诊疗人员的学历、职称、执业经验等证明；

（三）有关诊疗场所、设备设施和管理制度的证明材料。

第二十二条 县级以上人民政府兽医主管部门门收到领取动物诊疗许可证申请后，应当依法进行审查，对经营场所和设备设施等情况进行现场查验。对符合法定条件的，应当在收到申请之日起三十日内核发动物诊疗许可证；不符合法定条件的，不予核发动物诊疗许可证，并自收到申请之日起三十日内书面通知申请人。

第二十三条 患有人畜共患传染病的人员不得直接从事动物诊疗以及动物饲养、经营和动物产品生产、经营活动。

第二十四条 违反本条例规定，转让、伪造或者变造检疫证明、检疫标志或者畜禽标识的，由动物卫生监督机构依照《中华人民共和国动物防疫法》第七十九条规定处罚。

第二十五条 违反本条例规定，未取得动物诊疗许可证从事动物诊疗活动的，由动物卫生监督机构责令停止诊疗活动，没收违法所得；违法所得在三万元以上的，并处违法所得一倍以上三倍以下罚款；没有违法所得或者违法所得不足三万元的，并处三千元以上三万元以下罚款。

动物诊疗机构违反本条例规定，造成动物疫病扩散的，由动物卫生监督机构责令改正，处一万元以上五万元以下罚款；情节严重的，由发证机关吊销动物诊疗许可证。

第二十六条 违反法律规定，逃避检疫，引起重大动物疫情，致使养殖业生产遭受重大损失或者严重危害人体健康的，依法追究刑事责任。

第二十七条 动物检疫员违反规定，对未检疫或者检疫不合格的动物、动物产品出具检疫证明、加盖验讫印章的，由其所在单位或者上级管理机关给予记过或者撤销动物检疫员资格的处分；情节严重的，给予开除的处分。

因前款规定的违法行为给有关当事人造成损害的，由动物检疫员所在单位承担赔偿责任。

动物防疫监督工作人员滥用职权，玩忽职守，徇私舞弊，隐瞒和延误疫情报告，伪造检疫结果，构成犯罪的，依法追究刑事责任；尚不构成犯罪的，依法给予行政处分。

第二十八条 违反动物防疫规定的其他行为，法律、行政法规已对其规定行政处罚的，依照其规定处罚。

第二十九条 本条例自 2002 年 1 月 1 日起施行。

# 广西壮族自治区动物防疫条例

（于 2012 年 11 月 30 日广西壮族自治区第十一届
人民代表大会常务委员会第三十一次会议修订　自
2013 年 1 月 1 日起施行）

## 目　　录

# 第一章　总　　则

**第一条**　为了加强对动物防疫活动的管理，预防、控制和扑灭动物疫病，促进养殖业发展，保护人体健康，维护公共卫生安全，根据《中华人民共和国动物防疫法》、国务院《重大动物疫情应急条例》和有关法律、行政法规，结合本自治区实际，制定本条例。

**第二条**　本条例适用于本自治区行政区域内的动物防疫及其监督管理活动。

本条例所称动物，是指家畜家禽和人工饲养、合法捕获的其他动物。

本条例所称动物产品，是指动物的肉、生皮、原毛、绒、脏器、脂、血液、精液、卵、胚胎、骨、蹄、头、角、筋以及可能传播动物疫病的奶、蛋等。

本条例所称病害动物产品，是指染疫、病死、毒死或者死因不明、经检验检疫可能危害人畜健康的动物产品。

本条例所称动物疫病，是指动物传染病、寄生虫病。

本条例所称动物防疫，是指动物疫病的免疫、监测、检验、隔离、扑杀、销毁、消毒、无害化处理等综合性预防、控制和扑灭活动，以及对动物、动物产品的检疫。

本条例所称无害化处理，是指运用焚毁、化制、掩埋或者其他物理、化学、生物学等方法将病害动物、病害动物产品或者附属物进行处理，以消除其所携带的病原体、病害因素的措施。

**第三条** 县级以上人民政府应当根据动物疫病预防与控制需要，建立健全动物疫病预防控制公共服务机构，加强乡镇动物疫病预防组织和村级动物防疫员队伍建设，并按照规定做好本辖区动物疫病的预防与控制工作。

乡镇人民政府、街道办事处应当组织群众协助做好本辖区内动物疫病的预防与控制工作，村民委员会、居民委员会应当协助做好本辖区内动物疫病的预防与控制工作。

**第四条** 县级以上人民政府兽医主管部门主管本行政区域内的动物防疫工作。

县级以上人民政府发展和改革、财政、商务、卫生、环境保护、水利、工商、公安、交通运输、林业、质量技术监督、出入境检验检疫等部门，应当按照各自职责做好动物防疫的相关工作。

县级以上人民政府动物卫生监督机构及其派驻乡、镇或者特定区域的机构负责动物、动物产品的检疫工作和其他有关动物防疫的监督管理执法工作；动物疫病预防控制机构承担动物疫病的监测、检测、诊断、流行病学调查、疫情报告以及其他预防、控制等技术工作。

**第五条** 县级以上人民政府应当将动物防疫纳入国民经济和社会发展规划以及年度计划，建立健全动物疫病可追溯体系和动物防疫物资储备制度，加强死亡动物和病害动物产品无害化处理公共设施建设，将动物疫病预防、控制、扑灭以及动物和动物产品检疫、动物卫生监督、无害化处理运行、村级动物防疫工作等动物防疫经费纳入本级财政预算。

第六条　县级以上人民政府及其兽医主管部门应当加强动物防疫知识的普及和宣传教育；各级动物卫生监督机构、动物疫病预防控制机构应当做好动物防疫知识的技术咨询和技术培训工作。

广播、电视、报刊等新闻媒体应当加强动物防疫知识的宣传，增强全社会对动物疫病疫情的防范意识。

## 第二章　动物疫病的预防、控制和扑灭

第七条　设区的市、县级人民政府兽医主管部门应当根据国家和自治区动物疫病强制免疫计划，制订本行政区域内的动物疫病强制免疫实施方案，报本级人民政府批准后实施，并报上一级人民政府兽医主管部门备案。

第八条　列入国家和自治区规定强制免疫病种目录的动物疫病，实施强制免疫。

饲养动物的单位和个人应当履行动物疫病强制免疫义务，经强制免疫的动物，应当建立和保存动物强制免疫档案，载明免疫情况，加施畜禽标识，实施可追溯管理。

第九条　县级以上人民政府兽医主管部门应当组织实施动物疫病强制免疫病种的免疫密度和免疫质量的评估工作。

免疫密度和免疫质量未达到规定要求的，设区的市、县级人民政府及其兽医主管部门和乡镇人民政府、街道办事处应当按照职责采取相应的整改措施，饲养动物的单位和个人应当按照规定进行整改。

动物疫病预防控制机构在实施动物免疫密度检查、免疫质量评估和动物疫病监测时，需要查阅、复制、拍摄、摘录有关资料的，有关单位和个人不得拒绝或者阻碍；需要采样的，有关单位和个人应当配合协助。

第十条　动物饲养场、养殖小区，动物隔离场所，动物屠宰加工场所，动物、动物产品集贸市场以及动物、动物产品无害化处理场所，应当符合动物防疫条件。动物防疫条件发生变化的，应当向所在地的动物卫生监督机构报告动物防疫条件变化情况和年度防疫制度执行情况。

**第十一条** 动物交易市场应当实行休市消毒或者市场区域轮休消毒制度。动物定点屠宰场所、动物产品加工场所应当每日及时清空活体动物及其排泄物，并做好消毒和消毒登记。

动物交易市场、动物定点屠宰场所和动物产品加工场所，应当提供动物运载工具清洗、消毒的场地和设施设备，及时对动物运载工具卸载后进行清洗、消毒。清洗、消毒费用由货主或者承运人承担，未经清洗、消毒的运载工具不得驶离上述场所。

**第十二条** 自治区和边境设区的市、县级人民政府应当加强边境重大动物疫病预防与控制基础设施建设，防止境外重大动物疫情传入。

禁止任何单位和个人从境外非法引进动物、动物产品。从境外非法进入本自治区的动物、动物产品，查获机关应当立即就近移送出入境检验检疫机构依法处理；涉嫌犯罪的，移送司法机关依法处理。

**第十三条** 单位和个人因科研、教学、生产、防疫等需要采集、引进、保存、运输、使用动物病原体的，应当遵守国家有关病原微生物实验室管理的规定。

重大动物疫病病料由动物疫病预防控制机构采集。其他单位和个人需要采集的，应当经国务院或者自治区人民政府的兽医主管部门批准。

**第十四条** 县级以上人民政府兽医主管部门和卫生主管部门应当建立人畜共患传染病预防与控制合作机制，及时互通相关信息，并按照各自职责采取预防与控制措施。

**第十五条** 县级以上人民政府兽医主管部门应当建立健全动物疫情报告制度，设置并公布动物疫情报告电话，接受单位和个人的疫情报告。

**第十六条** 县级以上人民政府应当依法成立由兽医、卫生、公安、工商、商务、交通运输等行政管理部门和有关专家组成的重大动物疫情应急预备队，定期进行动物疫情预防与控制技术培训和应急演练。

**第十七条** 县级以上人民政府以及有关部门应当建立健全重大动物疫情应急物资储备制度和应急储备金制度，储备应急处置所需的疫苗、药品、设备、防护用品和资金等。

　　**第十八条**　发生重大动物疫情时，当地县级以上人民政府兽医主管部门应当立即划定疫点、疫区和受威胁区，及时向本级人民政府提出启动重大动物疫情应急预案和对疫区实行封锁的建议，并通报毗邻地区。

　　县级以上人民政府应当根据扑灭动物疫情需要，立即组织兽医、卫生、公安、工商、商务、交通运输等行政管理部门和有关单位采取相应的封锁、控制、扑灭、净化等措施，迅速扑灭疫情。

　　**第十九条**　疫区内发病动物及其同群动物处理完毕后，经过一个潜伏期以上的监测，未出现新的病例的，经上一级动物疫病预防控制机构验收合格，由原发布封锁令的人民政府宣布解除封锁，撤销疫区，并通报毗邻地区。

　　**第二十条**　任何单位和个人应当遵守动物防疫的法律、法规以及县级以上人民政府及其兽医主管部门依法作出的有关控制、扑灭动物疫病的规定，不得藏匿、转移、盗掘已被依法隔离、封存和处理的动物、动物产品。

# 第三章　动物、动物产品的检疫

　　**第二十一条**　动物卫生监督机构应当按照法律、法规和国家有关规定对动物、动物产品实施检疫，对染疫或者疑似染疫的动物、动物产品或者死因不明动物进行认定。

　　动物卫生监督机构根据动物检疫工作需要，可以指定兽医专业人员协助检疫。指定的兽医专业人员应当符合自治区规定的条件。

　　**第二十二条**　动物卫生监督机构在进行监督检查时，应当按照规定的范围、条件和程序对动物、动物产品采样、留验和抽检，不得擅自扩大采样、留验和抽检的种类和数量。

　　**第二十三条**　动物定点屠宰场所屠宰动物的，应当按照国家有关规定，提前六小时向所在地动物卫生监督机构申报检疫。

　　**第二十四条**　动物卫生监督机构应当根据检疫工作需要，合理设置动物检疫申报点，并向社会公布。

　　**第二十五条**　货主申报检疫时，应当保证申报内容的真实性，如实申明动物免疫、畜禽标识、健康状况以及拟接收的单位、调运时间和运输方式等情况。

检疫申报人不得采取欺骗、贿赂等手段获取检疫证明和检疫标志。

**第二十六条** 动物定点屠宰场所应当按照下列规定配合做好动物检疫工作：

（一）设置动物、动物产品检疫必要的场所；

（二）凭有效的检疫证明、畜禽标识接收动物；

（三）分割的动物产品应当具备可以加施动物检疫标志的包装；

（四）对检疫不合格的动物、动物产品进行无害化处理。

**第二十七条** 经检疫合格的动物、动物产品到达目的地后，需要转运、分销的，经营者应当向当地动物卫生监督机构申报，换取转运或者分销动物、动物产品所需的动物检疫合格证明。

换取动物检疫合格证明应当符合下列条件：

（一）提供原始有效的动物检疫合格证明，且证明与货物相符，动物的畜禽标识符合规定，动物产品的检疫标志完整；

（二）动物临床检查健康，动物产品在国家或者自治区规定的保质期内且无腐败变质；

（三）依法需要实验室疫病检测的，检测结果合格。

**第二十八条** 进口动物、动物产品需要分销的，货主应当持有入境检验检疫部门出具的入境货物检验检疫合格证明，且证明与货物相符。

**第二十九条** 动物卫生监督机构在监督检查中发现染疫或者疑似染疫的动物、动物产品以及包装物等相关物品，可以依法进行隔离、查封、扣押；对染疫或者疑似染疫的动物、动物产品运载工具以及有关物品，可以依法采取消毒和其他限制性措施。

经检疫为未染疫的，动物卫生监督机构应当立即解除隔离、查封、扣押。经检疫为染疫的，动物卫生监督机构应当按照国家有关规定进行无害化处理，并对运载工具、包装物等相关物品进行消毒，无害化处理和消毒费用由货主承担。运载工具、包装物等相关物品经消毒后应当立即解除查封、扣押和其他限制性措施。

隔离、查封、扣押的动物、动物产品无法查清货主或者货主经通知后拒不到场接受处理的，动物卫生监督机构应当对染疫或者检疫不合格的动物、动物产品进行无害化处理；对检疫合格的动物、动物产品无法返还货主的，按照规定拍卖或者变卖，拍卖或者变卖所得上缴国库。

第三十条　屠宰、经营或者运输动物、动物产品的货主或者承运人，应当持有有效的检疫证明、检疫标志或者畜禽标识。

禁止转让、伪造、变造、冒用检疫证明、检疫标志或者畜禽标识。

# 第四章　死亡动物和病害动物产品的无害化处理

第三十一条　动物饲养人、货主或者承运人应当对染疫动物及其排泄物、染疫动物产品、病害动物产品、病死或者死因不明动物、运载工具中的动物排泄物以及垫料、包装物、容器等污染物，进行无害化处理和消毒，不得随意处置。

弃置在办公区、住宅区、商业区、城市街道、工矿区、开发区、车站、机场、港口、公路、铁路、江河、沟渠、旅游景区、集贸市场等场所的死亡动物、可疑动物产品，由该场所的环境卫生管理部门或者管理单位负责无害化处理。

第三十二条　从事动物、动物产品生产、经营以及动物诊疗、科研等活动的单位和个人，发现动物群体发病或者死亡以及动物、动物产品染疫或者疑似染疫的，应当及时向所在地县级以上动物疫病预防控制机构报告，并在动物卫生监督机构监督下对死亡动物和病害动物产品、染疫或者疑似染疫动物、污染物等进行无害化处理。其行业管理部门应当按照职责做好日常监督管理工作。

城乡居民应当做好自养动物死亡后的无害化处理。

第三十三条　县级以上人民政府应当按照统筹规划、合理布局的原则，制定死亡动物和病害动物产品无害化处理场所建设规划，组织建设无害化处理公共设施，确定运行单位及其相应责任，保障运行经费。

第三十四条　鼓励社会投资建设死亡动物和病害动物产品无害化处理场所或者处理设施。财政部门在设备购置等方面给予补贴。

动物饲养场、养殖小区、动物交易市场和屠宰、加工场所等，应当建立相应的死亡动物和病害动物产品无害化处理设施，并保证其正常运行。未建有无害化处理设施的，应当将死亡动物、病害动物产品及其相关污染物委托具有无害化处理设施的单位处理，所需费用由委托人承担。

兴建无害化处理场所或者处理设施应当符合国家的有关规定。

**第三十五条** 鼓励饲养动物的单位和个人参加政策性农业保险，财政部门按照国家有关规定给予补贴。

# 第五章 法律责任

**第三十六条** 违反本条例第十条规定，未按照规定报告动物防疫条件变化情况和年度防疫制度执行情况的，由动物卫生监督机构责令限期改正；逾期不改正的，处一千元以上五千元以下罚款。

**第三十七条** 违反本条例第十一条规定，动物交易市场不实行休市消毒或者市场区域轮休消毒制度的，由工商行政管理部门责令限期改正，逾期不改正的，处一千元以下罚款；动物定点屠宰场所、动物产品加工场所不按照规定清空活体动物及其排泄物并消毒的，或者动物运载工具卸载后未经清洗、消毒驶离的，由动物卫生监督机构责令限期改正，逾期不改正的，处一千元以下罚款。

**第三十八条** 违反本条例第十三条第二款规定，未经国务院或者自治区人民政府的兽医主管部门批准，擅自采集重大动物疫病病料的，由动物卫生监督机构给予警告，并处一千元以上五千元以下罚款；擅自采集重大动物疫病病料引起重大疫情或者严重危害人体健康，构成犯罪的，依法追究刑事责任。

**第三十九条** 违反本条例第二十条规定，藏匿、转移、盗掘已被依法隔离、封存和处理的动物、动物产品的，由动物卫生监督机构责令改正，处一千元以上一万元以下罚款。

**第四十条** 违反本条例第三十条第二款规定，冒用检疫证明、检疫标志或者畜禽标识的，由动物卫生监督机构收缴检疫证明、检疫标志或者畜禽标识，没收违法所得，并处三千元以上三万元以下罚款。

**第四十一条** 违反本条例第三十一条第一款规定，动物饲养人、货主或者承运人未对染疫动物及其排泄物、染疫动物产品、病害动物产品、病死或者死因不明动物、运载工具中的动物排泄物以及垫料、包装物、容器等污染物进行无害化处理和消毒的，由动物卫生监督机构责令进行无害化处理和消毒，所需费用由违法行为人承担，可以处三千元以下罚款。

**第四十二条** 违反本条例第三十二条第一款规定，从事动物、动物产品生产、经营以及动物诊疗、科研等活动的单位和个人，未对死亡动物和病害动物产品、染疫或者疑似染疫动物、污染物等进行无害化处理的，由动物卫生监督机构责令进行无害化处理，所需费用由违法行为人承担，可以处三千元以下罚款。

**第四十三条** 违反本条例规定的行为，法律、行政法规已有法律责任规定的，从其规定；构成犯罪的，依法追究刑事责任。

# 第六章　附　　则

**第四十四条** 本条例自 2013 年 1 月 1 日起施行。

# 重庆市动物防疫条例

（2013 年 7 月 24 日重庆市第四届人民代表大会常务委员会第四次会议通过）

## 目　　录

## 第一章　总　　则

**第一条**　为了加强对动物防疫活动的管理，预防、控制和扑灭动物疫病，促进养殖业健康发展，维护公共卫生安全，保护人体健康，根据《中华人民共和国动物防疫法》、《重大动物疫情应急条例》等法律、行政法规，结合本市实际，制定本条例。

**第二条**　本市行政区域内的动物防疫及其监督管理活动，适用本条例。

**第三条**　市、区县（自治县）人民政府统一领导本行政区域内的动物防疫工作，将动物防疫纳入本级国民经济和社会发展规划及年度计划，加强动物防疫队伍和动物防疫基础设施建设，建立健全动物防疫体系，制定并组织实施动物疫病防治规划。

乡（镇）人民政府和街道办事处应当根据动物疫病防控需要，

建立健全动物疫病防控责任制度，组织开展动物防疫工作。

**第四条** 市、区县（自治县）人民政府兽医主管部门负责本行政区域内的动物防疫工作。

市、区县（自治县）人民政府发展改革、财政、商务、卫生、林业、渔业、公安、交通、环保、市政、食品药品监管等部门依据各自职责，负责有关的动物防疫工作。

区县（自治县）人民政府兽医主管部门依法派驻乡（镇）、街道办事处或者特定区域的兽医机构，依据各自职责，负责动物疫病的预防、控制等工作。

**第五条** 市、区县（自治县）动物卫生监督机构负责动物、动物产品的检疫工作和其他有关动物防疫的监督管理执法工作。

市、区县（自治县）动物疫病预防控制机构承担动物疫病监测、检测、诊断、流行病学调查、疫情报告以及其他预防、控制等技术工作。

**第六条** 村（居）民委员会应当协助当地人民政府开展免疫、消毒、应急处置等动物防疫工作，督促、引导村（居）民自觉履行动物防疫义务。

**第七条** 从事动物饲养、屠宰、经营及动物产品生产、加工、经营的单位和个人，在其经营区域及业务范围内承担动物防疫和动物产品安全责任。

**第八条** 市人民政府负责组织建设全市范围的无规定动物疫病区，对动物疫病实行区域化管理。

鼓励和支持大型动物饲养场建立生物安全隔离区。

## 第二章　动物疫病的预防

**第九条** 市人民政府兽医主管部门根据国家动物疫病强制免疫计划，制定本行政区域的强制免疫计划。

区县（自治县）人民政府兽医主管部门应当按照市动物疫病防治规划和动物疫病强制免疫计划，结合本行政区域动物疫病流行情况，制定动物疫病强制免疫实施方案，并报本级人民政府批准后组织实施。

乡（镇）人民政府、街道办事处应当按照动物疫病强制免疫实施方案，组织本辖区内饲养动物的单位和个人做好动物疫病强制免疫、消毒等工作。

**第十条** 从事动物饲养、屠宰、经营、隔离、运输以及动物产品生产、经营、加工、运输、贮藏等活动的单位和个人，应当做好免疫、消毒、无害化处理等动物疫病预防工作。

市、区县（自治县）兽医主管部门和乡（镇）、街道兽医机构应当按照便民原则，定期到城市社区、住宅小区和农村地区开展强制免疫宣传教育和技术指导，提供强制免疫服务。饲养动物的单位和个人应当向所在地乡（镇）、街道兽医机构报告动物强制免疫情况，接受动物强制免疫指导和服务。

动物饲养场（养殖小区）应当配备执业兽医或者乡村兽医，建立健全动物防疫制度，按照动物疫病强制免疫实施方案自行实施。动物饲养场（养殖小区）应当对已实施强制免疫的动物加施畜禽标识，建立动物防疫信息免疫档案。

**第十一条** 动物饲养场（养殖小区）应当定期对其饲养的动物开展重大动物疫病和人畜共患传染病检测，并报所在地动物疫病预防控制机构备案。不具备检测条件的，应当委托具备资质的机构进行检测。检测应当有完备的记录。

**第十二条** 动物疫病强制免疫密度和质量未达到国家和本市规定要求的，区县（自治县）人民政府及其兽医主管部门和乡（镇）人民政府、街道办事处应当按照职责采取整改措施，饲养动物的单位和个人应当进行整改。

**第十三条** 市、区县（自治县）人民政府兽医主管部门和卫生主管部门应当建立人畜共患传染病联防联控机制，及时相互通报信息，共同制定人畜共患传染病联防联控方案并按照各自职责组织实施。

**第十四条** 市、区县（自治县）人民政府兽医主管部门应当制定动物疫病监测和流行病学调查计划并组织实施。

市、区县（自治县）动物疫病预防控制机构根据动物疫病监测和流行病学调查结果开展动物疫情分析评估。市人民政府兽医主管部门应当根据动物疫情分析评估结果，及时发布动物疫情预警。

市、区县（自治县）人民政府应当根据动物疫情预警采取相应的预防、控制措施。

  **第十五条** 市、区县（自治县）人民政府应当建立健全动物疫情监测网络，根据当地动物防疫工作需要，建立动物疫情监测和流行病学调查实验室。

  **第十六条** 动物屠宰场所经营者应当回收畜禽标识并交由所在地动物卫生监督机构处置，对圈舍每日进行空圈清洗消毒，按照规定处置病害动物及病害动物产品。

## 第三章 动物疫情的报告与处置

  **第十七条** 从事动物疫情监测、检验检疫、疫病研究与诊疗以及动物饲养、屠宰、经营、隔离、运输等活动的单位和个人，发现动物染疫或者疑似染疫的，应当立即向所在区县（自治县）人民政府兽医主管部门、动物卫生监督机构或者动物疫病预防控制机构报告。

  接到动物疫情报告的单位，应当及时采取必要的控制处理措施，并按照规定程序上报。

  **第十八条** 市人民政府兽医主管部门根据授权公布动物疫情，其他单位和个人不得发布动物疫情。

  **第十九条** 市、区县（自治县）人民政府应当加强动物疫情的应急管理，根据本地区的实际情况制定和完善动物疫情应急预案，加强动物防疫应急处置基础设施建设，组织开展培训和演练。

  **第二十条** 发生重大动物疫情时，市、区县（自治县）人民政府应当根据应急预案或者专项方案，采取封锁、隔离、扑杀、无害化处理、消毒、紧急免疫、疫情监测、流行病学调查等措施，并做好社会治安维护、人的疫病防治、肉食品供应以及动物、动物产品市场监管等工作。

  在重大动物疫情应急处理工作中，乡（镇）人民政府、街道办事处应当根据应急处置要求落实焚烧掩埋场地，协助做好疫情信息收集、报告等各项应急处理工作。

  **第二十一条** 市人民政府应当统筹规划，合理布局动物、动物产品无害化处理场所，组织建设动物隔离场所和主城区的动物、动物产品无害化处理场所。

主城区以外的其他区县（自治县）人民政府应当按照市人民政府的规划要求，组织建设本行政区域内的动物、动物产品无害化处理场所。

**第二十二条** 动物饲养场（养殖小区）业主及动物屠宰场所经营者应当配建与其生产规模相适应的动物、动物产品无害化处理场所或者设施。

**第二十三条** 从事动物饲养、屠宰、经营、隔离、运输的单位和个人，应当对病死或者死因不明的动物尸体进行无害化处理。

任何单位和个人不得随意丢弃动物尸体。

**第二十四条** 在江河、湖泊、水库等场所发现的无主动物尸体，由水域环境卫生责任单位组织打捞，并在动物卫生监督机构的指导下进行无害化处理。

在其他公共场所和乡村地界发现的无主动物尸体，由所在地市容环境卫生责任单位、乡（镇）人民政府组织清理，并在动物卫生监督机构的指导下进行无害化处理。

**第二十五条** 动物尸体无害化处理责任单位和个人不具备无害化处理能力的，应当将动物尸体送交无害化处理场所处理。

无害化处理场所应当建立处理情况档案。

**第二十六条** 申请从事动物诊疗活动的机构，其活动场地、设备、人员等应当符合国家有关规定，并取得区县（自治县）人民政府兽医主管部门核发的动物诊疗许可证。

乡村兽医服务人员只能在农村从事动物诊疗活动，并按照国务院兽医主管部门的规定进行登记。

## 第四章　动物检疫和监督管理

**第二十七条** 动物卫生监督机构的官方兽医具体实施动物、动物产品检疫。检疫中发现动物、动物产品需要进行实验室检测的，应当送具有资质的实验室实施。

区县（自治县）人民政府应当配备与当地动物检疫和监督管理

工作相适应的官方兽医。

区县（自治县）人民政府动物卫生监督机构根据动物检疫工作需要，可以聘请符合条件的兽医协助官方兽医实施动物、动物产品检疫。

**第二十八条** 屠宰、出售、运输动物以及出售、运输动物产品前，货主应当在规定时限内向当地动物卫生监督机构申报检疫。

货主申报动物检疫时，应当申明动物品种、数量、来源、免疫、畜禽标识、健康状况以及拟接收单位和调运时间等情况；货主申报动物产品检疫时，应当申明动物产品种类、数量、来源、检验检测以及拟接收单位和调运时间等情况。货主应当在申报单上签字，并对申报内容的真实性负责。

动物卫生监督机构接到检疫申报后，应当指派官方兽医对动物、动物产品实施现场检疫；检疫合格的，出具检疫证明，加施检疫标志。

**第二十九条** 市人民政府发布动物、动物产品进入本市的指定道口，并设置接受动物防疫监督检查的引导标志。

动物、动物产品输入本市，应当到依法设置的指定道口动物卫生监督检查站接受动物防疫监督检查和消毒，未经检查和消毒的，禁止进入本市。

任何单位和个人不得接收未经动物卫生监督检查站检查输入市内的动物、动物产品。

**第三十条** 对市外输入本市的动物、动物产品，动物卫生监督检查站查验以下证明材料和标志：

（一）对运输乳用、种用动物的，查验动物检疫证明、乳用种用动物检疫审批表、检测报告、畜禽标识；

（二）对运输非乳用、非种用动物的，查验动物检疫证明、备案手续、畜禽标识；

（三）对运输动物产品的，查验动物产品检疫证明、备案手续、检疫标志。

**第三十一条** 运输动物、动物产品途经本市的，必须经指定道口进入。货主或者承运人应当持有效的检疫证明向经过的动物卫生监督检查站报验，并在规定日期内经动物卫生监督机构指定的路线过境。

第三十二条　输入本市的非乳用和非种用动物以及动物产品，市内跨区县（自治县）运输非屠宰用动物的，应当在运输前向输入地动物卫生监督机构备案。

种用、乳用动物输入者应当凭输出地县级以上动物疫病预防控制机构出具的检测合格报告方可输入。

第三十三条　输入本市的非屠宰动物到达目的地后，货主或者承运人应当在二十四小时内向输入地动物卫生监督机构报告。

市外输入本市的种用、乳用动物到达目的地后，按照规定进行隔离检疫，并在隔离检疫期间对隔离的动物进行规定疫病的检测。

市外输入本市的种用、乳用以外的非屠宰动物和市内跨区县（自治县）调运的非屠宰动物到达目的地后，按照规定进行隔离观察。

第三十四条　市人民政府兽医主管部门根据国家和周边省市发生动物疫情状况，对动物防疫风险进行评估，根据评估结果，可以采取暂停动物、动物产品调运等防控措施。

第三十五条　任何单位和个人不得销售、收购、运输、屠宰应当加施畜禽标识而没有加施畜禽标识的动物。

第三十六条　官方兽医执行动物防疫监督检查任务时，应当着佩戴统一标志的工作服装，出示行政执法证件。

第三十七条　销售动物及动物产品实行检疫证明公示制，经营者有义务将销售的动物及动物产品检疫合格证明张贴公示，接受市民监督。

# 第五章　保障措施

第三十八条　市、区县（自治县）人民政府应当将动物疫病预防、控制、扑灭、检疫和监督管理所需经费列入本级财政预算。

第三十九条　市、区县（自治县）人民政府应当根据动物疫情应急预案的要求，建立健全动物疫病防控物资储备制度，做好动物防疫物资的应急储备和保障供给工作。

重大动物疫情应急处置应当配置用于控制和扑灭动物疫病的指

挥、消毒、无害化处理专用车辆并装置警示器具。

**第四十条** 市人民政府兽医主管部门应当会同有关部门研究制定基层动物防疫人才培养规划并组织实施。

**第四十一条** 对在动物疫病预防和控制、扑灭过程中强制扑杀的动物、销毁的动物产品和相关物品，以及因依法实施强制免疫、疫病监测采样造成动物应激死亡的，市、区县（自治县）人民政府应当给予补偿。补偿标准应当定期调整并向社会公布。

**第四十二条** 对从事动物疫病预防、检疫、监测、检验、诊断、监督检查、现场处理疫情以及在工作中接触动物疫病病原体的人员，按照国家规定享受特殊岗位津贴，有关单位应当按照国家规定采取卫生防护和医疗保健措施。

# 第六章　法律责任

**第四十三条** 各级人民政府、有关部门和单位的工作人员在动物防疫工作中滥用职权、玩忽职守或者徇私舞弊的，依法给予处分；构成犯罪的，依法追究刑事责任。

**第四十四条** 违反本条例规定，有下列行为之一的，由动物卫生监督机构责令限期改正，处两百元以上一千元以下罚款：

（一）动物饲养、屠宰、经营、隔离场所以及动物产品生产、经营、加工、贮藏场所未按照规定消毒的；

（二）饲养动物的单位和个人不按照规定进行动物强制免疫的；

（三）动物屠宰场所经营者在屠宰时未回收畜禽标识，或者回收畜禽标识不交由所在地动物卫生监督机构处置的。

**第四十五条** 违反本条例规定，动物饲养场（养殖小区）未按照规定开展重大动物疫病和人畜共患传染病检测或者没有建立完备检测记录的，由动物卫生监督机构责令限期改正，逾期未改正的，处一千元以上五千元以下罚款。

**第四十六条** 违反本条例规定，对病死或者死因不明的动物尸体不进行无害化处理的，由动物卫生监督机构责令无害化处理，所需费用由违法行为人承担，可以处三千元以下罚款。

**第四十七条** 违反本条例规定，有下列行为之一的，由动物卫生监督机构责令改正，处五百元以上二千元以下罚款：

（一）输入种用、乳用动物没有输出地县级以上动物疫病预防控制机构出具的检测合格报告的；

（二）运输动物、动物产品途经本市，未按照要求经指定道口进入或者指定路线过境的；

（三）接收未经动物卫生监督检查站检查输入市内的动物、动物产品的。

**第四十八条** 违反本条例规定，有下列行为之一的，由动物卫生监督机构责令改正，处二千元以上一万元以下罚款：

（一）从市外输入非乳用和非种用动物以及动物产品，市内跨区县（自治县）调运非屠宰用动物，未向输入地动物卫生监督机构备案的；

（二）从市外输入动物、动物产品未经指定道口进入的；

（三）输入非屠宰动物到达目的地后未按照规定进行隔离检疫或者隔离观察的。

**第四十九条** 违反本条例规定，动物饲养场（养殖小区）未建立免疫档案或者未在免疫档案中如实载明动物防疫相关信息的，由动物卫生监督机构责令限期改正，处一千元以上五千元以下罚款。

运输、屠宰应当加施畜禽标识而没有加施畜禽标识的动物的，由动物卫生监督机构责令改正，处一千元以上两千元以下罚款。

# 第七章 附 则

**第五十条** 城市居民饲养宠物的尸体的收集、处理，由市人民政府规定。

**第五十一条** 进出境动物、动物产品的检疫，依照有关进出境动物检疫法律、行政法规的规定执行。

水生动物防疫工作由市、区县（自治县）人民政府渔业主管部门按照国家有关规定执行。

**第五十二条** 本条例自 2013 年 10 月 1 日起施行。

# 四川省《中华人民共和国动物防疫法》实施办法

（1999 年 6 月 1 日四川省第九届人民代表大会常务委员会第 9 次会议通过　2014 年 3 月 20 日四川省第十二届人民代表大会常务委员会第 8 次会议修订）

**第一条**　为了加强动物防疫，预防、控制和扑灭疫病，促进养殖业发展，保护人体健康，维护公共卫生安全，根据《中华人民共和国动物防疫法》及有关法律、法规，结合四川省实际，制定本实施办法。

**第二条**　对动物疫病实行预防为主的方针，坚持综合防控原则。

**第三条**　县级以上地方人民政府统一领导本行政区域内的动物防疫工作，将其纳入国民经济和社会发展规划及年度计划，加强基层动物防疫队伍和基础设施建设，建立健全动物防疫体系，建立完善经费保障机制。

**第四条**　县级以上地方人民政府兽医主管部门主管动物防疫工作。

县级以上地方人民政府发展改革、林业、公安、财政、环境保护、交通运输、水利、商务、卫生、工商、食品药品监管、城市管理等部门和出入境检验检疫机构在各自的职责范围内做好动物防疫工作。

**第五条**　县级以上地方人民政府设立的动物卫生监督机构负责动物及动物产品的检疫工作、动物卫生风险评估和其他有关动物防疫的监督管理执法工作。

县级以上地方人民政府建立的动物疫病预防控制机构，承担动物疫病的监测、检测、诊断、流行病学调查、疫情预警分析、疫情报告以及其他动物疫病预防、控制等技术工作。

乡镇畜牧兽医站承担动物疫病强制免疫计划的实施、疫情调查监测与报告等动物防疫工作，协助开展动物卫生监督及动物产品质量安全监管执法工作。

**第六条** 乡（镇）人民政府、街道办事处按照规定职责组织做好本辖区内动物疫病的预防和疫情报告工作，协助做好疫情控制和扑灭工作。

村（居）民委员会、社区应当配合做好动物防疫工作，督促村（居）民依法履行动物防疫义务。可根据需要配备村动物防疫员协助实施强制免疫和疫情观察报告等动物防疫工作，按照国家有关规定给予经费补助。

**第七条** 省人民政府兽医主管部门负责编制全省动物疫病防治规划，报省人民政府批准后实施；按规定制订动物疫病强制免疫计划、监测计划和流行病学调查方案。

市（州）、县（市、区）人民政府应当按照省动物疫病防治规划制订相应规划并组织实施。

**第八条** 市（州）、县（市、区）人民政府兽医主管部门应当根据省动物疫病强制免疫计划、监测计划和流行病学调查方案制订实施方案，建立动物疫病风险评估机制，做好动物疫情预警；可根据动物疫病流行情况，制订动物疫病免疫计划，报本级人民政府批准后实施，并报上一级兽医主管部门备案。

**第九条** 县级以上地方人民政府应当加强无规定动物疫病区或者无规定动物疫病生物安全隔离区建设，实行动物疫病的区域化管理。

**第十条** 县级以上地方人民政府兽医主管部门和卫生主管部门应当建立人畜共患传染病防控合作机制，共同制订人畜共患传染病防治方案，组织对易感动物和相关职业人群进行人畜共患传染病的监测，及时通报信息，按照职能分工开展防控工作。

**第十一条** 县级以上地方人民政府兽医主管部门应当组织做好基层动物防疫人员的技术培训工作，加强动物防疫知识的宣传普及。

**第十二条** 从事动物饲养、诊疗、屠宰、经营、隔离、运输、演出、比赛、展览、研究实验以及动物产品生产、经营、加工、贮藏、运输等活动的单位和个人，应当依法履行免疫、消毒、无害化处理、疫情报告等动物疫病预防、控制、扑灭义务，接受动物卫生监督机构的监督和动物疫病预防控制机构对动物及动物产品的监测。

种畜禽场、奶牛场应当按照县级以上地方人民政府兽医主管部门制定的动物疫病监测、净化方案开展工作。

**第十三条** 从事动物收购贩运的单位和个人应当在所在地县级动物卫生监督执法机构进行备案，并遵守以下规定：

（一）收购贩运的动物附有检疫合格证明；

（二）运输动物前、后对运输工具进行消毒；

（三）建立收购贩运台账，真实记录动物品种、数量、来源、免疫、检疫合格证明编号、畜禽标识及运输、销售等信息。

**第十四条** 对从事动物生产经营和疫病预防、检疫检测、监督检查、现场处理疫情以及在工作中接触动物疫病病原体的人员，有关单位和个人应当按照国家规定采取有效的卫生防护措施和医疗保健措施，并定期体检。

**第十五条** 禁止屠宰、经营、运输、遗弃下列动物和生产、经营、加工、贮藏、运输、丢弃下列动物产品：

（一）封锁疫区内与所发生动物疫病有关的；

（二）疫区内易感染的；

（三）依法应当检疫而未经检疫或者检疫不合格的；

（四）染疫或者疑似染疫的；

（五）病死或者死因不明的。

**第十六条** 病害动物及病害动物产品应当按照规定进行无害化处理。

县级以上地方人民政府应当将病害动物及病害动物产品无害化集中处理纳入公共服务范围，统筹规划、合理布局，从资金、土地等方面支持病害动物及病害动物产品无害化处理公共设施建设和运行，鼓励推广使用环保、高效、低耗能的设备及新工艺。

病害动物及病害动物产品无害化处理运营单位应当向所在地县级动物卫生监督机构报告运营情况，并向社会公布收运、处理等信息。

县级以上地方人民政府兽医主管部门应当对病害动物及病害动物产品无害化处置情况进行监督管理。

**第十七条** 动物饲养场（养殖小区）、隔离场、屠宰加工场所、交易市场、中转场所、科研教学单位、动物诊疗机构等应当配备相应的动物及动物产品无害化处理设施设备，对其场所内病害动物及病害动物产品进行无害化处理。不具备无害化处理条件的，应当委托专业的无害化处理运营单位集中处理。

**第十八条** 农村散养户和城镇居民应当向无害化处理运营单位报告病害动物和病害动物产品信息。无害化处理运营单位接到报告后应当及时收运处理，并不得向农村散养户和城镇居民收取处理费用。

不具备无害化集中处理条件的，农村散养户应当在动物防疫人员指导下按照国家规定的方式进行无害化处理。

**第十九条** 弃置的病害动物及病害动物产品，按照《四川省城乡环境综合治理条例》划分的责任区，由相关责任单位负责收集、清理，无害化处理运营单位负责收运、处理。

**第二十条** 县级以上人民政府应当通过财政补贴等方式鼓励饲养动物的单位和个人参加政策性农业保险。

享受政府保费补贴的保险合同发生保险理赔的，在对死亡动物进行无害化处理后依据保险合同予以理赔。

**第二十一条** 对在疫病预防和控制、扑灭过程中强制扑杀的动物、销毁的动物产品和相关物品，或者因依法实施强制免疫造成动物应激死亡的，县级以上地方人民政府应当按照国家规定给予补偿。

**第二十二条** 屠宰、经营、加工、隔离、中转、运输的动物和加工、经营、中转、运输、贮藏的动物产品应当具有检疫合格证明和验讫标志。

**第二十三条** 动物卫生监督机构的官方兽医依法对动物、动物产品实施检疫。动物卫生监督机构可根据检疫工作需要，指定兽医专业人员协助官方兽医实施动物及动物产品检疫。检疫收费按照省发展改革、财政部门的规定执行。

动物卫生监督机构执法人员执行监督检查和官方兽医实施检疫

时，应当规范着装，统一标识，持证上岗。

**第二十四条** 动物检疫实行申报制度。屠宰、出售、运输动物以及出售、运输动物产品前，货主应当向动物卫生监督机构或者其设立的检疫申报点申报检疫。

动物卫生监督机构受理检疫申报后，应当及时指派官方兽医对动物或者动物产品实施现场检疫。检疫合格的，出具检疫合格证明、加施检疫标志；检疫不合格的，由官方兽医出具处理通知单，并监督货主或者屠宰厂（场）按国家技术规范处理。

**第二十五条** 动物屠宰厂（场）应当遵守以下规定：

（一）对进入屠宰厂（场）的动物进行入场验收并建立台账，无畜禽标识和动物检疫合格证明的，不得入场；

（二）分割的动物产品的包装具备加施动物检疫标志的条件；

（三）为动物检疫提供必要的场所和条件；

（四）对检疫不合格的动物、动物产品，按照国家技术规范处理；

（五）法律、行政法规规定的其他事项。

**第二十六条** 有下列情形之一的动物、动物产品，动物卫生监督机构不得出具动物检疫合格证明：

（一）染疫或者疑似染疫的；

（二）病死或者死因不明的；

（三）未按规定实施强制免疫或者加施畜禽标识的；

（四）国务院兽医主管部门规定的其他情形。

**第二十七条** 输入到无规定动物疫病区的动物、动物产品，货主应当向无规定动物疫病区所在地动物卫生监督机构申报检疫，检疫合格的方可进入。检疫所需费用纳入无规定动物疫病区所在地地方人民政府财政预算。

**第二十八条** 跨省输入动物及动物产品，应当经指定通道进入，并向省人民政府批准设立的公路动物卫生监督检查站或者动物卫生监督机构按规定设立的检疫申报点申报检疫。

公路动物卫生监督检查站或者检疫申报点应当对输入动物、动物产品的动物检疫合格证明、检疫标志等进行查验；符合规定的，货主对运输工具消毒后，加盖监督印章方可进入。

指定通道由省兽医主管部门科学规划。所在地县级人民政府根据规划公布指定通道并设置标识。

第二十九条　跨省输入继续饲养的动物抵达目的地后，货主应当进行隔离饲养观察，并在二十四小时内报告当地乡镇畜牧兽医站。隔离饲养观察期满后，动物无异常的方可混群饲养。

第三十条　运输动物或者动物产品的车辆通过鲜活农产品运输绿色通道，承运人应当出示动物检疫合格证明。

第三十一条　从事动物诊疗或者诊疗辅助活动的人员，应当按照国家规定取得执业兽医师资格证书或者执业助理兽医师资格证书，凭与具备诊疗条件的单位签订的劳动合同，向当地县级以上兽医主管部门申请注册或者备案。

在乡村从事动物诊疗服务活动的人员，应当向当地县级兽医主管部门申请登记，取得乡村兽医登记证，并在规定的乡（镇）从事动物诊疗服务活动。

第三十二条　从事动物诊疗和诊疗辅助活动，应当遵守有关动物诊疗的操作技术规范，使用符合国家规定的兽药和兽医器械，禁止使用人用药品。

第三十三条　动物卫生监督机构根据动物疫病预防、控制需要，经当地县级以上地方人民政府批准，可以在车站、港口、机场、动物及动物产品交易市场等相关场所派驻官方兽医，相关单位应当为其提供必要的工作条件。

第三十四条　县级以上地方人民政府兽医主管部门、动物卫生监督机构、动物疫病预防控制机构及其工作人员滥用职权、玩忽职守、徇私舞弊的，由同级人民政府或者上一级行业主管部门责令改正，通报批评；对直接负责的主管人员和其他直接责任人员，根据其性质、情节、危害程度，依法给予处分；涉嫌犯罪的，依法追究刑事责任。

第三十五条　违反本实施办法第十三条第（三）项规定的，由动物卫生监督机构责令整改；拒不整改的，可处五百元以上二千元以下罚款。

第三十六条　遗（丢）弃本实施办法第十五条所列动物或者动物产品的，由动物卫生监督机构责令无害化处理，所需处理费用由违法行为人承担，可处三千元以下罚款。

**第三十七条** 违反本实施办法第二十五条第（二）、（三）项规定的，由动物卫生监督机构责令整改；拒不整改的，可处三千元以上五千元以下罚款。

**第三十八条** 违反本实施办法第二十八条第一款规定的，由动物卫生监督机构对货主给予警告，可处五百元以上二千元以下罚款。

**第三十九条** 违反本实施办法第二十九条规定的，由动物卫生监督机构对货主给予警告，责令改正，处二千元以上一万元以下罚款；情节严重的，处一万元以上三万元以下罚款。

**第四十条** 乡村兽医违反本实施办法第三十一条第二款、第三十二条规定，不按规定区域从业或者违反有关动物诊疗操作技术规范，造成或者可能造成动物疫病传播、流行的，由动物卫生监督机构给予警告，责令暂停六个月以上一年以下动物诊疗服务活动；情节严重的，由原登记机关收回、注销乡村兽医登记证。

**第四十一条** 违反本实施办法规定的行为，法律、法规已有处罚规定的，从其规定。

**第四十二条** 本实施办法所称病害动物及病害动物产品，是指病死、死因不明、染疫或者经检测有害物质不符合规定的动物及动物产品。

无规定动物疫病生物安全隔离区，是指处于同一生物安全管理体系中，包含一种或者多种规定动物疫病卫生状况清楚的特定动物群体，并对规定动物疫病采取了必要的监测、控制和生物安全措施的一个或者多个动物养殖、屠宰加工等生产单元。

动物饲养场包括动物中转、寄养、交易市场等临时饲养场所。

**第四十三条** 本实施办法自 2014 年 6 月 1 日起施行。

# 甘肃省动物防疫条例

（由甘肃省第十二届人民代表大会常务委员会第六次会议于 2013 年 11 月 29 日通过　自 2014 年 1 月 1 日起施行）

## 目　　录

## 第一章　总　　则

**第一条**　为了加强对动物防疫活动的管理，预防、控制和扑灭动物疫病，促进养殖业发展，保护人体健康，维护公共卫生安全，根据《中华人民共和国动物防疫法》、《重大动物疫情应急条例》等法律、行政法规的规定，结合本省实际，制定本条例。

**第二条**　本条例适用于本省行政区域内动物疫病的预防、控制、扑灭，动物、动物产品的检疫，动物防疫监督以及其他与动物防疫有关的活动。

**第三条**　县级以上人民政府统一领导本行政区域内的动物防疫工作，将动物防疫工作纳入国民经济和社会发展规划及年度计划，加强基层动物防疫队伍和动物防疫基础设施建设，建立健全动物防疫体系，实行动物疫病防控责任制度，制定并组织实施动物疫病防治规划。

**第四条** 县级以上人民政府应当将动物疫病预防、控制、扑灭、监测、检疫、监督管理、无害化处理及动物疫病应急保障等所需经费纳入本级财政预算。

**第五条** 县级以上人民政府兽医行政主管部门负责本行政区域内的动物防疫工作。

县级以上人民政府卫生、食品药品监督管理、公安、环保、商务、交通运输、林业、工商行政管理、出入境检验检疫等部门，在各自职责范围内，做好动物防疫相关工作。

乡镇人民政府、街道办事处组织群众协助做好本辖区内的动物疫病预防控制工作，督促、指导村（居）民履行动物防疫义务。

乡镇（街道）兽医机构，承担动物防疫、公益性技术推广服务职能。

**第六条** 县级以上人民政府设立的动物疫病预防控制机构承担预防免疫、监测、检测、诊断、流行病学调查、疫情报告、兽医实验室管理等动物疫病防控工作。

县级以上人民政府设立的动物卫生监督机构及其派驻乡（镇）或者特定区域的机构依法实施动物、动物产品的检疫，并对动物饲养、屠宰、经营、隔离、运输以及动物产品生产、经营、加工、储藏、运输等活动中的动物防疫实施监督管理。

**第七条** 县级以上人民政府及其兽医行政主管部门应当加强动物防疫知识的普及和宣传教育；各级动物疫病预防控制机构、动物卫生监督机构应当做好动物防疫知识的技术咨询和技术培训工作。

广播、电视、报刊、网络等媒体应当加强动物防疫知识的宣传，增强全社会对动物疫病的防范意识。

**第八条** 县级以上人民政府应当对在动物防疫工作、动物防疫科学研究、技术推广中做出显著成绩的单位和个人，给予表彰奖励。

# 第二章  动物疫病的预防

**第九条**  县级以上人民政府兽医行政主管部门应当建立动物疫病风险评估和预警预报制度，定期对辖区内动物及动物产品卫生安全水平、动物饲养经营企业生物安全管理水平等进行风险评估，实行免疫、监测、检疫、监管等综合防控措施，分病种、分区域、分阶段预防控制动物疫病。

**第十条**  县级以上人民政府应当实施动物疫病的区域化管理，建设无规定动物疫病区和生物安全隔离区。

县级以上人民政府可以规定在特定区域内禁养或者限养动物。

**第十一条**  县级以上人民政府兽医行政主管部门和卫生行政主管部门应当加强人畜共患病防控，建立人畜共患病防控合作机制。兽医行政主管部门组织对易感动物进行人畜共患病监测，对感染动物实施扑杀、无害化处理等净化措施；卫生行政主管部门对易感人群实施卫生防护和医疗保健。

**第十二条**  省人民政府兽医行政主管部门应当会同相关部门，根据国家强制免疫计划，制订本省动物疫病强制免疫计划。根据动物疫病流行风险，经省人民政府批准，可以在全省或者特定区域适时增加强制免疫动物疫病病种。

市（州）、县（市、区）人民政府兽医行政主管部门应当根据全省动物疫病强制免疫计划，组织实施本行政区域动物疫病强制免疫工作。根据本行政区域内动物疫病流行风险，经同级人民政府批准，可以增加设防的动物免疫病种，并报省兽医行政主管部门备案。

乡镇人民政府、街道办事处应当按照动物疫病强制免疫计划，组织执业兽医、乡村兽医和村动物防疫员实施本辖区的强制免疫工作。动物饲养者应当依法履行动物疫病强制免疫义务。

**第十三条**  动物疫病预防控制机构应当按照动物疫病监测计划和本行政区域内动物疫病发生和流行状况，组织开展动物疫病监测和流行病学调查；定期对强制免疫病种的免疫密度和免疫效果进行检测和评估。

从事动物饲养、屠宰、经营、隔离、运输以及动物产品生产、经营、加工、储藏等活动的单位和个人，对动物疫病监测工作应当予以配合，不得拒绝或者阻碍。

**第十四条** 鼓励动物饲养者按照健康养殖的要求，发展标准化规模养殖，降低动物疫病发生风险。

**第十五条** 动物饲养场（养殖小区）、动物隔离场所、动物屠宰加工场所以及动物和动物产品无害化处理场所应当具备动物防疫条件，取得县级人民政府兽医行政主管部门颁发的动物防疫条件合格证。

新建动物饲养场（养殖小区）、动物隔离场所、动物屠宰加工场所以及动物和动物产品无害化处理场所，兴办者可以在建设前就场所的选址、布局等是否符合动物防疫条件，向县级以上人民政府兽医行政主管部门书面征询意见。县级以上人民政府兽医行政主管部门应当在五个工作日内书面反馈意见。兴办者应当根据反馈意见调整相关设计。

动物防疫条件合格证有效期为三年。持证人应当按年度报告防疫制度执行情况，并在动物防疫条件发生变化时及时向发证机关报告。

**第十六条** 动物饲养场（养殖小区）应当建立健全动物防疫制度，落实动物疫病强制免疫、消毒、无害化处理等措施，配备执业兽医或者聘用乡村兽医。

种畜禽场、乳用动物养殖场除前款规定外，还应当定期接受动物疫病预防控制机构的健康监测；禁止饲养不符合种用、乳用动物健康标准的动物。

**第十七条** 动物交易市场应当实行定期休市消毒或者市场区域轮休消毒制度。动物屠宰加工场所应当每日及时清空活体动物及其排泄物，并做好消毒和消毒登记。

动物交易市场、动物屠宰加工场所，应当提供动物运载工具消毒的场地和设施设备。承运人应当对动物运载工具在装载前、卸载后进行消毒。

**第十八条** 动物饲养者应当按照国家有关规定对其饲养的动物加施畜禽标识，建立养殖档案，并向县（市、区）动物卫生监督机构报告年度防疫制度执行情况。

养殖档案应当载明免疫、检疫、畜禽标识编码、消毒、用药、用料、动物发病、死亡和无害化处理等内容，由乡镇（街道）兽医机构负责监督管理。

第十九条 犬猫等动物的饲养者应当对其饲养的动物实施免疫接种、驱虫、排泄物处置等疫病预防措施。

第二十条 县级以上人民政府兽医行政主管部门应当加强兽医实验室建设，提高疫病诊断技术能力和管理水平。

省动物疫病预防控制机构承担本行政区域内从事病原微生物研究、教学、检测、诊断等活动的兽医实验室的生物安全评估。

# 第三章 动物疫病的控制和扑灭

第二十一条 单位和个人发现动物染疫或者疑似染疫的，应当立即向当地兽医行政主管部门、动物疫病预防控制机构或者动物卫生监督机构报告。

接到动物疫情报告的单位，应当及时采取必要的控制处理措施，并按照规定的程序逐级上报。

第二十二条 动物疫情由县级以上人民政府兽医行政主管部门认定；其中重大动物疫情由省人民政府兽医行政主管部门认定，必要时报国务院兽医行政主管部门认定。

省人民政府兽医行政主管部门根据授权公布动物疫情，其他单位和个人不得发布动物疫情。

第二十三条 县级以上人民政府应当制定本行政区域的重大动物疫情应急预案，并报上一级人民政府兽医行政主管部门备案。

第二十四条 县级以上人民政府防控重大动物疫病指挥协调机构统一指挥重大动物疫病防控工作，日常工作由同级兽医行政主管部门承担。

第二十五条 县级以上人民政府及其相关部门应当建立健全重大动物疫情应急物资储备制度，组建应急专业队伍，并定期进行培训和演练。

第二十六条 一类动物疫病发生或者二、三类动物疫病呈暴发性流行，以及发现新的动物疫病时，县级以上人民政府兽医行政主管部门应当按照疫情预警标准，报请本级人民政府启动重大动物疫情应急预案。

人畜共患病发生时，县级以上人民政府兽医行政主管部门和卫生行政主管部门应当互相通报信息，并按照各自职责及时采取措施，控制、扑灭疫病。

其他动物疫情发生时，县级人民政府兽医行政主管部门应当采取控制和扑灭措施。

**第二十七条** 县级以上人民政府对在动物疫病预防、控制和扑灭过程中强制扑杀的动物、销毁的动物产品和相关物品，以及因依法实施强制免疫、疫病监测采样造成动物应激死亡的，应当给予补偿。具体补偿标准和办法由省财政部门会同省兽医行政主管部门制定。

# 第四章　动物和动物产品的检疫

**第二十八条** 动物卫生监督机构的官方兽医具体实施动物、动物产品检疫。

县（市、区）动物卫生监督机构可以聘用兽医专业人员协助官方兽医实施检疫申报受理、查验资料和畜禽标识、临床检查等工作。

**第二十九条** 县级以上人民政府兽医行政主管部门应当加强动物检疫申报点的建设和管理。

动物卫生监督机构应当根据动物养殖规模、分布和地域环境合理设置动物检疫申报点，并向社会公布。

**第三十条** 屠宰、出售或者运输动物以及出售或者运输动物产品前，货主应当向当地动物卫生监督机构申报检疫，并对申报内容的真实性负责。

**第三十一条** 本省行政区域内对生猪实行定点屠宰和集中检疫。未经定点，任何单位和个人不得从事生猪屠宰活动，但是农村地区个人自宰自食的除外。对牛、羊、家禽等动物逐步实施定点屠宰和集中检疫。

县级以上人民政府负责制定本行政区域内动物屠宰加工场所的建设规划，并组织实施。

**第三十二条** 动物屠宰加工场所的经营者应当做好下列工作：

（一）设置动物、动物产品检疫必要的场所和设施；

（二）凭有效的动物检疫合格证明、畜禽标识接收动物；

（三）对检疫不合格的动物、动物产品进行无害化处理；

（四）开展违禁物检测，接受驻场官方兽医的监督检查。

**第三十三条** 检疫合格的动物、动物产品到达目的地后，在省内直接分销的，货主应当为购买者开具检疫信息追溯凭证。

检疫合格的动物产品到达目的地经储藏后分销的，货主应当向所在地动物卫生监督机构重新申报检疫。重新申报检疫应当符合下列条件：

（一）具有原始动物检疫合格证明，检疫标志完整，且证物相符；

（二）在国家标准规定的保质期内，未腐败变质的；

（三）有完整的出入库登记记录；

（四）国家规定需要进行实验室检测的，检测结果符合要求。

**第三十四条** 向无规定动物疫病区运输相关动物、动物产品的，除附有输出地动物卫生监督机构出具的动物检疫合格证明外，货主还应当向输入地省动物卫生监督机构或者其委托的动物卫生监督机构申报检疫。

# 第五章 动物诊疗

**第三十五条** 从事动物诊疗活动的机构，应当取得县级以上人民政府兽医行政主管部门核发的动物诊疗许可证，并在规定的范围内开展动物诊疗活动。

禁止伪造、变造、转让、出租、出借动物诊疗许可证。

**第三十六条** 执业兽医经所在地县级人民政府兽医行政主管部门注册或者备案后，方可从事动物诊疗活动；乡村兽医应当经县级人民政府兽医行政主管部门登记，在本乡镇从事动物诊疗服务活动。

执业兽医、乡村兽医应当按照当地人民政府或者兽医行政主管部门的要求，参加预防、控制和扑灭动物疫病的活动。

**第三十七条** 动物诊疗机构不得有下列行为：

（一）聘用未取得执业兽医资格证书或者未办理注册、备案、登记的人员从事动物诊疗；

（二）随意抛弃病死动物、动物组织或者医疗废弃物；

（三）排放未经无害化处理或者处理不达标的诊疗废水；

（四）违反有关动物诊疗操作技术规范，或者违规使用兽药和兽医器械；

（五）销售或者违反国家规定使用兽用生物制品；

（六）不做诊疗记录；

（七）其他违反国家有关规定的行为。

**第三十八条** 动物诊疗机构应当严格精神药品和麻醉药品的使用和管理。禁止违反规定销售精神药品和麻醉药品。

# 第六章 监督管理

**第三十九条** 省人民政府兽医行政主管部门负责组织对从有疫情风险的区域拟调入的动物、动物产品进行风险评估。经评估有疫情风险的，调入地县级以上人民政府可以采取暂停调入等预防措施。

**第四十条** 省人民政府根据动物防疫和检疫的需要，本着就近、便利的原则，指定动物及动物产品运输通道及道口，并设立动物防疫监督检查站，向社会公布。

**第四十一条** 跨省调运动物、动物产品应当从指定通道及道口进入本省。

输入本省的动物、动物产品，未经指定通道及道口的动物防疫监督检查站检查确认的，任何单位和个人不得接收。

经公路在本省过境的动物、动物产品，应当在指定通道及道口出入。

**第四十二条** 从省外调入动物、动物产品的，应当在调入前五个工作日，向调入地县（市、区）动物卫生监督机构或者其派驻乡

（镇）的机构申报备案。

从省外调入乳用动物、种用动物及其精液、胚胎、种蛋的，应当凭输出地动物疫病预防控制机构调运前十五日内出具的规定动物疫病的检测报告，向省动物卫生监督机构申请检疫审批。

**第四十三条** 从省外引进动物用于饲养的，应当在到达目的地二十四小时内向所在地动物卫生监督机构报告，并按规定进行隔离观察。

**第四十四条** 从事动物、动物产品经营、运输活动的单位和个人，应当在县（市、区）动物卫生监督机构备案，并依法向工商行政管理部门登记。

运输动物、动物产品的车辆应当符合动物防疫的要求。

**第四十五条** 进入市场交易的动物、动物产品，应当具有有效的动物检疫合格证明，无合格证明的，市场管理者应当拒绝其入市。市场内不得经营无动物检疫合格证明的动物、动物产品。

**第四十六条** 县级以上人民政府应当统筹规划建设病死动物和病害动物产品无害化处理设施。

从事动物饲养、屠宰、经营、隔离、运输的单位和个人，应当对病死或者死因不明的动物尸体进行无害化处理，并接受动物卫生监督机构的监督指导。

在公共场所发现的无主动物尸体，由场所管理单位负责进行无害化处理。

任何单位和个人不得随意丢弃动物尸体，不得污染环境。

# 第七章 法律责任

**第四十七条** 违反本条例规定，法律、行政法规已有处罚规定的，从其规定。

**第四十八条** 违反本条例规定，动物屠宰加工场所不按照规定清空活体动物及其排泄物并消毒的，由动物卫生监督机构责令限期改正，逾期不改正的，处一千元以下罚款。

**第四十九条** 违反本条例规定，动物交易市场不实行定期休市消毒或者市场区域轮休消毒制度的，由县级以上人民政府工商行政管理部门责令限期改正，逾期不改正的，处一千元以下罚款。

第五十条　违反本条例规定，有下列行为之一的，由动物卫生监督机构责令限期改正，逾期不改正的，处一千元以上一万元以下罚款：

（一）动物屠宰加工场所未凭有效的动物检疫合格证明、畜禽标识接收动物的；

（二）动物屠宰加工场所未按规定开展违禁物检测的；

（三）经检疫合格的动物、动物产品在本省内分销，货主没有开具检疫信息追溯凭证的；

（四）经检疫合格的动物产品储藏后分销，货主未申报检疫的；

（五）从省外运输动物、动物产品未经指定通道及道口进入本省的；

（六）接收未经指定通道及道口检查进入本省的动物、动物产品的；

（七）从省外调入动物用于饲养，未按规定报告并隔离观察的；

（八）未经县（市、区）动物卫生监督机构备案，从事动物、动物产品经营、运输活动的；

（九）动物、动物产品的运输工具不符合动物防疫要求的。

第五十一条　违反本条例规定，随意抛弃病死动物、动物组织或者丢弃动物医疗废弃物的，由动物卫生监督机构责令无害化处理，所需处理费用由违法行为人承担，可以处三千元以下罚款。

# 第八章　附　　则

第五十二条　本条例自 2014 年 1 月 1 日起施行。

# 宁夏回族自治区动物防疫条例

（2003 年 4 月 10 日宁夏回族自治区第九届人民代表大会常务委员会第二次会议通过 2012 年 6 月 20 日宁夏回族自治区第十届人民代表大会常务委员会第三十次会议修订）

## 目 录

## 第一章 总 则

**第一条** 为了加强对动物防疫活动的管理，预防、控制和扑灭动物疫病，促进养殖业发展，保护人民身体健康，维护公共卫生安全，根据《中华人民共和国动物防疫法》和有关法律、行政法规的规定，结合自治区实际，制定本条例。

**第二条** 自治区行政区域内的动物防疫及其监督管理活动，适用本条例。

**第三条** 县级以上人民政府兽医主管部门主管本行政区域内的动物防疫工作，其他有关部门按照各自职责，做好动物防疫相关工作。

乡（镇）人民政府、街道办事处应当组织群众做好所辖区域内的动物疫病预防与控制工作。

**第四条** 县级以上人民政府应当将动物防疫工作纳入国民经济和社会发展规划，加强乡（镇）、街道办事处动物防疫组织和村级防疫员队伍建设，将动物疫病预防、控制、扑灭、检疫和监督管理所需经费列入本级财政预算。

**第五条** 县级以上人民政府应当依法设立动物卫生监督机构和动物疫病预防控制机构。动物卫生监督机构负责动物、动物产品的检疫和有关动物防疫的监督管理执法工作。动物疫病预防控制机构承担动物疫病的监测、检测、诊断、流行病学调查、疫情报告以及其他预防、控制动物疫病的技术工作。

**第六条** 自治区对动物疫病实行区域化管理，建立无规定动物疫病区。

# 第二章　动物疫病的预防

**第七条** 自治区人民政府兽医主管部门应当制定自治区动物疫病强制免疫计划，报自治区人民政府批准后实施。

**第八条** 对尚未列入国家规定的强制免疫病种名录，但严重危害养殖业和人体健康的动物疫病，自治区可以实施强制免疫。增加实施强制免疫的病种和区域，由自治区人民政府兽医主管部门提出，报自治区人民政府批准后组织实施。

饲养动物的单位和个人应当做好动物疫病强制免疫和其他疫病免疫工作。

**第九条** 经强制免疫的动物，应当建立免疫档案，加施畜禽标识，实施可追溯管理。

任何单位和个人不得转让、买卖、涂改、伪造畜禽标识；不得收购、屠宰、运输、销售应当加施而没有加施畜禽标识的动物。

**第十条** 兽医主管部门应当根据动物疫病强制免疫计划统一订购实施强制免疫所需生物制品，适量储备预防、控制、扑灭动物疫病的有关应急物资。

动物疫病预防控制机构根据动物疫病预防计划，负责动物疫病强制免疫所需生物制品等有关物资的统一发放。

**第十一条**　兴办动物饲养场、养殖小区、隔离场所、屠宰加工场所、动物和动物产品无害化处理场所，应当符合动物防疫法规定的动物防疫条件，取得动物防疫条件合格证。

经营动物、动物产品的集贸市场，应当具备规定的动物防疫条件。

**第十二条**　动物饲养场、养殖小区应当按规定配备执业兽医或者乡村兽医，健全动物防疫制度，建立动物疫病防治和兽药使用档案；散养动物疫病防治档案由乡（镇）、街道办事处动物防疫组织负责建立。

**第十三条**　动物饲养场、养殖小区、屠宰加工场所、动物隔离场所应当设置相应的无害化处理设施，对病死或者死因不明的动物及其产品进行无害化处理。

散养动物的单位和个人发现病死或者死因不明动物及其产品的，应当及时向当地动物卫生监督机构报告，由当地动物卫生监督机构监督处理；弃置在公共场所的病死或者死因不明动物及其产品，由所在地市容环境卫生主管部门、乡（镇）人民政府组织清理，并送交无害化处理场所处理。

不具备无害化处理设施的生产经营、科研教学、动物诊疗等单位，应当将需要无害化处理的动物、动物产品及其相关物品送交指定的无害化处理场所，委托其进行处理，处理费用由委托人承担。

自治区境内的公共无害化处理场所由自治区人民政府统一规划。

**第十四条**　乡（镇）、街道办事处的动物防疫组织可以聘用动物防疫员。动物防疫员应当具备相应的专业技能，经兽医主管部门培训合格后，方可执行强制免疫任务和承担其他动物疫病防治工作。

**第十五条**　运输动物和动物产品的货主、承运人在装载前或者卸载后，应当对运载工具进行清扫、洗刷，并在动物卫生监督机构的监督下进行现场消毒或者到指定地点消毒，对清除的污物按规定进行无害化处理。

运输途中不得宰杀、销售、抛弃染疫或者病死及死因不明的动物。染疫、死亡的动物及其排泄物、垫料等污物，应当在指定的地点或者到达站点卸载，并在当地动物卫生监督机构监督下进行无害化处理。

前两款规定的消毒、无害化处理费用由当事人承担。

# 第三章　动物疫病的控制和扑灭

**第十六条**　自治区人民政府兽医主管部门统一管理本自治区的动物疫情信息，并根据国务院兽医主管部门的授权，公布本自治区动物疫情。

**第十七条**　县级以上人民政府应当制定重大动物疫情应急预案，报上一级兽医主管部门备案。

兽医主管部门应当根据本级人民政府制定的重大动物疫情应急预案，按照不同动物疫病病种及其流行特点和危害程度，分别制定实施方案。

**第十八条**　县级以上人民政府应当建立重大动物疫情应急队伍。重大动物疫情应急队伍由兽医、卫生、公安、商务、工商、交通运输等主管部门的人员和有关专家组成，定期进行技术培训和应急演练。

**第十九条**　动物疫病预防控制机构应当对动物疫情定期进行监测，监测结果应当逐级上报，并通报同级动物卫生监督机构。

**第二十条**　任何单位和个人发现患有疫病或者疑似疫病的动物，应当及时向当地兽医主管部门、动物疫病预防控制机构或者动物卫生监督机构报告。

接到动物疫情报告的单位，应当立即派人到现场进行调查，采取必要的控制处理措施，并按规定程序上报。

**第二十一条**　发生一类动物疫病或者二、三类动物疫病呈暴发性流行以及发现新的动物疫病时，兽医主管部门应当立即派人到现场，采集病料，调查疫源，划定疫点、疫区、受威胁地区，及时报请本级人民政府启动重大动物疫情应急预案，发布封锁令，对疫点、疫区实行封锁，将疫情逐级上报，并通报毗邻地区和有关部门和单位。

**第二十二条** 对封锁的疫点，县级以上人民政府应当立即组织有关部门和单位采取下列措施：

（一）在疫点周围设立警示标志，配备消毒设施和消毒药品，根据扑灭动物疫情需要，对出入疫点的人员、运输工具及有关物品采取消毒或者其他限制性措施；

（二）禁止动物、动物产品流出疫点和非疫区的动物进入疫点；

（三）对染疫、疑似染疫及易感染的同群动物，进行扑杀；

（四）在动物卫生监督机构的监督指导下对疫点内扑杀的动物和病死动物进行销毁，对动物排泄物、垫料、受污染的物品进行无害化处理，对动物运载工具、圈舍、场地进行严格消毒；

（五）对疫点内的居民进行人畜共患病检查，发放药品，进行居所及饮用水源消毒。

**第二十三条** 对封锁的疫区，县级以上人民政府应当立即组织有关部门和单位，采取下列措施：

（一）对染疫或者疑似染疫以及死因不明的动物，依照本条例第二十二条第三项、第四项规定处理；

（二）在出入疫区的交通路口设立防疫消毒站（点），对出入人员、运输工具及有关物品进行消毒；

（三）对易感染的动物实行圈养或者指定地点放养，进行紧急免疫接种，对役用动物限制在疫区内使用；

（四）禁止与疫情有关的动物、动物产品进出疫区；

（五）关闭与疫情有关的动物、动物产品的交易场所；

（六）对疫区内的居民进行人畜共患病排查，发放药品，进行饮用水源消毒。

**第二十四条** 对受疫情威胁的地区，动物疫病预防控制机构应当监测疫情动态，并采取必要的限制、隔离、消毒等预防性措施，防止动物疫病的传入和扩散。

**第二十五条** 疫情发生地有关部门依法设立的检查站，应当配合动物卫生监督机构执行动物卫生监督检查任务；必要时，经自治区人民政府批准，可以在主要道路、车站、机场等设立临时性动物卫生监督检查站。

第二十六条　被封锁疫区内的动物疫病完全扑灭后，动物疫病预防控制机构对所发疫病经过一个潜伏期以上的监测，未再发现染疫动物的，彻底消毒后，经上一级动物卫生监督机构验收合格，由原发布封锁令的人民政府发布解除封锁令，并通报毗邻地区及有关部门和单位。

第二十七条　发生人畜共患疫病时，卫生主管部门、兽医主管部门及其他有关部门和单位应当互相通报疫情，并按照各自职责及时采取措施，控制、扑灭疫病。

第二十八条　疫点、疫区内的单位或者个人，应当执行县级以上人民政府作出的对染疫、疑似染疫、病死动物及易感染的同群动物进行扑杀、销毁或者做无害化处理的决定，不得拒绝、阻挠。

对在动物疫病预防、控制、扑灭过程中强制扑杀的动物、销毁的动物产品和相关物品以及因依法实施强制免疫造成动物应激死亡、流产的，县级以上人民政府应当给予补偿。对饲养的动物不按照动物疫病强制免疫要求进行免疫接种的，在发生疫病时，动物被扑杀或者动物产品被销毁造成损失的，不予补偿。具体补偿办法由自治区人民政府兽医主管部门会同财政、物价部门制定。

第二十九条　在运输途中发现动物疫病时，动物所有人或者知情人应当立即报告当地兽医主管部门、动物疫病预防控制机构或者动物卫生监督机构，并按照本条例有关规定进行处理。

# 第四章　动物和动物产品的检疫

第三十条　自治区动物检疫实行申报制度。

动物卫生监督机构应当合理设置动物检疫申报点，并向社会公布动物检疫申报点、检疫范围和检疫对象。县级以上人民政府兽医主管部门应当加强动物检疫申报点的建设和管理。

第三十一条　屠宰、出售或者运输动物以及出售或者运输动物产品前，货主应当向当地动物卫生监督机构申报检疫。

动物卫生监督机构接到申报检疫后，应当及时指派官方兽医对动物、动物产品实施现场检疫；检疫合格的，出具检疫证明、加施检疫标志；检疫不合格的，出具检疫处理通知单，并监督货主按有关规定处理。实施现场检疫的官方兽医应当在检疫证明、检疫处理通知单上签字或者盖章，并对检疫结论负责。

**第三十二条** 自治区对猪、牛、羊等动物实行定点屠宰、集中检疫制度。

**第三十三条** 跨省收购、调运动物，应当符合国家和自治区规定的动物防疫要求。

**第三十四条** 跨省引进乳用动物、种用动物及其精液、胚胎、种蛋的，货主应当向自治区动物卫生监督机构申请办理审批手续，并提供输出地动物卫生监督机构出具的动物检疫证明。

跨省引进的乳用、种用动物到达输入地后，在输入地动物卫生监督机构的监督下，应当在隔离场所或者饲养场（养殖小区）内的隔离圈（舍）进行隔离观察。大中型动物隔离期为四十五天，小型动物隔离期为三十天，经隔离观察合格的方可混群饲养；不合格的，按照有关规定进行处理。隔离观察合格后需继续在自治区境内运输的，货主应当申请更换《动物检疫合格证明》，动物卫生监督机构更换《动物检疫合格证明》并不得收费。

**第三十五条** 跨省引进用于饲养、销售的非乳用、非种用动物到达输入地后，货主应当在二十四小时内向输入地动物卫生监督机构报告，提供输出地动物卫生监督机构出具的动物检疫证明，并接受监督检查。

货主应当建立与调运规模相适应的隔离场（圈），调运的动物在当地动物卫生监督机构的监督下隔离观察七天后，合格的方可用于饲养或者销售。

**第三十六条** 跨省调运动物、动物产品应当从指定通道进入本自治区。非经自治区人民政府指定的通道，运载的动物、动物产品不得进入本自治区。

未经指定通道检查并取得检查签章，运入本自治区的动物、动物产品，任何单位和个人不得接收。

指定通道由自治区人民政府兽医主管部门提出，报自治区人民政府批准后，向社会公布。

# 第五章　动物诊疗

**第三十七条**　从事动物诊疗活动的机构应当依法取得县级以上人民政府兽医主管部门核发的《动物诊疗许可证》。

**第三十八条**　动物诊疗机构应当按照批准的执业项目和范围开展诊疗活动，并遵守专业技术规范。

从事动物诊疗活动的兽医专业技术人员应当依法取得执业兽医资格并向所在地县级人民政府兽医主管部门申请注册后，方可从事动物诊疗、开具兽药处方等活动。

**第三十九条**　依法从事动物诊疗活动的单位和个人，应当履行下列义务：

（一）遵守动物诊疗操作技术规范，使用符合国家规定的兽药和兽医器械；

（二）发现患有国家和自治区规定必须扑杀的动物疫病或者其他动物疫病的，应当立即报告当地兽医主管部门、动物疫病预防控制机构或者动物卫生监督机构，不得擅自进行治疗；

（三）发生紧急动物疫情时，服从兽医主管部门统一调配，参加动物疫病防治。

**第四十条**　在乡村从事动物诊疗服务活动的兽医人员应当到县级人民政府兽医主管部门进行登记。

经登记的乡村兽医可以在乡村从事动物诊疗服务活动，并接受当地动物卫生监督机构的监督管理。

**第四十一条**　自治区人民政府兽医主管部门根据需要，可以确定具备规定条件、具有动物防疫和诊疗质量技术鉴定资格的单位，对动物进行防疫和诊疗质量技术鉴定，出具技术鉴定报告。

# 第六章　动物防疫监督

**第四十二条**　动物卫生监督机构对动物饲养、屠宰、经营、隔离、运输以及动物产品生产、经营、加工、贮藏、运输等活动中的动物防疫实施监督管理。

**第四十三条** 在动物防疫监督检查中，发现未取得检疫证明的动物的，动物卫生监督机构可以要求货主将其送至指定的场所进行留验、检测，并补办检疫手续。

在动物防疫监督检查中，发现检疫证明与实际物品不符、检疫证明与有关的验讫印章或者检疫标识不符、检疫证明逾期、检疫证明涂改的，动物卫生监督机构可以要求货主将有关动物送指定的场所进行留验、检测，重新办理检疫手续。

经补检合格的动物，由动物卫生监督机构出具检疫证明；经补检不合格的动物，由动物卫生监督机构按照有关规定进行处理。

留验、检测期间发生的相关费用，由货主承担。

**第四十四条** 动物卫生监督机构对动物饲养场、养殖小区、动物隔离场所、动物屠宰加工场所、动物和动物产品无害化处理场所、动物和动物产品集贸市场的动物防疫条件实施监督检查，有关单位和个人应当予以配合，不得拒绝和阻碍。

# 第七章　法律责任

**第四十五条** 《中华人民共和国动物防疫法》等有关法律、行政法规对法律责任有规定的，依照有关法律、行政法规的规定执行。

**第四十六条** 违反本条例第三十五条规定，货主在动物到达输入地后，未在二十四小时内向输入地动物卫生监督机构报告的，或者未提供输出地动物卫生监督机构出具的动物检疫证明的，由输入地动物卫生监督机构对货主处一千元以上两千元以下罚款。

**第四十七条** 违反本条例第三十六条规定，未经指定通道运载动物、动物产品进入本自治区的，由动物卫生监督机构对承运人处一千元以上一万元以下罚款；接收未经指定通道运入本自治区的动物、动物产品的，由动物卫生监督机构处一千元以上五千元以下罚款。

**第四十八条** 当事人对具体行政行为不服的，可以依法申请行政复议或者向人民法院提起行政诉讼。

**第四十九条** 兽医主管部门、动物卫生监督机构、动物疫病预防控制机构工作人员，滥用职权、玩忽职守、徇私舞弊的，依法给予处分；构成犯罪的，依法追究刑事责任。

# 第八章　附　　则

**第五十条**　本条例自 2012 年 8 月 1 日起施行。

# 新疆维吾尔自治区实施《中华人民共和国动物防疫法》办法

(2012年11月29日新疆维吾尔自治区第十一届
人民代表大会常务委员会第三十九次会议通过)

## 目　　录

## 第一章　总　　则

**第一条**　为了加强对动物防疫活动的管理，预防、控制和扑灭动物疫病，促进养殖业的发展，维护公共卫生安全，根据《中华人民共和国动物防疫法》、国务院《重大动物疫情应急条例》和有关法律、法规，结合自治区实际，制定本办法。

**第二条**　本办法适用于自治区行政区域内的动物防疫及其监督管理活动。

进出境动物、动物产品的检疫，依照相关法律、行政法规的规定执行。

**第三条**　动物防疫实行预防为主的方针，坚持综合防治、严格检疫、重点控制、全程监管的原则。

**第四条**　县级以上人民政府应当加强对动物防疫工作的统一领

导，将动物防疫纳入本级国民经济和社会发展规划及年度计划，加强基层动物防疫队伍建设，建立健全动物防疫责任制度和突发动物疫情应急机制，制定与本地畜牧业发展相适应的动物疫病防治规划并组织实施。

乡（镇）人民政府、街道办事处应当根据动物疫病防控需要，建立健全动物疫病防控公共服务体系，依法开展动物疫病防控工作。

村民委员会、城市社区管理机构应当协助当地人民政府开展动物防疫工作，督促、引导村（居）民依法履行动物防疫义务。

**第五条** 县级以上人民政府畜牧兽医主管部门负责本行政区域内的动物防疫工作。

县级以上人民政府设立的动物卫生监督机构负责动物、动物产品的检疫工作和其他有关动物防疫的监督管理执法工作；动物疫病预防控制机构承担动物疫病的监测、检测、诊断、流行病学调查、疫情报告以及其他预防、控制、培训等技术工作。

县级以上人民政府发展和改革、财政、商务、卫生、公安、出入境检验检疫、交通运输等部门，按照各自职责负责动物防疫相关工作。

**第六条** 县级以上人民政府应当将动物防疫体系建设、动物疫病防控与监测、动物疫病强制免疫疫苗、强制扑杀补助、基层动物防疫人员工作补助和监督管理所需经费列入本级财政预算。

对重大动物疫病防控过程中强制扑杀的动物和因防控重大动物疫病实施强制免疫过程中出现应激反应导致死亡的动物，由县级以上人民政府按照国家和自治区有关规定给予补偿。

**第七条** 各级人民政府及有关部门、新闻媒体应当加强动物防疫知识和法律、法规的宣传，提高社会公众的动物防疫意识，增强动物疫病防控能力。

# 第二章 动物疫病的预防

**第八条** 自治区人民政府畜牧兽医主管部门应当根据国家动物疫病强制免疫计划，制定自治区动物疫病强制免疫计划；并可以根据动物疫病流行情况，增加实施强制免疫的动物疫病病种和区域，报自治区人民政府批准后组织实施。

州、市（地）、县（市）人民政府畜牧兽医主管部门应当根据国家和自治区动物疫病强制免疫计划，制定本行政区域动物疫病强制免疫实施方案并组织实施。

乡（镇）人民政府、街道办事处应当按照动物疫病强制免疫实施方案，组织本辖区内饲养动物的单位和个人做好强制免疫工作。

**第九条** 饲养动物的单位和个人应当依法履行动物疫病强制免疫义务，按照畜牧兽医主管部门的要求做好强制免疫工作。

经强制免疫的动物，应当按照国家规定建立免疫档案，加施畜禽标识，实施可追溯管理。

**第十条** 饲养犬类的单位和个人应当按照有关规定对饲养的犬类进行狂犬病疫苗免疫接种和药物驱虫，办理动物狂犬病免疫证明。

县级以上人民政府畜牧兽医主管部门应当按照合理布局、方便接种的原则设置狂犬病免疫点；动物诊疗机构具有配合畜牧兽医主管部门开展狂犬病免疫防疫工作的责任。

**第十一条** 县级以上人民政府应当建立健全动物疫情监测网络，加强动物疫情监测。

自治区人民政府畜牧兽医主管部门应当制定动物疫情监测计划，组织动物疫病状况风险评估，并根据对动物疫病发生、流行趋势的预测，制定相应的动物疫病预防、控制措施，及时发布动物疫情预警。

州、市（地）、县（市）人民政府畜牧兽医主管部门应当根据国家和自治区动物疫病监测计划，制定本行政区域动物疫病监测实施方案并组织实施。

**第十二条** 自治区人民政府畜牧兽医主管部门应当根据动物疫病强制免疫计划，按照有关规定做好强制免疫兽用生物制品的采购、调拨和使用管理工作。

县级以上人民政府动物疫病预防控制机构具体负责强制免疫兽用生物制品的储存、保管、运输和分发工作。

**第十三条** 兴办动物饲养场（养殖小区）、隔离场所、屠宰加工厂（场）、储存场所以及动物和动物产品无害化处理场所，应当依法取得动物防疫条件合格证；办理工商登记时，应当向工商行政管理部门出具动物防疫条件合格证。

动物、动物产品交易场所应当符合国务院兽医主管部门规定的动物防疫条件。

**第十四条** 禁止销售、收购、运输、屠宰未按照规定佩挂畜禽标识的牛、羊、猪等动物。

禁止动物屠宰加工场所内的动物外运出场，因特殊情况确需外运出场的，应当经当地县级人民政府动物卫生监督机构同意。

**第十五条** 动物饲养场（养殖小区）应当按照规定配备执业兽医或者乡村兽医，建立健全动物防疫制度，落实动物疫病强制免疫、消毒等措施，做好养殖档案的记录和归档，并向当地县级人民政府动物卫生监督机构报告动物疫病强制免疫病种、程序、密度和质量等情况。

**第十六条** 种用、乳用动物应当符合国家规定的健康标准。

县级人民政府动物疫病预防控制机构应当定期对种用、乳用动物健康状况进行检测，经检测合格的，由畜牧兽医主管部门核发种用、乳用动物健康合格证明；经检测不合格的，应当按照国家有关规定予以处理。

**第十七条** 动物诊疗机构应当遵守国务院兽医主管部门的规定，执行有关动物诊疗操作技术规范，使用符合国家规定的兽药和兽医器械，做好诊疗活动中的卫生安全防护、消毒、隔离和诊疗废弃物处置等工作。

乡村兽医服务人员在乡村从事动物诊疗活动的，应当按照国家有关规定进行登记。

# 第三章　动物疫情的处理

**第十八条** 县级以上人民政府应当加强动物疫情的应急管理，根据本行政区域的实际情况制定完善动物疫情应急预案，建立健全重大动物疫情应急物资储备制度，组建动物防疫应急队伍并定期开展技术培训和演练。

**第十九条** 自治区人民政府畜牧兽医主管部门统一管理、发布动物疫情信息；重大动物疫情应当根据国务院兽医主管部门的授权公布。

其他单位和个人不得发布动物疫情。

**第二十条** 发生重大动物疫情以及人畜共患传染病的，畜牧兽医、卫生、出入境检验检疫等有关部门应当及时互相通报疫情，并按照各自职责采取措施，控制、扑灭疫病。

**第二十一条** 重大动物疫情发生后，县级以上人民政府应当立即启动动物疫情应急预案，组织有关部门在封锁的疫点、疫区采取下列措施：

（一）在出入口设立警示标志和消毒站（点），配备消毒设施，并根据扑灭动物疫病的需要对出入人员、运输工具及有关物品采取消毒和其他限制性措施；

（二）禁止与动物疫病有关的动物、动物产品的进出、交易，禁止隐匿、转移染疫动物和疑似染疫动物；

（三）组织畜牧兽医等有关部门立即扑杀染疫和疑似染疫动物，并进行无害化处理；

（四）染疫动物的用具、圈舍、场地以及动物粪便、垫料等受污染的物品，由业主在相关技术人员的监督指导下进行无害化处理；

（五）对易感动物进行普查、监测、紧急免疫接种，并圈养或者在指定地点放养。

**第二十二条** 病死和死因不明的动物、动物产品应当按照国家有关规定进行无害化处理。

禁止随意弃置病死和死因不明的动物、动物产品。

**第二十三条** 州、市（地）人民政府应当按照统筹规划、合理布局的原则，组织建设动物、动物产品无害化处理公共设施，确定运营单位及其相应责任，落实运营经费，并将运营单位的责任区域和位置、联系方式等向社会公布。

鼓励社会投资建设动物、动物产品无害化处理公共设施。

**第二十四条** 动物饲养场（养殖小区）、隔离场所、屠宰加工厂（场）和动物交易场所等，应当具有符合国务院兽医主管部门规定的动物、动物产品无害化处理设施设备，对病死和死因不明的动物、动物产品进行无害化处理。

科研教学单位、动物诊疗机构、小型屠宰点等不具有无害化处理设施设备的，应当将病死或者死因不明的动物、动物产品送交无害化处理公共设施运营单位处理，并承担处理费用。

**第二十五条** 农牧民和城镇居民散养的动物病死或者死因不明的，应当将该动物、动物产品送交无害化处理公共设施运营单位处理，或者向无害化处理公共设施运营单位报告。无害化处理公共设施运营单位接到报告后应当及时收运，并进行无害化处理；收运及无害化处理不得向农牧民和城镇居民收取费用。

不具备无害化处理公共设施条件的农牧区，可以通过深埋等方式对病死或者死因不明的动物、动物产品进行无害化处理。

**第二十六条** 鼓励从事动物饲养单位和个人参加政策性农业保险。享受政府保费补贴的保险合同发生保险理赔的，保险机构应当依据保险合同予以理赔。

# 第四章 动物和动物产品的检疫

**第二十七条** 县级以上人民政府动物卫生监督机构应当依法对动物、动物产品实施检疫。动物卫生监督机构的官方兽医应当按照检疫规程和检疫管理办法，对动物和动物产品实施检疫，出具检疫合格证明，加施检疫标识。

官方兽医在实施检疫和执行监督检查任务时，应当着装整齐、佩戴统一标志、持证上岗。

**第二十八条** 屠宰、销售、运输动物以及销售、运输动物产品离开产地前，货主或者货物的实际管理者应当按照国家和自治区产地检疫相关规定，向当地县级人民政府动物卫生监督机构申报检疫。

申报动物检疫的，应当携带养殖档案、免疫档案或者村级防疫员出具的免疫证明，并申明拟接收单位和运输时间等情况；申报动物产品检疫的，应当申明动物产品种类、来源、检疫以及拟接收单位和运输时间等情况。

第二十九条　县级人民政府动物卫生监督机构可以根据需要在乡（镇）、村区域内设立检疫申报点，接受检疫申报。

第三十条　县级人民政府动物卫生监督机构应当向畜禽定点屠宰厂（场）派驻官方兽医，并按照下列程序对动物、动物产品实施集中检疫：

（一）对进入屠宰厂（场）的动物查证验物，回收、登记检疫证明；

（二）依据动物屠宰检疫规程实施屠宰检疫，回收、保存、销毁畜禽标识，注销畜禽标识信息；

（三）对检疫合格的动物产品，出具动物检疫合格证明、加盖验讫印章；对检疫不合格的动物产品，监督业主按照国家有关规定进行处理。

第三十一条　从事动物收购、销售、运输、交易的单位和个人，应当向工商注册登记地的县级人民政府动物卫生监督机构办理备案手续。从自治区外调入动物、动物产品的，经营者应当在调入动物、动物产品前五个工作日内，向调入地县级人民政府动物卫生监督机构申报备案。

第三十二条　从自治区外引进种用、乳用动物及其精液、卵、胚胎、种蛋之前，应当依法办理检疫审批手续。

引进的种用、乳用动物到达目的地后，货主或者货物的实际管理者应当在二十四小时之内向当地县级人民政府动物卫生监督机构报检，并在其监督下按规定实施隔离观察，隔离期满经检疫合格后方可投入使用。

第三十三条　为控制、扑灭动物疫病，动物卫生监督机构应当派人在当地依法设立的现有检查站执行动物卫生监督检查任务；必要时，经自治区人民政府批准，可以在公路重要路段设立临时检查站，执行动物卫生监督检查任务。

经公路运输动物、动物产品的，货主或者货物的实际管理者应当主动接受沿途的公路动物卫生监督检查站查验。

公路动物卫生监督检查站应当查验运输的动物、动物产品以及《动物检疫合格证明》、检疫标志等有关证章标志，必要时对运输工具、包装物等采取消毒措施。

经公路、铁路、航空运输的动物、动物产品，应当运抵动物检疫合格证明所填写的目的地，中途不得转运、销售和更换，并在到达目的地后二十四小时内，由货主或者货物的实际管理者向当地县级人民政府动物卫生监督机构报告。接到报告的动物卫生监督机构应当派人赶赴现场查证验物。

**第三十四条** 从事动物和动物产品收购、销售、交易的单位和个人，应当按照规定建立台账，分别记录动物的产地、饲养场（户）名称、购销日期和数量、畜禽标识等事项以及动物产品的产地、生产单位、购销日期和数量、产品保质期等事项。

台账记录应当真实、完整，保存期限不得少于二年。

**第三十五条** 动物、动物产品运抵目的地后，需要在县（市）行政区域内分销的，货主或者货物的实际管理者应当按照规定向购买动物、动物产品的经营者出具检疫信息追溯凭证。检疫信息追溯凭证应当载明原始有效的动物检疫合格证明号码等信息，并保证内容真实。

购买动物、动物产品用于经营的，经营者应当留存检疫信息追溯凭证，以备查验。

**第三十六条** 动物运抵目的地后，需要跨县（市）调运的，货主或者货物的实际管理者应当在调运前向当地县级人民政府动物卫生监督机构重新申报检疫。

符合下列条件的，动物卫生监督机构应当及时核发动物检疫合格证明：

（一）具有原始有效动物检疫合格证明，且证物相符；

（二）畜禽标识符合国家规定；

（三）临床检查健康；

（四）按照国家规定需要进行实验室疫病检测的，检测结果符合要求。

**第三十七条** 动物产品运抵目的地后，需要跨县（市）调运的，货主或者货物的实际管理者应当在调运前向当地县级人民政府动物卫生监督机构申请换发动物检疫合格证明。换发动物检疫合格证明不得收取费用。

对符合下列条件的，动物卫生监督机构应当及时换发动物检疫合格证明：

（一）具有原始有效动物检疫合格证明，检疫标志完整，且证物相符；

（二）调运的动物产品在国家标准规定的保质期内，无腐败变质。

**第三十八条** 县级以上人民政府动物卫生监督机构在监督检查中发现没有附具检疫证明的动物、动物产品时，除依法给予相应行政处罚外，还应当按照下列规定处理：

（一）对货主或者货物的实际管理者能够提供免疫证明、且证物相符的动物，补办检疫手续；

（二）对货主或者货物的实际管理者不能提供免疫证明、证物不符、检疫证明逾期或者涂改的，要求其将动物送至隔离场所观察十五天；隔离期间，由货主或者货物的实际管理者进行饲养，隔离期满后，重新办理检疫手续；

（三）对货主或者货物的实际管理者不能提供检疫证明、证物不符、检疫证明逾期或者涂改的动物产品，具备补检条件的，补办检疫手续。

动物卫生监督机构应当对补检或者重检合格的动物、动物产品，出具动物检疫合格证明；对检疫不合格或者不具备补检条件的动物产品以及发现染疫的动物、动物产品，按照国家有关规定进行办理。

运输、经营、屠宰未经检疫的动物，发生重大动物疫情扑杀后，不予补偿。

# 第五章 法律责任

**第三十九条** 行政机关及其工作人员、动物卫生监督机构及其工作人员、动物疫病预防控制机构及其工作人员未依照本办法规定履行职责的，对直接负责的主管人员和其他直接责任人员，依法给予行政处分。

**第四十条** 违反本办法第十条第一款规定的，由县级以上人民政府动物卫生监督机构责令改正；拒不改正的，处五百元以上一千元以下罚款。

**第四十一条** 违反本办法第十四条规定的，由县级以上人民政府动物卫生监督机构处同类检疫合格动物货值金额百分之十以上百分之五十以下罚款。

**第四十二条** 违反本办法第二十二条第二款规定的，由县级以上人民政府动物卫生监督机构责令改正；拒不改正的，对个人处一千元以下罚款，对单位处三千元以下罚款。

**第四十三条** 违反本办法第三十三条第二款规定的，由县级以上人民政府动物卫生监督机构责令改正，拒不改正的，对单位处一千元以上一万元以下罚款，对个人可以处五百元以下罚款。

违反本办法第三十三条第四款规定，在运输途中转运、销售、更换动物、动物产品或者到达目的地后未按规定报告的，由县级以上人民政府动物卫生监督机构责令改正，处同类检疫合格动物、动物产品货值金额百分之十以上百分之五十以下罚款；对运输者（运输者是货主的除外）处运输费用一倍以上三倍以下罚款。

**第四十四条** 违反本办法第三十五条第一款规定的，由县级以上人民政府动物卫生监督机构责令改正，没收违法所得，处二千元以上二万元以下罚款。

**第四十五条** 违反本办法规定，应当承担法律责任的其他行为，依照有关法律、法规的规定执行。

# 第六章 附　　则

**第四十六条** 本办法自 2013 年 1 月 1 日起施行。2004 年 3 月 26 日自治区第十届人民代表大会常务委员会第八次会议通过的《新疆维吾尔自治区动物防疫条例》同时废止。

# 辽宁省无规定动物疫病区管理办法

（经 2011 年 1 月 7 日辽宁省第十一届人民政府第 44 次常务会议审议通过　2011 年 1 月 17 日辽宁省人民政府令第 250 号公布）

## 目　　录

## 第一章　总　　则

**第一条**　为了加强无规定动物疫病区（以下简称无疫区）建设和管理，有效预防、控制和扑灭动物疫病，促进畜牧业发展，保护人体健康，根据《中华人民共和国动物防疫法》、《辽宁省动物防疫条例》等有关法律、法规，结合我省实际，制定本办法。

**第二条**　在我省行政区域内从事动物饲养、屠宰、经营、隔离、运输，动物产品生产、经营、加工、贮藏、运输以及无疫区建设和管理等活动的单位和个人，应当遵守本办法。

**第三条**　本办法所称无疫区，是指具有天然屏障或者采取人工措施，在一定期限内没有发生口蹄疫、高致病性禽流感、猪瘟、鸡新城疫等一种或者几种国家规定动物疫病，并经国家验收合格的区域。

**第四条** 无疫区建设和管理坚持统一规划、严格标准、预防为主、依法管理的原则。

**第五条** 无疫区建设和管理应当符合国家规定的条件和标准。我省行政区域纳入无疫区管理。

**第六条** 省、市、县（含县级市、区，下同）畜牧兽医主管部门负责本行政区域内无疫区建设和管理工作。

动物卫生监督机构负责动物、动物产品的检疫和其他有关动物防疫的监督管理执法工作。动物疫病预防控制机构负责动物疫病的监测、检测、诊断、流行病学调查、疫情报告以及其他预防、控制等技术工作。

财政、发展改革、公安、交通、工商、卫生、服务业、林业、出入境检验检疫等部门按照各自职责，依法做好无疫区建设和管理有关工作。

# 第二章 无疫区建设

**第七条** 省畜牧兽医主管部门应当会同有关部门编制全省无疫区建设规划，报省人民政府批准后组织实施。

市、县畜牧兽医主管部门应当根据全省无疫区建设规划，结合当地实际情况，编制本地区无疫区建设规划，经本级人民政府批准后组织实施，并报省畜牧兽医主管部门备案。

**第八条** 无疫区建设应当符合下列标准：

（一）规定期限内没有发生规定动物疫病；

（二）具有健全的畜牧兽医工作体系；

（三）具有天然或者人工屏障保障体系，具备对动物、动物产品流通环节的监管能力；

（四）具有健全的动物疫病监测、动物疫情信息网络体系；

（五）动物疫病预防控制机构、动物卫生监督机构配备与动物防疫及其监督工作相适应的设施、设备，建立健全相关记录和档案，具备对规定动物疫病可追溯能力、应急反应能力和综合防控能力；

（六）强制免疫动物疫病的免疫效果达到国家规定的标准；

（七）免疫证明出证率、畜禽标识佩戴率、产地检疫率、屠宰检疫率、上市动物和动物产品的《动物检疫合格证明》持证率和检疫标志使用率达到国家规定的标准；

（八）国务院兽医行政主管部门规定的其他标准。

**第九条** 在无疫区外围可以设置缓冲区，强化对规定动物疫病的免疫、监测，并对动物、动物产品进行流通监管，防止疫病传入无疫区。必要时，可以在无疫区内设立监测区，强化对规定动物疫病的监测和动物、动物产品的流通控制。

缓冲区和监测区具体范围由省畜牧兽医主管部门拟定，报省人民政府批准后，向社会公布。

**第十条** 缓冲区应当设立动物隔离场。省畜牧兽医主管部门统一规划动物隔离场建设布局，动物隔离场由所在地县人民政府组织设立。

动物隔离场的具体管理办法，由省畜牧兽医主管部门制定。

**第十一条** 根据无疫区建设和管理工作需要，经省人民政府批准，可以设立允许省外动物、动物产品进入我省的指定通道；在我省的交通要道、港口、机场、车站等场所，设立动物卫生监督检查站，并向社会公布。

**第十二条** 在我省的主要公路和饲养、交易集中区等明显位置，由所在地县人民政府负责设置无疫区警示标志。

**第十三条** 无疫区建成并符合国家规定的要求和标准后，县畜牧兽医主管部门应当按照国家和省有关规定，逐级上报至省畜牧兽医主管部门，经省畜牧兽医主管部门初步评估合格后，向国家申请评估。

# 第三章　规定动物疫病的预防

**第十四条** 家畜家禽实行舍饲圈养或者定点放养，鼓励和推行规模化、标准化养殖。

**第十五条** 动物饲养场（养殖小区）、屠宰加工场所、隔离场所、无害化处理场所应当符合动物防疫条件，取得动物防疫条件合格证。兼营或者专营动物、动物产品的集贸市场应当符合相关动物防疫要求。

第十六条　对规定动物疫病按照国家和省有关规定实行计划免疫制度，实施强制免疫。对经免疫的猪、牛、羊等动物，应当按照国家和省有关规定建立免疫档案，持有免疫证明，加施畜禽标识，实施可追溯管理。

任何单位和个人不得转让、涂改或者伪造畜禽标识。

第十七条　动物疫病预防控制机构应当按照动物疫病监测计划，对动物疫病的发生、流行等情况进行监测；从事动物饲养、屠宰、经营、隔离、运输以及动物产品生产、经营、加工、贮藏等活动的单位和个人不得拒绝或者阻碍。

第十八条　种用、乳用动物应当接受动物疫病预防控制机构的定期检测。不符合国家规定健康标准的，按照国家有关规定予以处理。

第十九条　生产、经营、使用的饲料、饲料添加剂应当符合国家规定的标准。动物源性饲料应当按照国家有关规定经检验合格后，方可使用。

第二十条　动物、动物产品的运载工具和垫料、包装物等，应当按照国家和省有关规定进行消毒或者无害化处理。

处置染疫动物及其排泄物，病死或者死因不明的动物尸体，染疫或者有病理变化的动物产品，应当向所在地县动物卫生监督机构报告，并在其监督下按国家有关规定处理，同时对被污染的场地、物品进行消毒或者无害化处理。

第二十一条　市、县人民政府应当设立无害化处理厂，指定无害化处理场所，并配备封闭运输车等配套设施，有效处理染疫动物和动物产品。

# 第四章　规定动物疫病的控制和扑灭

第二十二条　省、市、县畜牧兽医主管部门应当根据本地区的实际情况，会同有关部门制定本行政区域的规定动物疫病控制应急预案，报同级人民政府批准后执行。市、县人民政府应当将规定动物疫病控制应急预案，报上一级人民政府备案。

第二十三条　规定动物疫病控制应急预案应当包括下列内容：

（一）应急处理指挥机构的组成和相关部门的职责；

（二）疫情的监测、预警、通报制度；

（三）疫情的分级、应急处理技术和处理工作方案；

（四）疫情应急的人员、技术、物资、资金保障等。

第二十四条　从事动物疫情监测、检验检疫、疫病研究与诊疗以及动物饲养、屠宰、经营、隔离、运输等活动的单位和个人，发现动物染疫或者疑似染疫的，应当立即向当地畜牧兽医主管部门、动物卫生监督机构或者动物疫病预防控制机构报告，并采取隔离等控制措施，防止动物疫情扩散。其他单位和个人发现动物染疫或者疑似染疫的，应当及时报告。

接到动物疫情报告的单位，应当及时采取必要的控制处理措施，并按照国家规定的程序上报。

任何单位和个人不得瞒报、谎报、迟报或者阻碍他人报告动物疫情。

第二十五条　发生规定动物疫病时，省、市、县人民政府应当根据疫情级别，启动相应规定动物疫病控制应急预案。

有关畜牧兽医主管部门应当立即派人采集病料，调查疫源，划定疫点、疫区、受威胁区，及时报请本级人民政府决定对疫点、疫区实行封锁。

第二十六条　发布封锁令的省、市、县人民政府应当组织有关部门对疫点、疫区采取以下控制、扑灭措施：

（一）在出入疫区的交通道路设立检疫消毒点，对出入人员、运输工具以及有关物品采取消毒和其他限制性措施；

（二）禁止与疫情有关的动物、动物产品的交易活动；

（三）禁止染疫、疑似染疫和相关易感的动物、动物产品流出，禁止疫区外的动物进入疫区，役用动物限定在疫区内使用；

（四）按照国家有关规定对相关易感动物进行紧急免疫接种、疫情监测，对染疫和疑似染疫动物及其同群动物或者病死、死因不明的动物，采取扑杀、销毁或者无害化处理等强制性措施；

（五）对疫点、疫区内的动物饲养圈舍、场地、运载工具、污染物品等进行消毒或者无害化处理。

第二十七条　疫情扑灭后，符合国家有关无疫区要求的，经省畜牧兽医主管部门初步评估合格后，可以向国家申请恢复无疫区资格。

# 第五章　动物和动物产品的检疫

第二十八条　屠宰、出售、运输的动物或者经营、运输的动物产品，应当经所在地县动物卫生监督机构的官方兽医检疫合格，并取得《动物检疫合格证明》后，方可离开产地。

种用、乳用动物在实施检疫时，应当同时查验动物疫病检测报告，未经检测或者检测不合格的，不予出具《动物检疫合格证明》。

第二十九条　屠宰、经营、运输的猪、牛、羊等动物，应当附有《动物检疫合格证明》，并佩戴畜禽标识；经营、运输的动物产品应当附有《动物检疫合格证明》，加施检疫标志。

第三十条　向我省无疫区输入相关易感动物、动物产品的，应当在起运 3 天前，凭以下材料向我省省动物卫生监督机构申报检疫：

（一）检疫申报单；

（二）输出地动物卫生监督机构出具的《动物检疫合格证明》。

输入动物的，还应当提供我省动物隔离场出具的可以接收隔离证明。输入动物产品的，应当在指定地点接受检疫，省动物卫生监督机构应当自收到动物产品申报检疫材料之日起 24 小时内，告知检疫申报人检疫地点。

第三十一条　向我省输入乳用、种用动物及其精液、胚胎、种蛋的，应当向我省省动物卫生监督机构申请办理审批手续。

第三十二条　输入我省无疫区用于饲养、经营的相关易感动物，应当在隔离场隔离检疫。大中型动物隔离检疫期为 45 天，小型动物隔离检疫期为 30 天。隔离期满，由省动物卫生监督机构的官方兽医实施检疫。检疫合格的，出具《动物检疫合格证明》，准予进入。

输入我省无疫区用于屠宰、展览、演出和比赛等相关易感动物，应当按照国家有关规定进行检疫。

第三十三条　输入我省无疫区的相关易感动物产品，应当在指定地点由省动物卫生监督机构的官方兽医实施检疫。对经检疫合格的，出具《动物检疫合格证明》，准予进入。

第三十四条　禁止饲养、屠宰、运输、经营应当检疫而未经检疫的动物和生产、经营、加工、贮藏、运输应当检疫而未经检疫的动物产品。

# 第六章　监督管理

第三十五条　从事动物饲养、屠宰、经营、隔离、运输以及动物产品生产、经营、加工、贮藏、运输等活动的单位和个人，应当接受并配合动物卫生监督机构依法实施的动物卫生监督。

第三十六条　输入我省无疫区、缓冲区及过境我省无疫区的相关易感动物、动物产品，应当经指定通道进入，由动物卫生监督检查站监督检查。

输入我省无疫区、缓冲区的，按照本办法有关规定实施检疫。过境我省无疫区的，经查验合格后，应当在限定期限内经指定的路线出境。

第三十七条　输入我省无疫区、缓冲区的相关易感动物、动物产品，抵达输入地后，货主或者承运人应当在 24 小时内向所在地县动物卫生监督机构报告。

输入缓冲区内用于交易的相关易感动物、动物产品，交易后输入或者过境无疫区的，应当按照本办法相关规定执行。

第三十八条　经铁路、公路、水路、航空运输动物和动物产品的，托运人应当凭《动物检疫合格证明》办理托运手续。没有《动物检疫合格证明》的，承运人不得承运。《动物检疫合格证明》应当随货同行。

# 第七章　法律责任

第三十九条　违反本办法第十四条规定，未实行舍饲圈养或者定点放养的，由动物卫生监督机构给予警告，责令改正；拒不改正的，处 50 元以上 500 元以下罚款。

**第四十条** 有下列行为之一的，由动物卫生监督机构处 500 元以上 2000 元以下罚款：

（一）输入我省无疫区、缓冲区的相关易感动物、动物产品，未经指定通道进入的；

（二）输入我省无疫区、缓冲区的相关易感动物、动物产品，抵达输入地后，未按规定报告的；

（三）过境我省无疫区的相关易感动物、动物产品，无正当理由，未按规定时限或者未按指定路线出境的。

**第四十一条** 畜牧兽医主管部门及其工作人员违反本办法规定，有下列行为之一的，由本级人民政府或者上级主管部门责令改正，通报批评；对直接负责的主管人员和其他直接责任人依法给予行政处分；涉嫌犯罪的，依法追究刑事责任：

（一）瞒报、谎报、迟报或者阻碍他人报告疫情的；

（二）对未经检疫或者检疫不合格的动物、动物产品出具《动物检疫合格证明》、加施检疫标志的；

（三）发生疫情未按规定启动相应应急预案，或者实施应急预案措施不力造成疫情扩散的；

（四）其他滥用职权、徇私舞弊、玩忽职守的。

# 第八章 附 则

**第四十二条** 本办法自 2011 年 2 月 20 日起施行。2003 年 9 月 8 日辽宁省人民政府公布的《辽宁省无规定动物疫病区管理办法》（省政府令第 161 号）同时废止。

# 吉林省无规定动物疫病区建设管理条例

（2002年5月31日吉林省第九届人民代表大会常务委员会第三十次会议通过 2011年7月28日吉林省第十一届人民代表大会常务委员会第二十七次会议修订）

## 目　　录

## 第一章　总　　则

**第一条**　为加强无规定动物疫病区的建设管理，预防、控制和扑灭规定动物疫病，促进养殖业发展，保护人体健康，维护公共卫生安全，根据《中华人民共和国动物防疫法》和有关法律、法规，结合本省实际，制定本条例。

**第二条**　本省行政区域建设无规定动物疫病区。

在本省行政区域内从事动物饲养、经营、屠宰、运输和动物产品生产、加工、经营、运输、贮藏以及参与无规定动物疫病区建设管理相关活动的单位或者个人，适用本条例。

**第三条** 本条例所称动物，是指家畜家禽和人工饲养、合法捕获的其他动物。

本条例所称动物产品，是指动物的肉、生皮、原毛、绒、脏器、脂、血液、精液、卵、胚胎、骨、蹄、头、角、筋以及可能传播动物疫病的奶、蛋等。

本条例所称规定动物疫病，是指国家和省规定重点控制或者消灭的口蹄疫、猪瘟、高致病性禽流感、新城疫、炭疽、布鲁氏菌病、结核病、狂犬病等一、二、三类疫病。

本条例所称动物防疫，是指动物疫病的预防、控制、扑灭和动物、动物产品的检疫。

本条例所称无规定动物疫病区（以下简称无疫区），是指具有天然屏障或者采取人工措施，在一定期限内没有发生国家规定的一种或者几种动物疫病，并经国务院兽医主管部门验收合格的区域。

**第四条** 无疫区建设管理实行预防为主、防治结合、统一规划、依法治理的原则。

**第五条** 县级以上人民政府负责对无疫区建设管理工作的统一领导，加强基层动物防疫队伍建设，建立健全动物防疫体系，制定并组织实施动物疫病防治规划。

乡镇人民政府、街道办事处应当组织群众协助做好本辖区的规定动物疫病预防与控制工作。

**第六条** 县级以上人民政府畜牧兽医主管部门负责本行政区域内无疫区的建设管理工作。

县级以上人民政府有关部门按照各自职责做好无疫区建设管理的相关工作。

县级以上人民政府设立的动物卫生监督机构，负责动物、动物产品的检疫工作和其他有关动物防疫的监督管理执法工作。

县级以上人民政府设立的动物疫病预防控制机构，负责规定动物疫病的监测、检测、诊断、流行病学调查、疫情报告以及其他预防、控制和扑灭工作。

乡镇畜牧兽医站负责本辖区的规定动物疫病预防和畜牧兽医技术推广工作，并组织村级动物防疫人员和养殖企业兽医人员做好动物免疫接种、疫情监测和报告工作。

**第七条** 各级人民政府支持和鼓励动物防疫的科学研究工作，推广先进适用的科学研究成果，普及动物防疫科学知识，提高动物疫病防治的科学技术水平。

**第八条** 县级以上人民政府及有关部门应当对在无疫区建设管理和动物防疫工作中做出显著贡献的单位和个人，给予表彰或者奖励。

## 第二章　无规定动物疫病区建设

**第九条** 省人民政府应当组织有关部门编制全省无疫区建设规划。

市（州）、县（市、区）人民政府应当按照全省无疫区建设规划，编制本行政区域的无疫区建设规划，报省人民政府备案。

**第十条** 无疫区建设应当按照国家《无规定动物疫病区管理技术规范》规定的标准组织实施。

县级以上人民政府应当建立健全畜牧兽医管理机构、动物卫生监督机构和动物疫病预防控制机构，建立与无疫区建设管理和运行相适应的兽医系统实验室、人工屏障等基础设施以及动物防疫、监督队伍。

**第十一条** 省人民政府根据无疫区建设需要，规定过境和进入无疫区的动物、动物产品的指定通道，在指定通道上建立动物卫生监督检查站，依法执行监督检查任务。

指定通道和动物卫生监督检查站的设置地点，由省人民政府畜牧兽医主管部门会同省人民政府交通运输主管部门提出，报省人民政府批准后，由省人民政府发布。

进入无疫区内的主要道口及饲养、交易集中区应当设立警示标志。

**第十二条** 省人民政府应当有计划地组织建设全省引进动物的

隔离场所，其建设标准应当符合国家和省的有关规定。

## 第三章　规定动物疫病的预防

**第十三条**　省人民政府畜牧兽医主管部门应当对规定动物疫病状况进行风险评估，并根据评估结果，按照规定动物疫病的分类、危害程度，制定相应的动物疫病预防、控制措施。

**第十四条**　省人民政府畜牧兽医主管部门制定全省规定动物疫病强制免疫计划，对列入强制免疫计划的规定动物疫病实施强制免疫。

未列入强制免疫计划的规定动物疫病，省人民政府畜牧兽医主管部门应当根据危害程度制定免疫计划，报省人民政府批准后，实施计划免疫。

动物疫病预防控制机构应当对强制和计划免疫效果进行监测。

对免疫效果未达到规定标准的，应当进行补免或者强化免疫。

**第十五条**　县级以上人民政府畜牧兽医主管部门负责组织实施本行政区域规定动物疫病的免疫计划。乡镇人民政府、街道办事处负责组织本辖区饲养动物的单位和个人做好规定动物疫病的免疫工作。

饲养动物的单位和个人应当依法履行规定动物疫病的免疫义务。任何单位和个人不得拒绝、阻碍免疫。

经免疫的动物，应当按照省人民政府畜牧兽医主管部门的相关规定建立免疫档案，加施畜禽标识，实施可追溯管理。

**第十六条**　县级以上人民政府应当建立健全动物疫情监测网络，加强规定动物疫病疫情监测。

省人民政府畜牧兽医主管部门应当根据国家动物疫病监测计划和本省实际制定全省规定动物疫病监测计划。市（州）、县（市、区）人民政府畜牧兽医主管部门根据全省规定动物疫病监测计划，制定本行政区域的规定动物疫病监测计划。

各级动物疫病预防控制机构应当按照国家规定对规定动物疫病的发生、流行等情况进行监测。

从事动物饲养、屠宰、经营、隔离、运输以及动物产品生产、经营、加工、贮藏活动的单位和个人对本条前款规定的监测活动，不得拒绝或者阻碍。

第十七条　动物饲养场、养殖小区、动物隔离场所、动物屠宰加工场所、动物和动物产品无害化处理场所，应当符合国家有关动物防疫条件规定，并取得动物防疫条件合格证。

取得动物防疫条件合格证的有关场所，其经营单位和个人不得擅自变更经畜牧兽医主管部门验收合格的规划布局、设施设备和管理制度。

经营动物、动物产品的集贸市场，应当符合国家有关规定动物疫病的防疫条件，并接受动物卫生监督机构的监督检查。

第十八条　种用、乳用动物应当符合国务院兽医主管部门规定的健康标准。

种用、乳用动物应当接受动物疫病预防控制机构的检测。检测不合格的，应当按照国家和省的有关规定予以处理。

第十九条　本省行政区域内饲养的动物应当实行舍饲圈养或者在划定的区域内放养。

第二十条　禁止屠宰、经营、运输下列动物和生产、经营、加工、贮藏、运输下列动物产品：

（一）封锁疫区内与所发生规定动物疫病有关的；

（二）疫区内易感染规定动物疫病的；

（三）依法应当检疫而未经检疫或者检疫不合格的；

（四）感染规定动物疫病或者疑似感染规定动物疫病的；

（五）病死或者死因不明的；

（六）其他不符合国家或者省有关规定动物疫病防疫规定的。

# 第四章　规定动物疫病的控制和扑灭

第二十一条　从事规定动物疫病疫情监测、检疫检验、疫病研究与诊疗以及动物饲养、屠宰、经营、隔离、运输的单位和个人，发现感染规定动物疫病或者疑似感染规定动物疫病的，应当立即向当地畜牧兽医主管部门、动物疫病预防控制机构或者动物卫生监督机构报告，并采取隔离等控制措施，防止动物疫情扩散。

接到规定动物疫病疫情报告的单位，应当及时采取必要的控制处理措施，并按照有关规定的程序上报。

任何单位和个人不得瞒报、谎报、迟报、漏报规定动物疫病疫情，不得授意他人瞒报、谎报、迟报规定动物疫病疫情，不得阻碍他人报告规定动物疫病疫情。

**第二十二条** 规定动物疫病疫情由省人民政府畜牧兽医主管部门根据国务院兽医主管部门的授权发布，其他单位和个人不得发布规定动物疫病疫情。

**第二十三条** 采集、保存、运输动物病料或者病原微生物以及从事病原微生物研究、教学、检测、诊断等活动，应当依照国家和省有关病原微生物实验室管理的规定执行。

任何单位和个人不得擅自采集重大规定动物疫病病料，在规定动物疫病病原分离时应当遵守国家有关生物安全管理规定。

**第二十四条** 县级以上人民政府应当根据本地实际情况，制定本行政区域的重大规定动物疫病疫情应急预案，报上一级人民政府畜牧兽医主管部门备案。

重大规定动物疫病疫情发生后，县级以上人民政府畜牧兽医主管部门应当立即划定疫点、疫区和受威胁区，调查疫源，并向本级人民政府提出启动重大动物疫情应急指挥系统、应急预案和对疫区实行封锁的建议，有关人民政府应当立即作出决定。

**第二十五条** 对重大规定动物疫病疫情应急处理实行属地管理、分级负责，按照应急预案确定的疫情等级，由县级以上人民政府对疫点、疫区和受威胁区采取相应的应急控制措施。

**第二十六条** 疫区内有关单位和个人，应当执行县级以上人民政府畜牧兽医主管部门依法作出的有关控制、扑灭规定动物疫病的规定。

任何单位和个人不得藏匿、转移、盗掘已被依法隔离、封存、处理的动物和动物产品。

**第二十七条** 重大规定动物疫病疫情应急处理中，设置临时动物检疫消毒站以及采取隔离、扑杀、销毁、消毒、紧急免疫接种等控制、扑灭措施的，由有关重大动物疫情应急指挥部决定，有关单位和个人必须服从；拒不服从的，由公安机关协助执行。

第二十八条　重大规定动物疫病疫情应急处理中，县级以上人民政府有关部门应当在各自的职责范围内，做好重大规定动物疫病疫情应急所需的物资调度和运输、应急经费安排、疫区群众救济、人的疫病防治、肉食品供应、动物和动物产品市场监管、社会治安维护等工作。

第二十九条　重大规定动物疫病疫情应急处理中，乡镇人民政府、街道办事处、村民委员会、居民委员会应当组织力量，向公众宣传动物疫病防治的相关知识，协助做好疫情信息的收集、报告和各项应急处理措施的落实工作。

重大规定动物疫病疫情发生地的人民政府和毗邻地区的人民政府应当做好重大规定动物疫病疫情的控制、扑灭工作。

第三十条　自疫区内最后一头（只）发病动物及其同群动物处理完毕起，经过一个潜伏期以上的监测，未出现新的病例的，彻底消毒后，经上一级畜牧兽医主管部门验收合格，由原发布封锁令的人民政府宣布解除封锁，撤销疫区，由原批准机关撤销在该疫区设立的临时动物检疫消毒站。

# 第五章　动物和动物产品的检疫

第三十一条　动物卫生监督机构依据法律法规和有关规定对动物、动物产品实施检疫。动物卫生监督机构的官方兽医依法具体实施对动物、动物产品的检疫，出具检疫证明，加施检疫标志。

动物卫生监督机构可以根据检疫工作需要，指定兽医专业人员协助官方兽医实施动物检疫。

第三十二条　屠宰、出售或者运输动物以及出售或者运输动物产品前，货主应当按照国家和省的有关规定向当地动物卫生监督机构申报检疫，取得动物检疫证明。

动物卫生监督机构接到检疫申报后，应当及时指派官方兽医到现场或者指定地点，对动物、动物产品实施检疫；检疫合格的，由具体实施检疫的官方兽医出具检疫证明、加施检疫标志并对检疫结论负责。

第三十三条　县级动物卫生监督机构依法向屠宰场（厂、点）

派驻（出）官方兽医实施检疫。

屠宰场（厂、点）应当提供与屠宰规模相适应的官方兽医驻场检疫室和检疫操作台等设施设备。

进入屠宰场（厂、点）的动物应当附有动物检疫证明，并佩戴有农业部规定的畜禽标识。

屠宰场（厂、点）不得屠宰未经检疫或者检疫不合格的动物。

官方兽医应当查验进场动物附具的动物检疫证明和佩戴的畜禽标识，检查待宰动物健康状况，对疑似染疫的动物进行隔离观察。

官方兽医应当按照农业部规定，在动物屠宰过程中实施全流程同步检疫和必要的实验室疫病检测。

出场（厂、点）的动物产品应当经官方兽医检疫合格，加施检疫标志，并附有动物检疫证明。

**第三十四条** 进入市场进行交易的动物应当附有检疫证明，佩戴畜禽标识，动物产品应当附有检疫证明和检疫标志。

经检疫合格分割包装的动物产品，内、外包装上应当有省级动物卫生监督机构监制的检疫标志。

市场管理部门应当对进入市场销售的动物、动物产品查验，对无检疫证明、检疫标志或者证物不符的，禁止销售，并依据有关规定处理。

**第三十五条** 从省外引进乳用、种用动物及其精液、胚胎、种蛋的，在引进前应当到输入地省动物卫生监督机构办理审批手续，经输出地动物卫生监督机构按照国家规定进行检疫，取得检疫证明后，方可引进。

从省外引进的乳用、种用动物到达目的地后，货主应当持审批手续和动物检疫证明向当地动物卫生监督机构报验，并按照有关规定进行隔离观察。

**第三十六条** 输入到无疫区内的动物、动物产品，货主应当按照国务院兽医主管部门的规定向当地动物卫生监督机构申报检疫，经检疫合格的，方可进入。

通过公路从省外输入动物、动物产品的，货主或者承运人应当向输入地省人民政府设置在指定通道的公路动物卫生监督检查站报验；通过水路、航空、铁路从省外输入动物、动物产品的，应当向当地动物卫生监督机构或者派驻机构报验。

接受报验的动物卫生监督机构应当及时查验，并将查验情况进行登记。

任何单位和个人不得接收未经指定道口检查并取得道口检查签章的动物、动物产品。

**第三十七条** 经检疫不合格的动物、动物产品，货主应当在动物卫生监督机构监督下按照有关规定处理，并做好记录备查。处理费用由货主承担。

## 第六章　动物诊疗

**第三十八条** 县级以上人民政府畜牧兽医主管部门负责本行政区域内动物诊疗机构的管理。

县级以上动物卫生监督机构负责本行政区域内动物诊疗机构的监督执法工作。

**第三十九条** 动物诊疗机构、执业兽医、乡村兽医在从事动物诊疗和动物诊疗服务活动中，发现动物染疫或者疑似染疫的，应当按照有关规定立即采取隔离等控制措施，并向当地人民政府畜牧兽医主管部门、动物疫病预防控制机构或者动物卫生监督机构报告，不得擅自治疗或者处理。

执业兽医、乡村兽医应当按照当地人民政府和畜牧兽医主管部门的要求，参加预防、控制和扑灭重大规定动物疫病的活动，其所在单位不得拒绝、阻碍。

动物诊疗活动应当按照有关规定做好卫生安全防护、消毒、隔离工作，处理病死动物、动物病理组织、废弃物和污染物。

## 第七章　监督和管理

**第四十条** 动物卫生监督机构根据动物疫病预防、控制需要，经当地县级以上人民政府批准，可以在车站、港口、机场等场所派驻官方兽医和相关机构。

**第四十一条** 动物卫生监督机构执行监督检查任务，可以采取下列措施，有关单位和个人不得拒绝或者阻碍：

（一）对动物、动物产品按照规定采样、留验、抽检；

（二）对感染规定动物疫病或者疑似感染规定动物疫病的动物、动物产品及相关物品进行隔离、查封、扣押和处理；

（三）对依法应当检疫而未经检疫的动物实施补检；

（四）对依法应当检疫而未经检疫的动物产品，具备补检条件的实施补检，不具备补检条件的予以没收销毁；

（五）查验检疫证明、检疫标志和畜禽标识；

（六）进入有关场所调查取证，查阅、复制与动物防疫有关的资料。

对检查中发现应当进行无害化处理的动物、动物产品进行无害化处理，所需费用由货主承担；当事人不提供货主的，由当事人承担。

**第四十二条** 经公路、铁路、水路、航空运输动物、动物产品的，承运人应当凭检疫证明承运，检疫证明应当随货同行，并接受动物卫生监督机构查验。

**第四十三条** 动物卫生监督机构应当使用国家畜牧兽医主管部门统一制作的动物检疫证明和检疫标志。

任何单位和个人不得转让、伪造或者变造动物检疫证明和检疫标志。

**第四十四条** 官方兽医在执行动物卫生监督检查任务时，应当着装整齐，佩带规定标志，出示有效证件。

# 第八章　保障措施

**第四十五条** 县级以上人民政府应当将规定动物疫病防疫纳入本级国民经济和社会发展规划及年度计划。

无疫区建设用地应当纳入全省土地利用总体规划。

**第四十六条** 县级以上人民政府按照本级政府职责，将规定动物疫病预防、监测、控制、扑灭、检疫、无疫区建设和运行、监督管理所需经费以及重大规定动物疫病疫情确认、疫区封锁、扑杀及其补偿、消毒、无害化处理、疫源追踪、疫情监测、物资储备等应急经费列入本级财政预算。

**第四十七条** 县级以上人民政府对疫区、受威胁区内易感染的动物免费实施紧急免疫接种。对因采取扑杀、销毁等措施给当事人造成的损失，给予合理补偿。

紧急免疫接种和补偿所需费用，按照有关规定执行。

**第四十八条** 重大动物疫情应急指挥部根据应急处理需要，有权紧急调集人员、物资、运输工具以及相关设施设备。

单位和个人的物资、运输工具以及相关设施设备被征集使用的，有关人民政府应当及时归还并给予合理补偿。

**第四十九条** 对从事规定动物疫病预防、监测、检验、检疫、监督检查、现场处理疫情以及在工作中接触规定动物疫病病原体的人员，有关单位应当按照国家规定采取有效的卫生防护措施和医疗保健措施。

**第五十条** 县级人民政府和乡镇人民政府、街道办事处应当采取有效措施，加强基层动物防疫队伍建设，逐步提高基层动物防疫人员待遇。

县级以上人民政府畜牧兽医主管部门可以根据动物防疫工作需要，向乡镇或者特定区域派驻兽医机构。

# 第九章 法律责任

**第五十一条** 县级以上人民政府畜牧兽医主管部门及其工作人员违反本条例规定，有下列行为之一的，由本级人民政府或者有关部门责令改正，通报批评；对直接负责的主管人员和其他直接责任人员依法给予处分：

（一）未及时采取预防、控制、扑灭等措施的；

（二）对不符合条件的颁发动物防疫条件合格证、动物诊疗许可证，或者对符合条件的拒不颁发动物防疫条件合格证、动物诊疗许可证的；

（三）其他未依照本条例规定履行职责的行为。

**第五十二条** 违反本条例第十五条第二款、第三款规定的，由动物卫生监督机构责令改正；拒不改正的，由动物卫生监督机构代做处理，所需处理费用由违法行为人承担，可以处一千元以下罚款。

**第五十三条** 违反本条例第十六条第四款规定的，由动物卫生监督机构责令改正；拒不改正的，对单位处二千元以上一万元以下罚款，对个人可以处五百元以下罚款。

**第五十四条** 违反本条例第十七条第二款规定的，由动物卫生监督机构给予警告。对不符合动物防疫条件的，由动物卫生监督机构责令改正；拒不改正或者整改后仍不合格的，由发证机关收回并注销动物防疫条件合格证。

**第五十五条** 违反本条例第十八条第二款规定的，由动物卫生监督机构责令改正；拒不改正的，由动物卫生监督机构代做处理，所需费用由违法行为人承担，可以处一千元以下罚款。

**第五十六条** 违反本条例第十九条规定的，由动物卫生监督机构责令限期改正；逾期未改正的，处二百元以上五百元以下罚款；情节严重的，处二千元以上五千元以下罚款。

**第五十七条** 违反本条例第二十条第一项、第二项、第三项、第六项规定的，由动物卫生监督机构责令改正，采取补救措施，没收违法所得和未售出的动物、动物产品，货值金额不足一千元的，并处一千元以上三千元以下罚款；货值金额一千元以上的，并处货值金额三倍以上五倍以下罚款。

**第五十八条** 违反本条例第二十条第四项、第五项规定的，由动物卫生监督机构没收动物和动物产品、违法所得和用于违法生产的工具、设备、原材料等物品，货值金额不足一万元的，并处二千元以上五万元以下罚款；货值金额一万元以上的，并处货值金额五倍以上十倍以下罚款。

**第五十九条** 违反本条例第二十一条第一款、第三款和第三十九条第一款规定的，由动物卫生监督机构责令改正；拒不改正的，对单位处三千元以上一万元以下罚款，对个人可以处五百元以下罚款。

**第六十条** 违反本条例第二十三条第一款规定的，由动物卫生监督机构依法处罚。

违反本条例第二十三条第二款规定的，由动物卫生监督机构给予警告，并处五千元以下罚款。

**第六十一条** 违反本条例第三十五条第一款规定的，由动物卫生监督机构责令改正，处三千元以上一万元以下罚款；情节严重的，处一万元以上十万元以下罚款。

违反本条例第三十五条第二款规定的，由动物卫生监督机构责令改正，处二千元以上一万元以下罚款。

**第六十二条** 违反本条例第三十六条第二款规定的，由动物卫生监督机构责令其到最近的动物卫生监督机构报验，可以处三千元以上一万元以下罚款。

违反本条例第三十六条第四款规定的，可以处一万元以上三万元以下罚款。

**第六十三条** 违反本条例第三十九条第三款规定的，由动物卫生监督机构责令无害化处理，所需处理费用由违法行为人承担，可以处三千元以下罚款。

动物诊疗机构违反本条例规定，造成动物疫病扩散的，由动物卫生监督机构责令改正，处一万元以上五万元以下罚款；情节严重的，由发证机关吊销动物诊疗许可证。

**第六十四条** 违反本条例第四十三条第二款规定的，由动物卫生监督机构没收违法所得，收缴检疫证明和检疫标志，并处三千元以上三万元以下罚款。

**第六十五条** 违反本条例规定，构成犯罪的，依法追究刑事责任。

# 第十章　附　　则

**第六十六条** 本条例自 2011 年 8 月 1 日起施行。

# 山东省无规定动物疫病区管理办法

（2003 年 4 月 10 日山东省人民政府令第 157 号发布　根据 2010 年 11 月 29 日《山东省人民政府关于修改〈山东省乡镇、街道治安保卫责任制暂行规定〉等 13 件省政府规章的决定》（省政府令第 228 号）修订　2014 年 11 月 10 日省政府第 42 次常务会议修订通过）

## 目　　录

## 第一章　总　　则

**第一条**　为了加强无规定动物疫病区管理，预防、控制和扑灭规定动物疫病，促进畜牧业发展，保护人体健康，维护公共卫生安全，根据《中华人民共和国动物防疫法》等法律、法规，结合本省实际，制定本办法。

**第二条**　本办法适用于本省行政区域内无规定动物疫病区的规划建设、动物防疫及其监督管理活动。

进出境动物、动物产品的检疫，适用《中华人民共和国进出境动植物检疫法》的有关规定。

**第三条** 本办法所称无规定动物疫病区（以下简称无疫区），是指具有天然屏障或者采取人工措施，在一定期限内没有发生规定的一种或者几种动物疫病，并经依法验收合格的区域。

**第四条** 县级以上人民政府应当加强对无疫区管理工作的领导，将无疫区建设发展纳入国民经济和社会发展规划，实行无疫区管理考核奖惩制度，加强基层动物防疫队伍建设，健全完善动物防疫体系，并将规定动物疫病预防、控制、扑灭、检疫和监督管理经费纳入本级财政预算。

乡（镇）人民政府、街道办事处应当组织村（居）民协助做好本辖区内的动物疫病预防与控制工作。

**第五条** 县级以上人民政府畜牧兽医主管部门负责本行政区域内无疫区管理工作，可以根据动物防疫工作需要，向乡（镇）或者特定区域派驻兽医机构。

县级以上人民政府发展改革、财政、卫生和计划生育、公安、交通运输、工商行政管理、食品药品监督管理、林业等部门按照各自职责，做好无疫区管理的有关工作。

**第六条** 县级以上人民政府设立的动物卫生监督机构，负责动物、动物产品的检疫和其他有关动物防疫的监督管理执法工作。

县级以上人民政府按照国务院的规定，根据统筹规划、合理布局、综合设置的原则建立动物疫病预防控制机构，负责动物疫病的监测、检测、诊断、流行病学调查、疫情报告以及其他预防、控制等技术工作。

**第七条** 县级以上人民政府应当鼓励和支持开展动物疫病的科学研究，推广先进适用的科学研究成果，普及无疫区管理和动物防疫科学知识，提高动物疫病防治的科学技术水平。

**第八条** 县级以上人民政府畜牧兽医主管部门应当加强动物防疫信息化建设，建立动物防疫信息化平台，对动物饲养场（养殖小区）、动物屠宰加工场所、动物卫生监督检查站等实施动态监督管理，提高动物防疫信息化水平。

# 第二章　规划建设

**第九条**　省畜牧兽医主管部门应当会同有关部门根据全省动物疫病防治规划，编制全省无疫区建设规划，报省人民政府批准后组织实施。

**第十条**　无疫区建设应当符合下列标准：

（一）规定期限内没有发生规定动物疫病；

（二）具有健全的兽医工作体系；

（三）具有山脉、河流、海洋等天然屏障或者动物卫生监督检查站、动物隔离场所等人工屏障保障体系，具备对动物、动物产品流通环节的监管能力；

（四）具有健全的动物疫病监测、动物疫情信息网络体系，县级兽医系统实验室具备开展规定动物疫病病原学监测能力；

（五）配备与动物防疫及其监督管理工作相适应的设施、设备，健全相关记录和档案，具备对规定动物疫病可追溯能力、应急反应能力和综合防控能力；

（六）国家规定的其他标准。

无疫区建设达到前款规定标准的，由省畜牧兽医主管部门按规定向国务院兽医主管部门申请验收。

**第十一条**　经省人民政府批准，在进入无疫区的主要交通道口和口岸，设立动物卫生监督检查站，配备检疫、消毒、隔离、无害化处理等设施设备，实施动物卫生监督检查和防疫消毒。

**第十二条**　进入无疫区的主要交通道口和口岸由所在地县（市、区）人民政府负责设置标志牌。标志牌的数量、位置和式样由省畜牧兽医主管部门与有关部门协商确定。

**第十三条**　省畜牧兽医主管部门应当会同有关部门根据全省无疫区建设规划，编制无疫区动物隔离场所建设规划。

无疫区动物隔离场所由所在地县（市、区）人民政府负责组织建设。

**第十四条**　县级以上人民政府应当组织建设或者指定动物和动物产品无害化处理场所，完善病死动物无害化处理补助政策，建立健全病死动物收集体系，配备封闭运输车辆等设施设备，依法处理染疫、疑似染疫、病死或者死因不明的动物和动物产品。

# 第三章　动物疫病预防与控制

**第十五条**　无疫区内应当实行动物标准化、规模化饲养，限制动物散养、混养，逐步取消中心城区动物交易市场，促进畜牧业生产向安全化、生态化、科技化方向发展。

**第十六条**　县级以上人民政府畜牧兽医主管部门应当建立风险评估制度，定期组织对规定动物疫病状况进行风险评估，并根据评估结果制定或者调整相应的动物疫病预防、控制措施。

**第十七条**　省畜牧兽医主管部门应当会同有关部门制定全省规定动物疫病强制免疫计划。

未列入强制免疫计划的规定动物疫病，省畜牧兽医主管部门应当根据危害程度制定免疫计划，报省人民政府批准后，实施计划免疫。

动物疫病预防控制机构应当对动物免疫效果进行监测。对免疫效果未达到规定标准的，应当进行补充免疫或者强化免疫。

**第十八条**　动物饲养场（养殖小区）应当配备与其生产规模相适应的无害化处理、清洗消毒等设施设备和动物防疫技术人员，依法履行动物疫病强制免疫义务；对经免疫的动物，应当按照国家和省有关规定建立免疫档案，加施畜禽标识，实施可追溯管理。

饲养动物的单位和个人应当按照国家规定，对病死或者死因不明的动物尸体进行无害化处理，不得随意抛弃或者处置。

**第十九条**　县级以上人民政府应当加强基层兽医社会化服务体系建设，健全动物疫情监测网络，对规定动物疫病进行监测。

**第二十条**　省畜牧兽医主管部门应当根据国家动物疫病监测计划和本省实际，制定全省无疫区规定动物疫病监测净化计划。

无疫区所在地设区的市、县（市、区）人民政府畜牧兽医主管部门应当根据全省无疫区规定动物疫病监测净化计划，制定本行政区域的无疫区规定动物疫病监测净化计划，并报上一级人民政府畜牧兽医主管部门备案。

动物疫病预防控制机构应当根据无疫区规定动物疫病监测净化计划，开展规定动物疫病监测，有关单位和个人不得拒绝或者阻碍。对监测发现不符合要求的，应当按照国家规定进行处理。

**第二十一条** 动物饲养场（养殖小区）、动物屠宰加工场所、动物隔离场所，以及动物和动物产品无害化处理场所，应当具备国家规定的动物防疫条件，并依法取得动物防疫条件合格证。

经营动物、动物产品的集贸市场应当具备国家规定的动物防疫条件，并接受动物卫生监督机构的监督检查。

**第二十二条** 从事动物疫情监测、检验检疫、疫病研究与诊疗以及动物饲养、屠宰、经营、隔离、运输等活动的单位和个人，发现动物染疫或者疑似染疫的，应当立即向当地畜牧兽医主管部门、动物卫生监督机构或者动物疫病预防控制机构报告，并采取隔离等控制措施，防止动物疫情扩散。其他单位和个人发现动物染疫或者疑似染疫的，应当及时报告。

接到动物疫情报告的单位，应当及时采取必要的控制处理措施，并按照国家规定的程序上报。

任何单位和个人不得瞒报、谎报、迟报或者漏报动物疫情，不得授意他人瞒报、谎报或者迟报动物疫情，不得阻碍他人报告动物疫情。

**第二十三条** 动物疫情的认定和公布按照国家和省有关规定执行。

发生人畜共患传染病的，县级以上人民政府畜牧兽医主管部门与同级卫生和计划生育行政部门应当及时相互通报。

**第二十四条** 县级以上人民政府畜牧兽医主管部门应当会同有关部门根据本地实际情况，制定本行政区域的规定动物疫病控制应急预案，报本级人民政府批准后实施。

发生规定动物疫病时，县级以上人民政府畜牧兽医主管部门应当及时报请本级人民政府启动相应应急预案，依法采取措施，迅速扑灭疫病。

**第二十五条** 规定动物疫病扑灭后，符合国家有关无疫区要求的，经省畜牧兽医主管部门初步评估合格后，可以向国务院兽医主管部门申请恢复无疫区。

# 第四章　动物和动物产品检疫

**第二十六条**　屠宰、出售或者运输动物以及出售或者运输动物产品前，货主应当按照国家和省有关规定向当地动物卫生监督机构申报检疫。动物卫生监督机构接到检疫申报后，应当及时指派官方兽医对动物、动物产品实施现场检疫；检疫合格的，出具动物检疫合格证明、加施检疫标志。

**第二十七条**　向无疫区输入易感动物、动物产品的，货主应当在起运三日前，向无疫区所在地县（市、区）动物卫生监督机构申报检疫。按照本办法规定经检疫合格的，方可进入。

货主申报检疫的，应当提供检疫申报单和输出地动物卫生监督机构出具的动物检疫合格证明。

**第二十八条**　输入无疫区用于饲养的易感动物，应当在省动物卫生监督机构指定的动物隔离场所，按照国家规定进行隔离检疫。检疫合格的，由无疫区所在地县（市、区）动物卫生监督机构的官方兽医出具动物检疫合格证明；不合格的，不准进入，并依法处理。

**第二十九条**　输入无疫区用于屠宰、展览、演出和比赛的易感动物，应当按照国家有关规定进行检疫。

禁止无疫区内动物交易市场交易来自非无疫区的易感动物。

**第三十条**　输入无疫区的易感动物产品，应当在省动物卫生监督机构指定的地点，按照国家规定进行检疫。检疫合格的，由无疫区所在地县（市、区）动物卫生监督机构的官方兽医出具动物检疫合格证明；不合格的，不准进入，并依法处理。

**第三十一条**　过境无疫区的易感动物、动物产品，其运载工具应当采取相对封闭的生物安全措施，在无疫区停留时间不得超过十二小时，其间不得卸载、出售、馈赠或者抛弃，并经指定的路线出境。因特殊情况需超时停留的，应当向当地县（市、区）动物卫生监督机构申请延时。

**第三十二条**　当无疫区外发生规定动物疫情，对无疫区造成或者可能造成威胁时，省畜牧兽医主管部门可以报请省人民政府决定暂停向无疫区输入易感动物和动物产品。

**第三十三条** 无疫区内从事动物经营和动物产品生产、经营、加工、贮藏的单位和个人，应当按照国家和省动物防疫要求建立动物和动物产品经营、贮藏登记管理制度，不得生产、经营、加工、贮藏依法应当检疫而未经检疫或者检疫不合格的动物、动物产品。

# 第五章 监督管理

**第三十四条** 运输易感动物、动物产品进入或者过境无疫区的，应当经省人民政府规定的指定通道出入，接受指定通道的动物卫生监督检查站的监督检查和防疫消毒，经签章后方可出入无疫区。任何单位和个人不得接收未经指定通道的动物卫生监督检查站签章输入无疫区的易感动物、动物产品。

**第三十五条** 输入无疫区的易感动物、动物产品，抵达输入地后，货主或者承运人应当在二十四小时内向所在地县（市、区）动物卫生监督机构报告，并接受监督检查。

**第三十六条** 动物卫生监督机构应当依法对动物饲养、屠宰、经营、隔离、运输以及动物产品生产、贮藏、运输等活动中的动物防疫实施监督管理，建立健全监督检查机制，及时查处违法行为。

县级以上人民政府食品药品监督管理部门应当依法做好食用畜禽及其产品进入批发、零售市场或者生产加工企业后的监督管理，与畜牧兽医主管部门共同建立食品安全追溯机制。

县级以上人民政府工商行政管理部门应当加强经营动物、动物产品的集贸市场的监督管理，维护市场秩序。

**第三十七条** 动物卫生监督机构依法履行监督检查职责时，可以采取下列措施，有关单位和个人不得拒绝或者阻碍：

（一）对动物、动物产品按照规定采样、留验、抽检；

（二）对染疫或者疑似染疫的动物、动物产品及相关物品进行隔离、查封、扣押和处理；

（三）对依法应当检疫而未经检疫的动物实施补检；

（四）对依法应当检疫而未经检疫的动物产品，具备补检条件的实施补检，不具备补检条件的予以没收销毁；

（五）查验检疫合格证明、检疫标志和畜禽标识；

（六）进入有关场所调查取证，查阅、复制与动物防疫有关的资料。

动物卫生监督机构根据动物疫病预防、控制需要，经当地县级以上人民政府批准，可以在车站、港口、机场等相关场所派驻官方兽医。

**第三十八条** 官方兽医依法履行动物防疫监督检查职责时，应当出示行政执法证件，佩戴统一标志。

动物卫生监督机构及其工作人员不得从事与动物防疫有关的经营性活动，进行监督检查不得收取任何费用。

# 第六章 法律责任

**第三十九条** 违反本办法规定的行为，法律、法规已规定法律责任的，从其规定；法律、法规未规定法律责任的，依照本办法的规定执行。

**第四十条** 违反本办法规定，在无疫区内动物交易市场交易来自非无疫区的易感动物的，由动物卫生监督机构责令改正、采取补救措施，可以处同类检疫合格动物货值金额一倍以上五倍以下罚款，但最高不得超过三万元。

**第四十一条** 违反本办法规定，过境无疫区的易感动物、动物产品，未经指定通道出入或者未在规定时限内离开的，由动物卫生监督机构责令改正，可以处五百元以上三千元以下罚款。过境无疫区，其运载工具未采取相对封闭的生物安全措施，或者卸载、出售、馈赠、抛弃易感动物、动物产品的，由动物卫生监督机构责令改正、采取补救措施，可以处三千元以上一万元以下罚款；情节严重的，可以处一万元以上三万元以下罚款。

**第四十二条** 违反本办法规定，有下列行为之一的，由动物卫生监督机构责令改正，可以处三千元以上一万元以下罚款；情节严重的，可以处一万元以上三万元以下罚款：

（一）未按规定进入指定的动物隔离场所进行隔离检疫的；

（二）易感动物、动物产品未经指定通道进入无疫区的；

（三）接收未经指定通道的动物卫生监督检查站签章输入无疫区的易感动物、动物产品的。

**第四十三条** 违反本办法规定，输入无疫区的易感动物、动物产品，抵达输入地后，货主或者承运人未按规定报告的，由动物卫生监督机构处五百元以上三千元以下罚款。

**第四十四条** 畜牧兽医主管部门、动物卫生监督机构和动物疫病预防控制机构及其工作人员违反本办法规定，有下列行为之一的，由本级人民政府或者畜牧兽医主管部门责令改正，通报批评；对直接负责的主管人员和其他直接责任人员依法给予处分；构成犯罪的，依法追究刑事责任：

（一）对未经现场检疫或者检疫不合格的动物、动物产品出具动物检疫合格证明、加施检疫标志，或者对检疫合格的动物、动物产品拒不出具动物检疫合格证明、加施检疫标志的；

（二）未依法履行免疫、监测、监督检查等法定职责或者违反法定程序履行职责的；

（三）违反国家和省有关规定收费的；

（四）收受被检查单位和个人财物或者索贿的；

（五）挤占、挪用动物防疫经费的；

（六）其他滥用职权、玩忽职守、徇私舞弊的行为。

# 第七章 附 则

**第四十五条** 本办法自 2015 年 1 月 1 日起施行。

# 海南省无规定动物疫病区管理条例

(2006 年 12 月 29 日海南省第三届人民代表大会常务委员会第 27 次会议通过　2012 年 5 月 30 日海南省第四届人民代表大会常务委员会第 30 次会议修订)

**第一条**　为了加强无规定动物疫病区的建设和管理,有效预防、控制和扑灭动物疫病,促进畜牧业发展,保障人体健康,根据《中华人民共和国动物防疫法》和有关法律法规,结合本省实际,制定本条例。

**第二条**　本条例所称无规定动物疫病区(以下简称无疫区),是指具有天然屏障或者采取人工措施,在一定期限内没有发生国家规定的一种或者几种动物疫病,并经国家兽医主管部门评估验收合格的区域。

**第三条**　本省行政区域纳入无疫区,并按照国家规定的条件和标准进行建设和管理。

在本省行政区域内从事动物饲养、屠宰、运输、销售和动物产品、动物排泄物的生产、经营、运输、储藏以及与无疫区建设、管理有关的活动,应当遵守本条例。

**第四条**　无疫区建设和管理工作坚持预防为主、综合防控的方针,实行全面规划、统一标准、属地管理的原则。

**第五条**　省人民政府畜牧兽医主管部门是全省无疫区建设和管理的主管部门。市、县(区)、自治县人民政府畜牧兽医主管部门负责本行政区域内无疫区的建设和管理工作。

县级以上人民政府其他有关部门按照各自的职责做好无疫区建设和管理的有关工作。

**第六条**　县级以上人民政府所属动物卫生监督机构,负责动物产品的检疫工作和其他有关动物防疫的监督管理执法县级以上人民政府应当按照国家规定建立动物疫病预防控制机构，承担动物疫病的监测、检测、诊断、流行病学调查、疫情报告以及其他预防、控制等技术工作。

动物卫生监督机构、动物疫病预防控制机构的人员配备和设施设备的配置应当符合国家和本省规定。

**第七条** 市、县（区）、自治县人民政府畜牧兽医主管部门可以根据动物防疫工作需要，向乡镇或者特定区域派驻兽医机构。

市、县（区）、自治县人民政府应当建立健全乡镇畜牧兽医公共服务机构和村级动物防疫员队伍。

**第八条** 县级以上人民政府应当加强对无疫区建设和管理工作的领导，将无疫区建设纳入当地国民经济和社会发展规划。

省人民政府畜牧兽医主管部门应当会同有关部门编制全省无疫区建设规划，报省人民政府批准后组织实施。市、县、自治县人民政府畜牧兽医主管部门应当根据全省无疫区建设规划，结合当地实际情况，编制本地区无疫区建设规划，经本级人民政府批准后组织实施，并报省人民政府畜牧兽医主管部门备案。

县级以上人民政府应当将动物及动物产品检疫、动物卫生监督管理执法、动物疫病监测、动物产品质量安全检测、流行病学调查、动物疫病诊断、强制免疫、畜禽标识及动物产品追溯、疫情应急处理和应急物资储备等所需经费，纳入本级财政预算。

**第九条** 县级以上人民政府应当建立健全动物疫情监测网络，加强动物疫情监测，组织制定重大动物疫情应急预案，报上一级人民政府畜牧兽医主管部门备案。

县级以上人民政府畜牧兽医主管部门应当根据本级人民政府制定的重大动物疫情应急预案，按照不同病种及其流行特点和危害程度，分别制订实施方案。

县级以上人民政府及其有关部门应当根据重大动物疫情应急预案的要求，确保重大动物疫病应急处理所需的疫苗等兽用生物制品、药品、设施设备、防护用品和交通及通讯工具等动物防疫物资储备。

**第十条** 县级以上人民政府畜牧兽医主管部门应当建立健全动物疫情风险评估制度，定期对影响本区域的动物疫病状况以及动物卫生状况进行风险评估，并根据评估结果及时做出预警预报，制定相应的预防、控制措施。

第十一条　县级以上人民政府畜牧兽医主管部门应当制定和实施官方兽医、执业兽医、乡村兽医和村级动物防疫人员素质培训规划，建立健全培训和考核机制。

官方兽医应当取得国家兽医主管部门颁发的资格证书，并经县级以上人民政府畜牧兽医主管部门任命后，方可上岗。

执业兽医应当取得国家兽医主管部门颁发的资格证书，并经当地市、县（区）、自治县人民政府畜牧兽医主管部门注册后，方能从事动物诊疗和动物保健等相关活动。

乡村兽医应当根据国家规定的条件向当地市、县（区）、自治县人民政府畜牧兽医主管部门申请登记后，在本乡镇从事动物诊疗服务活动，不得在城区从业。

第十二条　从事动物疫情监测、检验检疫、疫病研究与诊疗以及动物饲养、屠宰、经营、隔离、运输等活动的单位和个人，发现动物染疫或者疑似染疫的，应当立即向当地畜牧兽医主管部门、动物卫生监督机构或者动物疫病预防控制机构报告，并采取隔离等控制措施，防止动物疫情扩散。

畜牧兽医主管部门、动物卫生监督机构或者动物疫病预防控制机构接到动物疫情报告后，应当及时采取必要的控制处理措施，并按照规定程序上报。发现人畜共患传染病的，县级以上人民政府畜牧兽医主管部门与同级卫生行政主管部门应当及时相互通报。

省人民政府畜牧兽医主管部门可以根据国家兽医主管部门的授权，发布动物疫情。其他任何单位和个人不得发布动物疫情。

第十三条　兴办动物饲养场（养殖小区）、动物屠宰加工场所、动物及动物产品专门交易市场的，市、县（区）、自治县人民政府畜牧兽医主管部门应当自收到申请之日起 20 个工作日内完成材料和现场审查，审查合格的，颁发《动物防疫条件合格证》；审查不合格的，应当书面通知申请人，并说明理由。

兴办动物隔离场所、动物和动物产品无害化处理场所的，市、县（区）、自治县人民政府畜牧兽医主管部门应当自收到申请之日起 5 个工作日内完成材料初审，并将初审意见和有关材料报省人民政府畜牧兽医主管部门。省人民政府畜牧兽医主管部门自收到初审意见和有关材料之日起 15 个工作日内完成材料和现场审查，审查合格的，颁发《动物防疫条件合格证》；审查不合格的，应当书面通知申请人，并说明理由。

经营动物、动物产品的集贸市场，动物种苗孵化场和动物产品储藏场所应当具备国家和本省规定的动物防疫条件，并接受动物卫生监督机构的监督检查。

规划主管部门在对动物及动物产品交易市场和动物屠宰厂（场、点）建设项目进行规划审批时，应当征求同级畜牧兽医主管部门的意见。

**第十四条** 从事兽药、饲料的生产、销售以及动物饲养的单位与个人，生产、销售、使用的兽药、饲料（含动物源性饲料）、饲料添加剂应当符合国家标准，遵守国家禁用药物和休药期规定。

禁止动物饲养单位和个人在饲料、动物饮用水中添加国家规定禁止使用的物质以及对人体具有直接或者潜在危害的其他物质，或者直接使用上述物质养殖动物。

县级以上人民政府畜牧兽医主管部门应当对生产、销售、使用的兽药、饲料（含动物源性饲料）、饲料添加剂实施监督抽查，抽查不合格的，不得生产、销售、使用。

**第十五条** 各级人民政府应当引导和促进动物饲养业向规模化、标准化、现代化饲养方式转变，改善防疫条件，降低发生重大动物疫病风险。在动物饲养主产区，应当统筹规划，积极稳妥地发展养殖小区和规模饲养场，实行统一的防疫和管理制度。

**第十六条** 本省对口蹄疫、高致病性禽流感、猪瘟、鸡新城疫、高致病性猪蓝耳病、狂犬病六种动物疫病实施强制免疫，免疫密度和免疫效果应当达到国家和本省规定的标准。省人民政府畜牧兽医主管部门可以根据动物疫病的防疫需要增加强制免疫病种，报省人民政府批准后施行。

前款动物疫病强制免疫所需疫苗等兽用生物制品费用全部由政府财政负担。除按照国家有关规定由中央财政负担的兽用生物制品费用以外，地方财政负担的兽用生物制品费用实行省和市、县（区）、自治县财政共同负担的原则。省人民政府和市、县（区）、自治县人民政府应当保证强制免疫所需兽用生物制品经费及时足额到位并加强监管。具体办法由省人民政府畜牧兽医主管部门会同财政部门制定。

动物疫病强制免疫所需兽用生物制品由省人民政府畜牧兽医主管部门依照政府采购的有关规定组织订购，并由省动物疫病预防控制机构负责发放使用。

**第十七条** 市、县（区）、自治县人民政府畜牧兽医主管部门负责本辖区动物疫病强制免疫计划的组织实施，并对动物疫病强制免疫工作进行监督检查。

饲养场（养殖小区）负责对其饲养动物的强制免疫；乡镇人民政府、街道办事处负责组织以其他方式饲养的动物的强制免疫；对用于展览、比赛、演艺、观赏的动物以及宠物类动物，由饲养单位或者个人按照畜牧兽医主管部门的要求做好强制免疫接种工作。

经强制免疫的猪、牛、羊、犬等动物，应当建立免疫档案，加施畜禽标识，实施可追溯管理。

**第十八条** 动物饲养场（养殖小区）应当配备疫苗等兽用生物制品冷冻（冷藏、储藏）设备、消毒和诊疗等防疫设备以及与其生产规模相适应的无害化处理、污水污物处理设施设备和兽医专业技术人员，并按照规定做好动物疫病强制免疫和动物疫病监测、消毒、治疗、无害化处理等工作。

**第十九条** 动物饲养单位和个人应当按照国家有关畜禽标识管理的规定，对其所饲养的动物加施畜禽标识。畜牧兽医主管部门提供畜禽标识不得收费，所需费用列入省人民政府财政预算。

动物饲养场（养殖小区）应当按照国家有关规定建立养殖档案。

市、县（区）、自治县动物疫病预防控制机构负责建立规模饲养动物的畜禽防疫档案。乡镇畜牧兽医公共服务机构负责建立散养动物的畜禽防疫档案。

**第二十条** 对在动物疫病预防、控制和扑灭过程中被强制扑杀的动物、销毁的动物产品和相关物品，因强制免疫、采样监测造成动物应激死亡以及养殖环节病死动物无害化处理的，应第二十一条市、县（区）、自治县动物卫生监督机构应当按照国家和本省的规定，设置动物检疫申报点，并将动物检疫申报点及其检疫范围和检疫对象向社会公布。

屠宰、出售、运输动物以及出售、运输动物产品前，货主应当按照国家有关规定向当地动物卫生监督机构申报检疫。动物卫生监督机构接到检疫申报后，应当派出官方兽医到场（户）或者指定地点实施现场检疫。检疫合格的，官方兽医应当出具动物检疫合格证明，加施检疫标志；检疫不合格的，官方兽医应当出具检疫处理通知单，并监督货主按照国家和本省有关规定进行处理。

官方兽医应当按照国家规定的检疫规程实施检疫，在动物检疫合格证明、检疫处理通知单、检疫标志上签字或者盖章，并对检疫结论负责。

**第二十二条** 生猪实行定点屠宰、集中检疫。生猪以外的需要实行定点屠宰、集中检疫的动物种类，以及从省外引入需要实行集中屠宰的动物种类，由省人民政府畜牧兽医主管部门拟定，报省人民政府批准施行。

定点屠宰厂（场、点）屠宰的动物由动物卫生监督机构派驻官方兽医按照国家有关规定实施检疫。定点屠宰厂（场、点）应当为动物卫生监督机构实施检疫提供固定工作场所等便利条件。

**第二十三条** 定点屠宰厂（场、点）应当对进场待宰动物进行检查登记，并按照国家规定申报检疫。

官方兽医应当查验进场待宰动物的动物检疫合格证明、畜禽标识的佩戴情况，检查动物屠宰前的健康状况和国家禁用药物检测情况。经查验合格的，准予屠宰。

官方兽医应当按照国家规定，在动物屠宰过程中实施全流程同步检疫和必要的实验室疫病检测。检疫合格的，由官方兽医出具动物检疫合格证明，加施检疫标志；检疫不合格的，出具检疫处理通知单，并监督屠宰场（厂、点）或者货主按照国家和本省有关规定进行处理。

**第二十四条** 染疫动物及其排泄物、染疫动物产品，病死或者死因不明的动物尸体，运载工具中的动物排泄物以及垫料、包装物、容器等污染物，应当按照国家和本省有关规定处理，不得随意处置。

第二十五条 经营动物、动物产品的单位和个人在购进动物、动物产品时，应当查验动物检疫合格证明、检疫标志，并建立货物来源、数量和检疫等情况的登记档案。登记档案的保存期限应当不少于1年。

第二十六条 省人民政府畜牧兽医主管部门根据动物防疫工作需要并报经省人民政府批准，在本省的机场、港口、车站设立省际动物卫生监督检查站，负责对从省外引入的动物、动物产品实施动物卫生监督检查。

机场、港口、车站等单位应当为动物卫生监督机构实施检疫提供固定工作场所等便利条件。

动物、动物产品运抵本省机场、港口、车站时，空运、水运、铁路运输承运人应当向驻地省际动物卫生监督检查站报告，协同做好动物疫病防控工作。

省际动物卫生监督检查站对有关运输车辆、船舶、货仓等运输工具和储藏场所进行检查时，机场、港口、车站等单位及有关承运人应当予以配合。

省际动物卫生监督检查站的官方兽医执行监督检查任务时，应当出示行政执法证件，佩戴统一标志，遵守执法程序。

第二十七条 从事引入省外动物、动物产品的单位和个人，应当具有符合国家规定的动物防疫条件的运载工具、储藏场所和有关设施，并接受动物卫生监督机构的监督检查。

第二十八条 禁止从省外引入动物排泄物和以动物排泄物为原料的肥料。

第二十九条 省外疫区或者疫情威胁区的动物、动物产品，不得引入本省。限制引入的产地区域及有关动物、动物产品，由省人民政府畜牧兽医主管部门按照国家和本省的有关规定确定。

从事引入省外动物、动物产品的单位和个人，应当事前向省动物卫生监督机构书面申请查询引入产地是否属于可以引入的区域，查询申请书应当载明引入产地、品种、数量、时间、运输方式和抵达地点等事项。省动物卫生监督机构应当自接到查询申请书之日起3个工作日内书面答复申请人。

第三十条 引入省外动物、动物产品，应当从省人民政府畜牧兽医主管部门公布的机场、港口、车站等指定口岸的指定通道进入。

引入的省外动物、动物产品在运抵本省机场、港口、车站等指定口岸时，货主或者承运人应当向省际动物卫生监督检查站报检。省际动物卫生监督检查站依法查验相关证明、消毒，并可以对报检物采样、留验、抽检。检查合格的，予以放行；检查不合格的，按照国家和本省的有关规定进行隔离、封存、消毒或者无害化处理。

个人从省外携带少量动物及动物产品自养自用的，应当按照前两款的规定执行。

**第三十一条** 引入到本省的动物、动物产品，经检查合格予以放行的，省际动物卫生监督检查站在出具动物检疫合格证明的同时，还应当通知引入地市、县（区）、自治县动物卫生监督机构。

**第三十二条** 引入到本省继续饲养的动物，应当在动物卫生监督机构指定的动物隔离场所按照国家规定期限进行隔离检疫，经隔离检疫合格，并经官方兽医出具动物检疫合格证明后，方可混群饲养；检疫不合格的，依法处理。

**第三十三条** 当省外发生重大动物疫情，对本省无疫区造成或者可能造成威胁时，省人民政府畜牧兽医主管部门可以宣布暂停引入省外动物、动物产品；必要时，省人民政府畜牧兽医主管部门还可以按照规定的权限和程序前移检疫关口，或者经省人民政府批准，封锁引入口岸。

**第三十四条** 禁止销售、收购、屠宰、加工、运输、储藏下列动物、动物产品：

（一）来自疫区或者疫情威胁区的；

（二）依法应当检疫而未经检疫或者检疫不合格的；

（三）染疫或者疑似染疫的；

（四）病死或者死因不明的；

（五）应当加施畜禽标识而未加施的；

（六）其他不符合国家有关动物防疫规定的。

**第三十五条** 新闻媒体应当开展无疫区动物防疫工作的公益性宣传。

任何单位和个人发现危害或者可能危害无疫区安全的行为，应当及时向畜牧兽医主管部门、动物卫生监督机构或者动物疫病预防控制机构举报。

**第三十六条** 兴办动物饲养场（养殖小区）和隔离场，动物屠宰加工厂，动物、动物产品和动物排泄物无害化处理场，动物及动物产品专门交易市场，未按照规定取得《动物防疫条件合格证》的，由动物卫生监督机构责令改正，并处1 000元以上1万元以下的罚款；情节严重的，处1万元以上10万元以下的罚款。

**第三十七条** 生产、销售、使用不合格的兽药、饲料（含动物源性饲料）、饲料添加剂的，由县级以上人民政府畜牧兽医主管部门责令停止生产、经营、使用，没收违法生产、经营、使用的产品和违法所得，并依照国家兽药、饲料和饲料添加剂的法律法规予以处罚。

**第三十八条** 不履行动物疫病强制免疫义务，或者对动物、动物产品的运载工具在装载前和卸载后没有及时清洗、消毒的，由动物卫生监督机构责令改正，给予警告；拒不改正的，由动物卫生监督机构代为处理，所需处理费用由违法行为人承担，并可处1 000元以下的罚款。

**第三十九条** 动物饲养单位和个人，不按照国家和本省规定随意处置和丢弃病死动物的，由动物卫生监督机构责令无害化处理，所需处理费用由违法行为人承担，并处300元以上3 000元以下的罚款；情节严重的，处1万元以上10万元以下的罚款。

违反本条例规定处置染疫动物及其排泄物、染疫动物产品，或者死因不明的动物尸体，运载工具中的动物排泄物以及垫料、包装物、容器等污染物以及其他经检疫不合格的动物、动物产品的，由动物卫生监督机构责令无害化处理，所需处理费用由违法行为人承担，并可处300元以上3 000元以下的罚款。

**第四十条** 违反本条例规定，不建立养殖档案或者保存养殖档案的，由县级以上人民政府畜牧兽医主管部门责令改正，并可处1 000元以上1万元以下的罚款。

**第四十一条** 违反本条例规定，屠宰、经营、运输的动物未附有动物检疫合格证明，或者经营和运输的动物产品未附有动物检疫合格证明、检疫标志的，由动物卫生监督机构责令改正，处同类检疫合格动物、动物产品货值金额 10% 以上 50% 以下的罚款；对货主以外的承运人处运输费用 1 倍以上 3 倍以下的罚款。违反本条例规定，参加展览、演出和比赛的动物未附有动物检疫合格证明的，由动物卫生监督机构责令改正，处 1 000 元以上 3 000 元以下的罚款。

**第四十二条** 违反本条例规定，引入省外动物排泄物和以动物排泄物为原料的肥料，或者从省外疫区、疫情威胁区引入动物、动物产品的，由动物卫生监督机构没收产品及违法所得，并处 5 000 元以上 3 万元以下的罚款；违法所得超过 3 万元的，处违法所得 1 倍以上 3 倍以下的罚款。

**第四十三条** 违反本条例规定，引入省外动物、动物产品，有下列情形之一的，由动物卫生监督机构处 2 000 元以上 1 万元以下的罚款；情节严重的，处 1 万元以上 10 万元以下的罚款：

（一）不依照规定申报检疫的；

（二）申报检疫的货物与实际不符的；

（三）不从公布的机场、港口、车站等指定引入口岸的指定通道进入的。

**第四十四条** 违反本条例规定，销售、收购、屠宰、加工、运输、储藏下列动物、动物产品的，由动物卫生监督机构责令停止违法行为，没收违法所得和动物、动物产品，并处违法所得 1 倍以上 5 倍以下的罚款：

（一）来自疫区或者疫情威胁区的；

（二）检疫不合格的；

（三）染疫或者疑似染疫的；

（四）病死或者死因不明的；

（五）应当加施畜禽标识而未加施的；

（六）其他不符合国家有关动物防疫规定的。

**第四十五条** 拒绝、阻碍畜牧兽医主管部门、动物卫生监督机构或者动物疫病预防控制机构工作人员依法执行职务的，依照《中华人民共和国治安管理处罚法》给予处罚；构成犯罪的，依法追究刑事责任。

**第四十六条** 畜牧兽医主管部门、动物卫生监督机构、动物疫病预防控制机构及其工作人员有下列行为之一的，由所在单位或者上级主管部门对直接负责的主管人员和其他直接责任人员给予处分；构成犯罪的，依法追究刑事责任：

（一）违反检疫操作规程的；

（二）出具虚假动物检疫合格证明或者检验报告的；

（三）对符合条件应当发放《动物防疫条件合格证》、《动物检疫合格证》、《动物诊疗许可证》而不发放的；

（四）倒卖《动物检疫合格证》的；

（五）不按照规定建立畜禽防疫档案的；

（六）不履行动物防疫、检疫，动物疫病监测、检测责任的；

（七）违反国家和本省有关规定重复收费或者少收费的；

（八）违反规定擅自处理没收、封存的物品的；

（九）其他玩忽职守、滥用职权、徇私舞弊的行为。

**第四十七条** 各级人民政府及其有关职能部门在无疫区建设和管理中，不依法履行职责的，由其上级行政机关或者监察机关责令改正，予以通报批评，并对直接负责的主管人员和其他直接责任人员依法给予处分；构成犯罪的，依法追究刑事责任。

**第四十八条** 违反本条例规定的行为，本条例未设定处罚的，依照有关法律法规的规定处罚。

**第四十九条** 从境外引入的动物、动物产品的检验、检疫及监督管理，根据国家有关法律、行政法规的规定执行。

**第五十条** 本条例具体应用中的问题由省人民政府负责解释。

**第五十一条** 本条例自 2012 年 8 月 1 日起施行。

**图书在版编目（CIP）数据**

兽医法规汇编／农业部兽医局编 . —2 版 . —北京：
中国农业出版社，2015.6
ISBN 978-7-109-20489-8

Ⅰ.①兽…　Ⅱ.①农…　Ⅲ.①兽医学－医药卫生管理
－法规－汇编－中国　Ⅳ.①D922.49

中国版本图书馆 CIP 数据核字（2015）第 108576 号

中国农业出版社出版
（北京市朝阳区麦子店街 18 号楼）
（邮政编码 100125）
责任编辑　肖　邦　黄向阳

ISBN 978-7-109-20489-8

中国农业出版社印刷厂印刷　　新华书店北京发行所发行
2016 年 3 月第 2 版　　2016 年 3 月第 2 版北京第 1 次印刷

开本：889mm×1194mm　1/32　印张：31.5
字数：925 千字
定价：100.00 元
（凡本版图书出现印刷、装订错误，请向出版社发行部调换）